解决问题的策略

[德] 亚瑟·恩格尔（Arthur Engel） 著

舒五昌 冯志刚 译

哈尔滨工业大学出版社
HARBIN INSTITUTE OF TECHNOLOGY PRESS

黑版贸登字 08-2023-002 号

内 容 简 介

本书收集了世界各国的竞赛题,包括苏联、匈牙利等国家,是德国 IMO 国家队训练的成果.全书共 14 章,每章从描述主要思想的典型例子开始,随后给出许多问题及其解答,解答有时仅给出解答的主要思想的提示,给读者提供另一种解题思维.这使本书的例子和问题的数量增加到了 1 300 个以上,读者可以通过尝试解决这些例子来提升本书的有效性.

本书为各种竞赛直到最高水平的国际竞赛(包括 IMO 和普特南竞赛)的教练和参赛者提供训练题,也可供对数学竞赛感兴趣的学者参考阅读.

图书在版编目(CIP)数据

解决问题的策略/(德)亚瑟·恩格尔
(Arthur Engel)著;舒五昌,冯志刚译. —哈尔滨:
哈尔滨工业大学出版社,2024.8
书名原文:Problem-Solving Strategies
ISBN 978-7-5767-1384-8

Ⅰ.①解… Ⅱ.①亚… ②舒… ③冯… Ⅲ.①数学-竞赛题 Ⅳ.①O1

中国国家版本馆 CIP 数据核字(2024)第 093064 号

JIEJUE WENTI DE CELÜE

策划编辑　刘培杰　张永芹
责任编辑　张嘉芮　穆方圆
封面设计　孙茵艾
出版发行　哈尔滨工业大学出版社
社　　址　哈尔滨市南岗区复华四道街 10 号　邮编 150006
传　　真　0451-86414749
网　　址　http://hitpress.hit.edu.cn
印　　刷　黑龙江艺德印刷有限责任公司
开　　本　787 mm×1 092 mm　1/16　印张　23.25　字数 532 千字
版　　次　2024 年 8 月第 1 版　2024 年 8 月第 1 次印刷
书　　号　ISBN 978-5767-1384-8
定　　价　48.00 元

(如因印装质量问题影响阅读,我社负责调换)

前　言

本书是德国 IMO 国家队训练的成果,当时我们只有 14 天的短训练时间(包括 6 次半天的测试). 这迫使我们进行了一次紧凑的训练,"大的思想"是编撰本书的主导原则,书中选取了大量的问题来描述这一原则,选题及思想都是有效的分类方法.

本书是为谁写的呢?

● 为各种竞赛直到最高水平的国际竞赛(包括 IMO 和普特南竞赛)的教练和参赛者.

● 为指导数学俱乐部并为俱乐部寻求想法和问题的正规高中教师. 在这里他能找到不同水平的问题,从十分简单的到在各种竞赛中提出过的最为困难的问题.

● 为想提出本周问题、本月问题及本年度研究问题的中学教师. 这并不容易,有的人失败了,有的人坚持下来了,并且在持续的对数学问题的讨论中得以成功并产生了创造的本领.

● 为仅想找此思想并以一些非常规的问题来丰富教学的正规中学教师.

● 为所有对解难而有趣的问题感兴趣的人.

本书分为 14 章,每章从描述主要思想的典型例子开始,随后给出了许多问题及其相关解答. 解答有时仅给出解答的主要思想的提示. 这使本书的例子和问题的数量增加到 1 300 个以上,读者可以通过尝试解决这些例子来提升书的有效性.

书中的问题几乎都是世界各国的竞赛题,它们大多是苏联的,有的是匈牙利的,有的是其他西方国家的,特别要注意德国国内竞赛题. 竞赛题通常是由问题栏目的杂志中的问题的变形而来,因此对问题的起源并不容易确定. 如果你见到一个漂亮的问题,你首先会对这个问题的创造性感到惊讶,然后会在更早的来源中发现结果. 因为这个原因,有关竞赛的参考书总有些给人以零星分散的感觉. 通常,如果某问题我知道在 25 年以上的话,就不给出来源了. 总之,大多数问题对相应领域的专家来说都是知道的结果.

数学问题有大量的文献,但作为一个教练,我知道永远不会有足够多的问题. 你总是特别想要新题或有新解法的旧问题. 任何新的问题书都会有些新问题,但是本书只有很少对读者来说是新的问题.

本书问题的安排并无特别的次序,尤其它不是按难度增加的次序.我们不知道如何评估问题的难度,即使是由 75 个解题能手所组成的 IMO 的主试委员会,在对选取问题的难度进行评估时也会犯重大错误.400 多位 IMO 的参赛者也不是可靠的检验标准,因为大多是依赖于几百位不断变化的教练的前期训练而决定,如果在训练中解过有关的问题,题目会从很艰深变成很简单.

我要感谢 Manfred Grathwohl 博士,他帮助我完成了在研究所的工作以及我家电脑上的各种 LATEX 文本的工作.在遇到困难时,他是个有能力且友好的顾问.

有的问题在证明过程中会出现错误,对此我负全责,因为没有其他同事读过手稿.读者会错过一些重要的解题策略,因为本书有一定的篇幅限制.特别地,高等解题方法我都略去了.也许本书是市场上最完全的训练书籍,但很大的缺点是书中没有像概率和算法等新的论题,一个例外是第 13 章的博弈论,这个题型在 IMO 中几乎没有,但在俄罗斯比赛中却是普遍的.

亚瑟·恩格尔
于德国法兰克福(美茵河畔)

缩 写 符 号

缩　　写

ARO	全俄数学奥林匹克	IMO	国际数学奥林匹克
ATMO	奥地利数学奥林匹克	LMO	列宁格勒数学奥林匹克
AuMO	澳大利亚数学奥林匹克	MMO	莫斯科数学奥林匹克
AUO	全苏数学奥林匹克	PAMO	波兰—奥地利数学奥林匹克
BMO	巴尔干数学奥林匹克	PMO	波兰数学奥林匹克
BrMO	英国数学奥林匹克	RO	俄罗斯数学奥林匹克
BWM	德国数学奥林匹克		（从 1994 年起称为"ARO"）
ChNO	中国数学奥林匹克	SPMO	圣彼得堡数学奥林匹克
HMO	匈牙利数学奥林匹克	TT	世界城市邀请赛
IIM	国际智力马拉松（数学,物理）	USO	美国数学奥林匹克

符　　号

N_+ 或 Z_+	正整数集 $\{1,2,3,\cdots\}$	$\Leftrightarrow$	当且仅当
N	非负整数集 $\{0,1,2,\cdots\}$	$\Rightarrow$	推出
Z	整数集	$A \subset B$	A 是 B 的子集
Q	有理数集	$A \backslash B$	A 差 B（属于 A 但不属于
Q_+	正有理数集		B 的元素构成的集合）
Q_0^+	非负有理数集	$A \cap B$	A 与 B 的交集
R	实数集	$A \cup B$	A 与 B 的并集
R_+	正实数集	$a \in A$	元素 a 属于集合 A
C	复数集	$\lvert AB \rvert$ 或 AB	A 与 B 两点之间的距离
Z_n	模 n 整数集	盒子	平行六面体,由三对平行平面
$1,\cdots,n$	从 1 到 n 的整数		围成的立体

目　录 ▌ Contents

第1章 不变量原理

我们提出第一个高级的解题策略. 在解某些类型难题时它是特别有用的;而这类题目是容易识别的. 我们将通过解一些运用这个策略的问题来说明. 事实上,只有通过解题才能学会解题,但这必须获得教练的支持.

我们的第一个策略是寻找不变量,它称为不变量原理. 这原理适用于算法(博弈、变换). 某一事情要反复地进行,哪些是依旧相同的? 什么是不变的? 有一句容易记住的话:

如果有重复,寻找不改变的东西!

在算法中有个出发的状态 S 和一系列合法的步骤(运动、变换). 寻求对下面问题的回答:

(1)是否能达到一个给定的终态?

(2)找出所有可能达到的终态.

(3)是否收敛于一个终态?

(4)如果存在的话,找出所有纯循环或混循环的周期.

因为不变量原理是个启发性的原理,最好是通过体验和感受来学. 通过解下面的例1 ~ 例10 就可得到这种体验.

例1 从平面上一个点 $S = (a,b)$(其中 $0 < b < a$)出发,我们按下面规则产生一列点 (x_n, y_n)

$$x_0 = a, y_0 = b, x_{n+1} = \frac{(x_n + y_n)}{2}, y_{n+1} = \frac{2x_n y_n}{x_n + y_n}$$

求 $\lim x_n$ 和 $\lim y_n$.

这里很容易找到一个不变量. 从 $x_{n+1} y_{n+1} = x_n y_n$ 对一切 n 成立可以推知对一切 n, $x_n y_n = ab$. 这就是我们寻找的不变量. 开始时我们有 $y_0 < x_0$. 这个关系也保持不变. 的确,假定 $y_n < x_n$ 对某个 n 成立,那么 x_{n+1} 是以 y_n, x_n 为端点的线段的中点,而因为调和平均严格地小于算术平均,即($y_{n+1} < x_{n+1}$),则

$$0 < x_{n+1} - y_{n+1} = \frac{x_n - y_n}{x_n + y_n} \cdot \frac{x_n - y_n}{2} < \frac{x_n - y_n}{2}$$

对一切 n 成立. 所以有 $\lim x_n = \lim y_n = x$ 且 $x^2 = ab$ 或 $x = \sqrt{ab}$.

这里不变量对我们帮助很大,但看到不变量不是问题的解决,尽管完成全部解是很容易的.

例2 设正整数 n 是奇数,在黑板上写上数 $1,2,\cdots,2n$. 然后取任意两个数 a,b,擦去这两个数并写上 $|a - b|$. 证明:最后留下的是一个奇数.

解：设 S 是黑板上所有数的和. 开始时和数是 $S = 1 + 2 + \cdots + 2n = n(2n + 1)$，这是个奇数. 接下来的每一步都使 S 减小 $2\min(a, b)$，它是个偶数. 所以 S 的奇偶性是个不变量. 在整个化简的过程中总有 $S \equiv 1 \pmod 2$，所以最后结果也是个奇数.

例 3 一个圆分成六个扇形. 把数 $1, 0, 1, 0, 0, 0$ 依次（例如按逆时针方向）填入扇形中，可以把两个相邻的数都增加 1. 通过若干步后，是否能使所有六个数都相同？

解：设扇形中的数依次为 $a_1, a_2, \cdots, a_6$，则 $I = a_1 - a_2 + a_3 - a_4 + a_5 - a_6$ 是个不变量. 开始时 $I = 2$. 目标 $I = 0$ 是不能达到的.

例 4 国会的每个议员至多有三个敌人. 证明：可以把他们分在两间房间中，使得每个议员在他所在的房中至多有一个敌人.

解：开始我们把所有议员任意地分在两间房中. 设 H 是每个议员在他所在房间中敌人数目的总和. 假定议员 A 在他的房中至少有两个敌人，那么另一间房中他至多有一个敌人. 如果把 A 转到另一间房中，敌人数 H 将减小. 这种减小不可能一直继续下去. 某一时刻 H 将达到最小，那时就符合了所要求的分配.

这里我们有一个新的想法. 我们构造了一个正整数值的函数，它在算法的每一步都减小，并且我们知道的算法总会结束. 对非严格下降的无限的正整数的数列，H 并非是不变量，而是单调下降直至成为常数. 这里单调性关系是不变的.

例 5 设四个整数 a, b, c, d 不全都相等. 从 (a, b, c, d) 出发并反复地把 (a, b, c, d) 变成 $(a - b, b - c, c - d, d - a)$，则四数组中至少有一个数最终会变得任意的大.

解：设 $P_n = (a_n, b_n, c_n, d_n)$ 是 n 次迭代后的四数组. 于是有 $a_n + b_n + c_n + d_n = 0 (n \geqslant 1)$. 我们尚未看到怎样利用这个不变量，但几何解释通常是有用的. 对四维空间中的点 P_n 来说，一个十分重要的函数是它到原点 $(0, 0, 0, 0)$ 的距离的平方，也就是 $a_n^2 + b_n^2 + c_n^2 + d_n^2$. 如果能证明它没有上界，那么我们就完成了证明.

我们试图找出 P_{n+1} 和 P_n 之间的关系

$$a_{n+1}^2 + b_{n+1}^2 + c_{n+1}^2 + d_{n+1}^2$$
$$= (a_n - b_n)^2 + (b_n - c_n)^2 + (c_n - d_n)^2 + (d_n - a_n)^2$$
$$= 2(a_n^2 + b_n^2 + c_n^2 + d_n^2) - 2a_n b_n - 2b_n c_n - 2c_n d_n - 2d_n a_n$$

现在可以利用 $a_n + b_n + c_n + d_n = 0$，或者利用它的平方

$$0 = (a_n + b_n + c_n + d_n)^2$$
$$= (a_n + c_n)^2 + (b_n + d_n)^2 + 2a_n b_n + 2a_n d_n + 2b_n c_n + 2c_n d_n \qquad (1)$$

把式 (1) 和前面式子相加，对于 $a_{n+1}^2 + b_{n+1}^2 + c_{n+1}^2 + d_{n+1}^2$，我们有

$$2(a_n^2 + b_n^2 + c_n^2 + d_n^2) + (a_n + c_n)^2 + (b_n + d_n)^2$$
$$\geqslant 2(a_n^2 + b_n^2 + c_n^2 + d_n^2)$$

从这个不变的不等式关系可以得出：当 $n \geqslant 2$ 时，有

$$a_n^2 + b_n^2 + c_n^2 + d_n^2 \geqslant 2^{n-1}(a_1^2 + b_1^2 + c_1^2 + d_1^2) \qquad (2)$$

点 P_n 到原点的距离无界地上升，这就意味着至少有一个分量必定变得任意的大. 式 (2) 会永远是等式吗？

这里，我们知道到原点的距离是很重要的函数. 每当有一列点时，应该考虑这个函数.

例 6 一个算法定义如下：

出发点：$(x_0, y_0)(0 < x_0 < y_0)$.

每一步：$x_{n+1} = \dfrac{x_n + y_n}{2}, y_{n+1} = \sqrt{x_{n+1} y_n}$.

图 1.1 和算术平均 – 几何平均不等式表明，对一切 n，有

$$x_n < y_n \Rightarrow x_{n+1} < y_{n+1}$$

$$y_{n+1} - x_{n+1} < \frac{y_n - x_n}{4}$$

求出公共的极限 $\lim x_n = \lim y_n = x = y$.

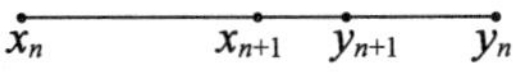

图 1.1

这里的不变量能帮助我们解决问题. 但找不变量并没有系统的方法，只能探索. 这是经常行之有效的方法，但并非永远如此. 上面两个不等式启示我们从 n 过渡到 $n+1$ 时，要寻找 x_n/y_n 或 $y_n - x_n$ 的变化.

（a）
$$\frac{x_{n+1}}{y_{n+1}} = \frac{x_{n+1}}{\sqrt{x_{n+1} y_n}} = \sqrt{\frac{x_{n+1}}{y_n}} = \sqrt{\frac{1 + x_n/y_n}{2}} \tag{1}$$

这提醒我们利用半角关系式

$$\cos \frac{\alpha}{2} = \sqrt{\frac{1 + \cos \alpha}{2}}$$

因为我们总有 $0 < x_n/y_n < 1$，可以令 $x_n/y_n = \cos \alpha_n$，于是式（1）成为

$$\cos \alpha_{n+1} = \cos \frac{\alpha_n}{2} \Rightarrow \alpha_n = \frac{\alpha_0}{2^n} \Rightarrow 2^n \alpha_n = \alpha_0$$

这等价于

$$2^n \arccos \frac{x_n}{y_n} = \arccos \frac{x_0}{y_0} \tag{2}$$

这是个不变量.

（b）为了避免平方根，我们考虑 $y_n^2 - x_n^2$ 而不是 $y_n - x_n$，得到

$$y_{n+1}^2 - x_{n+1}^2 = \frac{y_n^2 - x_n^2}{4} \Rightarrow 2\sqrt{y_{n+1}^2 - x_{n+1}^2} = \sqrt{y_n^2 - x_n^2}$$

或

$$2^n \sqrt{y_n^2 - x_n^2} = \sqrt{y_0^2 - x_0^2} \tag{3}$$

这是第二个不变量.

由图 1.2，式（2）和式（3），我们得到

$$\arccos \frac{x_0}{y_0} = 2^n \arccos \frac{x_n}{y_n} = 2^n \arcsin \frac{\sqrt{y_n^2 - x_n^2}}{y_n}$$

$$= 2^n \arcsin \frac{\sqrt{y_0^2 - x_0^2}}{2^n y_n}$$

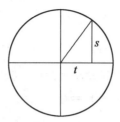

图 1.2　$\arccos t = \arcsin s, s = \sqrt{1-t^2}$

当 $n \to \infty$ 时,符号右端项收敛于 $\sqrt{y_0^2 - x_0^2}/y$. 最后,就得到

$$x = y = \frac{\sqrt{y_0^2 - x_0^2}}{\arccos(x_0/y_0)} \tag{4}$$

不利用不变量要解这个问题是希望很小的. 顺便说一下,从任何竞赛的标准说这都是个很难的题目.

例 7　由 1 和 −1 组成的数列 $a_1, a_2, \cdots, a_n$,有

$$S = a_1 a_2 a_3 a_4 + a_2 a_3 a_4 a_5 + \cdots + a_n a_1 a_2 a_3 = 0$$

证明:$4 \mid n$.

解:这是个数论题,但也可以用不变量来解. 如果把任意一个 a_i 换成 $-a_i$,因为有四个循环相邻的项都改变符号,$S(\bmod 4)$ 并不改变. 确实,如果四项中两正两负,那么 $S(\bmod 4)$ 就没有改变;如果其中一个或三个同号,那么 S 变化 ± 4;如果四个都同号,S 变化 ± 8.

开始时 $S = 0$,所以 $S \equiv 0 (\bmod 4)$. 一步一步地把每个负号都变成正号,并不改变 $S(\bmod 4)$. 最后依然有 $S \equiv 0 (\bmod 4)$,但又因 $S = n$,所以有 $4 \mid n$.

例 8　$2n$ 位大使应邀出席一次宴会,每个大使至多有 $n-1$ 个敌人. 证明:可以安排大使们坐在一个圆桌边,使得没有人与他的敌人是邻座.

解:开始让大使们任意入座. 设 H 是相邻两人为敌对者的对数. 我们要找一种当 $H > 0$ 时能使这个数减小的算法. 设 (A, B) 是一对敌对者,B 坐在 A 的右边(图 1.3). 我们必须把他们隔开并尽可能少地产生扰动. 这可以通过把某段弧 BA' 倒过来得到图 1.4 来达到目的. 如果图 1.4 中的 (A, A') 和 (B, B') 都是友好的对,H 就减小了. 剩下只需要证明,B' 坐在 A' 边的这样的一对总是存在的. 我们从 A 开始逆时针地沿桌子走,至少会遇到 n 个 A 的朋友. 在他们的右边至少有 n 个位子,这些位子上不会都坐着 B 的敌人,因为 B 至多只有 $n-1$ 个敌人. 这样总有一个 A 的朋友 A' 的右邻是 B 的朋友 B'.

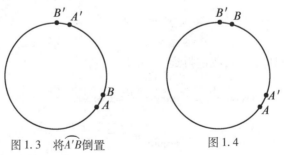

图 1.3　将 $\widehat{A'B}$ 倒置　　　　图 1.4

注:本题与例 4 相似,但解题过程要难得多. 这是图论中的下述定理:设 G 是有 n 个顶点的线性图,如果任意两个顶点的度数之和大于或等于 $n-1$,则 G 有 Hamilton 路. 在我们的特

殊情形下,甚至证明了必有 Hamilton 回路.

例 9 在五边形的每个顶点处放一个整数 x_i,它们的和 $S = \sum x_i > 0$. 如果 x, y, z 是放在相继三个顶点上的数,而且 $y < 0$,就把 (x, y, z) 换成 $(x + y, -y, y + z)$. 只要 $y < 0$,就重复此步骤. 试确定这一算法是否总会停止. (本题是 1986 年 IMO 中最难的题目.)

解:这一算法总会停止. 证明的关键是(如例 4 和例 8)找一个整数值的非负函数 $f(x_1, x_2, x_3, x_4, x_5)$,它的值在做所给的运算时是减小的. 做出这题的十一个学生中除一个外都找到了同一个函数

$$f(x_1, x_2, x_3, x_4, x_5) = \sum_{i=1}^{5} (x_i - x_{i+2})^2$$
$$x_6 = x_1, x_7 = x_2$$

设 $y = x_4 < 0$,则由于 $s > 0$,有 $f_{新} - f_{旧} = 2sx_4 < 0$. 如果这个算法不停止,那么就能找到非负整数的无穷下降序列 $f_0 > f_1 > f_2 > \cdots$. 而这样的序列并不存在.

普林斯顿的 B. Chazelle 问:到停止时需要走多少步? 他考虑由所有形如 $s(i, j) = x_i + x_{i+1} + \cdots + x_{j-1}$ $(1 \leqslant i \leqslant 5, j > i)$ 的和所定义的无限的多重集 S. 多重集是指可以有相同元素的集合. 在这个集合中,除一个元素外的一切元素或者不变,或者与别的元素发生对换,只有 $s(4, 5) = x_4$ 变成 $-x_4$. 这样每做一步,S 中恰有一个元素从负的变成正的. 因为 $s > 0$,所以 S 中只有有限多个负元素. 停止前要走的步数等于 S 中负元素的个数. 我们看到 x_i 不必一定是整数.

注:利用计算机找出输入 a, b, c, d, e 时能给出到停止时要走的步数公式是有趣的. 如果 $s = 1$,这将毫不费力地完成. 例如输入为 $(n, n, 1 - 4n, n, n)$ 时给出步数 $f(n) = 20n - 10$.

例 10 (收缩的平方. 经验的探索)从正整数数列 $S = (a, b, c, d)$ 出发,导出数列 $S_1 = T(S) = (|a - b|, |b - c|, |c - d|, |d - a|)$. 数列 $S, S_1, S_2 = T(S_1), S_3 = T(S_2), \cdots$ 是否总会结束于 $(0, 0, 0, 0)$?

我们收集一些资料作为解的提示:

$(0, 3, 10, 13) \mapsto (3, 7, 3, 13) \mapsto (4, 4, 10, 10) \mapsto (0, 6, 0, 6) \mapsto (6, 6, 6, 6) \mapsto (0, 0, 0, 0)$

$(8, 17, 3, 107) \mapsto (9, 14, 104, 99) \mapsto (5, 90, 5, 90) \mapsto (85, 85, 85, 85) \mapsto (0, 0, 0, 0)$

$(91, 108, 95, 294) \mapsto (17, 13, 199, 203) \mapsto (4, 186, 4, 186) \mapsto (182, 182, 182, 182) \mapsto (0, 0, 0, 0)$

观察:

(1)设 $\max S$ 是 S 的最大值,则 $\max S_{i+1} \leqslant \max S_i$,而只要 $\max S_i > 0$,就有 $\max S_{i+4} < \max S_i$. 验证这些观察的结果,这会对我们猜测给出证明.

(2)S 和 tS 走到终止有同样的步数.

(3)最多在四步之后,数列的所有四项都变成偶数. 确实,只要用模 2 来计算就足够了. 由于循环对称性,只要检验六个数列 $0001 \mapsto 0011 \mapsto 0101 \mapsto 1111 \mapsto 0000$ 和 $1110 \mapsto 0011$. 这样,我们就证明了上述推测. 至多在四步后,每项都能被 2 整除;至多八步后,每项都能被 2^2 整除;……;至多在 $4k$ 步后,每项都能被 2^k 整除,只要 $\max S < 2^k$,所有项都必定变为 0.

在观察(1)中,我们用了另一个策略,即极端原理:取最大元. 第 3 章用来讲述这个原理.

在观察(3)中,我们用了对称性,应该常常想到这个策略,尽管我们并没有阐述这个想法的章节.

推广：

（a）从四个实数出发，例如

$\sqrt{2}$	π	$\sqrt{3}$	e
$\pi-\sqrt{2}$	$\pi-\sqrt{3}$	$e-\sqrt{3}$	$e-\sqrt{2}$
$\sqrt{3}-\sqrt{2}$	$\pi-e$	$\sqrt{3}-\sqrt{2}$	$\pi-e$
$\pi-e-\sqrt{3}+\sqrt{2}$	$\pi-e-\sqrt{3}+\sqrt{2}$	$\pi-e-\sqrt{3}+\sqrt{2}$	$\pi-e-\sqrt{3}+\sqrt{2}$
0	0	0	0

再做几个试验会使人想到，对所有非负的实的四数组总会结束于 $(0,0,0,0)$. 但当 $t>1$ 且 $S=(1,t,t^2,t^3)$ 时，我们有

$$T(S)=(t-1,(t-1)t,(t-1)t^2,(t-1)(t^2+t+1))$$

如果 $t^3=t^2+t+1$，即 $t=1.839\ 286\ 755\ 2\cdots$，那么这个过程绝不会停止（根据观察 2）. 这个 t 在变换 $f(t)=at+b$ 下是唯一的.

（b）从 $S=(a_0,a_1,\cdots,a_{n-1})$（$a_i$ 是非负整数）出发，对于 $n=2$，至多两步后达到 $(0,0)$. 对 $n=3$，我们对 0,1,1 得到长度为 3 的纯循环：$011\mapsto101\mapsto110\mapsto011$. 对 $n=5$ 我们得到

$$00011\mapsto00101\mapsto01111\mapsto10001\mapsto10010\mapsto10111\mapsto11000\mapsto01001\mapsto11011\mapsto01100\mapsto$$
$$10100\mapsto11100\mapsto00110\mapsto01010\mapsto11110\mapsto00011$$

它是长度为 15 的纯循环.

（1）对 $n=6(n=7)$ 从 $000011(0000011)$ 出发，求周期.

（2）证明：对 $n=8$，从 00000011 出发，算法会停止.

（3）证明：对 $n=2^r$，总会实现 $(0,0,\cdots,0)$. 对于 $n\neq2^r$（除了某些例外），我们得到恰有两个数组成的圈：一个数是 0，另一个数平均说来常是一个正数 $a(a>0)$. 根据观察 2，可以设 $a=1$. 则有 $|a-b|=a+b\pmod 2$，我们可以在 $GF(2)$（它是有两个元素 0 和 1 的有限域）中来进行计算.

（4）设 $n\neq2^r,c(n)$ 是循环的长度. 证明：$c(2n)=2c(n)$（除了某些例外）.

（5）证明对奇数 $n,S=(0,0,\cdots,0,1,1)$ 在某个圈中.

（6）代数化. 对数列 $(a_0,a_1,\cdots,a_{n-1})$ 赋予多项式 $p(x)=a_{n-1}+\cdots+a_0x^{n-1}$，其系数在 $GF(2)$ 中，且 $x^n=1$. 多项式 $(1+x)p(x)$ 属于 $T(S)$. 如有可能就用这个进行代数化.

（7）下面的表是用计算机得到的. 尽可能多地猜出 $c(n)$ 的性质，并证明你能证明的结论.

n	3	5	7	9	11	13	15	17	19	21	23	25
$c(n)$	3	15	7	63	341	819	15	255	9 709	63	2 047	25 575

n	27	29	31	33	35	37	39	41	43
$c(n)$	13 797	47 507	31	1 023	4 095	3 233 097	4 095	41 943	5 461

问　　题

1. 从正整数 $1,2,\cdots,4n-1$ 出发,每一步你可以将其中任意两个数换成它们的差. 证明:在 $4n-2$ 步后留下的是一个偶数.

2. 从集合 $\{3,4,12\}$ 出发,每一步你可以选其中两个数 a,b,并把它们换成 $0.6a-0.8b$ 以及 $0.8a+0.6b$. 是否能在有限步后达到目标(a)或(b):

(a) $\{4,6,12\}$.

(b) $\{x,y,z\}$ 且 $|x-4|,|y-6|$ 和 $|z-12|$ 都小于 $1/\sqrt{3}$.

3. 设一张 8×8 的国际象棋盘按通常方式染色(即黑白交替). 可以:

(a) 把一行或一列中的所有格子改变颜色.

(b) 把任意一个 2×2 正方形中的所有格子都改变颜色.

目标是得到只有一个黑格子. 这目标能够达到吗?

4. 从状态 (a,b) 出发,其中 a,b 是正整数. 对这初始状态可以用如下算法:

当 $a>0$ 时,如果 $a<b$,那么 $(a,b)\leftarrow(2a,b-a)$;否则就 $(a,b)\leftarrow(a-b,2b)$.
对怎样的初始状态这算法会停止呢? 如果会停止,在多少步后停止? 关于周期和尾部能知道什么? 当 a,b 是正实数时回答同样的问题.

5. 在一个圆周上以任意次序安放了 5 个 1 和 4 个 0. 然后在相同的两个相邻数之间写一个 0,而在不同的两个相邻数之间写一个 1,并把原先的(9 个)数擦去. 如果一直重复这过程,不可能得到 9 个 0. 推广这结论.

6. 在桌上有 a 枚白子,b 枚黑子和 c 枚红子. 每一步可以取两个异色的棋子,并把它们换成一个第三种颜色的棋子. 如果最后只剩一个棋子,这个棋子的颜色与游戏的进程无关. 什么时候会实现只有一枚棋子的状态?

7. 在桌上有 a 枚白子,b 枚黑子和 c 枚红子. 每一步可以取两个异色的棋子,并把它们都换成第三种颜色的棋子. 求出所有棋子能变成同一种颜色的条件. 假定开始有 13 个白子,15 个黑子和 17 个红子,是否能把所有棋子变成同色的? 这些棋子可以变成怎样一种状态?

8. 在一个长方形的表格中每格填一个正整数,每次可以把一行中的每个数加倍,或者把一列中的每个数减去 1. 证明:通过若干次这种改变可以得到全是 0 的数表.

9. 从 1 到 10^6 的每一个数反复地被换成该数所有数字的和,直至得到 10^6 个一位数. 这些数中 1 多还是 2 多?

10. 一个 n 边形的顶点分别标上实数 $x_1,x_2,\cdots,x_n$. 设 a,b,c,d 是相继的四个标号,如果 $(a-d)(b-c)<0$,那么可以把 b 和 c 对换. 判断这种对换操作是否能无限进行下去?

11. 在图 1.5 中,可以改变一行、一列或与一条与对角线平行的线上所有数的符号. 特别地,也可以改变每一个顶角上方格中数的符号. 证明:方格表中至少总会有一个 -1.

图 1.5

12. 有一行共 1 000 个整数,下面还有第二行数,它构造如下:在第一行的每个数 a 下面,放着正整数 $f(a)$,$f(a)$ 表示 a 在第一行中出现的次数. 以同样的方法通过第二行又得到第三行,等等. 证明:总会有一行和它的下一行完全相同.

13. 在 8×8 的棋盘的每个方格中有一个整数. 每次可取一个 4×4 或 3×3 的正方形,并把其中的每个数都加上 1. 是否总能得到一个数表,使得:

(a)表中每个数都是偶数.

(b)表中每个数都是 3 的倍数?

14. 把数 7^{1996} 的第一个数字去掉,并把它加到剩下的数上,反复这样做,直到得出一个十位数. 证明:这个数中有两个数字相同.

15. 在格点 (x,y)(x,y 是正整数)的点 $(1,1)$ 处有一个棋子. 棋子每走一步可以使一个坐标加倍,或从大的坐标中减去小的坐标. 位于点 $(1,1)$ 处的棋子可以跳到哪些点?

16. 数列 $1,0,1,0,1,0,\cdots$ 从第七项起的每一项都是它前面六项的和被 10 除的余数. 证明:这数列中不会出现 $\cdots,0,1,0,1,0,1,\cdots$.

17. 从任何 35 个整数出发,可以任取其中 23 个数,把这些数每个都加上 1. 重复这样的步骤,总可使所有 35 个数都变成相等. 证明上述观点. 如果把 35 及 23 改成 m 和 n,为了使得可以把所有数都变成相等,m 和 n 应满足怎样的条件?

18. 把整数 $1,2,\cdots,2n$ 按任意次序放在标号为 $1,2,\cdots,2n$ 的 $2n$ 个位置上,又在每个数上加上它所在位置的标号. 证明:总有两个数($\bmod 2n$)是同余的.

19. 一个插座的 n 个插孔均匀地分布在单位圆周上,并编号为 $1,2,\cdots,n$. 有一个与它相配的插头. 对于怎样的 n,可把插头上的插针适当编号,使插头插入时至少有一个插针插进编号相同的插孔中?

20. 计算 $\gcd(a,b)$ 和 $\operatorname{lcm}(a,b)$ 的方法如下.

从 $x=a,y=b,u=a,v=b$ 出发并变动如下:

如果 $x<y$,就 $y \leftarrow y-x,v \leftarrow v+u$.

如果 $x>y$,就 $x \leftarrow x-y,u \leftarrow u+v$.

程序结束时必有 $x=y=\gcd(a,b)$,且 $(u+v)/2=\operatorname{lcm}(a,b)$. 证明这些结论.

21. 黑板上写着三个整数 a,b,c,然后擦去一个整数,换上另两个数的和减去 1. 这一操作重复多次,最后得到了 $17,1\,967,1\,983$. 开始的数能是(a)$2,2,2$ 或是(b)$3,3,3$ 吗?

22. 在图 1.6 的每个点上放有一个棋子. 每次可以同时把任意两个棋子向相反方向移动一位. 目的是要把所有棋子放在同一点上. 什么时候可以达成目的?

23. 从 n 个互不相同的整数 $x_1,x_2,\cdots,x_n$($n>2$)出发,重复下面步骤

$$T:(x_1,x_2,\cdots,x_n) \mapsto \left(\frac{x_1+x_2}{2},\frac{x_2+x_3}{2},\cdots,\frac{x_n+x_1}{2}\right)$$

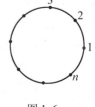

图 1.6

证明:$T,T^2,\cdots$ 总会导致各分量都不是整数.

24. 从一个 $m \times n$ 的整数的数表出发,每一步可以改变任一行或任一列中所有数的符号. 证明:可以使每行及每列中所有数的和都是非负的.(作一个整数值的函数,它在每一步操作后值都会增加,但又是有上界的,这样在某步操作后必定成为常数,达到它的最大值.)

25. 设有一个凸 $2m$ 边形 $A_1,A_2,\cdots,A_{2m}$,在它内部取一点 P,它不在任何对角线上. 证明:点 P 必在偶数个以 $A_1,A_2,\cdots,A_{2m}$ 中的点为顶点的三角形内部.

26. 三个自动机 I,H 和 T 在票上打印一对正整数. 输入 (a,b) 时,I 和 H 分别给出 $(a+1,$

$b+1$) 和 ($a/2,b/2$). H 只接受偶数 a,b. T 需要输入两对数 (a,b) 和 (b,c),并输出 (a,c). 从 $(5,19)$ 出发,能否得到下面的票:(a)$(1,50)$;(b)$(1,100)$?

开始有 (a,b) $(a<b)$,问:对怎样的 n,可以实现 $(1,n)$?

27. 三个自动机 I,R,S 在票上打印一对正整数. 当输入 (x,y) 时,I,R 和 S 分别给出票 $(x-y,y)$,$(x+y,y)$ 和 (y,x) 作为输出. 开始时给出票 $(1,2)$,用这些自动机是否能够得到:(a)$(19,79)$;(b)$(819,357)$? 试找出不变量. 从 (a,b) 出发能得到什么样的数对 (p,q)? 最好通过怎样的数对来开始我们的操作?

28. 在黑板上写有 n 个数,每步可以擦去其中任何两个数,例如 a 与 b,并写出数 $(a+b)/4$. 重复这步骤 $n-1$ 次,就只留下一个数. 证明:如果开始时黑板上写的是 n 个 1,那么最后留下的数必不小于 $1/n$.

29. 对一个非凸的不自身相交的多边形 P 进行如下操作:设 A,B 是两个不相邻的顶点,若 P 在 AB 的同一侧,则可把多边形的联结 A,B 的一部分关于 AB 的中点 O 作反射. 证明:在有限次这样的反射后,多边形会变成凸多边形.

30. 解方程:$(x^2-3x+3)^2-3(x^2-3x+3)+3=x$.

31. 设 $a_1,a_2,\cdots,a_n$ 是 $1,2,\cdots,n$ 的一个排列. 如果 n 是奇数,那么乘积 $P=(a_1-1)\cdot(a_2-2)\cdots(a_n-n)$ 是偶数. 证明之!

32. 在一次大型国际会议上会有很多次握手. 我们把握过奇数次手的人称为奇数人,否则称为偶数人. 证明:在任何时刻奇数人都有偶数个.

33. 从一条直线上依次标为 $0,1$ 的两个点出发,每一步可以添加或去掉两个相邻的标为 $(0,0)$ 或 $(1,1)$ 的点. 目标是实现唯一一对点,依次标号为 $(1,0)$. 你能达到这个目标吗?

34. 通过一系列形如

$$f(x)\mapsto x^2 f\left(\frac{1}{x}+1\right) \text{ 或 } f(x)\mapsto (x-1)^2 f\left(\frac{1}{x-1}\right)$$

的变换,是否能把 $f(x)=x^2+4x+3$ 变成 $g(x)=x^2+10x+9$?

35. 平方数的数列中是否有子数列是无穷等差数列?

36. 整数 $1,2,\cdots,n$ 以任意次序排列好. 每一步可以把两个相邻的整数对换. 证明:经过奇数次对换不可能得到原先的排列.

37. 在问题 36 中,每一步改成把任意两个整数交换位置. 证明:上面的断言依然正确.

38. 整数 $1,2,\cdots,n$ 依次排列,每一步可取任何四个整数,把第一个与第四个,第二个与第三个分别对换. 证明:当 $n(n-1)/2$ 是偶数时,可以用这种步骤得到排列 $n,n-1,\cdots,1$. 但如果 $n(n-1)/2$ 是奇数,就不可能得到这种排列.

39. 考虑所有格子方块 (x,y),其中 x,y 是非负整数,它是方块的左下角顶点的坐标,并用作该方块的标记. 把方块 $(0,0)$,$(1,0)$,$(0,1)$,$(2,0)$,$(1,1)$,$(0,2)$ 涂上阴影.

(a)在这六个格子的每格中有一个棋子.

(b)在 $(0,0)$ 格中只有一个棋子.

步骤:如果 (x,y) 中有棋子,且 $(x+1,y)$ 和 $(x,y+1)$ 中没有棋子,那么可以去掉 (x,y) 中的棋子,并在 $(x+1,y)$ 和 $(x,y+1)$ 中各放一个棋子. 目的是去掉有阴影的格子中的棋子. 在情形(a)或(b)中是否可能实现目的?(Kontsevich,TT1981)

40. 在 x-轴下方或 x-轴上的一些格点处随意放棋子. 棋子的跳法是:一个棋子可以跳

过邻格的棋子而到下一个空格,并把跳过的那个棋子去掉.例如$(x,y),(x,y+1)$处有棋子,且在$(x,y+2)$处无棋子,就可以去掉(x,y)及$(x,y+1)$处的棋子而在$(x,y+2)$处放上一个棋子.是否能使棋子跳到$(0,5)$处而把其他棋子都去掉?（J. H. Conway）

41. 给定一个空间点集S,可以通过将S的每一点按照空间一点$A(A\neq X)$作反射来扩大S.设开始S由一个立方体的七个顶点组成.问能否把该立方体的第八个顶点也扩大到S中来?①

42. 在一个无限棋盘上玩如下游戏:开始时,在一个$n\times n$的正方形的每格中放一个棋子,每一步是一个棋子沿横向或纵向跳过邻格中的棋子而到它后面的空格中,被跳过的那个棋子也随即去掉(棋子的跳法实质上与第40题相同).求一切n,使得这游戏结束时可以只剩一个棋子.（IMO1993及AUO1992）

43. 在一个10×10的方块中,九个1×1方格被感染了.在单位时间后,至少有两个与被感染的方格有公共边的相邻的格子也被感染,问:感染是否能传播到每个格子?

44. 如果多项式$f(x)$和$g(x)$分别是:

(a)$f(x)=x^2+x,g(x)=x^2+2$.

(b)$f(x)=2x^2+x,g(x)=2x$.

(c)$f(x)=x^2+x,g(x)=x^2-2$.

那么利用加、减、乘是否能从$f(x)$和$g(x)$得到$h(x)=x$?

45. 计算舍入误差的积累.从$x_0=1,y_0=0$出发,用计算机产生出数列

$$x_{n+1}=\frac{5x_n-12y_n}{13},y_{n+1}=\frac{12x_n+5y_n}{13}$$

对于$n=10^2,10^3,10^4,10^5,10^6$和$10^7$,求$x_n^2+y_n^2$.

46. 从黑板上两个数18和19开始,每步可加上另一个等于前面的两个数之和的数,能得到数1 994吗?（IIM）

47. 在一个(a)正五边形,(b)正六边形中画出所有对角线.开始时在每个顶点及每个对角线的交点处标上一个数1.每一步可以把一条边或对角线上的所有数改变符号,通过若干步后是否可以把所有标记的数都变成-1?（IIM）

48. 在图1.7中,有公共边的两个方格称为相邻的.考虑下面的运算T:取任意两个相邻的数并加上同一个整数,能够把图1.7经若干次迭代T变成图1.8吗?

1	2	3
4	5	6
7	8	9

7	8	9
6	2	4
3	5	1

图1.7　　　　　　图1.8

49. 在黑板上写有若干个"+"或"-",可以随意擦去两个符号,并根据擦去的两个符号相同或不同而加上一个"+"或"-".证明:黑板上最后留下的一个符号与擦写的过程无关.

50. 在黑板上有一些字母e,a和b,可以把两个e换成一个e,两个a换成一个b,两个b换成一个a,一个a和一个b换成一个e,一个a和一个e换成一个a,一个b和一个e换成一

---

① 此题原书有错.——校注

个 b. 证明:最后留下的一个字母不依赖于替换的次序.

51. 一条龙有 100 个头,一名武士一剑可以砍掉它的 15,17,20 或 5 个头,就在这四种情况下,在龙的肩上又分别会长出 24,2,14 或 17 个新的头. 若把头都砍光时,龙就死了. 问:龙会死吗?

52. 是否能把整数 $1,1,2,2,\cdots,1\,998,1\,998$ 排成一行,使得在任意两个 i 之间恰好有 $i-1$ 个其他的数?

53. 对于二次多项式 ax^2+bx+c,允许做下面的运算:(a)把 a 和 c 对换;(b)把 x 换成 $x+t$,其中 t 是任意实数. 重复做这样的运算,能把 x^2-x-2 变成 x^2-x-1 吗?

54. 开始时有三堆棋子,分别有 a 枚、b 枚及 c 枚棋子. 每次可以把有 x 枚棋子的那一堆中的一枚棋子移到有 y 枚棋子的那一堆中,记 $d=y-x+1$. 如果 $d>0$,银行就给你 d 元钱;如果 $d<0$,你就给银行 $|d|$ 元钱,重复此程序若干次后发现又会回到原来的分布. 此时,你最多能得到多少钱?

55. 设 $d(n)$ 是 $n\in\mathbf{N}_+$ 的所有数字的和. 解方程:$n+d(n)+d(d(n))=1\,997$.

56. 从四个全等的直角三角形出发,每次可以任取一个三角形,用直角顶点处的高把它分成两个三角形. 证明:不可能没有全等的三角形. (MMO1995)

57. 从平面上点 $S(a,b)(0<a<b)$ 出发,按规则

$$x_0=a,y_0=b,x_{n+1}=\sqrt{x_n y_{n+1}},y_{n+1}=\sqrt{x_n y_n},$$

得到一列点 (x_n,y_n). 证明:有极限点 (x,y),且 $x=y$,同时求出这极限.

58. 考虑二进制的字 $W=a_1 a_2\cdots a_n$(即每个 a_i 是 0 或 1),可以在其中插进 XXX、去掉 XXX 或在尾部加上 XXX(其中 X 是任意二进制的字). 我们的目标是经过一系列这样的变换,把 01 变成 10. 这是否可以做到?(LMO1988,口试)

59. 一个正方体的七个顶点上标数 0,另一个顶点标数 1. 每次可以选一条棱,把这条棱的两端的数都加上 1. 目的是使得:(a)八个数都相等,(b)八个数都能被 3 整除. 你能够实现做到吗?

60. 从平面上点 $S(a,b)(0<b<a)$ 出发,按规则

$$x_0=a,y_0=b,x_{n+1}=\frac{2x_n y_n}{x_n+y_n},y_{n+1}=\frac{2x_{n+1}y_n}{x_{n+1}+y_n}$$

产生一列点 $S_n(x_n,y_n)$. 证明:这列点有极限 (x,y),且 $x=y$,同时求出这个极限.

解　答

1. 每一步整数的个数都减少 1,$(4n-2)$ 步后只有一个整数. 开始时有 $2n$ 个奇数,奇数个数是偶数. 如果两个奇数被换掉,那么奇数的个数减少 2. 如果一个是奇数或两个都是偶数,那么奇数的个数依旧. 因为开始时奇数的个数是偶数,直到最后奇数的个数还是偶数,所以留下的是一个偶数.

2. (a)$(0.6a-0.8b)^2+(0.8a+0.6b)^2=a^2+b^2$. 由 $a^2+b^2+c^2=3^2+4^2+12^2=13^2$,可知点 (a,b,c) 在以 O 为中心,半径为 13 的球面上. 又由于 $4^2+6^2+12^2=14^2$,目标在以 O 为中心,半径为 14 的球面上,故这目标不能实现.

(b)$(x-4)^2 + (y-6)^2 + (z-12)^2 < 1$. 目标不能实现. 这里重要的不变量是点$(a,b,c)$到点$O$的距离.

3.(a)把有b个黑格和$8-b$个白格的一行或一列改变颜色, 变成$8-b$个黑格和b个白格, 黑格的个数改变了$|(8-b)-b| = |8-2b|$, 这是个偶数. 黑格个数的奇偶性并不改变. 由于个数开始时是偶数, 因此它永远是偶数. 一个黑格子是不能实现的.

(b)与(a)的推理类似.

4.下面是对自然数、有理数及无理数都有效的解法. $a+b=n$ 是不变量, 这算法可以改述如下:

如果 $a < \dfrac{n}{2}$, 把 a 换成 $2a$.

如果 $a \geqslant \dfrac{n}{2}$, 把 a 换成 $a-b = a-(n-a) = 2a-n \equiv 2a \pmod{n}$.

这样, 把 a 一直加倍(模n)而得到数列

$$a, 2a, 2^2 a, 2^3 a, \cdots \pmod{n} \tag{1}$$

现在把 a 用 n 去除(用二进制表示), 共有三种情况:

(a)结果是有限小数:$a/n = 0.\, d_1 d_2 d_3 \cdots d_k, d_i \in \{0,1\}, d_k = 1$. 这时 $2^k a \equiv 0 \pmod{n}$, 但 $2^i a \not\equiv 0 \pmod{n}$(当 $i<k$ 时). 因而算法恰好在 k 步后停止.

(b)结果是无限循环小数

$$\frac{a}{n} = 0.\, a_1 a_2 \cdots a_p d_1 d_2 \cdots d_k d_1 d_2 \cdots d_k \cdots$$

算法不会停止, 数列(1)有周期 k, 前面不循环的部分有 p 项.

(c)结果是无限不循环的:$a/n = 0.\, d_1 d_2 d_3 \cdots$. 在这种情况下, 算法不会停止, 数列(1)不是循环的.

5.这是例10(收缩的平方)的特殊情况. 加法按模2进行:$0+0 = 1+1 = 0$(表示相同数间放0), $1+0 = 0+1 = 1$(表示不同数间放1). 设$(x_1, x_2, \cdots, x_n)$是开始时0和1在圆周上的分布, 每一步是把$(x_1, x_2, \cdots, x_n)$换成$(x_1+x_2, x_2+x_3, \cdots, x_n+x_1)$. 有两个特殊的分布是 $E = (1,1,\cdots,1)$ 和 $I = (0,0,\cdots,0)$. 这里我们要倒过来做. 假定最后能得到I, 那前一个状态必然是E, 而再前一个是交替的 n 数组$(1,0,1,0,\cdots)$. 因为 n 是奇数, 没有这样的 n 数组存在.

现设 $n = 2^k \cdot q$, q 是奇数. 下面的迭代

$$(x_1, x_2, \cdots, x_n) \leftarrow (x_1+x_2, x_2+x_3, \cdots, x_n+x_1) \leftarrow (x_1+x_3, x_2+x_4, \cdots, x_n+x_2) \leftarrow$$
$$(x_1+x_2+x_3+x_4, x_2+x_3+x_4+x_5, \cdots) \leftarrow (x_1+x_5, x_2+x_6, \cdots) \leftarrow \cdots$$

表明, 当 $q=1$ 时, 迭代会实现 I. 当 $q>1$ 时, 当且仅当能得到长度为 2^k 的 q 个全同的段, 也就是当周期为 2^k 时, 我们最终会实现 I. 试证明这点.

倒过来做的解题策略将在第14章中讨论.

6.每一步后所有三个数 a, b, c 都改变奇偶性. 如果有一个数有与另外两个数不同的奇偶性, 它将保持这性质到底, 这将是留下的那一个.

7.(a,b,c)变成三个三数组$(a+2, b-1, c-1)$, $(a-1, b+2, c-1)$ 及 $(a-1, b-1, c+2)$之一. 在每一种情况下, $I = (a-b) \pmod 3$ 是个不变量. 但 $b-c \equiv 1 \pmod 3$ 和 $a-c \equiv 1 \pmod 3$ 也是不变量. 所以 $I \equiv 0 \pmod 3$ 与 $a+b+c \equiv 0 \pmod 3$ 合起来就是达到同色状态的条件.

8. 如果在第一列中有等于 1 的数,把它(或它们)所在的行加倍,再把第一列中的数都减去 1.这使第一列中数的和减小,直到得出一列 1,再减去 1 变成一列 0,再对下一列这样做,等等.

9. 考虑模 9 的余数,这是个不变量.因为 $10^6 \equiv 1 \pmod 9$,1 的个数比 2 的个数多 1.

10. 由 $(a-d)(b-c) < 0$ 可得 $ab + cd < ac + bd$. 对换的操作使相邻项乘积的和 S 增加.在我们的情况下 $ab + bc + cd$ 换成 $ac + cb + bd$.由于 $ab + cd < ac + bd$,因此和 S 增加.但 S 只能取有限多个值.

11. 边界上的八个数(除去角上的四个)的乘积是 -1,它是不变的.

12. 每一列中的数从第二个开始是上升的、有界的正整数数列.

13. (a)设 S 是除第三、六行外的所有数的和.$S \pmod 2$ 是不变量.如果开始时 $S \not\equiv 0 \pmod 2$,那么棋盘上总会有奇数.

(b)设 S 是除第四、八行外所有数的和,则 $S \pmod 3$ 是不变量.如果开始时 $S \not\equiv 0 \pmod 3$,那么棋盘上总有数不被 3 整除.

14. 由 $7^3 \equiv 1 \pmod 9 \Rightarrow 7^{1996} \equiv 7 \pmod 9$.数字的和$\pmod 9$是不变的.如果最后那个十位数的各位数字都不同,那么它的各位数字之和将是 $0 + 1 + \cdots + 9 = 45$,而 $45 = 0 \pmod 3$,这是不可能的.

15. 棋子可从 $(1,1)$ 开始实现 (x,y),当且仅当 $\gcd(x,y) = 2^n, n \in \mathbf{N}_+$.允许的变动使 $\gcd(x,y)$ 不变或加倍.

16. 这里,$I(x_1, x_2, x_3, x_4, x_5, x_6) = 2x_1 + 4x_2 + 6x_3 + 8x_4 + 10x_5 + 12x_6 \pmod{10}$ 是个不变量.从 $I(1,0,1,0,1,0) = 8$ 出发,目标 $I(0,1,0,1,0,1) = 4$ 是不可能实现的.

17. 设 $\gcd(m,n) = 1$.在第 4 章例 5 中,我们要证明 $nx = my + 1$ 在 $\{1,2,\cdots,m-1\}$ 中有解 x 及 y.把该方程重新写成 $nx = m(y-1) + m + 1$.现把任意 m 个正整数 $x_1, x_2, \cdots, x_m$ 放在一个圆周上,设 x_1 是最小的数.沿圆周把 n 个数作为一段,每次把一段中每个数加 1.如果这样做 n 次,就绕圆周走了 m 圈,并且第一个数比其他数多加了 1.这样就可使 $|x_{max} - x_{min}|$ 减小 1(在 $x_1, \cdots, x_m$ 中假设最小的数有 3 个相同,上述方法做三次就使 $|x_{max} - x_{min}|$ 减小 1),这样反复进行直到最大数和最小数之差为 0.

但如果 $\gcd(m,d) = d > 1$,这种化法并不总是可能的.若 m 个数中一个是 2,其余的都是 1.如果这种操作做 k 次后,m 个数成为平均分配,总和是 $m + 1 + kn$,即 $m + 1 + kn \equiv 0 \pmod m$.但 d 不整除 $m + kn + 1$(因为 $d > 1$),故 m 不整除 $m + 1 + kn$.矛盾!

18. 用反证法.假定所有的余数 $0, 1, \cdots, 2n-1$ 都出现,所有整数和它们的位置标号数的和是
$$S_1 = 2(1 + 2 + \cdots + 2n) = 2n(2n+1) \equiv 0 \pmod{2n}$$
所有余数的和是
$$S_2 = 0 + 1 + \cdots + 2n - 1 = n(2n-1) \equiv n \pmod{2n}$$
矛盾!

19. 设插脚的编号为 $i_1, i_2, \cdots, i_n$,显然 $i_1 + i_2 + \cdots + i_n = n(n+1)/2$.如果 n 是奇数,那么,编号 $i_j = n + 1 - j (j = 1, 2, \cdots, n)$ 就符合要求.反过来,如果这是个好的编号(即符合要求的编号),那么,标号为 i_j 的插脚和插孔相合是在插头向前转过 $i_j - j$ 或 $i_j - j + n$ 格时才对.这就意味着 $(i_1 - 1) + (i_2 - 2) + \cdots + (i_n - n) = 1 + 2 + \cdots + n \pmod n$.此式左边是 0,右边是

$n(n+1)/2$,它被 n 整除只有在 n 是奇数时才成立.

20. 这一变换的不变量是:

$P:\gcd(x,y)=\gcd(x-y,x)=\gcd(x,y-x).$

$Q:xv+yu=2ab.$

$R:x>0,y>0.$

P 和 R 显然是不变的. 下证 Q 的不变性. 开始时有 $ab+ba=2ab$,这显然正确. 一步之后,Q 的左边成为 $x(v+u)+(y-x)u=xv+yu$ 或 $(x-y)v+y(u+v)=xv+yu$,即 Q 在左边不变. 最后有 $x=y=\gcd(a,b)$ 及 $x(u+v)=2ab \to (u+v)/2=ab/x=ab/\gcd(a,b)=\text{lcm}(a,b)$.

21. 如果开始时三个数都大于1,那么它们就都大于1. 从第二个三数组起,最大的数总是另两个数的和减去1. 若在若干步后得出的是 $a,b,c(a\leqslant b\leqslant c)$,则 $c=a+b-1$. 退回一步是 $(a,b,b-a+1)$. 这样,可以从最后的状态 $(17,1\,967,1\,983)$ 唯一地向前找(直到第二个三数组):$(17,1\,967,1\,983)\leftarrow(17,1\,967,1\,951)\leftarrow(17,1\,935,1\,951)\leftarrow(17,1\,919,1\,935)\leftarrow\cdots\leftarrow(17,15,31)\leftarrow(17,15,3)\leftarrow(13,15,3)\leftarrow(3,11,13)\leftarrow\cdots\leftarrow(5,7,3)\leftarrow(5,3,3)$. 再前一个三数组是含1的 $(3,3,1)$,这不可能. 这样,$(5,3,3)$ 是第一步操作后产生的. 我们可以从 $(3,3,3)$ 得到 $(5,3,3)$,但从 $(2,2,2)$ 得不到 $(5,3,3)$.

22. 设 a_i 是在圆上第 i 个点处的棋子的个数. 考虑和式 $S=\sum ia_i$,开始时 $S=\sum i=n(n+1)/2$,而最后要有 $kn(k\in\{1,2,\cdots,n\})$. 每次移动使 S 改变 $0,n$ 或 $-n$. 因此 $S(\bmod n)$ 是不变量. 最后有 $S\equiv 0(\bmod n)$. 从而开始时应有 $S\equiv 0(\bmod n)$,这就是 n 为奇数的情况. 在奇数 n 时实现目标是显而易见的.

23. **解法一:** 假定我们从 $(x_1,x_2,\cdots,x_n)$ 出发只能得到整数的 $n-$ 数组,那么最大和最小的数的差是减小的. 因为差是整数,从某一时刻起它就会是0. 确实,最大的数 x 如果在一行中出现 k 次,在 k 步后就会更小;如果在一行中最小的数 y 出现 m 次,那么它在 m 步后就会变得更大. 经过有限步会得到整数的 $n-$ 数组 $(a,a,\cdots,a)$. 我们要证明,从两两互不相同的数,不会得到全部相同的数. 假定 $z_1,z_2,\cdots,z_n$ 不全相同,但 $(z_1+z_2)/2=(z_2+z_3)/2=\cdots=(z_n+z_1)/2$,则 $z_1=z_3=z_5=\cdots,z_2=z_4=z_6=\cdots$. 如果 n 是奇数,那么所有 z_i 相等,与假设矛盾. 对于偶数 $n=2k$,我们要排除 $(a,b,a,b,\cdots,a,b)$ 的情况 $(a\neq b)$. 假定

$$\frac{y_1+y_2}{2}=\frac{y_3+y_4}{2}=\cdots=\frac{y_{n-1}+y_n}{2}=a$$

$$\frac{y_2+y_3}{2}=\frac{y_4+y_5}{2}=\cdots=\frac{y_n+y_1}{2}=b$$

由于这两个等式的左端之和相等,即知 $a=b$. 这就是说,不可能得到 $n-$ 数组 $(a,b,a,b,\cdots,a,b)(a\neq b)$.

解法二: 设 $\boldsymbol{x}=(x_1,x_2,\cdots,x_n)$,$T\boldsymbol{x}=\boldsymbol{y}=(y_1,y_2,\cdots,y_n)$

$$\sum_{i=1}^n y_i^2=\frac{1}{4}\sum_{i=1}^n(x_i^2+x_{i+1}^2+2x_ix_{i+1})$$

$$\leqslant \frac{1}{4}\sum_{i=1}^n(2x_i^2+2x_{i+1}^2)$$

$$=\sum_{i=1}^n x_i^2$$

式中 $n+1$ 理解为 1. 等式当且仅当 $x_i = x_{i+1}(i=1,2,\cdots,n)$ 时成立. 这样,平方和是正整数的严格下降数列(直到所有数都相等). 而如在解法一中所证,从不同的数出发不可能在有限步后得到相同的数.

解法三概述:试用几何解法. 由于各分量之和是不变的,这就是说 n 个点的重心每一步后都是相同的.

24. 如果某一行或某一列的和是负的,把这行(或列)中的数都改变符号,那么表中所有数的和严格增加. 但和不能一直增加,这样最终能使所有行及列的和都非负.

25. 对角线(作所有对角线)把多边形的内部分成若干个凸多边形. 考虑两个有公共边的相邻的多边形 P_1 和 P_2,公共边在对角线 XY 上. 对于不以 XY 为边的三角形,P_1 和 P_2 或者都在这三角形内,或者都不在这三角形内. 因此,当点从 P_1 内走到 P_2 内时,P 所属的三角形的个数改变 $t_1 - t_2$,其中 t_1,t_2 是多边形在 XY 两侧的顶点的个数. 因为 $t_1 + t_2 = 2m-2$,所以 $t_1 - t_2$ 是偶数. 而当点 P 在 $\triangle A_2A_3Q$(Q 是 A_1A_3 与 A_2A_4 的交点)内时,显然 P 在 $2m-2$ 个三角形内(上面的"三角形"是指以多边形顶点中三点为顶点的三角形). 所以对于一个不在任何对角线上的点 P,P 在偶数个三角形内.

26. 你无法去掉差 $b-a$ 的奇因子. 即从 $(5,19)$ 可以到达 $(1,50)$,但不能到达 $(1,100)$.

27. 三个自动机都使 $\gcd(x,y)$ 不变. 从 $(1,2)$ 可以达到 $(19,79)$,但不能达到 $(819,357)$. 当且仅当 $\gcd(p,q) = \gcd(a,b) = d$ 时,从 (a,b) 可以达到 (p,q). 最好从 (a,b) 往下到 $(1,d+1)$,再向上走到 (p,q).

28. 从与 $(a+b)/2 \geqslant 2ab/a+b$ 等价的不等式 $1/a+1/b \geqslant 4/(a+b)$,可知那些数的倒数之和 S 是不增加的. 开始时有 $S = n$,从而最后有 $S \leqslant n$. 对最后的数 $1/S$,有 $1/S \geqslant 1/n$.

29. 允许作变换使边的长度及方向不变(这里仅指变成与原边平行的边). 因此只有有限个多边形. 此外,在每次反射后面积严格增加. 因此这个过程是有限的.

注:对关于直线 AB 对称的相应的问题要困难得多. 定理依然成立,但证明不再属于初等数学,各条边依旧不变,但方向会改变. 因此过程的有限性不能被容易地推出?(在根据直线作反射时,猜测 $2n$ 次反射足以得到凸多边形).

30. 设 $f(x) = x^2 - 3x + 3$. 我们要解方程 $f(f(x)) = x$,即要找函数 $f \circ f$ 的不动点. 首先看 $f(x) = x$,也就是研究 f 的不动点. f 的每个不动点也是 $f \circ f$ 的不动点. 确实

$$f(x) = x \Rightarrow f(f(x)) \Rightarrow f(x) \Rightarrow f(f(x)) = x$$

先解 $f(x) = x$,即 $x^2 - 4x + 3 = 0$,解为 $x_1 = 3,x_2 = 1.f(f(x)) = x$ 导出四次方程 $x^4 - 6x^3 + 12x^2 - 10x + 3 = 0$. 我们已知两个解 3 和 1,所以左端被 $x-3$ 和 $x-1$ 整除,因而被 $(x-3)(x-1) = x^2 - 4x + 3$ 整除. 这在关于多项式的一章中证明,但读者已在中学学习中知道此观点. 用 $x^2 - 4x + 3$ 除四次方程的左端得到 $x^2 - 2x + 1$. 因为 $x^2 - 2x + 1 = 0$ 即等价于 $(x-1)^2 = 0$,所以另外两个解是 $x_3 = x_4 = 1$. 这里未得到另外的新解,但一般说来,从 $f(x) = x$ 到 $f(f(x)) = x$,解的个数要加倍.

31. 假定乘积 P 是奇数,则它的每个因子必为奇数. 考虑这些数的和 S. 显然 S 是奇数,因它是奇数个奇数的和. 另外,$S = \sum (a_i - i) = \sum a_i - \sum i = 0$(因为 a_i 是 1 到 n 的排列). 矛盾!

32. 我们把参会者分成偶数人集合 E 和奇数人集合 O. 我们看到在握手过程中 O 元素

个数的奇偶性不变. 确实, 如果两个奇数人握手, 那么 O 增加了 2; 如果两个偶数人握手, 那么 O 减少了 2; 如果偶数人和奇数人握手, 那么 $|O|$ 不改变. 因为开始时 $|O|=0$, 所以这个集合的奇偶性不变.

33. 考虑如下计算的数 U: 在每个 1 下面, 写下它右面的 0 的个数, 并把这些数相加. 开始时 $U=0$, 每一步后 U 要么不改变, 要么增加 2 或减少 2, 从而 U 总是偶数. 但对于目标而言 $U=1$, 因此这个目标是不能实现的.

34. 考虑三项式 $f(x)=ax^2+bx+c$, 它有判别式 b^2-4ac. 第一个变换把 $f(x)$ 变成 $(a+b+c)x^2+(b+2a)x+a$, 判别式为 $(b+2a)^2-4a(a+b+c)=b^2-4ac$. 而用第二个变换, 得到三项式 $cx^2+(b-2c)x+(a-b+c)$, 判别式还是 b^2-4ac. 因此判别式是不变的, 但 x^2+4x+3 的判别式为 4, $x^2+10x+9$ 的判别式是 64. 所以不能从第一个三项式得到第二个三项式.

35. 对于等差数列中连着的三个平方数, 我们有 $a_3^2-a_2^2=a_2^2-a_1^2$, 即 $(a_3-a_2)(a_3+a_2)=(a_2-a_1)(a_2+a_1)$. 因为 $a_2+a_1<a_3+a_2$, 必有 $a_2-a_1>a_3-a_2$.

假定 $a_1^2, a_2^2, a_3^2, \cdots$ 是无穷等差数列, 则

$$a_2-a_1>a_3-a_2>a_4-a_3>\cdots$$

这就得到矛盾, 因为没有无穷下降的正整数数列.

36. 设整数 $1, 2, \cdots, n$ 以任一种方式排列, 数 i 和 k 如果大的数在小的左面, 就称它们不按次序, 这时它们做成一个反序. 证明交换相邻两数改变反序个数的奇偶性.

37. 交换任意两个整数可以看成交换相邻两数奇数次.

38. $n, n-1, \cdots, 1$ 的反序数是 $n(n-1)/2$. 证明每一步不改变反序数的奇偶性. 如果 $n(n-1)/2$ 是偶数, 把 n 个整数分成 n 个相邻数对 (对奇数 n, 让中间一个数不配对), 然后由第一个数、最后一个数、第二个数以及倒数第二个数组成四数组, 等等.

39. 对于标为 (x, y) 的方格, 我们赋予权 $1/2^{x+y}$, 我们看到当一个棋子换成两个旁边的棋子时, 有棋子的方格的总的权并不改变. 第一列的总权是

$$1+\frac{1}{2}+\frac{1}{4}+\cdots=2$$

右面的一列的总权是前一列的总权的一半, 因此整个棋盘上的权是

$$2+1+\frac{1}{2}+\cdots=4$$

在 (a) 中, 有阴影的方格的总权是 $2\frac{3}{4}$, 棋盘上其他部分的总权是 $1\frac{1}{4}$, 从而其余部分的总权不足以安置有阴影区域中的棋子. 在 (b) 中, 单个的棋子的权为 1. 假定可以在有限步中使用阴影区域中没有棋子, 则在 $x=0$ 那一列的权最多是 $\frac{1}{8}$. 在 $y=0$ 这一行中, 权最多也是 $\frac{1}{8}$. 有阴影区域外的其余部分权 $\frac{3}{4}$. 在有限步后只能盖住一部分, 所以仍得到矛盾.

40. 可以使 $(0, 4)$ 中有棋子, 但不能使棋子到达 $(0, 5)$. 我们引入点 (x, y) 的范数为 $n(x, y)=|x|+|y-5|$. 定义该点的权为 α^n, 其中 α 是 $\alpha^2+\alpha-1=0$ 的正根. 一组棋子 S 的权定义为

$$W(S) = \sum_{p \in S} \alpha^n$$

在 $y \leqslant 0$ 的所有格点上都放上棋子. $y = 0$ 上的棋子的权是 $\alpha^5 + 2\alpha^6 \sum_{i \geqslant 0} \alpha^i = \alpha^5 + 2\alpha^4$. 在把半平面 $y \leqslant 0$ 都放棋子时,总权是

$$(\alpha^5 + 2\alpha^4)(1 + \alpha + \alpha^2 + \cdots) = \frac{\alpha^5 + 2\alpha^4}{1 - \alpha} = \alpha^3 + 2\alpha^2 = 1$$

我们还观察到:沿水平方向向 y 轴的移动保持总权不变,沿垂直方向向上移动也保持总权不变. 其他移动使总权减小. 目标 $(0,5)$ 的权是 1. 因为在 x 轴上及在 x 轴下方任何分布的有限个棋子的权小于 1,从而有限次跳动后不能达到目标.

41. 作坐标系,使该立方体的那七个点的坐标为 $(0,0,0),(0,0,1),(0,1,0),(1,0,0)$, $(1,1,0),(1,0,1),(0,1,1)$. 我们观察到,在作反射时一个点保持坐标的奇偶性,因而不能得到三个坐标都是奇数的点. 由此不能到达点 $(1,1,1)$. 这由映射的公式 $X \mapsto 2A - X$,或者用它的坐标形式 $(x,y,z) \mapsto (2a - x, 2b - y, 2c - z)$ 可以推出,其中 $A = (a,b,c), X = (x,y,z)$. 这里的不变量是 S 中点的坐标的奇偶型.

42. 图 1.9 表明怎样把由棋子所占据的 L 形的四块利用一个空格(它是图中黑色棋子关于它旁边那个白色棋子的对称位)变成一个棋子的方法. 在图 1.10 中反复用这种操作,可以把任何 $n \times n$ 方块化成 $1 \times 1, 2 \times 2$ 或 3×3 的方块. 1×1 方块已经成为只有一格有棋子的情况,2×2 的四个棋子变成一个棋子的情形是显然的.

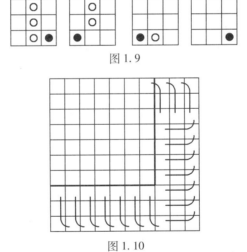

图 1.9

图 1.10

把 3×3 方块变成一个棋子就做不到. 棋盘上至少会有两个棋子. 但也许会有不用 L 形的四块的另外方法能获得成功. 为说明这一想法是不成立的,我们从任何被 3 整除的 n 出发,把棋盘按对角线方式染成 A,B,C 三种颜色(斜的对角线的方块都是 A 色,旁边一条都是 B 色,再旁边一条都是 C 色,然后又是 A 色,等等). 把放有棋子的 A,B,C 色格子数分别记为 a,b,c. 开始时 $a = b = c$,即 $a \equiv b \equiv c \pmod 2$. 也就是三个数有相同的奇偶性. 在移动一次后,两个数减小 1,一个数增加 1. 这样我们就找到了不变量 $a \equiv b \equiv c \pmod 2$. 如果棋盘上只留下一个棋子,这个关系就被破坏了. 我们甚至还可以说得更多一些:如果棋盘上留有两个棋子,它们必定在同色的格子中.

43. 考虑有两个,三个或四个被感染邻居的健康格子. 可以看到被感染区域的周界是不会增加的(但可以减少). 开始时,受到感染区域的周界至多是 $4 \times 9 = 36$(个). 所以目标 $4 \times 10 = 40$(个)是不会达到的.

44. 对 f, g 用这三种运算,我们得到多项式

$$P(f(x), g(x)) = x \tag{1}$$

它应该对任何 x 成立. 对(a)和(b),我们给出特定的 x 的值,使(1)不正确.

在(a)中 $f(2) = g(2) = 6$,在对 6 反复用三种运算时,总是得到 6 的倍数,但(1)的右边是 2.

在(b)中 $f(1/2) = g(1/2) = 1$,(1)的左边是个整数,而右边 $\frac{1}{2}$ 是个分数.

在(c)中能够找到 f 和 g 的多项式,使它等于 x

$$(f - g)^2 + 2g - 3f = x$$

45. 我们应该有 $x_n^2 + y_n^2 = 1$(对所有 n),但舍入误差会破坏越来越多的有效数字. 可得下面的表. 这是很粗略的计算. 并没有出现"大量的抵销",通常不能得到这样精确的结果. 在有几百万次运算的情况的计算中,要用双精度才能得到单精度的结果.

10^n	$x_n^2 + y_n^2$
10	1.000 000 000 0
10^2	1.000 000 000 1
10^3	1.000 000 000 7
10^4	1.000 000 006 6
10^5	1.000 000 066 5
10^6	1.000 000 666 0
10^7	1.000 006 666 6

46. 因为 $1\,994 = 18 + 19 \times 104$,我们得到 $18 + 19 = 37, 37 + 19 = 56, \cdots, 1\,975 + 19 = 1\,994$. 从 18 和 19 出发要找出能够达到的所有数就不容易. 见第 6 章,特别是该章末当 $n = 3$ 时的 Frobenius 问题.

47. (a)不可以. 五边形边界上的 -1 的个数的奇偶性不变.

(b)不可以. 图 1.11 中涂成黑色的九个数的乘积不变.

48. 如图 1.12,把方格交替地染成黑色和白色. 设 W 和 B 分别是白格和黑格中数的和. 用操作 T 时不改变差 $W - B$. 对图 1.7 和 1.8,差分别是 5 和 -1. 从 5 不能得到 -1.

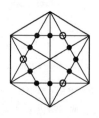

图 1.11   图 1.12

49. 把"＋"和"－"分别换成 ＋1 和 －1，作所有数的乘积 P，显然 P 是不变量.

50. 用。表示代替这一运算，这样我们有

$$e \circ e = e, e \circ a = a, e \circ b = b, a \circ a = b, b \circ b = a, a \circ b = e$$

运算。是交换的(因为没有说到次序)，容易验证它是结合的，即对所有出现的字母都有 $(p \circ q) \circ r = p \circ (q \circ r)$. 这样，所有字母的乘积不依赖于相乘的次序.

51. 头的个数模 3 不变，开始时为 1，永远如此.

52. 把 1 998 变成 n，我们求存在这种排法的必要条件. 设 p_k 是第一个 k 的位置，则另一个 k 在 $p_k + k$ 位. 计算位置的数目两次，得到 $1 + 2 + \cdots + 2n = (p_1 + p_1 + 1) + (p_2 + p_2 + 2) + \cdots + (p_n + p_n + n)$. 对于 $P = \sum_{i=1}^{n} p_i$，得到 $P = n(3n + 1)/4$. 对于 $n \equiv 0,1 \pmod 4$，P 是整数. 因为 $1\,998 \equiv 2 \pmod 4$，这个必要条件不满足，对于 $n = 4,5,8$ 诸例，试找出排法.

53. 这是个不变量问题. 作为主要的候选者，我们考虑判别式 D. 第一种运算(a)显然不改变 D，第二种运算(b)不改变多项式的根的差. 现有 $D = b^2 - 4ac = a^2((b/a)^2 - 4c/a)$，而 $-b/a = x_1 + x_2, c/a = x_1 x_2$，从而 $D = a^2(x_1 - x_2)^2$. 也就是说第二种运算(b)不改变 D. 由于两个三项式的判别式是 9 和 5. 目标不能达到.

54. 考虑 $I = a^2 + b^2 + c^2 - 2g$，其中 g 是现今的收益(开始时 $g = 0$). 如果把一个棋子从第一堆移到第二堆，那么得到 $I' = (a-1)^2 + (b+1)^2 + c^2 - 2g'$，其中 $g' = g + b - a + 1$，即 $I' = a^2 - 2a + 1 + b^2 + c^2 + 2b + 1 - 2g - 2b + 2a - 2 = a^2 + b^2 + c^2 - 2g = I$. 我们观察到操作一步后 I 不改变. 如果我们回到原来的分布 (a,b,c)，那么 g 必定是 0.

不变量 $I = ab + bc + ca + g$ 可得另一个解法. 请证明它.

55. 变换 d 使被 3 除的余数不变. 从而把方程模 3 有形式 $0 \equiv 2$. 无解.

56. 设开始时的边长为 $1, p, q (1 > p, 1 > q)$，则所有后来的三角形都是相似的，比例系数为 $p^m q^n$. 把这种 (m,n) 型的三角形切开，就得到 $(m+1, n)$ 型和 $(m, n+1)$ 型的两个三角形. 我们做如下的"翻译". 考虑非负坐标的格子方格，每个方格用它的左下角顶点的坐标来标记. 在方格 $(0,0)$ 中放四个棋子. 把 (m,n) 型三角形切开等价于在方格 $(m+1, n)$ 及方格 $(m, n+1)$ 中各放一个棋子以取代方格 (m,n) 中的那个棋子. 对于方格 (m,n) 中的棋子，赋以权 2^{-m-n}. 开始时总的权是 4，每做一步不改变总的权. 我们又得到了问题 39. 开始权为 4，如果能够在一个不同的方格中得到一个棋子，那么总权比 4 小. 事实上要得到权 4 就要每格都有一个棋子，这在有限步内是不可能做到的.

57. 比较 x_{n+1}/x_n 和 y_{n+1}/y_n，得知 $x_n^2 y_n = a^2 b$ 是不变量. 如果能证明 $\lim x_n = \lim y_n = x$，那么 $x^3 = a^2 b, x = \sqrt[3]{a^2 b}$.

由于 $x_n < y_n$，根据算术平均 – 几何平均不等式，y_{n+1} 在 $(x_n + y_n)/2$ 的左面，x_{n+1} 在 $(x_n + y_{n+1})/2$ 的左面. 这样，$x_n < x_{n+1} < y_{n+1} < y_n$，且 $y_{n+1} - x_{n+1} < (y_n - x_n)/2$. 确实，我们有共同的极限 x. 实际上，对很大的 n，例如 $n \geq 5$，有 $\sqrt{x_n y_n} \approx (y_n + x_n)/2$ 及 $y_{n+1} - x_{n+1} \approx (y_n - x_n)/4$.

58. 对 W 赋予数 $I(W) = a_1 + 2a_2 + 3a_3 + \cdots + na_n$. 在任何位置去掉或插进任何字 XXX 会得到 $Z = b_1 b_2 \cdots b_m$，其中 $I(W) = I(Z) \pmod 3$. 因为 $I(01) = 2, I(10) = 1$，目的不能达到.

59. 取四个顶点，使得其中任意两点都没有边相联结. 设 X 是这些点上的数的和. 开始时 $I = x - y = \pm 1$. 每做一步不改变 I，所以 (a) 和 (b) 都不能达到.

60. **提示**：考虑数列 $S_n = 1/x_n$ 和 $t_n = 1/y_n$. 一个不变量是 $S_{n+1} + 2t_{n+1} = S_n + 2t_n = 1/a + 2/b$.

第 2 章　染色的证明

本章的问题涉及把一个集分成有限个子集. 集的划分是通过把一个子集的每个元素染成同一种颜色来做的. 下面是个典型的例子.

1961 年英国的理论物理学家 M. E. Fisher 解出了一个著名且棘手的问题. 他证明了一张 8×8 的棋盘用 2×1 骨牌覆盖的方法有 $2^4 \times 901^2$ 种, 即 $12\,988\,816$ 种. 现在我们切去棋盘对角的两小格. 把这个缺角的棋盘的 62 个小格用 31 张 2×1 的骨牌覆盖有多少种方法呢?

看起来这个问题比 M. E. Fisher 解决的问题更为复杂, 但其实并非如此. 这个问题是很平凡的. 结论是不能把这残缺的棋盘覆盖住. 的确, 每张骨牌盖住一个黑格和一个白格, 如果能够有盖住棋盘的方法, 那么它将盖住 31 个黑格和 31 个白格. 但缺角的棋盘上 30 个格子是一种颜色, 其余 32 个格子是另一种颜色.

下面的问题是以染色或奇偶性为基础的巧妙的不可能性的证明. 有些问题其实应属于第 3 章或第 4 章, 但它们用到了染色, 就放在这一章中. 少量几个问题也属于密切相关的第 1 章. 缺角的棋盘要用两种颜色, 本章的问题常常会用两种以上的颜色.

问　题

1. 矩形的地板是由 2×2 及 1×4 的板块所拼成. 有一块板块坏了, 只有另一种的板块可用. 证明: 换用后不能拼合成功.

2. 用图 2.1 中的五种四格拼板各一块能拼出一个长方形吗?

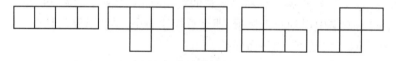

图 2.1

(图中的这些拼板从左到右叫作直形四格拼板、T 形四格拼板、方形四格拼板、L 形四格拼板和斜形四格拼板.)

3. 一张 10×10 的棋盘不能用 25 张图 2.1 中的 T 形四格拼板来覆盖.

4. 8×8 棋盘不可能用 15 块 T 形四格拼板和一块长方形四格拼板来覆盖.

5. 10×10 的板不可能用 25 块直形四格拼板来覆盖.

6. 考虑去掉四个角上各一小块的 $n \times n$ 的棋盘. 对于怎样的 n, 能够用 L 形四格拼板覆盖? (参见图 2.2)

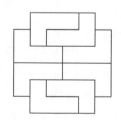

图 2.2

7. 是否能把 250 块 $1 \times 1 \times 4$ 的砖头放进一个 $10 \times 10 \times 10$ 的箱子里?

8. $a \times b$ 的长方形可以用 $1 \times n$ 的长方形覆盖,当且仅当 $n \mid a$ 或 $n \mid b$.

9. 在一张 $(2n+1) \times (2n+1)$ 的棋盘上,切掉角上的一个方格. 对于怎样的 n,可以用 2×1 骨牌覆盖棋盘剩下的部分,并使一半骨牌是水平放置的?

10. 如图 2.3①,五个重箱子摆成十字形,箱子顶上标有字母 T. 箱子移动只能绕它的边转动②. 这些箱子转成图 2.4 的新位置. 最终这行箱子中哪个箱子原来是在十字形中间的?

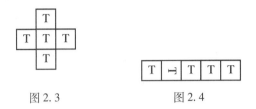

图 2.3　　　　　　　图 2.4

11. 图 2.5 是连接 14 个城市的道路图. 是否有一条路线经过每个城市恰好各一次?

图 2.5

12. 在一张 9×9 棋盘的每个格子中有一个甲虫. 在收到某一信号后,每只甲虫都沿对角线方向爬到一个邻格中,这样就可能有的格子里会有几只甲虫,而有的格子里会没有甲虫. 求没有甲虫的空格数目的最小可能值.

13. 平面上每个点染成红色或蓝色. 证明:存在四个顶点同色的长方形. 推广这一结果.

14. 空间的每个点染成红色或蓝色. 证明:在这个空间的边长为 1 的正方形中,或者至少有一个正方形有三个红色的顶点,或者至少有一个正方形,它的四个顶点都是蓝色的.

15. 证明:不存在一条曲线与图 2.6 中的每段线段恰好有一个交点.

图 2.6

16. 在 5×5 棋盘的一个格子中写入数 -1,其他 24 个格子中写入数 $+1$. 每一步可以把一个 $a \times a$(其中 $a > 1$)的正方形中格子里的数都改变符号,目的是使每个格子中的数都成为 $+1$. 为达到这个目的,开始时 -1 应放在哪个格子中?

17. 平面上的点染成红色或蓝色,用 R, B 分别表示两端都是红点及蓝点的线段的长度

---

① 可将图 2.3 看成这五个箱子的俯视图. ——校注

② 例如最上面的箱子可以绕它的经过右下角且与纸面垂直的那条边转到中间一排箱子中右面那个箱子的上面成为 ⌐ 形. ——译者注

的集合. 证明:其中总有一个集合包含所有正数.

18. 平面上的点染成三种颜色之一. 证明:总有两个同色的点,其距离为1.

19. 一个凸五边形的顶点都是整点,且它的每条边的长度都是整数. 证明:它的周长是偶数.

20. 平面上 $n(n \geq 5)$ 个点可以用两种颜色这样来染色,使得没有一条直线能把两种颜色的点分开.

21. 有许多 1×1 的正方形,你可以对每个正方形的四边用四种颜色分别给它们染色. 同样颜色的边可以粘起来,目的是得到一个 $m \times n$ 的长方形,要求这个长方形的每条边只有一种颜色,且长方形的四条边的颜色各不相同. 对怎样的 m,n 可以做到这一点?

22. 有很多单位正方体和六种颜色. 用六种颜色染每个正方体的面,并把同色的面粘起来. 目的是得到一个 $r \times s \times t$ 的盒子,这个盒子的每个面只有同一种颜色,它的六个面的颜色要各不相同. 对于怎样的 r,s,t 这可能做到?

23. 考虑平面上三个格点 $A = (0,0)$, $B = (0,1)$, $C = (1,0)$. 从这些格点出发,以 A,B,C 为中心作反射,或以中间得到的反射点为中心作反射,这样是否能得到正方形的另一顶点 $D = (1,1)$?

24. 空间的每个点染上红,绿,蓝三色之一,用 R,G,B 分别表示两端都是红,绿,蓝点的线段的长度的集合. 证明:其中至少有一个集合包含所有非负实数.

25. 艺术画廊问题. 一个艺术画廊是简单的 n 边形(不一定是凸的),求能够监控整个建筑的警卫的最小的数目(不论该 n 边形的形状多么复杂).

26. 一个 7×7 的方块被 16 个 3×1 及一个 1×1 的小块所覆盖, 1×1 的小块可以在什么位置?

27. 正 $2n$ 边形的顶点 $A_1, A_2, \cdots, A_{2n}$ 分成 n 对. 证明:如果 $n = 4m + 2$ 或 $n = 4m + 3$,那么必有两对顶点是相等线段的端点.

28. 6×6 矩形由 2×1 骨牌拼成,则至少有一根断层线,即切开矩形而不切开任何骨牌的直线.

29. 一个 25×25 矩阵的每个元素都是 $+1$ 或 -1. 设 a_i 是第 i 行中所有元素的乘积, b_j 是第 j 列中所有元素的乘积. 证明: $a_1 + b_1 + a_2 + b_2 + \cdots + a_{25} + b_{25} \neq 0$.

30. 能否把 53 块大小为 $1 \times 1 \times 4$ 的砖头放进一个 $6 \times 6 \times 6$ 的箱子中?砖头的面与箱子的面平行.

31. 平面上有三个冰球 A,B,C. 冰球手击球时,每次把一个球打到穿过另两球的直线. 在击球 1 001 次后三个球都会回原地吗?

32. 一个 23×23 的正方形全由 $1 \times 1, 2 \times 2, 3 \times 3$ 的小块所拼成. 最少要几块 1×1 的小块?(AUO1989)

33. 正方体所有顶点及各面的中心都标记出来,又画出所有的对角线. 沿面的对角线走时,是否能走过所有标记过的点?

34. 在 $4 \times n$ 的棋盘上没有马的闭回路.

35. 平面上的点双色染色. 证明:有三个同色点是正三角形的顶点.

36. 球面上的点双色染色. 证明:球面上有三个同色点是正三角形的顶点.

37. 给了一个 $m \times n$ 的长方形,最少要对几个 1×1 的小块着色,才能使留下的地方不可能放得下一个 L 形三块拼板?

38. 把正整数都染成黑色及白色,两个不同色的数的和是黑色的,而它们的乘积是白色的. 问:两个白色的数的乘积是怎样的? 找出所有这样的染色法.

解   答

1. 如图 2.7,把地板染色. 4×1 的板块总盖住 0 个或 2 个黑格,2×2 的板块总盖住 1 个黑格. 由此即可推知不能把一种板块换成另一种板块.

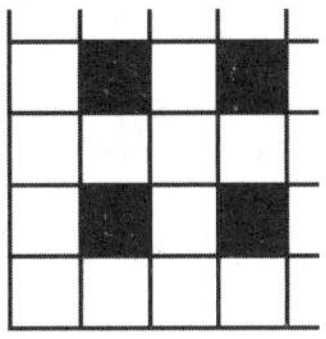

图 2.7

2. 任何一个有 20 个格子的矩形可以像国际象棋盘那样染成 10 个黑格和 10 个白格. 四种四格拼板每个都盖住 2 个黑块和 2 个白块. 而 T 形四格拼板总是盖住 3 个黑块、1 个白块或是 3 个白块、1 个黑块.

3. T 形四格拼板或是盖住 1 白 3 黑小块,或是盖住 3 白 1 黑小块(图 2.8). 要全部盖住 10×10 方格,这两种四色拼板的块数要一样多. 但 25 是奇数. 矛盾!

图 2.8

4. 方格四格拼板盖住 2 黑 2 白小块. 其余的 30 个黑格和 30 个白格要有同样多的两种拼板. 另外,60 个格子要 15 块四格拼板. 因为 15 是奇数,覆盖是不可能的.

5. 如图 2.9,按对角线方式把小块染成 0,1,2,3 四种颜色,在棋盘上不论如何安放直形四色拼板,总是盖住每种颜色各一块,但共有 26 块是 1 色的.

1	2	3	0	1	2	3	0	1	2
0	1	2	3	0	1	2	3	0	1
3	0	1	2	3	0	1	2	3	0
2	3	0	1	2	3	0	1	2	3
1	2	3	0	1	2	3	0	1	2
0	1	2	3	0	1	2	3	0	1
3	0	1	2	3	0	1	2	3	0
2	3	0	1	2	3	0	1	2	3
1	2	3	0	1	2	3	0	1	2
0	1	2	3	0	1	2	3	0	1

图 2.9

0	1	2	3	0	1	2	3	0	1
0	1	2	3	0	1	2	3	0	1
0	1	2	3	0	1	2	3	0	1
0	1	2	3	0	1	2	3	0	1
0	1	2	3	0	1	2	3	0	1
0	1	2	3	0	1	2	3	0	1
0	1	2	3	0	1	2	3	0	1
0	1	2	3	0	1	2	3	0	1
0	1	2	3	0	1	2	3	0	1
0	1	2	3	0	1	2	3	0	1

图 2.10

另解:如图 2.10 染色. 每块水平放置的直形拼板盖住每种颜色的小块各一块,而每块竖放的拼板盖住 4 个同色小块. 在水平放置的直形拼板放好后,分别有 $a+10,a+10,a,a$ 块

0,1,2,3 色的小块,它们应都是 4 的倍数,但这是不可能的,因为 $a+10$ 和 a 不会都是 4 的倍数.

6. 棋盘上有 n^2-4 个方格,要用四格拼板盖住,n^2-4 必须是 4 的倍数,即 n 必须是偶数. 但这并不充分,为看到这点,把棋盘上格子如图 2.11 进行染色. L 形四格拼板盖住 3 白 1 黑或 3 黑 1 白小块,因为棋盘上黑白格子一样多,因此两种拼板(即盖住 3 黑 1 白的拼板与盖住 3 白 1 黑的拼板)的个数要一样多. 因此共需使用偶数块拼板,即 n^2-4 必定是 8 的倍数. 这样 n 必有形式 $4k+2$. 实际构造就容易知道这条件也是充分的.

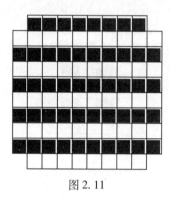

图 2.11

7. 把盒子的每一小格给予坐标 (x,y,z),其中 $1 \le x,y,z \le 10$. 把每一小块用标号为 0,1,2,3 的四种颜色染色. 如果 $x+y+z \equiv 1 \pmod 4$,就把 (x,y,z) 这格子染成标号为 i 的这种颜色. 不论它怎样安放,这种染色法使每块 $1 \times 1 \times 4$ 的砖头总是占据了四种颜色的小块各 1 块. 如果箱子可以放进 250 块 $1 \times 1 \times 4$ 的砖,那标号为 0,1,2,3 的颜色的小块各有 250 块. 我们看看这一个安放的必要条件是否满足. 图 2.10 显示了最低层格子的染色,颜色标号为 0,1,2,3 的小块分别有 26,25,24,25 块(图 2.10 中数字 0,1,2,3 相应于颜色标号 3,0,1,2),接下来的一层相当于前一层加上 $1 \pmod 4$. 因而第二层中颜色为 1,2,3,0 的块数为 26,25,24,25. 第三层颜色为 2,3,0,1 的块数分别为 26,25,24,25. 第四层颜色为 3,0,1,2 的块数分别为 26,25,24,25,等等. 因此,颜色为 0 的块数总共有 $(26+25+24+25) \times 2+26+25=251$. 因而 $10 \times 10 \times 10$ 箱子中不能装入 250 块 $1 \times 1 \times 4$ 的砖头.

8. 如果 $n \mid a$ 或 $n \mid b$,那么可以用 $1 \times n$ 的长条覆盖 $a \times b$ 矩形是显然的. 假定 $n \nmid a$,即 $a=qn+r, 0<r<n$. 如图 2.9 那样把矩形的小块染色. 颜色为 $1,2,\cdots,r$ 的小块各有 $bq+b$ 块,颜色为 $r+1,r+2,\cdots,n$ 的小块各有 bq 块. h 个水平放置的 $1 \times n$ 长条盖住每种颜色的小块各 1 块. 竖放的 $1 \times n$ 长条盖住同一种颜色的 n 块. 在 h 个水平放置的长条已放好后,留下的颜色为 $1,2,\cdots,r$ 的方格各有 $(bq+b-h)$ 块,而颜色为 $r+1,r+2,\cdots,n$ 的方块各有 $bq-h$ 块. 因此必定 $n \mid (bq+b-h), n \mid (bq-h)$. 但如果 n 整除两个数,那么它必整除这两个数的差,这样 $n \mid b$.

空间的类似是:如果 $a \times b \times c$ 的盒子可用 $n \times 1 \times 1$ 的长条装满,那么 $n \mid a$ 或 $n \mid b$ 或 $n \mid c$.

9. 如图 2.12,把板染色,有 $2n^2+n$ 个白块和 $2n^2+3n$ 个黑块,总共 $4n^2+4n$ 块. 把这些都盖住,需要 $2n^2+2n$ 块骨牌. 因为这些骨牌中一半是水平放的,即有 n^2+n 块竖放的,n^2+n 块水平放的,每个竖放的骨牌盖住一黑一白的小块,当所有竖放的骨牌都放好后,盖住了 n^2+n 个白块及黑块,留下的 n^2 个白块和 n^2+2n 个黑块必须由水平的骨牌来覆盖. 水平的骨牌只盖住同色的小块,要用水平的骨牌盖住 n^2 个白色小块,n 就必须是偶数. 实际的构造容易看到这个必要条件也是充分条件. 因而对于 $(4n+1) \times (4n+1)$ 的板,所要求的覆盖是可能的,而对于 $(4n-1) \times (4n-1)$ 的板则是不可能的.

图 2.12

10. 设把地板的每一小块如国际象棋盘染色,而十字形的五个箱子的中间一个放在黑格中,则其他四个箱子都放在白格中. 容易看到 T→T 要转动偶数次,而 T→⊢ 要转动奇数次. 因此图 2.13 中(从左数的)第 1,3,4,5 个箱子与原先所在的方格同色. 又 1,3,5 个箱子现在在同色格中,因此原来也在同色格中,但开始时没有三个在黑格中的箱子,它们必在白格中. 第 2 个箱子转过奇数次,现在是在黑格中,因此它原来在白格中. 第 4 个箱子现在在黑格中,因为它转动过偶数次,它原来也是在黑格中. 从而,第 4 个箱子是在中间的那个箱子.

图 2.13

11. 如图 2.14 所示,把城市染成黑的和白的,使相邻的城市的颜色不同. 每条走过 14 个城市的道路总有如下形式:黑白黑白……黑白或白黑白黑……白黑. 因此经过 7 个黑城和 7 个白城. 但地图上有 6 个黑城和 8 个白城. 因此,没有一条路线能走过每个城市恰好一次.

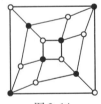

图 2.14

12. 把各列交替地染成黑色和白色. 得到 45 个黑格和 36 个白格. 在爬动后每个甲虫改变了颜色,即白格的虫到了黑格,黑格的虫到了白格. 因此至少有 9 个黑格是空的. 易见可以使空格恰为 9 个.

13. 考虑满足 $1 \leqslant x \leqslant n+1, 1 \leqslant y \leqslant n^{n+1}+1$ 的格点 (x,y). 每一行中的 $n+1$ 个点可以有 n^{n+1} 种染色方式. 由抽屉原理,在 $n^{n+1}+1$ 行中至少有两行的染色方式相同. 设这样的两行的纵坐标分别为 k 和 m. 对于每个 $i \in \{1,2,\cdots,n+1\}$,点 (i,k) 和 (i,m) 是同色的. 因为只有 n 种颜色,总有一种颜色重复使用了. 设 (a,k) 和 (b,k) 是同色的. 这样,顶点为 $(a,k),(b,k),(b,m),(a,m)$ 的矩形的四个顶点是同色的.

本题可以推广为 k 维的箱子. 代替边长为 n 和 n^{n+1} 的格点矩形,用长度分别为 d_1-1,$d_2-1,\cdots,d_k-1$ 的格点箱子,其中 $d_1=n+1$,$d_{i+1}=n^{d_1 d_2 \cdots d_i}+1$.

14. 用 B 表示"存在一个顶点都是蓝点的单位正方形"这一性质.

情况1:空间的每个点是蓝色⇒B.

情况2:存在红点P_1,作棱锥的底为边长为1的正方形$P_2P_3P_4P_5$,且P_1也是棱锥的顶点,各棱长度都是1.

情况2.1:四个点$P_i(i=2,3,4,5)$是蓝点⇒B.

情况2.2:点$P_i(i=2,3,4,5)$中有红点,例如P_2是红点.作一个直三棱柱,每条棱长度为1(底面是个正三角形,三个侧面都是正方形),使P_1P_2是一条(竖的)棱,另四个顶点为P_6,P_7,P_8,P_9.

情况2.2.1:四个点$P_j(j=6,7,8,9)$都是蓝的⇒B.

情况2.2.2:$P_j(j=6,7,8,9)$中有红点,例如P_6是红点,这时P_1,P_2,P_6是单位正方形的三个红色顶点.

15. 在图2.15中是一个共五块的图,其中三块是由五条线段围成的(标为奇),另两块是由四条线段围成的(标为偶).假定有一根曲线与每段线段恰交于一点,这曲线的起点或终点中,总有一个点在标为奇的块内.但标为奇的有三块,而一条曲线的端点数为0或2.

偶	奇	偶
奇		奇

图2.15

16. 如图2.16,把5×5的板染色.每个$a\times a$正方形$(a>1)$中有偶数个黑格.如果开始时-1在某个黑格中,那么在黑格中总有奇数个-1.可见开始时-1只有在白格中才可能全变成$+1$.旋转$90°$表明,-1只能放在中心的格中.

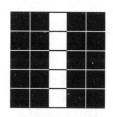

图2.16

如果-1放在中心的格中,那么我们经过如下五步就可以达到全部变成$+1$的目的:
(1)左下角3×3方块中的数改变符号.
(2)右上角3×3方块中的数改变符号.
(3)左上角2×2方块中的数改变符号.
(4)右下角2×2方块中的数改变符号.
(5)整个5×5方块中的数都改变符号.

17. 假定这定理不正确.于是红点间距离不会是a,蓝点间距离不会是b.不妨设$a\leqslant b$.取一个蓝点C,作等腰$\triangle ABC$使$AC=BC=b$且$AB=a$.因为C是蓝点,A不会是蓝点,所以A必是红点.点B不会是红的,因为它与红点A的距离是a,但B也不能是蓝的,因为它与蓝点C的距离是b.矛盾!

18. 将三种颜色设为黑,白,红.假定任何距离为1的两点都不是同色的.取一个红点r并作如图2.17的点,与r成边长为1的正三角形的另两点必定一个是黑的、一个是白的,因

而点 r' 必定是红的. 把图 2.17 绕点 r 旋转就得到红点 r' 所成的圆. 这个圆上有长为 1 的弦. 矛盾!

另解:在共有 11 根单位长度的线段所成的图 2.18 中,如果要长度为 1 的线段的两端都不同色,至少要四种颜色.

图 2.17   图 2.18

19. 如同国际象棋棋盘那样把整点染色(即黑白交替,例如,当 $x + y \equiv 0 (\mod 2)$ 时,点 (x, y) 是白的,否则就是黑的). 对于五边形的每条边 AB,设 A, B 分别是 (x_1, y_1) 和 (x_2, y_2),取点 T_{AB} 为 (x_1, y_2),这样 $\triangle ABT_{AB}$ 是直角三角形,且 AB 是斜边(T_{AB} 可能就是 A, B 两点之一). 这样作出五个直角三角形. 从一个顶点(例如 A)出发沿 10 条直角边走,即 $AT_{AB}BT_{BC}CT_{CD}D\cdots$,最后回到点 A. 因为每个格点与相邻的格点不同色,所以所走过的长度是偶数,即 10 条直角边的长度之和是偶数,而直角三角形的斜边长度与两直角边长度之和有相同的奇偶性,因此 5 条斜边长度之和,也就是所给五边形的周长是偶数.

20. 在 $n(n \geqslant 5)$ 个点中,如有三点共线,例如 A, B, C 在一条直线上,把中间的点染成白色,另两点染成黑色(五点中的其他两点任意染色)即可. 否则总有四个点是凸四边形的四个顶点. 把对顶点一组染成白色,另一组染成黑色. 这时,不会有一根直线把白点和黑点分开.

21. 结论:能够粘成一个 $m \times n$ 矩形,当且仅当 m 与 n 的奇偶性相同.

(a)m 和 n 都是奇数. 如图 2.19,可以粘成 $1 \times n$ 矩形. 图 2.20 所表示的是根据这些长度可粘成 $m \times n$ 矩形.

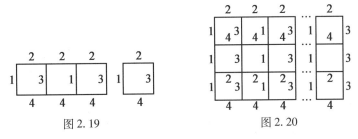

图 2.19   图 2.20

(b)m 和 n 都是偶数. 考虑边长为奇数的矩形. 大小为 $(m-1) \times (n-1)$,$1 \times (n-1)$,$(m-1) \times 1$ 和 1×1,可以把它们粘成一个 $m \times n$ 的矩形.

(c)m 是偶数,n 是奇数. 假定能够符合题中的条件粘出一个 $m \times n$ 的矩形. 考虑这矩形的一条长为奇数的边,设它是染成红色的. 我们计算小正方形的红边的总数. 在矩形的周界上,共有 n 条红边,而在矩形内部小正方形的红边的条数是偶数,因为每条小正方形的红边都与另一个小正方形的红边粘在一起,从而红边的条数是奇数. 而小正方形的总数与小正方形的红边条数相同,即也是奇数. 另外,这个数是 mn,它是个偶数. 矛盾!

22. 解法与第 21 题相似.

23. 当一个格点 (a, b) 以格点 (m, n) 为中心作反射时,所得到的点 (c, d) 使 $c = 2m - a$,

$d = 2m - b$. 因此 c 与 a, d 与 b 的奇偶性相同. 所以从 A, B, C 出发作反射,永远不可能得到正方形的另一顶点 $D = (1,1)$.

24. 设 P_1, P_2, P_3 分别是三种颜色的点的集合. 用反证法,设 P_1 中两点的距离不会是 a_1, P_2 中两点的距离不会是 a_2, P_3 中两点的距离不会是 a_3. 不妨设 $a_1 \geq a_2 \geq a_3 > 0$.

设 $x_1 \in P_1$. 以 x_1 为中心, a_1 为半径的球面为 S, 则 $S \subset P_2 \cup P_3$. 因为 $a_1 \geq a_3$, $S \not\subset P_3$. 设 $x_2 \in P_2 \cap S$. 圆 $\{y \in S | d(x_2, y) = a_2\} \subset P_3$, 因为 P_2 中两点距离不会是 a_2, 此圆的半径记为 r. 在图 2.21 中, $a_2 \leq a_1 \Rightarrow r = a_2 \sqrt{1 - a_2^2/4a_1^2} \geq a_2 \sqrt{3}/2$ 且有 $a_3 \leq a_2 \leq a_2 \sqrt{3} \leq 2r$. 这样, P_3 中有两点距离为 a_3.

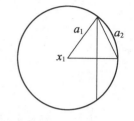

图 2.21

(另一个有创意的解法可在第 4 章(问题 67)中找到. 它对于第 4 章难度更大的平面问题 68 来说是个很好的训练. 两个解法都使用了抽屉原理).

25. 用不相交的对角线(指不在 n 边形内相交的对角线)把该画廊剖分成三角形. 简单的归纳法可证这样的剖分总是可能的. 然后把这些三角形的顶点(即 n 边形的顶点)用三种颜色合适地染色,使每个三角形的三个顶点有不同的颜色. 利用归纳法易见总能够合适地予以染色. 考虑出现次数最少的颜色,假定是红的. 在红顶点处的警卫可以看到所有的墙,因此警卫人数最少是 $[n/3]$ 个.

26. 以对角线方式把小块染成 0,1,2 三色. 于是每个 3×1 的长条盖住三种颜色的小块各 1 块. 在图 2.22 中共有 17 个 0,16 个 1 和 16 个 2,单块的小块必须盖住标有 "0" 的小块. 此外,如果旋转 $90°$ 它仍应是 "0",可能的位置就只有中心块、四个角块及图 2.22 中边缘上的中间块. 另一种染色法可得不同的解法. 如图 2.23 那样用三种颜色 0,1,2. 即标为 0 的块是中心块、四个角块及边缘的中间块. 1×3 的矩形有两种类型:盖住 1 个 0 及 2 个 1;盖住 1 个 1 及 2 个 2. 假定所有的 0 块都被 1×3 长条所盖住,就有 9 条第一类型及 7 条第二类型的长条. 它们共盖住 $9 \times 2 + 7 = 25$ 个标有 "1" 的小块和 $7 \times 2 = 14$ 个标有 "2" 的小块. 这一矛盾证明了是 1×1 的小块盖住了标 "0" 的小块.

0	1	2	0	1	2	0
2	0	1	2	0	1	2
1	2	0	1	2	0	1
0	1	2	0	1	2	0
2	0	1	2	0	1	2
1	2	0	1	2	0	1
0	1	2	0	1	2	0

图 2.22

0	1	1	0	1	1	0
1	2	2	1	2	2	1
1	2	2	1	2	2	1
0	1	1	0	1	1	0
1	2	2	1	2	2	1
1	2	2	1	2	2	1
0	1	1	0	1	1	0

图 2.23

27. 假定各对顶点的距离都不同. 对于线段 $A_p A_q$, 给予一个数: $|p - q|$ 和 $2n - |p - q|$ 中较小的那个,就得到数 $1, 2, \cdots, n$. 设这些数中有 k 个偶数和 $n - k$ 个奇数. 相应于奇数的是 p, q 奇偶性不同的 $A_p A_q$. 因而在剩下的线段中有 k 个顶点是奇数足标及 k 个顶点是偶数足标,以及奇偶性相同的顶点连成的 k 条线. 因而 k 是偶数,对于形为 $4m, 4m+1, 4m+2, 4m+3$ 的数 n, 偶数的个数 k 分别是 $2m, 2m, 2m+1, 2m+1$. 因而 $n = 4m$ 或 $4m+1$.

28. 我们考虑属于 S. W. Golomb 和 R. I. Jewett 的令人惊异的证明. 假定有个没有断层线的 6×6 方形. 可能成为断层线的线总共有 10 条 (6×6 格子纸的除边线外的格子线). 注意到每一块骨牌恰好使一条不成为断层线(即把这张骨牌切成两个 1×1 的小块). 进一步(这是关键之点), 如果某一可能成为断层线的线(例如图 2.24 中的 L) 只切开一张骨牌, 则在这根线的两侧的其余部分的面积都是奇数, 因为面积是 $6 \times t$

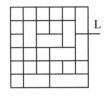

图 2.24

去掉一个 1×1 小块. 然而这样的地方不能被骨牌所放满. 因此 10 条可能的断层线的每一条至少切开两张骨牌. 因此至少应有 20 张骨牌. 但 6×6 方形的面积仅为 36, 而 20 张骨牌的面积却为 40, 这就产生出矛盾! 故不存在有此性质的 6×6 方形.

注: $p \times q$ 矩形可用骨牌拼成且无断层线, 当且仅当 (1) pq 是偶数; (2) $p \geqslant 5, q \geqslant 5$; (3) $(p, q) \neq (6, 6)$.

29. $a_1 a_2 \cdots a_{25} = b_1 b_2 \cdots b_{25} =$ 矩阵中所有元素的乘积. 设 $a_1 + b_1 + a_2 + b_2 + \cdots + a_{25} + b_{25} = 0$, 要使之相互抵消, 和数中的正数和负数必须一样多. 如果在 a_i 中有 n 个负项, 在 b_j 中就有 $25 - n$ 个负项. 数 n 和 $25 - n$ 的奇偶性不同, 从而乘积 $a_1 a_2 \cdots a_{25}$ 与 $b_1 b_2 \cdots b_{25}$ 的符号不同, 不可能相等, 矛盾!

30. $6 \times 6 \times 6$ 的正方体由 27 个 $2 \times 2 \times 2$ 个正方体组成. 如国际象棋棋盘那样把这些正方体交替地染成黑色和白色. 14 个正方体是黑色的, 13 个是白色的, 即有 112 个单位正方体是黑色的, 104 个单位正方体是白色的. 任何 $1 \times 1 \times 4$ 的砖头用去 2 个黑色的和 2 个白色的单位正方体, 53 块砖要用 106 个白色的单位正方体. 但现在只有 104 个白色的单位正方体.

31. 不能, 每击冰球一次, $\triangle ABC$ 的定向改变了.

32. 假定可以不用 1×1 的块. 把各行的方块交替地染成黑色和白色, 即第一行都黑色, 第二行都白色, 等等. 这样黑格子比白格子多 23 个, 2×2 的正方形盖住的黑格和白格一样多, 3×3 的正方形盖住的黑格比白格多 3 个. 因此黑格数与白格数的差被 3 整除, 但 23 不被 3 整除. 因此这假设是错的. 所以至少要用一个 1×1 小块. 实际构造可证明一个 1×1 小块就够了. 把 1×1 小块放在中央, 把其余部分分成四个 12×11 的矩形. 每个 12×11 矩形可以用一行 6 个 2×2 的块及三行各 4 个 3×3 的块来填满.

33. 不行. 在走动时, 面的顶点和中心是交替地经过的. 但一个正方体有 8 个顶点和 6 个面. 这恰好就是问题 11.

34. 如图 2.25, 把棋盘染成四种颜色 a, b, c, d. 每个 a 格必前有 c 格或后跟一个 c 格. 图中 a 格与 c 格个数相等, 它们必须全在一条闭路上. 为了到达所有方格, 我们必须避免 b 格与 c 格连在一起. 当某一跳从某个 c 格跳到一个 d 格时, 如果不先跳到另一个 c 格的话, 是不可能跳回到 a 格上的. 如真的存在一条马的闭路, 就说明 c 格的个数比 a 格要多. 矛盾! 而在 4×3 的

a	b	a	b	a	b
c	d	c	d	c	d
d	c	d	c	d	c
b	a	b	a	b	a

图 2.25

棋盘上有 8 条开的(而非闭的)路线可供马走遍每个方格恰好各一次. 试找出这 8 条路线来.

35. 考虑正六边形及其中心.

36. 在球内作内接正二十面体. 从对它的面上的三角形(的顶点)用双色染色出发, 不论怎么染下去, 在距离 2(沿着边)时总有成正三角形的三个点是同色的.

37. 设 m 和 n 都是偶数,每隔一条把一个竖条染色,使留下部分不能放 L 形三块拼板. 我们证明染色的块数不能更少了. 的确,可以把矩形分成 $mn/4$ 个 2×2 的方块,在每个方块中至少要染色两块. 答案是 $mn/2$.

设 n 是偶数,m 是奇数. 在奇数的这个方向每隔一条把一条全部染色(每一条是偶数 n 块,共染 $(m-1)/2$ 条),我们证明染得更少就不够了. 确实,在这矩形中可切除掉 $n(m-1)/4$ 个 2×2 方块,其中的每个方块中至少有两个小块要染色,这时答案为 $n(m-1)/2$.

设 m 和 n 都是奇数,且 $n \geq m$. 因为两个方向都是奇数,取一个能更节省染色块的方向. 如此一共染了 $(m-1)/2$ 条 $1 \times n$ 的带子. 我们证明不能染得更少. 切下一个大 L 形,留下一个 $(m-2) \times (n-2)$ 的矩形. 大 L 形可以切成 $(m+n-6)/2$ 个 2×2 块及一个 3×3 的方形少一个角. 在 2×2 方块中必须染 $(m+n-6)$ 块,在 3×3 矩形缺一个角的小 L 形中至少要染色 3 块. 用归纳法可得到答案 $n(m-1)/2$.

38. 设 m 和 n 是两个白数. 我们要证明 mn 是白数. 设 k 是个黑数,则 $m+k$ 是黑数,$mn+kn = (m+k)n$ 是白数,kn 是白数. 如果 mn 是黑数,那么 $mn+kn$ 是黑数. 这矛盾就证明了 mn 是白数.

设 k 是最小的白数,从前面的结果可得出结论:所有 k 的倍数都是白数. 下证没有别的白数. 设 n 是个白数,把 n 写成 $qk+r$,其中 $0 \leq r < k$. 如果 $r \neq 0$,那么因 k 是最小的白数,r 是黑数,从而 $qk+r$ 是黑数. 这证明了所有白数都是 k 的倍数.

第3章 极端原理

一个成功的、做研究的数学家应该掌握着一批简单而又应用广泛的、富有启发性的原理,并反复运用它们. 这些原理并不属于某一学科但却可用于数学的所有分支. 他通常不会去思考它们,但下意识会知道并运用它们. 这些原理之一的不变量原理在第 1 章中已讨论过. 只要问题中有变换或可以引进一个变换,就可以用这个原理. 如果你有一个变换,请寻找不变量! 本章中我们讨论极端原理,它确实普遍可用,但并不容易识别,因而需要训练. 它也叫作变分法. 它经常可得出极为简短的证明.

我们要证明存在具有某种性质的对象. 极端原理告诉我们去找使某函数最大或最小的对象. 对于所得到的对象,通过证明微小的扰动(变分)将使该函数继续增加或减小,就表明它具有所希望的性质. 如果有几个最佳的对象,那么用哪一个通常是无关紧要的. 此外,极端原理常常是构造性的,它给出构造该对象的算法.

我们将通过解 17 个有关几何、图论、组合和数论的例子来学习极端原理,但先提醒读者三件熟知的事实:

(a)每个非负整数或实数的有限非空集 A 有最小的元素 $\min A$ 和最大的元素 $\max A$.

(b)每个正整数的非空子集有最小的元素,这叫作良序原理. 它等价于数学归纳法原理.

(c)实数的无限集 A 不一定有最小或最大的元素. 如果 A 是有上界的,那么它有最小的上界 $\sup A$(A 的上确界). 如果 A 是有下界的,那么它有最大的下界 $\inf A$(A 的下确界). 如果 $\sup A \in A$,那么 $\sup A = \max A$. 如果 $\inf A \in A$,那么 $\inf A = \min A$.

例 1 (a)一个平面被 n 条直线最多分成几部分?

(b)空间被 n 个平面最多分成几部分?

解:我们分别把(a)(b)中的数记为 p_n 及 s_n. 初学者会用递推法来解. 要想求 $p_{n+1} = f(p_n)$ 及 $s_{n+1} = g(s_n)$,实际上,在 n 条直线(平面)上再加进一条直线(平面)时,容易得到

$$p_{n+1} = p_n + n + 1, \quad s_{n+1} = s_n + p_n$$

这个方法没有错误,因为如我们下面会看到的,递推是个可广泛应用的基本思想. 但有经验的解题者会试图用自己的想法来解决这个问题.

(a)问中我们有个计数的问题. 计数的一个基本原理是一一对应. 第一个问题是:是否可以把平面的 p_n 部分双射到一个较易计数的集合? n 条直线的交点有 $\binom{n}{2}$ 个,但每个交点恰好是一个块的最深点(极端原理),因此有 $\binom{n}{2}$ 个块有最深点,没有最深点的块是下面无界的,这 n 条线把(我们引进的)水平直线 h

图 3.1

切成 $n+1$ 段(图 3.1),这些无下界的块可以与这些线段对应,这样有 $n+1$,也即 $\binom{n}{0}+$ $\binom{n}{1}$ 个块没有最深点. 所以平面总共被分成

$$p_n = \binom{n}{0} + \binom{n}{1} + \binom{n}{2}$$

块.

(b)空间中三张平面作出一个点,共有 $\binom{n}{3}$ 个顶点. 每个顶点恰是空间的一个块的最深点,因而有 $\binom{n}{3}$ 个块有最深点. 而没有最深点的每一个块把一个水平平面 h 切成 p_n 部分,所以空间分成的块数是

$$s_n = \binom{n}{0} + \binom{n}{1} + \binom{n}{2} + \binom{n}{3}$$

例 2　例 1(b)的继续. 设 $n \geqslant 5$,证明:在空间的 s_n 块中,至少有 $(2n-3)/4$ 个四面体. (HMO1973)

给出结果使问题简化了很多. 有经验的解题者常常能从结果猜出解题的途径.

设 t_n 是空间的 s_n 块中四面体的个数. 我们要证 $t_n \geqslant (2n-3)/4$.

分子的解释:n 个平面的每一个上都至少放有两个四面体,而在三个特殊的面上只有一个四面体.

分母的解释:每个四面体计算了四次,对每个面都计算了一次,因而要除以 4.

由这些提示的原则就容易找出证法.

解:设 ε 是 n 个平面之一. 它把空间分成两个半空间 H_1,H_2. 至少有一个半空间(例如 H_1)含有顶点(即所给面中三个面的交点). 在 H_1 中取与 ε 距离最小的顶点 D(极端原理),D 是平面 ε_1,ε_2,ε_3 的交点. 这时 ε,ε_1,ε_2,ε_3 决定了一个四面体 $T=ABCD$(图 3.2),其余 $n-4$ 个平面不会与 T 相截(如果平面 ε' 与 T 相截,ε' 至少与 AD,BD,CD 之一相交于点 Q,它与 ε 的距离比点 D 与 ε 的距离更小. 矛盾!). 所以 T 是 n 个平面所确定的一个四面体.

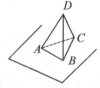

图 3.2

这对于 n 个平面中任何一个平面都对. 如果在一个平面的两侧都有顶点,就至少有两个四面体(指它们的某个面)在该平面上.

余下要证明的是,在 n 个平面中至多只有三个平面使得所有顶点都在该平面的同一侧.

我们用反证法. 如果这样的平面有四个,这四个面 ε_1,ε_2,ε_3,ε_4 界出一个四面体 $ABCD$(图 3.3). 因为 $n \geqslant 5$. 另外还有平面 ε,它不会与四面体的六条棱都相交,设它与 BA 的延长线交于点 E,则 B 和 E 在交面 ACD 的两侧,矛盾!

例 3　平面上有 n 个点,其中任何三点都成为面积小于或等于 1 的三角形. 证明:所有 n 个点在一个面积小于或等于 4 的三角形内.

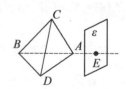

图 3.3

解:在 n 个点的 $\binom{n}{3}$ 个三点组中,取一个三点组 A, B, C 使 $\triangle ABC$ 有最大面积 F. 显然 $F \leqslant 1$. 过点 A, B, C 作对边的平行线,得到 $\triangle A_1 B_1 C_1$,它的面积 $F_1 = 4F \leqslant 4$. 下面我们证明 $\triangle A_1 B_1 C_1$ 包含所有 n 个点.

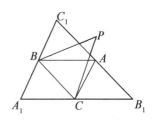

假定有一个点 P 在 $\triangle A_1 B_1 C_1$ 外,则 $\triangle ABC$ 与点 P 至少在 $A_1 B_1, B_1 C_1, C_1 A_1$ 的某条线的两侧. 不妨设它们是在 $B_1 C_1$ 的两侧,于是 $\triangle BCP$ 的面积比 $\triangle ABC$ 大,这与 $\triangle ABC$ 面积最大的假设矛盾(图 3.4).

图 3.4

例 4　在平面上有 $2n$ 个点,其中无三点共线,这些点中恰有 n 个是农场:$F = \{F_1, F_2, \cdots, F_n\}$,另 n 个是水井:$W = \{W_1, W_2, \cdots, W_n\}$,打算从每个农场修一条直路到一口水井. 证明:可以在水井和农场间作一个双射,使得任何两条直路都不相交,即对应的农场与水井所联结的线段是不相交的.

解:考虑任意双射 $f: F \to W$. 如果从每个 F_i 连一条直线段到 $f(F_i)$,就得到一个道路系统. 在所有 $n!$ 个道路系统中,我们选取道路总长最小的系统. 假定这系统中有相交的线段 $F_i W_m$ 和 $F_k W_n$(图 3.5). 用 $F_k W_m$ 和 $F_i W_n$ 代替这两条线段,由三角形不等式,总的路长将减小. 所以,总长最小的道路系统中没有相交的道路.

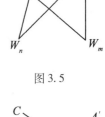

图 3.5

例 5　设 Ω 是平面上的点集. Ω 中每个点是 Ω 中另两个点的中点. 证明:Ω 是无限集.

解法一:假定 Ω 是有限集,Ω 中有距离最大的两点 A, B. B 是 CD 的中点($C, D \in \Omega$). 图 3.6 表明 $|AC| > |AB|$ 或 $|AD| > |AB|$.

解法二:我们考虑 Ω 中最左面的点(即在坐标系中 x 坐标最小的点,可能有几个),其中最左下方的点记为 M. M 不会是 Ω 中两个点 A 及 B 的中点,因为 $\{A, B\}$ 中的一个点或在点 M 的左面,或在点 M 的下面.

图 3.6

例 6　证明:在任一凸五边形中总有三条对角线可以组成三角形.

解:图 3.7 表示一个凸五边形 $ABCDE$. 设 BE 是最长的对角线. 由三角形不等式可推出 $|BD| + |CE| > |BE| + |CD| > |BE|$. 即由 BE, BD, CE 可作出一个三角形.

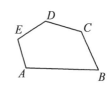

图 3.7

例 7　证明:在每个四面体中,总有同一顶点处的三条棱可作成三角形.

解:设 AB 是四面体 $ABCD$ 的最大边. 因为 $(|AC| + |AD| - |AB|) + (|BC| + |BD| - |BA|) = (|AD| + |BD| - |AB|) + (|AC| + |BC| - |AB|) > 0$,从而,或者 $|AC| + |AD| - |AB| > 0$ 或者 $|BC| + |BD| - |AB| > 0$. 无论是哪种情形,总有同一顶点处的三条棱可作成一个三角形.

例 8　平面上每个格点处都标有一个正整数,且每个数都是它四个邻数(上、下、左、右的四数)的算术平均数. 证明:所有标出的数都相等.

解:考虑最小的标出的数 m,设 L 是标有 m 的格点,它相邻点上标的数为 a, b, c, d. 则

$m = (a + b + c + d)/4$,即

$$a + b + c + d = 4m \qquad (1)$$

现有 $a \geq m, b \geq m, c \geq m, d \geq m$. 如果这些不等式中有一个是严格的,就有 $a + b + c + d > 4m$,它与式(1)矛盾. 于是 $a = b = c = d = m$. 由此可知所有标出的数都等于 m.

这是一个十分简单的问题. 把正整数换成正实数就成为很难的问题. 困难在于正实数的集未必有最小的元素. 而对正整数来说,良序原理就保证了有最小元. 对正实数来说这结论仍成立,但我不知道初等的证法.

例 9 没有正整数的四数组 (x, y, z, u),使得

$$x^2 + y^2 = 3(z^2 + u^2)$$

解:假定有这样的四个数存在,我们取使 $x^2 + y^2$ 最小的一组解. 设 (a, b, c, d) 是所选的解. 于是

$$a^2 + b^2 = 3(c^2 + d^2) \Rightarrow 3 \mid (a^2 + b^2) \Rightarrow 3 \mid a, 3 \mid b \Rightarrow a = 3a_1, b = 3b_1$$
$$a^2 + b^2 = 9(a_1^2 + b_1^2) = 3(c^2 + d^2) \Rightarrow c^2 + d^2 = 3(a_1^2 + b_1^2)$$

由此我们就找到了新的解 (c, d, a_1, b_1),且 $c^2 + d^2 < a^2 + b^2$. 矛盾!

我们用到了 $3 \mid (a^2 + b^2) \Rightarrow 3 \mid a, 3 \mid b$ 这个事实,请证明. 在处理无穷递降时将回到类似的例子.

例 10 Sylvester 在 1893 年所提出的 Sylvester 问题于 1933 年由 T. Gallai 用极繁的方法解决,而在 1948 年 L. M. Kelley 用极端原理仅几行内容就证出此问题.

平面的有限点集 S 有如下性质:任何过其中两点的直线必经过该集合中另一点. 证明:S 中所有点在同一直线上.

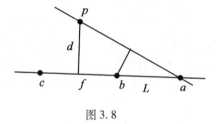

图 3.8

解:假定这些点不是共线的. 在直线 L 及不在这条线上的点 p 所成的诸对 (p, L) 中,取使 p 到 L 的距离 d 最小的一对. 设 f 是 p 到 L 的垂线的垂足. 由假设,L 上至少有三个点 a, b 和 c. 由此其中总有两点(例如 a 和 b)在 f 的同侧(图 3.8). 设 b 比 a 离 f 更近. 于是 b 到直线 ap 的距离比 d 更小. 矛盾!

例 11 Sikinia 州的每条路都是单行道. 每两个城市间恰有一条路. 证明:存在一个这样的城市,从另外每个城市可直接到该城市,或者可经过至多一个其他的城市而到达该城市.

解:对每个城市,计算通过这个城市的道路数,其中最大的数是 m,而设 M 是达到这个数的城市. 记 D 为有直路通到 M 的 m 个城市的集合. 设 R 是除 M 及 D 中城市外的所有城市的集合. 如果 $R = \varnothing$,结论当然成立. 如果 $X \in R$,则有 $E \in D$ 使有路 $X \to E \to M$. 若不存在这样的 E,则从 M 及所有 D 中的城市都有直路到 X,即有 $m + 1$ 条路通过 X. 这与 M 的假设相矛盾. 这样,每个进入的道路数最大的城市都满足本题的条件(图 3.9).

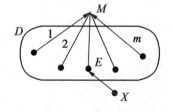

图 3.9

例 12 $n \times n \times n$ 棋盘上的车. 显然,能控制 $n \times n$ 棋盘的最少的车的数目是 n. 那么能控制 $n \times n \times n$ 棋盘的最少的车的数目 R_n 是什么呢?

解:我们试图从小的 n 来猜测结果. 但先要有好的在空间中放置车的表示法. 在 $n \times n$ 方形上放 n 层,每层 $n \times n \times 1$ 个,并用 $1, 2, \cdots, n$ 表示各层. 车就放在 $n \times n$ 方形中,但数字表示

该车所在的层数. 图 3.10 给出猜测

$$R_n = \begin{cases} \dfrac{n^2}{2}, n \equiv 0 \pmod 2 \\[2mm] \dfrac{n^2+1}{2}, n \equiv 1 \pmod 2 \end{cases}$$

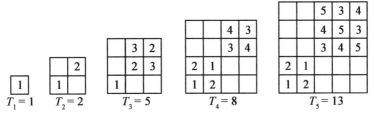

图 3.10

现在来进行证明. 设在该棋盘的 n^3 个立方体中放有 R 个车,使它们能控制整个棋盘. 取车的数目最少的一层 L,可设 L 就是与 $x_1 x_2$ 平面平行的那一层,设 L 这层中有 t 个车. 假定这 t 个车在 x_1-方向控制了 t_1 行,又在 x_2-方向控制了 t_2 行,可设 $t_1 \geq t_2$. 显然有 $t \geq t_1, t \geq t_2$. 在 L 这一层中,这些车不能控制 $(n - t_1)(n - t_2)$ 个格子. 这些格子必须由 x_3-方向来控制. 我们考虑与 $x_1 x_3$ 平面平行的那 n 层. 其中不含 L 中车的 $n - t_1$ 层中至少有 $(n - t_2)$ 个车,而其余的 t_1 层的每层中至少有 t 个车(由 t 的取法),因而我们有

$$R \geq (n - t_1)(n - t_2) + t t_1 \geq (n - t_1)^2 + t_1^2 = \frac{n^2}{2} + \frac{(2t_1 - n)^2}{2}$$

右边在 n 为偶数时取最小值 $n^2/2$,在 n 为奇数时取最小值 $(n^2 + 1)/2$. 易见这数目既是必须的,也是充分的. 图 3.11 给出了证明的提示. (MMO1965,AUO1971,IMO1971)

注:控制 $n \times n \times n$ 棋盘或更高维棋盘的确切的最少车数目前尚不知道. 好的上界也是受欢迎的.

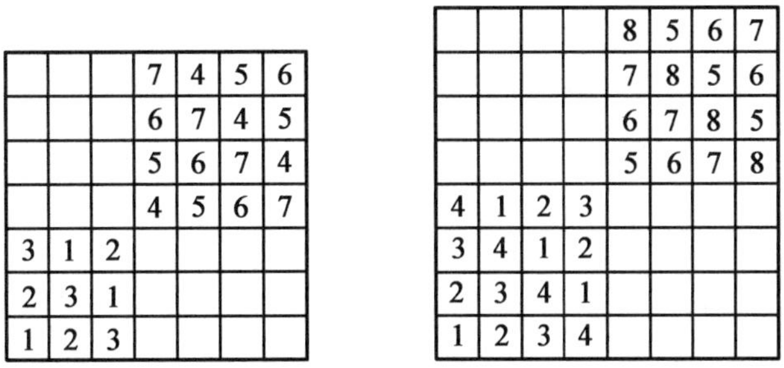

图 3.11

例 13 七个小矮人坐在圆桌边,每个面前有一个杯子,有的杯子中有牛奶,总共有 3 升牛奶. 其中一个小矮人把他的牛奶均匀分成六份倒入另六个杯子. 按逆时针方向每个小矮人都依次这样做. 在第七个小矮人这样做了之后,每个杯子中的牛奶都和开始时一样多. 求每个杯子中开始时牛奶的量. (AUO1977,八年级)

解:(共 53 名八年级学生都猜出了正确的答案是 6/7,5/7,4/7,3/7,2/7,1/7,0 升. 由不

变量很容易猜出结果. 每次分牛奶的操作只是使结果转了一下. 但只有九个学生证明答案是唯一的. 解答很灵巧,并只要几行. 但我们仍采用以一般原理即极端原理为基础的解法.）

设第 i 个矮人在分他的牛奶之前有的最多的牛奶量是 x_i,其中迈克的牛奶的量最多,为 x. 在他右面的人的牛奶的量依次为 $x_1,x_2,\cdots,x_6$. 迈克从第 i 个小矮人那里得到 $x_i/6$,于是我们有

$$x = \frac{x_1 + x_2 + x_3 + x_4 + x_5 + x_6}{6} \tag{1}$$

其中 $x_i \leqslant x (i=1,2,\cdots,6)$. 如果有一个式子的不等号成立,就不会有等式(1). 从而 $x_1 = x_2 = \cdots = x_6 = x$,即每个小矮人要分出去的牛奶数量都相同. 由此容易推出,开始时牛奶的分布为 0, $x/6,2x/6,3x/6,4x/6,5x/6,6x/6$. 由于总和是 3 升,即知 $x = 6/7$.

例 14 国会的每个议员至多有三个敌人. 证明:可以把他们分在两个房间中,使得每个议员在他所在的房间中至多有一个敌人.

解:考虑所有把议员分到两个房中的分法. 并计算每个议员在他所在的房中的敌人数的总和 E. 使 E 最小的那种分法就有所要求的性质. 实际上,如果某个人在他的房间中至少有两个敌人,那么他在另一个房间中至多有一个敌人,把他放到另一个房间中就可使最小的 E 再减小,即得矛盾.

在第 1 章中我们已用不变量原理的一种,称之为非负整数下降数列的有限性原理解过这一问题. 因此极端原理是与不变量原理有关联的.

例 15 是否能取出 1 983 个两两互不相同且小于 100 000 的正整数,使得其中任意三个数不组成等差数列?（IMO1983）

在这个问题中已没有对解法的任何提示. 因此我们必须重新找出它们. 我们要用一种策略性的思想来得到初步的线索. 我们构造一个紧凑的、没有三项成等差数列的数列. 这里,极端原理帮助我们找到一种算法. 我们用所谓的贪婪算法:从最小的非负整数 0 开始,每一步加上最小的不与前面的两个数成等差数列的整数. 我们得到:

（a）0,1（把它平移 3）.

（b）0,1,3,4（把它平移 9）.

（c）0,1,3,4,9,10,12,13（把它平移 27）.

（d）0,1,3,4,9,10,12,13,27,28,30,31,36,37,39,40（把它平移 81）.

我们得到一个很有规律的数列,3 的幂次提示我们用三进制. 因此我们用三进制写这个数列,得到

$$0,1,10,11,100,101,110,111,1\,000,\cdots$$

这又提示了二进制. 我们猜测所构造的数列是由没有数字 2 的三进制数所组成,另一个猜测是,如果把 n 写成二进制,把这个数作为三进制来读,就得到数 a_n. 故这题的解答是

$$a_{1\,983} = a_{(\overline{11110111111})_2} = (\overline{11110111111})_3 = 87\,844$$

我们队的六个队员中,五个人给出了这个答案,也许是因为在训练中我简短地叙述过贪婪算法,它是一种很好但未必是最佳解的构造原则. 这是极端原理的各种形式之一.

例 16 每个凸 n 边形（$n \geqslant 3$）中总有三个相继的顶点 A,B,C 使 $\triangle ABC$ 的外接圆覆盖了整个 n 边形.

在通过 n 边形的三个顶点的有限多个圆中,总有最大的圆,于是这个问题可分成两

部分：

（a）最大圆覆盖了 n 边形.

（b）最大圆过三个相继的顶点.

我们用反证法证（a）. 假定 A' 在最大圆 $\triangle ABC$ 的外接圆之外,且 $ABCA'$ 是凸四边形,则 $\triangle A'BC$ 的外接圆的半径比 $\triangle ABC$ 的外接圆半径大. 矛盾!

我们也用反证法证（b）. 设 A,B,C 是在最大圆上的顶点,A' 是 B,C 之间的不在最大圆上的顶点. 由（a）知它在圆内. 但那样的话,$\triangle A'BC$ 的外接圆比最大圆更大,矛盾!

例 17　$n\sqrt{2}$ 对任何正整数 n 都不是整数.

我们用以极端原理为基础的一种有广泛应用的证法. 设 S 是所有使 $n\sqrt{2}$ 为整数的正整数 n 的集合. 若 S 不空,则有最小元 k. 考虑 $(\sqrt{2}-1)k$. 于是

$$(\sqrt{2}-1)k\sqrt{2}=2k-k\sqrt{2}$$

因为 $k\in S$,$(\sqrt{2}-1)k$ 和 $2k-k\sqrt{2}$ 都是正整数. 所以由定义知 $(\sqrt{2}-1)k\in S$. 但 $(\sqrt{2}-1)k<k$. 与 k 是 S 的最小元的假设矛盾. 因而 S 是空集,这就说明 $\sqrt{2}$ 是无理数.

问　　题

1. 证明：在例 1 中,平面的 p_n 部分中,至少有 $(2n-2)/3$ 个三角形.

2. 在平面上给定 n 条直线（$n\geqslant 3$）,其中无两条直线平行,对任何两直线的交点,至少还有另一直线通过这交点. 证明：所有直线都过同一点.

3. 如果平面上 n 个点不在同一直线上,那么必有直线恰好过其中两点.

4. 从若干堆石子出发,两人轮流搬动石子. 每次搬动是把每个多于一块石子的堆分成两堆. 最后搬动石子的人获胜. 对于怎样的初始情况使得先搬者获胜,他的制胜策略是怎样的?

5. 是否存在一个四面体,它的每条棱都是一个面上的钝角的边?

6. 证明：每个凸多面体至少有两个面边数相同.

7. $(2n+1)$ 个人站在一个平面上,互相间距离都不相同. 每一个人都向离他最近的人射击. 证明：（a）至少有一人存活；（b）不会有人挨五枪以上；（c）子弹的路线不会相交；（d）子弹的路线的线段不会含有闭多边形.

8. 在 $n\times n$ 棋盘上放有一些车,它们满足下面条件：如果格子 (i,j) 是空的,在 i 行和 j 列中至少有 n 个车. 证明：棋盘上至少有 $n^2/2$ 个车.

9. 一个物体和任何平面相截（如果相截的话）的截口是圆. 证明：它是个球.

10. 平面上一个闭有界图形 Φ 有下面性质：Φ 中任意两点都可用都在 Φ 中的半圆联结. 求出图形 Φ.（West German 提出 1977 年 IMO 的题）

11. 空间中 n 个点中无四点共面,某些点之间连有线段. 要得到一个有 k 条边的图 G.

（a）如果 G 不含有三角形,那么 $k\leqslant[n^2/4]$.

（b）如果 G 不含有四面体,那么 $k\leqslant[n^2/3]$.

12. 一个星球上有 20 个国家. 在任何三个国家中,总有两个国家没有外交关系. 证明：这星球上至多有 200 个大使.

13. 某次比赛中任意两个参加者都比赛一次,且没有平局. 赛后每人列出:(a)输给他的人;(b)曾输给某个输给他的人. 证明:总有人列出的人中包括其他所有人.

14. 设 O 是凸四边形 $ABCD$ 的对角线的交点. 如果 $\triangle ABO$,$\triangle BCO$,$\triangle CDO$,$\triangle DAO$ 的周长都相等,证明:$ABCD$ 是菱形.

15. 在一条圆形赛道上有几辆完全相同的车,它们合在一起恰有够一辆车跑完一圈的汽油. 证明:有一辆车能在它绕圈的路上从其他车上得到够它跑完一圈的汽油.

16. 平面上六个点间最大的距离为 M,最小的距离为 m. 证明:$M/m \geqslant \sqrt{3}$.

17. 一个立方体不能分成若干个大小不等的立方体.

18. 空间中有几个单位球,在每个球面上标出看不见其他任一球的所有的点. 证明:所有标出的点的面积之和等于一个球的面积.

19. 在平面上给定 1 994 个向量,甲乙两人轮流取一个向量直到取完为止. 所取向量的和的长度较小者输. 先取者是否有不败的策略?

20. 有限个多边形(不一定是凸的)中任意两个都有公共点. 证明:有一条直线与每个多边形有公共点.

21. 任何面积为 1 的凸多边形可放在一个面积为 2 的矩形内.

22. 平面上 n 个点($n \geqslant 3$)不都在一条直线上. 证明:存在一个圆经过其中三点,且在这圆内部不含有所给的点.

23. 在 $\triangle ABC$ 的边 AB,BC,CA 上分别取点 A_1,B_1,C_1,使得 $|AA_1| \leqslant 1$,$|BB_1| \leqslant 1$,$|CC_1| \leqslant 1$. 证明:$\triangle ABC$ 的面积 $\leqslant 1/\sqrt{3}$.

24. 平面上 $2n+3$ 个点中,无三点共线,无四点共圆. 证明:可以取出三点,过这三点的圆恰好使剩下的 $2n$ 个点中有 n 个在圆内,n 个在圆外. (ChNO)

25. 考虑平面上按以下规则的走法. 从点 $P(x,y)$ 一步可以走到下面四点之一:$U(x,y+2x)$,$D(x,y-2x)$,$L(x-2y,y)$,$R(x+2y,y)$. 但有一个限制,即不能走回刚离开的那个点. 证明:从点 $(1,\sqrt{2})$ 出发,就不可能再回到这一点. (HMO1990)

26. 用极端原理证明第 1 章的例 8.

27. 在任何 15 个大于 1 且小于或等于 1 992 的两两互质的正整数中,至少有一个质数.

28. 在半径为 1 的圆内任取 8 个点. 证明:总有两点的距离小于 1.

29. 平面上有 n 个点. 标出以这 n 个点中任意两点为端点的所有线段的中点. 证明:所标出的点中至少有 $(2n-3)$ 个不同的点.

30. 棱锥 $A_1A_2 \cdots A_nS$ 的底是边长为 a 的正 n 边形 $A_1A_2 \cdots A_n$. 证明:若 $\angle SA_1A_2 = \angle SA_2A_3 = \cdots = \angle SA_nA_1$,则此棱锥是正棱锥.

31. 在一个球面上有五个互不相交的闭球冠,它们都小于半球. 证明:在球面上有两个对径点不在任一球冠上.

32. 求方程组
$$x_1 + x_2 = x_3^2, x_2 + x_3 = x_4^2, x_3 + x_4 = x_5^2$$
$$x_4 + x_5 = x_1^2, x_5 + x_1 = x_2^2$$
的所有正数解.

33. 求方程组 $(x+y)^3 = z$,$(y+z)^3 = x$,$(z+x)^3 = y$ 的所有实数解.

34. 设 E 是空间中有下列性质的有限点集:

(a) E 不在一个平面上.

(b) E 中无三点共线.

证明:或者 E 中有五个点是凸棱锥的顶点,且棱锥内无 E 中的点;或者有一个平面恰含有 E 中三个点.

35. 六个圆有公共点 A. 证明:其中总有一个圆包含另一个圆的圆心(即圆心在那个圆内或圆周上).

36. 在一个圆周上取 n 个点并作所有联结这 n 个点(中的两点)的弦. 求圆盘被这些弦分成的块数.

37. 一个班级有 30 名学生,每名学生在班上有同样数目的朋友,这 30 名学生的成绩依次为第 1 名,第 2 名,……(无并列名次). 每个学生与他的朋友相比,比多数朋友成绩好的学生的人数的最大值是多少?(RO1994)

38. 若干个人所成的集合 S 有下列性质. S 中任意两个人如果在 S 中朋友的个数相同,这两人在 S 中无共同的朋友. 证明:S 中有一个人恰好在 S 中只有一个朋友.(提示:S 中假定确有人是朋友.)

39. 某些非负实数的和是 3,这些数的平方和大于 1. 证明:这些数中可取出三个数,它们的和大于 1.

40. 在纸上写有一些正实数,它们中每两个数的乘积的总和为 1. 证明:总可以去掉一个数,使其余数的总和比 $\sqrt{2}$ 小.

41. 在凸 n 边形的顶点处共放有 $m(m>n)$ 块石块. 每一步可将同一顶点处的两块石子移到它的两个相邻顶点上. 证明:如果移动若干次后石块的分布与开始时相同,那么移动的次数是 n 的倍数.

42. 已知数 $a_1,a_2,\cdots,a_n$ 及 $b_1,b_2,\cdots,b_n$ 都是 $1,1/2,\cdots,1/n$ 的排列. 又 $a_1+b_1\geqslant a_2+b_2\geqslant\cdots\geqslant a_n+b_n$. 证明:对于 $m=1,2,\cdots,n$,都有

$$a_m+b_m\leqslant\frac{4}{m}$$

43. 在一条直线上有 50 条线段. 证明:其中有 8 条线段有公共点,或者有 8 条线段两两不相交.(AUO1972)

44. 三个学校中各有 n 名学生,每名学生在另两个学校中有 $n+1$ 名熟人. 证明:可以在每个学校中选取一名学生,使所选的三名学生互相认识.

解　答

1. 用例 2 的想法. 例 2 的解答处理了更复杂的空间的类似问题.

2. 假定不是所有的直线都过同一点,考虑所有的交点以及每个交点到直线(指所给直线中不过该交点的直线)的距离的最小值. 设最小的距离是点 A 到直线 l 的距离. 至少有三条直线经过点 A,它们与 l 交于 B,C,D. 从 A 作 l 的垂线 AP. B,C,D 中有两点在 P 的一侧(可能有一点就是 P). 设 C,D 在 P 的一侧且 $|CP|<|DP|$. 则 C 到 AD 的距离小于 A 到 l 的

距离. 这与 A 及 l 的取法矛盾(这一论证就是 L. M. Kelly 所用的).

3. 这又是 Sylvester 问题的另一种形式.

4. 设我先行操作,它完全依赖最大的一堆. 设最大的堆中有 M 块石子,只要 $M > 1$,就可以操作. 尝试较小的数目会表明:我必须占据数据 $M = 2^k - 1$. 不管对手如何行动,他必定会留下一个满足

$$2^{k-1} - 1 < M < 2^k - 1$$

的数值. 我下一次操作时,就能占据 $M = 2^{k-1} - 1$ 这个数值位. 若继续这样走下去,最后我就移动到 $M = 2^1 - 1 = 1$,而我的对手因为无法再做操作,他就输了. 因此,如果一开始 M 不是形如 $2^k - 1$ 的数,那么先走的人会赢.

5. 设 AB 是面 ABC 的最长边. 于是 $\angle C$ 至少是和 $\angle A$ 及 $\angle B$ 一样大. 因此 $\angle A$, $\angle B$ 都是锐角.

6. 设 F 是边数最多的面,其边数为 m. 于是,对于 F 及 F 的邻面共 $m + 1$ 面,边数只有 3,$4, \cdots, m$ 这 $m - 2$ 个可能. 因此至少有一个数出现一次以上.

7. (a)互相间的距离都是不同的,于是有两个人 A, B 之间的距离是最小的,这两个人是互相对射的. 如果还有人向 A 或 B 射,总有人幸存,因为 A 和 B 用了三颗子弹. 否则可以忽略 A 及 B,这样我们将面对同样的问题,但是 n 换为 $n - 1$. 重复上述论证,或者找到一对,对他们俩发射了三枪;或者最后剩下三个人,而对于这情况($n = 1$),结论是显然的.

(b)假定 $A, B, C, D \cdots$ 向 P 射击(图 3.12),A 向 P 射击而不向 B 射击,故 $|AP| < |AB|$,B 向 P 射击而不向 A 射击,所以 $|BP| < |AB|$. 因此 AB 是 $\triangle ABP$ 的最长边. 最大角是最大边的对角,从而 $\gamma > \alpha, \gamma > \beta, 2\gamma > \alpha + \beta, 3\gamma > \alpha + \beta + \gamma, \gamma > 60°$. 因此任何两条在点 P 相遇的子弹路线之间的夹角大于 $60°$. 因为 $6 \times 60° = 360°$,至多有五条子弹线可在点 P 相遇.

(c)假定 A 射向 B 的子弹和 C 射向 D 的子弹相交(图 3.13),则 $|AB| < |AD|$,$|CD| < |CB|$,由此 $|AB| + |CD| < |AD| + |CB|$. 另外,由三角形不等式,得 $|AS| + |SD| > |AD|$,$|BS| + |SC| > |BC| \Rightarrow |AB| + |CD| > |AD| + |BC|$. 矛盾!

(d)假定有闭多边形 $ABCDE \cdots MN$(图 3.14). 设 $|AN| < |AB|$,即 N 是离 A 最近的点,则 $|AB| < |BC|$,$|BC| < |CD|$,$|CD| < |DE|$,$\cdots$,$|MN| < |NA|$. 即 $|AB| < |NA|$. 矛盾! 而 $|AN| > |AB|$ 也会导致矛盾.

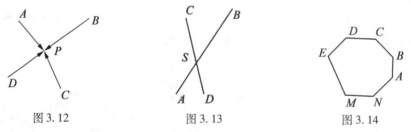

图 3.12　　　　　　图 3.13　　　　　　图 3.14

8. 在 $2n$ 个行及列中,取"车"数最少的,设是某一行. 设 k 是这行中"车"的个数. 如果 $k \geqslant n/2$,那么每一行中至少有 $n/2$ 个"车",在盘上至少有 $n^2/2$ 个"车". 若 $k < n/2$,这一行中至少有 $n - k$ 个空格,在这些空格的列上至少有 $(n-k)^2$ 个"车". 其余的 k 列中至少各有 k 个"车". 从而在棋盘上至少有

$$(n-k)^2 + k^2$$

个"车". 我们要证明这个数大于或等于 $n^2/2$. 而

$$(n-k)^2 + k^2 = \frac{n^2}{2} + \frac{(n-2k)^2}{2} \geq \begin{cases} \dfrac{n^2}{2}, \text{若 } n \text{ 是偶数} \\[2mm] \dfrac{n^2+1}{2}, \text{若 } n \text{ 是奇数} \end{cases}$$

存在性:若 n 是偶数,就在黑格中放 $n^2/2$ 个"车";若 n 是奇数,与角上方格同色的有 $(n^2+1)/2$ 块,在这些同色方格中都放"车".

9. 最简短的证法如下. 考虑这个物体的最大弦,即任何两点所连线段中长度最长者. 过这根弦的任何截口是圆,这条弦就是直径,否则那个圆及物体将有更大的弦. 因而这物体是球且所取的弦是球的一根直径.

这一证明并不完整,我们并未证明存在最长的弦. 实际上,如果物体的表面不属于该物体,就不会有最长的弦. 因此我们假定物体是闭的有界集. 这样就可以用 Weierstrass 定理:在有界闭集上定义的连续函数总能达到最大值及最小值.

这一定理属于高等数学,但在国际数学奥林匹克竞赛中可以使用. 如引用这定理不会认为证明是有漏洞的. 另还有稍长的初等证明(见 HMO1954).

10. 在 Φ 中取距离最大的两点 A,B,并以 AB 为直径作圆 C. 我们要证明 Φ 是以 C 为边界的圆盘. AB 把圆 C 分成两个半圆 C_r 和 C_l(图 3.15),则 $C_r \subset \Phi$ 或 $C_l \subset \Phi$. 设 $C_r \subset \Phi$,在 AB 左边且在圆外的点 X 不会在 Φ 中,实际上,XM(M 是 AB 的中点)交 C_r 于 Y,则 $|XY| > |AB|$. 对在 AB 右面,且在以 A 或 B 为圆心,$|AB|$ 为半径的圆外一点 U,有 $|AU| > |AB|$ 或 $|BU| > |AB|$. 因此,图 3.15 中在 $AEBDA$ 之外的部分不含有 Φ 中的点.

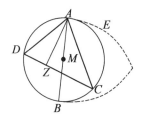

图 3.15

现取在 C 内的点 Z,联结线段 AZ,在 Z 处与 AZ 垂直的线交 C_r 及 C_l 于点 G 及 D(说明:图 3.15 中的点 C 应改为 G,因为字母 C 作为圆周的记号)(G 和 D 不会都在 C_r 上,也不会都在 C_l 上. 为什么?)以 AG 为直径的不过 Z 的半圆弧不会都在 Φ 中,因为过点 A 的 C 的切线是这半圆的割线,此割线与半圆交于 A 及点 F,而 AF 间的弧在 $AEBDA$ 之外. 因此 AG 为直径且经过 Z 的半圆全在 Φ 中. 从而 $Z \in \Phi$. 由此推知 C 内的点都在 Φ 中,因为 Φ 是闭的,$C \subset \Phi$. 而 Φ 中不会有点在 C 外,因为这与 $|AB|$ 的最大性矛盾.

11. (a) 取 p 是与其他点连线最多的点,设连线有 m 条. 所有点分成两个集合 $A = \{p_1, p_2, \cdots, p_m\}$ 和 $B = \{p_1, q_1, \cdots, q_{n-m-1}\}$. A 是与 p 连线的点的全体. 因为 G 中没有三角形,A 中任何两点不连线. B 中是不与 p 连线的点及 p. 对于边的总数,有

$$k \leq m(n-m) = \frac{n^2}{4} - \left(\frac{n}{2} - m\right)^2 \leq \frac{n^2}{4}$$

对于偶数 n 可以得到等式(当 $m = n/2$ 时). 否则 $m = (n+1)/2$,可得到分法为 $(n+1)/2$ 和 $(n-1)/2$.

(b) 见第 8 章的归纳法原理.

12. 这是 $n = 20$ 时的问题 11(a). 注意到两个大使属于每一对国家.

13. 设 A 是获胜次数最多的选手. 如果 A 没有题中所要的性质,那么有另一个选手 B,他战胜 A,并战胜所有被 A 打败的选手. 这样 B 胜的次数比 A 更多,与 A 的取法相矛盾.

14. 设 $|AO| \geqslant |CO|$, $|DO| \geqslant |BO|$, B_1 和 C_1 是 B,C 关于 O 的反射点. 以 $P(XYZ)$ 表示 $\triangle XYZ$ 的周长. 因为 $\triangle B_1OC_1$ 在 $\triangle AOD$ 内, 就有 $P(AOD) \geqslant P(B_1OC_1) = P(BOC)$, 等式仅当 $B_1 = D$ 且 $C_1 = A$ 时成立. 因此 $ABCD$ 是平行四边形, $|AB| - |BC| = P(ABO) - P(BCO) = 0$, 即 $ABCD$ 是菱形.

15. 另一辆带有足够大油箱的车在圆赛道的某点处起动. 对原来的每辆车, 它买光它们所有的汽油. 在赛道某点 A 处, 该车油箱内的汽油液面最低. 那么点 A 必有一辆车, 这辆在点 A 处的车就能绕赛道走完一圈 (另解用到归纳法(第 8 章, 问题 2).

16. 在平面的六个点中, 总有三点组成最大角大于或等于 $120°$ 的三角形. 在这个三角形中, 最长边与最短边之比大于或等于 $\sqrt{3}$. 下面来证明这个结论. 考虑平面上六点的凸包. 如果凸包是 $\triangle ABC$, 把任一内点 D 与 A,B,C 相联结, D 处的三个角有一个大于或等于 $120°$. 如果凸包是四边形 $ABCD$, 另两点中任一点 E 在 $\triangle ABC$ 或 $\triangle ADC$ 内. 若 E 在 $\triangle ABC$ 内, $\triangle EAB$, $\triangle EBC$, $\triangle ECA$ 中必有一个有大于或等于 $120°$ 的角. 如凸包是五边形 $ABCDE$, 第六点 F 位于该五边形的被从它的一个顶点所作对角线所剖成的一个三角形内, 设 F 在 $\triangle ACD$ 内, 把 E 与 $\triangle ACD$ 的顶点联结起来. $\triangle EAC$, $\triangle ECD$, $\triangle EDA$ 之一必有大于或等于 $120°$ 的角. 若六个点是凸六边形的顶点, 则有一个内角大于或等于 $120°$. 若内点在一条对角线上, 则可以做得更好. 此时 $M:m \geqslant 2 > \sqrt{3}$. 这样我们就证明了有一个三角形, 其最大角大于或等于 $120°$. 在这个三角形中, 设 $\alpha \leqslant \beta < \gamma$, 则

$$\frac{c}{a} = \frac{\sin \gamma}{\sin \alpha} \geqslant \frac{\sin \gamma}{\sin \dfrac{\alpha + \beta}{2}} = \frac{\sin \gamma}{\sin \left(90° - \dfrac{\gamma}{2}\right)} = \frac{\sin \gamma}{\cos \dfrac{\gamma}{2}}$$

$$= 2\sin \frac{\gamma}{2} \geqslant 2\sin 60° = \sqrt{3}$$

17. 设正方体分成有限个大小不同的正方体, 则它的面由大小不同的正方形组成. 取这些正方形中最小的一个. 转动立方体可使这最小正方形的面是底面. 易见这个最小正方形不会在底面的边界上, 因此它是在由更大的正方体所围成的"井"底, 为填满这个井, 就要有更小的正方体, 等等, 直到达到顶面, 它分成更多的正方体中有更小的正方形. 矛盾!

18. 对两个行星来说, 这显然是正确的. 现设 $O_1, \cdots, O_n$ 是行星的中心. 我们要证明什么呢? 只要证明对每个单位向量 $\boldsymbol{a}$, 在唯一的第 i 号行星上的点 X 使 $\overrightarrow{O_iX} = \boldsymbol{a}$ 且从这点看不到其他的行星. 我们先证 X 的唯一性. 设 $\overrightarrow{O_iX} = \overrightarrow{O_jY}$ 且从 X 及 Y 都看不见别的行星. 但我们已考虑过两个行星的情况, 如果 X 看不到 j 号球, 那么从 Y 可看到 i 号球. 矛盾!

现证点 X 的存在性. 我们引进坐标系使 OX 轴的方向与 $\boldsymbol{a}$ 相同. 则所给的球上的 x – 坐标最大的点就是 X.

注: 当球有两个时, 若一个球放在桌面上, 则北极的点能否看到另一个球呢? 好在这样的点只是两个圆周. 对面积不受影响.

19. 设 1 994 个向量的和为 $\boldsymbol{a}$. 引进坐标系使 OX 轴方向为 $\boldsymbol{a}$ 的方向. 如果 $\boldsymbol{a} = \boldsymbol{0}$ 就可以为任何方向. 在每一步中, 先取者选取横坐标最大的向量. 最后, 他得到的(向量的)横坐标不小于他对手的, 而纵坐标与他对手相同, 因为所有纵坐标的和为 0, 从而用这个策略的先拿者总不会输.

20. 在平面上任取一条直线 g, 把每个多边形投影到 g 上, 就得到若干条线段, 其中任两

条有公共点.考虑这些线段的左端点,再取它们中最右面的点,我们得到属于所有线段的点 R.过 R 与 g 垂直的直线与每个多边形相交.

21. 设 AB 是多边形的最长的边或对角线.过 A,B 作 AB 的垂线 a,b,则多边形全在直线 a,b 所界的凸区域内.确实,多边形的任何顶点 X 使 $|AX| \leqslant AB$,$|BX| \leqslant AB$.把多边形包在最小的矩形 $KLMN$ 内,矩形的两条边在 a,b 上,另两条边 KL,MN 上有多边形的顶点 C 及 D,$|KLMN| = 2|ABC| + 2|ABD| = 2|ABCD|$.因为四边形全在面积为 1 的多边形内,所以有 $|KLMN| \leqslant 2$.

22. 考虑距离最小的两点 A,B,则在以 AB 为直径的圆内不会存在其他所给的点.设 C 在其他点中使 $\angle ACB$ 最大的($\angle ACB < \pi/2$).则在过 A,B,C 的圆内没有所给集中的点,但可能它们都在这个圆的圆周上.

23. 可设 $\angle \alpha \geqslant \angle \beta \geqslant \angle \gamma$.考虑两种可能:

(1)$\triangle ABC$ 是锐角三角形,即 $60° \leqslant \angle \alpha < 90°$.因为 $h_b \leqslant |BB_1| \leqslant 1$,$h_c \leqslant |CC_1| \leqslant 1$.我们有 $|ABC| = ch_c/2 = h_b h_c/2\sin \alpha < 1/\sqrt{3}$.事实上,在 $[0°,90°]$ 上正弦是单调的.

(2)$\triangle ABC$ 不是锐角三角形,则 $\angle \alpha \geqslant 90°$,$|AB| \leqslant |BB_1| \leqslant 1$,$|AC| \leqslant |CC_1| \leqslant 1$,因此 $|ABC| \leqslant (|AB| \cdot |AC|)/2 \leqslant 1/2 < 1/\sqrt{3}$.

24. 取两点 A,B 使所有其他点在直线 AB 的同侧.把它们编号为 $X_1,X_2,\cdots,X_{2n+1}$ 使 $\angle AX_iB > \angle AX_{i+1}B$($i=1,2,\cdots,2n$).则过 A,X_{n+1},B 的圆包含 $X_1,\cdots,X_n$,而另 n 个点在圆外,X_i 中不会有两点在同一圆周上,否则有四点共圆,与基本假设矛盾.

25. 容易验证,如果 P 不在直线 $x=0,y=0,y=x,y=-x$ 上,那么在点 P 的四个走步处,恰有一个点离原点 O 更近,其余三点则更远离 O.因为开始时点 P 的两个坐标的比是无理数,在整个行走过程中,上面规律一直是对的.

设在一串走步之后,$P_0,P_1,P_2,\cdots,P_n(=P_0)$,又回到点 $P_0(1,\sqrt{2})$.如果 P_i 是闭路中离 O 最远的点,则 $d(O,P_{i-1}) < d(O,P_i) < d(O,P_{i+1})$,因而从 P_i 向原点靠近的走步只能是回到 P_{i-1},这是矛盾的,因为不允许走回头的步.

26. 考虑 $2n$ 个大使在圆桌旁各种的安排,计算每种安排下,敌对的一对坐在相邻位置的对数.设 H 是这些数中最小的,则 $H = 0$.实际上,设 $H > 0$,即就用第 1 章例 8 中描述的缩小的算法,能把最小值再缩小.矛盾!

27. 设 15 个满足题中条件的正整数 $n_1,n_2,\cdots,n_{15}$ 全是合数.以 p_i 表示 n_i 的最小质因子,因为 $n_1,\cdots,n_{15}$ 两两互质,$p_1,p_2,\cdots,p_{15}$ 互不相同.因此其中有一个 $p \geqslant 47$(47 是第 15 个质数),因此以 p 为最小质数的 $n \geqslant p^2 > 1\,993$.矛盾!

28. 至少有七个点不同于圆心 O,因而最小角 $\angle A_iOA_j$ 至多是 $360°/7 < 60°$.如果 A,B 是相应于最小角的两点,那么 $|AB| < 1$.因为 $|AO| \leqslant 1$,$|BO| \leqslant 1$,$\angle AOB$ 不会是 $\triangle AOB$ 中最大角.

29. 设 A,B 是 n 个点中距离最大的两点,A(或 B)与其他点的联结中点互不相同,且这些点都在以 A(B)为圆心,$\dfrac{|AB|}{2}$ 为半径的圆内.我们得到两个仅有一个公共点的圆.因此至少有 $2(n-1) - 1 = 2n - 3$ 个不同的点.

30. 在平面上作 $\angle BAC = \alpha$,其中 $\alpha = \angle SA_1A_2 = \cdots = \angle SA_nA_1$,$|AB| = a$,然后对每个 $i =$

$1,2,\cdots,n$,在射线 AC 上作点 S_i 使 $\triangle AS_iB = \triangle AS_iA_{i+1}$. 设所有的 S_i 不都重合. 设 S_k 是离 B 最近的点,S_l 是离 B 最远的点. 因为 $|S_kB - S_lB| < |S_kS_l|$,我们有 $|S_kA - S_lA| > |S_kB - S_lB|$,即 $|S_{k-1}B - S_{l-1}B| > |S_kB - S_lB|$. 但这不等式的右边是最大数与最小数的差,而左边是这两数间的两个数的差. 矛盾! 因此 S_i 都重合,即 S 与底上的 $A_1, A_2, \cdots, A_n$ 都等距.

31. 考虑半径最大的一块,并作个稍大一点的同心圆使与其他块仍不相交. 把五块关于球心作反射,易见反射后的块不能盖住整个球面. 球面上任何没有被盖住的点及它的对径点都适合要求.

32. 设 $x_1, x_2, \cdots, x_5$ 中最大及最小的是 x 及 y,由方程可得 $x^2 \leqslant 2x, y^2 \geqslant 2y$. 因 $x > 0, y > 0$,可得 $2 \leqslant y \leqslant x \leqslant 2$,故方程有唯一解 $x_1 = \cdots = x_5 = 2$.

33. 由方程组关于 x, y, z 的对称性,可设 $x \geqslant y, x \geqslant z$. 由后两个方程可得 $y + z \geqslant z + x$ 即 $y \geqslant x$. 于是 $x = y$. 类似地有 $x = z$. 方程 $8x^3 = x$ 有三个根 $x = 0, x = \pm 1/2\sqrt{2}$.

34. 考虑 $A \in E$ 及包含 $E \backslash \{A\}$ 中三点的平面 P. 这样的 (A, P) 只有有限对,因此有一对 (A, P) 使点 A 到平面 P 的距离最小.

如果 P 只含 E 中三个点,那么已证毕. 否则 $E \cap P$ 中有四个点 A_2, A_3, A_4, A_5,如这四点不是凸四边形的四个顶点. 可设 A_2 在 $\triangle A_3A_4A_5$ 内. 记 A 在 P 上的投影为 A_1,过 A_2 作 $\triangle A_3A_4A_5$ 的边的平行线把平面 P 分成两个半平面. 总有这样一根平行线,它的一侧中有 A_1 及 $\triangle A_3A_4A_5$ 的一个顶点,例如 A_3. 这时,A_2 到由 A, A_4, A_5 的平面 P_3 的距离将更小. 因为 A_2 到 P_3 的距离小于 A_1 到 P_3 的距离,它小于 $|A_1A|$(由 Pythagoras 定理). 这与 (A, P) 的最小性矛盾,所以 $A_2A_3A_4A_5$ 是凸四边形. 由最小性即知在棱锥 $A_1A_2A_3A_4A_5$ 内不会有 E 中的点.

35. 把 A 与六个圆的圆心相联结,设 $\angle O_1AO_2$ 是 $\angle O_iAO_j$ 中最小的. 证明 O_1O_2 完全在一个圆内.

36. 如例 1 那样做.

37. 如果某学生与他的朋友相比,要比其中多数好,就称他为"好学生". 设 x 是"好学生"个数. k 是每个学生的朋友数. 是朋友的两人组成一对,则共有 $15k$ 对. 班上最好的学生在 k 对中都是最好的,其他每个"好学生"至少在 $[k/2] + 1 \geqslant (k+1)/2$ 对中是较好的. 因此,(所有)"好学生"至少在 $k + (x-1) \cdot k + 1/2$ 对中是较好的,这总不会超过总的对数 $15k$,因而 $k + (x-1)(k+1)/2 \leqslant 15k$. 即 $x \leqslant 28k/(k+1) + 1$. 我们还看到 $(k+1)/2 \leqslant 30 - x$ 或 $k \leqslant 59 - 2x$,因为比好学生中最差的更差的学生数不超过 $30 - x$. 这就是 $x \leqslant 28(59-2x)/(60-2x) + 1$,或 $x^2 - 59x + 856 \geqslant 0$,满足这最后一个不等式的最大的小于或等于 30 的整数是 25. 做出实现 25 的例子.

38. 考虑有最多朋友 n 的人. 我们可得出结论:他的朋友们有不同的大于 0 的朋友数,且都小于或等于 n. 共有 n 个可能,即 $1, 2, \cdots, n$. 所有的可能性都实现了. 特别地,有人恰有一个朋友.

39. 设 $x_1 \geqslant x_2 \geqslant x_3 \geqslant \cdots \geqslant x_n$,并设 $x_1 + x_2 + x_3 \leqslant 1$,则 $x_1 + x_2 + x_3 - (x_1 - x_3)(1 - x_1) - (x_2 - x_3)(1 - x_2) \leqslant 1$ 或 $x_1^2 + x_2^2 + x_3(3 - x_1 - x_2) \leqslant 1, x_1^2 + x_2^2 + x_3(x_3 + x_4 + \cdots + x_n) \leqslant 1, x_1^2 + x_2^2 + x_3^2 + x_4^2 + \cdots + x_n^2 \leqslant 1$. 这个矛盾就证明了定理.

40. 设 x_1 是 $x_1, x_2, \cdots, x_n$ 中最大的. 则由

$$(x_2 + x_3 + \cdots + x_n)^2 = \sum_{i=2}^{n} x_i^2 + \sum_{2 \leqslant i < j \leqslant n} 2x_ix_j \tag{1}$$

把不等式 $x_i^2 < 2x_1x_i (i=2,3,\cdots,n)$ 相加,并把 $\sum\limits_{i=2}^{n} x_i^2$ 的估计式代入式(1),有

$$(x_2 + x_3 + \cdots + x_n)^2 < \sum_{i=2}^{n} 2x_1x_i + \sum_{2 \leqslant i < j \leqslant n} 2x_ix_j$$
$$= \sum_{1 \leqslant i < j \leqslant n} 2x_ix_j$$

因此 $\qquad\qquad (x_2 + \cdots + x_n)^2 < 2, x_2 + x_3 + \cdots + x_n < \sqrt{2}$

41. 把 n 边形的顶点按顺时针方向编号. 设从第 i 个顶点移出棋子的次数为 a_i,由问题的条件,我们有

$$a_1 = \frac{a_2 + a_n}{2}, a_2 = \frac{a_1 + a_3}{2}, \cdots, a_n = \frac{a_{n-1} + a_1}{2}$$

设 a_1 是 a_i 中最大的,则由 $a_1 = (a_2 + a_n)/2$ 可知 $a_2 = a_n = a_1$,类似地由 $a_2 = (a_1 + a_3)/2$ 知 $a_1 = a_2 = a_3$,等等,即 $a_1 = a_2 = \cdots = a_n$,总步数为 na_1.

42. 对每个 $m = 1,2,\cdots,n$,在 m 个数对 (a_k, b_k) 中,不等式 $a_k \geqslant b_k$ 或 $b_k \geqslant a_k$ 总有一种成立的对数大于或等于 $m/2$. 例如,设 $b_k \geqslant a_k$ 至少对 $m/2$ 个 k 成立. 这些 b_k 中最小的是 b_l,则 $b_l \leqslant 2/m$,因此 $a_l + b_l \leqslant 2b_l \leqslant 4/m$. 由于 $l \leqslant m$,我们就有

$$a_m + b_m \leqslant a_l + b_l \leqslant \frac{4}{m}$$

43. 设 $[a_1, b_1]$ 是右端点最小的线段. 如果有多于七条线段含有 b_1,我们已证完. 如果这样的线段小于或等于 8 条,那么至少有 43 条线段全在 b_1 的右面. 在这些线段中,取右端点最小的线段 $[a_2, b_2]$. 于是,b_2 属于 8 条线段,有 36 条线段在 b_2 的右面. 这样下去,可找到一个点属于 8 条线段,或者能找到 7 条互不相交的线段 $[a_1, b_1], \cdots, [a_7, b_7]$ 且在 $[a_k, b_k]$ 的右面至少有 $(50 - 7k)$ 条线段. 即在 $[a_7, b_7]$ 右面至少还有一个 $[a_8, b_8]$.

类似地,我们可以证明,在 $mn + 1$ 条线段中有 $m + 1$ 条线段有公共点,或有 $n + 1$ 条线段两两不交.

这是下面定理的特例.

Dilworth 定理:在半序集中,$mn + 1$ 个元素中或有 $m + 1$ 个元素所成的链,或有 $n + 1$ 个两两不可比较的元.

44. 在 $3n$ 名学生中取在另一学校中认识人数最多的人. 设这是第一个学校的学生 A,他认识第二个学校中的 k 个人(k 是最大值),从而 A 认识第三个学校中的 $n + 1 - k$ 个人. 因为 $k \leqslant n, n + 1 - k \geqslant 1$. 取第三个学校中 A 认识的学生 B,在 A 认识的第二个学校的 k 个人中. 如果有 B 认识的学生 C,那么 $\{A, B, C\}$ 即合要求,他们是互相认识的三个人. 但如果在 A 认识的第二个学校的 k 个人中,没有 B 认识的人,那么在第二个学校中,B 认识的人数小于或等于 $n - k$. 从而 B 在第一个学校中认识的人数至少有 $n + 1 - (n - k) = k + 1$ 个,这与 k 的取法相矛盾.

第4章 抽屉原理

Dirichlet 抽屉原理的最简单的形式如下:

如果 $n+1$ 粒珍珠放在 n 个盒子中,那么至少有一个盒子里有多于 1 粒的珍珠.

这个简单的组合原理首先是由 Dirichlet(1805—1859)在数论中明确使用. 尽管很简单,却有大量的出乎意料的应用,可以用来证明很深刻的定理. F. P. Ramsey 把这一原理做了很广泛的推广. 论题 Ramsey 数是组合学中最深刻的问题. 尽管人们做了巨大的努力,但这一领域中的进展仍是非常缓慢的.

识别是否可用抽屉原理是很容易的,每个关于有限集以及有时关于无限集的存在性问题通常用抽屉原理来解决. 抽屉原理是个纯属存在性的论断,它对于要找多次被占据的"盒子"就无能为力,主要是难以识别"珍珠"和"盒子".

为了热身,我们先从一批还没有解决方案的简单的问题开始:

(1)三个人中总有两个人性别相同.

(2)13 个人中,总有两个人出生的月份相同.

(3)没有人会有 300 000 根以上的头发. Sikinia 的首都有 300 001 个居民. 你能肯定有两个人的头发根数相同吗?

(4)从多少个人中,可以肯定有两个(或三个,q 个)人生日相同?

(5)如果把 $qs+1$ 粒"珍珠"放在 s 个"盒子"中,则至少有一个"盒子"中有多于 q 颗"珍珠".

(6)$\triangle ABC$ 所在平面上的一条直线 l 不经过三角形的顶点. 证明:它不能与三角形的各边都相交.

(7)不经过四面体任一顶点的平面,可以与四面体的几条棱相交?

(8)一个靶的形状是边长为 2 的正三角形.

(a)如果它被击中 5 次,总有两个洞的距离小于或等于 1.

(b)如果它被击中 17 次,两个洞之间距离的最小值至多是多少?

(9)a 与 b 互质时,a/b 的十进制的表示(写成小数)中,周期至多是 $b-1$.

(10)从 11 个无限十进制小数中,总可取出两个数 a,b,它们的十进制小数表达式中,在无限多个相应位置上的数码相同.

(11)从 12 个不同的两位数中,总可以选出两个数,它们的差是形为 aa 的两位数.

(12)如果数 $a,a+d,a+2d,\cdots,a+(n-1)d$ 中没有一个数能被 n 整除,那么 d 和 n 互质.

下面十一个例子说明了抽屉原理的典型应用.

例 1 在一间房中有 n 个人. 证明:其中总有两个人在房中有同样多的熟人.

解:把一个人(视为"珍珠")放在第 i 号"盒子"里. 如果他有 i 个熟人的话. 我们有 n 个

人和 n 个标号为 $0,1,\cdots,n-1$ 的"盒子". 但 0 号"盒子"和 $n-1$ 号"盒子"不会都有"珍珠". 因此,至少有一个盒子有多于 1 颗的"珍珠".

例 2　一个象棋大师有 77 天时间为比赛做准备. 他每天至少要下一局,但总共下棋不超过 132 局. 证明:总有连续的若干天存在,这些天中,他恰好一共下了 21 局棋.

解:设 a_i 是前 i 天中他所下的棋局数,则

$$1 \leqslant a_1 < a_2 < a_3 < \cdots < a_{77} \leqslant 132$$
$$\Rightarrow 22 \leqslant a_1 + 21 < a_2 + 21 < a_3 + 21 < \cdots < a_{77} + 21 \leqslant 153$$

在 154 个数 $a_1,a_2,\cdots,a_{77},a_1+21,a_2+21,\cdots,a_{77}+21$ 中总有两个相等的数,因此有两个标号 i 和 j 使 $a_j+21=a_i$[①],即在第 $j+1,j+2,\cdots,i$ 这些天中,他恰好一共下了 21 局棋.

例 3　设 $a_1,a_2,\cdots,a_n$ 是 n 个整数,则这些数中总有若干个数的和被 n 整除.

解:考虑 n 个整数 $s_1=a_1,s_2=a_1+a_2,s_3=a_1+a_2+a_3,\cdots,s_n=a_1+a_2+\cdots+a_n$. 如果这些数中有数被 n 整除,就已经完成证明,否则它们都不被 n 整除,但余数只有 $n-1$ 个,总有两个数例如 s_p 和 $s_q(p<q)$ 被 n 除的余数相同,也就是说,它们的差被 n 整除

$$s_q - s_p = a_{p+1} + \cdots + a_q$$

这一解答中包含了重要的想法,它在数论、群论及其他领域中有许多应用.

例 4　在 $\{1,2,\cdots,2n\}$ 任取的 $n+1$ 个数中,总有一个数被另一个整除.

解:任取 $n+1$ 个数 $a_1,a_2,\cdots,a_{n+1}$,并把它们写成形式 $a_i=2^{k_i}b_i$,其中 b_i 是奇数. 于是我们有 $n+1$ 个奇数 $b_1,b_2,\cdots,b_{n+1}$,它们都在区间 $[1,2n-1]$ 中,但在这区间中仅有 n 个奇数,于是其中有两个相同:$b_p=b_q$. 这样,a_p,a_q 中有一个能被另一个整除.

例 5　设 $a,b\in\mathbf{N}_+$ 互质,则对于某对 $x,y\in\mathbf{N}_+$,有 $ax-by=1$.

解:考虑数列 $a,2a,3a,\cdots,(b-1)a$ 中数被 b 除的余数. 余数不会是 0. 如果余数中不出现 1,那么存在正整数 $p,q(0<p<q<b)$,使 $pa\equiv qa(\bmod\ b)$. 但 a 与 b 互质,所以 $b\mid(q-p)$. 由于 $0<q-p<b$,这就推出矛盾. 因此存在 x 使 $ax\equiv1(\bmod\ b)$,即 $ax=1+by,ax-by=1$.

例 6　Erdös 和 Szekeres 的问题,以任何次序写下数 $1,2,\cdots,101$. 证明:可以去掉其中 90 个数,使得剩下的 11 个数单调递增或递减.

解:我们证明更一般的结论:对于 $n\geqslant(p-1)(q-1)+1$,每 n 个整数的数列中,有 p 项的递增子数列,或者有 q 项的递减子数列.

设所给的数列为 $a_1,a_2,\cdots,a_n$,对于其中的每一个数 m,L_m 表示以 m 为最后一项的递增子数列的最大项数,R_m 表示以 m 为第一项的递减子数列的最大项数.

这样的记号有下面性质:对于不同的 m 和 k,或者 $L_m\neq L_k$ 或者 $R_m\neq R_k$,这很容易从 $m<k$ 或 $m>k$ 这一事实推出. 所有的数对 $(L_m,R_m)(m=a_1,a_2,\cdots,a_n)$ 互不相同. 假定所要求的子数列不存在,L_m 只能取 $1,2,\cdots,p-1,R_m$ 只能取值 $1,2,\cdots,q-1$. 对于数对就只有 $(p-1)(q-1)$ 种可能. 但 $n\geqslant(p-1)(q-1)+1$,由抽屉原理就导致矛盾.

例 7　在平面格点中取五个格点. 证明:总可在其中取出两点,联结这两点的线段还通过另一个格点(格点是指坐标都是整数的点).

解:考虑这些格点坐标的奇偶性,共有四种可能(偶,偶),(偶,奇),(奇,偶)及(奇,奇). 在五个格点中,总有两个点,例如 $A=(a,b),B=(c,d)$ 有同样的奇偶性. 考虑 AB 的中

---

① 由此易见应有 $j<i$. ——校注

点 L,有

$$L = \left(\frac{a+c}{2}, \frac{b+d}{2}\right)$$

a 与 c,b 与 d 奇偶性相同,从而 L 也是格点.

例 8 在数列 $1,1,2,3,5,8,3,1,4,\cdots$ 中,从第三项起,每项是前面两项的和,但加法是 (mod 10)做的,即是前两项的和的个位数字. 证明:这个数列是纯周期的,并解答周期的长度最多是多少?

解:这个数列中任何相继的两项决定了后面的所有项,也决定了前面的所有项. 因此如果相继的项 (a,b) 重复出现,第一次出现的重复的一对就是 $(1,1)$. 考虑前面那 101 项 $1,1,2,3,5,8,\cdots$,它们组成 100 对 $(1,1),(1,2),(2,3),(3,5),\cdots$. 由于不会出现 $(0,0)$ 这样的对,只可能有 99 个不同的对. 于是有两对是同样的对,此数列的周期至多是 99.

例 9 考虑如下定义的 Fibonacci 数列

$$a_1 = a_2 = 1, a_{n+1} = a_{n-1} + a_n \quad (n > 1)$$

证明:对任何 n,总有某一项是以 n 个零结尾的(即总有项是 10^n 的倍数).

解:项 a_p 以 n 个 0 结尾,即它是 10^n 的倍数,也即 $a_p \equiv 0 (\bmod\ 10^n)$. 我们考虑 $(\bmod\ 10^n)$ 的 Fibonacci 数列. 我们证明这数列会出现 0. 取数列 $a_1, a_2, \cdots (\bmod\ 10^n)$ 的前 $10^{2n} + 1$ 项. 它们可组成 10^{2n} 对 $(a_1, a_2), (a_2, a_3), \cdots$,但 $(0,0)$ 对不会出现,从而至多有 $10^{2n} - 1$ 个不同的对,因此总有一对要重复,周期的长度至多是 $10^{2n} - 1$. 如例 8 那样,第一个重复的对是 $(1,1)$.

$$\underbrace{1,1,2,3,\cdots,a_p}_{周期},1,1$$

于是 $a_p = 1 - 1 = 0$,这样 0 在数列中出现,实现上这就是一个周期中的最后一项.

例 10 设 a 与 $2,5$ 都互质. 证明:对任何 n,有一个 a 的方幂以 $\underbrace{000\cdots01}_{n个数码}$ 结尾.

解:考虑 10^n 个项 $a, a^2, a^3, \cdots, a^{10^n}$,取它们 $(\bmod\ 10^n)$ 的余数. 余数不会出现 0,因为 a 与 10 互质. 因此仅有 $10^n - 1$ 个可能的余数

$$1, 2, \cdots, 10^n - 1$$

从而其中有两个数 $a_i, a_k (i < k)$ 余数相同,因此它们的差被 10^n 整除

$$10^n (a^k - a^i) \Leftrightarrow 10^n | a^i (a^{k-i} - 1)$$

因为 $(10^n, a^i) = 1$,就有 $10^n | (a^{k-i} - 1)$,即 $a^{k-i} - 1 = q \cdot 10^n$,也就是 $a^{k-i} = q \cdot 10^n + 1$. 这样,$a^{k-i}$ 以 $\underbrace{00\cdots01}_{n个数码}$ 结尾.

例 11 在一个面积为 5 的房内放有九块面积为 1 的地毯(地毯形状任意). 证明:总有两块地毯重叠的部分的面积至少有 $1/9$.

假定任何两块地毯重叠部分的面积都小于 $1/9$,我们依次一块一块地计算每块地毯盖住了多少前面地毯尚未盖住部分的面积. 第一块盖住了面积 1,即 $9/9$. 第二,三,……块依次盖住前面未盖住的面积要大于 $8/9, 7/9, \cdots, 1/9$. 由于 $9/9 + 8/9 + \cdots + 1/9 = 5$,但所有九块地毯盖住的面积要比 5 大. 矛盾!

Ramsey 数、无和的集以及 I. Schur 的一个定理.

我们考虑四个有关的竞赛题:

例12 在任意六个人中,总有三个人互相认识或互相不认识.

这个问题是在 1947 年的 Kürschak 竞赛和 1953 年的 Putnam 竞赛中出现的. 后来为 R. E. Greenwood 和 A. M. Gleason 所推广.

例13 17 个科学家中,每人都与别的人通信,他们之间只讨论三个问题,而任何两人间恰好就只讨论一个问题. 证明:至少有三个科学家,他们彼此间都讨论同一个问题.

例14 在空间中给定 $P_n = \lfloor en! \rfloor + 1$ 个点. 每两点间联结一线段,每一线段染上 n 种颜色之一. 证明:至少有一个三角形的三边同色.

例15 一个国际性的协会的成员来自六个国家,共有 1 978 个成员,分别编号为 1,2,$\cdots$,1 978. 证明:至少有一个成员,他的编号是他的两个同一国家的成员的编号之和,或是另一个与他同一国家的成员的编号的两倍. (IMO1978)

例 12,例 13 是例 14 在 $n=2$ 和 $n=3$ 时的特例. 用点代表人,在例 12 中,在两个点间根据相应的人认识或不认识联结一条红线或蓝线. 在例 13 中,在两个点之间根据这两个科学家讨论的是第一、第二或第三个问题而联结一条红的、蓝的或绿的线段,而例 15 与例 14 的关系在下面会看到.

在解这些问题之前,我们引进几个记号. 在空间取 p 个点,使其中无四点在同一平面上. 每两点间联结一条线段(或曲线段),我们得到 p 个顶点的完全图 G_p,它有 $\binom{p}{2}$ 条边,$\binom{p}{3}$ 个三角形. 把每条边染成 n 种颜色中的一色,称之为 G_p 的 n – 染色. 如果 G_p 中有三边同色的三角形,把这样的三角形称为同色三角形,也就是说 G_p 中含有同色的 G_3. 现在我们来解例 12 ~ 例 14.

例 12 的解: G_6 的边染成红的或蓝的. 取六点中的一点,记之为 P. 从 P 引出的五条线中至少有三条是同色的,设为红色的. 这些红线的终点记为点 A,B,C(图 4.1,红色在图中表现为深度颜色). 如果 $\triangle ABC$ 的边都是红色的,就有了一个红色三角形,否则 $\triangle ABC$ 是蓝色三角形. 图 4.2 说明五个顶点、两种颜色未必有同色三角形(其中边与对角线是不同颜色的,在图中表现为深浅不同).

图 4.1

图 4.2

例 13 的解: G_{17} 的边染成红的、蓝的或绿的. 设 P 是 17 个顶点中的一点. 从 P 出发的 16 条线中总有六条是同色的. 可设是红色的. 这些红线段的终点记为 $A_1,A_2,\cdots,A_6$. 如果其中某两点间的连线是红色的,就有了一个红色三角形. 否则就有了六个点,每两点之间的线段是两种颜色之一. 由前一问题,知在这六点所成的三角形中必有同色三角形.

设 G 是以 a,b,c,d 为生成元的、阶为 16 的基本 Abel 群. 读者并不需要群论知识,只要知道 $a+a = b+b = c+c = d+d = 0$ 即可. 把 G 中的非零元素分成三个无和的子集

$$A_1 = \{a,b,c,d,a+b+c+d\}$$
$$A_2 = \{a+b,a+c,c+d,a+b+c,b+c+d\}$$
$$A_3 = \{b+c,a+d,b+d,a+c+d,a+b+d\}$$

即 A_i 中任何两个元素的和不再属于 A_i.

对集 A_1,A_2,A_3 配上颜色 1,2,3(红,蓝,绿). 在 G_{16} 中,每个顶点标为群中的一个元. 联结 x 与 y 的边 xy 记为 $x+y$. 如果 $x+y$ 在 A_i 中,就染成第 i 种颜色. 于是 $\triangle xyz$ 的边 xy 与 yz 如果同色,即 $x+y,y+z$ 在同一个 A_i 中. 由于 A_i 是无和的,$(x+y)+(y+z)=x+z$ 在另一个集中,即 xz 是另一种颜色,所作的染色法中没有同色三角形.

(说明:由于本小段所说的涉及到群. 为便于理解,做下面的阐述:取四个不同的元素 a, b,c,d,并考虑 $\{a,b,c,d\}$ 的所有子集(共十六个). 对于 $\{a,b,c,d\}$ 的两个子集 A,B,规定一种加法为通常理解的对称差,即规定 $A+B=(A\backslash B)\cup(B\backslash A)$. 把十五个非空子集分成三组

$$A_1=\{\{a\},\{b\},\{d\},\{a,b,c,d\}\}$$
$$A_2=\{\{a,b\},\{a,c\},\{c,d\},\{a,b,c\},\{b,c,d\}\}$$
$$A_3=\{\{b,c\},\{a,d\},\{b,d\},\{a,c,d\},\{a,b,d\}\}$$

而对 G_{16} 的图中的每个顶点标上一个子集. 对于标上 A 及 B 的顶点,当 $A+B$ 在 A_i 中时染成第 i 色. 就得到无同色三角形的 G_{16} 的三色染色法.)

例 14 的解: 我们已经知道 $p_1=3,p_2=6,p_3=17$. 我们考虑最小的 p_4,它保证在 p_4 个顶点的完全图任意 4 染色时,每个顶点处有 17 条同色的边. 这就得到 $p_4=66$. 类似地,有 $p_5=327,p_6=1\,958$. 一般地,我们有

$$\frac{p_{n+1}-1}{n+1}=(p_n-1)+\frac{1}{n+1}$$
$$p_{n+1}-1=(n+1)(p_n-1)+1$$

记 $q_n=p_n-1$,就得到

$$q_1=2,\quad q_{n+1}=(n+1)q_n+1$$
$$q_1=2,\quad \frac{q_{n+1}}{(n+1)!}=\frac{q_n}{n!}+\frac{1}{(n+1)!}$$

由此易知

$$q_n=n!\left(1+\frac{1}{1!}+\frac{1}{2!}+\cdots+\frac{1}{n!}\right)$$

括号的数是 e 的级数的前面若干项的和. 这样,有

$$e=\frac{q_n}{n!}+r_n$$
$$r_n=\frac{1}{(n+1)!}+\frac{1}{(n+2)!}+\cdots$$
$$<\frac{1}{n!}\left(\frac{1}{n+1}+\frac{1}{(n+1)^2}+\frac{1}{(n+1)^3}+\cdots\right)=\frac{1}{n\cdot n!}$$

因此

$$q_n<en!\quad<q_n+\frac{1}{n}$$

也就是 $q_n=\lfloor en!\rfloor$,或

$$p_n=\lfloor en!\rfloor+1$$

对于 n 染色的 G_p,就有 Ramsey 定理的一个特例:

若 $q_1,q_2,\cdots,q_n$ 是大于或等于 2 的整数,则有一个最小的数. $R(q_1,q_2,\cdots,q_n)$,使得当 $p\geqslant$

$R(q_1, q_2, \cdots, q_n)$ 时, n – 染色的图 G_p 中, 至少有一个 $i = 1, 2, \cdots, n$ 使图中有同色(第 i 色)的 Gq_i.

数 $R(q_1, q_2, \cdots, q_n)$ 称为 Ramsey 数. 显然 $R(q, 2) = R(2, q) = q$. 除这种一般的情形外, 只有八个 Ramsey 数是已知的. 我们知道 $R(3, 3) = 6, R(3, 3, 3) = 17$ 及

$$R_n(3) = R(\underbrace{3, 3, \cdots, 3}_{n \text{个} 3}) \leqslant \lfloor en! \rfloor + 1$$

此外, 我们还知道 $R(3, 4) = 9, R(4, 4) = 18, R(3, 6) = 18, R(3, 5) = 14, R(3, 7) = 23$ 和 $R(4, 5) = 25$. 最后一个数是在 1993 年找到的, 它要 110 台台式计算机用 11 年的时间的处理, 这可能是计算机能力的极限了.

每个 Ramsey 数都引出一个有趣而又棘手的问题. 例如 $R(3, 4) = 9$ 是说, G_9 的任何 2 – 染色都有红色三角形或蓝色四面体. 我们把这作为问题 39.

现在我们来解例 15, 然后再描述它的数学背景. 在这题中, 我们要证明, 集 $\{1, 2, \cdots, 1\,978\}$ 不能分成六个无和的子集. 我们可以用更小的数 1 957 代替 1 978.

假设: 存在一种把 $\{1, 2, \cdots, 1\,957\}$ 分成六个无和集 A, B, C, D, E, F 的分法.

结论: 这些集中至少有一个, 例如 A 至少有 $1\,957/6 = 326\frac{1}{6}$, 即有 327 个元素, 则

$$a_1 < a_2 < \cdots < a_{327}$$

326 个差 $a_{327} - a_i (i = 1, 2, \cdots, 326)$ 都不在 A 中, 因而都在 B 到 F 中. 在其中之一, 例如 B 中, 至少有 $326/5 = 65\frac{1}{5}$ 个, 即有这些差中的 66 个数 $b_1 < b_2 < \cdots < b_{66}$. 65 个差 $b_{66} - b_i (i = 1, 2, \cdots, 65)$ 既不在 A 中也不在 B 中, 因为这两个集都是无和的. 因此它们都在集 C 到 F 中, 从而其中之一, 例如 C 中至少有 $65/4 = 16\frac{1}{4}$ 个, 即 17 个这样的差 $c_1 < c_2 < \cdots < c_{17}$. 16 个差 $c_{17} - c_i (i = 1, 2, \cdots, 16)$ 不在 A 到 C 中, 即都在 D 到 F 中, 其中之一, 例如 D 至少有这些差中的 $16/3 = 5\frac{1}{3}$ 个, 也即六个 $d_1 < d_2 < \cdots < d_6$. 五个差 $d_6 - d_i (i = 1, 2, \cdots, 5)$ 不在 A 到 D 中, 即在 E 或 F 中, 其中之一, 例如 E 中有至少三个 $e_1 < e_2 < e_3$. 两个差 $e_3 - e_1$ 及 $e_3 - e_2$ 都在 F 中, 而它们的差不属于 A 到 F 的每一个. 矛盾!

例 15 与 $n = 6$ 时的例 14 有密切的关系. 正整数或一个 Abel 群的子集 A 称为无和的, 如果对于 $x, y, z \in A$, 方程 $x + y = z$ 无解. 当然这里允许 $x = y$. 与 Fermat 猜想有关, Isai Schur 在 1916 年考虑了下一问题: 集 $\{1, 2, \cdots, f(n)\}$ 可以分成 n 个无和子集的最大 $f(n)$ 是多少?

我们只知道 Schur 函数 $f(n)$ 的四个值. 尝试可知 $f(1) = 1, f(2) = 4, f(3) = 13$, Baumert 在 1961 年借助计算机找到了 $f(4) = 44$. $\{1, 2, \cdots, 44\}$ 的一个无和划分是

$$S_1 = \{1, 3, 5, 15, 17, 19, 26, 28, 40, 42, 44\}$$
$$S_2 = \{2, 7, 8, 18, 21, 24, 27, 33, 37, 38, 43\}$$
$$S_3 = \{4, 6, 13, 20, 22, 23, 25, 30, 32, 39, 41\}$$
$$S_4 = \{9, 10, 11, 12, 14, 16, 29, 31, 34, 35, 36\}$$

Schur 发现了下面的估计式

$$\frac{3^n - 1}{2} \leqslant f(n) \leqslant \lfloor en! \rfloor - 1$$

现在我们证明把集 $\{1, 2, \cdots, \lfloor en! \rfloor\}$ 分成 n 个子集时, 至少在一个子集中方程 $x + y = z$

是有解的.

设

$$\{1,2,\cdots,\lfloor en!\rfloor\}=A_1\cup A_2\cup\cdots\cup A_n$$

是分成 n 个子集的划分. 我们考虑有 $\lfloor en!\rfloor+1$ 个顶点的完全图 G, 并把顶点标为 $1,2,\cdots,$ $\lfloor en!\rfloor+1$. 用 n 种颜色 $1,2,\cdots,n$ 来对 G 染色. 如果 $|r-s|\in A_m$, 边 rs 染为第 m 色. 据例 13 图 G 有同色三角形, 即存在正整数 r,s,t 使 $r<s<t\le\lfloor en!\rfloor+1$ 且 rs,rt,st 有同一种颜色 m, 即

$$s-r,t-s,t-r\in A_m$$

因为 $(s-r)+(t-s)=t-r,A_m$ 不是无和的. 这就推出

$$f(n)\le\lfloor en!\rfloor-1$$

特别有 $f(6)\le\lfloor720e\rfloor-1$.

这是例 15 的较简单的证明, 其中数 1 978 可换成 1 957.

我们再看 Ramsey 数 $R_n(3)$, 这是最小的正整数, 使得有 $R_n(3)$ 个顶点的完全图在 n - 染色时必有同色三角形. 我们已经证明了

$$R_n(3)\le\lfloor en!\rfloor+1$$

这样, 我们可以用 $R_n(3)$ 给出 $f(n)$ 的上界. 我们来证明

$$R_n(3)\ge f(n)+2$$

证明与前面一样. 设 $A_1,A_2,\cdots,A_n$ 是集 $\{1,2,\cdots,f(n)\}$ 的无和划分. 设 G 是有 $f(n)+1$ 个顶点 $0,1,\cdots,n$ 的完全图. 我们用 n 种颜色 $1,2,\cdots,n$ 来染 G 的边如下: 如果 $|r-s|\in A_m$, 把边 rs 染为第 m 种颜色, 假定有一个顶点为 r,s,t 的三角形各边都是第 m 色的. 设 $r<s<t$, 那么 $t-s,t-r,s-r\in A_m$. 但 $(t-s)+(s-r)=t-r$, 这与 A_m 是无和的相矛盾. 因此 $R_n(3)>f(n)+1$. 证毕.

在问题 43 中, 我们将证明

$$f(n)\ge\frac{3^n-1}{2}$$

这样就有

$$\frac{3^n+3}{2}\le R_n(3)\le\lfloor en!\rfloor+1$$

即

$$3\le R_1(3)\le3,6\le R_2(3)\le6,15\le R_3(3)\le17,42\le R_4(3)\le66$$

由 Baumert 的结果, 我们还知道 $46\le R_4(3)\le66$. 前三个的上界是精确的, 但第四个不是. 大约在 20 年之后, 知道有 $R_4(3)\le65$, 即

$$46\le R_4(3)\le65$$

问　　题

13. n 个人在一间房中相遇, 每个人与另外的人都握过手. 证明: 在任何时刻总有两个人握过手的次数相同.

14. 在有 n 个人参加的一次比赛中,每人与其他人都恰好比赛一场. 证明:在比赛过程中的任何时候,总有两个人赛过的场次相同.

15. 20 个互不相同的正整数都小于 70. 证明:在两两的差中总有四个差相同.

16. 设 $P_1, P_2, \cdots, P_9$ 是空间的九格点,其中无三点共线. 证明:总有一个格点 L 在某条线段 P_iP_k 内$(i \neq k)$.

17. 在边长为 1 的正方形中,放有 51 个小虫. 证明:任何时候总至少有三个小虫可被一个半径为 1/7 的圆盖住.

18. 在边长为 7 的正方体内任取 342 个点,是否总能在大正方体内放一个棱长为 1 的正方体,使得小正方体的内部(不包括边界)不会有所取的点?

19. 设 n 是不被 2,5 整除的正整数,证明:存在 n 的倍数全是由数字 1 所组成.

20. S 是 n 个正整数构成的集,S 中没有数是 n 的倍数. 证明:总有 S 的(非空)子集使得这个子集中所有数的和被 n 整除.

21. 设 S 是 25 个点构成的集,在 S 的任何三元子集中,总有两个点之间距离小于 1. 证明:存在 S 中的 13 个点,它们可被一个半径为 1 的圆盖住.

22. 在任何凸六边形中,总有一条对角线,它切出的一个三角形面积不大于六边形面积的 1/6.

23. 一个凸六边形中,如果每条对角线切出的三角形面积不小于它的总面积的 1/6,则所有对角线都经过一个点,且被这点分成同一比例(的两条线段),并且都平行于六边形的边.

24. 在 $\{1, 2, \cdots, 2n\}$ 中的 $n + 1$ 个数中总有两个数互质.

25. 在十个不同的两位数中,总有两个不相交的非空子集,集中所有数的和相等.

26. 设 k 是正整数,$n = 2^{k-1}$. 证明:在 $(2n - 1)$ 个正整数中,总能取出 n 个数,它们的和被 n 整除.

27. 设 $a_1, a_2, \cdots, a_n (n \geqslant 5)$ 是任何正整数所组成的数列. 证明:总能取出一个子数列,并在每一项前放上" + "号或" − "号使得所得的代数和被 n^2 整除.

28. 在一间房中有 $(m - 1)n + 1$ 个人,则其中有 m 个人互不认识,或者有一个人认识 n 个人. 如果少一个人,结论是否成立?

29. 在 k 个正整数 $a_1 < a_2 < \cdots < a_k \leqslant n, k > \lfloor (n+1)/2 \rfloor$ 中,至少有一对 a_i, a_r 使 $a_i + a_1 = a_r$.

30. 在 $ab + 1$ 只老鼠中,有一列老鼠有 $a + 1$ 只,每只都是前一只的后代;或者有 $b + 1$ 只,其中没有一只是另一只的后代.

31. 设 a, b, c, d 是整数. 证明:差 $b - a, c - a, d - a, c - b, d - b, d - c$ 的乘积被 12 整除.

32. 正实数 $a, 2a, \cdots, (n - 1)a$ 中,总有一个与某一正整数的距离至多是 $1/n$.

33. 在一个 3×4 矩形的六个点中,必有两个点距离小于或等于 $\sqrt{5}$.

34. 在任何凸 $2n$ 边形中,总有一条对角线不与任一条边平行.

35. 在 52 个正整数中,总可取出两个数,它们的和或差被 100 整除. 这个论断对 51 个正整数是否成立?

36. 十条线段中每一条都长于 1cm,短于 55cm. 证明:可在这些线段中取出三条作为一个三角形的边长.

37. 把正七边形的顶点染成黑色或白色. 证明:有三个同色点成为一个等腰三角形. 对正八边形又怎样? 对怎样的正 n 边形这个论断是正确的?

38. 把正方形分成面积之比为 $2:3$ 的两个四边形的九条直线中,至少有三条经过同一个点.

39. 在九个人中,或者有三个人互相认识,或者有四个人互相不认识. 九这个数不能换成更小的数.

40. $R(4,4)=18$ 就得出下一问题:在 18 个人中,有四个人互相认识,或者有四个人互相不认识. 而 17 个人就未必正确.

41. $R(3,6)=18$ 产生出下一问题:在 18 个人中,有三个人互相认识,或者有六个人互相不认识. 试对 $R(6,3)$ 估计上界和下界.

42. Erdös 证明了 $R(r,s)$ 的估计式,我们把这作为下面的两个问题. 证明
$$R(r,s)\leqslant R(r-1,s)+R(r,s-1) \tag{1}$$

43. 利用上一式子,证明
$$R(r,s)\leqslant \binom{r+s-2}{r-1}$$

44. 把集 $\{1,2,\cdots,13\}$ 分成三个无和集. 证明:$\{1,2,\cdots,14\}$ 不能分成三个无和集.

45. 证明:集 $\{1,2,\cdots,(3^n-1)/2\}$ 可以分成 n 个无和集.

46. 任意把 $\{1,2,\cdots,9\}$ 分成两个集. 证明:至少在一个子集中有三个(不同)数,其中一个是另两个的算术平均数.

47. 把正三角形的边上的点用双色染色,是否一定存在三个同色点是直角三角形的三个顶点?(IMO1983)

48. 从集 $\{1,2,\cdots,2n+1\}$ 中取一个元素个数最多的无和子集 A. 问:A 中有多少个元素?

49. 把平面上的点染成红色或蓝色,那么有两个红点距离为 1,或者有四个在一直线上的蓝点依次距离为 1.

50. 把 G_{14} 的边双色染色时必有同色四边形.

51. 三染色的 G_{80} 中有同色的 G_4.

下面的问题是相当难的,它们讲的是 Jacobi 定理及其应用. 第 $50\sim57$ 题、59 题及 84 题的解略去了.

52. 图 4.3 中是一个周长为 1 的圆. 一个人沿圆周每一步走的步长是无理数 α(沿圆周计算的长度),圆周上有一个宽为 $\varepsilon>0$ 的沟. 证明:迟早他会踩进这沟中而不论 ε 是多么小.

53. 证明:存在 2 的一个方幂,它是由六个 9 开头的,即有正整数 n,k 使得

图 4.3

$$999\,999\times 10^k < 2^n < 10^{k+6}$$
$$k+\log 999\,999 < n\log 2 < k+6$$

提示:这里 $\varepsilon = 6-\log 999\,999$,步长是 $\alpha=\log 2$. 类似地,可以证明:对于无理数 $\log a$,必有 a 的方幂以任意给定的数字列开头.

54. 设 a_n 是数列 $2,2^2,2^3,\cdots,2^n$ 中以数字 1 开头的数的个数. 证明

$$\log 2 - \frac{1}{n} < \frac{a_n}{n} < \log 2$$

从而

$$p_1 = \lim_{n \to \infty} \frac{a_n}{n} = \log 2 \approx 0.301\ 03$$

有时会说成：随机选取的 2 的方幂，以 1 开头的概率为 $\log 2 \approx 0.301\ 03$.

55. α 为无理数，则直线 $y = \alpha x$ 除$(0,0)$外，不会经过任何格点，但它可与某些格点任意接近.

56. 证明：有正整数 n 使 $\sin n < 10^{-10}$（或对任意正整数 k 使 $\sin n < 10^{-k}$）.

57. 若 $\dfrac{\alpha}{\pi},\dfrac{\beta}{\pi},\dfrac{\alpha}{\beta}$ 都是无理数，则总有 $\sin n\alpha + \sin n\beta < 2$. 但对某些 n 可使它任意接近 2.

58. 圆周上有这样的点集，它在旋转后能成为它自己的一部分.

59. 在一张由 1×1 方块所成的无限的象棋盘上（棋盘的格子交替地涂上白色和黑色），一只跳蚤从一个白格子出发，每步先向右跳 α，再向上跳 β，α,β 和 α/β 都是无理数. 证明：迟早它会跳到黑格中.

60. 函数 $f(x) = \cos x + \cos(x\sqrt{2})$ 不是周期的.

注：考虑序列 $\alpha_n = n\alpha - \lfloor n\alpha \rfloor$，$n = 1,2,\cdots,\alpha$ 是无理数. Jacobi 定理表明，序列 α_n 的项在区间$(0,1)$中处处稠密. 1917 年，H. Weyl 证明这数列在区间$(0,1)$内是一致分布的，即若 $0 \le a < b \le 1$. $H_n(a,b)$ 是 $\alpha_i(1 \le i \le n)$ 落在区间(a,b)中的项数，则

$$\lim_{n \to \infty} \frac{H_n(a,b)}{n} = b - a$$

黄金分割 $\alpha = (\sqrt{5} - 1)/2$ 的分布是令人惊异地一致的.

我们用一些很有几何风格的问题来结束这一论题.

61. 在半径为 16 的圆内有 650 个点. 证明：有一个内半径为 2、外半径为 3 的环形区域覆盖其中的十个点.

62. 在边长为 1 的正方形内有几个总周长为 10 的圆. 证明：有一根直线至少与其中 4 个圆相交.

63. 在一个圆周上取 $n(n \ge 4)$ 个等距离的点（即把圆周 n 等分的 n 个点），则其中任何 $k = \lfloor \sqrt{2n + 1/4} + 3/2 \rfloor$ 个点中总有四个点构成梯形.

64. 把长为 1 的线段的几个小段染色，使得任何两个染色的点的距离不等于 0.1. 证明：染色线段的长度之和小于或等于 0.5.

65. 半径为 1 的圆盘内的七个点两两距离小于或等于 1. 证明：圆盘中心是这七个点之一. (BrMO1975)

66. (a)证明：存在不全为 0 的整数 a,b,c，每个数的绝对值小于 1 000 000，使得 $|a + b\sqrt{2} + c\sqrt{3}| < 10^{-11}$.

(b)设 a,b,c 是不全为 0 且绝对值都小于 1 000 000 的整数. 证明：$|a + b\sqrt{2} + c\sqrt{3}| > 10^{-21}$. (Putnam1980)

67. 证明：在任意 7 个实数 $y_1,y_2,\cdots,y_7$ 中，总有两个数使

$$0 \leqslant \frac{y_i - y_j}{1 + y_i y_j} \leqslant \frac{1}{\sqrt{3}}$$

68. 证明:在任意 13 个实数中,总有两个数 x, y 使得

$$|x - y| \leqslant (2 - \sqrt{3}) |1 + xy|$$

69. 把空间中的点三色染色. 证明:有一种颜色可实现任何距离,即对任何 $d > 0$,都有这种颜色的两个点距离为 d.

70. 把平面上的点三色染色. 证明:有一种颜色可实现任何距离,即对任何 $d > 0$,都有这种颜色的两点距离为 d.

71. 把球面的 12% 染为黑色,其余部分染为白色. 证明:该球总有一个顶点都是白色的内接长方体.

72. 7×7 方格纸的每个格子双色染色. 证明:至少有 21 个矩形有下面性质:顶点同色且边与正方形的边平行.

73. Sikinia 的道路系统中,每个交汇点处有三条路. 证明 Sikinia 道路系统有下列性质:从任一交汇点 A_1 出发,沿任一条路到下一交汇点 A_2,在 A_2 处向右到下一交汇点 A_3,在 A_3 处向左,等等,交替地向左和向右. 则迟早会回到出发点 A_1.

74. 在 8×8 棋盘上放有 33 个"车". 证明:其中总有五个"车",它们互相不能攻击到对方(即不会有两个车"在"同一直线上).

75. n 个正整数 $a_1 \leqslant a_2 \leqslant a_3 \leqslant \cdots \leqslant a_n \leqslant 2n$ 中任何两个数的最小公倍数都大于 $2n$. 证明: $a_1 > \lfloor 2n/3 \rfloor$.

76. 空间的 n 个点 $P_1, P_2, \cdots, P_n$ 中,任一点到点 P 的距离比到任何另一个 P_i 的距离小,证明: $n < 15$.

77. 平面上的点以任意方式染成红色或蓝色. 证明:必有顶点同色的矩形.

78. 设 $a_1, a_2, \cdots, a_{100}$ 和 $b_1, b_2, \cdots, b_{100}$ 是 1 到 100 的两个排列. 证明:乘积 $a_1 b_1, a_2 b_2, \cdots, a_{100} b_{100}$ 中总有两个数被 100 除余数相同.

79. 凸四边形 $ABCD$ 的每边长都小于 24. 设 P 是 $ABCD$ 内的一点. 证明:总有一个顶点与 P 的距离小于 17.

80. 在 8×8 格子纸的每个格子中放一个正整数,可以选取任何一个 3×3 或 4×4 的子棋盘,并在这些方格中的数上都加 1,目的是得到 64 个 10 的倍数,这目的总能达到吗?

81. 在 9×9 的格子纸的格子中,分别填上数 $1 \sim 81$. 证明:总有两个相邻格子中数的差至少是 6.

82. 在 m 张卡片的每张上都写上 $1, 2, \cdots, m$ 中的一个数. 如果任何一批卡片上所标数的和都不是 $m + 1$ 的倍数,证明:每张卡片上标的数都是同一个数.

83. 在小于或等于 200 的 70 个不同的正整数中,总有两个数的差为 $4, 5$ 或 9.

84. 由 $1 \times 2 \times 2$ 的木块堆成的 $20 \times 20 \times 20$ 的立方体,总可用锯子把立方体锯成两块而不会损坏任何木块.

解　答

13. 解与例 1 相同.

14. 与问题 13 相同,仅需将握手换成比赛.

15. 把 20 个数记为 $a_1,a_2,\cdots,a_{20},0<a_1<a_2<\cdots<a_{20}<70$. 我们要证有 k 使 $a_j-a_i=k$ 至少有四组解. 现

$$0<(a_2-a_1)+(a_3-a_2)+\cdots+(a_{20}-a_{19})=a_{20}-a_1\leqslant 68$$

我们将证明在 $a_{i+1}-a_i(i=1,2,\cdots,19)$ 中总有四个相同的数. 如果至多只有三个相同,则

$$3\cdot 1+3\cdot 2+3\cdot 3+\cdots+3\cdot 6+7\leqslant 68$$

即 $70\leqslant 68$,矛盾!

16. 例 7 的推广. 考虑三个坐标 $(\bmod\ 2)$,共有 $2^3=8$ 个不同的情况. 但有九个点,总有两个点的三个坐标都相同 $(\bmod\ 2)$,即有两个点 (a,b,c) 和 (r,s,t) 有整数的中点 $M=((a+r)/2,(b+s)/2,(c+t)/2)$.

17. 把单位正方形分成 25 个边长为 1/5 的小正方形. 在其中的一个中至少有三只小虫. 边长为 1/5 的正方形的对角线长为 $\sqrt{2}/5$,外接圆半径为 $\sqrt{2}/10<1/7$. 作半径为 1/7 的同心圆将把这个小正方形全部盖住.

18. 把正方体分成 $7^3=343$ 个单位正方体. 因为大正方体中只有 342 个点,总有一个单位正方体的内部无点.

19. 考虑 n 个整数 $1,11,111,\cdots,11\cdots1(\bmod\ n)$,一共可能有 n 个余数 $0,1,\cdots,n-1$. 如果有余数为 0 的,就已经完成证明. 否则总有两个数 $(\bmod\ n)$ 相同. 它们的差 $11\cdots100\cdots0$ 被 n 整除,因为 n 不被 2 及 5 整除,可以把 0 都去掉并得到全由 1 所组成的 n 的倍数.

20. 用同样的想法,考虑下列各个和

$$a_1,a_1+a_2,a_1+a_2+a_3,\cdots,a_1+a_2+\cdots+a_n$$

如果 n 个和中有被 n 整除的,就已经完成证明. 否则有两个和 $a_1+\cdots+a_i,a_1+\cdots+a_j$ 被 n 除同余. 若 $j>i$,则 $a_{i+1}+\cdots+a_j$ 被 n 整除.

21. 在证明中我们分别用 $2n+1$ 和 $n+1$ 代替 25 和 13,设 A,B 是 S 中距离最大的两点. 如果 $|AB|\leqslant 1$,以 A 为圆心、1 为半径的圆盖住了所有 $2n+1$ 个点,证明即已完成. 现在假设 $|AB|>1$. 设 X 是 $S\backslash\{A,B\}$ 中的任一点,在 $\{A,B,X\}$ 中有两点距离小于 1. 因而 $|AX|<1$,或者 $|BX|<1$. 所以 S 中的点在以 A 为圆心,或在以 B 为圆心的半径为 1 的圆内. 其中总有一个圆至少有 $2n+1$ 个点中的 $n+1$ 个点.

22. 如果三条主对角线(不切出三角形的对角线)经过同一点,则很清楚,主对角线把六边形分成六个三角形,其中有一个的面积不超过六边形面积的六分之一. 设此三角形为 $\triangle OBC$(O 是主对角线的交点)(图 4.4),则 $\triangle ABC$ 和 $\triangle BCD$ 中有一个的面积小于或等于 $\triangle OBC$ 的面积. 但如果主对角线如图 4.5 形成一个 $\triangle PQR$,证明更为简单. 请读者自行证明之.

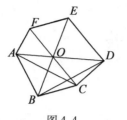

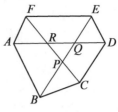

图 4.4   图 4.5

23. 这可由 22 题的证明得出. 实际上这个问题是从前一题而引申出来的.

24. 在 $\{1,2,\cdots,2n\}$ 中的 $n+1$ 个数中总有两个相继的数,它们是互质的.

25. 在十个两位数的集 S 中,每个数都小于或等于 99,它共有 $2^{10}=1\,024$ 个子集. 而 S 的任何子集中所有数的和小于或等于 $10\times99=990$. 所以可能的和比子集个数小. 这样就至少有两个不同的子集 S_1 和 S_2,这两个子集中的所有数的和相同. 如果 $S_1\cap S_2=\varnothing$ 就已经完成证明. 否则只要去掉它们的公共元素,就会得到两个不相交的、总和数相等的子集.

26. 使用从 n 到 $2n$ 的归纳法. 这相当于从 k 到 $k+1$ 的归纳法.

(1)对 $n=1$ 结论是正确的.

(2)假定对 $2n-1$ 个整数,总可以取出 n 个,它们的和是 n 的倍数. 在 $2(2n)-1$ 个正整数中,我们可以三次选 n 个数,每次选出的 n 个数的和都被 n 整除. 在选出 n 个数后,还有 $3n-1$ 个数,在第二次又选 n 个数后,还有 $2n-1$ 个数. 设三次选出的 n 个数的和为 $a\cdot n$, $b\cdot n,c\cdot n.a,b,c$ 中必有两个奇偶性相同,例如 a 和 b. 这样 $an+bn=(a+b)n$ 能被 $2n$ 整除.

注:更一般的定理:任何 $2n-1$ 个整数中可取出 n 个,它们的和能被 n 整除. 它的证明要困难得多. 先对 $n=p$ 是质数的情形进行证明,然后再对 $n=p\cdot q(p,q$ 是质数)来证明.

27. 考虑 $\{1,2,\cdots,n\}$ 的子集 $\{i_1,i_2,\cdots,i_k\}$,记 $S(i_1,i_2,\cdots,i_k)=a_{i_1}+a_{i_2}+\cdots+a_{i_k}$,这样的和有 2^n-1 个. 因为 $n\geqslant5$ 时 $2^n-1>n^2$,有两个和数被 n^2 除同余,它们的差被 n^2 整除. 而差有形式 $\pm a_{s_1}\pm a_{s_2}\pm\cdots\pm a_{s_t}$(对某个 $t\geqslant1$ 及某些标号 $s_1,s_2,\cdots,s_t$).

28. 我们要证明房间中有 m 个人互不认识,或有 $n+1$ 个人互相认识.

我们重复下述步骤:任取一个房间中留下的人,并去掉所有他不认识的人,每次至多去掉 $m-1$ 个人(假定没有 $m+1$ 个人互相不认识). 这样做 n 次(每次选的人不同),至少还有一个人留下. 每次选取的人及任何一个最后留下的人就是 $n+1$ 个互相认识的人.

29. $k-1$ 个差 $a_2-a_1,a_3-a_1,\cdots,a_k-a_1$ 及所给的 k 个数是 $2k-1$ 个正整数,$2k-1>n$. 这些数都小于或等于 n,从而这两批数中至少有一个相同的元素,即有 $a_r-a_1=a_i$,即 $a_i+a_1=a_r$.

30. 从每只老鼠出发,向它的下一代的老鼠画一根箭头. 这样就得到若干棵树. 如果每棵树至多有 a 个点,那么至少有 $b+1$ 棵树,从每棵树中取一个老鼠,这样得到的 $b+1$ 个老鼠就没有一个是另一个的后代.

31. 把四个数按奇偶性放入两个盒子. 最差的情况是每个盒子中有两个数. 这时每个盒子中两数之差是偶数. 这样有两个偶数作成的差,其乘积有约数 2^2. 现考虑四个数 mod 3,至少有一个盒子中有两个数,它们的差是 3 的倍数,因此六个差的乘积是 12 的倍数.

32. 考虑这些数的小数部分,就得到 $n-1$ 个位于区间 $[0,1]$ 中的实数. 把单位区间分成

n 个长为 $1/n$ 的区间. 如果有一个点在第一个区间中就已完成. 否则必有两个数,比方说 $\{ia\}$ 及 $\{ka\}$ 落在同一子区间中. 这时 $\{(k-i)a\}$ 与一个整数的距离小于或等于 $\dfrac{1}{n}$.

33. 如图 4.6,把 3×4 矩形分成五部分. 总有一块中有六点中的两点,这两点间距离小于或等于 $\sqrt 5$.

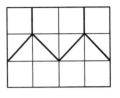

图 4.6

34. $2n$ 边形有 $2n(2n-3)/2 = n(2n-3)$ 条对角线. 对每一条边来说,与它平行的对角线数小于或等于 $n-2$. 因而与某边平行的对角线至多有 $2n(n-2)$ 条. 因为 $2n(n-2) < n(2n-3)$,必有某条对角线不与任何边平行.

35. 考虑 51 个盒子. 在 0 号盒子中放入以 00 结尾的数,在 1 号盒子中放入 01 或 99 结尾的数,在 2 号盒子中放入 02 或 98 结尾的数,等等. 最后,在 49 号盒子中放以 49 或 51 结尾的数,在 50 号盒子中放以 50 结尾的数. 52 个数中必有两个数在同一个盒子中. 这两个数的差或和以 00 结尾. 但 51 个数中就未必有这样的两个数,例如 $1, 2, \cdots, 49, 50, 100$.

36. 设十条线段的长度 $a_1, \cdots, a_{10}$,满足 $1 < a_1 \le a_2 \le \cdots \le a_{10} < 55$. 如果不能作出三角形,则 $a_3 \ge a_1 + a_2 > 2, a_4 \ge a_2 + a_3 > 3, a_5 \ge a_3 + a_4 > 2 + 3 = 5, a_6 \ge a_4 + a_5 > 3 + 5 = 8, a_7 \ge a_5 + a_6 > 5 + 8 = 13, a_8 \ge a_6 + a_7 > 8 + 13 = 21, a_9 \ge a_7 + a_8 > 34, a_{10} \ge a_8 + a_9 > 21 + 34 = 55$,即 $a_{10} > 55$. 矛盾!

37. 因为顶点个数是奇数,总有两个相邻顶点是同色的,例如设它们是黑色的,且这两个顶点标号为 2 和 3. 如果顶点 1 或 4 是黑色的,就有了同色的等腰三角形. 否则 1 和 4 都是白色的. 于是或者 2, 3, 6 是黑的等腰三角形;或者 1, 4, 6 是白色的等腰三角形. 同一论证对于大于或等于 5 的奇数 n 都有效. 对于 $n = 6$ 或 8,图 4.7 和 4.8 说明可以染色使得没有同色顶点的等腰三角形. 对于 $n = 4k + 2 (k > 1)$,我们可以略去每两点中的第二点并利用当 n 为奇数时的 n 边形的论证. 对其他情形又如何呢?

把顶点标记为 $1, 2, \cdots, n$. 如果没有相邻的同色点,颜色必定交替:黑白黑白黑……,第 1, 3, 5 号顶点是同色的等腰三角形. 否则有同色的相邻点,设 1, 2 是黑点. 从它们出发,我们画出没有三个依次等距的同色顶点的所有可能的树,如图 4.9. 至多到长度 8 时,树就不能再长了. 如果我们取任何九个相继的整数,总有三个成等差数列的数是同色的. 因此当 $n > 8$,总有黑或白的等腰三角形. 对于八边形怎样呢? 这时有三个长为 8 的路. 在把它们闭合成环时,两条路是黑黑白白黑黑白白和黑白白黑黑白白黑. 因此图 4.8 的解是唯一的. 我们从黑的出发,而如果从白的出发,得到同样的解,而颜色则是黑白对换,但颜色的改变只能把解旋转 90°.

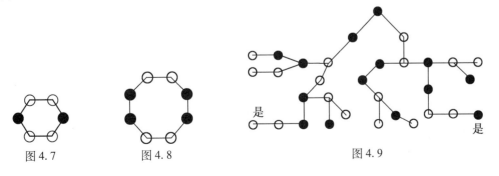

图 4.7　　　　图 4.8　　　　图 4.9

38. 设正方形边长为 a. 两个四边形是高为 a 的梯形,面积之比是中线长度之比. 在中线上有四个点,把中线分成了 $2:3$. 九条直线必须通过这四个点. 由抽屉原理,至少有三条直线都通过这四点中的某一点.

39. 见下面问题 42 的解.

40. 见下面问题 42 的解.

41. 见下面问题 42 的解.

42. 考虑有 $R(r-1,s)+R(r,s-1)$ 个顶点的完全图,边用红色和黑色染色. 我们取一个顶点 v,并考虑

$$V_1 = 与 v 用红边联结的所有顶点的集, |V_1| = n_1$$
$$V_2 = 与 v 用黑边联结的所有顶点的集, |V_2| = n_2$$

$n_1 + n_2 + 1 = R(r-1,s) + R(r,s-1)$,由 $n_1 < R(r-1,s)$ 可得 $n_2 \geqslant R(r,s-1)$. 这说明 V_2 含有 G_r 或 G_{s-1},而加上 v 就有一个 G_s.

$n_1 \geqslant R(r-1,s)$ 就蕴含了 V_1 包含 G_s 或 G_{r-1} 而加上 v 有个 G_r. 因此,我们有

$$R(r,s) \leqslant R(r-1,s) + R(r,s-1)$$

由边界条件 $R(2,s) = s, R(2,r) = r$. 由对称性,我们还有 $R(r,s) = R(s,r)$.

如果 $R(r-1,s)$ 和 $R(r,s-1)$ 都是偶数,那么

$$R(r,s) < R(r-1,s) + R(r,s-1)$$

确实,设 $R(r-1,s) = 2p, R(r,s-1) = 2q$,考虑 $2p+2q-1$ 个顶点的完全图. 取一个顶点 v,考虑三种情况:

(a) 与 v 至少有 $2p$ 条红边相联结.

(b) 与 v 至少有 $2q$ 条黑边相联结.

(c) v 有 $2p-1$ 条红边及 $2q-1$ 条黑边.

在情况(a)下,我们有一个 G_s,或者加上 v 有一个 G_r. 类似地,在情况(b)下,我们有一个 G_r 或与 v 合起来有一个 G_s. 情况(c)不会对这两个染色图的每个顶点都成立,因为那样将会有 $(2p+2q-1)(2p-1)$ 个红顶点,即它是个奇数. 但这是只考虑红边的每个顶点处的度数之和,应是红边条数的两倍,因此至少在某个顶点处情况(a)或(b)成立,所以有严格的不等式.

由 $R(2,4) = 4$ 及 $R(3,3) = 6$ 得 $R(3,4) < R(2,4) + R(3,3) = 10$. 从而 $R(3,4) \leqslant 9$. $R(4,4) \leqslant R(3,4) + R(4,3) \leqslant 9 + 9 = 18$. 图 4.10 中既没有细线的三角形,又没有粗线的四边形,中心不是 G_8 的顶点. 这就说明 $R(3,4) = 9$. 我们证明了 $R(4,4) \leqslant 18$. 实际上,在一圆周上取等分的 17 个点 $1,2,\cdots,17$. 联结 1 与 7,7 与 13,$\cdots\cdots$(总是跳过 5 个点),这样把 G_{17} 的边染成黑色(未联结的都涂上另一色),它不含有黑的 G_4 及另一色的 G_4.

$$R(3,5) \leqslant R(2,5) + R(3,4) = 5 + 9 = 14$$

图 4.11 表明 $R(3,5) = 14$,这图中的 G_{13} 染成黑的(未联结的线涂上另一色),它没有三角形,也没有五个独立的点.

$$R(6,3) < R(5,3) + R(6,2) = 14 + 6 = 20$$

因为 14 和 6 都是偶数,可以证明 $R(6,3) = 18$,我们略去精确的界的证明. 读者试作染色法以说明 $R(6,3) > 17$.

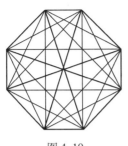
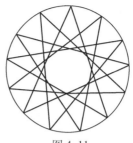

图 4.10   图 4.11

43. 由二项式系数 $C(r,s) = C(r-1,s) + C(r,s-1)$ 可得证.

44. 见问题 45.

45. 我们要给出 Schur 函数 $f(n)$ 的下界. $f(n)$ 是最大的使 $\{1,2,\cdots,f(n)\}$ 可以分成 n 个无和集的数.

如果 n 个无和的行 $x_1,x_2,\cdots;\cdots;u_1,u_2,\cdots$, 那么 $n+1$ 个行

$$3x_1,3x_1-1,3x_2,3x_2-1,\cdots;\cdots;3u_1,3u_1-1,3u_2,3u_2-1,\cdots;1,4,\cdots,3f(n)+1$$

对整数 $3f(n)+1$ 给出一个类似的表. $n=2$ 时由表 $\begin{smallmatrix}1,4\\2,3\end{smallmatrix}$ 我们得到新的表

$$3,2,12,11$$
$$6,5,9,8$$
$$1,4,7,10,13$$

这样, 无论如何我们都有 $f(n+1) \geqslant 3f(n)+1$. 由于 $f(1)=1$, 我们有 $f(2) \geqslant 4, f(3) \geqslant 13$ 及 $f(4) \geqslant 40$. 于是得到 $f(n) \geqslant 1+3+3^2+\cdots+3^{n-1} = (3^n-1)/2$.

46. 试作双色的无等差三数的树, 长度不会超过 8.

47. 设不存在同色顶点的直角三角形. 把正三角形的每边三等分, 这些分点组成正六边形. 如果有两个对顶点是同色的, 其他四个点都是另一色的, 就有了另一色的一个直角三角形. 所以六边形的对顶点是异色的. 于是有两个相邻的异色点. 这样的相邻的异色点有一对在三角形的一条边上. 而在这一条边上的、不是六边形顶点的其他点, 就既不能是第一色也不能是第二色的. 矛盾!

48. 设 $M = \{1,2,\cdots,2n+1\}$. 由 $n+1$ 个奇数 $\{1,3,\cdots,2n+1\}$ 所成的子集是无和的, 这是因为两个奇数的和是偶数. 考虑最大的 (即元素个数最多的) 无和子集 $T = \{a_1, a_2, \cdots, a_k\}$, 其中 $a_1 < a_2 < \cdots < a_k$. 因为

$$0 < a_2-a_1 < a_3-a_1 < \cdots < a_k-a_1 \leqslant 2n+1-a_1 < 2n+1$$

集 $S = \{a_2-a_1, a_3-a_1, \cdots, a_k-a_1\}$ 是 M 的 $k-1$ 元子集, S 与 T 是不交的. 实际上, 对于某对 $(i,j)(i \in \{2,\cdots,k\}, j = \{1,2,\cdots,k\})$, 如果有 $a_i-a_1 = a_j$, 就有 $a_i = a_1 + a_j$, 这与 T 是无和子集相矛盾. 这样就有 $(k-1)+k = |S|+|T| = |S \cup T| \leqslant |M| = 2n+1$. 由 $2k-1 \leqslant 2n+1$ 有 $k \leqslant n+1$. 因此 M 不会有比上述奇数集元素更多的无和子集. 另一个无和子集是 $\{n+1, n+2, \cdots, 2n+1\}$, 试证这些是 M 仅有的最大无和子集.

49. 考虑由两个边长为 1 的等边 $\triangle ABD$ 和 $\triangle BCD$ 所成的菱形 $ABCD$. 把它的顶点染成黑、白或红色, 并避免使距离为 1 的顶点是同色的. 把 B,D 分别染成黑色和白色, 于是 A,C 都必是红色的. 把菱形绕点 A 旋转, 点 C 的路径为一个半径为 $\sqrt{3}$ 的圆, 圆中的点全都是红色

的. 圆上有长为 1 的弦, 它的两端就都是红的.

58. 取周长为 1 的圆, 并在圆周上任取一点 O 作为起点. 若 α 是个正无理数, 在圆周上从 O 出发沿同一方向 (例如逆时针方向) 取长为 $\alpha, 2\alpha, 3\alpha, \cdots$ 的点. 这些点自动按 (mod 1) 算. 我们得到点集 S, S 有下述性质: 对它作旋转即变成 S 的一部分. 把它旋转 $m\alpha$ 时得到 $S \setminus \{0, \alpha_1, \cdots, (m-1)\alpha\}$.

60. 设 $\lambda = \sqrt{2}$. 如果 $f(x)$ 有周期 T, 那么 $\cos(x+T) + \cos(\lambda x + \lambda T) = \cos x + \cos \lambda x$ (对所有 x). 特别对 $x = 0$ 有 $\cos T + \cos \lambda T = 2$. 由此 $T = 2k\pi, \lambda T = 2n\pi, \lambda = n/k \in Q$. 矛盾!

61. 注意到点 P 在以 O 为中心的环中, 与 O 在以 P 为中心的环中是等价的. 所以只要证明下面的事实. 考虑中心在若干给定点的环, 则这些点中就有一个点至少要被十个环盖住. 这些环在一个半径为 $16 + 3 = 19$、面积为 $19^2\pi = 361\pi$ 的圆内, 而 $9 \times 361\pi = 3\,249\pi$, 然后所有环的面积之和为 $650 \times 5\pi = 3\,250\pi$.

62. 把所有圆垂直映射到单位正方形的边 AB 上. 周长为 l 的圆的映射是一条长为 l/π 的线段. 所有圆的映射的和为 $10/\pi$. 因为 $10/\pi > 3 = 3AB$, AB 上必有一点属于至少四个圆的映射. 过这点的 AB 的垂直线至少与四个圆相交.

63. 易见正 n 边形的边及对角线有 n 个方向, 任何 k 个点是 $\binom{k}{2}$ 条弦的端点. 由抽屉原理, 如果弦的数目大于 n, 就有两条弦是平行的. 由 $\binom{k}{2} > n$, 得到 $k > 1/2 + \sqrt{2n + 1/4}$, 即 $k = \lfloor \sqrt{2n + 1/4} + 3/2 \rfloor$.

64. 把一条单位长的线段分成十条长为 0.1 的线段. 把它们叠成一叠并映射到一条线段上. 由于两染色点的距离不等于 0.1, 因此相邻两条小线段上的染色点不会映射成同一点. 因此, 在十条线段上, 不会有多于五个染色点的映射是同一点. 从而染色线段的映射的和 (就是染色线段的长度的和) 至多是 $5 \times 0.1 = 0.5$.

65. 如果中心 O 不是 7 个点之一, 那么 7 个点中有两个点 P, Q 使 $\angle POQ < 60°$, 从而 $|PQ| < 1$. 请把细节补全.

66. (a) 设 S 是 10^{18} 个形为 $r + s\sqrt{2} + t\sqrt{3}$ 的数的集, 其中 $r, s, t \in \{0, 1, 2, \cdots, 10^6 - 1\}$. 令 $d = (1 + \sqrt{2} + \sqrt{3})10^6$. 于是每个 $x \in S$ 满足 $0 \leq x < d$. 把这区间分成 $10^{18} - 1$ 个小区间. $(k-1)e \leq x < ke$ (其中 $e = d/(10^{18} - 1), k = 1, 2, \cdots, 10^{18} - 1$). 由抽屉原理, S 中有两个数在同一小区间中, 它们的差 $a + b\sqrt{2} + c\sqrt{3}$ 给出所要求的 a, b, c (因为 $c < 10^{-11}$).

(b) 设 $F_1 = a + b\sqrt{2} + c\sqrt{3}, F_2, F_3, F_4$ 是其他的形为 $a \pm b\sqrt{2} \pm c\sqrt{3}$ 的数. 由 $\sqrt{2}, \sqrt{3}$ 是无理数及 a, b, c 不全为 0, 易证 F_i 都不是 0. 乘积 $P = F_1 F_2 F_3 F_4$ 是整数, 因为把 $\sqrt{2}$ 换成 $-\sqrt{2}, \sqrt{3}$ 换成 $-\sqrt{3}$ 时, P 不改变, 从而 $|P| \geq 1$. 这样就有 $|F_1| \geq 1/|F_2 F_3 F_4| > 10^{-21}$ (因为对每个 i 有 $|F_i| < 10^7$).

67. 这一问题已包含了所有对解法的提示. 这是抽屉原理的问题. 有关有限集的存在问题大多与抽屉原理相关. 它还提示了正切的加法定理, $0 = \tan 0°, 1/\sqrt{3} = \tan(\pi/6)$, 又对抽屉做了提示. 令 $y_i = \tan x_i, y_j = \tan x_j$, 得到

$$\tan 0° \leq \tan(x_i - x_j) \leq \tan \frac{\pi}{6}$$

因为正切是单调递增的(图 4.12), 我们得到 $0 \leqslant x_i - x_j \leqslant$ $(\pi/6)$. y_i 可以是 $(-\infty, \infty)$ 中的任何数, 但 x_i 仅限于区间 $-\pi/2 < x_i < \pi/2$, 至少对七个 x_i 中的两个有 $0 \leqslant x_i - x_j \leqslant \pi/6$. 原不等式由此可得.

68. 这个问题的解决方案类似问题 67. 加法定理较为隐蔽, 读者要看出 $2 - \sqrt{3} = \tan(\pi/12)$.

69. 设三种颜色 A, B, C 中没有一种有所要求的性质, 即它们分别不能实现距离 a, b, c, 可设 $0 < a \leqslant b \leqslant c$. 设 $A_1 A_2 A_3 A_4$ 是一个 a-四面体, 即边长为 a 的正四面体, 设 $B_1 B_2 B_3 B_4$ 是一个 b-四面体, $C_1 C_2 C_3 C_4$ 是一个 c-四面体, A_i, B_i, C_i 的位置向量分别记为 $\boldsymbol{a}_i, \boldsymbol{b}_i, \boldsymbol{c}_i$, 又用 P_{ijk} 表示位置向量为 $\boldsymbol{a}_i + \boldsymbol{b}_j + \boldsymbol{c}_k$ 的点.

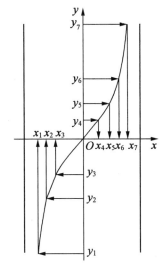

图 4.12

对 16 个指标对的任何一对 (i, j) $(i, j = 1, 2, 3, 4)$, 点 $P_{ij1}, P_{ij2}, P_{ij3}$ 和 P_{ij4} 是一个 c-四面体的顶点. 它的原来的 c-四面体平移 $\boldsymbol{a}_i + \boldsymbol{b}_j$ 而得的四面体. 这 16 个四面体中, 每一个四面体至多有一个 C 色点. 因此 P_{ijk} 中至多有 16 个 C 色点.

类似地, 考虑顶点为 $P_{i1k}, P_{i2k}, P_{i3k}, P_{i4k}$ 的 b-四面体, 可以证明 64 个指标三数组 (i, j, k) 中至多有 16 组属于 B 色点. 这样至少在 P_{ijk} 中有 32 个 A 色点, 其中至少有两个 A 色点属于 16 个(不必各点不同的) a-四面体中的同一个. 这样有两个 A 色点距离为 a. 矛盾!

70. 考虑图 4.13 所示的四个边长为 d 的正三角形 $\triangle A_1 A_2 A_4$, $\triangle A_1 A_3 A_4$, $\triangle A_1 A_5 A_7$, $\triangle A_5 A_6 A_7$, 此外有 $|A_3 A_6| = d$. 注意到图中七个点中的任意三个点, 总有两个点距离为 d.

设三种颜色 A, B, C 都没有所要求的性质, 即它们分别不能实现距离 a, b, c. 考虑不能实现距离 a, b, c 的三个图形 C_1, C_2 和 C_3, 总可以这样来放置它们, 使得不在同一图形中的四个点不可能成为平行四边形. 把这三个图形的顶点分别记为 $A_i, B_j, C_k (i, j, k = 1, 2, \cdots, 7)$. 设 O 是平面上任何一个点, 考虑各式各样的和 $\overrightarrow{OA_i} + \overrightarrow{OB_j} + \overrightarrow{OC_k}$ $(i, j, k = 1, 2, \cdots, 7)$, 得到平面上 $7^3 = 343$ 个点. 这 343 个点可以分成 49 个 a-图形或 49 个 b-图形或 49 个 c-图形. 在 343 个点中总有至少 115 个同色点, 例如 A 色点. 从而在 49 个 a-图形中总有一个有三个 A 色点(否则 A 色点至多有 $2 \times 49 = 98$ 个), 这与 A 色不能实现距离 a 矛盾!

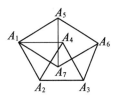

图 4.13

71. 考虑经过球心 O 的三个两两垂直的平面 α, β, γ. 如果把球面的黑色部分关于 α, β, γ 作对称. 至多只有 $8 \times 12\% = 96\%$ 的球面是黑的. 因此总还有白点. 任取一个(不在 α, β, γ 上的)白点 W, 把它再关于 α, β, γ 作对称点, 就得到一个盒子的八个白顶点.

该定理对内接立方体可能也成立. 此外, 可以涂成黑色的部分增加到 $50\% - \varepsilon$, 如果我们能成功地证明在涂成白色的部分能找到一个长方形的四个顶点的话. 那么我们就将此长方形按照球心作反射, 从而得到一个有 8 个白色顶点的盒子.

72. 我们把在表的同一行中的两个同色的格子称为 "好对". 若在某一行中有 k 个白格、$7 - k$ 个黑格, 就有

$$\frac{k(k-1)}{2}+\frac{(7-k)(6-k)}{2}=k^2-7k+21$$

个"好对". 当 $k=3$ 或 $k=4$ 时, 它的值最小并等于 9. 因此每一行中至少有九个"好对". 而在整个格子纸上至少有 63 个"好对". 我们把在同样的列的且有同样颜色的两个"好对"称为协调的. 任意两个这样的对就能作出一个合乎要求的矩形. 为估计协调对的个数, 我们看到共有 $7\times6/2=21$ 个列的对和两种颜色, 即至多有 42 个不协调的"好对". 因此逐一考虑 63 个"好对", 其中至少有 $63-42=21$ 个"好对"是与前面的某一个是协调的(21 是精确的).

73. 由于该道路系统是有限的, 你最终会第五次经过某路段 AB. 于是你必定在这路段上沿一个相同的方向(比方说从 A 到 B)走了至少 3 次. 这样你就对两条连续路段 BC 和 BD 中的一条至少沿同一方向(比方说从 B 到 C, 图 4.14)走过 2 次, 但是 $A\to B\to C$ 这一部分唯一地确定了你后面走的路线, 因为这一段告诉了你, 根据向左→向右→向左→向右这一序列后你应该在的位置. 而你沿同一方向在这两个路段上走过至少两次, 这就意味着你的路线是循环的. 我们必须证明这是一个纯循环, 即图 4.15 和图 4.16 所描绘的情形不可能出现. 在图 4.15 中(有一个奇数边的回路), 当回到点 F 时, 你必须向右转走到 B, 而从 B 必须再向左, 这样就走出这个回路了. 在图 4.16 中(有一个偶数边的回路), 当走回到点 B 时, 你必须向左走到 A, 而不是走到 C.

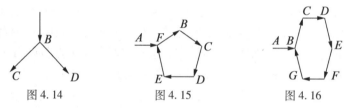

图 4.14   图 4.15   图 4.16

74. 如图 4.17, 把棋盘以对角线方式染成 8 种颜色, 因为 $33=4\cdot8+1$, 至少有一种颜色的格子中有五个"车". 这五个"车"互相不能攻击到对方.

75. 设 $a_1\leqslant\lfloor2n/3\rfloor$, 则 $3a_1\leqslant2n$. 集 $\{2a_1,3a_1,a_2,a_3,\cdots,a_n\}$ 由 $n+1$ 个小于或等于 $2n$ 的整数所组成, 其中没有一个数被另一个数整除, 这与例 4 矛盾.

8	1	2	3	4	5	6	7
7	8	1	2	3	4	5	6
6	7	8	1	2	3	4	5
5	6	7	8	1	2	3	4
4	5	6	7	8	1	2	3
3	4	5	6	7	8	1	2
2	3	4	5	6	7	8	1
1	2	3	4	5	6	7	8

图 4.17

76. 对任何 $i\neq j$, $\angle P_iPP_j>60°$. 否则 P_iP_j 不是 $\triangle PP_iP_j$ 中的最长边, 由此在以 P 为中心的单位球面上的 n 个球冠(对 P_i, 它们包含单位球中满足 $\angle P_iPQ\leqslant30°$ 的所有点 Q)是不相交的. 这样一个球冠的面积是 $2\pi rh=2\pi\cdot(1-\cos30°)=\pi(2-\sqrt3)$, 而 n 个球冠的总面积不能超过该球的面积. 于是有

$$n\cdot\pi(2-\sqrt3)<4\pi\Rightarrow n<\frac{4}{2-\sqrt3}=4(2+\sqrt3)=8+\sqrt{48}<8+\sqrt{49}=15$$

77. 任取七个共线点, 其中至少有四个是同色的, 例如红色的, 记为 R_1,R_2,R_3,R_4. 把它们映射到两条与原直线平行的直线上, 得 S_1,S_2,S_3,S_4 与 T_1,T_2,T_3,T_4. 如果有两个点 S 或两个点 T 是红色的, 就有一个红色的矩形. 否则有三个蓝点 S 和 3 个蓝点 T, 从而有蓝色的矩形.

78. 设所有 100 个乘积(mod 100)互不相同. 特别有 50 个奇和 50 个偶的乘积. 50 个

奇的乘积用完了所有奇的 a_i 和所有奇的 b_j. 偶的乘积是两个偶数的乘积,因此都是 4 的倍数. 但这样乘积中就没有 $4k+2$ 形式的数. 矛盾!

79. 设 P 到四个顶点的距离都大于或等于 17,联结 PA, PB, PC, PD. 四个角中总有一个大于或等于 $90°$,设 $\angle APB \geqslant 90°$. 于是 $|AB|^2 \geqslant |PA|^2 + |PB|^2$,不等式的左边小于 $24^2 = 576$,而右边大于或等于 $17^2 + 17^2 = 578$,即 $576 \geqslant 578$. 矛盾!

80. 并非总是可以的. 考虑所有 $(\mathrm{mod}\ 10)$ 的数,从全是 0 出发能得出多少种填法? 3×3 或 4×4 的方块共有 $(8-3+1)^2 + (8-4+1)^2 = 61$(个),即我们至多能够做出 $10^{61} \times 8 \times 8$ 种表格. 但总共有 10^{64} 个可能的表格,取一个不能从全是 0 得出的表格,由这样的表格就不能得到全是 0 的表格.

81. 用反证法. 于是,如果从一个格子走 k 步(每步走到相邻的格子)可到另一个格子,那么这两个格子中的数的差至多是 $5k$. 但 1 与 81 的差是 80,从放一个数的格子走到放另一个数的格子的步数不会比 16 大. 由于 $5 \cdot 16 = 80$,就只能达到这个界一次. 而走另一条路时,就会有两个相邻格子中数的差至少是 6.

82. 设第 k 张牌上写的是 a_k. $s_n = \sum_{k=1}^{n} a_k (n = 1, 2, \cdots, m)$ 中没有一个是 $m+1$ 的倍数,而且 $(\mathrm{mod}(m+1))$ 时全都不同. 否则其中有某两个和的差是 $m+1$ 的倍数,而这两个和的差仍是 a_k 的和. 我们有 $a_2 = s_2 - s_1$. 如果 a_2 与和 $s_q (3 \leqslant q \leqslant m)$ 余数相同,$s_q - a_2$ 将 $(\mathrm{mod}(m+1))$ 为 0. 因为在 $s_1, s_2, \cdots, s_m$ 被 $m+1$ 除的余数集合中,余数 $1, 2, \cdots, m$ 都出现,所以 $a_2 \equiv s_2 (\mathrm{mod}(m+1))$,或者 $a_2 \equiv s_1 (\mathrm{mod}(m+1))$. 因为 $0 < a_1 < m+1$,只能有 $a_2 = s_1$,即 $a_2 = a_1$. 把 a_k 循环一下(每个下角标加 1,a_m 作为 a_1),就得知所有 a_k 都相等.

83. 设 $a_1, a_2, \cdots, a_{70}$ 是所给的数. 在 210 个数 $a_1, a_2, \cdots, a_{70}, a_1 + 4, a_2 + 4, \cdots, a_{70} + 4$, $a_1 + 9, a_2 + 9, \cdots, a_{70} + 9$ 中,没有一个数超过 209. 由抽屉原理,其中总有两个数相等. 比方说是 $a_i + x$ 和 $a_j + y (x \neq y)$ 相等,其中 x, y 的值为 $0, 4$ 或 9,从而 a_i 与 a_j 的差为 $4, 5$ 或 9.

第5章 组合计数

什么是好的奥林匹克问题? 它的解决方法除需要做题者的智慧外不需任何其他的前提. 中学生与职业数学家相比也并无不利之处. 我们队在 1977 年 Belgrade 的第一次竞赛中碰到了这样一个问题. 我们先给一个定义.

设 $a_1, a_2, \cdots, a_m$ 是一个实数数列, 相继的 q 项之和称为一个 q – 和, 例如 $a_i + a_{i+1} + \cdots + a_{i+q-1}$.

例 1 在一个有限项的实数数列中, 每个 7 – 和是负的, 而每个 11 – 和是正的, 求这样的数列的项数的最大值 (6 分).

在我们短短十天的训练中, 我们并未讲过甚至是与它相关的问题. 我很惊讶, 大部分主试委员认为这题很容易, 并只给 6 分. 我们队只有一个队员给出了完整的解答, 另一名队员给出了几乎完整的解答. 另外, 我们队对最困难的 8 分题做得很好, 他们是用极端原理来解答该题.

例 1 确实是简单的, 它是属于一大类几乎自动可解的问题. 它不需要什么技巧就可在不同行中写出相继的 7 – 和. 而在各列中自动得到 q – 和. 这样, 继续写出行和, 直到在列上得到 11 – 和, 把行和相加, 得到负的总和, 把列和相加却得到正的总和, 矛盾!

于是, 这样的数列至多有 16 项 (图 5.1). 做出这样一个 16 项的数列是需要一点智慧, 数列如下

$$5, 5, -13, 5, 5, 5, -13, 5, 5, -13, 5, 5, 5, -13, 5, 5$$

$$a_1 + a_2 + \cdots + a_7 < 0$$
$$a_2 + a_3 + \cdots + a_8 < 0$$
$$\cdots$$
$$a_{11} + a_{12} + \cdots + a_{17} < 0$$

图 5.1

也可以更系统地构造数列. 下面是几个有关的问题.

例 2 把 7, 11 换成 $p, q(\gcd(p, q) = 1)$, 则最大长度是不超过 $p + q - 2$. 这是 John Rickard (英国) 在 IMO 中证明的.

例 3 另外, 可要求每个 r – 和等于 0.

例 4 如果 $\gcd(p, q) = d$, 那么最大长度小于或等于 $p + q - d - 1$.

解: 令 $p = dr, q = dt, \gcd(r, t) = 1$. 考虑有 $p + q - d = (r + t - 1)d$ 项的实数列 a_i, 把不重叠的 d – 和记为 $s_1, s_2, \cdots, s_{r+t-1}(s_1 = a_1 + a_2 + \cdots + a_d, s_2 = a_{d+1} + a_{d+2} + \cdots + a_{2d}, \cdots)$. 我们按行写出负的 p – 和直到列上出现正的 q – 和, 矛盾 (图 5.2).

$$
\begin{array}{rrrrrc}
s_1 & + & s_2 & + \cdots + & s_r & < 0 \\
s_2 & + & s_3 & + \cdots + & s_{r+1} & < 0 \\
& & & \cdots & & \\
s_r & + & s_{r+1} & + \cdots + & s_{r+t-1} & < 0
\end{array}
$$

图 5.2

例 5 在一个正实数的数列中,每个 p – 积 < 1,每个 q – 积 > 1. 利用对数可见这样的数列至多有 $m = p + q - d - 1$ 项.

例 6 在一个正整数的数列中,每个 17 – 和是偶数,每个 18 – 和是奇数,这样的数列最多有几项?

例 7 设 a_i 是 Sikinia 在第 i 个月份中的收入减去支出的差. 如果 $a_i < 0$,第 i 个月有赤字. 考虑数列 $a_1, a_2, \cdots, a_{12}$,如果每个 5 – 和是负的,则全年还是可能有盈余的. 赤字和盈余可以任意设置. 赤字与最后的盈余可能是天文数字.

理想地说,IMO 的试题应是所有学生都不知道的,甚至类似的问题也不应在任何国家中讨论过. 1977 年 7 月的例 1 的情况如何呢? 之后在浏览 *Dynkin-Molchanov-Rosental-Tolpygo*:《数学问题》,1971,第 3 版(印数 20 万册)时,发现了问题 118:

(a)证明:不能写出一行 50 个实数使得每个 7 – 和是负的,每个 11 – 和是正的.

(b)把 50 个数写成一行,使得每个 47 – 和是正的,而每个 11 – 和是负的.

问题的原型是 MMO1969. 例 1 的目的在东欧已经为人所熟知,因此它根本不应在 IMO 中使用.

在较广的意义上说,这个问题属于组合. 这样的问题在 IMO 中很受欢迎,因为这个课题不易训练. 另外,组合计数较易训练. 它是基于每个参赛者都应知道的几个原理.

最一般的解组合问题的策略是从算术中来的.

分解和攻克. 把问题分成较小的部分,对每一部分求解,并把各部分的解答组合成为整个问题的解答.

这个超级原理或典范是由一批特别的原理组成的,其对组合计数来说,其中有加法原理,乘法原理,乘法 – 加法原理,筛法以及构造一个图以接纳要计算的对象,等等. 把许多原理总结成一句吸引人的口号——分解与攻克.

设 $|A|$ 表示有限集 A 中元素的个数. 如果 $|A| = n$,称 A 为 n-集. A 中 r 个元的序列称为字母表 A 的 r-字. 在组合计数中,我们常要计算字母表 A 的有某种性质的字的个数.

1. 加法原理. 如果 $A = A_1 \cup A_2 \cup \cdots \cup A_r$ 是 A 分成的 r 个子集(块、部分),则 $|A| = |A_1| + |A_2| + \cdots + |A_r|$. 应用这个原理,常试图把 A 分成几部分 A_i,而求 $|A_i|$ 比较简单. 这个规则非常普遍,常被无意识地使用. 教练的一个任务就是要尽量频繁地指出它的使用.

2. 乘法原理. 字母表 A 的 r-字的集合 W,如果第 i 个字母可有 n_i 个选择,它与前面选取方法无关,则 $|W| = n_1 n_2 \cdots n_r$.

3. 递归. 一个问题可分成几部分,而每部分是同样问题的较小的拷贝. 而这些小问题又可分成更小的拷贝,……,直到问题变成显然的. 最后,局部问题结合起来就得到整个问题的解答.

除了分解和攻克这个典范外,组合计算中还有其他的典型方法.

4. 用双射来计数. 在两个集 A, B 中,我们知道 $|B|$,但不知道 $|A|$. 如果我们作出了 $A \leftrightarrow B$

的双射,则$|A|=|B|$.用这样的明显的构造来证明$|A|=|B|$的证明方法称为双射证明或组合证明.有时作p对q的双射而不是1对1的双射.

5.用两种不同的方法计算同一个东西.许多组合恒等式是这样求得的.

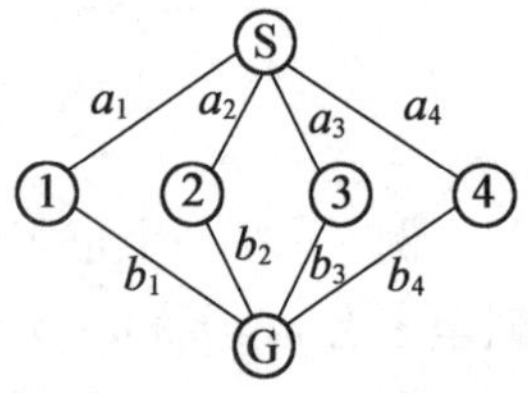

乘法 – 加法原理常常以下面的形式同时使用:在每条路上相乘并把各条路上的乘积相加.

这里,要计算的对象解释为一个图中的有向道路.例如,图5.3中的从S到G的道路数是

$$|W| = a_1 b_1 + a_2 b_2 + a_3 b_3 + \cdots$$

图5.3

我们用乘法原理导出几个简单的结果:

(a)n元集有2^n个子集.

(b)n元集有$n!$个排列.

n元集的s元子集的个数记为$\dbinom{n}{s}$.我们用两种方法计算n – 字母表的s – 字来求出这个数:

(a)一个一个地选出s个字母,共有$n(n-1)\cdots(n-s+1)$种取法.

(b)取s元子集并排出次序.这样就有$\dbinom{n}{s}s!$种可能.于是

$$\binom{n}{s} = \frac{n(n-1)\cdots(n-s+1)}{s!} = \frac{n}{s}\binom{n-1}{s-1} = \frac{n!}{s!\ (n-s)!}$$

例8　$2n$个选手参加一次网球锦标赛.求第一轮时他们配对的种数P_n.

解法一:(递归,乘法原理).任取一个选手S.他的对手则有$2n-1$种选法,剩下$n-1$对,于是

$$P_n = (2n-1)P_{n-1} \Rightarrow P_n = (2n-1)(2n-3)\cdots 3 \cdot 1 = \frac{(2n)!}{2^n \cdot n!} \tag{1}$$

解法二:(由式(1)所提示).把$2n$个选手排成一行,共有$(2n)!$种方法.然后把$(1,2)$,$(3,4)$,$\cdots$,$(2n-1,2n)$配对.我们要用除法去掉重复计数.可以把每一对中的两元对调,还可把n对重排.因此,必须除以$2^n \cdot n!$

解法三:一个接一个取n对,这共有$\dbinom{2n}{2}\dbinom{2n-2}{2}\cdots\dbinom{2}{2}$种方法.然后再把这个结果除以$n!$就去掉各对的排序.

在这个简单的例子中,我们看到计数中的一个微妙的陷阱.在引进一种排序的方法时会忘掉除以一个适当的因子,这种错误通过训练可以克服.

例9　凸n边形.

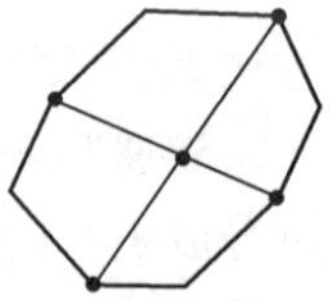

(a)凸n边形的对角线的条数等于点对的数目减去边数

$$d_n = \binom{n}{2} - n = \frac{n(n-3)}{2}$$

(b)图5.4中,对角线的交点的数目s_n等于其顶点作成的四边形的数目(双射)

图5.4

$$s_n = \binom{n}{4}$$

(c)画出凸 n 边形的所有对角线. 假定没有三条对角线经过同一点, 凸 n 边形分成块数 T_n 是多少?

解: 我们从一块, 即从 n 边形开始. 每条对角线增加一块, 而对角线的每个交点又增加一块, 即

$$T_n = 1 + \binom{n}{2} - n + \binom{n}{4}$$

(d)($p - q$ 的应用)画出凸 n 边形 P 的所有对角线. 设无三条对角线过同一点. 求出不同的三角形的个数 T.

解: 由加法原理, $T = T_0 + T_1 + T_2 + T_3$, 其中 $T_i (i = 0, 1, 2, 3)$ 表示有 i 个顶点是 P 的顶点的三角形的个数. 这个划分是明确的, 而每个 T_i 可以容易地计算. 下面的图 5.5(a) ~ (d)都表明了显明的计数法. 这些图表明如何把 P 的顶点的子集与四种类型的三角形对应起来. 图还表明这样的对应是 1:1, 1:5, 1:4, 1:1(图(a)说明, 对 P 的任何六个顶点可作出一个任何顶点都不在 P 中的三角形. (b)则说明, 对 P 的任何五个顶点, 画出一个五角星形状时, 有五个三角形它们各有一个顶点是 P 的顶点, 等等), 于是, 我们就有

$$T = \binom{n}{6} + 5\binom{n}{5} + 4\binom{n}{4} + \binom{n}{3}$$

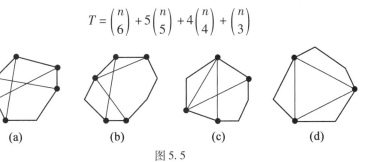

(a)   (b)   (c)   (d)

图 5.5

例 10 求出 n 元集的划分的个数的递推式.

解: 设 P_n 是 n 元集 $\{1, 2, \cdots, n\}$ 的划分的个数, 再取一个数 $n + 1$. 考虑含有 $n + 1$ 的那个集, 设其中还有另外 k 个元, 这些元有 $\binom{n}{k}$ 种取法, 其余的 $n - k$ 个元共有 P_{n-k} 种划分. 因为 k 可以从 0 到 n, 乘法 – 加法原理给出递推式

$$P_{n+1} = \sum_{k=0}^{n} \binom{n}{k} P_{n-k} = \sum_{r=0}^{n} \binom{n}{r} P_r$$

这里规定 $P_0 = 1$, 即空集有一种划分法. 由递推式可以得到下面的表:

n	0	1	2	3	4	5	6	7	8	9	10
P_n	1	1	2	5	15	52	202	877	4 140	21 147	115 975

例 11 赛马. n 匹马在赛马时结果有多少种可能?

解: 如无平局, 答案显然是 $n!$. 在有平局时, n 匹马的相应的结果种数记为 H_n. 易见 $H_1 = 1, H_2 = 3$. 而 H_3 就要仔细想一想了. 结局可以表示成 $3, 2 + 1, 1 + 1 + 1$, 这是数 3 的各种划分. 第一个 3 表示三匹马同时到达. $2 + 1$ 表示一组两匹马同时到达, 另一匹单独到达, $1 + 1 + 1$ 表示三匹马分别在不同时间到达. 三匹马同时到达是一种方式, $2 + 1$ 中, 两组到达有两

种方式,而单独的一匹马可有三种选取. 在 $1+1+1$ 中三匹马先后到达有六种可能. 乘法 – 加法原理得到 $H_3 = 1 + 2 \cdot 3 + 3! = 13$.

为求 H_4,考虑 4 的各种划分,并注意各组的次序,有 $4 = 3+1 = 2+2 = 2+1+1 = 1+1+1$,再计及元素的不同以及各组的次序,就得到 $H_4 = 1 + 4 \cdot 2 + 3 \cdot 2 + 6 \cdot 3! + 4! = 75$,$H_5$ 及 H_6 已是常规计算了. 例如,对 H_5 而言,我们有

$$5 = 4+1 = 3+2 = 3+1+1 = 2+2+1 = 2+1+1+1$$
$$= 1+1+1+1+1$$
$$H_5 = 1 + 5 \cdot 2! + 10 \cdot 2! + 10 \cdot 3! + 5 \cdot 3 \cdot 3! + 10 \cdot 4! + 5!$$
$$= 541$$

定义 $H_0 = 1$,我们得到递推式 $H_n = \sum_{k=1}^{n} \binom{n}{k} H_{n-k}$. 下面的公式用了 $S(n,k)$——n 元集分成 k 组的分法数,即第二类的 Stirling 数

$$H_n = \sum_{k=0}^{n} S(n,k) \cdot k!$$

例 12 这里,第二类 Stirling 数是很自然地引入的. 我们求 $S(n,k)$ 的递推式.

在房中有 n 个人,他们有 $S(n,r)$ 种方式分成 r 组. 现在我走进这个房间. 这样就有 $S(n+1,r)$ 种方式分成 r 组. 共有两种可能:

(a)我是一个人一组,其他 n 个人必定分成 $r-1$ 组,有 $S(n,r-1)$ 种方法.

(b)我有 r 种方法参加 r 组之一. 因此,有

$$S(n+1,r) = S(n,r-1) + rS(n,r)$$
$$S(n,1) = S(n,n) = 1$$

这与熟知的公式

$$\binom{n+1}{r} = \binom{n}{r} + \binom{n}{r-1}, \binom{n}{0} = \binom{n}{n} = 1$$

类似.

为证明这两个式子,考虑 $n+1$ 元集的 r 元子集,并按是否含有 $n+1$ 来划分. 子集中,$\binom{n}{r}$ 个集不含有 $n+1$,$\binom{n}{r-1}$ 个集含有 $n+1$.

这有助于初学者,仅用乘法 – 加法原理来计算某些 Stirling 数 $S(n,k)$. 设我们要算 $S(8,4)$. 这是把八元集分成四组的分法数. 共有五种类型的分法:$5+1+1+1,4+2+1+1$,$3+3+1+1,3+2+2+1,2+2+2+2$,如图 5.6.

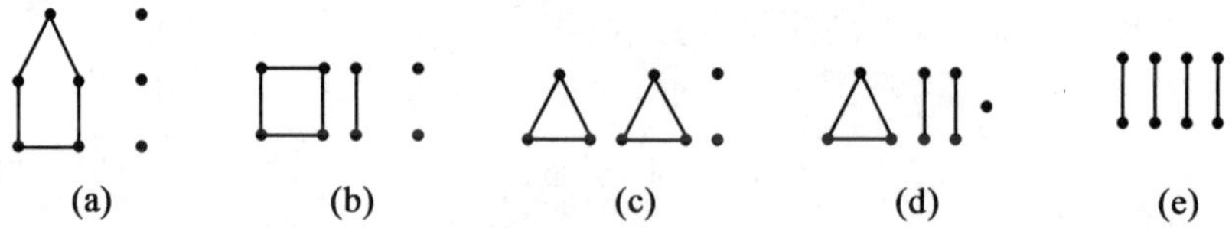

(a)　　　　(b)　　　　(c)　　　　(d)　　　　(e)

图 5.6

(1)在类型(a)中,取三个一元组有 $\binom{8}{3} = 56$ 种方法.

(2)类型(b)中,先取四元的组,再取二元的组,共有 $\binom{8}{4}\binom{4}{2} = 70 \cdot 6 = 420$ 种方法.

（3）为计算类型（c），先取两个单元集，有 $\binom{8}{2}=28$ 种方法. 六个元中取三个元有 $\binom{6}{3}=20$ 种方法，取定一个三元集后，另一个三元集就已确定了，故第一个三元集不重要. 但我们有个次序，故还要除以 2，因而此类型的分法种数为 $28\times 10=280$.

（4）对类型（d），先取三元集，有 $\binom{8}{3}=56$ 种取法. 然后有五种方法取一元集. 最后剩下的四个元分两对共有 3 种方法（不计两对次序）. 这样，共有 $56\times 5\times 3=840$ 种分法.

（5）类型（e）是把八个元素分成四对，这就是八个选手的网球选手的问题，共有 $7\times 5\times 3\times 1=105$ 种情况.

（6）合在一起，就有 $S(8,4)=56+420+280+840+105=1\ 701$.

例 13　n 个顶点的有标号的树的个数 T_n 的 Cayley 公式.

树是没有圈的无向连通图. 如果顶点编了号就称为有标号的. 我们先想猜测 T_n 的公式. 一个顶点的时候就是一个点. 两个顶点的树也只有一种标号法，因为树是无向的. 但对于三个顶点的树，标号有三种标法. 中间的点可标三个号码之一，而另两个点不可区分. 对于四个顶点的树，有两种拓扑不同的情形. 一种是四个点成一个链，共有 12 种标号的方法. 此外，还有一种是有一个中心点，另三个不能区分的点都与它相连，中心点的标号有四种方法，因此 $T_4=16$. 现我们看五个顶的树. 有三个拓扑不同的形状：链，有一个中心点而其余四点都与之相连的星形以及"T"字形的树（图5.7）. 链有 $5!/2=60$ 种标号法. 星形的中心点有五种标号法. 现看"T"形的树. 水平线和竖直线的交点有五种标号法，竖直线的尾巴上的两点有六种取法，标号次序有两种，这些就决定了"T"形树上点的标号. 因此"T"形树标号有 $60=5\times 6\times 2$ 种. 总共得 $T_5=60+5+60=125$. 现看下面的表. 这张表会提示我们猜测 $T_n=n^{n-2}=n$ 个字母表的 $n-2$ 字的个数.

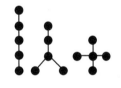

图 5.7

n	1	2	3	4	5
T_n	1	1	3	16	125

我们想对 $n=6$ 验证这个猜测. 如果这也正确，就使我们对这个公式有很大的信心，并试图去证明它. 这次我们有六种拓扑不同类型的树，如图 5.8.

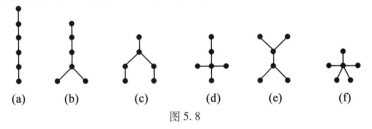

（a）　　（b）　　（c）　　（d）　　（e）　　（f）

图 5.8

（1）对链有 $6!/2=360$ 种不同的标号法.

（2）现看尾部有三条边的"Y"形的树. 中心点有六个选择，尾部三个点有 $\binom{5}{3}=10$ 种取法. 三个点的次序有 $3!=6$ 种取法. 这决定了"Y"形树的标号法. 所以对这种树共有 360 种可能的标号法.

（3）现看尾部只有一条边的"Y"形的树. 中心有六种取法，尾部的点有五种选择. 另两对有三种方式,每对有两种次序.乘法规则给出共有 $6 \times 5 \times 3 \times 2 \times 2 = 360$ 种方法.

(4)尾部有两条边的"十"字形的交点处有六种取法.与它距离为 1 的三点有 $\binom{5}{3} = 10$ 种,剩下的尾部两点有两种标号法,同样乘法原理给出总共 $6 \times 10 \times 2 = 120$ 种方法.

(5)现看双"T"型的树.中心处两个点有 $\binom{6}{2} = 15$ 种取法与中心的一个点联结的两点有 $\binom{4}{2} = 6$ 种选法.另两点就与另一中心点相联结,因此双"T"型的树共有 $15 \times 6 = 90$ 种标号法.

(6)星形的中心点有六种选择.这就确定了星形的标号方法.

这样,我们有 $T_6 = 360 \times 3 + 120 + 90 + 6 = 6^4$.

这是对我们的猜测的决定性的确认,我们试图用构造有标号的树与 $\{1,2,\cdots,n\}$ 的 $n-2$ 长的字之间的双射来证明.

编码算法:每一步擦去度数为 1 的顶点中标号最小的那个顶点(也把与它联结的边擦去)并记下与它连边的那个顶点的编号,直到只剩下两个顶点为止.

对于图 5.9 中的树,得到所谓的 Prüfer 码是 $(7,7,2,2,7)$.

解码算法:把码字中没有数从小到大写下,得到所谓反码 $(1,3,4,5,6)$.把码和反码中第一个数联结起来并划去.如果码中划去的数在码中不再出现,就把它归入反码.重复这个步骤,直至码都用完.然后把码和反码中最后的两个数联结起来.

如图 5.9,算法是如下进行的(图 5.10):

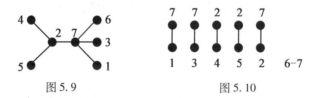

图 5.9   图 5.10

码中没有的数是度数为 1 的顶点.

例 14 我们要产生一个随机树,取一个如图 5.11 的转盘并转动 $(n-2)$ 次.共有 n^{n-2} 个可能情况且是等概率的.没有出现的数相当于度数为 1 的顶点,期望有多少个缺失的数呢?

显然,有

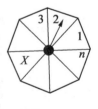

图 5.11

$$P(X \text{ 号不出现}) = P((n-2) \text{ 次不是 } X \text{ 号}) = \left(1 - \frac{1}{n}\right)^{n-2}$$

因此,缺失的数的个数的期望值是

$$E(n) = E(X) = n\left(1 - \frac{1}{n}\right)^{n-2} \approx \frac{n}{e}$$

我们用计算 T_6 的图 5.8 来检验这个公式.

$$E(6) = \frac{360 \cdot 8 + 120 \cdot 4 + 90 \cdot 4 + 6 \cdot 5}{216} = \frac{625}{216}$$

对于 $n = 6$,上面的公式给出

$$E(6) = 6 \cdot \left(\frac{5}{6}\right)^4 = \frac{625}{216}$$

例 15　以两种方法算同一个对象.

(1)我们计算 $\{1, 2, \cdots, n+1\}$ 中取的三数组 (x, y, z) 中,满足 $z > \max(x, y)$ 的三数组的个数. 分解和攻克! 在 $z = k+1$ 时,共有 k^2 个这样的三数组,而总共有 $1^2 + 2^2 + \cdots + n^2$ 个这样的三数组. 再由分解和攻克,但稍有不同且较深刻些. 满足 $x = y < z, x < y < z$ 及 $y < x < z$ 的三数组分别有

$$\binom{n+1}{2}, \binom{n+1}{3}, \binom{n+1}{4}$$

个,因此我们得到

$$1^2 + 2^2 + \cdots + n^2 = \binom{n+1}{2} + 2\binom{n+1}{3}$$

(2)现我们计算满足 $u > \max(x, y, z)$ 的四数组 (x, y, z, u) 的个数,简单的计算可得

$$1^3 + 2^3 + \cdots + n^3$$

在划分后,熟练的计算给出 $3+1$(即 $x = y = z < u$),$2+1+1, 1+1+1+1$. 如上面那样分别有

$$\binom{n+1}{2}, 3 \cdot 2\binom{n+1}{3}, 3! \binom{n+1}{4}$$

因此我们得到

$$1^3 + 2^3 + \cdots + n^3 = \binom{n+1}{2} + 6\binom{n+1}{3} + 6\binom{n+1}{4}$$

(3)我们计算 $\{1, 2, \cdots, n+1\}$ 的满足 $x_5 > \max\limits_{1 \le i \le 4}(x_i)$ 的五数组 $(x_1, x_2, x_3, x_4, x_5)$ 的个数,简单计算再次给出

$$1^4 + 2^4 + \cdots + n^4$$

熟练的计算是使用划分 $4+1, 3+1+1, 2+2+1, 2+1+1+1, 1+1+1+1+1$,于是我们就得到

$$1^4 + 2^4 + \cdots + n^4 = \binom{n+1}{2} + 14\binom{n+1}{3} + 36\binom{n+1}{4} + 24\binom{n+1}{5}$$

(4)现在我们能够证明一般的公式

$$1^k + 2^k + \cdots + n^k = \sum_{i=1}^{k} S(k, i)\binom{n+1}{i+1}i!$$

例 16　两个字母 $0, 1$ 的 n - 字中,恰有 m 个 01 组的字的个数是 $\binom{n+1}{2m+1}$.

解:结果是 $n+1$ 元集中的 $2m+1$ 元子集的个数. 为什么是 $n+1$ 元中的 $2m+1$ 元子集的个数呢? 看一下从 0 到 1 的过渡. 这恰好有 m 次,但 1 到 0 的过渡可以是 $m-1, m$ 或 $m+1$ 次. 如果恰有 $m+1$ 次从 1 到 0 的过渡,那就太好了. 但我们总可以在这个 n 字的头上加一个 1,最后处加一个 0. 这样就有恰好 $m+1$ 次 1 到 0 的过渡(即有 $m+1$ 个 10 组). 而 0 到 1 的过渡即 01 组仍为 m 次. 这样,$n+2$ 字总是若干个 1,接着若干个 0,再若干个 1,$\cdots\cdots$,共 $2m+2$ 段. 总共,$n+2$ 字就有 $n+1$ 个空位,我们可任意选取 $2m+1$ 个空位作为转换(0 变 1,或 1 变 0)的位置. 共有 $\binom{n+1}{2m+1}$ 种方式选取转换位置(例如 $n = 10, m = 2$ 时,$\{3, 5, 6, 8, 11\}$

相当于 111001001110,而第一个 1 及最后的 0 应再去掉).

这是构造双射的很好的例子.

例 17 求 $S_n = \sum_{k=1}^{n} \binom{n}{k}k^2$ 的公式.

有一个老练的直接计算的论证:和式是从 n 个人中遴选一个委员会、一个主席、一个秘书长(可能是同一个人)的方法数,主席和秘书是同一人时有 n 种选法,而委员会的选取有 2^{n-1} 种,当主席和秘书不是同一人时有 $n(n-1)$ 种选法,委员会可有 2^{n-2} 种选法,该和数等于

$$n \cdot 2^{n-1} + n(n-1)2^{n-2} = n(n+1)2^{n-2}$$

这样,我们有等式

$$\sum_{k=1}^{n} \binom{n}{k}k^2 = n(n+1)2^{n-2}$$

另一种算法是用变换来求和,它需要做更多的工作及创意.

$$
\begin{aligned}
S_n &= \sum_{k=0}^{n} \binom{n}{k}k^2 = \sum_{k=0}^{n} \binom{n}{k}(k^2 - k) + \sum_{k=0}^{n} \binom{n}{k}k \\
&= \sum_{k=2}^{n} \left(\frac{n(n-1)}{k(k-1)}\right)\binom{n-2}{k-2}k(k-1) + \sum_{k=1}^{n} \frac{n}{k}\binom{n-1}{k-1}k \\
&= n(n-1)\sum_{k=2}^{n} \binom{n-2}{k-2} + n\sum_{k=1}^{n-1} \binom{n-1}{k-1} \\
&= n(n-1) \cdot 2^{n-2} + n \cdot 2^{n-1}
\end{aligned}
$$

这里两次用了公式 $\sum_{k=0}^{n} \binom{n}{k} = 2^n$.

这可用两种方法计算 n - 集的子集的个数来证明. 左面是把 $0,1,2,\cdots,n$ 元子集的个数相加,右边是用乘法原理. 对每个元素,有取或不取两种方法.

例 18 概率的解释,证明

$$\sum_{k=0}^{n} \binom{n+k}{k}\frac{1}{2^k} = 2^n$$

我们将用对结果有力且优美的解释来证明这个计数问题. 先把等式除以 2^n,得到

$$\sum_{k=0}^{n} \binom{n+k}{k}\frac{1}{2^{n+k}} = \sum_{k=0}^{n} p_k = 1$$

这是概率 $p_k = \binom{n+k}{k}\frac{1}{2^{n+k}}$ 的和,现有

$$
\begin{aligned}
p_k &= \binom{n+k}{k}\frac{1}{2^{n+k}} = \frac{1}{2}\binom{n+k}{k} \cdot \frac{1}{2^{n+k}} + \frac{1}{2}\binom{n+k}{k}\frac{1}{2^{n+k}} \\
&= P(A_k) + P(B_k)
\end{aligned}
$$

其中事件 $A_k = n+1$ 次正面及 k 次反面;$B_k = n+1$ 次反面及 k 次正面.

如图 5.12,它表示从坐标原点开始且终止于 $2n+2$ 个端点的一点的 $2n+2$ 条路,其中 $n+1$ 条是垂直的,$n+1$ 条是水平的,这里我们用到了标准的解释:正面——向上一步,反面——向右一步.

在第 8 章中,将用归纳法给出复杂得多的证明.

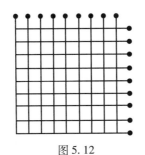

图 5. 12

例 19　字母表 $\{0,1,2\}$ 中有多少个 n – 字使相邻两数的差至多是 1？

我们用图 5. 13 表示这问题,沿有向边的每一步生出一个允许的字,无箭头的线表示可双向通行.

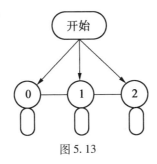

图 5. 13

设 x_n 是从初始状态出发的 n – 字的个数,则以 1 开头的 n 字个数也是 x_n,由对称性,以 0 或 2 开头的 n – 字的个数相同,记之为 y_n. 由图并根据加法原理有

$$x_n = x_{n-1} + 2y_{n-1} \tag{1}$$

$$y_n = y_{n-1} + x_{n-1} \tag{2}$$

由这些差分方程得到 $2y_{n-1} = x_n - x_{n-1}$ 和 $2y_n = x_{n+1} - x_n$. 将这两个等式代入(2),我们得到

$$x_{n+1} = 2x_n + x_{n-1} \tag{3}$$

初始条件是 $x_1 = 3, x_2 = 7$,由 $x_2 = 2x_1 + x_0$,可看到定义 $x_0 = 1$ 时,递推式仍满足,我们就从 $x_0 = 1, x_1 = 3$ 开始,解差分方程的标准解法是求形为 $x_n = \lambda^n$ 的一个特解,将它代入(3)得

$$\lambda^2 - 2\lambda - 1 = 0$$

它的两个解是

$$\lambda_1 = 1 + \sqrt{2}, \lambda_2 = 1 - \sqrt{2}$$

因此,(3)的通解是

$$x_n = a(1 + \sqrt{2})^n + b(1 - \sqrt{2})^n$$

对 $n = 0$ 及 $n = 1$,可得 a 与 b 的方程

$$a + b = 1, a(1 + \sqrt{2}) + b(1 - \sqrt{2}) = 3$$

解为

$$a = \frac{1 + \sqrt{2}}{2}, b = \frac{1 - \sqrt{2}}{2}$$

这样

$$x_n = \frac{(1+\sqrt{2})^{n+1}}{2} + \frac{(1-\sqrt{2})^{n+1}}{2}$$

例 20 求从 $(0,0)$ 到 (n,n) 的递增的且不在 $y=x$ 上方的格点道路的条数 C_n,递增是指每次仅能向上或向右.

图 5.14 说明怎样能容易地用加法原理做出 C_n 的表,我们试图猜到一般的公式,除 C_n 外,考虑比值 C_n/C_{n-1} 常常是有用的,这有助于我们解决问题,但可能过程仍很困难. 在本题中,比值 $p_n = C_n / \binom{2n}{n}$ 即 C_n 与从 $(0,0)$ 到 (n,n) 的道路总数(每步向上或向右,但不限制在不在 $y=x$ 的上方)之比是最有帮助的,因此我们猜测有

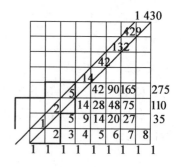

图 5.14

$$C_n = \frac{1}{n+1}\binom{2n}{n}$$

n	C_n	$\dfrac{C_n}{C_{n-1}}$	$p_n = \dfrac{C_n}{\binom{2n}{n}}$
0	1	—	1/1
1	1	2/1 = 6/3	1/2
2	2	5/2 = 10/4	1/3
3	5	14/5	1/4
4	14	42/14 = 18/6	1/5
5	42	132/42 = 22/7	1/6
6	132	429/132 = 26/8	1/7
7	429	1 430/429 = 30/9	1/8

这是一个概率问题,在从原点到 (n,n) 的所有 $\binom{2n}{n}$ 条道路中,考虑不穿过 $y=x$(都在 $y=x$ 的下面,可在 $y=x$ 线上)的好道路. 概率的基本思想告诉我们:如果不能求出好道路的数目,可试求坏道路的数目. 对于坏道路的数目,猜测有

$$B_n = \binom{2n}{n} - \frac{1}{n+1}\binom{2n}{n} = \frac{n}{n+1}\binom{2n}{n}$$

$$= \frac{n}{n+1} \cdot \frac{2n}{n}\binom{2n-1}{n-1} = \frac{2n}{n+1}\binom{2n-1}{n-1}$$

$$= \frac{2n}{n+1}\binom{2n-1}{n} = \binom{2n}{n+1}$$

这里我们用到了公式 $\binom{n}{k} = \frac{n}{k}\binom{n-1}{k-1}$ 和 $\binom{n}{k} = \binom{n}{n-k}$,这个结果很容易从几何上解释,的确,坏道路的条数就等于从 $(-1,1)$ 到 (n,n) 的道路总数,这里 $(-1,1)$ 是原点关于 $y=x+1$ 的对称点. 现我们作坏道路与从 $(-1,1)$ 到 (n,n) 的所有道路间的双射,每条坏道路总有第一

次与 $y = x + 1$ 相交,把从原点到该点 $(x,y)(y = x + 1)$ 的一段关于直线 $y = x + 1$ 作对称,它就变成 $(-1,1)$ 到 (n,n) 的道路,而任何从 $(-1,1)$ 到 (n,n) 的道路总在某处与 $y = x + 1$ 首次相交. 把这一段关于 $y = x + 1$ 作对称,就得到一条坏道路. 这样,我们有坏道路与从 $(-1,1)$ 到 (n,n) 的所有道路之间的双射,这个所谓的反射原理是属于 Desiré André,1887.

C_n 称为 Catalan 数,它几乎像 Pascal 数 $\binom{n}{k}$ 一样常用. 在本章的最末的几个问题中,还会几次出现 Catalan 数.

例 21　容斥原理(PIE 或筛法公式).

这个十分重要的原理是加法原理在集合出现相交时的推广,Venn 图表明 $|A \cup B| = |A| + |B| - |A \cap B|$ 和 $|A \cup B \cup C| = |A| + |B| + |C| - |A \cap B| - |B \cap C| - |C \cap A| + |A \cap B \cap C|$.

我们如下推广到 n 个集合的情况.

$$|A_1 \cup A_2 \cup \cdots \cup A_n|$$
$$= \sum_{i=1}^{n} |A_i| - \sum_{i<j} |A_i \cap A_j| + \sum_{i<j<k} |A_i \cap A_j \cap A_k| - \cdots + (-1)^{n+1} |A_1 \cap A_2 \cap \cdots \cap A_n|$$

证明: 如元素 a 恰属于 n 个集 A_i 中的 k 个,在右面它被计算了几次呢? 显然计算了

$$k - \binom{k}{2} + \binom{k}{3} - \cdots = 1 - \left(1 - k + \binom{k}{2} - \binom{k}{3} + \binom{k}{4} - \cdots\right)$$
$$= 1 - (1-1)^k = 1$$

次,所以 $A_1 \cup A_2 \cup \cdots \cup A_n$ 中的每个元素算了一次,这就证明了容斥原理.

作为例子,考虑 $1,2,\cdots,n$ 的所有 $n!$ 个排列,如果元素 i 在第 i 个位子上,就称 i 为该排列的不动点. 设 p_n 是没有不动点的排列的个数,q_n 是至少有一个不动点的排列的个数,则 $p_n = n! - q_n$.

设 A_i 是 $1,2,\cdots,n$ 的诸排列中有 i 个不动点的排列的全体,则

$$q_n = |A_1 \cup A_2 \cup \cdots \cup A_n|$$
$$= \binom{n}{1}(n-1)! - \binom{n}{2}(n-2)! + \cdots + (-1)^{n+1}\binom{n}{n}0!$$
$$q_n = n!\left(1 - \frac{1}{2!} + \frac{1}{3!} - \frac{1}{4!} + \cdots + \frac{(-1)^{n+1}}{n!}\right)$$
$$p_n = n!\left(\frac{1}{0!} - \frac{1}{1!} + \frac{1}{2!} - \frac{1}{3!} + \cdots + \frac{(-1)^n}{n!}\right) \approx \frac{n!}{e}$$

其中 e = 2.718 28….

问　　题

1. 立方体的每一面有一种不同的颜色(六种颜色是固定的),有多少种不同的染色法?

2. n 个人坐在一张圆桌边,$n!$ 个坐法中有多少种不同的坐法,即邻座关系有所不同的坐标有多少种?

3. 求和式 $S_n = \sum\limits_{k=1}^{n} \binom{n}{k} k^3$.

提示:和式可解释为 n 个人中选一个委员会、一个主席、一个副主席及一个秘书(不必是不同的人)的可能方式的总数.

4. R_n 表示在 $n \times n$ 的格子棋盘上放 n 个互相不能吃的车的方法的数目,又 H_n, Q_n, M_n, D_n 分别表示上述放法中旋转 $180°$ 后不变的放法的数目、旋转 $90°$ 后不变的放法的数目、关于一条对角线反射后不变的放法的数目、关于两条对角线反射后不变的放法的数目.

5. 三种东西各 $2n$ 个,分给两个人,每人得 $3n$ 个. 证明:共有 $3n^2 + 3n + 1$ 种分法.

6. $3n+1$ 个东西中有 n 个是同样的,其他互不相同. 证明:从其中取 n 个东西有 2^{2n} 种方法.

7. $\{1,2,\cdots,n\}$ 有多少个子集中有两个相继的数?

8. (a)是否可在立方体的 12 条棱上标上数 $1,2,\cdots,12$,使得每个顶点处的三条棱上所标数的和相等?

(b)有一条边上标的数改成 13,八个和可能相等吗?

9. 从 n 个东西中取奇数件东西有多少种取法?

10. 正七边形的顶点染成黑的或白的. 证明:有三个同色点是一个等腰三角形的顶点,对怎样的正 n 边形这论断仍然正确.

11. 是否可在圆周上放数 $1,,2,\cdots,9$,使任何两个相邻的数不会被 $3,5$ 或 7 整除?

12. 给有不共面的四个点,有多少个以这些点为顶点的盒子(盒子是由三对平行平面所界的)? (AUO1973)

13. n 元集中取两个不交的子集有多少种取法?

14. 设 $b(0)=1, b(n)(n \geqslant 1)$ 表示把 n 分成 2 的幂次的和的分法数,求 $b(n)$ 的递推式,并计算 $b(n)$ 直到 $b(40)$.

15. 集 $\{1,2,\cdots,n\}$ 的排列 p 称为对合. 如果 $p \circ p =$ 恒等排列(排列看成 $\{1,2,\cdots,n\}$ 到自身的双射). 求 $\{1,2,\cdots,n\}$ 的对合个数 t_n 的递推式. 并以和的形式求 t_n 的公式.

16. 字母表 $\{0,1,2\}$ 的无相邻 0 的 $n-$ 字的个数记为 $f(n)$,求 $f(n)$ 的递推式及 $f(n)$ 的公式.

17. 图 5.15(a)(b)(c)是三种图形:完全四边形,Pappus-Pascal 图形和 Desargues 图形,有多少种方法重排顶点,使得原来的共线点仍然共线?

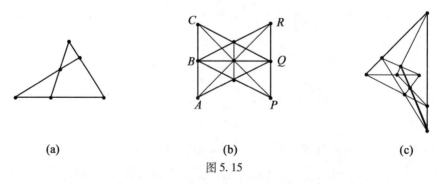

(a)   (b)   (c)

图 5.15

下面四个问题中你又会见到 Catalan 数,你的任务是给出找出好道路的说明.

18. 在圆周上有 $2n$ 个点, 有多少种方法把一对点联结成弦后得到 n 条不相交的弦?

19. 把凸 n 边形剖分成三角形有多少种方法?

20. n 个元素在不满足结合律的乘法运算下, 有多少种加括号的方法?

21. n 片树叶的二分树有多少个?

22. 找出下面公式的组合证明, 用双射或以两种方法计算同一对象.

(a) $\dbinom{n}{s} = \dfrac{n}{s}\dbinom{n-1}{s-1}$.

(b) $\dbinom{n}{r}\dbinom{r}{k} = \dbinom{n}{k}\dbinom{n-k}{r-k}$.

(c) $\displaystyle\sum_{i=0}^{n}\dbinom{n}{i}\dbinom{n}{n-i} = \dbinom{2n}{n} = \sum_{i=0}^{n}\dbinom{n}{i}^2$.

(d) $\dbinom{n}{s} = \dfrac{n}{n-s}\dbinom{n-1}{s}$.

(e) $\dbinom{n}{0} + \dbinom{n}{2} + \dbinom{n}{4} + \cdots = \dbinom{n}{1} + \dbinom{n}{3} + \cdots$.

(f) $\dbinom{n}{0} + \dbinom{n+1}{1} + \dbinom{n+2}{2} + \cdots + \dbinom{n+r}{r} = \dbinom{n+r+1}{r}$.

23. 在 n 个选手参加的网球比赛中, 如用淘汰赛要多少场比赛才能决出冠军? 用双射法.

24. 字母表 $\{0,1,2,\cdots,9\}$ 有多少个 5 - 字满足: (a) 数码严格增加; (b) 数码严格增加或减小; (c) 数码递增; (d) 数码递增或递减?

25. 在 49 选 6 即 $\{1,2,\cdots,49\}$ 的六元子集的彩票中, $\dbinom{49}{5}$ 种选法中至少有两个相继数的子集有多少个?

26. 设 $F(n,r)$ 是 $1,2,\cdots,n$ 的排列中恰有 r 个循环圈的排列的个数——第一类 Stirling 数, 证明: 递推式

$$F(n+1,r) = F(n,r-1) + nF(n,r)$$
$$F(n,1) = (n-1)!, F(n,n) = 1$$

27. 正整数 n 的欧拉函数定义如下:

$$\varphi(n) = \{\text{小于或等于 } n \text{ 且与 } n \text{ 互质的正整数的个数}\}$$

证明

$$\varphi(n) = n\prod_{i=1}^{m}\left(1 - \frac{1}{p_i}\right)$$

其中 $p_1, p_2, \cdots, p_m$ 是 n 的所有不同的质因子, 用容斥原理.

28. 设 $m \geqslant n$, $B_m = \{1,2,\cdots,m\}$, $B_n = \{1,2,\cdots,n\}$. B_m 到 B_n 上的映照称为满射, 求 B_m 到 B_n 的满射的个数, 用容斥原理.

29. 设 $a_1, a_2, a_3, \cdots$ 是数列 $1,2,2,3,3,3,\cdots$, 其中 k 出现 k 次. 求 $a_n = f(n)$, 可用 "$\lfloor \ \rfloor$" 及 "$\lceil \ \rceil$".

30. 设 $1 \leqslant k \leqslant n$, 考虑所有总和为 n 的正整数做成的数列, 在所有这样的数列中, k 总共出现 $T(n,k)$ 次, 求 $T(n,k)$.

31. 在一排 n 个座位上,各坐有一个孩子,现每个孩子至多移动一个位子(不动,或坐到左或右面的邻位上),求他们重新安排的方法的种数.

32. 考虑圆形排列的 n 个座位,每个位子上坐着一个孩子,每个孩子至多移动一位(即不动,或坐在右面或左面的邻位上),求他们重新排位的方法的种数.

33. 字母表 $\{0,1,2,3\}$ 的所有 n-字中,有多少个字有偶数个:(a)0;(b)0 和 1?

34. 是否存在多面体有奇数个面且每个面有奇数条棱?

35. 是否能把正整数集分成无穷多个无限子集,使得每个子集可由任何另一个子集中每个数加上或减去同一个正整数而得到?

36. 给有 2 001 个质量不同的重物,质量为 $a_1 < a_2 < \cdots < a_{1\,000}$ 及 $b_1 < b_2 < \cdots < b_{1\,001}$,称重 11 次找出质量排序为 1 001 的重物.

37. 考虑 $\{1,2,\cdots,n\}$ 的所有 $2^n - 1$ 个非空子集,对每个子集算出它所有元素乘积的倒数,求这样得到的数的总和.

38. 求字母表 $\{0,1,2\}$ 的 n-字中,相邻两数至多差 1 的字的个数.

39. 字母表 $\{a,b,c,d\}$ 中,a 与 b 不相邻的 n-字有几个?

40. 在 128 个物体中,每次可比较两个物体的轻重,要找出最重和次重的物体,最少要比较多少次?

41. 证明:对于 128 个质量互不相同的物体,用 139 次比较就足以确定质量名列第一、第二、第三位的物体.

42. 128 件物体中三件标有 A,B,C,你已知 A 最重,B 其次,C 的质量名列第三,要验证这个结论要多少次比较?

43. 一件上衣的面积为 1,上面有五块补丁,每块的面积大于或等于 $\frac{1}{2}$.证明:至少有两块补丁的重叠面积大于或等于 $\frac{1}{5}$.

44. 在集 $\{1,2,\cdots,3\,000\}$ 中是否有 2 000 元子集 A,使得 $x \in A$ 时 $2x \notin A$?(APMO)

45. 设 $1 \leqslant r \leqslant n$,考虑 $\{1,2,\cdots,n\}$ 的所有 r 元子集,每个子集都有最小元,$F(n,r)$ 表示这些最小元的算术平均值.证明:$F(n,r) = \frac{n+1}{r+1}$.(IMO1981)

46. 至多有 $2^n/(n+1)$ 个 n 位二进制数,每两个数至少有三个数位上数码不同.

47. $\{1,2,\cdots,2n\}$ 的排列 $(x_1,x_2,\cdots,x_{2n})$ 称为好的,如果至少对一个 $i \in \{1,2,\cdots,2n-1\}$ 成立 $|x_i - x_{i+1}| = n$.证明:对每个正整数 n,在所有排列中有一半以上的排列是好的.

48. 用 $\sum_{d\mid n} a_d = 2^n$ 定义数列 a_n,证明:$n \mid a_n$.

49. 在一条单行道上有 n 个停车点,每处可停一辆车,编号为 1 到 n 的 n 辆车依次进入这条单行道,第 i 个司机喜欢停在第 a_i 个停车点,并直接驶到该处.如果该处空着,他就把车停在那里,否则他就驶向下一个停车点,如果后面的停车点全都有车,他就驶离该单行道.求使得每辆车都能停在这条单行道上的数列 $\{a_1,\cdots,a_n\}$ 的个数.(M. D. Haiman,J. 代数组合,3,17—76(1994),以及 SPMO1996)

解　　答

1. 把六种颜色称为 1,2,3,4,5,6. 把立方体放在桌上,使 1 色面朝下,考虑 2 色面,如果它向上,就可以绕竖轴旋转,使 3 色面在前面,这样立方体就固定了,其他面有 3! = 6 种方式染色. 如果 2 色面与 1 色面相邻,就旋转立方体使 2 色面向前,立方体就已固定,其余面有 4! = 24 种染色法,总共有 6 + 24 = 30 种不同的染色法.

2. 旋转与关于经过中心的直线的对称都保持人的相邻关系,因此我们有 $n! / 2n = (n-1)! / 2$ 种不同的安排(对 $n > 2$).

3. 我们可以选择让三位重要人物都不相同,与委员会合起来共有 $n(n-1)(n-2) \cdot 2^{n-3}$ 种方法,而三位重要人物若是同一人,则有 $n \cdot 2^{n-1}$ 种方法. 若三位重要人物恰由两个人担任,共有 $3n(n-1)2^{n-2}$ 种选法,总共有 $S_n = n^2(n+3)2^{n-3}$ 种方法.

4. (a) $R_n = n!$ (解释为排列).

(b) 考虑 $2n \times 2n$ 的棋盘,在第一列中车有 $2n$ 种放法,但第 $2n$ 列上车的位置也已固定,因此 $H_{2n} = 2nH_{2n-2}$, $H_{2n} = 2^n \cdot n!$. 在 $(2n+1) \times (2n+1)$ 的棋盘上,中心位置是确定的,并必须放车,因此留下的是 $2n \times 2n$ 的棋盘,这样 $H_{2n+1} = H_{2n} = 2^n \cdot n!$.

(c) 先考虑 $4n \times 4n$ 的棋盘,第一列中车有 $4n-2$ 种方法可放,因为角上的格子不能放棋,这样就去掉 4 行 4 列,剩下的是一个 $(4n-4) \times (4n-4)$ 棋盘,于是有 $Q_{4n} = (4n-2) \cdot Q_{4n-4}$,即 $Q_{4n} = (4n-2)(4n-6)\cdots 2^n \cdot (2n-1)(2n-3)\cdots 3 \cdot 1$,在 $(4n+1) \times (4n+1)$ 棋盘上,中心位置固定且必有车,剩下的是 $4n \times 4n$ 棋盘,即 $Q_{4n+1} = Q_{4n}$,易见 $Q_{4n+2} = Q_{4n+3} = 0$,实际上除中心位置外,其余的车都是四个一组的.

(d) 如果第一列中的车放在这条对角线上,就成为 $(n-1) \times (n-1)$ 棋盘的情况,而如果放在另 $(n-1)$ 个格中,留下的是个 $(n-2) \times (n-2)$ 的棋盘,这样,$M_n = M_{n-1} + (n-1)M_{n-2}$.

(e) 在 $2n \times 2n$ 的棋盘上,第一列的车放在某对角线上有两个方法,另外有不放在对角线上的 $2n-2$ 种方法,放在对角线上时,留下的是 $(2n-2) \times (2n-2)$ 棋盘,而另一种情况留下的是 $(2n-4) \times (2n-4)$ 棋盘,由此,$D_{2n} = 2D_{2n-2} + (2n-2)D_{2n-4}$,而 $D_{2n+1} = D_{2n}$.

5. **解法一**:结果 $3n^2 + 3n + 1 = (n+1)^3 - n^3$ 是令人触目的. 它可有一个几何解释,一个人得到 $x + y + z = 3n$ 个物体,$0 \leqslant x, y, z \leqslant 2n$,这些是以 $3n$ 为高的等边三角形的三角坐标,x, y, z 可解释成格点(作图). 图中的六边形可以解释成从一个边长为 $n+1$ 的立方体中减去一个边长 n 的立方体后的映射. 这个解属于 Martin Härterich,他是 1987 年和 1989 年 IMO 的金牌获得者.

解法二:如果第一个人得到 $n - p (p \in \mathbf{N})$ 个第一种物体,则他第二种物体可得 p 到 $2n$ 个,其他的为第三种物品,总和(可能的拿法)为

$$\sum_{p=0}^{n} (2n - p + 1) = (2n+1)(n+1) - \frac{n(n+1)}{2}$$

而如果第一个人第一种物品拿 $(n+q)$ 个 $(q = 1, 2, \cdots, n)$,则他第二种物品可拿 0 到 $2n - q$ 个,其他则是第三种物品,总和为

$$\sum_{q=1}^{n}(2n-q+1)=(2n+1)n-\frac{n(n+1)}{2}$$

总共的可能是

$$(2n+1)(n+1)+(2n+1)n-n(n+1)=3n^2+3n+1$$

6. 取 n 件物品的方法有

$$\binom{2n+1}{n}+\binom{2n+1}{n-1}+\cdots+\binom{2n+1}{0}$$

种,把它与同一个数 $\binom{2n+1}{n+1}+\binom{2n+1}{n+2}+\cdots+\binom{2n+1}{2n+1}$ 相加即为 2^{2n+1}. 因此取 n 件物品的取法有 2^{2n} 种.

7. 把子集解释为 $\{0,1\}$ 这字母表的 $n-$ 字. 设 a_n 表示二进制字中无相继两个 1 的字的个数. 这样的字可以以 0 开始,有 a_{n-1} 个;也可以以 10 开始,有 a_{n-2} 个,所以 $a_n=a_{n-1}+a_{n-2}$, $a_1=2,a_2=3$. 这样,a_n 是 Fibonacci 数 F_{n+2}.

8.(a)设有这样的标数法,以 s 表示每个顶点处的三条棱上标的数的和,于是所有顶点处的和数的和是 $8s$. 在这个和中,每条棱的标号数出现两次,这样 $2(1+2+\cdots+12)=8s$ 即 $s=19.5$,与 s 是正整数矛盾.

(b)把某条边的标数改为 13,记被取代的数为 r,就有 $2(1+2+\cdots+13)-2r=8s$,即 $91-r=4s$,即 $r\in\{3,7,11\}$,这个必要条件也是充分的,试对某个 r 的值做出相应的标数法.

9. 在偶数个元的子集与奇数个元的子集间存在一个双射,确实,考虑任一个元,例如 1, 设 A 是任一子集,如果 A 含 1,以 $A\backslash\{1\}$ 与之对应;如果它不含 1,则以 $A\cup\{1\}$ 与之对应. 这个双射证明了全部 2^n 个子集中恰好一半是含奇数个元的集,即为 2^{n-1} 个.

10. 可在第 4 章中找到解答.

11. 在圆周上写下九个数,在和不是 3,5,7 的倍数的两数之间连一线段,我们得到一个图. 对这个图要找一条 Hamilton 回路,这样的回路很容易找到. 因为 1,2 和 4 只与两个数为邻,我们得到 1,3,8,5,6,2,9,4,7.

12. 本题是很有教益的,因为除了分解和攻克,还利用了空间几何和空间直观. 首先,我们解决平面上的类似问题,在平面上给出三个不共线的点,有多少个平行四边形以它们为顶点?

这个问题简单得多,但乍一看,它对空间的类似问题似乎并无帮助,此问题的答案是 3. 另一顶点可把 A,B,C 三点的每一点关于 $\triangle ABC$ 的对边中点作反射而得到.

解法一:在(平行六面体)八个顶点中取四个不共面的点,有四种不同的方式(分解和攻克),图 5.16(a)~(d)中,有 3,2,1,0 个面含四个给定点中的三个,这样的面称为刚性的,因为它们能由三点构造而成.

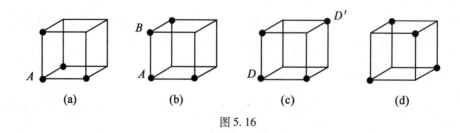

图 5.16

（a）三个刚性的面有公共的顶点 A，这时有四个盒子.

（b）两个刚性的面有公共棱 AB，任何两点可以起到 AB 的作用，AB 的选取有六种方法，然后可确定哪个点与 B 相连，这有两种方法，在此情形有 12 个盒子.

（c）有一个刚性的面过三个点，而第四个点 D' 必定与顶点 D 相对，而四点中任何一点都可作为 D，其他三点中每点都可作为 D'，这盒子即可作出，又可有 12 个盒子.

（d）没有刚性的面，所取四点是内接于平行六面体的四面体的顶点，盒子是唯一确定的，过每条棱可作与对棱的平行平面.

图 5.17

总共有 $4+12+12+1=29$ 个盒子.

解法二：我们看图 5.17 中的平面问题，答案 3 可以如下得到：要作的平行四边形的中线（对边中点连线）是与所给的三个顶点等距离的直线. 如果有了两条中线，很容易找到缺掉的顶点，与三个给定的点等距离的直线有三条，取其中两条有三种方法.

现转到空间问题，盒子的中位面是与八个顶点等距离的面，它们满足：（1）每个与所给四点等距离；（2）三个中位面过同一点. 另外，如果找出满足（1）和（2）的三个平面，以它们为中位面的盒子是唯一可构造出来的，过所给四点作这三个面的平行平面就得到盒子. 与四个不共面的点 K,L,M,N 等距离的平面有多少个？恰好七个，只要确定那些点在平面的同一侧就够了. 有四个是 1 | 3 分布，有三个是 2 | 2 分布的. 七个平面中取三个有 35 种取法，任何三个都满足条件（1）. 怎样的三面组是坏的，即不满足（2）的呢？它们平行于某一直线. 共有六个这样的三面组，与四面体的棱数相同，即 $35-6=29$，为什么？

解法三：在八个顶点中，可有 70 种方法取四个点，其中有 $6+6=12$ 种是共面的. 因此有 $70-12=58$ 个不共面的四点组，但对每个这样的四点组，有一个补充的四点组给出同一个盒子. 因而有 29 个盒子.

13. 对于有序的不相交的子集对 (A,B)，定义特征函数

$$f(x)=\begin{cases}1, & \text{当 } x\in A \text{ 时}\\2, & \text{当 } x\in B \text{ 时}\\0, & \text{其他情况}\end{cases}$$

于是 f 是字母表 $\{0,1,2\}$ 的 n-字，可能的函数有 3^n 个，其中有 2^n 个字是 $\{0,2\}$ 的字（A 为空集），2^n 个字是 $\{0,1\}$ 的 n-字（B 为空集）而一个字全由 0 组成，A,B 都是空集. 因此，有序的不相交的非空子集对有 $3^n-2^n-2^n+1$ 个，而无序对个数是

$$g(n)=\frac{3^n+1}{2}-2^n$$

对 $n=4$ 用图予以验证.

14. 考虑几个例子：由定义有 $b(0)=1.2^0=1\Rightarrow b(1)=1;2=2^1=1+1,b(2)=2;3=2+1=1+1+1,b(3)=2;4=2^2=2^1+2^1=2+1+1=1+1+1+1,b(4)=4;5=2^2+1=2^1+2^1+1=2^1+1+1+1=1+1+1+1+1,b(5)=4.$

我们观察：（a）$b(2n+1)=b(2n)$；（b）$b(2n)=b(2n-2)+b(n)$.

（a）的证明：$2n+1$ 的划分总至少有一个加数 1，去掉它就是 $2n$ 的划分.

（b）的证明：$2n$ 的划分，最小的数是 2，或者有两个 1，前者有 $b(n)$ 种，后者有 $b(2n-2)$ 种.

15. 设 t_n 是 $\{1,2,\cdots,n\}$ 的对合的个数, 即 $\{1,\cdots,n\}$ 的满足 $p\circ p=$ 恒等排列的 p 的个数 (把排列看成 $\{1,\cdots,n\}$ 到自身的双射). 加进另一个元 $n+1$, 使 $n+1$ 是不动点的对合有 t_n 个; 而使 $n+1$ 不是不动点的 $\{1,2,\cdots,n+1\}$ 的对合有 $n\cdot t_{n-1}$ 个, 即

$$t_{n+1}=t_n+nt_{n-1},\ t_1=1,\ t_2=2$$

t_n 的公式是

$$t_n=\sum_{k=0}^{\left[\frac{n}{2}\right]}\binom{n}{2k}\frac{(2k)!}{2^k\cdot k!}$$

这个公式的解释是: 取 $2k$ 个元, 有 $\binom{n}{2k}$ 种取法, 分成 k 个无序对有 $\frac{(2k)!}{2^k\cdot k!}$ 种方法, 其他的 $n-2k$ 个元是不动点. 要对 $k=0,1,\cdots,\left[\frac{n}{2}\right]$ 求和, 于是就得到

$$t_n=\sum_{k=0}^{\left[\frac{n}{2}\right]}\binom{n}{2k}\cdot 1\cdot 3\cdot 5\cdots\cdot(2k-1)$$

16. 以 1 或 2 开始的有 $f(n-1)$ 个, 以 01 或 02 开始的有 $f(n-2)$ 个, 这样就有递推式

$$f(n)=2f(n-1)+2f(n-2)$$
$$f(0)=1,\quad f(1)=3,\quad f(2)=8$$

这个差分方程的特征方程是 $\lambda^2-2\lambda-2=0$, 就得到 $\lambda_{1,2}=1\pm\sqrt{3}$, 这样容易得到公式 $f(n)=a\lambda_1^n+b\lambda_2^n$, 由初始条件可求出 a,b, 请做出结果!

17. 答案是 (a)24; (b)108; (c)120. 我们来说明如何得到 (b), 把图中 9 个点分别为 A, B,C,P,Q,R,L,M,N, 其中 A,B,C,P,Q,R 如图 5.15(b), 现要重新标记, 使共线性保持. A 有九种选法, A 固定后, B 有六种选法. 这是因为 A,B 共线的缘故, 而 P 只有两种选择, 其他各点均已确定, 所以总共有 $9\cdot 6\cdot 2=108$ 种.

18. 在点对间连适当的弦, 从某点出发沿一方向绕该圆行走, 当第一次见到某弦的端点时, 记上 b(作为起点), 而第二次见到这弦的端点时就记上 e(作为终点), 如图 5.18, 我们得到字 $bbbee\ bbbeeee$. 在例 14 的意义下(把 b 解释为向右, 把 e 解释为向上)这就是一条好路, 这样, 就有好路和字之间的双射, 因此, 可能的方式的种数是

$$C_n=\frac{1}{n+1}\binom{2n}{n}$$

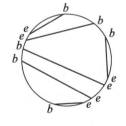

图 5.18

19. 设 T_n 表示把 n 边形作三角剖分的不同剖分的数目, 我们要找出 T_n 的递推式. 考虑 $\triangle A_1 A_n A_k$, 它把 n 边形分成一个 k 边形和一个 $(n+1-k)$ 边形, 定义 $T_2=1$ 时, 就有

$$T_n=T_2T_{n-1}+T_3T_{n-2}+T_4T_{n-3}+\cdots+T_{n-1}T_2$$

图 5.19 说明了几个三角剖分的结果: $T_3=1,T_4=2,T_5=5,T_6=14$, 这强烈地表明了, 一般来说有 $T_{n+2}=C_n$, 由递推式可知下一个是 $T_7=42$, 但从递推式如何能得到 T_n 的公式却并不明显, 请见下一问题.

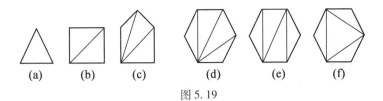

图 5.19

20. 对只有一个或两个因子的情形,仅有一种加括号的方法:(x_1) 和 $(x_1 x_2)$,对三个因子有两种方法:$((x_1 x_2)x_3)$ 和 $(x_1(x_2 x_3))$. 对四个因子有五种方法:$(((x_1 x_2)x_3)x_4)$,$(x_1(x_2(x_3 x_4)))$,$((x_1 x_2)(x_3 x_4))$,$((x_1(x_2 x_3))x_4)$ 及 $(x_1((x_2 x_3)x_4))$. 因此 $a_1 = 1$,$a_2 = 1$,$a_3 = 2$,$a_4 = 5$.

为得到 a_n 的递推式,取最后的乘积 $(x_1 \cdots x_k)(x_{k+1} \cdots x_n)$,此处 k 可以从 1 到 $n-1$,把这些结果合起来就得到

$$a_n = a_1 a_{n-1} + a_2 a_{n-2} + \cdots + a_{n-1} a_1$$

我们有 $a_1 = T_2 = 1$,$a_2 = T_3 = 1$,$a_3 = T_4 = 2$,$a_4 = T_5 = 5$,我们有同样的递推式和同样的初始条件,因此可猜测 $a_{n+1} = T_{n+2} = C_n$. 从而应有一种随机走步的用好路的隐蔽的解释,用如下的解释:略去最后的元 x_n,从左到右检查带括号的表达式. 在看到一个左括号"("时,向右走一步,看到每个 x_i 时,向上走一步,注意我们并不考虑右括号")". 如把它们都去掉,乘法依旧是唯一确定的,另一个解释甚至更为直接:把所有 x_j 都去掉,但把括号都保留. 由图 5.20 可得到从状态 0 经 $2n$ 步后回到 0 的表达式.

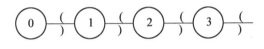

图 5.20

21. 图 5.21 给出有括号的表达式与二分树间的一一映照.

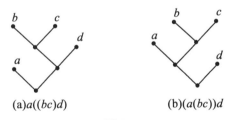

(a)$a((bc)d)$ (b)$(a(bc))d$

图 5.21

22. (a) 从 n 个人中选一个 s 个人的委员会,并在委员会中选一个主席,以两种方法计数;

(ⅰ) 有 $\binom{n}{s}$ 种方法选出委员会,有 s 种方法选出主席.

(ⅱ) 有 n 种方法选出主席,又有 $\binom{n-1}{s-1}$ 种方法选出一般委员,这样

$$n\binom{n-1}{s-1} = s\binom{n}{s} \Rightarrow \binom{n}{s} = \frac{n}{s}\binom{n-1}{s-1}$$

(b) 从 n 个人中选出 r 元子集作为一个委员会,并从 r 个人中选出 k 个人的常务委员

会,这就是左边,也可从 n 人中选出 k 个人的常务委员会. 然后,其余 $r-k$ 个委员会成员有 $\binom{n-k}{r-k}$ 种选法.

(c)从 n 个男人和 n 个女人中选 n 个人,左边是按女人(或男人)的人数 i 来分别计算的,中间是 $2n$-集中 n 元子集的个数,在右边用了子集到补集的双射.

(d)从 n 个人中选出 s 个人的委员会,并选一人作为监督者,他不是委员会成员. 可以先选委员会,再在其余人中选监督者;也可先选监督者,再从其余 $n-1$ 人中选委员会.

(e)这说明偶子集的个数等于奇子集的个数,这已经做过.

另一证明是用二项式定理 $(1+x)^n = \sum_{s=0}^{n} \binom{n}{s} x^s$. 取 $x=-1$,得

$$0 = (1-1)^n = \sum_{k=0}^{n} (-1)^k \binom{n}{k} \rightarrow \binom{n}{0} + \binom{n}{2} + \cdots$$

$$= \binom{n}{1} + \binom{n}{3} + \cdots$$

(f)右边是 $n+r+1$ 个人中选 r 个人的方法数,左边也是同样的,但分类如下:(从后往前)没有元素 1 的,有元素 1 但无元素 2 的,有 1,2,但无元素 3 的,……,有 1,2,…,r 但无元素 $(r+1)$ 的.

23. $n-1$ 场比赛,1 与 2 对阵,胜者对 3,再胜者对 4 等,没有更少的可能,实际上必须有 $n-1$ 个人被淘汰.

24. (a) $\binom{10}{5} = 252$. (b) 504. (c) 可从 10 个数字中取五个可重复的数字,这有 $\binom{10+5-1}{5} = \binom{14}{5} = 2\,002$ 种方法. (d) $2 \times 2\,002 - 10$,在最后的结果中,要减去 10 个形为 $aaaaa$ 的字,它们既是递增又是递减的.

25. 我们求无相邻数的六元子集的个数,把 49 个数看成一排 49 个球,43 个未选的球看成白的,选的六个是黑的,其中没有两个相邻,这样就有 44 个位置可选,可有 $\binom{44}{6}$ 种选法(对于 1~44 中六个不同的数 $a_1 < a_2 < \cdots < a_6$,相应地 $a_1, a_2+1, a_3+2, \cdots, a_6+5$ 就是 1~49 中无相邻数的六个数). 因此,至少有两个相邻数的子集有 $\binom{49}{6} - \binom{44}{6}$ 个,约占全部子集的 49.5%.

26. 加进另一个点 $n+1$,有两种可能. 首先,$n+1$ 是不动点,即是 1-循环圈,其余 n 个数要安排成 $r-1$ 个循环圈,这有 $F(n, r-1)$ 种方法. 其次,该点包含在某个循环圈内,在这种情况下已经有 r 个循环圈,共有 $F(n, r)$ 种方法,新的点有多少种方法被安排在一个循环圈? 它可以放在这 n 个点的任何一个的前面,即可有 n 种方法,这样就有

$$F(n+1, r) = F(n, r-1) + nF(n \cdot r)$$

$$F(n, 1) = (n-1)!, F(n, n) = 1$$

27. 设 A_i 是 $\{1, 2, \cdots, n\}$ 中可被 p_i 整除的数所成的集. 于是,1~n 中被某个质数整除的数的个数是

$$|A_1 \cup A_2 \cup \cdots \cup A_n|$$

$$= \sum_i \frac{n}{p_i} - \sum_{i<j} \frac{n}{p_i p_j} + \sum_{i<j<k} \frac{n}{p_i p_j p_k} - \cdots$$

不能被任何 $p_1, p_2, \cdots, p_m$ 整除的数的个数是

$$n - \sum_i \frac{n}{p_i} + \sum_{i<j} \frac{n}{p_i p_j} - \cdots = n \prod_{i=1}^m \left(1 - \frac{1}{p_i}\right)$$

28. 设 A_i 是 B_m 到 B_n 的满射即 $B_m \to B_n$ 的映射的全体构成的集合,于是非满射的个数是

$$|A_1 \cup A_2 \cup \cdots \cup A_n|$$

$$= \binom{n}{1}(n-1)^m - \binom{n}{2}(n-2)^m + \binom{n}{3}(n-3)^m - \cdots, \quad m \geq n$$

如果从 B_m 到 B_n 的所有映射(共有 n^m 或 $\binom{n}{0}(n-0)^m$ 个)中减去上面的数,就得到 $s(m,n)$.

在 $m \geq n$ 时,我们得到

$$s(m,n) = \binom{n}{0}(n-0)^m - \binom{n}{1}(n-1)^m + \cdots$$

$$= \sum_{i=0}^n (-1)^i \binom{n}{i}(n-i)^m$$

29. **解法一:** 如果 $\frac{k(k-1)}{2} < n \leq \frac{k(k+1)}{2}$,我们有 $a_n = k$. 因为 n 是整数,这等价于

$$\frac{k(k-1)}{2} + \frac{1}{8} < n < \frac{k(k+1)}{2} + \frac{1}{8}$$

或

$$k^2 - k + \frac{1}{4} < 2n < k^2 + k + \frac{1}{4}$$

即

$$k - \frac{1}{2} < \sqrt{2n} < k + \frac{1}{2} \Rightarrow k < \sqrt{2n} + \frac{1}{2} < k+1$$

由此,$a_n = \left\lfloor \sqrt{2n} + \frac{1}{2} \right\rfloor$,这是最接近 $\sqrt{2n}$ 的整数.

    解法二: 如 $\frac{k(k-1)}{2} < n \leq \frac{k(k+1)}{2}$,有 $a_n = k$,方程 $\frac{k(k+1)}{2} = r$ 对(正数)k 可以解出

$$k = \frac{-1 + \sqrt{1+8r}}{2}$$

从而

$$\frac{-1 + \sqrt{8n}}{2} \leq k < \frac{-1 + \sqrt{1+8n}}{2} + 1 \Rightarrow a_n = \left[\frac{-1 + \sqrt{1+8n}}{2} \right]$$

两个结果形式不同,但是是等价的.

30. 考虑一排 n 个点,这些点之间有 $n-1$ 个空隙,我们有 2^{n-1} 种方法在空隙中插入竖线,这样得到和为 n 的所有数列,要求出在这些数列中所有项 k 出现的个数 $T(n,k)$,先画出一排 n 个点,再把相继 k 个点放在一个矩形中,并在这矩形的左面和右面放一竖线

$$\cdots \cdot \cdot | \cdot | \cdot | \boxed{\cdots} | \cdot \cdot \Leftrightarrow (3,1,1,\boxed{3},2)$$

第一种情形:放在一起的 k 个点没有端点(第一点或最后一点),这样的 k 点有 $n-k-1$ 种方法,而其余的点之间还有 $n-k-2$ 个空隙,在每个空隙处都可放竖线,共有 2^{n-k-2} 种放竖线的方法.

第二种情形:放在一起的 k 个点中有端点,这可有两种情形(端点是第一点或最后一点),现在还有 $n-k-1$ 个空隙,又可用 2^{n-k-1} 种方法放竖线. 综上,得到

$$T(n,k) = (n-k-1)2^{n-k-2} + 2 \cdot 2^{n-k-1}$$
$$= (n-k+3) \cdot 2^{n-k-2}$$

例如,$n=6, k=2$ 时,公式给出 $T(6,2)=28$,和为 6 的且含有数 2 的数列是 $(2,2,2)$,$(2,4),(3,2,1),(2,2,1,1),(2,1,1,1,1)$ 以及它们的排列. 在这些数列中,2 的个数为

$$T(6,2) = 3 + 2 + 6 + 12 + 5 = 28$$

31. 考虑编号为 $1,2,\cdots,n$ 的孩子及座位,a_n 表示重排的总数,第一个孩子仍在原处的重排方法是 a_{n-1} 种. 如果 1 号孩子改坐到 2 号,2 号孩子必须坐在 1 号,这共有 a_{n-2} 种排法,这样就有 $a_n = a_{n-1} + a_{n-2}, a_1 = 1, a_2 = 2$,所以 $a_n = F_{n+1}$,其中 F_n 是 Fibonacci 数.

32. 设 b_n 是排座的数目,有三种可能的情况:

(a)1 号孩子坐在原位,有 a_{n-1} 种坐法.

(b)1 号和 2 号交换位子,这时有 a_{n-2} 种坐法.

(c)所有人都向右或向左移动一个位子,这共有两种,我们得到 $b_n = a_{n-1} + a_{n-2} + 2 = F_{n+1} + 2$.

33. 设 e_n, o_n 分别是有偶数及奇数个 0 的 n-字的个数. 按第一个数来分类,可得递推式 $e_n = 3e_{n-1} + o_{n-1}, o_n = e_{n-1} + 3o_{n-1}$,这是 (e_{n-1}, o_{n-1}) 变成 (e_n, o_n) 的线性变换,系数矩阵是 $\begin{pmatrix} 3 & 1 \\ 1 & 3 \end{pmatrix}$. 它的特征值 λ_1, λ_2 满足方程

$$\begin{vmatrix} 3-\lambda & 1 \\ 1 & 3-\lambda \end{vmatrix} = 0$$

即 $(\lambda-3)^2 - 1 = 0$,故 $\lambda_1 = 4, \lambda_2 = 2$,求 e_n 的公式,请解偶数个 0 与 1 的问题.

另一种解法:$\{0,1,2,3\}$ 的有偶数个 0 的 n-字的个数是

$$E_n = 3^n + \binom{n}{2}3^{n-2} + \binom{n}{4}3^{n-4} + \cdots$$

而有奇数个 0 的 n-字的个数是

$$O_n = \binom{n}{1}3^{n-1} + \binom{n}{3}3^{n-3} + \cdots$$

把它们相加、相减就得到

$$E_n + O_n = (3+1)^n = 4^n$$
$$E_n - O_n = (3-1)^n = 2^n$$

再相加及相减又得到

$$2E_n = 4^n + 2^n \Rightarrow E_n = \frac{4^n + 2^n}{2}$$

$$2O_n = 4^n - 2^n \Rightarrow O_n = \frac{4^n - 2^n}{2}$$

34. 设 e_i 是第 i 个面上的边数,于是 $\sum e_i$ 是奇数个奇数的和. 它是个奇数. 另外,每条边在和式中算了两次,所以应是个偶数,这一矛盾证明了不存在这样的多面体.

35. 这是可能的. 光考虑正整数的两个子集 A,B. A 是所有偶数位(从右边算起)为 0 的正整数全体,B 是所有奇数位为 0 的正整数全体. 每个正整数可唯一地表示为 $n=a+b, a \in A, b \in B$,把全体正整数分成 $\mathbf{N}_+ = A_1 \cup A_2 \cup A_3 \cup \cdots$ 如下:$A_1 = A$,设 $A_k(k=2,3,\cdots)$ 是 A 中每个数加上 $b_k(b_k \in B)$,即 $A_2, A_3, \cdots$ 是由 A 平移 B 中的某一数所得到的.

36. 设 $a_{500} > b_{501}$. 则 $a_{501}, \cdots, a_{1\,000}$ 都比 1 001 个质量 $a_1, a_2, \cdots, a_{500}, b_1, b_2, \cdots, b_{501}$ 重,因而可以把 $a_{513}, a_{514}, \cdots, a_{1\,000}$ 去掉,而 $b_1, b_2, \cdots, b_{500}$ 都比 1 002 个质量 $b_{501}, b_{502}, \cdots, b_{1\,001}, a_{500}$, $a_{501}, \cdots, a_{1\,000}$ 轻,又可以去掉 $b_1, b_2, \cdots, b_{489}$,中间重的物体就是 $a_1, a_2, \cdots, a_{512}, b_{490}, \cdots, b_{1001}$ 中从轻到重的第 512 个物体. 我们可以如下称 10 次把个数缩成一个. 我们有不同的重物 $c_1 < c_2 < \cdots < c_{2l}$ 和 $d_1 < d_2 < \cdots < d_{2l}(l = 2^{k-1})$ 并要找出第 $2l$ 个最轻的物体,我们先比较 c_l 和 d_l,如果 $c_l > d_l, c_{l+1}, \cdots, c_{2l}$ 比 $2l$ 个物体 $c_1, \cdots, c_l, d_1, \cdots, d_l$ 重,就可以去掉,而 $d_1, \cdots, d_l$ 比 $2l+1$ 个物体 $d_{l+1}, d_{l+2}, \cdots, d_{2l}, c_l, c_{l+1}, \cdots, c_{2l}$ 轻,也可以去掉. 这时每一种都剩下 l 个,当 $c_l < d_l$ 时可类似地进行,在 $a_{500} < b_{500}$ 时,只要把前面的不等式倒转并把最轻的改成最重的就行了.

37. 把乘积 $(1+1/1)(1+1/2)\cdots(1+1/n)$ 展开得到 2^n 项的和,每个加项都是 $\{1,2,\cdots, n\}$ 的 2^n 个子集中的一个集合中所有数的倒数的乘积. 去掉相应于空集的那项 1,就是所要的和,也就是

$$2 \cdot \frac{3}{2} \cdot \frac{4}{3} \cdot \cdots \cdot \frac{n+1}{n} - 1 = n+1-1 = n$$

38. 从图 5.22 可得递推式 $x_n = x_{n-1} + 2y_{n-1}$ 和 $y_n = y_{n-1} + x_{n-1}$. 由第一式得 $2y_{n-1} = x_n - x_{n-1}$ 及 $2y_n = x_{n+1} - x_n$,代入第二个递推式,得到 $x_{n+1} = 2x_n + x_{n-1}, \lambda^2 = 2\lambda + 1, \lambda_{1,2} = 1 \pm \sqrt{2}$.

求出 x_n 的表达式!

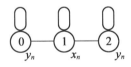

图 5.22

39. 由图 5.23 得到递推式

$$x_n = 2x_{n-1} + 2y_{n-1}, y_n = 2x_{n-1} + y_{n-1}$$

消去 y_n 和 y_{n-1},可得递推式 $x_{n+1} = 3x_n + 2x_{n-1}$ 及特征方程 $\lambda^2 = 3\lambda + 2$.

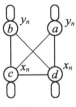

图 5.23

求出 x_n 的表达式.

40. 我们做七轮的淘汰赛.

第一轮：把 128 个物体分成 64 对，把每一对中轻的那个去掉.

第二轮：64 个胜者分 32 对并去掉 32 个，等等. 在七轮中共作了 127 次比较，由此确定出最重的那个，次重的那个物体是在七轮比较中输给冠军的那几个物体之一，再作六次比较就能定出第二重的物体，因此在 $127+6=133$ 次比较后可确定最重和次重的物体.

41. 在前一问题中，七轮比较找出了最重的物体，共作了 127 次比较. 次重的物体是输给最重物体的七个对象之一，把它们编号为 $1,2,\cdots,7$，第 i 号是在第 i 轮中输给最重物体的那个，第二重的物体可以如下地在第二圈比赛中确定：1 号与 2 号比较，胜者与 3 号比较，再胜者再与 4 号比较，等等. 最后的胜者就是次重的物体，这共要六次比较.

质量列第三的物体是输给最重或次重的物体的那些物体中的某一个，它们也可能没有和第一重的物体比过，但必定与第二重的物体比过，否则它仍会作为次重物的候选者，但次重的物体在至多七次比较后就获胜了. 实际上，如果第 i 号物体就是次重的那个物体，它胜了 $i+1,i+2,\cdots,7$ 号，这 $7-i$ 次并胜了 $1,2,\cdots,i-1$ 中的一个（若 $i>1$）. 这样，次重的物体总共胜了或者 $i-1+7-i+1=7$ 次，或者 $i-1+7-i=6$ 次. 因而，至多有七个物体是质量列第三的物体的候选者. 这样，至多用 $127+6+6=139$ 次比较就可找出最重的、次重的和质量列第三的物体.

42. 为检验这点，127 次比较就够了. 先不管 A,B,C 这三个物体，在其余 125 个物体中，124 次比较就可找出最重的物体 D，然后 D 与 C 比，再 C 与 B 比，B 与 A 比，127 次比较是必须的. 因为除最重的那个外，每个物体至少要在一次比较中失利一次.

43. 用容斥原理可得必须的估计，这是个困难的问题.

44. 我们略微推广一些. 一个整数的集合 S 称为无两倍的（D,F），如果 $x\in S\Rightarrow 2x\notin S$. 若 $T_n=\{1,2,\cdots,n\}$，$f(n)=\max\{|A|\,|\,A\subset T_n$ 且 A 是无两倍的$\}$，用容斥原理得到

$$f(n)=n-\left\lfloor\frac{n}{2}\right\rfloor+\left\lfloor\frac{n}{4}\right\rfloor-\left\lfloor\frac{n}{8}\right\rfloor+\left\lfloor\frac{n}{16}\right\rfloor-\cdots$$

从 n 中减去偶数的个数，加上 4 的倍数的个数，减去 8 的倍数的个数，等等. 从 $n=3\,000$ 得到 $1\,999$，因而回答是否定的.

E. T. H. Wang（Ars. Comb. 1989）证明了 $f(n)=\lfloor n/2\rfloor+f(\lfloor n/4\rfloor)$，用这个式子解决当 $n=3\,000$ 时的问题.

试解 T_n 的无三倍的最大子集的问题. 无三倍的子集 A 是指 $x\in A\Rightarrow 3x\notin A$ 的子集 A.

45. 设 $\dbinom{n}{r}$ 表示 n 元集的 r 元子集的个数，$\{1,2,\cdots,n\}$ 的各个 r 元子集中最小数的和为 $\dbinom{n}{r}\cdot F(n,r)$. 考虑从 $\{0,1,\cdots,n\}$ 的 $r+1$ 元子集到 $\{1,2,\cdots,n\}$ 的 r 元子集的映射，这个映射就是去掉最小的数. 显然在这映射下，$\{1,2,\cdots,n\}$ 的每个 r 元子集恰好在象集中出现 i 次，其中 i 是这 r 元集中最小数. 因此，计算 $\{0,1,\cdots,n\}$ 的 $r+1$ 元子集的个数（用直接计算及用上述映射计算）给出

$$\binom{n+1}{r+1}=\binom{n}{r}F(n,r)\Rightarrow F(n,r)$$
$$=\binom{n+1}{r+1}\bigg/\binom{n}{r}=(n+1)/(r+1)$$

这里用到了 $\binom{n+1}{r+1} = \frac{n+1}{r+1}\binom{n}{r}$. 它可以从两种计数法而得到,并不需要 $\binom{n}{r}$ 的公式.

这一证明属于 M. F. Newmann(澳大利亚国立大学),它不需要计算.

Memphis State 大学的 Cecil Rousseau 寄给我一个用图论语言的同样的证明,这一证法如下:

考虑一个两分图如下:黑顶点是 $\{0,1,\cdots,n\}$ 的 $r+1$ 元子集;白顶点是 $\{1,2,\cdots,n\}$ 的 r 元子集,黑顶点 X 与 X 中去掉最小数的白顶点 Y 相连. 这个两分图有 $\binom{n+1}{r+1}$ 个黑顶点, $\binom{n}{r}$ 个白顶点和 $\frac{n+1}{r+1}\binom{n}{r}$ 条边,注意到白顶点的度数是这顶点(是 $\{1,\cdots,n\}$ 的 r 元子集)的最小数. 这样,所要求的最小元的平均值就是黑顶点的平均度数 $\frac{n+1}{r+1}$.

注:学生的证明用了二项式系数的计算. 发现这样的证明是容易的. 试证明下面的推广.

n 元集 $\{1,2,\cdots,n\}$ 的第 k 个最小元的算术平均值是

$$F(k,n,r) = k \cdot \frac{n+1}{r+1}$$

最简单的证明是利用概率. 在长为 $n+1$ 的圆周上取等距的 $n+1$ 个点(把圆周 $n+1$ 等分的分点). $n+1$ 个点中随机地取 $r+1$ 个点,所选的点把圆周分成 $r+1$ 段. 由对称性,每一段的期望长度为 $\frac{n+1}{r+1}$. 在所选的第 $r+1$ 点处切开这个圆,并把它拉直成长为 $n+1$ 的线段. 这样就有 r 个在 $\{1,2,\cdots,n\}$ 中的选的点,最小的点与原点的距离的期望值是 $\frac{n+1}{r+1}$,由同样的对称性论证,原点到第 k 个最小点距离的期望值是

$$F(k,n,r) = k \cdot \frac{n+1}{r+1}$$

46. 设共有 p 个长为 n 的字 $\omega_i(i=1,2,\cdots,p)$ 至少有三个位子上不同,我们把这 p 个字写成一行,而在每一个字下面写下与这个字恰有一个字母不同的所有字,这样 p 个字中每个字的下面有 n 个字. 加上它本身是 $n+1$ 个字,而 ω_i 和 ω_j 下面所写的字至少有一个字母不同,这样就有 $n+1$ 行 p 列互不相同的字,而长为 n 的字只有 2^n 个,所以 $p(n+1) \leqslant 2^n$,即 $p \leqslant \frac{2^n}{n+1}$.

47. 对于 $k \in \{1,2,\cdots,n\}$,A_k 表示 $\{1,2,\cdots,2n\}$ 的排列中 k 与 $k+n$ 在相邻位子上的排列所成的集. 对于所有好排列的集 $A = \bigcup_{k=1}^{n} A_k$,由容斥原理得出

$$|A| = \sum_{k=1}^{n} |A_k| - \sum_{k<l\leqslant n} |A_k \cap A_l| + \sum_{k<l<m\leqslant n} |A_k \cap A_l \cap A_m| - \cdots \tag{1}$$

这是项为单调递减的交错级数,因此

$$|A| \geqslant \sum_{k=1}^{n} |A_k| - \sum_{k<l\leqslant n} |A_k \cap A_l|$$

我们有 $|A_k| = 2(2n-1)!$,这是因为有 $(2n-1)!$ 种放法安排元素 x,这里 $x \neq k, x \in \{1, 2,\cdots,2n\}$;而 $k,k+n$ 可放成两种次序 $(k,k+n)$ 或 $(k+n,k)$. 我们还有 $|A_k \cap A_l| = 2^2(2n-$

2)!. 实际上,对于 $2n-2$ 个对象 x,这里 $x \neq k, x \neq l$,共有 $(2n-2)!$ 种放法,而 $\{k, k+n\}$ 及 $\{l, l+n\}$ 又各有两种放法. 这样,我们得到

$$
\begin{aligned}
|A| & \geq \sum_{k=1}^{n} 2(2n-1)! - \sum_{k<l \leq n} 2^2 (2n-2)! \\
& = 2n(2n-1)! - 2n(n-1)(2n-2)! \\
& > \frac{(2n)!}{2}
\end{aligned}
$$

由整个级数 (1),可以证明 $\dfrac{|A|}{(2n)!} \to 1 - e^{-1} \approx 0.632$.

48. 二进制的 n-字是循环的. 如果对某个 $d \mid n$ 它可以分成 d 段相同的块的话,任何 n-字可以用把它的最长的不循环的开头的一段块重复书写而得到. 由此,所给的递推式计算的是不循环的 n-字的个数. 而从一个明显的事实,即从一个不循环的 n-字可以通过平移得到 n 个不同的不循环的 n-字,即可得到所需要的论断.

49. 答案 $(n+1)^{n-1}$. 加上第 $n+1$ 个停车点,并把道路延伸成从第 $n+1$ 个停车点到第一个停车点的环路. 共有 $(n+1)^n$ 个数列 a_i,这是因为每一个司机有 $n+1$ 个选择,有一个停车点会是空的. 数列 a_i 是好的,即它解决原来的问题,如果第 $n+1$ 个停车点是空的. 把数列 a_i 每组 $n+1$ 个分成 $(n+1)^{n-1}$ 组,每组是一个数列的循环平移(每项加 1,每项加 2 等,超过 $n+1$ 时减去 $n+1$),而且其中只有一个数列是好的,这可以推广成 Cayley 关于有 $n+1$ 个顶点的、有标号的树的定理的证明.

第6章 数　　论

　　数论需要广泛的准备,但预备知识是很有限的. 通常我们可以不加证明地引用下面的预备知识1～19. 此处所有的变量代表整数,解题的策略是通过解大量的问题来获得的. 开始时的问题远远低于较难的竞赛水平,但在做了这些问题中的大部分后,就能适应各种竞赛了.

　　1. 如果 $b = aq$(对某个 $q \in \mathbf{Z}$),则 a 整除 b,并记为 $a \mid b$.

　　2. 整除关系的基本性质:

　　(a)$a \mid b, b \mid c \Rightarrow a \mid c$. $\qquad\qquad$ (1)

　　(b)$d \mid a, d \mid b \Rightarrow d \mid ax + by$. 特别有 $d \mid a + b, d \mid a - b$. $\qquad$ (2)

　　(c)如果在 $a + b = c$ 中任何有两项被 d 整除,第三项也被 d 整除.

　　3. 带余除法. 每个整数 a 可唯一地用正整数 b 表示成形式

$$a = bq + r, \ 0 \leqslant r < b \qquad\qquad (3)$$

q 和 r 分别称为 a 被 b 除时的商和余数.

　　4. 最大公约数(GCD)和 Euclid 算法. 设 a, b 是两个不全为 0 的非负整数. 它们的最大公约数及最小公倍数分别记为 $\gcd(a, b)$ 及 $\mathrm{lcm}(a, b)$,则有

$$\gcd(a, 1) = 1, \quad \gcd(a, a) = a$$
$$\gcd(a, 0) = a, \quad \gcd(a, b) = \gcd(b, a)$$

如果 $\gcd(a, b) = 1, a$ 和 b 称为互质的.

　　利用

$$\gcd(a, b) = \gcd(b, a - b) \qquad\qquad (4)$$

我们可以反复地从大数中减去小数来计算 $\gcd(a, b)$,下面的例子就说明了这点.

$$\gcd(48, 30) = \gcd(30, 18) = \gcd(18, 12)$$
$$= \gcd(12, 6) = \gcd(6, 6) = 6$$

　　Euclid 算法是这一算法的加速,它基于

$$a = bq + r \Rightarrow \gcd(a, b) = \gcd(b, r) = \gcd(b, a - bq) \qquad\qquad (5)$$

　　定理　$\gcd(a, b)$ 可以表示成 a 和 b 的整系数的线性组合,即存在 $x, y \in \mathbf{Z}$ 使得 $\gcd(a, b) = ax + by$.

　　特殊情况:若 a, b 互质,则方程 $ax + by = 1$ 有整数解.

　　5. $\gcd(a, b) \cdot \mathrm{lcm}(a, b) = a \cdot b$.

　　6. 一个正整数称为质数,如果它恰有两个因数.

　　7. Euclid 引理. 如果 p 是质数,$p \mid ab \Rightarrow p \mid a$ 或 $p \mid b$.

　　8. 算术基本定理. 每个正整数可以唯一地表示成质数的乘积.

　　9. 有无穷多个质数,因为对任何质数 $p \leqslant n$ 有 $p \nmid (n! + 1)$.

　　10. $n! + 2, n! + 3, \cdots, n! + n$ 是 $n - 1$ 个相继的合数.

11. 非质数 n 的最小质因子小于或等于 $\sqrt{n}$.

12. 所有质数 $p > 3$ 有形式 $6n \pm 1$.

13. 满足 $x^2 + y^2 = z^2$ 的两两互质的三数组由下式给出

$$x = |u^2 - v^2|, \quad y = 2uv, \quad z = u^2 + v^2$$

$$\gcd(u,v) = 1, \quad u \not\equiv v \pmod 2$$

14. 同余式. $a \equiv b \pmod m \Leftrightarrow m \mid (a-b) \Leftrightarrow a - b = mq \Leftrightarrow a = b + mq \Leftrightarrow a$ 与 b 被 m 除时有相同的余数. 同余式可以加、减及乘.

设 $a \equiv b \pmod m, c \equiv d \pmod m$, 则

$$a \pm c \equiv b \pm d \pmod m, \quad ac = bd \pmod m$$

这有几个推论

$$a \equiv b \pmod m \Rightarrow a^k \equiv b^k \pmod m$$

$$a \equiv b \pmod m \Rightarrow f(a) \equiv f(b) \pmod m$$

其中

$$f(x) = a_n x^n + a_{n-1} x^{n-1} + \cdots + a_1 x + a_0, \quad a_i \in \mathbf{Z}$$

一般说不能用除法, 但我们有下面的消去律

$$\gcd(c,m) = 1, ca \equiv cb \pmod m \Rightarrow a \equiv b \pmod m$$

15. Fermat 小定理(1640). 设 a 是正整数, p 是质数, 则

$$a^p \equiv a \pmod p$$

消去律告诉我们, 如果 $\gcd(a,p) = 1$, 上式两边就可以被 a 除, 得到

$$\gcd(a,p) = 1 \Rightarrow a^{p-1} \equiv 1 \pmod p$$

16. Fermat 小定理是第一个非平凡的定理.

解法一(归纳法): 定理对 $a = 1$ 成立, 因为 $p \mid 1^p - 1$. 设它对于某个 a 成立, 即

$$p \mid a^p - a \tag{6}$$

我们要证明 $p \mid (a+1)^p - (a+1)$. 实际上

$$(a+1)^p - (a+1) = a^p + \sum_{i=1}^{p-1} \binom{p}{i} a^{p-i} + 1 - (a+1) \tag{7}$$

或

$$(a+1)^p - (a+1) = a^p - a + \sum_{i=1}^{p-1} \binom{p}{i} a^{p-i} \tag{8}$$

现由 $p \left| \binom{p}{i} \right.$ 对 $1 \leqslant i \leqslant p-1$ 成立, 又因 $p \mid a^p - a$, 我们有 $p \mid (a+1)^p - (a+1)$.

解法二(同余式): 同余式可以相乘, 则由

$$c_i \equiv d_i \pmod p \quad i = 1, 2, \cdots, n$$

可得

$$c_1 c_2 \cdots c_n \equiv d_1 d_2 \cdots d_n \pmod p \tag{9}$$

现设 $\gcd(a,p) = 1$, 作一列数

$$a, 2a, 3a, \cdots, (p-1)a \tag{10}$$

其中没有两项$(\bmod p)$同余, 这是因为

$$ia \equiv ka \pmod p \Rightarrow i \equiv k \pmod p \Rightarrow i = k \tag{11}$$

因而式(10)中每个数恰与 $1, 2, \cdots, p-1$ 中的一个数同余.

由此
$$a^{p-1} \cdot 1 \cdot 2 \cdot \cdots \cdot (p-1) \equiv 1 \cdot 2 \cdot \cdots \cdot (p-1)(\bmod p)$$
在上式两边可以把$(p-1)!$约去,因为$(p-1)!$与p是互质的,从而有
$$a^{p-1} \equiv 1(\bmod p)$$

解法三(组合方法): 我们有 a 种颜色的珠子,用它们做出恰用 p 颗珠子的项链. 我们先做出一串珠子,共有 a^p 串不同的珠子,去掉 a 个单色的串珠,还留下 $a^p - a$ 串. 把每串珠子的两端联结起来成为一个项链. 我们发现,两串珠子仅当只相差一个循环排列时才是相同的项链. 但一串 p 颗珠子有 p 个循环排列. 因此不同的项链的个数是$(a^p - a)/p$,由此可解释说明它是个整数,所以
$$p \mid a^p - a$$

17. Fermat 小定理的逆定理并不成立. 最小的反例是
$$341 \mid 2^{341} - 2$$
其中 $341 = 31 \cdot 11$ 不是质数. 确实,我们有
$$\begin{aligned}2^{341} - 2 &= 2(2^{340} - 1) = 2((2^{10})^{34} - 1^{34}) \\ &= 2 \cdot (2^{10} - 1)(\cdots) \\ &= 2 \cdot 3 \cdot 341 \cdot (\cdots)\end{aligned}$$

18. Fermat-Euler 定理. Eulerϕ - 函数定义如下.
$$\phi(m) = \{1, 2, \cdots, m\} \text{ 中与 } m \text{ 互质的数的个数}$$
$$\gcd(a, m) = 1 \Rightarrow a^{\phi(m)} \equiv 1(\bmod m)$$

19. x 的整数部分. $\lfloor x \rfloor$ = 小于或等于 x 的最大整数 = x 的整数部分, $x(\bmod 1) = x - \lfloor x \rfloor = x$ 的小数部分.

(a)$\lfloor x + y \rfloor \geqslant \lfloor x \rfloor + \lfloor y \rfloor$,仅当 $x(\bmod 1) + y(\bmod 1) < 1$ 时等式成立.

(b)$\lfloor \lfloor x \rfloor / n \rfloor = \lfloor x/n \rfloor$,这是公式
$$\lfloor (x+m)/n \rfloor = \lfloor (\lfloor x \rfloor + m)/n \rfloor$$
的一个重要的特例,式中 m, n 是整数.

(c)$\lfloor x + 1/2 \rfloor$ = 最接近于 x 的整数,更确切地
$$n \leqslant x < n + \frac{1}{2} \Rightarrow \left\lfloor x + \frac{1}{2} \right\rfloor = n$$
$$n + \frac{1}{2} \leqslant x < n + 1 \Rightarrow \left\lfloor x + \frac{1}{2} \right\rfloor = n + 1$$

(d)$n!$ 中质数 p 的次数 $e = \lfloor n/p \rfloor + \lfloor n/p^2 \rfloor + \lfloor n/p^3 \rfloor + \cdots$.

整除性: 竞赛中最有用的公式是 $a - b \mid a^n - b^n$ 对所有正整数 n 成立, $a + b \mid a^n + b^n$ 对所有奇数 n 成立. 第二个是第一个的推论. 实际上,对奇数 n, $a^n + b^n = a^n - (-b)^n$,它被 $a - (-b) = a + b$ 整除. 特别地,两个平方数的差总可分解,有 $a^2 - b^2 = (a-b)(a+b)$,但两个平方数之和$x^2 + y^2$仅在 $2xy$ 是平方数时才可分解. 最简单的例子是 Sophie Germain 恒等式
$$\begin{aligned}a^4 + 4b^4 &= a^4 + 4a^2b^2 + 4b^4 - 4a^2b^2 \\ &= (a^2 + 2b^2)^2 - (2ab)^2 \\ &= (a^2 + 2b^2 + 2ab)(a^2 + 2b^2 - 2ab)\end{aligned}$$

有些奥林匹克的难题就建立在这个等式的基础之上. 例如在 1978 年 Kürschak 竞赛,有

下面一道几乎没有人做出的题.

例 1 $n > 1 \Rightarrow n^4 + 4^n$ 不会是质数.

若 n 是偶数,则 $n^4 + 4^n$ 是大于 2 的偶数,从而它不是质数,因此只要对奇数 n 证明. 但对奇数 $n = 2k + 1$,我们可作下面变换而得到 Sophie Germain 等式

$$n^4 + 4^n = n^4 + 4 \cdot 4^{2k} = n^4 + 4(2^k)^4$$

它有形式 $a^4 + 4b^4$.

这一问题最早出现在 1950 年的《数学杂志》(*Mathematics Magazine*)上,它是波兰 IMO 队的领队 A. Makowski 提出的.

在俄罗斯竞赛中曾对八年级学生有下面的问题.

例 2 $4^{545} + 545^4$ 是质数吗?

没有几位同学看出这个解答,尽管都知道是以 Sophie Germain 等式为基础的赛题. 事实上,几乎是显然地可看到

$$4^{545} + 545^4 = 545^4 + 4 \cdot (4^{138})^4$$

这是 Sophie Germain 等式的左端.

现在考虑下面苏联的竞赛题.

例 3 $n \in \mathbf{N}_+ \Rightarrow f(n) = 2^{2^n} + 2^{2^{n-1}} + 1$ 至少有 n 个不同的质因子.

这里,我们用 $x^4 + x^2 + 1 = (x^2 + 1)^2 - x^2 = (x^2 - x + 1)(x^2 + x + 1)$. 令 $x = 2^{2^{n-1}}$,我们得到

$$2^{2^{n+1}} + 2^{2^n} + 1 = (2^{2^n} - 2^{2^{n-1}} + 1)(2^{2^n} + 2^{2^{n-1}} + 1)$$

右端的两个因子是互质的. 如果它们有奇因子 $q > 1$,那它们的差 $2 \cdot 2^{2^{n-1}} = 2^{2^{n-1}+1}$ 也有这个因子. 若我们已知 $2^{2^n} + 2^{2^{n-1}} + 1$ 有 n 个不同的质因子,则由归纳法 $2^{2^{n+1}} + 2^{2^n} + 1$ 至少有 $n + 1$ 个不同的质因子.

注:对 $n > 4$,这个数至少有 $n + 1$ 个不同的质因子,因为

$$2^{2^4} - 2^{2^3} + 1 = 97 \times 673, 2^{2^4} + 2^{2^3} + 1 = 3 \times 7 \times 13 \times 241$$

这两个数的乘积是 $f(5)$. 因此 $f(5)$ 有六个因子,而 $f(n)$ 至少有 $n + 1$ 个因子,这个问题也说明有无穷多个质数.

用同样的方法也可解下面的竞赛题.

例 4 求所有小于 10^{19} 且形为 $n^n + 1$ 的质数.

对 $n = 1$ 和 $n = 2$ 得到的就是质数. 当 $n > 1$ 是奇数时,$n^n + 1 > 2$ 是偶数,因此 n 必定是偶数,即 $n = 2^{t(2k+1)}$,因为

$$2^{2^t} + 1 \mid 2^{2^{t(2k+1)}} + 1$$

所以 n 的幂不会有奇因子,这样就有 $n = 2^{2^t}$,即

$$n^n = (2^{2^t})^{2^{2^t}}$$

对 $t = 0, 1, 2$,我们得到 $n^n + 1 = 5, 257, 16^{16} + 1 > 16 \cdot 1\,000^6 + 1 > 10^{19}$,所以在所述范围内除 $2, 5, 257$ 外没有其他质数.

我们再考虑几个其他的竞赛题.

例 5 由 600 个 6 及若干个 0 组成的数 A 是否会是个完全平方数?

解:如果 A 是平方数,它的结尾处有偶数个 0,把这些 0 去掉后得到一个平方数 $2B$. B 由 600 个 3 及若干个 0 所组成,且 B 以 3 结尾. 因为 B 是奇数,$2B$ 不会是平方数,它只有一个因子 2.

例 6　方程 $15x^2 - 7y^2 = 9$ 无整数解.

解: $15x^2 - 7y^2 = 9 \Rightarrow y = 3y_1 \Rightarrow 15x^2 - 63y_1^2 = 9 \Rightarrow 5x^2 - 21y_1^2 = 3 \Rightarrow x = 3x_1 \Rightarrow 45x_1^2 - 21y_1^2 = 3 \Rightarrow 15x_1^2 - 7y_1^2 = 1 \Rightarrow y_1^2 \equiv -1 (\bmod 3)$. 因为 $y_1^2 \equiv 0$ 或 $1 (\bmod 3)$,这就得出矛盾.

例 7　一个九位数中除 0 外的每个数码都出现,且结尾是 5,则它不会是平方数.

解: 设有这样的九位数 D,使 $D = A^2, A = 10a + 5 \Rightarrow A^2 = 100a(a+1) + 25$ 推论:

（a）最后第二个数字是 2.

（b）右起第三个数字是 $a(a+1)$ 中的末位数,即为 0,2 或 6,见下表:

a	0	1	2	3	4	5	6	7	8	9
$a(a+1)(\bmod 10)$	0	2	6	2	0	0	2	6	2	0

但 0 不会出现,2 已经有过,从而第三个数码是 6.

由 $D = 1\,000B + 625$ 得 $125 \mid D$. 因 $D = A^2$,故 $5^4 \mid D$,所以 D 中右起第四个数字必为 0 或 5,但 0 不会出现而 5 已经出现过.

例 8　设有整系数多项式 $f(x)$ 使 $f(7) = 11, f(11) = 13$.

解: 设 $f(x) = \sum_{i=0}^{n} a_i x^i, a_i \in \mathbf{Z}$. 则 $a - b \mid f(a) - f(b)$,即 $f(11) - f(7)$ 被 $11 - 7 = 4$ 整除,但 $f(11) - f(7) = 2$,矛盾!

例 9　对每个正整数 p,考虑方程

$$\frac{1}{x} + \frac{1}{y} = \frac{1}{p} \tag{1}$$

要找它的正整数解 (x,y). 把 (x,y),(y,x) 看成不同的解,证明:若 p 是质数,则它恰有三组解,否则有多于三组的解.

解: 我们有 $x > p, y > p$. 因此,令 $x = p + q, y = p + r$,由（1）得到

$$\frac{1}{p+q} + \frac{1}{p+r} = \frac{1}{p} \Rightarrow p^2 = qr$$

若 p 是质数,仅有的解是 $(1,p^2)$,(p,p) 和 $(p^2,1)$. 即对于 (x,y) 有三组解 $(p+1, p(p+1))$,$(2p,2p)$,$(p(p+1), p+1)$. 若 p 是合数,则显然有更多的解.

例 10　从任何一个多位数 a_1 出发产生数列 $a_1, a_2, a_3, \cdots$,其中 a_{n+1} 是在 a_n 的后面——（右面）添上一个不等于 9 的数字作成. 则该数列中有无穷多个合数.

解: 我的方法是要想通过添加数字得到仅仅有限多个合数,故而数字 9 不能用,而数码 0,2,4,6,8,5 只能用有限次. 在其他的数码 1,3,7 中,1 和 7 也只能用有限次,因为它们改变 $(\bmod 3)$ 的余数. 1 或 7 每加三次,总会得到一个数是 3 的倍数. 所以从某一时刻起只能永远加 3. 如在某一时刻得到一个质数 p,在此后至多加 p 个数码 3 后,又会得到 p 的倍数,由于 $(10,p) = 1$,从而在 $1, 11, 111, \cdots, \overset{p个}{\overbrace{111\cdots11}}$ 中至少有一个是 p 的倍数.

注: 如果可以用数字 3 和 9,就不清楚从某个 n 往上做能否只得到质数. 例如 $a_1 = 1$. 下面是长为 9 的质数

$$1\,979\,339\,333, 1\,979\,339\,339$$

例 11　在数列 $1,9,7,7,4,7,5,3,9,4,1,\cdots$ 中,从第五个数起,每个数都是前面四个数的和 $(\bmod 10)$. 下面的词中是否有一个会在这数列中出现呢?

(a)1 234；(b)3 269；(c)1 977；(d)0 197.

解： 把所有数字都用 mod 2 化简得到 111 101 111 011 110…. 对于词（a）1 234，（b）3 269，相应的化简得到 1 010 和 1 001，这两种形式在原数列模 2 化简得到的数列中不会出现，对于（c），我们注意到只有有限多个可能的 4 - 字，因此，某个字 $abcd$ 会第一次重复

$$1977\cdots \underbrace{abcd\cdots}_{\text{周期}p} abcd$$

相继的四个数字决定了紧接在后面的那一个数字，但它们也决定了前一个数字，因此这个数列向两个方向都可无限扩展，这个扩展的数列是纯周期的，在长度为 p 的每个周期中有一个字 1 977，如果数列是从 1 977 开始的，那么 1 977 就是第一个重复出现的字.

这是个重要的现象. 我们先说明数列必定会重复，然后说明可逆性，这保证了是纯循环（图 6.1），对于（d），把这数列向左扩大一项就得到 0 197.

(a)可逆运算的纯循环　　　　　　(b)不可逆运算
图 6.1　迭代 $x \rightarrow f(x)$ 的两种类型

注： 计算机的实验表明，如果从四个奇数出发，周期的长度将是 $p = 1\,560 = 5 \cdot 312$. 若从四个偶数出发，得到周期 $p = 312$. 如果从至少一个 5 及一些 0 出发，周期将是 $p = 5$.

例 12　方程

$$x^2 + y^2 + z^2 = 2xyz \tag{0}$$

除 $x = y = z = 0$ 外没有整数解，证明这点.

解法一： 设 $(x, y, z) \neq (0, 0, 0)$ 是整数解，若 $2^k (k \geq 0)$ 是整除 x, y, z 的 2 的最大幂次，则

$$x = 2^k x_1, y = 2^k y_1, z = 2^k z_1, 则$$

$$2^{2k} x_1^2 + 2^{2k} y_1^2 + 2^{2k} z_1^2 = 2^{3k+1} x_1 y_1 z_1$$

$$x_1^2 + y_1^2 + z_1^2 = 2^{k+1} x_1 y_1 z_1 \tag{1}$$

（1）的右端是偶数，因而左边也是偶数. 由 k 的取法知，左端的三项不会都是偶数，从而恰有一项是偶数. 设 $x_1 = 2x_2$，而 y_1 及 z_1 是奇数，从而

$$y_1^2 + z_1^2 = 2^{k+2} x_2 y_1 z_1 - 4x_2^2 \equiv 0 \pmod 4$$

这与 $y_1^2 + z_1^2 \equiv 2 \pmod 4$ 相矛盾.

解法二： 无限递降法. 在式（0）的左端，恰有一项或所有三项是偶数，如果恰有一项是偶数，则右边被 4 整除，而左端只能被 2 整除，矛盾！ 因此三项都是偶数

$$x = 2x_1, y = 2y_1, z = 2z_1$$

从而

$$x_1^2 + y_1^2 + z_1^2 = 4x_1 y_1 z_1 \tag{2}$$

用同样推理，由（2）得到 $x_1 = 2x_2, y_1 = 2y_2, z_1 = 2z_2$，且

$$x_2^2 + y_2^2 + z_2^2 = 8x_2 y_2 z_2 \tag{3}$$

从（3）又得知 x_2, y_2, z_2 都是偶数，即

$$x = 2x_1 = 2^2 x_2 = 2^3 x_3 = \cdots = 2^n x_n = \cdots$$

$$y = 2y_1 = 2^2 y_2 = 2^3 y_3 = \cdots = 2^n y_n = \cdots$$
$$z = 2z_1 = 2^2 z_2 = 2^3 z_3 = \cdots = 2^n z_n = \cdots$$

即若(x, y, z)是解,则x, y, z被2^n整除(对任何n),这只有当$x = y = z = 0$时才可能.

注:方程$x^2 + y^2 + z^2 = kxyz$仅当$k = 1$和$k = 3$时有无穷多组解,这将在后面证明.

例 13 证明$f(n) = n^5 + n^4 + 1$对任何$n > 1$都不是质数.

解法一:尝试、猜测和验证,见下表:

n	1	2	3	4	$\cdots$	10
$f(n)$	$3 \cdot 1$	$7 \cdot 7$	$13 \cdot 25$	$21 \cdot 16$	$\cdots$	$\underbrace{111\cdots991}_{(n^2+n+1)(n^3-n+1)}$

解法二:分解因式. 我们有$f(1) \neq 0, f(-1) \neq 0$,于是它没有线性因子,我们尝试二次和三次的因子,或者有

$$n^5 + n^4 + 1 = (n^2 + an + 1)(n^3 + bn^2 + cn + 1)$$

或者有

$$n^5 + n^4 + 1 = (n^2 + an - 1)(n^3 + bn^2 + cn - 1)$$

我们研究第一种情形. 把右端展开,得到

$$n^5 + n^4 + 1 = n^5 + (a+b)n^4 + (ab+c+1)n^3 + (ac+b+1)n^2 + (a+c)n + 1$$

比较系数,得到a, b, c的四个方程

$$a + b = 1, ab + c + 1 = 0, ac + b + 1 = 0, a + c = 0$$

其解为$b = 0, a = 1, c = -1$. 这样,$n^5 + n^4 + 1 = (n^2 + n + 1)(n^3 - n + 1)$. 第二种情形导致不相容的方程组.

解法三:用三次单位根. 设ω是三次单位根,即$\omega^3 = 1$,于是$\omega^2 + \omega + 1 = 0$. 因为$\omega^5 + \omega^4 + 1 = \omega^2 + \omega + 1 = 0$,我们看到$\omega^2 + \omega + 1$是该多项式的一个因子,所以$n^2 + n + 1 \mid n^5 + n^4 + 1$. 用长除法把$n^5 + n^4 + 1$除以$n^2 + n + 1$,得到另一个因子$n^3 - n + 1$.

下面两个问题是属于竞赛中最困难的问题之列.

例 14 设$n \geq 3$,则2^n可以表示成$2^n = 7x^2 + y^2$的形式,其中x, y是奇数.

解:这是个很有趣的超级难题,它是在1985年MMO中推荐的题. 它属于Euler,但从未发表过. 该题取自Euler的笔记本,没有一个参赛者能解出它. 它成为数学家中引起争论的话题,一位著名的数论专家在俄罗斯的*Mathematics in School*杂志中写道. 它大大超出学生的水平,而且需要用代数数论. 我把这题出给我们的奥林匹克队,在过一段时间后,一个学生Eric Müller给出了一个解答,但我未能弄懂,我要他写下来以便能仔细地研究. 写下解答花了他一段时间,因为他不仅解了这题,还解了三年中队员们提出的上千道其他的问题,用了434页纸,在其中我找到了这题的解,解答是正确的.

图6.2中给出了头八组解,这是容易推测得到的,现在仔细地研究这张表,在读下去之前,试图找出表中数的规律.

n	3	4	5	6	7	8	9	10
x	1	1	1	3	1	5	7	3
y	1	3	5	1	11	9	13	31

图 6.2

我们的假设是,表中的一列以某种方式决定了下一列. 从一对数 x, y 怎样能得出下一对数 x_1, y_1 呢? 类似的方程, 如 Pell-Fermat 方程, 它是通过线性变换从一对 (x, y) 可得到下一对数的, 支持了这个猜测. 我们从 x_1 开始. 怎样从一对 (x, y) 得到 x_1? 从第一对 $(1, 1)$ 取算术平均就得到 x_1. 从第二对 $(1, 3)$ 得到的平均值 2 不是奇数. 我们就取差 $|x - y|/2 = 1$, 这又获得了成功. 再试几次我们相信, 如果 $(x + y)/2$ 是奇数就取这数, 而如果它是偶数就取 $|x - y|/2$, 在猜出 x 的规律后, 再来猜 y 的规律. 在方程中 x^2 有系数 7. 我们可以试用 $(7x + y)/2$ 和 $|7x - y|/2$. 从上面的表看, 这规律似乎是对的.

为了支持我们的猜测, 注意到

$$\frac{x + y}{2}, \frac{|x - y|}{2}$$

中恰有一个是奇数, 因为 $\dfrac{x + y}{2} + \dfrac{|x - y|}{2} = \max(x, y)$, 而

$$\frac{7x + y}{2}, \frac{|7x - y|}{2}$$

中恰有一个是奇数, 因为 $\dfrac{7x + y}{2} + \dfrac{|7x - y|}{2} = \max(7x, y)$.

此外, 还有

$$\frac{x + y}{2} \text{为奇数} \Rightarrow \frac{|7x - y|}{2} = \left| \frac{8x - (x + y)}{2} \right| = \left| 4x - \frac{x + y}{2} \right| \text{是奇数}$$

$$\frac{|x - y|}{2} \text{为奇数} \Rightarrow \frac{7x + y}{2} = \frac{8x - (x - y)}{2} = 4x - \frac{x - y}{2} \text{是奇数}$$

所以我们作下面变换

$$S: (x, y) \mapsto \left(\frac{x + y}{2}, \frac{|7x - y|}{2} \right)$$

$$T: (x, y) \mapsto \left(\frac{|x - y|}{2}, \frac{7x + y}{2} \right)$$

现我们用归纳法来证明所做的猜测. 对 $n = 3$ 它是正确的. 设对任何 n 有 $7x^2 + y^2 = 2^n$, 用变换 S 得到

$$\frac{7(x + y)^2 + (7x - y)^2}{4} = 14x^2 + 2y^2 = 2(7x^2 + y^2)$$

$$= 2 \cdot 2^n = 2^{n+1}$$

对变换 T 也可类似进行.

下一问题是 1988 年 FRG 提出的. 澳大利亚的选题委员会的六人中无人能解出此题. 其中两位成员 Georges Szekeres 和他的妻子都是有名的解题和编题专家. 因为这是个数论题, 它被安排给四位澳大利亚最著名的数论专家, 要求他们在六小时内解该题. 在这个时段中无人能解出. 选题委员会把这题提交给第 29 届 IMO 的主试委员会, 并打上了双星号, 表示这是特难题. 在经长时间讨论之后, 主试委员会最终把这题选作竞赛的最后一题, 有十一名学生给出了完整的解答.

例 15   若 a, b 和 $q = \dfrac{a^2 + b^2}{ab + 1}$ 都是正整数, 则 q 是完全平方数.

解: 用 x, y 代替 a, b, 得到一族双曲线

$$x^2 + y^2 - qxy - q = 0 \tag{1}$$

对每个 q 有一条双曲线,所有双曲线关于 $y = x$ 都是对称的. 固定 q,设有一个格点 (x, y) 在这双曲线 H_q 上,则关于 $y = x$ 对称的点 (y, x) 也在其上,当 $x = y$ 时,易得 $x = y = q = 1$,因此可设 $x < y$. 如图 6.3,如果 (x, y) 是格点,则固定 y 时,关于 x 的二次方程有两个解 x, x_1,其中 $x + x_1 = qy, x_1 = qy - x$,所以 x_1 也是整数,即 $B = (qy - x, y)$ 是 H_q 的下支的一个格点,B 关于 $y = x$ 对称点是格点 $C = (y, qy - x)$,从 (x, y) 出发,利用变换

$$T: (x, y) \mapsto (y, qy - x)$$

可以产生出 H_q 的上支的无限多个格点.

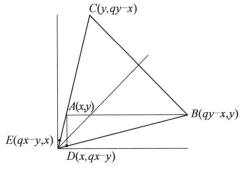

图 6.3

再从点 A 出发,固定 x,(1) 是 y 的二次式,有两个解 y 和 y_1,其中 $y + y_1 = qx, y_1 = qx - y$,因而 y_1 是整数,$D = (x, qx - y)$ 是 H_q 的下支上的格点,D 关于 $y = x$ 的对称点是点 $E = (qx - y, x)$,从点 $A(x, y)$ 出发,可以由变换

$$S: (x, y) \mapsto (qx - y, x)$$

得到双曲线 H_q 上支中在点 A 下面的点,但这样的点只有有限个. 实际上,每次用变换 S 后,两个坐标都严格减小,当 y 是正的时,x 会是负的吗? 不会! 这时 (1) 成为

$$x^2 + y^2 + q|xy| - q > 0$$

所以在最后会要求 $x = 0$,而由 (1) 有 $q = y^2$,这就是要证明的.

在图 6.3 中,画了 $q = 4$ 的双曲线. 事实上,我们是用它的渐近线代替它. 因为对大的 x 或 y,双曲线与其渐近线的偏差是可以忽略的.

至此我们并未证明 H_q 上有格点,并不要求证明存在性. 即使在双曲线上没有格点,定理仍有效. 但对于每个完全平方数 q,易证格点的存在性,点 $(x, y, q) = (c, c^3, c^2)$ 就是一个格点,因为

$$\frac{x^2 + y^2}{xy + 1} = q \Rightarrow \frac{c^2 + c^6}{c^4 + 1} = c^2$$

例 16 Pell-Fermat 方程.

我们要求出方程

$$x^2 - dy^2 = 1 \tag{1}$$

的所有整数解,其中正整数 d 不是平方数,我们还可以设 d 是无平方因子的(即没有平方数是 d 的约数). 否则可把此平方因子放在 y 中. 对每组解 (x, y),做出数 $x + y\sqrt{d}$,我们有基本的分解式

$$x^2 - dy^2 = (x - y\sqrt{d})(x + y\sqrt{d}) \tag{2}$$

由(2)可知,(1)的两组解的积及商仍是(1)的解(指(x_1, y_1),(x_2, y_2)是(1)的解时,$(x_1 + y_1\sqrt{d})(x_2 + y_2\sqrt{d}) = x_3 + y_3\sqrt{d}$,$(x_3, y_3)$也是(1)的解). 如果$x, y$都是正整数,由(1)知$x + y\sqrt{d}$和$x - y\sqrt{d}$都是正的,且前者大于1,后者小于1. 我们考虑最小正解$x_0 + y_0\sqrt{d}$,要证明所有解都由$(x_0 + y_0\sqrt{d})^n (n \in \mathbf{Z})$给出,我们用巧妙的下降法来证明这点. 设有一个解$u + v\sqrt{d}$不是$x_0 + y_0\sqrt{d}$的幂次,它总在$x_0 + y_0\sqrt{d}$的两个相继幂次之间,即对某个$n$,有

$$(x_0 + y_0\sqrt{d})^n < u + v\sqrt{d} < (x_0 + y_0\sqrt{d})^{n+1}$$

用解$(x_0 - y_0\sqrt{d})^n$相乘,得到

$$1 < (u + v\sqrt{d})(x_0 - y_0\sqrt{d})^n < x_0 + y_0\sqrt{d}$$

这不等式的中间一项也是解,这就导致了矛盾. 因为我们找到了比最小正解更小的正解. 因此我们只要找最小的正解,而每个解是最小正解的幂次. 如果x_0和y_0较小,可以用穷举法来寻找. 在 IMO 中也只有这种情况出现,但有寻求最小解的算法,这就是用把$\sqrt{d}$展成连分数的方法.

方程$x^2 - dy^2 = -1$不总是有解,用同余式常常可说明它无解. 如果有解,也可试着猜找最小的解(x_0, y_0),尔后$(x_0 + y_0\sqrt{d})^{2k+1}$给出所有的解. 用$\sqrt{d}$展成连分数也可求最小解.

下面的例子有自动的解法,它们用了如下显然的想法:在两个相继的正整数(平方数、三角形数)之间没有别的正整数(平方数、三角形数).

例 17 设α, β是无理数,$1/\alpha + 1/\beta = 1$,则数列$f(n) = \lfloor \alpha n \rfloor$和$g(n) = \lfloor \beta n \rfloor (n = 1, 2, 3, \cdots)$不相交的,且它们的并集是$\mathbf{N}_+$.

这个证明不容错过:

$$\lfloor \alpha m \rfloor = \lfloor \beta n \rfloor = q \Rightarrow q < \alpha m < q + 1, q < \beta n < q + 1$$

这里用到α, β是无理数这一事实.

$$\frac{m}{q+1} < \frac{1}{\alpha} < \frac{m}{q}, \frac{n}{q+1} < \frac{1}{\beta} < \frac{n}{q}$$

把这两个不等式相加,得到

$$\frac{m+n}{q+1} < 1 < \frac{m+n}{q} \Rightarrow m + n < q + 1$$

$$q < m + n \Rightarrow q < m + n < q + 1$$

这就得到矛盾!于是$\lfloor \alpha m \rfloor \neq \lfloor \beta n \rfloor$.

首先我们看到α或β在$(1, 2)$中,这是因为$\alpha > 2$和$\beta > 2$蕴含$1/\alpha + 1/\beta < 1$,即得矛盾!设在区间$(q, q+1)(q \geq 2)$中不包含$f(n)$或$g(n)$的元素,即

$$\alpha m < q < q + 1 < \alpha(m+1), \beta n < q < q + 1 < \beta(n+1)$$

$$\frac{m}{q} < \frac{1}{\alpha} < \frac{m+1}{q+1}, \frac{n}{q} < \frac{1}{\beta} < \frac{n+1}{q+1}$$

把两个不等式相加,得到

$$\frac{m+n}{q} < 1 < \frac{m+n+2}{q+1} \Rightarrow m + n < q < q + 1 < m + n + 2$$

这再次得到矛盾,因为在$m + n, m + n + 2$之间不会有两个相继的正整数.

例 18　函数 $f(n) = \lfloor n + \sqrt{n} + 1/2 \rfloor$ 恰好缺掉平方数.

设 $\lfloor n + \sqrt{n} + 1/2 \rfloor \neq m$, 对于 $m \in \mathbf{N}_+$ 可说些什么呢?

$$n + \sqrt{n} + \frac{1}{2} < m$$

$$m + 1 < n + 1 + \sqrt{n+1} + \frac{1}{2} \Rightarrow \sqrt{n} < m - n - \frac{1}{2} < \sqrt{n+1}$$

$$n < (m-n)^2 - (m-n) + \frac{1}{4} < n + 1$$

$$\Rightarrow n - 1/4 < (m-n)^2 - (m-n) < n + \frac{3}{4}$$

$$(m-n)^2 - (m-n) = n \Rightarrow m = (m-n)^2$$

现在我们做一个简单的计数讨论: 小于或等于 $k^2 + k$ 的平方数恰有 k 个, 而形如 $\lfloor n + \sqrt{n} + 1/2 \rfloor$ 的 (小于或等于 $k^2 + k$ 的) 数恰有 k^2 个, 于是 $\lfloor n + \sqrt{n} + 1/2 \rfloor$ 是第 n 个非平方数.

例 19　数列 $\lfloor n + \sqrt{2n} + 1/2 \rfloor$ 中恰好缺掉三角形.

设 m 不在这数列中, 则有

$$n + \sqrt{2n} + \frac{1}{2} < m, m + 1 < n + 1 + \sqrt{2n+2} + \frac{1}{2}$$

$$\Rightarrow \sqrt{2n} < m - n - \frac{1}{2} < \sqrt{2n+2}$$

$$2n < \underbrace{(m-n)^2 - (m-n)}_{\text{偶数}} + \frac{1}{4} < 2n + 2$$

$$(m-n)^2 - (m-n) = 2n \Rightarrow (m-n)^2 + (m-n) = 2m$$

$$m = \frac{(m-n+1)(m-n)}{2} = \binom{m-n+1}{2}$$

与前一例中类似的计数就证明了缺掉的恰是三角形数.

问　　题

1. $a - c \mid ab + cd \Rightarrow a - c \mid ad + bc$.

2. $a \equiv b \equiv 1 \pmod 2 \Rightarrow a^2 + b^2$ 不是平方数.

3. (a) $6 \mid n^3 + 5n$; (b) $30 \mid n^5 - n$; (c) 对哪些 n, $120 \mid n^5 - n$?

4. (a) $3 \mid a, 3 \mid b \Leftrightarrow 3 \mid a^2 + b^2$; (b) $7 \mid a, 7 \mid b \Leftrightarrow 7 \mid a^2 + b^2$; (c) $21 \mid a^2 + b^2 \Rightarrow 441 \mid a^2 + b^2$.

5. $n \equiv 1 \pmod 2 \Rightarrow n^2 \equiv 1 \pmod 8 \Leftrightarrow 8 \mid n^2 - 1$.

6. $6 \mid a + b + c \Leftrightarrow 6 \mid a^3 + b^3 + c^3$.

7. 导出被 9 和 11 整除的判别法.

8. 设 $A = 3^{105} + 4^{105}$, 证明: $7 \mid A$. 求 $A \pmod{11}$ 及 $A \pmod{13}$.

9. 证明: $3n - 1, 5n \pm 2, 7n - 1, 7n - 2, 7n + 3$ 不是平方数.

10. 若 n 不是质数, 则 $2^n - 1$ 不是质数.

11. 若 n 有奇因子, 则 $2^n + 1$ 不是质数.

12. $641 | 2^{32} + 1$,不允许用计算器!

13. (a)$n > 2 \Rightarrow 2^n - 1$ 不是 3 的幂;(b)$n > 3 \Rightarrow 2^n + 1$ 不是 3 的幂.

14. 有 3^n 个同样数字的数被 3^n 整除.

15. 求一切使 $p^2 - 2q^2 = 1$ 的质数 p, q.

16. 若 $2n + 1$ 和 $3n + 1$ 都是平方数,则 $5n + 3$ 不是质数.

17. 若 p 是大于 3 的质数,则 $p^2 \equiv 1 \pmod{24}$.

18. $9 | a^2 + b^2 + c^2 \Rightarrow 9 | a^2 - b^2$,或 $9 | b^2 - c^2$,或 $9 | a^2 - c^2$.

19. $n \equiv 0 \pmod 2 \Rightarrow 323 | 20^n + 16^n - 3^n - 1$.

20. $121 \nmid n^2 + 3n + 5$.

21. 如果 p 和 $p^2 + 2$ 都是质数,则 $p^3 + 2$ 也是质数.

22. $2^n \nmid n!$.

23. 用 1 000! 的结尾处有多少个 0?

24. 在五个整数中,总有三个数的和被 3 整除.

25. 用 $x^2 + y^2 + z^2 \not\equiv 7 \pmod 8$ 来求出不是三个平方数的和的数.

26. 四位数 $aabb$ 是平方数,求出这样的数.

27. 一个平方数的数字之和会是(a)3;(b)1 977 吗?

28. $100\cdots001$(有 1 961 个 0)是合数.

29. 设 $Q(n)$ 是 n 的数字之和. 证明:$Q(n) = Q(2n) \Rightarrow 9 | n$.

30. 五个相继的正整数的平方和不会是平方数.

31. 设 $n = p_1^{a_1} p_2^{a_2} \cdots p_n^{a_n}$,$p_i$ 是不同的质数,则 n 有 $(a_1 + 1)(a_2 + 1) \cdots (a_n + 1)$ 个因子.

32. 在小于或等于 $2n$ 的 $n + 1$ 个正整数中有两个数互质.

33. 在小于或等于 $2n$ 的 $n + 1$ 个正整数中,有两个数 p, q,使 $p | q$.

34. $(12n + 1) / (30n + 2)$ 和 $(21n + 4) / (14n + 3)$ 是不可约的.

35. 证明:当 $n \not\equiv 4 \pmod{11}$ 时,$\gcd(2n + 3, n + 7) = 1$;当 $n \equiv 4 \pmod{11}$ 时,$\gcd(2n + 3, n + 7) = 11$.

36. $\gcd(n, n + 1) = 1$,$\gcd(2n - 1, 2n + 1) = 1$,$\gcd(2n, 2n + 2) = 2$,$\gcd(a, b) = \gcd(a, a + b)$,$\gcd(5a + 3b, 13a + 8b) = \gcd(a, b)$.

37. (a)$\gcd(2^a - 1, 2^b - 1) = 2^{\gcd(a,b)} - 1$;(b)$n = ab \Rightarrow 2^a - 1 | 2^n - 1$.

38. (a)$\gcd(6, n) = 1 \Rightarrow 24 | n^2 - 1$;(b)$p, q$ 是大于 3 的质数 $\Rightarrow 24 | p^2 - q^2$.

39. (a)$p, p + 10, p + 14$ 都是质数,求 p;(b)$p, p + 4, p + 14$ 都是质数,求 p.

40. (a)$p, 2p + 1, 4p + 1$ 都是质数,求 p;(b)p 和 $8p^2 + 1$ 是质数,求 p.

41. $13 | a + 4b \Rightarrow 13 | 10a + b$;$19 | 3x + 7y \Rightarrow 19 | 43x + 75y$;$17 | 3a + 2b \Rightarrow 17 | 10a + b$.

42. 若 $p > 5$ 是质数,则 $p^2 \equiv 1$ 或 $19 \pmod{30}$.

43. $x^2 + y^2 = x^2 y^2$ 除 $x = y = 0$ 外无整数解.

44. $120 | n^5 - 5n^3 + 4n$;$9 | 4^n + 15 - 1$.

45. 设 $m > 1$,则在整数 $a, a + 1, \cdots, a + m - 1$ 中恰有一个被 m 整除.

46. 求方程 $x^2 + y^2 + z^2 = x^2 y^2$ 的所有整数解.

47. 求方程(a)$x + y = xy$;(b)$x^2 - y^2 = 2xyz$ 的整数解.

48. 求方程(a)$x^2 - 3y^2 = 17$;(b)$2xy + 3y^2 = 24$ 的所有整数解.

49. 求方程 $x^2 + xy + y^2 = x^2 y^2$ 和 $x^2 + y^2 + z^2 + u^2 = 2xyzu$ 的整数解.

50. 求 $x + y = x^2 - xy + y^2$ 的所有整数解.

51. 设 $p = p_1 p_2 \cdots p_n (n > 1)$ 是前 n 个质数的乘积,证明: $p - 1$ 和 $p + 1$ 不是平方数.

52. 设 $a_1 a_2 + a_2 a_3 + \cdots + a_{n-1} a_n + a_n a_1 = 0 (a_i \in \{-1, 1\})$. 证明: $4 \mid n$.

53. 三兄弟继承了 n 片金片,质量为 $1, 2, \cdots, n$. 对怎样的 n,这些金片可以分成质量相等的三份?

54. 求最小的正整数 n,使 $999\,999 \cdot n = 111 \cdots 111$.

55. 求具有下面性质的最小的正整数 n:如果把 n 的首位数字移到末尾,新的数是原数的 1.5 倍.

56. 用数字 1~9 构造两个数,使它们有最小及最大的积.

57. 把首位数字去掉后成为原数的 1/57 的最小正整数是几?

58. 如 $ab = cd$,则 $a^2 + b^2 + c^2 + d^2$ 是合数,推广这一结果. (BWM1970/71)

59. 求四位数 $abcd$,使 $4 \cdot abcd = dcba$.

60. 求五位数 $abcde$,使 $5 \cdot abcde = edcba$.

61. 设 $n > 2, p$ 是质数,且 $2n/3 < p < n$,求 $p \nmid \binom{2n}{n}$.

62. 数列 $a_n = \sqrt{24n + 1} (n \in \mathbf{N})$ 中含有除去 2 和 3 以外的所有质数.

63. (a)有无穷多个正整数,它不是一个平方数与一个质数的和;(b)有无穷多个正整数不是 $p + a^{2k}$ 形式的数,其中 p 是质数,a, k 是正整数.

64. 平面上不同的格点与点 $(\sqrt{2}, 1/3)$ 的距离均不相同.

65. 空间中不同的格点与点 $(\sqrt{2}, \sqrt{3}, 1/3)$ 的距离均不相同.

66. 一个数 a 称为自同构的,如果 a^2 以 a 结尾的话,除 0 及 1 以外,自同构的一位数还有 5 及 6,求出所有的位数为(a)2;(b)3;(c)4 的自同构数,能看出规律吗?

67. 对任何 n,存在数字仅为 1 及 2 的 n 位数能被 2^n 整除,在其他进位制中这个结论成立吗?

68. 如果 n 是两个平方数的和,则 $2n$ 亦然.

69. n 是整数,$n > 11 \Rightarrow n^2 - 19n + 89$ 不是平方数.

70. 每个偶数 $2n$ 可写成形式 $2n = (x + y)^2 + 3x + y$,其中 x, y 是非负整数.

71. $m \mid (m - 1)! + 1 \Rightarrow m$ 是质数.

72. 在乘积 $(n + 1)(n + 2) \cdots (2n)$ 中 2 的幂是多少?

73. a, m, n 是正整数,$a > 1$,则 $a^m + 1 \mid a^n + 1 \Rightarrow m \mid n$.

74. 设 (x, y, z) 是 $x^2 + y^2 = z^2$ 的解. 证明:这三个数中有一个被(a)3;(b)4;(c)5 整除.

75. 在 $0, 1, 2, \cdots, 3^k - 1$ 中可选取 2^k 个数,使其中无三个数成等差数列.

76. 能否找出整数 m, n,使 $m^2 + (m + 1)^2 = n^4 + (n + 1)^4$?

77. 设 n 是正整数,如果 $2 + 2\sqrt{28n^2 + 1}$ 是整数,它必是平方数.

78. 方程 $x^3 + 3 = 4y(y + 1)$ 无整数解.

79. 以 11 个 1 开头的 20 位数不会是平方数.

80. $9 \mid a^2 + ab + b^2 \Rightarrow 3 \mid a, 3 \mid b$.

81. 求最小的正整数 a,使 $1\,971\,|\,50^n + a \cdot 23^n$ 对奇数 n 成立.

82. 在数列 $1,31,331,3\,331,\cdots$ 中有无穷多个合数.

83. 求所有满足 $3\,|\,n \cdot 2^n - 1$ 的整数 n.

84. m 是正整数,则 $m(m+1)$ 不能是个高于 1 的幂的数.

85. 任何大于 6 的整数是两个大于 1 的互质的数之和.

86. 如果 $x^2 + 2y^2$ 是奇质数,则它有形式 $8n+1$ 或 $8n+3$.

87. 设 a,b 是正整数,$b > 1$,则不可能有 $2^b - 1\,|\,2^a + 1$.

88. 三个(四个)相继正整数的乘积会是某整数的(高于 1 次的)幂吗?

89. 如把一个数的末位数放到头上,它就是原数的 9 倍,求最小的这样的数①.

90. 求一切使下式成立的整数对 (x,y) 有
$$x^3 + x^2 y + xy^2 + y^3 = 8(x^2 + xy + y^2 + 1)$$

91. 求所有非负整数对 (x,y),使 $x^3 + 8x^2 - 6x + 8 = y^3$.

92. 求 $n \in \mathbf{N}_+$,$2n+1$ 与 $3n+1$ 都是质数,则 $40\,|\,n$.

93. 是否有正整数 x,y 使 $x^3 + y^3 = 468^4$?

94. $3^{1\,980} + 18^{1\,980}$ 不是平方数.

95. $1^1 + 2^2 + 3^3 + \cdots + 1\,983^{1\,983}$ 不是 m^k 形式的数,其中 $k \geqslant 3$.

96. $y^2 = x^3 + 7$ 无正整数解.

97. 求 7^{999} 的最后三个数字.

98. 求 $1/x + 1/y = 1/z$ 的两两互质的解.

99. 求 $1/x^2 + 1/y^2 = 1/z^2$ 的两两互质的解.

100. 两个形为 $(\mathrm{a})\,x^2 + 2y^2$;$(\mathrm{b})\,x^2 - 2y^2$;$(\mathrm{c})\,x^2 + dy^2$;$(\mathrm{d})\,x^2 - dy^2$ 的数的乘积仍有同样形式(d 不是平方数).

提示:$x^2 - dy^2 = (x + y\sqrt{d})(x - y\sqrt{d})$,$x^2 + 2y^2 = (x + iy\sqrt{d})(x - iy\sqrt{d})$.

101. $1^{1\,987} + 2^{1\,987} + \cdots + n^{1\,987}$ 不能被 $n+2$ 整除($n \in \mathbf{N}_+$).

102. 对怎样的整数 m,n 有 $(5 + 3\sqrt{2})^m = (3 + 5\sqrt{2})^n$ 成立?

103. 求方程 $x^3 + y^3 = xy + 61$ 的整数解.

104. 方程 $x^3 + y^4 = z^4$ 有质数解吗?

105. 求所有由 $1,2,\cdots,9$ 组成的九位数,每个数字恰出现一次,且开头 n 位数字所成的数能被 n 整除($n = 1,2,\cdots,9$).

106. x,y,z 是互不相同的整数,证明 $(x-y)^5 + (y-z)^5 + (z-x)^5$ 被 $5(x-y)(y-z) \cdot (z-x)$ 整除.

107. 求最小的以 $1\,986$ 结尾而且被 $1\,987$ 整除的正整数.

108. 证明:$1\,982\,|\,22\cdots2$($1\,980$ 个 2).

109. 整数 $1,2,\cdots,1\,986$ 以任意次序排列后连在一起成为一个数. 证明:所得到的数不会是立方数.

110. 求 $27^{1\,986}$ 的二进制表示的最后八位数字.

_____

① 此题有错.——译校者注

111. 3^n 的最末第二位数字是偶数.

112. 不存在正整数 m,使$(1\,000^m - 1) \mid (1\,978^m - 1)$.

113. 对怎样的正整数 n, $\sum\limits_{k=1}^{n} k \mid \prod\limits_{k=1}^{n} k$?

114. $a,b,c,d,e \in \mathbf{Z}$,$25 \mid a^5 + b^5 + c^5 + d^5 + e^5 \Rightarrow 5 \mid abcde$.

115. 求一对整数 a,b,使 $7 \nmid ab(a+b)$,但 $7^7 \mid (a+b)^7 - a^7 - b^7$.

116. 求$(\sqrt{2} + \sqrt{3})^{1980}$的小数点前及小数点后的第一个数字.

117. 形如 $a^2 + ab + b^2$ 的两个正整数的乘积仍有此形式.

118. 如果 $ax^2 + by^2 = 1$,$a,b,x,y \in \mathbf{Q}$ 有有理数解(x,y),则它必有无穷多组有理数解.

119. 证明:$x(x+1)(x+2)(x+3) = y^2$ 无正整数解 x,y.

120. $a,b,c,d,e \in \mathbf{N}_+$ 使 $a^4 + b^4 + c^4 + d^4 = e^4$,证明在这些数中,(a)至少有三个偶数;(b)至少有三个是 5 的倍数;(c)至少有两个是 10 的倍数.

121. 证明:如果 m 以 5 结尾,则 $1\,991 \mid 12^m + 9^m + 8^m + 6^m$.

122. 求所有满足 $x^3 + 8x^2 - 6x + 8 = y^3$ 的非负整数对(x,y).

123. 求 $y^2 + y = x^4 + x^3 + x^2 + x$ 的所有整数解.

124. 有无穷多组两两互质的 x,y,z,使 x^2, z^2, y^2 是等差数列.

125. 正整数 $a_1, a_2, \cdots, a_n$ 都小于 1 951,且任何两个数的最小公倍数大于 1 951. 证明:$\dfrac{1}{a_1} + \dfrac{1}{a_2} + \cdots + \dfrac{1}{a_n} < 2$.

126. 设(a)$f(m,n) = 36^m - 5^n$;(b)$f(m,n) = 12^m - 5^n$,求形如 $|f(m,n)|$ 的最小整数.

127. 找出方程$(x^2 + x + 1)(y^2 + y + 1) = z^2 + z + 1$ 的无穷多组整数解.

128. 设 $z^2 = (x^2 - 1)(y^2 - 1) + n(x,y \in \mathbf{Z})$,对于(a)$n = 1\,981$;(b)$n = 1\,985$;(c)$n = 1\,984$,方程有整数解吗?

129. 如果 a,b 和$(a^2 + ab + b^2)/(ab + 1) = q$ 都是整数,则 q 是平方数.

130. (a)如果 a,b 和$(a^2 + b^2)/(ab - 1) = q$ 都是正整数,则 $q = 5$;(b)$a^2 + b^2 - 5ab + 5 = 0$ 有无穷多组正整数解.

131. 没有一个质数可以用两种不同方式表示成两个正整数的平方之和①.

132. 求出方程:(a)$x^2 + y^2 + z^2 = 3xyz$;(b)$x^2 + y^2 + z^2 = xyz$ 的无限多组正整数解.

133. 两堆木块分别有 a 块和 b 块,开始时有 $a > b$,A,B 两人轮流取木块,每次可从一堆中取木块,而取走的块数是另一堆木块数的倍数,首先把某一堆木块取光者获胜,证明:

(a)如 $a > 2b$,则 A 必可获胜.

(b)对怎样的 α,当起始满足 $a > \alpha b$ 时 A 可获胜(这是 Euclid 游戏,属于 Cole 和 Davie,见 Math. Gaz. LⅢ,354—7(1969)以及 AUO1978).

134. 若 $n \in \mathbf{N}_+$ 且 $3n+1$ 和 $4n+1$ 是完全平方数,则 $56 \mid n$.

135. 在圆周上放有 50 个数 $a_1, a_2, \cdots, a_{50}$,每个数是 1 或 -1. 现希望求出它们的乘积. 假设你每解一个问题就可以找到其中三个相邻的数的乘积,那么为了求出所有这 50 个数的乘积,你至少需解几个问题?

———————————

① 原题不对,现已改正.——校注

本题的一个推广:在一个圆周上放有 n 个数,每个数为 1 或 -1,现希望求出所有 n 个数的乘积.而每解一个问题可以得到相邻的 k 个数 $a_i, a_{i+1}, \cdots, a_{i+k-1}$ 的乘积.为求出全部 n 个数的总的乘积,至少要解的问题是 $q(n,k)$ 是多少?

136. 设 $n \in \mathbf{N}_+$,如果 $4^n + 2^n + 1$ 是质数,则 n 是 3 的幂.

137. (a)如果正整数 x, y 使 $2x^2 + x = 3y^2 + y$,则 $x - y, 2x + 2y + 1$ 以及 $3x + 3y + 1$ 都是完全平方数.(PMO1964/65)

(b)找到 $2x^2 + x = 3y^2 + y$ 的所有解.

138. (a)设 a_n 是 $n!$ 的十进制表示法中最后一位非零数字.数列 $a_1, a_2, a_3, \cdots$ 在有限步后是否会是周期的?(苏联为 1991IMO 提供的题)

(b)设 d_n 是 $n!$ 的最后一个非零数字,证明 d_n 不是周期的,即不存在 p 和 n_0,使 $d_{n+p} = d_n$ 对所有 $n \geq n_0$ 都成立.(苏联为 1983IMO 提供的题)

139. 证明:$(5^{125} - 1)/(5^{25} - 1)$ 是合数.

140. 整数 a, b, c, d, e 使 $n \mid a + b + c + d + e$ 及 $n \mid a^2 + b^2 + c^2 + d^2 + e^2$ 对某奇数 n 成立.证明:$n \mid a^5 + b^5 + c^5 + d^5 + e^5 - 5abcde$.

141. 对每个正整数 k,求使 $2^k \mid 5^n - 1$ 的最小 n.

142. 设 p, q 是正整数,那么

$$1 - \frac{1}{2} + \frac{1}{3} - \frac{1}{4} + \cdots - \frac{1}{1\,318} + \frac{1}{1\,319} = \frac{p}{q} \Rightarrow 1\,979 \mid p \qquad (\text{IMO1979})$$

143. 若两个相继整数的立方的差是一个正整数的平方,则这个正整数也是两个相继整数的平方和.(R. C. Lyness)

144. 在数列 $\lfloor n\sqrt{2} \rfloor$ 中有无穷多个数是 2 的幂.

145. 设 $\gcd(a,b) = 1$,Sikinia 州的中央银行只发行面值为 a 及 b 的货币,问:可以支付哪些钱数? 若(a)可找零;(b)不找零的话.

146. Sikinia 有三种质量的砝码:$15, 20, 48$.如果(a)砝码可放在天平两边;(b)砝码只能放在天平一边,问:可称的质量有哪些?

147. 设 $a, b, c \in \mathbf{N}_+$,$\gcd(a,b) = \gcd(b,c) = \gcd(a,c) = 1$.证明:$2abc - ab - bc - ca$ 是不能表示成 $xbc + yca + zab$(x, y, z 为非负整数)形式的最大整数.(IMO1983)

148. 证明:数 $1\,280\,000\,401$ 是合数.(IIM1983)

149. 是否存在正整数 x, y, z,使 $x + y, 2x + y, x + 2y$ 都是完全平方数?

150. 使 $2^{1\,995} \mid 3^n - 1$ 的最小正整数 n 是什么?

151. $a, b \in \mathbf{N}_+$ 使 $\dfrac{a+1}{b} + \dfrac{b+1}{a} \in \mathbf{N}_+$,记 $d = \gcd(a,b)$.证明:$d^2 \leq a + b$.(RO1994)

152. 是否存在正整数被 $2^{1\,995}$ 整除,且它的十进制式中没有数字 0?

153. 证明:$n(n+1) \mid 2(1^k + 2^k + \cdots + n^k)$ 对奇数 k 成立.

154. 设 $P(n)$ 是正整数 n 的各位数字的乘积,由

$$n_{k+1} = n_k + P(n_k)$$

定义的数列 n_k(首项 $n_1 \in \mathbf{N}_+$)是否可能是无界的?(AUO1980)

155. $D(n)$ 表示正整数 n 的各数字之和.

(a)是否有 n 使 $n + D(n) = 1\,980$?

(b)证明:任两个相继正整数中,至少有一个可表示成 $n+D(n)$ 的形式.(AUO1980)

156. 在两个相继的平方数之间有若干个不同的正整数.证明:这些数的两两乘积互不相同.(AUO1983)

157. 求方程 $19x^2-84y^2=1\,984$ 的整数解.(MMO1984)

158. 从若干个正整数出发,每步可取任两个数 a,b,并用 $\gcd(a,b)$ 和 $\mathrm{lcm}(a,b)$ 代替它们.证明:这些数总会不再变动.

159. 2^n 和 5^n 以同一个数字 d 开头.这个数字是什么?

160. 如果 $n=a^2+b^2+c^2$,则 $n^2=x^2+y^2+z^2$($a,b,c,x,y,z\in\mathbf{N}$).

161. 有无穷多个合数 n,使 $n\,|\,3^{n-1}-2^{n-1}$.(MMO1995)

162. 方程 $x^2+y^2+z^2=x^3+y^3+z^3$ 有无穷多组整数解.

163. 证明:有无穷多个正整数 n,使 2^n 以 n 结尾,即
$$2^n=\cdots n$$
(MMO1978)

164. 在罐中有黑球和白球,随机地拿出两个球,这两球异色的概率是 1/2,对罐中的球有什么结论?

165. 一个多位数中有数字 0,把这 0 拿掉后的数是原数的 1/9,这个 0 在什么位置?找出所有这样的数.

166. 在 Sikinia 州被判死刑的人放入死囚区直到年末,然后把死囚区的人排成一圈,依次编号为 $1,2,\cdots,n$.从 2 号开始,每隔一个拖出去处死,直至最后留下的一个人即予释放,这个幸存者的编号是多少?

167. (a)求被 2,9 都整除的且恰有 14 个因子的数.

(b)把 14 换成 15 仍会有若干个解,但换成 17 就无解.

168. 正整数 k 有下面性质:对任何 $m\in\mathbf{N}_+$,$k\,|\,m\Rightarrow k\,|\,m_r$,其中 m_r 是把 m 的数字倒排.例如 $m=1\,234$ 时有 $m_r=4\,321$.证明:$k\,|\,99$.

169. 设 p,q 是给定的正整数,整数集 $\mathbf{Z}$ 要分成三个子集 A,B,C,使得:对任何 $n\in\mathbf{Z},n,$ $n+p,n+q$ 分属这三个子集,p,q 必须满足什么条件?

170. 一个正整数是 n 个不同质数的乘积,它有多少种方式可表示成两个平方数之差?

解　　答

1. $(ab+cd)-(ad+bc)=a(b-d)-c(b-d)=(a-c)(b-d)$.

2. 偶平方数被 4 整除.

3. (a)$n^3+5n=n^3-n+6n=(n-1)n(n+1)+6n$.

(b)$n^5-5=n(n-1)(n+1)(n^2+1)$,前三个因子是三个相继正整数的乘积,被 5 整除由 Fermat 定理可以得出.

(c)如 n 是奇数,n^5-n 被 120 整除.

4. (a)对任何 $x,x^2\equiv 0$ 或 $1(\bmod 3)$.

(b)对任何 $x,x^2\equiv 0$ 或 1 或 $4(\bmod 7)$.

(c)这由(a)(b)可得.

5. $n = 2q + 1 \Rightarrow n^2 = 4q^2 + 4q + 1 = 4q(q+1) + 1 = 8r + 1$,每个奇平方数都模 8 余 1,这个基本事实常常用到.

6. $(a^3 - a) + (b^3 - b) + (c^3 - c)$ 被 2 及 3 整除,即被 6 整除.

7. $10 \equiv 1 \ (\mathrm{mod}\ 3)$,$10 \equiv -1 \ (\mathrm{mod}\ 11)$,$n = \sum_{i=0}^{n} d_i \cdot 10^i \Rightarrow n \equiv \sum_{i=0}^{n} d_i \ (\mathrm{mod}\ 3)$ 及 $n \equiv \sum d_i (-1)^i \ (\mathrm{mod}\ 11)$.

8. 因 105 是奇数,故 $7 | A$. $3^5 \equiv 1 \ (\mathrm{mod}\ 11)$,$4^5 \equiv 1 \ (\mathrm{mod}\ 11)$,故 $3^{105} + 4^{105} \equiv (3^5)^{21} + (4^5)^{21} \equiv 1 + 1 \equiv 2 (\mathrm{mod}\ 11)$.

9. 分别模 3,5,7,再把平方数模 3,5,7 得出的结果与之相比较即可.

10. 由 $a - b | a^n - b^n$ 即得证.

11. 由 $a + b | a^n + b^n$(对奇数 n)即可得.

12. $641 = 5^4 + 2^4 = 5 \cdot 2^7 + 1$ 整除 $5^4 \cdot 2^{28} + 2^{32}$ 和 $5^4 \cdot 2^{28} - 1$,故整除这两数的差 $2^{32} + 1$.

13. (a)设 $n > 2$,要证不会有 $2^n - 1 = 3^m$,对奇数 m 我们有 $2^n = 3^m + 1 = (3 + 1)(3^{m-1} - 3^{m-2} + \cdots + 1)$,后一因子是奇数个奇数的和,矛盾!下设 $m = 2s$ 是偶数,则 $2^n = 1 + 3^{2s} = 1 + 9^s = 8q + 2$. 矛盾!因它不是 4 的倍数.

(b)设 $n > 3$. 对奇的 m,得 $2^n = 3^m - 1 = (3 - 1)(3^{m-1} + 3^{m-2} + \cdots + 1)$,后一因子是奇数个奇数之和,矛盾!下设 $m = 2s$ 是偶数,这时 $3^s = 2a + 1$,$2^n + 1 = (3^s)^2 = (2a + 1)^2$,$2^n = 4a(a + 1)$. a 和 $a + 1$ 中必有一个是奇数,故只能 $a = 1$,$2^n = 3^2 - 1$,故对 $n > 3$ 无解.

14. 用归纳法证明之.

15. p 必是奇质数,$p = 3$ 和 $q = 2$ 是解,$p = 5$ 和 $q = 3$ 也是解,设 p, q 都大于 3,那么这两个数都恒等于 $\pm 1 (\mathrm{mod}\ 6)$,就有 $(\pm 1)^2 - 2(\pm 1)^2 = 1$,$-1 \equiv 1 (\mathrm{mod}\ 6)$,矛盾!

16. $2n + 1 = a^2$,$3n + 1 = b^2 \Rightarrow 5n + 3 = 4(2n + 1) - (3n + 1) = 4a^2 - b^2 = (2a + b)(2a - b)$,因此 $2a - b = 1 \Rightarrow (b - 1)^2 = -2n$,故 $2a - b \neq 1$.

17. 对 $p > 3$,有 $p \equiv \pm 1 (\mathrm{mod}\ 6)$,$p = 6n \pm 1$,结论对这种数成立.

18. $x^2 \equiv 0, 1, 4, 7 (\mathrm{mod}\ 9)$,于是 (a^2, b^2, c^2) 是 $(0,0,0)$,$(1,1,7)$,$(1,4,4)$ 或 $(4,7,7)$(可改变次序),其中总有两个相同.

19. $323 = 17 \cdot 19$,用同余式证明它被 17 和 19 的整除性.

20. 我们来证明:如果 $n^2 + 3n + 5$ 被 11 整除,它就不被 121 整除. $n^2 + 3n + 5 \equiv n^2 - 8n + 16 \equiv (n - 4)^2 (\mathrm{mod}\ 11)$. 于是,若 $n = 11k + 4$,就有 $11 | n^3 + 3n + 5$,于是就有 $n^2 + 3n + 5 = 121k(k + 1) + 33$,它不能被 121 整除.(另一解法利用 $n^2 + 3n + 5 = (n - 4)(n + 7) + 33$.)

21. p 必是奇质数. 当 $p = 3$ 时,给出 $p^2 + 2 = 11$,$p^3 + 2 = 27$. 当 $p > 3$ 时,有 $p = 6n \pm 1$,且 $p^2 + 2$ 被 3 整除.

22. $n!$ 中所含 2 的幂为 $\left\lfloor \dfrac{n}{2} \right\rfloor + \left\lfloor \dfrac{n}{4} \right\rfloor + \cdots < \dfrac{n}{2} + \dfrac{n}{4} + \cdots < n$.

23. $1\,000!$ 中所含 5 的幂为 $200 + 40 + 8 + 1 = 249$,所含 2 的幂更多,足以与这 249 个 5 配出 10 来,从而 $1\,000!$ 中结尾处有 249 个 0.

24. 考虑三个盒子 0,1,2,把该数放在 i 盒中. 如果该数被 3 除的余数为 i 的话,或者有一个盒子中有三个数,它们的和是 3 的倍数. 不然的话,每个盒子中至少有一个数,这些数的和也是 3 的倍数.

25. 我们要证明 $x^2 + y^2 + z^2 = 8s + 7$ 无整数解,如果 x, y, z 都是偶数,两边奇偶性不同. 如果两个偶数一个奇数,就有 $8p + 1 + 4a^2 + 4b^2 = 8t + 7$,即 $4(p - t) + 2a^2 + 2b^2 = 3$,此即偶数 = 奇数,矛盾! 设左边只有一项是偶数,则有偶数 = 奇数. 最后,若左边三项均为奇数,就有 $8p + 1 + 8q + 1 + 8r + 1 = 8t + 7$,即 $2p + 2q + 2r - 2t = 1$,也即偶数 = 奇数. 从而左边每种奇偶性不同的组合最后都导致矛盾. 所有形如 $8t + 7$ 的数都不能表示成三个平方数之和,但这不是全部. 我们还要用有限递降法来证明形如 $4^n(8t + 7)$ 的数都不能表示成三个平方数之和. 设 $x^2 + y^2 + z^2 = 4^n(8t + 7)$. 同上可证 x, y, z 都是偶数,设 $x = 2x_1, y = 2y_1, z = 2z_1$,从而 $x_1^2 + y_1^2 + z_1^2 = 4^{n-1}(8t + 7)$. 同理 x_1, y_1, z_1 又必须都是偶数,如此下去,直到得到 x_n, y_n, z_n 使 $x_n^2 + y_n^2 + z_n^2 = 8t + 7$,而这个方程是无解,通过复杂的论证可证:不是 $4^n(8t + 7)$ 形式的数都可表示成三个平方数的和. 这样,就找到了所有不能表示成三个平方数的和的数,尽管我们未给出证明.

26. 设 $n^2 = aabb$,$n^2 = 1\,100a + 11b = 11(100a + b) = 11(99a + a + b)$,因为 $121 | n^2$,所以 $11 | a + b$,即 $a + b = 11$,因 n^2 是平方数,b 不会是 $0, 1, 2, 3, 5, 7, 8$. 检验其他的数字,仅找到 $7\,744 = 88^2$ 适合要求. 我们能排除 $b = 5$,是因为平方数的最后两位数必须是 25.

27. (a)不,被 3 整除的平方数必被 9 整除.

(b)论证类似.

28. $10^{1\,962} + 1 = (10^{654})^3 + 1$ 可以被 $10^{654} + 1$ 整除.

29. 如果两个数的数字之和相等,则这两个数的差必是 9 的倍数,所以差 $2a - a = a$ 被 9 整除.

30. $(n - 2)^2 + (n - 1)^2 + n^2 + (n + 1)^2 + (n + 2)^2 = 5(n^2 + 2)$,所以 $5 | n^2 + 2$,即 $n^2 = 5q - 2$,但形如 $5q - 2$ 的数不会是平方数.

31. 对 n 个质数中的每一个 p_i,它作为 n 的因子出现的次数有 $(a_i + 1)$ 种选择.

32. $n + 1$ 个小于或等于 $2n$ 的数中必有两个是相邻的,它们必互质.

33. 把 $n + 1$ 个小于或等于 $2n$ 的数都表示成 $2^k(2m + 1)$ 的形式,在 $1, 2, \cdots, 2n$ 中只有 n 个奇数,因此必有两个数存在. 它们的表达式中的奇数因子相同,从而两个数中必有一个被另一个整除.

34. $\gcd(30n + 2, 12n + 1) = \gcd(12n + 1, 6n) = \gcd(6n, 1) = 1$.

$\gcd(21n + 4, 14n + 3) = \gcd(14n + 3, 7n + 1) = \gcd(7n + 1, 1) = 1$.

35. $\gcd(2n + 3, n + 7) = \gcd(n + 7, n - 4) = \gcd(n - 4, 11) = 1$(如果 $n \not\equiv 4 \pmod{11}$).

36. $\gcd(5a + 3b, 13a + 8b) = \gcd(5a + 3b, 3a + 2b) = \gcd(3a + 2b, 2a + b) = \gcd(2a + b, a + b) = \gcd(a + b, a) = \gcd(a, b)$.

37. $\gcd(2^a - 1, 2^b - 1) = \gcd(2^a - 2^b, 2^b - 1) = \gcd(2^b(2^{a-b} - 1), 2^b - 1)) = \gcd(2^{a-b} - 1, 2^b - 1)$ 这是关于幂的 Euclid 算法.

38. 如果 p, q 是大于 3 的质数,则 $p = 6m \pm 1, q = 6n \pm 1, p^2 - q^2 = (6m \pm 1)^2 - (6n \pm 1)^2 = 36(m^2 - n^2) - 12(\pm m \pm n) = 12(m + n)(3(m - n) \pm 1)$,在右端,或者 $m + n$ 或者 $3(m - n) \pm 1$ 是偶数,于是 $24 | p^2 - q^2$.

39. (a)$p, p + 10$ 和 $p + 14$ 对于 mod 3 属于不同的剩余类,其中必有一个被 3 整除,所以只有 $p = 3$ 才给出质数 3, 13, 17.

(b)类似(a)可解.

40. 对 $p=3$,有 $2p+1=7,4p+1=13$. 若 $p>3$,必有 $p=6n\pm1$,从而 $2p+1$ 及 $4p+1$ 中必有一数是 3 的倍数.

对 $p=3$ 有 $8p^2+1=73$,对 $p>3$,有 $8p^2+1\equiv-(p^2-1)(\bmod 3)$,后者为 $-(p+1)(p-1)$,故或者 p 或者 $(p-1)(p+1)$ 是 3 的倍数.

41. 由 $10(a+4b)-(10a+b)=39b,43(3x+7y)-3(43x+75y)=76y,10(3a+2b)-3(10a+b)=17b$ 即得,怎样系统地得出这样的线性组合?

42. 把 p 写成 $p=30q+r$ 的形式,其中 $r\in\{7,11,13,17,19,23,29\}$,于是 $p^2\equiv r^2(\bmod 30)$,简单地验证这七种情况即得.

43. $x^2+y^2=x^2y^2\Leftrightarrow x^2+y^2-x^2-y^2+1=1\Leftrightarrow(x^2-1)(y^2-1)=1\Leftrightarrow x=y=0$.

44. (a) $n^5-5n^3+4n=n(n^4-5n^2+4)=n(n^2-1)(n^2-4)=(n-2)(n-1)n(n+1)\cdot(n+2)$,五个相继整数的乘积被 5! 整除.

(b) $f(n)=4^n+15n-1\equiv0(\bmod 3)$,但这还不够,再用归纳法, $f(0)=0$,所以 $9|f(0)$. 设 $9|f(n)$,则 $f(n+1)=4\cdot4^n+15n+15-1=3\cdot4^n+4^n+15n-1+15=f(n)+3(4^n+5)$,由于 $4^n+5\equiv0(\bmod 3)$,故 $f(n+1)$ 也被 9 整除.

45. 这是 m 个相继的整数.

46. 若 x,y,z 都是奇数,则 $3\equiv1(\bmod 8)$. 若 x,y,z 中有一个奇数,则两边奇偶性不同. 若 x,y 为奇数而 z 为偶数,则有 $2\equiv1(\bmod 4)$. 若 x,y 中有一个为奇数,另一个与 z 为偶数,则 $1\equiv0(\bmod 4)$,所以 x,y,z 必都为偶数. 用无穷下降法说明唯有 $x=y=z=0$. (另一解法根据 $(x^2-1)(y^2-1)=z^2+1$.)

47. (a) $x+y=xy\Rightarrow(x-1)(y-1)=1$,故 $x=y=2$. (b) 自行求解.

48. (a) $x^2\equiv-1(\bmod 3)$ 无解. (b) 自行求解.

49. (a)与(b)均用无穷递降法.

50. 把方程变形为 $(x-1)^2+(y-1)^2+(x-y)^2=2$,它有解 $(0,0),(1,0),(0,1),(2,1),(1,2),(2,2)$.

51. $p-1=6p_3p_4\cdots p_n-1=6P-1$ 不是平方数,对 $p+1$ 无解.

52. 用不变量已证明过类似结果,可同样来做,不过这里改用数论. n 项 $(a_1a_2,a_2a_3,\cdots)$ 中一半为 1,一半为 -1 ,所以 $n=2k$,但 $a_ia_{i+1}=-1$ 当且仅当这两个因子异号,所以 k 是数列 $a_1,a_2,a_3,\cdots,a_n,a_1$ 中符号改变的次数,1 变成 -1 的次数与 -1 变成 1 的次数一样多,所以 $k=2m$ 且 $n=4m$.

(另一解法如下:令 $p_i=a_ia_{i+1}$,诸 p_i 有一半是 -1 ,考虑 $p_1p_2\cdots p_n=(-1)^k$,但此乘积中每个 a_i 恰好出现两次,故该乘积为 1,从而 $k=2m$,此即 $n=4m$.)

53. $1+2+\cdots+n=n(n+1)/2$ 必须被 3 整除,即 $3|n$ 或 $3|n+1$. 当 $n>3$ 时,这个必要条件也是充分的,试证明它.

54. 所给等式等价于 $(10^6-1)n=(10^k-1)/9\Rightarrow n=(10^k-1)/(9(10^6-1))(k=6m)$,于是 $n=(1+10^6+\cdots+10^{6(m-1)})/9$,分子当 $m=9$ 时是 9 的倍数,故这样最小的 n 是 $(10^{54}-1)/(9(10^6-1))$.

55. 设 d 是首位数字,则 $n=d\cdot10^k+r$. 我们得到

$$\frac{3(10^k\cdot d+r)}{2}=10r+d$$

$$\Rightarrow 3d \cdot 10^k + 3r = 20r + 2d$$
$$\Rightarrow d(3 \cdot 10^k - 2) = 17r$$

即

$$17 \mid 3 \cdot 10^k - 2 \Rightarrow 3 \cdot 10^k \equiv 2 (\bmod 17) \Rightarrow 10^k \equiv 12 (\bmod 17)$$

其最小解 $k = 15, d = 1$,则 $r = \dfrac{3 \cdot 10^{15} - 2}{17} \Rightarrow n = \dfrac{20 \cdot 10^{15} - 2}{17}$.

56. (a)设有两个正整数 $a, b, a > b$ 均用十进制表示. 现在在 a 或 b 的后面加个数字 c,使得到的乘积最大,因为

$$(10a + c)b - (10b + c)a = c(b - a) < 0$$

故 c 应加在较小的数的后面,利用这个结论,用一系列最佳程序即做出有最大乘积者

$$a = 9\ 642, b = 87\ 531$$

(b)留给读者做.

57. 设最左面的数字是 x,而去掉 x 后得到的数是 y,则

$$10^n x + y = 57y, 10^n x = 56y$$

右面是 7 的倍数,但 10^n 不被 7 整除. 由于 $x < 10$,所以必有 $x = 7$,从而 $10^n = 8y, y = 10^n / 8 = 125 \cdot 10^{n-3}, n = 3, 4, 5, \cdots. 10^n \cdot x + y = 7 \cdot 10^n + 125 \cdot 10^{n-3} = 7\ 125 \cdot 10^{n-3}$,有无穷多个解 $7\ 125 \cdot 10^{n-3} (n \geqslant 3)$,其中最小的解是 7 125. 在它后面再加上一些 0,可得到其他的解.

58. 我们证明更一般的定理:设 $a, b, c, d \in \mathbf{N}_+, n \in \mathbf{N}_+$,如果 $ab = cd$,则 $a^n + b^n + c^n + d^n$ 不是质数,证明如下

$$ab = cd \Rightarrow \frac{a}{c} = \frac{d}{b} = \frac{x}{y}, \gcd(x, y) = 1; x, y \in \mathbf{N}_+$$

或

$$a = ux, c = uy, d = vx, b = vy, u, v \in \mathbf{N}_+$$

这样就有

$$a^n + b^n + c^n + d^n = u^n x^n + v^n y^n + u^n y^n + v^n x^n$$
$$= (u^n + v^n)(x^n + y^n)$$

又 $u^u + v^n > 1, x^n + y^n > 1$,从而 $a^n + b^n + c^n + d^n$ 不是质数.

59. $abcd \cdot 4 = dcba \Rightarrow a < 3$,这是因为 $3\ 000 \times 4 = 12\ 000$ 是五位数,但 $dcba$ 是偶数,故 a 必是偶数,所以 $a = 2$,由 $2bcd \cdot 4 = dcb2$ 得到 $d \geqslant 8$,且乘积 $d \cdot 4$ 以 2 结尾,所以 $d = 8$,结果得 $2bc8 \cdot 4 = 8cb2$,即

$$8\ 000 + 400b + 40c + 32 = 800 + 100c + 10b + 2$$
$$\Rightarrow 390b + 30 = 60c$$
$$\Rightarrow 13b + 1 = 2c$$

右面是偶数,且 $2c \leqslant 18$,从而 b 必是奇数,且小于 2,即有 $b = 1, c = 7, abcd = 2\ 178$.

60. 如上一题求出唯一解.

61. 这是因为 p 和 $2p$ 是 $(2n)!$ 的因子(而 $3p$ 不是).

62. 我们先讨论对怎样的 n, a_n 是正整数, $a_n \in \mathbf{N}_+$ 当且仅当存在正整数 q,使 $24n + 1 = q^2$,即

$$n = \frac{q^2 - 1}{24} = \frac{(q-1)(q+1)}{24}$$

因为 $n \in \mathbf{N}_+$,分母必须约掉,所以 q 必是奇数.从而 $q-1,q+1$ 是相继的偶数,其中必有一个是 4 的倍数,这样乘积 $(q-1)(q+1)$ 必被 8 整除.此外,$q-1$ 和 $q+1$ 中必有一个是 3 的倍数,从而必有 $s \in \mathbf{N}_+$ 使 $q \pm 1 = 6s$ 或 $q = 6s \pm 1$.这样

$$n = \frac{s(3s \pm 1)}{2}, s = 1, 2, 3, \cdots$$

且 $a_n = 6s \pm 1$,但从 5 开始的每个质数都有形式 $6s \pm 1$.

63.(a)我们证明所有形如 $(3k+2)^2$ 的数都无此形式.设 $(3k+2)^2 = n^2 + p$,则 $p = (3k+2)^2 - n^2 = (3k-n+2)(3k+n+2)$,这是 p 的非平凡的分解式.

（b）留给读者.

64.如果格点 (a,b),(c,d) 与 $\left(\sqrt{2}, \frac{1}{3}\right)$ 等距,则

$$\left(a-\sqrt{2}\right)^2 + \left(b-\frac{1}{3}\right)^2 = \left(c-\sqrt{2}\right)^2 + \left(d-\frac{1}{3}\right)^2$$

即

$$a^2 - c^2 + b^2 - d^2 - \frac{2}{3}(b-d) = 2\sqrt{2}(a-c) \tag{1}$$

等式左边是有理数,所以等式右边也是有理数,这样

$$a = c \tag{2}$$

于是

$$b^2 - d^2 - \frac{2}{3}(b-d) = 0$$

$$(b-d)(b+d) - \frac{2}{3}(b-d) = 0$$

$$(b-d)\left(b+d-\frac{2}{3}\right) = 0 \tag{3}$$

$b+d-\frac{2}{3} \neq 0$,因为 $b+d$ 是整数,所以 $b = d$,即 $(a,b) = (c,d)$.

65.类似于上题来解.

66.(a)a^2 以 a 结尾,即 $a^2 - a$ 以 00 结尾,$100 \mid a(a-1)$,但因为 $a-1$ 和 a 互质,因此这两个数中必有一个是 4 的倍数,另一个是 25 的倍数.

（ⅰ）$a = 25q$,因 $a < 100$,且 $a-1 = 25q-1$ 是 4 的倍数,只有 $q = 1$,于是 $a = 25$,$a^2 = 6\underline{25}$.

（ⅱ）$a-1 = 25q$,仅当 $q = 3$ 时 $a = 25q+1$ 是 4 的倍数,于是 $a = 76$,$a^2 = 57\underline{76}$.从而 25 和 76 是仅有的两位自同构数.

（b）$a^2 - a = a(a-1)$ 被 1 000 整除,因此 a 和 $a-1$ 中一个被 8 整除,另一个被 125 整除.

（ⅰ）$a = 125q$,$a-1 = 125q-1 = 120q+(5q-1)$,$8 \mid a-1$,$8 \mid 5q-1$,只有解 $q = 5$(注意:$q < 8$,因为 $a < 1\,000$),于是 $a = 625$,$a^2 = 390\underline{625}$.

（ⅱ）$a-1 = 125q$,$a = 125q+1 = 120q+5q+1$,因为 $8 \mid 5q+1$,唯一的解是 $q = 3$,于是 $a = 376$,$a^2 = 141\underline{376}$,从而 376 和 625 是仅有的三位自同构数.

（c）$a(a-1)$ 被 $10\ 000$ 即 16×625 整除.

（ⅰ）$a = 625q, a-1 = 625q-1 = 624q+q-1, 16 \mid a-1, 16 \mid q-1, q = 17, a = 625 \times 17 = 10\ 625 > 10\ 000$，但 a 必须是四位数，故在此情况下无解.

（ⅱ）$a-1 = 625q, a = 625q+1 = 624q+q+1, 16 \mid a, 16 \mid q+1, q = 15, a = 9\ 376$，只有唯一的四位自同构数 $a = 9\ 376, a^2 = 8\ 790\ \underline{9\ 376}$.

（d）把这些结果列表并做出推断：

		和
5	6	11
25	76	101
625	376	1 001
0 625	9 376	10 001
90 625	09 376	100 001

n	a_n	a_n 的因子
1	2	2
2	12	2^2
3	112	2^3(2^4也是)
4	2 112	2^4(2^5, 2^6也是)
5	22 112	2^5
6	122 122	2^6(2^7, 2^8也是)
7	2 122 112	2^7

67. 经试算得上面右表.

这个表提示了 a_n 有如下构造：$a_1 = 2, a_{n+1} = 1a_n$（如果 $2^{n+1} \nmid a_n$）；$a_{n+1} = 2a_n$（如果 $2^{n+1} \mid a_n$）（这里 $1a_n$ 指在 a_n 之前加上一个 $1, 2a_n$ 是在 a_n 前面加上一个 2）. 设 $a_n = d_n d_{n-1} \cdots d_2 d_1$，其中 $d_i = 1$ 或 2 且 $2^n \mid a_n$，即 $a_n = 2^n \cdot b_n$.

（ⅰ）$2^{n+1} \nmid a_n$，即 b_n 是奇数，$a_{n+1} = 1a_n = 10^n + a_n = 10^n + 2^n b_n = 2^n(5^n + b_n) = 2^{n+1} c_n$，因为 $5^n + b_n$ 是偶数.

（ⅱ）$2^{n+1} \mid a_n$，即 $a_n = 2^{n+1} b_n$，我们得到 $a_{n+1} = 2a_n = 2 \cdot 10^n + a_n = 2 \cdot 10^n + 2^{n+1} b_n = 2^{n+1} \cdot (5^n + b_n)$.

注：这结论对于所有 $4k+2(k \in \mathbf{N}_+)$ 进制也成立.

68. $x^2 + y^2 = n \Rightarrow (x+y)^2 + (x-y)^2 = 2n$.

69. 我们的战术是证明 $n^2 - 19n + 89$ 在两个相继的平方数之间，确实，由 $n > 11$ 有

$$n^2 - 19n + 89 = n^2 - 18n + 81 - \underbrace{(n-8)}_{>0} < (n-9)^2$$

$$n^2 - 19n + 89 = n^2 - 20n + 100 + \underbrace{(n-11)}_{>0} > (n-10)^2$$

$$(n-10)^2 < n^2 - 19n + 89 < (n-9)^2$$

70. $\quad 2n = (x+y)^2 + 3x + y = (x+y)^2 + (x+y) + 2x = (x+y)(x+y+1) + 2x$

$$n = \frac{(x+y)(x+y+1)}{2} + x = x + \binom{x+y+1}{2}$$

第一个式子说明右边是偶数，第二个式子表明如何求 x, y，先把 n 夹在两个三角形数 $T_z = \binom{z}{2}$ 与 $T_{z+1} = \binom{z+1}{2}$ 之间，使 $T_z \leq n < T_{z+1}$，则 $n = T_z + x, z = x+y+1$. 例如，令 $n = 1\ 000$，则有 $n = \binom{45}{2} + 10$，所以 $x = 10, x+y+1 = 45$. 这蕴含 $x = 10, y = 34$. 也可直接用 n 求出 x 和 y.

71. 这个简单的定理最好改成证其逆否命题：

$$m \text{ 不是质数} \Rightarrow m \nmid (m-1)! + 1$$

而这是显然成立的. 如果 m 不是质数,则 $m = pq, 1 < p < m, 1 < q < m$,则 $m \mid (m-1)!$(只有 $m = 4$ 例外,但这不影响结论),所以不能整除下一个数($m = 4$ 时也有 $m \nmid (m-1)! + 1$,即 $4 \nmid 7$ 也对),要证明逆定理稍微困难些. 这个结论和它的逆定理就是 Wilson 定理.

72. 用归纳法证明 2 恰好出现 n 次.

73. 设 $a, b, m, n \in \mathbf{N}, \gcd(a, b) = 1, a > 1$. 我们来证明三个引理:

(a)若 $m = qn, q$ 是奇数,则 $a^n + b^n \mid a^m + b^m$.

(b)若 $m = qn + r, q$ 是奇数且 $0 < r < n$,则 $a^n + b^n \nmid a^m + b^m$.

(c)若 $m = sn + r, s$ 是偶数, $0 \leqslant r < n$,则 $a^n + b^n \nmid a^m + b^m$,也就是对于奇数 q 有更精确的命题: $a^n + b^n \mid a^m + b^m \Longleftrightarrow m = qn$.

引理的证明: (a) $a^{qn} + b^{qn} = (a^n)^q + (b^n)^q$ 被 $a^n + b^n$ 整除(当 q 为奇数时).

(b) $a^m + b^m = a^{qn+r} + b^{qn+r} = a^r(a^{qn} + b^{qn}) + b^{qn}(b^r - a^r)$.

由(a),右端第一项被 $a^n + b^n$ 整除,而第二项不能被 $a^n + b^n$ 整除,因为 $\gcd(b^{qn}, a^n + b^n) = 1$ 且 $|b^r - a^r| < a^n + b^n$,所以该和不能被 $a^n + b^n$ 整除.

(c)若 s 是偶数,则 $q = s - 1$ 是奇数,记
$$a^m + b^m = a^{qn}a^{n+r} + b^{qn}b^{n+r}$$
$$= a^{n+r}(a^{qn} + b^{qn}) + b^{qn+r}(b^n + a^n) - b^{qn}a^n(a^r + b^r)$$
式中前两项都能被 $(a^n + b^n)$ 整除,而第三项不能被 $(a^n + b^n)$ 整除,实际上, $\gcd(b^{qn}a^n, a^n + b^n) = 1, 0 < a^r + b^r < a^n + b^n$,这就证明了比上面更强的命题.

74. (a)如果没有一个数能被 3 整除,则 $1 + 1 \equiv 1 (\bmod 3)$,矛盾.

(b)如果 x, y, z 中没有被 4 整除的数,设 x, z 是奇数,且 $y = 4q + 2$,就有 $1 + 4 \equiv 1 (\bmod 8)$,矛盾.

(c)如果三数中没有哪一个能是 5 的倍数,就有 $\pm 1 \pm 1 \equiv \pm 1 (\bmod 5)$,矛盾.

75. 在 $0, 1, 2, \cdots, 3^k - 1$ 中取出 2^k 个数,这些数是在它们的三进制表示式中不出现数码 2 的数,这些数中就不会有任何三个数成等差数列. 实际上,如果对其中某三个数 a, b, c 有 $a + c = 2b$,它们的三进制数表达式中都是只有数码 0 和 1, a 和 c 必定逐位相等,从而 $a = b = c$.

76. 本题和下面三个问题有机械的解法,只要作显见的变换,并寻求一种格式,先乘,并项并约去因子 2
$$m^2 + (m+1)^2 = n^4 + (n+1)^4 \Longrightarrow m^2 + m = n^4 + 2n^3 + 3n^2 + 2n$$
$$m^2 + m = (n^2 + n)^2 + 2(n^2 + n) \Longrightarrow m^2 + m + 1 = (n^2 + n + 1)^2$$
等式右面是平方数,而等式左面不是,这是因为它夹在两相继平方数之间
$$m^2 < m^2 + m + 1 < (m+1)^2$$

77. $2 + 2\sqrt{28n^2 + 1} = m \Longrightarrow 4(28n^2 + 1) = m^2 - 4m + 4 \Longrightarrow m = 2k \Longrightarrow 28n^2 + 1 = k^2 - 2k + 1 \Longrightarrow 28n^2 = k^2 - 2k \Longrightarrow k = 2q \Longrightarrow 28n^2 = 4q^2 - 4q \Longrightarrow 7n^2 = q^2 - q = q(q-1)$,此处 q 与 $q-1$ 互质.

(i) $q = 7x^2, q - 1 = y^2 \Longrightarrow 7x^2 - y^2 = 1$,这不可能,因为 $y^2 \not\equiv -1 (\bmod 7)$.

(ii) $q = x^2, q - 1 = 7y^2$,这时 $m = 2k = 4q = 4x^2 = (2x)^2$,所以我们已解出这题. 我们并不需要证明确有这样的解,而如果有解,则它是平方数. 实际上有无限多个解,消去 q 得 Pell-Fermat 方程 $x^2 - 7y^2 = 1$. 由视察法可求得最小正解为 $x_0 = 8, y_0 = 3$,从而所有解由下式给出

$$x_n + y_n \sqrt{7} = \left(8 + 3\sqrt{7}\right)^n$$

78. $x^3 + 3 = 4y(y+1) \Rightarrow x^3 + 3 = 4y^2 + 4y \Rightarrow x^3 + 4 = (2y+1)^2 \Rightarrow x^3 = (2y+1)^2 - 4 = (2y+3)(2y-1)$，但 $\gcd(2y+3, 2y-1) = \gcd(2y-1, 4)$，所以 $2y-1 = u^3, 2y+3 = v^3, v^3 - u^3 = 4$，但没有两个立方数之差为 4，所以是无解的.

79. $11\,111\,111\,111 \cdot 10^9 \leqslant x < 11\,111\,111\,111 \cdot 10^9 + 10^9 \Leftrightarrow (10^{11}-1) \cdot 10^9 \leqslant 9x < (10^{11}-1) \cdot 10^9 + 9 \cdot 10^9$.

而

$$(10^{10}-1)^2 < 10^{20} - 10^9 \leqslant 9x$$
$$(10^{10}+1)^2 > 10^{20} + 8 \cdot 10^9 > 9x$$

但在 $(10^{10}-1)^2$ 与 $(10^{10}+1)^2$ 之间仅有一个平方数，所以 $9x = 10^{20}$，但是 10^{20} 不是 9 的倍数.

80. 由 $a^2 + ab + b^2 = (a-b)^2 + 3ab$，可推出 $3 \mid a-b \Rightarrow 9 \mid 3ab \Rightarrow 3 \mid a$ 或 $3 \mid b$，且 $3 \mid a-b \Rightarrow 3 \mid a$ 且 $3 \mid b$.

81. 因为 $1\,971 = 27 \times 73, \gcd(27 \times 73) = 1$（对奇的 n），我们有
$$50^n + 23^n \cdot a \equiv (-4)^n + (-4)^n a \equiv -4^n(a+1) \pmod{27}$$
$$\Rightarrow a \equiv -1 \pmod{27}$$
$$50^n + 23^n a \equiv (-23)^n + 23^n a \equiv 23^n(a-1) \pmod{73}$$
$$\Rightarrow a = 1 \pmod{73}$$

即 $a = 73x + 1, a = 27y - 1$，故 $73x - 27y = -2$，这方程有无限多组解，我们要找有最小的 a 的那组解.

$$73 = 73 \times 1 + 27 \times 0, 27 = 73 \times 0 - 27 \times (-1)$$
$$\Rightarrow 19 = 73 \times 1 + 27 \times (-2)$$
$$\Rightarrow 8 = 73 \times (-1) + 27 \times 3 \Rightarrow 3 = 73 \times 3 + 27 \times (-8)$$
$$\Rightarrow 2 = 73 \times (-7) + 27 \times 19 \Rightarrow -2 = 73 \times 7 - 27 \times 19$$

从第三个等式起，从第 $n-2$ 个等式减去第 $n-1$ 个等式适当多次就得到第 n 个等式，从最后那个等式得到一组解 $x_0 = 7, y_0 = 19$. 于是该方程所有的解由 $x = 7 + 27t, y = 19 + 73t$ 给出，$t = 0$ 时得到最小的正的 $a = 73 \times 7 + 1 = 27 \times 19 - 1 = 512$.

82. 每项乘 3 再加 7，第 n 项变成 10^n，所以 $a_n = (10^n - 7)/3$，由 $10^2 \equiv -2 \pmod{17}$ 有 $10^8 \equiv 16 \equiv -1 \pmod{17}$. 由此得 $10^9 \equiv -10 \equiv 7 \pmod{17}$ 及 $10^{16} \equiv 1 \pmod{17}$，从而 $17 \mid (10^{16k+9} - 7)/3$，即 $(10^{16k+9} - 7)/3$ 当 $k = 0, 1, 2, \cdots$ 时是合数. 另外，当 $n = 1, 2, 3, 4, 5, 6, 7, 8$ 时 a_n 都是质数，这数列中有无穷项是 19 的倍数，请找出它们.

83. $\qquad n$ 偶 $\Rightarrow n \cdot 2^n - 1 \equiv n - 1 \equiv 0 \pmod{3} \Rightarrow n = 6k + 4$

n 奇 $\Rightarrow n \cdot 2^n - 1 \equiv 2n - 1 \equiv -n - 1 \equiv 0 \pmod{3} \Rightarrow n = 6k + 5 \ (k \in \mathbf{N})$

84. 因为 $\gcd(m, (m+1)) = 1$，我们需要求解 $m + 1 = a^n$ 和 $m = b^n$，即 $a^n - b^n = 1$，但不会有两个数的幂之差为 1.

85. $4n = (2n-1) + (2n+1)$，故右边两个数是两个相继的奇数且没有公约数，对奇数有 $2n + 1 = n + (n+1)$. 最后，当 n 为奇数时，$2n = (n-2) + (n+2)$，其中 $\gcd(n-2, n+2) = \gcd(4, n-2) = 1$.

86. 因为 $x^2 + 2y^2$ 是质数，x 是奇数，且 $x^2 \equiv 1 \pmod{8}$，如果 y 为偶数，则 $2y^2 \equiv 0 \pmod{8}$

且 $x^2 + 2y^2 \equiv 1 \pmod 8$，如果 y 是奇数，那么 $y^2 \equiv 1 \pmod 8$，且 $x^2 + 2y^2 \equiv 3 \pmod 8$.

87. 由 $b > 2$ 必有 $a > b$，由 $a = qb + r, 0 \le r < b$ 以及

$$\frac{2^a + 1}{2^b - 1} = 2^{a-b} + \frac{2^{a-b} + 1}{2^b - 1}$$

可得出结论

$$\frac{2^a + 1}{2^b - 1} = 2^{a-b} + 2^{a-2b} + \cdots + \frac{2^r + 1}{2^b - 1}, \frac{2^r + 1}{2^b - 1} < 1$$

88. (a) $(n-1)n(n+1) = (n^2 - 1)n = m^k$. 因为 $\gcd(n^2 - 1, n) = 1$，故必有 $n^2 - 1 = a^k, n = b^k$，故 $b^{2k} - a^k = 1$，它在 $\mathbf{N}_+$ 中是无解的.

(b) 设 $x(x+1)(x+2)(x+3) = (x^2 + 3x)(x^2 + 3x + 2) = y^k$，则 $\gcd(x^2 + 3x + 2, x^2 + 3x) = \gcd(x^3 + 3x, 2) = 2, \gcd((x^2 + 3x)/2, (x^2 + 3x + 2)/2) = 1$，则 $(x^2 + 3x)/2 = a^k, (x^2 + 3x + 2)/2 = b^k$，且 $b^k - a^k = 1$，然而没有两个正整数的 k 次幂之差为 1.

89. 去掉最后一个数字后的数记为 b，则 $10b + 9 = 9 \cdot 10^n + b$[①].

90. 本题的解可见第 10 章问题 63.

91. 没有一般可看出的方法，但可看到 x 和 y 不会差很多. 实际上，$y^3 - (x+1)^3 = 5x^2 - 9x + 7 > 0$，又 $(x+3)^3 - y^3 = x^2 + 33x + 19 > 0$，即 $x + 1 < y < x + 3$，因 x, y 是整数，故必有 $y = x + 2$，用 $x + 2$ 代替 y 得到 $2x(x-9) = 0$，它有解 $x_1 = 0, y_1 = 2$ 以及 $x_2 = 9, y_2 = 11$，故数对 $(0, 2)$ 和 $(9, 11)$ 确实满足原方程.

92. (a) $2n + 1 = x^2, 3n + 1 = y^2$，第一式表明 x 是奇数，即知 $n = 4m$ 是偶数，第二式表明 $3n = 8m_1$，也即 $n = 8m_2$，于是 $n \equiv 0 \pmod 8$，我们还要证明 $n \equiv 0 \pmod 5$，而平方数模 5 的余数只能是 $0, 1, 4 \pmod 5$. 于是对模 5 有

$$n \equiv 1 \Rightarrow x^2 = 2n + 1 \equiv 3, n \equiv 2 \Rightarrow y^2 = 3n + 1 \equiv 2$$
$$n \equiv 3 \Rightarrow x^2 = 2n + 1 \equiv 2, n \equiv 4 \Rightarrow y^2 = 3n + 1 \equiv 3$$

这都推出矛盾. 故有 $n \equiv 0 \pmod 5$，这样就证明了 $n \equiv 0 \pmod{40}$.

(b) 从头两个式子推出 $3x^2 - 2y^2 = 1$，用变换 $x = u + 2v, y = u + 3v$ 可把方程变成 Pell 方程 $u^2 - 6v^2 = 1$，其最小解为 $u_0 = 5, v_0 = 2$，故它的所有解由 $u_n + v_n \sqrt{6} = (5 + 2\sqrt{6})^n$ 给出. $x_0 = 9, y_0 = 11$，与 u_0, v_0 对应的解是 $x_0 = 9, y_0 = 11$，其中 $y_0^2 - x_0^2 = n = 40$.

也可直接猜出 $x_0 = 9, y_0 = 11$ 是最小解，这样它的全部解由

$$x_n \sqrt{3} + y_n \sqrt{2} = (9\sqrt{3} + 11\sqrt{2})^n$$

给出.

93. $468 = 5^3 + 7^3$，从而 $468^4 = 468 \times 468^3 = (5 \times 468)^3 + (7 \times 468)^3$.

94. $385^{1\,980} + 18^{1\,980} \equiv 2 \pmod{13}$，但 2 不是模 13 的平方剩余. 为看出这点，考虑下表

x	0	1	2	3	4	5	6
x^2	0	1	4	-4	3	-1	-3

这里不必取绝对值大于 6 的值，这是因为 $7 \equiv -6, \cdots 12 \equiv -1 \pmod{13}$. 又 $385 \equiv -5 \pmod{13}, 18 \equiv 5 \pmod{13}, 5^4 = (-5)^4 \pmod{13}$，因 1 980 是 4 的倍数，即得结果. 较小

---

① 原题有误.——译校者注

的模是不行的,因为那样就会得到一个可能的二次剩余.

95. 模 4 来求和. 和式中的项做成一个周期数列,周期为 $1,0,-1,0$,长度为 4. 因此该和式是 4 的倍数,如果和式形如 $m^k(k\geqslant 3)$,它必定是 8 的倍数. 现对模 8 来研究此和式. 若 n 为偶数且 $n\neq 2$,则 n^k 是 8 的倍数,若 n 是奇数,则 $n^k\equiv n(\bmod 8)$. 这样和式模 8 变为

$$2^2+1+3+5+\cdots+1\ 983\equiv 984\ 068\equiv 4$$

它不是 8 的倍数.

96. $y^2=x^3+7\Leftrightarrow y^2+1=x^3+8=(x+2)(x^2-2x+4)$. 我们首先注意,如果 x 是偶数,则 $y^2\equiv 7(\bmod 8)$,但奇数的平方模 8 余 1,所以 x 必须是奇数. 但 $x^2-2x+4=(x-1)^2+3=4k+3$,因此它必定有同样形式的质因子,因为形如 $4k+1$ 的数的乘积依旧是这种形式的. 但是,已知奇数只能有形如 $4k+1$ 的质因子(除了 2),我们来证明这个事实. 设 q 是 y^2+1 的质因子,于是 $y^2\equiv -1(\bmod q)$. 由 Fermat 定理有 $y^{q-1}\equiv 1(\bmod q)$. 由 $y^2\equiv -1(\bmod q)$ 就有 $y^4\equiv 1(\bmod q)$(两边平方可证),故 $4\mid q-1\Rightarrow q=4k+1$,这就得出矛盾.

97. 我们要求 x,它满足 $x\equiv 7^{9\ 999}(\bmod 1\ 000)$,即 $7x\equiv 7^{10\ 000}(\bmod 1\ 000)$,但 $\varphi(1\ 000)=400,7^{400}\equiv 1(\bmod 1\ 000)$. 因为 $10\ 000=25\times 400$,我们有 $7x\equiv 1(\bmod 1\ 000)$,于是我们要求 7 关于模 1 000 的逆元,这可以用 Euclid 算法解方程 $7x+1\ 000y=1$ 这一标准方法来做,但在这个特别的情况,可以利用 $1\ 001=11\times 91=7\times 11\times 13$ 这一结果,显然 $1\ 001\equiv 1(\bmod 1\ 000)$,但是 $1\ 001=143\times 7$,故有 $7\times 143\equiv 1(\bmod 1\ 000)$,于是 $x=143$.

98. 乘以 xyz 得到 $yz+xz=xy$,设 $x=da,y=ab$,这里 $\gcd(a,b)=1$,则

$$dbz+daz=d^2ab\Rightarrow(a+b)z=dab\Rightarrow z=\frac{ab}{a+b}d$$

现有 $\gcd(a,b)=\gcd(a,a+b)=\gcd(b,a+b)=\gcd(ab,a+b)=1$,即 $d=k(a+b),z=kab,x=ka(a+b),y=kb(a+b)$. 因为 $\gcd(x,y,z)=1$,我们有 $k=1$,最后得

$$x=a(a+b),y=b(a+b),z=ab$$

确实得

$$\frac{1}{a(a+b)}+\frac{1}{b(a+b)}=\frac{1}{ab}$$

99. 乘以 $x^2y^2z^2$ 得 $(yz)^2+(xz)^2=(yx)^2$,利用本章开始有关数论的预备知识中的第 13 条可得

$$yz=u^2-v^2,xz=2uv,xy=u^2+v^2$$
$$\gcd(u,v)=1,u\not\equiv v(\bmod 2)$$

记 $xyz=k$ 得

$$kx=2uv(u^2+v^2),ky=(u^2+v^2)(u^2-v^2),kx=2uv(u^2-v^2)$$

100. 由提示,我们如下进行

$$(x^2-dy^2)(u^2-dv^2)$$
$$=(x+y\sqrt{d})(x-y\sqrt{d})(u+v\sqrt{d})(u-v\sqrt{d})$$
$$=(x+y\sqrt{d})(u-v\sqrt{d})(x-y\sqrt{d})(u+v\sqrt{d})$$
$$=(xu-vyd-(xv-yu)\sqrt{d})(xu-vyd+(xv-uy)\sqrt{d})$$
$$=(xu-vyd)^2-d(xv-yu)^2$$

对 $x^2 + dy^2$ 也可同样进行. 另一处置方法是用矩阵和行列式, 矩阵 $\begin{pmatrix} x & yd \\ y & x \end{pmatrix}$ 的行列式为 $x^2 - dy^2$, 如果熟悉矩阵的乘法, 则有

$$\begin{pmatrix} x & yd \\ y & x \end{pmatrix} \cdot \begin{pmatrix} u & vd \\ v & u \end{pmatrix} = \begin{pmatrix} xu + yvd & d(xv + yu) \\ xv + yu & xu + yvd \end{pmatrix}$$

如果 A, B 是两个矩阵, 则它们乘积的行列式等于它们行列式的乘积, 即 $\det(AB) = \det(A) \cdot \det(B)$. 对本题中的矩阵用此规则就得到 $(x^2 - dy^2)(u^2 - dv^2) = (xu + dyv)^2 - d(xv + yu)^2$, 类似地可应用于两个变量的二次型.

101. $2(1^{1987} + 2^{1987} + \cdots + n^{1987}) = (n^{1987} + 2^{1987}) + \cdots + (2^{1987} + n^{1987}) + 2 = (n+2)P + 2$, 其中 P 是整数. 这由 $a + b | a^k + b^k$ 对奇数 k 成立即可推出, 于是, $n + 2$ 不整除该和式.

102. $(5 + 3\sqrt{2})^m = (3 + 5\sqrt{2})^n \Rightarrow (5 - 3\sqrt{2})^m = (3 - 5\sqrt{2})^n$, 仅有的解是 $m = n = 0$. 这是因为 $0 < 5 - 3\sqrt{2} < 1$, 但 $5\sqrt{2} - 3 > 1$.

103. 设 $x \geq y$, 则有 $x = d + y(d \geq 1)$, 且 $(3d - 1)y^2 + (3d^2 - d)y + d^3 = 61$, 由此推出 $d \leq 3$. 由 $d = 1$ 推得 $2y^2 + 2y - 60 = 0$, 即 $y^2 + y - 30 = 0$, 解为 $y = 5, x = 6$, 其他两个可能的值 $d = 2, d = 3$ 得不出正整数解, 再由原方程关于 x 和 y 的对称性, 又得到另外一组解 $x = 5, y = 6$.

104. 由 $y^3 = z^4 - x^2 = (z^2 - x)(z^2 + x)$ 得到 $z^2 - x = 1, z^2 + x = y^3$, 或者得到 $z^2 - x = y, z^2 + x = y^2$. 在第一种情况下有 $x = z^2 - 1 = (z - 1)(z + 1)$, 于是 $z - 1 = 1$, 即 $z = 2, x = 3, y^3 = 5$, 矛盾. 第二种情况下也导出矛盾 $y^2 = 2z^2$.

105. 第五位数字是 5, 第 2, 4, 6, 8 位数是偶数, 其他位置上的数字必须是奇数. 因为 $d_1 d_2 d_3 d_4$ 是 4 的倍数, 故有 $d_4 = 2$ 或 6. 于是 $d_6 d_7 d_8$ 是 8 的倍数, $d_7 d_8$ 也是 8 的倍数, 故 $d_8 = 2$ 或 6. 因此 d_2 与 d_6 为 4 或 8, 已知 $d_1 d_2 d_3$ 被 3 整除, $d_1 d_2 d_3 d_4 5 d_6$ 被 6 整除, d_2 只有取 4 或 8 这两种可能, 若 $d_2 = 4$, 就会得到两个不被 7 整除的数, 若 $d_2 = 8$, 得唯一解 381 654 729.

106. $(x - y)^5 + (y - z)^5 + (z - x)^5$ 当 $x = y, y = z, z = x$ 时为 0, 因此有因子 $(x - y)(y - z) \cdot (z - x)$. 为看出 5 也是它的一个因子, 只要将括号乘开去掉, 诸项 x^5, y^5, z^5 即消去, 剩的项恰为 5 的倍数, 这就证明了我们的论断.

107. 我们有 $10\,000x + 1\,986 = 1\,987z, x, y \in \mathbf{N}_+$, 令 $y = z - 1$ 得 $10\,000x - 1\,987y = 1$, 这方程有无限多组解 x, y, 最小解为 $x = 214$. 故答案为 $2\,141\,986$.

108. 约去 2 得 $991 | \overbrace{11\cdots1}^{1\,980个}(1\,980\ 个\ 1)$, 但 $\overbrace{11\cdots1}^{1\,980个} = (10^{1\,980} - 1)/9$, 而 $10^{1980} - 1 = (10^{990} - 1)(10^{990} + 1)$, 因为 991 是质数, 由 Fermat 定理有 $991 | 10^{990} - 1$, 这就证明了断言.

109. $1 \times 10^{k_1} + 2 \times 10^{k_2} + \cdots + 1\,986 \cdot 10^{k_{1986}}$ 会是一个立方数 x^3 吗? 立方数模 9 的余数只有 0, 1 及 -1, 由于 $10^k \equiv 1 \pmod 9$, 就得 $x^3 \equiv 1 + 2 + \cdots + 1\,986 \equiv 1\,987 \cdot 993 \equiv 3 \pmod 9$, 因此 $x^3 \equiv 3 \pmod 9$, 而这不可能.

110. $\varphi(256) = 128, 1\,986 = 128 \cdot 15 + 66$, 由 Euler-Fermat 定理得 $27^{1\,986} = 27^{66} \pmod{256}$, 现有 $27^{64} \equiv (-39)^{32} \equiv (-15)^{16} \equiv (-31)^8 \equiv (-63)^4 \equiv 129^2 \equiv 1 \pmod{256} \Rightarrow 27^{66} \equiv 27^2 \equiv 729 \equiv 217 \pmod{256}$. 把 217 写成二进制形式, 就得到最后八个数字为 11 011 001.

111. 用归纳法, 对前面一些 n(例如 $n = 1, 2, 3, 4$)的值, 得出 3^n 的右边第二位数字是偶数, 设 $3^n = Bed$(B 是某些我们不感兴趣的数字组成的数, e 代表一个偶数的个位数, $d = 1, 3,$

7,9 这几个数之一),用 3 乘 d 时,总得到一个进位 0 或 2,把这个进位加到 e 上,仍得偶数,有时会又得一个进位,它只影响右边第三位数字.

112. $1\,000^m - 1 \mid 1\,978^m - 1 \Rightarrow 1\,000^m - 1 \mid 1\,978^m - 1\,000^m$,后者为 $2^m(989^m - 500^m)$,但 $1\,000^m - 1$ 是奇数,所以 $1\,000^m - 1 \mid 989^m - 500^m$,但由 $1\,000^m - 1 > 989^m - 500^m$ 知明显不可能.

113. $n! / (n(n+1)/2) = 2 \cdot 2 \cdot 3 \cdots (n-1)/(n+1)$,如果 $n+1$ 是质数,答案显然是否定的(除了 $n=1$ 以外). 在所有其他情况,答案都是肯定的. 我们来证明之. 设 $n+1 = pq > 3$ $(p \le q, p > 1)$.

第一种情形:$1 < p < q \le (n+1)/2 \le n-1$. 在此情形,$p,q$ 是 $(n-1)!$ 的不同的因子.

第二种情形:$p = q$. 对 $n = 3$ 有 $(1+2+3) \mid 3!$,$n > 3$ 时有 $q > 2 \Rightarrow q(n-2) > 1 \Rightarrow q^2 > 2q + 1$,对 $n+1 = q^2$ 有 $n+1+q^2 > q^2 + 2q + 1 \Rightarrow n > 2q$,因此 $(n-1)!$ 中有因子 q 和 $2q$.

114. 我们证明
$$5 \nmid abcde \Rightarrow 25 \nmid a^5 + b^5 + c^5 + d^5 + e^5$$
$$(5k \pm 1)^5 = (5k)^5 \pm 5 \cdot (5k)^4 + 10 \cdot (5k)^3 \pm 10(5k)^2 + 5 \cdot 5k \pm 1$$
$$(5k \pm 2)^5 = (5k)^5 \pm 5(5k)^4 \cdot 2 + 10 \cdot (5k)^3 \cdot 2^2 \pm 10 \cdot (5k)^2 \cdot 2^3 + 5 \cdot 5k \cdot 2^4 \pm 2^5$$
于是 $(5k \pm 1)^5 \equiv \pm 1 (\bmod 25)$,且 $(5k \pm 2)^5 \equiv \pm 7 (\bmod 25)$. 而从 $1, -1, 7, -7$ 中任取五个数相加得到的和决不会得到 $0, \pm 25$ 或 $35 = 5 \times 7$.

115. $(a+b)^7 - a^7 - b^7 = 7ab(a+b)(a^2 + ab + b^2)^2$,于是必有 $7^3 \mid a^2 + ab + b^2$. 对 $a = 18$,$b = 1$,有 $7^3 = a^2 + ab + b^2$,还有别的更系统的求解方法.

116. 见 14 章第 4 节例 1.

117.
$$(a^2 + ab + b^2)(c^2 + cd + d^2)$$
$$= (a - \omega b)(a - \overline{\omega} b)(c - \omega d)(c - \overline{\omega} d)$$
$$= (ac - bd)^2 + (ac - bd)(ad + bc - bd) + (ad + bc - bd)^2$$
其中 $\omega = e^{2\pi i/3}$ 是三次单位根,$\omega^2 = -1 - \omega$,其他的解法用到矩阵.

118. $ax^2 + by^2 = 1$ 是一个椭圆. 如果 (x_0, y_0) 是该椭圆上的一个有理点,选取一条过点 (x_0, y_0) 的 $Ax + By + C = 0, A, B, C \in \mathbf{Q}$,它交椭圆于另一个点 $(x_1, y_1), x_1, y_1 \in \mathbf{Q}$,绕点 (x_0, y_0) 转动直线就得到无限多个有理点.

119. $x(x+1)(x+2)(x+3) = y^2 \Rightarrow (x^2 + 3x)(x^2 + 3x + 2) = y^2$,左边有两项是偶数,它们差的一半为 1,故它们互质,这表明它们都是平方数
$$\frac{x^3 + 3x}{2} = u^2, \frac{x^2 + 3x + 2}{2} = v^2, v^2 - u^2 = 1$$
而最后这个方程无正整数解.

120. (a)首先 $m^4 \equiv 0$ 或 $1 (\bmod 16)$,右边是 0 或 $1 (\bmod 16)$,因此左边至少有三个是偶数.

(b)易见 $m^4 \equiv 0$ 或 $1 (\bmod 16)$,而右面至多是 $1 (\bmod 16)$,故左边至少有三个数能被 5 整除.

(c)左边四个数中至少有三个偶数,至少三个被 5 整除,故至少有两个数是 10 的倍数.

121. $12^m + 9^m + 8^m + 6^m = (3^m + 4^m)(3^m + 2^m)$,因为 $m = 10a + 5 = 5(2a+1)$,故有 $4^m + 3^m = 4^{5(2a+1)} + 3^{5(2a+1)}$ 及 $4^5 + 3^5 \mid 4^m + 3^m$. 类似地,$3^5 + 2^5 \mid 3^m + 2^m$.

但 $4^5 + 3^5 = 1\,024 + 243 = 1\,267 = 7 \cdot 181, 3^5 + 2^5 = 243 + 32 = 275 = 11 \cdot 25$, 又有 $1\,991 = 11 \cdot 181$. 因此, 该式可以被 $181 \cdot 11 = 1\,991$ 整除.

122. 解法与第 91 题同.

123. 方程的左边已接近一个平方数, 乘 4 再加 1 可得

$$4y^2 + 4y + 1 = 4x^4 + 4x^3 + 4x^2 + 4x + 1$$
$$(2y+1)^2 = 4x^4 + 4x^3 + 4x^2 + 4x + 1$$

等式左边是一个平方数, 我们证明等式右边在两个相继的平方数之间.

$$T(x) = 4x^4 + 4x^3 + 4x^2 + 4x + 1$$
$$= (2x^2 + x)^2 + (3x+1)(x+1)$$
$$T(x) = 4x^4 + 4x^3 + 4x^2 + 4x + 1$$
$$= (2x^2 + x + 1)^2 - x(x-2)$$

对 $x < -1$ 或 $x > 0$, 有 $(3x+1)(x+1) > 0$ 以及 $T(x) > (2x^2 + x)^2$.

对 $x < 0$ 或 $x > 2$, 有 $T(x) < (2x^2 + x + 1)^2$, 对 $x < -1$ 或 $x > 2$, 有

$$(2x^2 + x)^2 < T(x) < (2x^2 + x + 1)^2$$

只要检验 $x = -1, 0, 1, 2$ 诸情形即可, 我们得到:

(a) $x = -1 \Rightarrow y^2 + y = 0 \Rightarrow y = 0, y = -1$.

(b) $x = 0 \Rightarrow y^2 + y = 0 \Rightarrow y = 0, y = -1$.

(c) $x = 1 \Rightarrow y^2 + y = 4$, 无整数解.

(d) $x = 2 \Rightarrow y^2 + y = 30 \Rightarrow y = -6, y = 5$.

故整数解为 $(-1, -1), (-1, 0), (0, -1), (0, 0), (2, -6)$ 及 $(2, 5)$.

124. 如果 $z^2 - x^2 = y^2 - z^2$, 则三个数 x^2, z^2, y^2 成等差数列, 即

$$x^2 + y^2 = 2z^2 \Leftrightarrow (y-x)^2 + (x+y)^2 = (2z)^2$$

$y - x = u^2 - v^2, x + y = 2uv$, 由此得 $2z = u^2 + v^2$, 前两式相加、相减得到

$$x = \frac{2uv - u^2 + v^2}{2}, y = \frac{u^2 - v^2 + 2uv}{2}, z = \frac{u^2 + v^2}{2}, u > v$$

这里 u, v 奇偶性必相同, 故诸分子均为偶数.

125. $1, \cdots, m$ 中, b 的倍数有 $\lfloor m/b \rfloor$ 个. 由假设, $1, 2, \cdots, 1\,951$ 中没有数能同时被 a_1, $a_2, \cdots, a_n$ 中某两个数整除, 因此 $1, \cdots, 1\,951$ 中能被 $a_1, \cdots, a_n$ 中一个数整除的数的个数为

$$\lfloor 1\,951/a_1 \rfloor + \lfloor 1\,951/a_2 \rfloor + \cdots + \lfloor 1\,951/a_n \rfloor$$

这个数不超过 $1\,951$, 因此

$$\frac{1\,951}{a_1} - 1 + \frac{1\,951}{a_2} - 1 + \cdots + \frac{1\,951}{a_n} - 1 < 1\,951$$

$$\frac{1\,951}{a_1} + \frac{1\,951}{a_2} + \cdots + \frac{1\,951}{a_n} < n + 1\,951 < 1 \cdot 1\,951$$

$$\frac{1}{a_1} + \frac{1}{a_2} + \cdots + \frac{1}{a_n} < 2$$

本题在 1951 年 MMO 中使用, 此题属于 Paul Erdös, 2 可换成 $\frac{6}{5}$, 但 $\frac{6}{5}$ 也不是最好的上界.

126. (a) 答案是 $36 - 5^2 = 11. 36^k = 6^{2k}$ 的末位数字为 $6, 5^m$ 的末位数字为 5, 因此 $|6^{2k} - 5^m|$

的末位数为 1 或 9,方程 $6^{2k}-5^m=1$ 无解,否则就有 $5^m=(6^k-1)(6^k+1)$,但 6^k+1 不被 5 整除,对 $k=1,m=2$,有 $36^k-25^m=11(5^k-6^{2m}=9$ 也无解,因为 5^k 不是 3 的倍数).

　　(b) $|f(1,1)|=7$,我们来证明 $|f(m,n)|$ 不能取更小的值,因为 12 和 5 互质,故它取不到值 0,3,5,6. 因为 12^m 是偶数,而 5^n 是奇数,故它也取不到值 4 和 2,现在要来排除 $|f(m,n)|=1$,若 $f(m,n)=1 \Rightarrow 5^n \equiv -1(\bmod 4)$,又若 $f(m,n)=1 \Rightarrow 12^m \equiv 2(\bmod 4)$,这与 $12^m \equiv 0(\bmod 4)$ 矛盾;现在设有 $f(m,n)=-1$,那么

$$5^n \equiv 1(\bmod 3) \Rightarrow n=2k \Rightarrow 12^m=(5^k+1)(5^k-1)$$

$5^k \equiv 1(\bmod 4)$,所以 $5^k+1 \equiv 2(\bmod 4)$. 这样 5^k+1 只被 2 整除一次,由 $12^m=(5^k+1)(5^k-1)$,所以 $5^k+1=2 \cdot 3^v,5^k-1=2^{2m-1}3^{m-v}$,$5^k+1$ 和 5^k-1 中只有一个是 3 的倍数. 这是因为这两个数的差为 2,但 $v=0$ 就蕴含 $5^k+1=2 \Rightarrow k=0 \Rightarrow n=0$,矛盾,这是因为 $0 \notin \mathbf{N}_+$.

　　另一种情况: $v=m \Rightarrow 5^k-1=2^{2m-1},5^k+1=2 \cdot 3^m$,差 $2=2 \cdot 3^m-2^{2m-1} \Rightarrow 3^m-4^{m-1}=1$,而这对任何正整数 m 都不成立.

　　127. 等式 $(x^2+x+1)(x^2-x+1)=x^4+x^2+1$ 给出无穷多组解 $(n,-n,n^2)$.

　　128. (a)我们有 $z^2=(x^2-1)(y^2-1)+5(\bmod 8)$,由于 $z^2=0,1,4(\bmod 8)$,$(x^2-1) \equiv 0,3,7(\bmod 8)$,$(x^2-1)(y^2-1) \equiv 0,1,5(\bmod 8)$ 以及 $(x^2-1)(y^2-1)+5 \equiv 2,5,6(\bmod 8)$,我们有 $z^2 \not\equiv (x^2-1)(y^2-1)+5(\bmod 8)$.

　　(b)考虑方程 $z^2=(x^2-1)(y^2-1)+5(\bmod 9)$,我们有 $z^2 \equiv 0,1,4,7(\bmod 9)$,$(x^2-1) \equiv 0,3,6,8(\bmod 9)$,$(x^2-1)(y^2-1) \equiv 0,3,6(\bmod 9)$,$(x^2-1)(y^2-1)+5 \equiv 5,6,8,2(\bmod 9)$. 于是 $z^2 \not\equiv (x^2-1)(y^2-1)+5(\bmod 9)$.

　　(c)$n=1984$,化简得 $x^2+y^2+z^2-x^2y^2=1985$. 解题思路是求方程 $x^2+y^2=1985$ 的解,然后再取 $z=xy$ 就得到所要求的解. 研究平方数的个位数并试算,就很快求得 $7^2+44^2=1985,31^2+32^2=1985$,于是 $(7,44,308),(31,32,31 \times 32)$ 是解(有无穷多组解).

　　129. 类似例 15 进行求解.

　　130. 类似例 15 进行求解.

　　131. 设有质数 p 使得 $p=a^2+b^2=c^2+d^2,a>b,c>d,a \neq c$. 设 $a>c$,则

$$p^2=a^2c^2+b^2d^2+a^2d^2+b^2c^2$$

有两种表示法

$$p^2=(ac+bd)^2+(ad-bc)^2=(ad+bc)^2+(ac-bd)^2$$

　　由于

$$(ac+bd)(ad+bc)=(a^2+b^2)cd+(c^2+d^2)ad=p(ab+cd)$$

要么有 $p|ac+bd$ 或有 $p|ad+bc$,如果 $p|ac+bd$,由 p^2 的第一个表达式有 $ad-bc=0$,即 $ad=bc$,也即 $\dfrac{a}{c}=\dfrac{b}{d}$. 由于 $a>c$,我们有 $b>d$ 和 $a^2+b^2>c^2+d^2$,矛盾!

　　但如果 $p|ad+bc$,由 p^2 的第二个表达式得 $ac-bd=0 \Rightarrow \dfrac{a}{b} \Rightarrow \dfrac{d}{c}$,这蕴含 $d>c$. 但我们已假设有 $c>d$,矛盾!

　　我们可以证明 $t=\dfrac{ac+bd}{gcd(ac+bd,ab+cd)}$ 是 p 的因子,且 $1<t<p$.

　　132. 考虑方程 $x^2+y^2+z^2=3xyz$,用视察法容易看出一组解——$(1,1,1)$. 设 (x,y,z) 是

任一组解,固定 y 和 z,原方程就成了 x 的二次方程. 它有两个解 x 和 x_1,满足 $x+x_1=3yz$ 即 $x_1=3yz-x$,从而 x_1 也是整数,对于满足该方程的三数组 (x,y,z),另有一组三数组 $(3yz-x, y,z)$. 的确,我们有

$$(3yz-x)^2+y^2+z^2=3(3yz-x)yz \Rightarrow 9y^2z^2-6xyz+x^2+y^2+z^2=9y^2z^2-3xyz$$

这就化简成 $x^2+y^2+z^2=3xyz$,于是我们已经找到了此方程的无穷多组解,如下:

x	1	2	5	13	34	89	233	610	29	169	985	194	433
y	1	1	2	5	13	34	89	233	5	29	169	13	29
z	1	1	1	1	1	1	1	1	2	2	2	5	5

如果 (x,y,z) 满足方程 $x^2+y^2+z^2=3xyz$,则 $(3x,3y,3z)$ 满足方程 $x^2+y^2+z^2=xyz$.

133. 见第 13 章问题 34.

134. $3n+1=x^2,4n+1=y^2,y^2-x^2=n \Rightarrow y$ 是奇数 $\Rightarrow n$ 是偶数 $\Rightarrow x$ 是奇数 $\Leftrightarrow 8 \mid n$,这里用到如下事实:若 x,y 是奇数,则 $8 \mid y^2-x^2$. 现有 $4x^2-3y^2=1$,从而 $4x^2-3y^2=1$,令 $\omega=2x$ 即得 $\omega^2-3y^2=1$.

这个 Pell 方程有解 $(2+\sqrt{3})^n=\omega_n+\sqrt{3}y_n$,但其中仅仅第一、第三、第五……个解有偶的 ω_n. 我们从解 $2+\sqrt{3}$ 出发,反复乘以 $(2+\sqrt{3})^2=7+4\sqrt{3}$,这样可得到所有有偶的 ω_n 的解. 我们得到递归式

$$\omega_{n+1}=2x_{n+1}=14x_n+12y_n, y_{n+1}=8x_n+7y_n$$

由 $x_{n+1}=7x_n+6y_n \equiv -y_n \pmod 7$ 和 $y_{n+1}=8x_n+7y_n \equiv x_n \pmod 7$,我们得到 $y_{n+1}^2-x_{n+1}^2=x_n^2-y_n^2 \equiv n \equiv 0 \pmod 7$,因此 $7 \mid n$.

135. 在问了 49 个问题后,仍有一个乘积(例如 $a_1a_2a_3$)尚不知道,我们把所有 $i \not\equiv 0 \pmod 3$ 的 a_i 改变符号,但 a_1 不改变,这不改变对那 49 个问题的回答,但乘积确实改变了. 这是因为 $a_1a_2a_3$ 改变了符号,因此只问 49 个问题是不够的. 但如果 50 个问题的答案都有了,就能得到乘积,这是因为

$$(a_1a_2a_3)(a_2a_3a_4)\cdots(a_{50}a_1a_2)=(a_1a_2\cdots a_{50})^3=a_1a_2\cdots a_{50}$$

136. 设 n 中含 3 的最高幂为 3^k. 把 n 写成 $n=3^k(3s+r),r=1$ 或 2. 我们用到下面的引理

$$x^2+x+1 \mid x^{6s+2r}+x^{3s+r}+1 \text{(对所有 } s \in \mathbf{N}, r \in \{1,2\})$$

我们有

$$4^n+2^n+1 = 4^{3^k(3s+r)}+2^{3^k(3s+r)}+1$$
$$= (2^{3^k})^{6s+2r}+(2^{3^k})^{3s+r}+1$$

由上述引理,最后这个数被 $(2^{3^k})^2+2^{3^k}+1$ 整除. 由于这因子不是 1,且 4^n+2^n+1 是质数,可知 $(2^{3^k})^{6s+2r}+(2^{3^k})^{3s+r}+1=(2^{3^k})^2+2^{3^k}+1$,于是 $3s+r=1$,即 $s=0,r=1$,于是 $n=3^k$,是 3 的幂.

现我们证明引理,我们证明多项式

$$p_n(x)=x^{6n+2}+x^{3n+1}+1, q_n(x)=x^{6n+4}+x^{3n+2}+1$$

在 x^2+x+1 的根处取值为 0. 实际上,后一多项式的根 ω,ω^2 是三次单位根,但 $\omega^{6n+2}=\omega^{3n+2}=\omega^2,\omega^{6n+4}=\omega^{3n+1}=\omega$. 因此 $p_n(\omega)=\omega^2+\omega+1$,且 $q_n(\omega)=\omega^2+\omega+1$.

137. (a) 由 $2x^2+x=3y^2+y$ 得 $x^2=x-y+3x^2-3y^2=(x-y)(3x+3y+1),y^2=x-y+$

$2x^2 - 2y^2 = (x - y)(2x + 2y + 1)$. 因为 $3x + 3y + 1$ 与 $2x + 2y + 1$ 互质, $\gcd(x^2, y^2) = (\gcd(x, y))^2 = x - y$, 所以 $3x + 3y + 1 = b^2$ 与 $2x + 2y + 1 = a^2$ 都是平方数, 这就证明了(a).

(b)令 $x = d \cdot b, y = d \cdot a, \gcd(a, b) = 1$, 我们得到 $d^2 = x - y$. 由(a)得到 $3a^2 - 2b^2 = 1$ 及 $d^2 = db - da \Rightarrow d = b - a, x = (b - a)b, y = (b - a)a, 3a^2 - 2b^2 = 1$ 的解可由 $(\sqrt{3} + \sqrt{2})^{2n+1} = a_n\sqrt{3} + b_n\sqrt{2}$ 用展开乘幂, 或更简单地利用递推求得. 由

$$a_{n+1}\sqrt{3} + b_{n+1}\sqrt{2} = (a_n\sqrt{3} + b_n\sqrt{2})(5 + 2\sqrt{6})$$

可得 $a_{n+1} = 5a_n + 4b_n, b_{n+1} = 6a_n + 5b_n, a_1 = 1, b_1 = 1$. 下一组解是 $a_2 = 9, b_2 = 11$, 由它们又得出 $x_2 = 22, y_2 = 18$.

138. (a)略.

(b)$n > 1$ 时, 在 $n!$ 中含的 2 的幂次比所含的 5 的幂次高. 因此 $n \geq 2$ 时, $n!$ 最后面一位非零数字 d_n 为偶数.

设 p 是 d_n 的周期, 即当 $n \geq n_0$ 时有 $d_{n+p} = d_n$, 我们有 $p \geq 3$. 取 m 使 $(p - 1)! < 10^m$ 且 $n_0 = 10^m - 1$, 我们有

$$\frac{(n+p)!}{n!} = 10^q(a + 10u), 1 \leq a \leq 9$$

但

$$\frac{(n+p)!}{n!} = (n+1)(n+2)\cdots(n+p) = 10^m(10^m + 1)\cdots(10^m + p - 1)$$

$$\equiv 10^m(p-1)! \pmod{10^{2m}} \Rightarrow 2 \mid a$$

另外, $n! = 10^r(d + 10v), (n+p)! = 10^s(d + 10\omega)$ (d 是偶数数字), $(n+p)! = n! \cdot 10^q(a + 10u) \Rightarrow 10^s(d + 10\omega) = 10^r(d + 10v) \cdot 10^q(a + 10u) \Rightarrow d \equiv ad \pmod{10}$.

由此得 $a = 6$. 类似地, $2 \cdot 10^m(2 \cdot 10^m + 1)\cdots(2 \cdot 10^m + p - 1)$ 的最后非零数字是 6, 但这个数恒等于 $2 \cdot 10^m(p-1)! \pmod{10^{2m}}$, 这说明其最后的非零数字是 2. 事实上又有 $6 \cdot 2 \equiv 2 \pmod{10}$, 矛盾!

139. 令 $x = 5^{25}$, 则所给正整数变形为

$$\frac{x^5 - 1}{x - 1} = x^4 + x^3 + x^2 + x + 1 = (x^2 + 3x + 1)^2 - 5x(x + 1)^2$$

这表明所给正整数是两个平方数之差①, 于是可表示为两个大于 1 的正整数之积, 故为合数.

140. 我们用以 a, b, c, d, e 为根的辅助多项式

$$P(t) = t^5 + pt^4 + qt^3 + rt^2 + st + u$$

因而

$$P(a) + P(b) + P(c) + P(d) + P(e) = 0$$

即 $(a^5 + b^5 + c^5 + d^5 + e^5) + p(a^4 + b^4 + c^4 + d^4 + e^4) + q(a^3 + b^3 + c^3 + d^3 + e^3) + r(a^2 + b^2 + c^2 + d^2 + e^2) + s(a + b + c + d + e) - 5abcde = 0$, 其中 $p = -(a + b + c + d + e), q = ab + ac + ad + ae + bc + bd + be + cd + ce + de$, 即 $n \mid p$ 且 $n \mid q$. 后一结论是因为 $2q = p^2 - (a^2 + b^2 + c^2 + $

---

① $5x$ 也是平方数, 因为这里有 $5x = (5^{13})^2$. ——校注

$d^2 + e^2$),从而得出结论

$$n \mid a^5 + b^5 + c^5 + d^5 + e^5 - 5abcde$$

证明中何处用到了 n 为奇数这一条件?

141. $5^n + 1$($n \geq 2$ 时)以 26 结尾,故被 2 整除,但不被 4 整除. 表达式 $5^{2q+1} - 1 = (5-1) \cdot$ $(5^{2q} + 5^{2q-1} + \cdots + 5 + 1)$ 中,后面一个括号中是奇数个奇数的和,所以 $5^{2q+1} - 1$ 能被 4 整除,而不能被 8 整除. 对 $p \geq 1$,由分解式

$$5^{2^p(2q+1)} - 1 = \left(5^{2^{p-1}(2q+1)} - 1\right)\left(5^{2^{p-1}(2q+1)} + 1\right)$$

可得出结论:$5^{2^p(2q+1)} - 1$ 中 2 的幂恰比 $5^{2^{p-1}(2q+1)} - 1$ 中所含的 2 的幂多一次,所以 $5^{2^p(2q+1)} - 1$ 能被 2^{p+2} 整除,但不能被 2^{p+3} 整除,从而答案是 $n = 2^{k-2}$.

142. 以 s 表示该和式,我们有

$$
\begin{aligned}
s &= \sum_{k=1}^{1\,319} \frac{1}{k} - 2\sum_{k=1}^{659} \frac{1}{2k} = \sum_{k=660}^{1\,319} \frac{1}{k} \\
&= \sum_{k=660}^{989} \left(\frac{1}{k} + \frac{1}{1\,979 - k}\right) \\
&= 1\,979 \sum_{k=660}^{989} \frac{1}{k(1\,979 - k)} \\
&= 1\,979 \cdot \frac{p_1}{q}
\end{aligned}
$$

分母中的 $k(1\,979 - k)$ 与 $1\,979$ 互质,因为 $1\,979$ 是质数,所以这些分母的最大公约数不是 $1\,979$ 的倍数,故分子是 $1\,979$ 的倍数.

143. 用 4 来乘 $(x+1)^3 - x^3 = 3x^2 + 3x + 1 = y^2$,得到 $3(2x+1)^2 = (2y-1)(2y+1)$,因为 $2y-1$ 和 $2y+1$ 互质,要考虑两种情形($\gcd(m, n) = 1$):

(a) $2y - 1 = 3m^2, 2y + 1 = n^2$.

(b) $2y - 1 = m^2, 2y + 1 = 3n^2$.

第一种情形得 $n^2 - 3m^2 = 2$,它无解,这是因为它蕴含 $n^2 \equiv -1 \pmod{3}$. 第二种情形,令 $m = 2k + 1$,我们得到 $2y = 4k^2 + 4k + 2 = 2(2k^2 + 2k + 1)$,所以 $y = (k+1)^2 + k^2$.

144. 在 $\sqrt{2}$ 的二进制形式 $\sqrt{2} = b_0.b_1 b_2 b_3 b_4 \cdots$($b_i \in \{0, 1\}$)中,有无限多个 $b_i = 1$,如果 $b_k = 1$,令 $m = \lfloor 2^{k-1}\sqrt{2} \rfloor = b_0 b_1 b_2 \cdots b_{k-1}$,就有

$$2^{k-1}\sqrt{2} - 1 < m < 2^{k-1}\sqrt{2} - \frac{1}{2}$$

乘上 $\sqrt{2}$ 再加上 $\sqrt{2}$,就得到

$$2^{k-1} \cdot 2 < (1+m)\sqrt{2} < 2^{k-1} \cdot 2 + \frac{1}{2}\sqrt{2}$$

即 $\lfloor (m+1)\sqrt{2} \rfloor = 2^k$. 证毕.

145. (a) 因 $\gcd(a, b) = 1$. Diophantine 方程 $ax + by = 1$ 有无限多组整数解,乘正整数 z,$z = axz + byz$. 因此任何整数都可表示.

(b) 设 $a, b > 1$(有 1 时显然任何非负整数都可). 对小的 a, b 试验后可得到下面结果:若两个整数 m, n 使得 $m + n = ab - a - b$,则 m, n 中恰有一个可表示成 $ax + by$ 形式(x, y 是非负整数).

在等式 $ax' + by' = a(x - bt) + b(y' + at)$ 中,可取 t 使 $0 \leq x - bt \leq b - 1$. 因此,在 $m = ax + by, n = au + bv$ 中,可设 $0 \leq x \leq b - 1, 0 \leq u \leq b - 1$. 由

$$(ax + by) + (au + bv) = ab - a - b$$
$$ab - a(x + u + 1) - b(y + v + 1) = 0 \tag{1}$$

由此 $b \mid x + u + 1$. 而因 x, u 的假设,$1 \leq x + u + 1 \leq 2b - 1$,从而 $x + u + 1 = b$ 并由 (1) 知 $y + v + 1 = 0$. 因此,y, v 中有一个是负的,另一个是非负的. 显然最小的可以表示的数是 $0 (x = y = 0)$,因而最大的不能表示的数是 $ab - a - b$,所有负数都不能表示,所以从 $ab - a - b + 1$ 以上的数都是可以表示的.

这个结果属于 Sylvester,这是 Frobenius 问题的特殊情况,该问题是:

给出 n 个正整数 $a_1, a_2, \cdots, a_n$ 满足 $\gcd(a_1, a_2, \cdots, a_n) = 1$,求最大的 G_n,它不能表示成形式 $a_1 x_1 + a_2 x_2 + \cdots + a_n x_n$,其中 $x_i \geq 0$.

直到最近对 $n = 3$ 的情况也没有解决. 有的人宣称说解决了 $n = 3$ 的情况,但看一下他们的解就明白并没有给出 G_3 的公式,只是给了一个"简单"的找 G_3 的算法,其描述用了大量笔墨. 一般的情况在这个意义下也可解,对 G_n 的公式看来即使对 $n = 3$ 并不存在.

146. (a) 一个 Slotnik 可以称出,因为 $1 = 2 \times 48 - 15 - 4 \times 20$.

(b) 这是 $n = 3$ 时 Frobenius 问题的一个例子,因为不知道一般的解,我们要用一些技巧来找出不能表示成如下形式的最大整数

$$48x + 20y + 15z, x, y, z \geq 0$$

我们可以把它写成 $3(16x + 5z) + 20y$,这里 $16x + 5z$ 可以取从 $16 \times 5 - 16 - 5 + 1 = 60$ 开始的所有整数. 把 $3(16x + 5y)$ 写成 $3(t + 60)$,就得到 $3t + 20y + 180$. 现在 $3t + 20y$ 可从 $3 \times 20 - 3 - 20 + 1 = 38$ 开始所有的数. 于是 $48x + 15z + 20y$ 能从 218 开始所有的数,这里我们两次用了 Sylvester 的结果得出此结论.

147. 两次用 Sylvester 的结果:

$$\begin{aligned}
bcx + cay + abz &= c(bx + ay) + abz \\
&= c(ab - a - b + 1 + t) + abz \\
&= abc - ac - bc + c + \underbrace{ct + abz}_{abc - c - ab + 1 + u}
\end{aligned}$$

因此,$bcx + cay + abz = 2abc - ab - bc - ca + 1 + u$,这里 t, u 是非负整数. 我们断言,所以从 $2abc - ab - bc - ca + 1$ 开始的整数都可以表示成 $bcx + cay + abz$ 的形式,我们证明 $2abc - ab - bc - ca$ 不能表成此形式.

设

$$bcx + cay + abz = 2abc - ab - bc - ca$$
$$\Rightarrow bc(x + 1) + ca(y + 1) + ab(z + 1) = 2abc \tag{1}$$

我们推出 $a \mid x + 1 \Rightarrow a \leq x + 1$,类似地有 $b \leq y + 1$ 和 $c \leq z + 1$,而由式 (1) 推出 $3abc \leq 2abc$. 矛盾!

148. $a = 20$ 时有 $1\,280\,000\,401 = a^7 + a^2 + 1$. 多项式 $a^7 + a^2 + 1$ 有因子 $a^2 + a + 1$. 这是因为 $\omega^7 + \omega^2 + 1 = \omega^2 + \omega + 1$,其中 ω 是三次单位根,所以 $1\,280\,000\,401$ 能被 421 整除.

149. 设 $x + y = a^2, 2x + y = b^2, x + 2y = c^2$. 把后两式相加,得

$$3a^2 = b^2 + c^2 \tag{1}$$

平方数模 3 只能是 0 或 1,这表明 b 和 c 都能被 3 整除,但那样的话,a 也能被 3 整除,因此 $(a/3, b/3, c/3)$ 满足式(1). 用无穷递降法,只有 $(0,0,0)$ 满足式(1).

150. 对 $n=1, 3^{3^{2n}-1}$ 能被 2^3 整除. 考虑等式
$$3^{2^{n+1}}-1 = (3^{2^n}-1)(3^{2^n}+1), 3^{2^n}+1 \equiv (-1)^{2^n}+1$$
$$\equiv 2 (\bmod 4)$$

这证明当 n 增加 1 时,因子 2 只增加一次,于是 3^{2^n-1} 恰含 2 的 $n+2$ 次幂.

151. 因为 $(a+1)/b + (b+1)/a = (a^2+b^2+a+b)/ab$ 且 $d^2|ab$,我们又有 $d^2|a^2+b^2+a+b$,但 $d^2|a^2+b^2$,因而 $d^2|a+b$,即 $d^2 \leqslant a+b$.

152. 问题 67 的解就是只包含数字 1 和 2 的例子.

153. 把 $S_{n,k}=1^k+2^k+\cdots+n^k$ 与 $S_{n,k}=n^k+(n-1)^k+\cdots+1^k$ 相加就得到
$$2S_{n,k}=(1^k+n^k)+(2^k+(n-1)^k)+\cdots+(n^k+1^k)$$

因为 k 是奇数,就有 $(n+1)|2S_{n,k}$,为证明 $n|2S_{n,k}$,可略去 $S_{n,k}$ 中的最后一项,把 $1^k+\cdots+(n-1)^k$ 与 $(n-1)^k+\cdots+1^k$ 相加. 我们得出 $n|2S_{n,k}$. 由 $\gcd(n,n+1)=1$,即得 $n(n+1)|2S_{n,k}$.

154. 不会! 数列 n_k 从某个标号 p 起变成常数,即 $n_p=n_{p+1}=\cdots$. 确实,$n_k \leqslant n_{k+1} \leqslant n_k + 9^{c(n_k)}$(对所有 k,其中 $c(n_k)$ 表示 n_k 的位数). 设数列 n_k 对某个 n_1 是无界的,我们取一个正整数 N,使 $10^N > n_1$ 且 $9^N < 10^{N-1}$. 这样的 N 总可取到,n_k 的无界性蕴含 $n_k > 10^N$(从某个数 k 起),故在小于 10^N 的诸数 n_k 中,就有一个最大的数,记为 n_p. 然而
$$10^N \leqslant n_{p+1} \leqslant n_p + 9^{c(n_p)} < 10^N + 9^N < 10^N + 10^{N-1}$$

这意味着 n_{p+1} 从 10 开始,且 $P(n_{p+1})=0$,于是 $n_k=n_{p+1}$ 对所有 $k \geqslant p+1$ 成立,这与数列 n_k 的无界性矛盾! 换句话说,从任何 n_1 出发,数列 n_k 从某个 k 开始不再改变.

155. (a)答案为 $1\,962 + D(1\,962) = 1\,980$,从(b)可看出如何猜到这个数的.

(b)如果 n 以 9 结尾,则 $E_{n+1} < E_n$,如 n 不是以 9 结尾,则有 $E_{n+1} = E_n + 2$,对任何正整数 $m > 2$,取使 $E_N < m$ 成立的最大的 N,则 $E_{N+1} \geqslant m$,而 N 的末位数不是 9. 于是或者 $E_{N+1} = m$,或者 $E_{N+1} = m+1$.

156. 设 $n^2 < a < b < c < d < (n+1)^2$, $ad = bc$,则
$$d - a < 2n \tag{1}$$
我们要导出与式(1)矛盾. 由 $ad=bc$ 可得
$$a[(a+d)-(b+c)] = (a-b)(a-c) > 0$$
由此 $a+d > b+c$,现有
$$(a+b)^2 - (d-a)^2 = 4ad = 4bc < (b+c)^2$$
就得
$$(d-a)^2 > (a+d)^2 - (b+c)^2 = (a+d+b+c)(a+d-b-c)$$
等式右边第一个因子的每一项都大于 n^2,第二个因子大于或等于 1,于是有 $d-a > 2n$,这与式(1)矛盾.

157. 把方程写成形式 $19(x^3-100) = 84(y^2+1)$,右边是 7 的倍数,因此左边也是,即 $x-2 \equiv 0(\bmod 7)$,但 $x^3 \not\equiv 2(\bmod 7)$.

158. 因为 $a \cdot b = \gcd(a,b) \cdot \mathrm{lcm}(a,b)$ 和 $a+b \leqslant \gcd(a,b) + \mathrm{lcm}(a,b)$,所有数的乘积

不改变,而和增加或不变,这是用数论的不变量问题.

159. 设 2^n 和 5^n 以数字 d 开头,且分别有 $r+1$ 及 $s+1$ 个数字. 则当 $n>3$ 时,有 $10^r<2^n<(d+1)\cdot 10^r$ 以及 $d\cdot 10^s<5^n<(d+1)\cdot 10^s$,把两个不等式相乘,得到 $d^2\cdot 10^{r+s}<10^n<(d+1)^2\cdot 10^{r+s}$,即 $d^2<10^{n-r-s}<(d+1)^2$,由 $1\leqslant d$ 和 $d+1\leqslant 10$ 就得到 $n-r-s=1$,即 $d^2<10,(d+1)^2>10$,这说明 $d=3$. 最小的例子是 $2^5=32$ 和 $5^5=3\,125$.

160. 检验 $x=a^2+b^2-c^2,y=2bc,z=2ca$,可设 $a\geqslant b\geqslant c$,这时有 $x>0$.

161. 寻找同一形式 3^k-2^k 的因子. 令 $k=2^t,n=3^{2^t}-2^{2^t},t\geqslant 2$,利用对 $k\in \mathbf{N}_+$ 及对不同整数 x,y 有 $x-y\,|\,x^k-y^k$. 为证 $n\,|\,3^{n-1}-2^{n-1}$,只要证明幂 $n-1$ 可以被 2^t 整除,即 $2^t\,|\,3^{2^t}-1$(这是因为 $2^t\,|\,2^{2^t}$)就够了.

用归纳法来证明 $2^{t+2}\,|\,3^{2^{t-1}}$(对任何 $t\in \mathbf{N}_+$). 对 $t=1$ 是显然的. 设对某个 t,此结论正确,则 $3^{2^{t+1}}-1=(3^{2^t}+1)(3^{2^t}-1)$. 第一个因子能被 2 整除,由归纳假设可知第二个因子能被 2^{t+2} 整除.

162. 令 $z=-x$ 以去掉两个立方数,得到 $2x^2+y^2=y^3,2x^2=(y-1)y^2$,即 $(y-1)/2$ 必为平方数 t^2,从而 $y=2t^2+1,x=t(2t^2+1)$.

163. **提示:** 使 $2^n=\cdots n$ 的最小 n 是 $36:2^{36}=\cdots 736$,下面再用归纳法. 设 $2^n=\cdots dn$,其中 d 是 n 左边的数字,则有 $2^{dn}=\cdots dn$.

164. 设 a,b 和 $n=a+b$ 分别是白球、黑球和球的数目. 可设 $a>b$,则有

$$2\cdot\frac{a}{n}\cdot\frac{a-1}{n-1}=\frac{1}{2}\Leftrightarrow a=\frac{n+\sqrt{n}}{2}$$

即 $a=(n+\sqrt{n})/2,b=(n-\sqrt{n})/2$,球的数目必定是平方数 q^2. 于是 $a=\dbinom{q+1}{2}$ 且 $b=\dbinom{q}{2}$.

第7章 不 等 式

平均值:设 x 是实数,最基本的不等式是

$$x^2 \geqslant 0 \tag{1}$$

$$\sum_{i=1}^{n} x_i^2 \geqslant 0 \tag{2}$$

在式(1)中,仅当 $x=0$ 时成立等式;在式(2)中,仅当对所有 $i,x_i=0$ 时成立等式. 证明不等式的一个策略是把它们变换成式(1)或(2),这通常是一条漫长的路. 因此我们导出一些与式(1)等价的推论,取 $x=a-b,a>0,b>0$,我们得到下面的等价的不等式

$$a^2 + b^2 \geqslant 2ab \Leftrightarrow 2(a^2+b^2) \geqslant (a+b)^2$$

$$\Leftrightarrow \frac{a}{b} + \frac{b}{a} \geqslant 2$$

$$\Leftrightarrow x + \frac{1}{x} \geqslant 2, x>0$$

$$\Leftrightarrow \frac{a+b}{2} \leqslant \sqrt{\frac{a^2+b^2}{2}}$$

用 $\sqrt{a}$,$\sqrt{b}$ 代替 a,b,我们得到

$$a+b \geqslant 2\sqrt{ab} \Leftrightarrow \frac{a+b}{2} \geqslant \sqrt{ab} \Leftrightarrow \sqrt{ab} \geqslant \frac{2ab}{a+b}$$

特别,我们有下面的不等式链

$$\min(a,b) \leqslant \frac{2ab}{a+b} \leqslant \sqrt{ab} \leqslant \frac{a+b}{2} \leqslant \sqrt{\frac{a^2+b^2}{2}} \leqslant \max(a,b)$$

这是调和 – 几何 – 算术 – 二次平均不等式,或 HM-GM-AM-QM 不等式. 反复使用上述不等式,我们已可以证明大量其他的不等式. 在任何竞赛中,每个参赛者必须能在各种情况中应用这些不等式. 下面是一些很简单的例子.

例1 $\dfrac{x^2+2}{\sqrt{x^2+1}} \geqslant 2$ 对任何 x 都成立. 这可以变换为

$$\frac{x^2+2}{\sqrt{x^2+1}} = \frac{x^2+1}{\sqrt{x^2+1}} + \frac{1}{\sqrt{x^2+1}} = \sqrt{x^2+1} + \frac{1}{\sqrt{x^2+1}} \geqslant 2$$

例2 对 $a,b,c>0$,我们有 $(a+b)(b+c)(c+a) \geqslant 8abc$. 确实

$$\frac{a+b}{2} \cdot \frac{b+c}{2} \cdot \frac{c+a}{2} \geqslant \sqrt{ab} \cdot \sqrt{bc} \cdot \sqrt{ca} = abc$$

例3 如果 $a_i>0,i=1,2,\cdots,n$ 使 $a_1 a_2 \cdots a_n = 1$,则

$$(1+a_1)(1+a_2)\cdots(1+a_n) \geqslant 2^n$$

除以 2^n，我们得到

$$\frac{1+a_1}{2} \cdot \frac{1+a_2}{2} \cdot \cdots \cdot \frac{1+a_n}{2} \geqslant \sqrt{a_1} \cdot \sqrt{a_2} \cdot \cdots \cdot \sqrt{a_n}$$

$$= \sqrt{a_1 a_2 \cdots a_n} = 1$$

例 4　设 $a,b,c,d \geqslant 0$，我们有 $\sqrt{(a+c)(b+d)} \geqslant \sqrt{ab} + \sqrt{cd}$，平方并化简，我们得到 $ad + bc \geqslant 2\sqrt{abcd}$，这就是 $x + y \geqslant 2\sqrt{xy}$.

例 5　对实数 a,b,c，有

$$a^2 + b^2 + c^2 \geqslant ab + bc + ca \tag{1}$$

解法一：乘 2，式（1）变成上页的式（2），即

$$2a^2 + 2b^2 + 2c^2 - 2ab - 2bc - 2ca \geqslant 0$$

$$\Leftrightarrow (a-b)^2 + (b-c)^2 + (c-a)^2 \geqslant 0$$

解法二：我们有 $a^2 + b^2 \geqslant 2ab$，$b^2 + c^2 \geqslant 2bc$，$c^2 + a^2 \geqslant 2ca$，相加并除以 2 就得到式（1）.

解法三：引入次序，即设某个是最大（小）的，因为不等式是对称的. 设 $a \geqslant b \geqslant c$，则

$$a^2 + b^2 + c^2 \geqslant ab + bc + ca \Leftrightarrow a(a-b) + b(b-c) - c(a-c) \geqslant 0$$

$$\Leftrightarrow a(a-b) + b(b-c) - c(a-b+b-c) \geqslant 0$$

$$\Leftrightarrow a(a-b) + b(b-c) - c(a-b) - c(b-c) \geqslant 0$$

$$\Leftrightarrow (a-c)(a-b) + (b-c)^2 \geqslant 0$$

最后一个不等式是显然的. 这里只要设 a 是最大或最小的就可以了，还注意用 $-c(a-b+b-c)$ 代替 $-c(a-c)$. 这想法很有用.

解法四：令 $f(a,b,c) = a^2 + b^2 + c^2 - ab - bc - ca$. 我们发现 $f(ta,tb,tc) = t^2 f(a,b,c)$，因此 f 是二次齐次的. 对 $t \neq 0$，$f(a,b,c) \geqslant 0 \Leftrightarrow f(ta,tb,tc) \geqslant 0$. 这样，我们可以做各种标准化，例如可设 $a = 1$，$b = 1 + x$，$c = 1 + y$，得 $x^2 + y^2 - xy = (x - y/2)^2 + 3/4y^2 \geqslant 0$. 后面还有更多的证法.

例 6　我们从经典的分解式

$$a^3 + b^3 + c^3 - 3abc = (a+b+c)(a^2 + b^2 + c^2 - ab - bc - ca) \tag{1}$$

出发. 由例 5 的式（1），对于非负的 a,b,c，我们有

$$a^3 + b^3 + c^3 \geqslant 3abc$$

$$\Leftrightarrow a + b + c \geqslant 3\sqrt[3]{abc}$$

$$\Leftrightarrow \frac{a+b+c}{3} \geqslant \sqrt[3]{abc} \tag{2}$$

中间一个不等式就是在左边一个不等式中，以 $\sqrt[3]{a}, \sqrt[3]{b}, \sqrt[3]{c}$ 代替 a,b,c. 右面的不等式就是对三个实数的 AM-GM 不等式.

更一般地，对 n 个正数 a_i，有下面的不等式

$$\min(a_i) \leqslant \frac{n}{\dfrac{1}{a_1} + \dfrac{1}{a_2} + \cdots + \dfrac{1}{a_n}} \leqslant \sqrt[n]{a_1 a_2 \cdots a_n}$$

$$\leqslant \frac{a_1 + a_2 + \cdots + a_n}{n} \leqslant \sqrt{\frac{a_1^2 + a_2^2 + \cdots + a_n^2}{n}}$$

$$\leqslant \max(a_i)$$

等号仅当 $a_1 = a_2 = \cdots = a_n$ 时成立. 我们将在后面证明, 在 IMO 中不必证明, 只要能应用就可.

例7 我们把例 6 的式(2)应用在 Nesbitt 不等式(英国, 1903)

$$\frac{a}{b+c} + \frac{b}{a+c} + \frac{c}{a+b} \geqslant \frac{3}{2} (a, b, c > 0) \tag{1}$$

它有许多有启发性的证法及推广, 是受欢迎的奥林匹克问题. 我们把左边 $f(a, b, c)$ 变换如下

$$\frac{a+b+c}{b+c} + \frac{a+b+c}{a+c} + \frac{a+b+c}{a+b} - 3$$

$$= (a+b+c)\left(\frac{1}{b+c} + \frac{1}{a+c} + \frac{1}{a+b}\right) - 3$$

$$= \frac{1}{2}((a+b) + (b+c) + (c+a))\left(\frac{1}{a+b} + \frac{1}{b+c} + \frac{1}{c+a}\right) - 3 \tag{2}$$

解法一: 在式(2)中令 $a + b = x, b + c = y, c + a = z$, 得到

$$2f(a, b, c) = (x + y + z)\left(\frac{1}{x} + \frac{1}{y} + \frac{1}{z}\right) - 6$$

$$= \left(\underbrace{\frac{y}{x} + \frac{x}{y}}_{\geqslant 2} + \underbrace{\frac{z}{x} + \frac{x}{z}}_{\geqslant 2} + \underbrace{\frac{z}{y} + \frac{y}{z}}_{\geqslant 2}\right) - 3$$

$$\geqslant 3$$

当 $x = y = z$ 即 $a = b = c$ 时成立等式.

解法二: 算术平均 – 调和平均不等式可变换如下

$$\frac{u+v+w}{3} \geqslant \frac{3}{\frac{1}{u} + \frac{1}{v} + \frac{1}{w}} \Leftrightarrow (u+v+w)\left(\frac{1}{u} + \frac{1}{v} + \frac{1}{w}\right) \geqslant 9$$

由式(2), 得

$$f(a, b, c) \geqslant \frac{9}{2} - 3 = \frac{3}{2}$$

我们证明 AM-HM 不等式的乘积形式

$$(a_1 + a_2 + \cdots + a_n)\left(\frac{1}{a_1} + \frac{1}{a_2} + \cdots + \frac{1}{a_n}\right) \geqslant n^2$$

把左边乘出来, 得到 n 个 1 及 $\binom{n}{2}$ 对 $a_i/a_j + a_j/a_i$, 每一对至少 2, 因此左边至少是 $n + 2 \cdot \binom{n}{2} = n^2$.

解法三: 对式(2)的两个括号用不等式 $u + v + w \geqslant 3\sqrt[3]{uvw}$, 得到

$$f(a, b, c) \geqslant \frac{1}{2} \cdot 3 \cdot \sqrt[3]{(a+b)(b+c)(c+a)} \cdot 3\sqrt[3]{\frac{1}{a+b} \cdot \frac{1}{b+c} \cdot \frac{1}{c+a}} - 3$$

$$= \frac{3}{2}$$

解法四: 我们有 $f(a, b, c) = f(ta, tb, tc)$ 对 $t \neq 0$, 即 f 是 0 次齐次式. 我们可设 $a + b + c = 1$, 于是由 AM-HM 不等式, 有

$$f(a,b,c) = \frac{1}{a+b} + \frac{1}{b+c} + \frac{1}{c+a} - 3 \geqslant \frac{9}{2} - 3 = \frac{3}{2}$$

例 8 关于三角形的边 a,b,c 的不等式是常见的. 在这种情况下,三角不等式起着中心的作用. 证明中必须用到三角不等式,否则不等式将对所有正数的三数组 (a,b,c) 都将成立,也包括了三角形的情况.

三角不等式以四种等价的形式出现:

Ⅰ. $a+b > c, b+c > a, c+a > b$.

Ⅱ. $a > |b-c|, b > |a-c|, c > |a-b|$.

Ⅲ. $(a+b-c)(b+c-a)(c+a-b) > 0$.

Ⅳ. $a = y+z, b = z+x, c = x+y$, 其中 x,y,z 是正数.

如果知道 $c = \max(a,b,c)$,对 $a+b > c$ 这一个不等式就充分了. Ⅰ 中的另两个不等式自动满足. 我们证明 Ⅰ 与 Ⅲ 等价. 如果 Ⅰ 成立,则 Ⅲ 也成立. 设 Ⅲ 成立,则或者三个因子都是正的,这就是 Ⅰ,否则恰有两个是负的,设第一、第二因子是负的. 把 $a+b-c < 0$ 与 $b+c-a < 0$ 相加得 $2b < 0$. 矛盾!

例 9 在 $\triangle ABC$ 中,角平分线 AD, BE, CF 交于点 I,证明

$$\frac{1}{4} < \frac{IA}{AD} \cdot \frac{IB}{BE} \cdot \frac{IC}{CF} \leqslant \frac{8}{27} \tag{1}$$

解:这是 1991 年 IMO 的第一题,为避免用三角,用简单的几何定理(图 7.1):三角形的角平分线把对边分成两段线段的比是另两边之比.

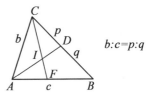

图 7.1

因此,$p = CD = (ab)/(b+c)$,$q = DB = (ac)/(b+c)$,这样,我们有

$$\frac{AI}{ID} = b : p = \frac{b+c}{a}, \frac{AI}{AD} = \frac{AI}{AI+ID} = \frac{b+c}{a+b+c}$$

类似地

$$\frac{BI}{BE} = \frac{a+c}{a+b+c}, \frac{CI}{CF} = \frac{a+b}{a+b+c}$$

用 GM-AM 不等式于分子,我们得到

$$f(a,b,c) = \frac{AI}{AD} \cdot \frac{BI}{BE} \cdot \frac{CI}{CF} = \frac{(a+b)(b+c)(c+a)}{(a+b+c)^3}$$

$$\leqslant \frac{8}{(a+b+c)^3} \cdot \left(\frac{a+b+c}{3}\right)^3$$

它等于 8/27,这就是不等式链中的右面部分. 为证明左面部分,我们用三角不等式

$$(a+b-c)(a+c-b)(b+c-a) > 0 \tag{2}$$

为更简洁的计算,引入基本对称函数

$$u = a+b+c, v = ab+bc+ca, w = abc \tag{3}$$

式(3)代入式(2),得到

$$-u^3 + 4uv - 8w > 0 \tag{4}$$

另外

$$\frac{1}{4} < f(a,b,c) \tag{5}$$

给出

$$-u^3 + 4uv - 4w > 0 \tag{6}$$

由式(4)显然成立,因此式(6)也正确,我们这里有效地使用了基本对称函数,在处理变量对称的函数时它们是有用的.

下面是式(5)的最简单的证明:令 $a = y+z, b = z+x, c = x+y$(图7.2). $r = x/(x+y+z), s = y/(x+y+z), t = z/(x+y+z)$,我们得到

$$\frac{AI}{AD} = \frac{1}{2}(1+r)$$

$$\frac{BI}{BE} = \frac{1}{2}(1+s), \frac{CI}{CF} = \frac{1}{2}(1+r)$$

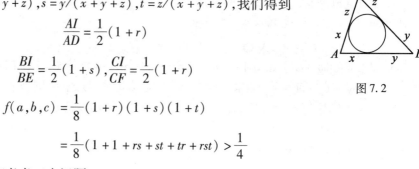

图 7.2

$$f(a,b,c) = \frac{1}{8}(1+r)(1+s)(1+t)$$

$$= \frac{1}{8}(1+1+rs+st+tr+rst) > \frac{1}{4}$$

例 10 我们考虑三个问题:

$$a^3 + b^3 + c^3 + 3abc \geqslant ab(a+b) + bc(b+c) + ca(c+a) \tag{1}$$

$$a^2(b+c-a) + b^2(c+a-b) + c^2(a+b-c) \leqslant 3abc \tag{2}$$

$$(a+b-c)(b+c-a)(c+a-b) \leqslant abc \tag{3}$$

第一题取自 1975 年 AUO,第二题取自 1964 年 IMO. 式(1)是对任何 $a,b,c > 0$,(2)是要对三角形的边证明的,实际上三者都是等价的,请自行证明. 但式(2)较简单,因为可用三角不等式.

我们证明式(1),它关于 a,b,c 是对称的,我们可设 $a \leqslant b \leqslant c$. 此外这不等式是三次齐次式,所以可以差一个因子而使 $a=1, b=1+x, c=1+y$ $(x \geqslant 0, y \geqslant 0)$. 把这些代入式(1)经普通的化简,我们得到下面的一串不等式.

$$x^3 + y^3 + x^2 + y^2 \geqslant x^2 y + xy + xy^2$$

$$\Leftrightarrow x^3 + y^3 + x^2 - xy + y^2 - xy(x+y) \geqslant 0$$

$$\Leftrightarrow x^3 + y^3 + (x-y)^2 + xy - xy(x+y) \geqslant 0$$

$$\Leftrightarrow (x+y)(x^2 - xy + y^2 - xy) + xy \geqslant 0$$

$$\Leftrightarrow (x+y+1)(x-y)^2 + xy \geqslant 0$$

最后一个不等式是显然的,如果引入基本对称函数就得到 $u^3 - 4uv + 3w \geqslant 0$,如果知道一些关于 u,v,w 的简单的不等式,这是有帮助的.

例 11 Cauchy-Schwarz 不等式(CS 不等式)对任何实数 x,有

$$\sum_{i=1}^{n}(a_i x + b_i)^2 = x^2 \sum_{i=1}^{n} a_i^2 + 2x \sum_{i=1}^{n} a_i b_i + \sum_{i=1}^{n} b_i^2 \geqslant 0$$

这个二次多项式是非负的,即它的判别式 $D \leqslant 0$,我们得到数学中一个最有用的不等式,Cauchy-Schwarz 不等式

$$(a_1 b_1 + a_2 b_2 + \cdots + a_n b_n)^2$$

$$\leqslant (a_1^2 + a_2^2 + \cdots + a_n^2)(b_1^2 + b_2^2 + \cdots + b_n^2)$$

用向量 $a = (a_1, a_2, \cdots, a_n)$，$b = (b_1, b_2, \cdots, b_n)$，就得到

$$(a \cdot b)^2 \leqslant |a|^2 \cdot |b|^2$$

恰当 a 和 b 线性相关时才成立等式.

用这个不等式，我们证明对 n 个实数的 AM-QM 不等式

$$(1 \cdot a_1 + 1 \cdot a_2 + \cdots + 1 \cdot a_n)^2$$
$$\leqslant (1^2 + \cdots + 1^2)(a_1^2 + a_2^2 + \cdots + a_n^2)$$

两边取平方根再除以 n 就得到结果.

作为另一个例子，我们求函数 $y = a\sin x + b\cos x$ 的最大值，其中 $a > 0, b > 0, 0 < x < \dfrac{\pi}{2}$.

$$(a\sin x + b\cos x)^2 \leqslant (a^2 + b^2)(\sin^2 x + \cos^2 x) = a^2 + b^2$$

最大值为 $\sqrt{a^2 + b^2}$，当 $a/b = \sin x/\cos x = \tan x$ 时达到.

例 12　排序不等式. 最后，我们考虑一个有趣而有力的定理，它使我们能看出许多不等式的成立.

设 $a_1, a_2, \cdots, a_n$ 和 $b_1, b_2, \cdots, b_n$ 是正实数列. 设 $c_1, c_2, \cdots, c_n$ 是 $b_1, b_2, \cdots, b_n$ 的排列. 在 $n!$ 个和式

$$S = a_1 c_1 + a_2 c_2 + \cdots + a_n c_n$$

中，它是极端的，即最大或最小的呢?

考虑一个例子：有四个盒子中分别放有面值为 10 元，20 元，50 元及 100 元的纸币. 你从四个盒子中分别可拿出 3,4,5,6 张纸币，但你可自由选择把 3,4,5,6 与盒子的搭配. 为了得到尽量多的钱，可用贪婪算法：取尽量多的 100 元的钞票，即 6 张，然后取尽量多的 50 元的钞票，即 5 张，再取四张 20 元，最后是三张 10 元的钞票. 如果你取三张 100 元，四张 50 元，五张 20 元及六张 10 元的钞票，得到的钱数是最少的.

定理　和 $S = a_1 b_1 + a_2 b_2 + \cdots + a_n b_n$ 取最大值，如果两数列 $a_1, a_2, \cdots, a_n$ 和 $b_1, b_2, \cdots, b_n$ 是同类型的，即都是上升的或都是下降的，而当是相反类型即一个上升另一个下降时，这和式是最小的.

定理的证明：设 $a_r > a_s$. 考虑和式

$$S = a_1 c_1 + a_2 c_2 + \cdots + a_r c_r + \cdots + a_s c_s + \cdots + a_n c_n$$
$$S' = a_1 c_1 + a_2 c_2 + \cdots + a_r c_s + \cdots + a_s c_r + \cdots + a_n c_n$$

S' 是在 S 中把 c_r, c_s 对调而得的和式，这样

$$S' - S = a_r c_s + a_s c_r - a_r c_r - a_s c_s = (a_r - a_s)(c_s - c_r)$$

从而

$$c_r < c_s \Rightarrow S' > S, c_r > c_s \Rightarrow S' < S$$

例 13　我们证明 n 个数的 AM-GM 不等式.

设 $x_i > 0$，令 $c = \sqrt[n]{x_1 x_2 \cdots x_n}$，$a_1 = x_1/c, a_2 = (x_1 x_2)/c^2, \cdots, a_n = (x_1 \cdots x_n)/c^n = 1$，$b_1 = 1/a_1, b_2 = 1/a_2, \cdots, b_n = 1/a_n = 1$. 由排序不等式，我们有

$$a_1 b_1 + a_2 b_2 + \cdots + a_n b_n \leqslant a_1 b_n + a_2 b_1 + a_3 b_2 + \cdots + a_n b_{n-1}$$

$$1 + 1 + \cdots + 1 \leqslant \frac{x_1}{c} + \frac{x_2}{c} + \cdots + \frac{x_n}{c}$$

$$\sqrt[n]{x_1 x_2 \cdots x_n} \leqslant \frac{x_1 + x_2 + \cdots + x_n}{n}$$

例 14 最后我们推导 Chebyshev 不等式. 设 $a_1, a_2, \cdots, a_n$ 和 $b_1, b_2, \cdots, b_n$ 是同类(都是上升或下降的)数列,则

$$a_1 b_1 + a_2 b_2 + \cdots + a_n b_n = a_1 b_1 + a_2 b_2 + \cdots + a_n b_n$$
$$a_1 b_1 + a_2 b_2 + \cdots + a_n b_n \geqslant a_1 b_2 + a_2 b_3 + \cdots + a_n b_1$$
$$a_1 b_1 + a_2 b_2 + \cdots + a_n b_n \geqslant a_1 b_3 + a_2 b_4 + \cdots + a_n b_2$$
$$\cdots$$
$$a_1 b_1 + a_2 b_2 + \cdots + a_n b_n \geqslant a_1 b_n + a_2 b_1 + \cdots + a_n b_{n-1}$$

把这些不等式相加,我们得到

$$n(a_1 b_1 + a_2 b_2 + \cdots + a_n b_n) \geqslant (a_1 + a_2 + \cdots + a_n)(b_1 + b_2 + \cdots + b_n)$$
$$\frac{a_1 + a_2 + \cdots + a_n}{n} \cdot \frac{b_1 + b_2 + \cdots + b_n}{n} \leqslant \frac{a_1 b_1 + a_2 b_2 + \cdots + a_n b_n}{n}$$

这是原始的关于平均值的 Chebyshev 不等式. 类似地对于相反类型的数列 a_i 和 b_i,可以证明

$$\frac{a_1 b_1 + a_2 b_2 + \cdots + a_n b_n}{n} \leqslant \frac{a_1 + a_2 + \cdots + a_n}{n} \cdot \frac{b_1 + b_2 + \cdots + b_n}{n}$$

我们引进数量积的新的记号

$$\begin{bmatrix} a_1 & a_2 & a_3 \\ b_1 & b_2 & b_3 \end{bmatrix} = a_1 b_1 + a_2 b_2 + a_3 b_3$$

例 15 当 $a, b, c > 0$ 时,有

$$a^3 + b^3 + c^3 = \begin{bmatrix} a & b & c \\ a^2 & b^2 & c^2 \end{bmatrix} \geqslant \begin{bmatrix} a & b & c \\ c^2 & a^2 & b^2 \end{bmatrix}$$
$$= a^2 b + b^2 c + c^2 a$$

例 16 对任何正数 a, b, c,数列 (a, b, c) 和 $(1/(b+c), 1/(c+a), 1/(a+b))$ 是同类型的,所以我们有

$$\begin{bmatrix} a & b & c \\ \frac{1}{b+c} & \frac{1}{c+a} & \frac{1}{a+b} \end{bmatrix} \geqslant \begin{bmatrix} a & b & c \\ \frac{1}{c+a} & \frac{1}{a+b} & \frac{1}{b+c} \end{bmatrix}$$

$$\begin{bmatrix} a & b & c \\ \frac{1}{b+c} & \frac{1}{c+a} & \frac{1}{a+b} \end{bmatrix} \geqslant \begin{bmatrix} a & b & c \\ \frac{1}{a+b} & \frac{1}{b+c} & \frac{1}{c+a} \end{bmatrix}$$

把这两个不等式相加,我们得到

$$2\left(\frac{a}{b+c} + \frac{b}{c+a} + \frac{c}{a+b} \right) \geqslant 3$$

这又是例 7 中的 Nesbitt 不等式.

例 17 设 $a_i > 0 (i = 1, 2, \cdots, n)$, $s = a_1 + a_2 + \cdots + a_n$. 证明不等式

$$\frac{a_1}{s - a_1} + \frac{a_2}{s - a_2} + \cdots + \frac{a_n}{s - a_n} \geqslant \frac{n}{n-1}$$

显然,数列 $a_1, a_2, \cdots, a_n$ 与 $1/(s - a_1), 1/(s - a_2), \cdots, 1/(s - a_n)$ 是同类型的,于是

$$\begin{bmatrix} a_1 & a_2 & \cdots & a_n \\ \dfrac{1}{s-a_1} & \dfrac{1}{s-a_2} & \cdots & \dfrac{1}{s-a_n} \end{bmatrix}$$

$$\geqslant \begin{bmatrix} a_1 & a_2 & \cdots & a_n \\ \dfrac{1}{s-a_k} & \dfrac{1}{s-a_{k+1}} & \cdots & \dfrac{1}{s-a_{k-1}} \end{bmatrix} (k=2,3,\cdots,n)$$

把 $n-1$ 不等式相加即得所要的不等式.

例 18　求 $\sin^3 x/\cos x + \cos^3 x/\sin x$ 的最小值，$0<x<\pi/2$.

数列 $(\sin^3 x,\cos^3 x)$ 和 $(1/\sin x,1/\cos x)$ 是相反类型的，这样

$$\begin{bmatrix} \sin^3 x & \cos^3 x \\ \dfrac{1}{\cos x} & \dfrac{1}{\sin x} \end{bmatrix} \geqslant \begin{bmatrix} \sin^3 x & \cos^3 x \\ \dfrac{1}{\sin x} & \dfrac{1}{\cos x} \end{bmatrix} = \sin^2 x + \cos^2 x = 1$$

例 19　证明：不等式

$$a^4 + b^4 + c^4 \geqslant a^2 bc + b^2 ca + c^2 ab$$

我们用数量积在三个数列下的推广

$$\begin{bmatrix} a^2 & b^2 & c^2 \\ a & b & c \\ a & b & c \end{bmatrix} \geqslant \begin{bmatrix} a^2 & b^2 & c^2 \\ b & c & a \\ c & a & b \end{bmatrix}$$

在左面的三个数列是同类的，右面不是.

不久前的《数学杂志》上提出了下面的不等式.

例 20　设 $x_1,x_2,\cdots,x_n$ 是正实数，证明

$$x_1^{n+1} + x_2^{n+1} + \cdots + x_n^{n+1} \geqslant x_1 x_2 \cdots x_n (x_1 + x_2 + x_3 + \cdots + x_n)$$

证明立即可得，把上面的不等式写成

$$\begin{bmatrix} x_1 & x_2 & \cdots & x_n \\ x_1 & x_2 & \cdots & x_n \\ \vdots & \vdots & & \vdots \\ x_1 & x_2 & \cdots & x_n \end{bmatrix} \geqslant \begin{bmatrix} x_1 & x_2 & \cdots & x_n \\ x_2 & x_3 & \cdots & x_1 \\ \vdots & \vdots & & \vdots \\ x_1 & x_2 & \cdots & x_n \end{bmatrix}$$

例 21　三角不等式. 本节中讨论关于三角形的不等式. 从例 21 和例 22，学生可学到关于三角形的几何和三角的知识.

我们把三角形的三边长表示为 a,b,c. 对角将用 α,β,γ 表示，面积用 A 表示，内切圆半径为 r，外接圆半径为 R. 两个必不可少的定理是余弦定理

$$c^2 = a^2 + b^2 - 2ab\cos\gamma (及循环轮换)$$

和正弦定理

$$\frac{a}{\sin\alpha} = \frac{b}{\sin\beta} = \frac{c}{\sin\gamma} = 2R$$

三角形的面积是

$$A = \frac{1}{2}ab\sin\gamma = \frac{1}{2}bc\sin\alpha = \frac{1}{2}ac\sin\beta$$

我们从一个不等式开始，并将用许多方法来证明和强化它.

证明:对于边长为 a,b,c 的三角形,面积 A 使

$$a^2 + b^2 + c^2 \geqslant 4\sqrt{3}A \qquad\qquad \text{(IMO1961)}$$

这个不等式属于 Weitzenböck. *Math.* Z5,137 ~ 146,1919.

主要思路:我们猜测,只有等边三角形才成立等式.这个猜想是大多数做题的指导思想.

解法一:边长为 c 的等边三角形的高为 $\dfrac{c}{2}\sqrt{3}$,以 c 为边的三角形 c

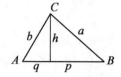

边上的高为 $\dfrac{\sqrt{3}}{2}c + y$,高把边分成 $\dfrac{c}{2} - x$ 及 $\dfrac{c}{2} + x$,这里 x,y 是与正三角

形的偏差,于是我们有(图7.3)

图 7.3

$$
\begin{aligned}
a^2 + b^2 + c^2 - 4\sqrt{3}A &= \left(\frac{c}{2} - x\right)^2 + \left(\frac{c}{2} + x\right)^2 + 2\left(\frac{\sqrt{3}}{2}c + y\right)^2 + \\
&\quad c^2 - 2\sqrt{3}c\left(\frac{\sqrt{3}}{2}c + y\right) \\
&= 2x^2 + 2y^2 \geqslant 0
\end{aligned}
$$

当且仅当 $x = y = 0$ 时成立等式,即对等边三角形成立等式.

解法二:这是比证法一更为几何的方式.设 $a \leqslant b \leqslant c$,以 AB 为边作等边 $\triangle ABC'$,并引入 $p = |CC'|$ 作为与等边三角形的偏差(C,C' 在 AB 同侧),由余弦定理

$$
\begin{aligned}
p^2 &= a^2 + c^2 - 2ac\cos(\beta - 60°) \\
&= a^2 + c^2 - 2ac(\cos\beta\cos 60° - \sin\beta\sin 60°) \\
&= a^2 + c^2 - 2ac\cos\beta - \sqrt{3}\,ac\sin\beta \\
&= a^2 + c^2 - 2\sqrt{3}A - \frac{1}{2}(\underbrace{2ac\cos\beta}_{a^2+c^2-b^2}) \\
&= \frac{a^2 + b^2 + c^2}{2} - 2\sqrt{3}A \\
&= \frac{1}{2}(a^2 + b^2 + c^2 - 4\sqrt{3}A) \\
&\geqslant 0
\end{aligned}
$$

因为 p^2 非负,且恰当 $p = 0$ 时才等于 0,即 $a = b = c$ 时等于 0.

解法三:用反证法.设 $4\sqrt{3}A > a^2 + b^2 + c^2$,等价变换后得到

$$4\sqrt{3}A > a^2 + b^2 + c^2 \Leftrightarrow 2bc\sin\alpha > \frac{1}{\sqrt{3}}(a^2 + b^2 + c^2)$$

由余弦定理

$$2bc\cos\alpha = b^2 + c^2 - a^2$$

把两个式子平方再相加就得到矛盾

$$
\begin{aligned}
&a^2b^2 + b^2c^2 + c^2a^2 > a^4 + b^4 + c^4 \\
&\Leftrightarrow (a^2 - b^2)^2 + (b^2 - c^2)^2 + (c^2 - a^2)^2 < 0
\end{aligned}
$$

解法四:由 Heron 公式和 AM-GM 不等式,我们得到

$$
\begin{aligned}
16A^2 &= (a + b + c)(a + b - c)(a - b + c)(b + c - a) \\
&\leqslant (a + b + c) \cdot \left(\frac{a + b + c}{3}\right)^3
\end{aligned}
$$

$$4A \leqslant \frac{(a+b+c)^2}{3\sqrt{3}} = \sqrt{3} \cdot \left(\frac{a+b+c}{3}\right)^2 \leqslant \sqrt{3} \cdot \frac{a^2+b^2+c^2}{3}$$

即 $a^2+b^2+c^2 \geqslant 4\sqrt{3}A$，等式恰当 $a=b=c$ 成立.

解法五: $a^2+b^2+c^2 \geqslant ab+bc+ca = 2A\left(\frac{1}{\sin\alpha}+\frac{1}{\sin\beta}+\frac{1}{\sin\gamma}\right)$. 现在我们使 $f(x)=\frac{1}{\sin x}$ 是凸函数. 由凸性

$$f(\alpha)+f(\beta)+f(\gamma) \geqslant 3f\left(\frac{\alpha+\beta+\gamma}{3}\right) = 3f(60°)$$
$$= 3 \cdot \frac{2}{\sqrt{3}} = 2\sqrt{3}$$

即

$$a^2+b^2+c^2 \geqslant 4\sqrt{3}A$$

解法六: 我们证明略为推广的结论

$$2a^2+2b^2+2c^2 = (a-b)^2+(b-c)^2+(c-a)^2+2ab+2bc+2ca$$
$$= \underbrace{(a-b)^2+(b-c)^2+(c-a)^2}_{Q}+4A\underbrace{\left(\frac{1}{\sin\alpha}+\frac{1}{\sin\beta}+\frac{1}{\sin\gamma}\right)}_{\geqslant 2\sqrt{3}}$$

$Q=(a-b)^2+(b-c)^2+(c-a)^2$. 我们得到推广其中,

$$a^2+b^2+c^2 \geqslant \frac{Q}{2}+4\sqrt{3}A$$

解法七: 在 $a^2+b^2+c^2$ 中,用 $b^2+c^2-2bc\cos\alpha$ 代替 a^2,得到

$$a^2+b^2+c^2-4\sqrt{3}A = 2(b^2+c^2)-2bc\cos\alpha-2bc\sqrt{3}\sin\alpha$$
$$= 2(b^2+c^2)-2bc(\cos\alpha+\sqrt{3}\sin\alpha)$$
$$\geqslant 2(b^2+c^2)-4bc$$
$$= 2(b-c)^2 \geqslant 0$$

其中

$$\cos\alpha+\sqrt{3}\sin\alpha = 2\left(\frac{1}{2}\cos\alpha+\frac{\sqrt{3}}{2}\sin\alpha\right) = 2 \cdot \cos(\alpha-60°)$$

等式成立恰当 $b=c$ 且 $\alpha=60°$,即 $a=b=c$ 时.

解法八: Hadwiger-Finsler 不等式(1937),这是更强的推广.

$$a^2 = b^2+c^2-2bc\cos\alpha$$
$$= (b-c)^2+2bc(1-\cos\alpha)$$
$$= (b-c)^2+4A \cdot \frac{(1-\cos\alpha)}{\sin\alpha}$$
$$= (b-c)^2+4A\tan\frac{\alpha}{2}$$

这里我们用到了 $1-\cos\alpha = 2\sin^2\frac{\alpha}{2}$, $\sin\alpha = 2\sin\frac{\alpha}{2}\cos\frac{\alpha}{2}$. 这样,有

$$a^2+b^2+c^2 = (a-b)^2+(b-c)^2+(c-a)^2+$$
$$4A\left(\tan\frac{\alpha}{2}+\tan\frac{\beta}{2}+\tan\frac{\gamma}{2}\right)$$

因为 $\frac{\alpha}{2}, \frac{\beta}{2}, \frac{\gamma}{2} < \frac{\pi}{2}$，正切函数是凸函数，于是我们有

$$\tan\frac{\alpha}{2} + \tan\frac{\beta}{2} + \tan\frac{\gamma}{2} \geq 3\tan\frac{\alpha+\beta+\gamma}{6} = 3\tan 30° = \sqrt{3}$$

在 $\alpha = \beta = \gamma$ 时成立等式，这样我们有

$$a^2 + b^2 + c^2 \geq (a-b)^2 + (b-c)^2 + (c-a)^2 + 4\sqrt{3}A$$

解法九：我们有下面的等价的不等式

$$a^2 + b^2 + c^2 \geq 4\sqrt{3}A$$
$$(a^2 + b^2 + c^2)^2$$
$$\geq 48A^2 = 3(a+b+c)(a+b-c)(a-b+c)(b+c-a)$$
$$(a^2 + b^2 + c^2)^2 \geq 3(2a^2b^2 + 2b^2c^2 + 2c^2a^2 - a^4 - b^4 - c^4)$$
$$4a^4 + 4b^4 + 4c^4 - 4a^2b^2 - 4b^2c^2 - 4c^2a^2 \geq 0$$
$$(a^2 - b^2)^2 + (b^2 - c^2)^2 + (c^2 - a^2)^2 \geq 0$$

解法十：我们作三角不等式，它对等边三角形成立等式.

$$(a-b)^2 + (b-c)^2 + (c-a)^2 \geq 0$$

即

$$a^2 + b^2 + c^2 \geq ab + bc + ca$$

再由三角形面积的公式，我们用到

$$ab = \frac{2A}{\sin\gamma}, \quad bc = \frac{2A}{\sin\alpha}, \quad ca = \frac{2A}{\sin\beta}$$

用这些式子的右端代入前面的式子，我们得到

$$a^2 + b^2 + c^2 \geq 2A\left(\frac{1}{\sin\alpha} + \frac{1}{\sin\beta} + \frac{1}{\sin\gamma}\right)$$

如证法五即得.（实际上证法十与证法五基本上相同）

解法十一：我们再证明 Hadwiger-Finsler 不等式

$$a^2 + b^2 + c^2 \geq 4\sqrt{3}A + (a-b)^2 + (b-c)^2 + (c-a)^2$$

我们把不等式变换成形式

$$a^2 - (b-c)^2 + b^2 - (c-a)^2 + c^2 - (a-b)^2 \geq 4\sqrt{3}A$$

$$(a-b+c)(a+b-c) + (b-c+a)(b+c-a) + (c-a+b)(c+a-b) \geq 4\sqrt{3}A$$

令 $x = -a+b+c, y = a-b+c, z = a+b-c$，因为三角形三边 a, b, c 满足三角不等式 x, y, z 只必须是正数，对于上式的右端，有

$$4\sqrt{3}A = \sqrt{3} \cdot \sqrt{(x+y+z)xyz}$$

所以我们得到

$xy + yz + zx \geq \sqrt{3} \cdot \sqrt{(x+y+z)xyz}$ 除以 xyz，再令 $u = 1/x, v = 1/y, w = 1/z$，我们得到

$$\frac{1}{x} + \frac{1}{y} + \frac{1}{z} \geq \sqrt{3} \cdot \sqrt{\frac{1}{xy} + \frac{1}{yz} + \frac{1}{zx}}$$

$$u + v + w \geq \sqrt{3} \cdot \sqrt{uv + vw + wu}$$

两边平方再化简，就得到熟知的不等式

$$u^2 + v^2 + w^2 \geqslant uv + vw + wu$$

对于三角形的另一经典的不等式我们只给两个证明.

例 22　设 R 和 r 分别是三角形的外接圆半径和内切圆半径,则 $R \geqslant 2r$.

解法一:三角形的面积 $A = rs$,其中 s 是半周长,由正弦定理 $a = 2R\sin\alpha$,我们得到 $abc = 2bcR\sin\alpha = 4RA$,即 $R = abc/4A$. 因此

$$\frac{R}{r} = \frac{sabc}{4A^2} = \frac{sabc}{4s(s-a)(s-b)(s-c)}$$

$$= \frac{2abc}{(a+b-c)(a-b+c)(b+c-a)}$$

$$\frac{R}{r} \geqslant \frac{2abc}{\sqrt{a^2 b^2 c^2}} = 2$$

成立等式恰当 $a+b-c = a-b+c = -a+b+c \Rightarrow a = b = c$ 时.

解法二:下面卓越的证法是由匈牙利数学家 Adam 给出的. 他考虑三角形三边中点的外接圆的半径,显然它是 $R/2$. 而几乎显然的是 $R/2 \geqslant r$ 或 $R \geqslant 2r$,实际上经过以三个顶点为中心,$\lambda_1, \lambda_2, \lambda_3 (0 < \lambda_1, \lambda_2, \lambda_3 \leqslant 1)$ 为系数的位似变换. 这个圆就能变成内切圆. (说明:另一种说法是:所考虑的圆是三角形的九点圆,半径是 $R/2$. 它于三角形的边 BC 交于 BC 的中点及 BC 上高的垂足 D. 如果 $AB \neq AC$,D 与 BC 中点不重合,在边 BC 的点 A 的另一侧可作与 BC 平行的九点圆的切线,而对另两条边也可这样作,三条切线围成一个 $\triangle A'B'C'$. 它是与 $\triangle ABC$ 相似的三角形,而 $\triangle ABC$ 的九点圆是 $\triangle A'B'C'$ 的内切圆,因此 $(R/2):r$ 就等于 $A'B':AB$,而 $\triangle A'B'C'$ 显然比 $\triangle ABC$ 大,比值 $\geqslant 1$. 当且仅当 $\triangle ABC$ 是等边三角形时 $\triangle A'B'C'$ 与 $\triangle ABC$ 重合.)

例 23　Carlson 不等式. 我们从 Cauchy-Schwarz 不等式出发

$$(a_1 b_1 + a_2 b_2 + \cdots + a_n b_n)^2$$
$$\leqslant (a_1^2 + a_2^2 + \cdots + a_n^2)(b_1^2 + b_2^2 + \cdots + b_n^2) \quad \text{(CS)}$$

恰当 $(a_1, a_2, \cdots, a_n) = \lambda(b_1, b_2, \cdots, b_n)$ 时成为等式,(CS)给出

$$(a_1 + \cdots + a_n)^2 = \left(a_1 c_1 \cdot \frac{1}{c_1} + \cdots + a_n c_n \cdot \frac{1}{c_n} \right)^2$$

$$\leqslant (a_1^2 c_1^2 + a_2^2 c_2^2 + \cdots + a_n^2 c_n^2)\left(\frac{1}{c_1^2} + \frac{1}{c_2^2} + \cdots + \frac{1}{c_n^2} \right)$$

令 $C_n = \frac{1}{c_1^2} + \frac{1}{c_2^2} + \cdots + \frac{1}{c_n^2}$,我们得到

$$(a_1 + \cdots + a_n)^2 \leqslant C_n (a_1^2 c_1^2 + \cdots + a_n^2 c_n^2) \quad (1)$$

取 $c_n = n$,我们有

$$(a_1 + \cdots + a_n)^2 \leqslant C_n (a_1^2 + 2^2 a_2^2 + \cdots + n^2 a_n^2)$$

其中 $C_n = 1 + \frac{1}{2^2} + \frac{1}{3^2} + \cdots + \frac{1}{n^2} < \frac{\pi^2}{6}$. 当 $n \to \infty$ 时,$C_n \to \frac{\pi^2}{6}$,就有

$$(a_1 + \cdots + a_n)^2 < \frac{\pi^2}{6}(a_1^2 + 2^2 a_2^2 + \cdots + n^2 a_n^2)$$

这就是 Carlson 不等式(1934). 这不等式中 $\pi^2/6$ 不能再改成更小的数来加强. Carlson 取 $c_n^2 = t + n^2/t$,并得到

$$a_1^2 c_1^2 + \cdots + a_n^2 c_n^2 = tP + \frac{1}{t}Q, P = a_1^2 + \cdots + a_n^2$$

$$Q = a_1^2 + 2^2 a_2^2 + \cdots + n^2 a_n^2$$

由(1),他得到

$$(a_1 + a_2 + \cdots + a_n)^2 \leqslant C_n \left(tP + \frac{Q}{t} \right)$$

其中

$$C_n = \frac{1}{t + 1/t} + \frac{1}{t + 2^2/t} + \cdots + \frac{1}{t + n^2/t}$$

$$= \frac{t}{t^2 + 1} + \frac{t}{t^2 + 2^2} + \cdots + \frac{t}{t^2 + n^2}$$

在图 7.4 中,我们有

$$\frac{t}{2} = \frac{1}{2} |OM_{n-1}| \cdot |OM_n| \cdot \sin \alpha_n$$

$$= \frac{1}{2} \sqrt{t^2 + (n-1)^2} \cdot \sqrt{t^2 + n^2} \cdot \sin \alpha_n$$

$$\sin \alpha_n = \frac{1}{\sqrt{t^2 + (n-1)^2} \cdot \sqrt{t^2 + n^2}}$$

$$> \frac{1}{t^2 + n^2}$$

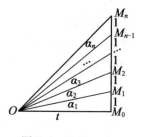

图 7.4 $M_i M_{i+1} = 1$

$$\frac{1}{t^2 + n^2} < \sin \alpha_n < \alpha_n$$

$$C_n = \frac{1}{t^2 + 1} + \frac{1}{t^2 + 2^2} + \cdots + \frac{1}{t^2 + n^2} < \alpha_1 + \cdots + \alpha_n < \frac{\pi}{2}$$

$$(a_1 + \cdots + a_n)^2 < \frac{\pi}{2} \left(tP + \frac{Q}{t} \right)$$

令 $t = \sqrt{Q/P}$,得 $tP + Q/t = 2\sqrt{PQ}$,这样

$$(a_1 + a_2 + \cdots + a_n)^2 < \pi \sqrt{PQ}$$

$$(a_1 + a_2 + \cdots + a_n)^4$$

$$< \pi^2 (a_1^2 + \cdots + a_n^2)(a_1^2 + 2^2 a_2^2 + \cdots + n^2 a_n^2) \qquad (2)$$

这是几个 Carlson 不等式中的第二个,这些不等式一个比一个奇特.

关于凸性的三个问题.

例 24 考虑下面的 1980 年美国奥林匹克题

$$1 \geqslant a, b, c \geqslant 0 \Rightarrow \frac{a}{b+c+1} + \frac{b}{c+a+1} + \frac{c}{a+b+1} + (1-a)(1-b)(1-c) \leqslant 1$$

操作性的解法需要大量的技巧,但有不用任何操作的解法. 把不等式的左端记为 $f(a,b,c)$,这个函数定义在闭的凸立方体上. 函数 $f(a,b,c)$ 对每个变量是严格凸的,因为对每个变量它的二阶导数都是严格正的. f 在端点处取得最大值,即在八个顶点 $(0,0,0)$, $\cdots$, $(1,1,1)$ 处取最大值,因为它们是闭正方体的仅有的有下列性质的点:它不是正方体中另两个点的连线的中点,所以 f 的最大值为 1,这一证明在 IMO 中可被接受,只要再引用 Weierstrass 定理:在有界闭集上的连续函数可取得最大值和最小值.

考虑下面的 1992 年在 Odessa 的全苏奥林匹克题:

例 25 四面体 *KLMN* 的顶点在四面体 *ABCD* 内(或在边上,面上等).证明:*KLMN* 的所有边长之和小于 *ABCD* 的边长之和的 4/3 倍.

这个题目也许比前题更难.只有四个学生解出,两个是利用中学数学知识做的,另两个则利用了大学数学知识.我们考虑大学水平的解,这解是很简单的.*ABCD* 是个有界的凸闭区域,*K*,*L*,*M*,*N* 在 *ABCD* 内,函数 $f(K,L,M,N) = KL + KM + KN + LM + LN + MN$,这是在定义范围内连续的函数.因为 *f* 是严格凸的,所以它在端点处取得最大值.*f* 的严格凸性是由距离函数的严格凸性而得的.这样,我们就有一个有限种情况的问题.由三角不等式,即得结果,4/3 这个数不能再小,当四面体最长棱为 *AB* 时,四面体棱长之和大于 3*AB*,但可以很接近,取 *KLMN* 使它的棱长之和接近于 4*AB*.

中学方法的证法基于使用三角不等式.

例 26 平面上给定一个 $n(n \geqslant 2)$ 个点的有限点集 *P*,对任一直线 *l*,*S*(*l*) 表示 *P* 中点到 *l* 的距离的和.考虑使 *S*(*l*) 最小的直线 *l* 所成的集 *L*.证明:*L* 中存在一条直线过 *P* 中的两个点.

我们考虑 *L* 中过 *P* 中某点的直线 *l*,把一条直线换成平行与它的直线,直至通过 *P* 中的一个点,可使 *S*(*l*) 不增加.取 $l \in L$,*l* 过 *P* 中的一点 *A*,把 *l* 绕点 *A* 旋转,ϕ 表示旋转的角度.设 $\phi_k(k = 1,2,\cdots,n)$ 是 *l* 还通过 *P* 中的点 $A_k(A_k \neq A)$ 时相应的 ϕ 的值,并记 $a_k = AA_k$. 当 *l* 旋转角为 ϕ 时,*P* 中的点与 *l* 的距离的和是 $S(\phi) = \sum\limits_{k=1}^{n-1} a_k \mid \sin(\phi - \phi_k) \mid$. 函数 $S(\phi)$ 是凹函数的和(当 ϕ 限制在每个区间 $[\phi_k,\phi_{k+1}]$ 中时).这样,$S(\phi)$ 不会在 $[\phi_k,\phi_{k+1}]$ 的内点处达到其最小值.从而认为某个 ϕ_k 处达到最小值.

例 27 三角代换.证明:对正数 *a*,*b*,*c*,*d*,有

$$\sqrt{ab} + \sqrt{cd} \leqslant \sqrt{(a+d)(b+c)}$$

把这不等式变换成

$$\sqrt{\frac{a}{a+d}} \cdot \sqrt{\frac{b}{b+c}} + \sqrt{\frac{c}{b+c}} \cdot \sqrt{\frac{d}{a+d}} \leqslant 1$$

令 $a/(a+d) = \sin^2\alpha, b/(b+c) = \sin^2\beta(0 < \alpha,\beta < \frac{\pi}{2})$,不等式就有形式 $\sin\alpha\sin\beta + \cos\alpha\cos\beta \leqslant 1$,即 $\cos(\alpha - \beta) \leqslant 1$.

证明不等式的策略:

(1)把不等式变换成形式 $\sum p_i, p_i > 0$. 例如 $p_i = x_i^2$.

(2)表达式是否会提示 *AM*,*GM*,*HM* 或 *QM*?

(3)是否能运用 *CS* 不等式? 这是特别微妙的,这个不等式在远比你想到的多得多的情况下可使用.

(4)是否能运用排序不等式? 这个定理用得过少了,在许多意想不到的情况下都能用它.

(5)不等式对变量 *a*,*b*,*c*,$\cdots$ 是对称的吗? 在此情况下,可设 $a \leqslant b \leqslant c \leqslant \cdots$. 有时可设 *a* 是最大或最小的值.把不等式表示成基本对称函数可能是有好处的.

(6)齐次的不等式可以就范化.

(7) 如果处理的是与三角形的边 a,b,c 有关的不等式, 想到各种形式的三角不等式. 特别地, 想到令 $a=x+y, b=y+z, c=z+x, x,y,z>0$.

(8) 把不等式化成 $f(a,b,c,\cdots)\geqslant 0$, f 是某些量的二次式吗? 能找出它的判别式吗?

(9) 如果要证明对任何正整数 $n\geqslant n_0$ 不等式都对, 用归纳法.

(10) 用嵌缩级数或乘积 $(a_2-a_1)+(a_3-a_2)+\cdots+(a_n-a_{n-1})=a_n-a_1$ 或 $\dfrac{a_2}{a_1}\cdot\dfrac{a_3}{a_2}\cdot\cdots\cdot\dfrac{a_n}{a_{n-1}}=\dfrac{a_n}{a_1}$ 的形式作估计.

(11) 如果 $a_1x_1+a_2x_2+\cdots+a_nx_n=c$, 则 $x_1x_2\cdots x_n$ 对 $a_1x_1=a_2x_2=\cdots=a_nx_n$ 时最大的.

(12) 如果 $x_1x_2\cdots x_n=c$, 则 $a_1x_1+a_2x_2+\cdots+a_nx_n$ 在 $a_1x_1=\cdots=a_nx_n$ 时是最小的.

(13) 如果 x_i 的平均值 $>d$, 则 $\mathrm{Max}(x_i)>d$.

(14) 一些数如果和或平均值是正的, 其中有一个是正的.

(15) 证明不等式的有力的想法是凸性或凹性.

(16) 证明不等式 $T(a,b,c,\cdots)\geqslant 0$ 或 $T(a,b,c,\cdots)\leqslant 0$, 常常可解最优化问题: 求 $a,b,c,\cdots$ 使 $T(a,b,c,\cdots)$ 最小或最大.

(17) 三角代换能使不等式化简吗?

(18) 如果上述方法无一个立即可用, 把不等式变换成较简的形式, 直到能用一种标准的方法. 如没有成效, 再作变换并试图解释中间的结果.

问　　题

1. $a,b,c\in\mathbf{R}, a^2+b^2+c^2=1\Rightarrow -\dfrac{1}{2}\leqslant ab+bc+ca\leqslant 1$.

2. 证明: 对 $a,b,c>0$, (a) $\dfrac{a^2+b^2}{a+b}\geqslant\dfrac{a+b}{2}$; (b) $\dfrac{a^3+b^3+c^3}{a^2+b^2+c^2}\geqslant\dfrac{a+b+c}{3}$; (c) $\dfrac{a+b+c}{3}\geqslant\sqrt{\dfrac{ab+bc+ca}{3}}\geqslant\sqrt[3]{abc}$.

3. 对 $a,b,c,d>0$, $\sqrt{\dfrac{a^2+b^2+c^2+d^2}{4}}\geqslant\sqrt[3]{\dfrac{abc+abd+acd+bcd}{4}}$.

4. 证明: 对 $a,b>0$, 有 $\sqrt[n+1]{ab^n}\leqslant(a+nb)(n+1)$.

5. 图 7.5 的转盘的周长为 1, 它转了六次, 转出 O,A,B 的概率分别为 x,y,z. 对怎样的 x,y,z, 字 $BAOBAB$ 的概率为最大?

6. a,b,c 是三角形的边, 则 $ab+bc+ca\leqslant a^2+b^2+c^2\leqslant 2(ab+bc+ca)$.

7. a,b,c 是三角形的边, 则 $2(a^2+b^2+c^2)<(a+b+c)^2$.

图 7.5

8. a,b,c 是三角形的边, 则 $\dfrac{1}{a+b},\dfrac{1}{b+c},\dfrac{1}{c+a}$ 也是三角形的边长.

9. 设 $a,b,c,d>0$, 求下面和式的可能值

$$S = \frac{a}{a+b+d} + \frac{b}{a+b+c} + \frac{c}{b+c+d} + \frac{d}{a+c+d} \quad (\text{IMO1974})$$

10. 证明:三角不等式

$$\sqrt{a_1^2 + a_2^2 + \cdots + a_n^2} + \sqrt{b_1^2 + b_2^2 + \cdots + b_n^2}$$
$$\geqslant \sqrt{(a_1 + b_1)^2 + (a_2 + b_2)^2 + \cdots + (a_n + b_n)^2}$$

11. 设 $a, b, c > 0$,证明

$$\frac{a+b+c}{abc} \leqslant \frac{1}{a^2} + \frac{1}{b^2} + \frac{1}{c^2}$$

12. 设 $x_i, y_i (i = 1, 2, \cdots, n)$ 是实数,$x_1 \geqslant x_2 \geqslant \cdots \geqslant x_n$, $y_1 \geqslant y_2 \geqslant \cdots \geqslant y_n, z_1, z_2, \cdots, z_n$ 是 y_1, $y_2, \cdots, y_n$ 的任一排列. 证明

$$\sum_{i=1}^{n} (x_i - y_i)^2 \leqslant \sum_{i=1}^{n} (x_i - z_i)^2 \quad (\text{IMO1975})$$

13. 设 $\{a_k\} (k = 1, 2, \cdots, n, \cdots)$ 是一列互不相同的正整数. 证明:$\sum_{k=1}^{n} \frac{a_k}{k^2} \geqslant \sum_{k=1}^{n} \frac{1}{k}$ 对任何 n 成立. (IMO1978)

14. 证明:$\frac{1}{15} < \frac{1}{2} \cdot \frac{3}{4} \cdot \frac{5}{6} \cdot \frac{7}{8} \cdot \cdots \cdot \frac{99}{100} < \frac{1}{10}$.

提示:$A = \frac{1}{2} \cdot \frac{3}{4} \cdot \cdots \cdot \frac{99}{100}, A < \frac{2}{3} \cdot \frac{4}{5} \cdot \frac{6}{7} \cdot \cdots \cdot \frac{100}{101}, A > \frac{1}{2} \cdot \frac{2}{3} \cdot \frac{4}{5} \cdot \cdots \cdot \frac{98}{99}$.

15. 设 $Q_n = 1 + 1/4 + 1/9 + \cdots + 1/n^2$,则对 $n \geqslant 3$,有

$$\frac{19}{12} - \frac{1}{n+1} < Q_n < \frac{7}{4} - \frac{1}{n}$$

16. 用归纳法证明

$$\frac{1}{2} \cdot \frac{3}{4} \cdot \frac{5}{6} \cdot \cdots \cdot \frac{2n-1}{2n} \leqslant \frac{1}{\sqrt{3n+1}}, n \geqslant 1$$

右边的 $3n+1$ 换成 $3n$,试用归纳法证这较弱的不等式,会发生什么?

17. $a, b, c > 0 \Rightarrow abc(a + b + c) \leqslant a^3 b + b^3 c + c^3 a$.

18. $1/2 < 1/(n+1) + 1/(n+2) + \cdots + 1/(2n) < 3/4$,其中 $n > 1$.

19. Fibonacci 数列定义为 $a_1 = a_2 = 1, a_{n+2} = a_n + a_{n+1}$. 证明

$$\frac{1}{2} + \frac{1}{2^2} + \frac{1}{2^3} + \cdots + \frac{a_n}{2^n} < 2$$

20. 证明:对实数 x, y, z,有

$$|x| + |y| + |z| \leqslant |x + y - z| + |x - y + z| + |-x + y + z|$$

21. 如果 $a, b, c > 0$,则 $a(1-b) > \frac{1}{4}, b(1-c) > \frac{1}{4}, c(1-a) > \frac{1}{4}$ 不会同时成立.

22. 如果 $a, b, c, d > 0$,则下面不等式中至少有一个不正确

$$a + b < c + d, (a+b)(c+d) < ab + cd, (a+b)cd < ab(c+d)$$

23. 三个正实数的乘积为 1,它们的和大于它们的倒数的和. 证明:这三个数中恰有一个数大于 1.

24. 设 $x_1 = 1, x_{n+1} = 1 + \dfrac{n}{x_n}(n = 1, 2, 3, \cdots)$. 证明: $\sqrt{n} \leqslant x_n \leqslant \sqrt{n} + 1$.

25. 如果 a, b, c 是三角形的边长,则

$$\frac{3}{2} \leqslant \frac{a}{b+c} + \frac{b}{c+a} + \frac{c}{a+b} < 2$$

26. 如果 a, b, c 是三角形的边长,且 $\gamma = 90°$,则

$$a^n + b^n < c^n \text{(当正整数 } n > 2 \text{ 时)}$$

27. 如果 x, y, z 是三角形的边长,则 $|x/y + y/z + z/x - y/x - z/y - x/z| < 1$,数 1 能换成更小的数吗?

28. 在单位正方形的每条边上各取一点,所取四点是边长为 a, b, c, d 的四边形的顶点. 证明

$$2 \leqslant a^2 + b^2 + c^2 + d^2 \leqslant 4, 2\sqrt{2} \leqslant a + b + c + d \leqslant 4$$

29. 设 $a_i \geqslant 1(i = 1, 2, \cdots, n)$. 证明

$$(1 + a_1)(1 + a_2) \cdots (1 + a_n) \geqslant \frac{2^n}{n+1}(1 + a_1 + \cdots + a_n)$$

30. 设 $0 < a \leqslant b \leqslant c \leqslant d$. 证明: $a^b b^c c^d d^a \geqslant b^a c^b d^c a^d$.

31. 如果 $a, b > 0, m$ 是正整数,则 $\left(1 + \dfrac{a}{b}\right)^m + \left(1 + \dfrac{b}{a}\right)^m \geqslant 2^{m+1}$.

32. 设 $0 < p \leqslant a, b, c, d, e \leqslant q$. 证明

$$(a + b + c + d + e)\left(\frac{1}{a} + \frac{1}{b} + \frac{1}{c} + \frac{1}{d} + \frac{1}{e}\right) \leqslant 25 + 6\left(\sqrt{\frac{q}{p}} - \sqrt{\frac{p}{q}}\right)^2$$

这是 1977 年美国奥林匹克题. 它是更一般的定理的特殊情形. 此外,还请证明更一般的定理.

33. 凸四边形的对角线交于点 O,如果 $\triangle AOB$ 和 $\triangle COD$ 的面积分别为 4 和 9,求这四边形面积的最小值.

34. 设 $x, y > 0, s$ 是 $x, y + \dfrac{1}{x}, \dfrac{1}{y}$ 中的最小数,求 s 的最大可能值,对怎样的 x, y 可取得这个值?

35. 设 $x_i > 0, x_1 + x_2 + \cdots + x_n = 1$,并设 s 是 $\dfrac{x_1}{1 + x_1}, \dfrac{x_2}{1 + x_1 + x_2}, \cdots, \dfrac{x_n}{1 + x_1 + \cdots + x_n}$ 中的最大数. 求 s 的最小值,对怎样的 $x_1, x_2, \cdots, x_n$ 取最小值?

36. 在 $\triangle ABC$ 内求点 P 使得 $PL \cdot PM \cdot PN$ 最大,其中 L, M, N 分别是过点 P 作 BC, CA, AB 的垂线的垂足. (BrMO1978)

37. 若 $x_i > 0, x_i y_i - z_i^2 > 0(i = 1, 2, \cdots, n)$,则

$$\frac{n^2}{\left(\sum_{i=1}^{n} x_i\right)\left(\sum_{i=1}^{n} y_i\right) - \left(\sum_{i=1}^{n} z_i\right)^2} \leqslant \sum_{i=1}^{n} \frac{1}{x_i y_i - z_i^2}$$

对 $n = 2$ 时证明这不等式(IMO1969),再证明这不等式.

38. 平面上向量 $\boldsymbol{a}, \boldsymbol{b}, \boldsymbol{c}, \boldsymbol{d}$ 的和为 $\boldsymbol{0}$. 证明:不等式

$$|\boldsymbol{a}| + |\boldsymbol{b}| + |\boldsymbol{c}| + |\boldsymbol{d}| \geqslant |\boldsymbol{a} + \boldsymbol{d}| + |\boldsymbol{b} + \boldsymbol{d}| + |\boldsymbol{c} + \boldsymbol{d}|$$

对于一维和三维空间也证明这不等式.(AUO1976)

39. 证明:$(n+1)^n \geq 2^n \cdot n!$(对 $n=1,2,3,\cdots$).

40. (MMO1975)下面两个数那个较大?

(a)n 个 2 所成的幂塔($2^{2^{2^{\cdots}}}$)与 $n-1$ 个 3 所成的幂塔.

(b)n 个 3 所成的幂塔与 $n-1$ 个 4 所成的幂塔.

41. 在桌子上放有 50 个表,每个都是指示着正确的时间.证明:在某一时刻,桌子中心 O 到表的分针端点的距离之和要大于桌子中心 O 到表的中心的距离之和.(AUO1976)

42. 设 $x_1=2, x_{n+1}=(x_1^4+1)/5x_n(n=1,2,\cdots)$.证明:$1/5 \leq x_n < 2(n>1)$.

43. 设 $a,b,c>0$,证明:

(a)$abc \geq (a+b-c)(a+c-b)(b+c-a)$.

(b)$a^3+b^3+c^3 \geq a^2b+b^2c+c^2a$.

44. 设 $x_i>0, s=x_1+x_2+\cdots+x_n$.证明

$$\frac{s}{s-x_1}+\frac{s}{s-x_2}+\cdots+\frac{s}{s-x_n} \geq \frac{n^2}{n-1}$$

45. 对 $x,y,z>0$,有

(a)$\dfrac{x^2}{y^2}+\dfrac{y^2}{z^2}+\dfrac{z^2}{x^2} \geq \dfrac{y}{x}+\dfrac{z}{y}+\dfrac{x}{z}$.

(b)$\dfrac{x^2}{y^2}+\dfrac{y^2}{z^2}+\dfrac{z^2}{x^2} \geq \dfrac{x}{y}+\dfrac{y}{z}+\dfrac{z}{x}$.

46. 把 $(0,1]$ 中每个有理数写成 $\dfrac{a}{b}$,$\gcd(a,b)=1$,并用区间

$$\left[\frac{a}{b}-\frac{1}{4b^2}, \frac{a}{b}+\frac{1}{4b^2}\right]$$

覆盖 $\dfrac{a}{b}$.证明:数 $\sqrt{2}/2$ 没有被覆盖.

47. 用微积分证明

$$a>0,b>0 \Rightarrow \left(\frac{a+1}{b+1}\right)^{b+1} \geq \left(\frac{a}{b}\right)^b$$

48. 证明:对实数 a,b,有

$$\frac{|a+b|}{1+|a+b|} \leq \frac{|a|}{1+|a|}+\frac{|b|}{1+|b|}$$

49. 多项式 ax^2+bx+c 中 $a>0$ 且有实根 x_1,x_2.证明:$|x_i| \leq 1(i=1,2)$ 恰当 $a+b+c \geq 0, a-b+c \geq 0, a-c \geq 0$.

50. 设 $0=a_0<a_1<a_2<\cdots<a_n, a_{i+1}-a_i \leq 1(0 \leq i \leq n-1)$,则

$$\left(\sum_{i=0}^{n} a_i\right)^2 \geq \sum_{i=0}^{n} a_i^3$$

51. 设 $a,b,c>0, a>c, b>c$.证明:$\sqrt{c(a-c)}+\sqrt{c(b-c)} \leq \sqrt{ab}$.

52. 如果 ab 和 $a+b$ 同号,则

$$(a+b)(a^4+b^4) \geq (a^2+b^2)(a^3+b^3)$$

53. 对 $a+b>0$,有

$$\frac{a}{b^2}+\frac{b}{a^2}\geqslant\frac{1}{a}+\frac{1}{b}$$

54. 如果 $a>b>0$,则

$$\frac{(a-b)^2}{8a}<\frac{a+b}{2}-\sqrt{ab}<\frac{(a-b)^2}{8b}$$

55. 证明:下面不等式对三角形的三边 a,b,c 成立.

$$a(b^2+c^2-a^2)+b(c^2+a^2-b^2)+c(a^2+b^2-c^2)\leqslant 3abc$$

56. 对任何三角形的边 a,b,c,有

$$a^2b(a-b)+b^2c(b-c)+c^2a(c-a)\geqslant 0$$

(Klamkin 提出,用于 IMO1983,原属于 E. Catalan,*Educational Times* N. S. 10,57(1906),来源列在文献[3]中.)

57. 边长为 a,b,c 及边长为 a_1,b_1,c_1 的两个三角形相似的充分必要条件是

$$\sqrt{aa_1}+\sqrt{bb_1}+\sqrt{cc_1}=\sqrt{(a+b+c)(a_1+b_1+c_1)}$$

58. 设 x,y,z 是三角形的三边,有

$$f(x,y,z)=\left|\frac{x-y}{x+y}+\frac{y-z}{y+z}+\frac{z-x}{z+x}\right|$$

证明:(a) $f(x,y,z)<1$;(b) $f(x,y,z)<1/8$;(c) 求 $f(x,y,z)$ 的上限.

59. 对于 $0\leqslant x_i\leqslant 1, x_1+x_2+\cdots+x_n=1$,求 $x_1^2+x_2^2+\cdots+x_n^2$ 的最小值并给出概率论的解释.

60. $x,y>0, x\neq y, m,n\in\mathbf{N}_+, \Rightarrow x^m y^n+x^n y^m<x^{m+n}+y^{m+n}$.

61. 求 $f=3x+4y+12z$ 的最大值和最小值,如果 $x^2+y^2+z^2=1$.

62. 每个向量 $\boldsymbol{a}_1,\boldsymbol{a}_2,\cdots,\boldsymbol{a}_n$ 的模长小于或等于 1,证明:可适当选择符号使 $\boldsymbol{c}=\pm\boldsymbol{a}_1\pm\boldsymbol{a}_2\pm\cdots\pm\boldsymbol{a}_n$ 满足 $|\boldsymbol{c}|\leqslant\sqrt{2}$.

63. $\sqrt{xy}<(x-y)/(\ln x-\ln y)<(x+y)/2$(当 $x>y>0$ 时).

64. $a,b,c>0\Rightarrow\sqrt{a^2-ab+b^2}+\sqrt{b^2-bc+c^2}\geqslant\sqrt{a^2+ac+c^2}$.

65. $0\leqslant x,y,z,t\leqslant 1$. 证明:$a+b(x+y+z+t)+c(xy+xz+xt+yz+yt+zt)+d(xyz+xyt+xzt+yzt)+exyzt\geqslant 0\Leftrightarrow a\geqslant 0, a+b\geqslant 0, a+2b+c\geqslant 0, a+3b+3c+d\geqslant 0, a+4b+6c+4d+e\geqslant 0$.

66. $0<x,y<1\Rightarrow x^y+y^x>1$.

67. $a,b>0, a+b=1\Rightarrow(a+1/a)^2+(b+1/b)^2\geqslant 25/2$.

68. $a,b,c>0, a+b+c=1\Rightarrow(a+1/a)^2+(b+1/b)^2+(c+1/c)^2\geqslant 100/3$.

69. 证明:不等式

$$\frac{a^n}{b+c}+\frac{b^n}{c+a}+\frac{c^n}{a+b}\geqslant\frac{a^{n-1}+b^{n-1}+c^{n-1}}{2}$$

70. 称两个点的非负值函数 $d(x,y)$ 是距离,如果 $d(x,y)=d(y,x), d(x,y)+d(y,z)\geqslant d(x,z), d(x,x)=0$(对任何 x,y,z),第二个性质称为三点不等式. 证明:函数

$$d(x,y)=\frac{|x-y|}{\sqrt{1+x^2}\sqrt{1+y^2}}$$

是距离.(说明:距离的概念可对任何集定义,这里设为 $\mathbf{R}$.)

71. 设 $x_i > 0, x_1 + x_2 + \cdots + x_n = 1 (n \geq 2)$，证明：$S \geq n/(2n-1)$，其中

$$S = \frac{x_1}{1 + x_2 + x_3 + \cdots + x_n} + \frac{x_2}{1 + x_1 + x_3 + \cdots + x_n} + \cdots + \frac{x_n}{1 + x_1 + x_2 + \cdots + x_{n-1}}$$

72. 在边长为 a, b, c 的三角形中，已知 $ab + bc + ca = 12$，周长 p 在什么范围中？

73. 20 个正方形在边长为 1 的正方形中，且它们不重叠. 证明：其中有四个正方形，它们的边长之和小于或等于 $2/\sqrt{5}$.

74. 设 $x, y, z \in \mathbf{R}$，且 $x^2 + y^2 + z^2 + 2xyz = 1$. 证明：$x^2 + y^2 + z^2 \geq 3/4$.

75. 证明

$$x_i > 0 (i = 1, 2, \cdots, n) \Rightarrow x_1^{x_1} x_2^{x_2} \cdots x_n^{x_n} \geq (x_1 x_2 \cdots x_n)^{\frac{x_1 + x_2 + \cdots + x_n}{n}}$$

76. $0 \leq a, b, c \leq 1 \Rightarrow a/(bc+1) + b/(ac+1) + c/(ab+1) \leq 2$.

77. 在面积为 S 的三角形内一点 O，过 O 作三条直线使每条边于两条直线相交. 这些线切出的三个以 O 为顶点的三角形的面积 S_1, S_2, S_3，证明：

（a）$\dfrac{1}{S_1} + \dfrac{1}{S_2} + \dfrac{1}{S_3} \geq \dfrac{9}{S}$.

（b）$\dfrac{1}{S_1} + \dfrac{1}{S_2} + \dfrac{1}{S_3} \geq \dfrac{18}{S}$.

78. 求方程组的正数解

$$x_1 + \frac{1}{x_2} = 4, x_2 + \frac{1}{x_3} = 1, \cdots, x_{99} + \frac{1}{x_{100}} = 4, x_{100} + \frac{1}{x_1} = 1$$

79. 证明：对任何实数 x, y，有

$$-\frac{1}{2} \leq \frac{(x+y)(1-xy)}{(1+x^2)(1+y^2)} \leq \frac{1}{2}$$

80. 设 $a + b + c = 1 (a, b, c \geq 0)$. 证明：$\sqrt{4a+1} + \sqrt{4b+1} + \sqrt{4c+1} \leq \sqrt{21}$.

81. 证明：对任何正数 $x_1, x_2, \cdots, x_k (k \geq 4)$，有

$$\frac{x_1}{x_k + x_2} + \frac{x_2}{x_1 + x_3} + \cdots + \frac{x_k}{x_{k-1} + x_1} \geq 2$$

能把数 2 换成更大的数吗？

82. 证明：对正实数 a, b, c，有

$$\frac{a+b-2c}{b+c} + \frac{b+c-2a}{c+a} + \frac{c+a-2b}{a+b} \geq 0$$

83. 证明：不等式 $(a^3 - a + 2)^2 \geq 4a^2(a^2 + 1)(a - 2)$.

84. 设 $a_1, a_2, \cdots, a_n$ 是正数，$a_{n+1} = a_1$. 证明

$$2 \sum_{k=1}^{n} \frac{a_k^2}{a_k + a_{k+1}} \geq \sum_{k=1}^{n} a_k$$

85. 设 $x_1, x_2, \cdots, x_n$ 是正数，$x_1 x_2 \cdots x_n = 1$. 证明

$$x_1^{n-1} + x_2^{n-1} + \cdots + x_n^{n-1} \geq \frac{1}{x_1} + \frac{1}{x_2} + \cdots + \frac{1}{x_n}$$

86. 如果 $x, y, z > 0$，求 $x/(x+y) + y/(y+z) + z/(z+x)$ 能取的所有值.

87. 设 a, b, c 是三角形的边长，s_a, s_b, s_c 是中线的长度，D 是外接圆的直径. 证明

$$\frac{a^2+b^2}{s_c}+\frac{b^2+c^2}{s_a}+\frac{c^2+a^2}{s_b}\leqslant 6D$$

88. 求方程组 $x+y+z=1,x^3+y^3+z^3+xyz=x^4+y^4+z^4+1$ 的所有正数解.

89. 设 x,y,z 是正数,$xy+yz+zx=1$,证明:不等式

$$\frac{2x(1-x^2)}{(1+x^2)^2}+\frac{2y(1-y^2)}{(1+y^2)^2}+\frac{2z(1-z^2)}{(1+z^2)^2}\leqslant\frac{x}{1+x^2}+\frac{y}{1+y^2}+\frac{z}{1+z^2}$$

90. 设 a,b,c 是正实数,$abc=1$. 证明

$$\frac{1}{a^3(b+c)}+\frac{1}{b^3(a+c)}+\frac{1}{c^3(a+b)}\geqslant\frac{3}{2}\text{（IMO1995）}$$

91. 证明:对实数 $x_1\geqslant x_2\geqslant\cdots\geqslant x_n>0$,有

$$\frac{x_1}{x_2}+\frac{x_2}{x_3}+\cdots+\frac{x_{n-1}}{x_n}+\frac{x_n}{x_1}\leqslant\frac{x_2}{x_1}+\frac{x_3}{x_2}+\cdots+\frac{x_n}{x_{n-1}}+\frac{x_1}{x_n}$$

92. 证明:如果数 a,b,c 满足不等式 $|a-b|\geqslant|c|,|b-c|\geqslant|a|,|c-a|\geqslant|b|$,则这些数中有一个是另两个数的和.（MMO1996）

93. 正整数 a,b,c 使 $a^2+b^2-ab=c^2$. 证明:$(a-c)(b-c)\leqslant 0$.（MMO1996）

94. 如果 x,y,z 是 $[0,1]$ 中的实数,则 $2(x^3+y^3+z^3)-x^2y-y^2z-z^2x\leqslant 3$.

95. 设 a,b,c 是实数,$0\leqslant a,b,c\leqslant 1$,则

$$\frac{a}{1+bc}+\frac{b}{1+ac}+\frac{c}{1+ab}\leqslant 2$$

96. 证明:对于 x 的奇数幂" $+$ "及" $-$ "的任何配置,有

$$x^{2n}\pm x^{2n-1}+x^{2n-2}\pm x^{2n-3}+\cdots+x^4\pm x^3+x^2\pm x+1>\frac{1}{2}$$

97. 任给八个实数 a,b,c,d,e,f,g 及 h. 证明:在 $ac+bd,ae+bf,ag+bh,ce+df,cg+dh,eg+fh$ 中至少有一个数是非负的.

98. 设 $n>2,x_1,x_2,\cdots,x_n$ 是非负实数. 证明:不等式

$$(x_1x_2\cdots x_n)^{\frac{1}{n}}+\frac{1}{n}\sum_{i<j}|x_i-x_j|\geqslant\frac{x_1+x_2+\cdots+x_n}{n}$$

99. 设 $a,b\in\mathbf{R},f(x)=a\cos x+b\cos 3x$,已知 $f(x)>1$ 无解,证明:$|b|\leqslant 1$.

100. 设 a,b,c 是三角形的三边长. 证明

$$\frac{a}{b+c-a}+\frac{b}{c+a-b}+\frac{c}{a+b-c}\geqslant 3$$

解 答

1. 右边由 $ab+bc+ca\leqslant a^2+b^2+c^2$ 即得,左边可由

$$0\leqslant(a+b+c)^2=a^2+b^2+c^2+2(ab+bc+ca)$$
$$=1+2(ab+bc+ca)$$

推出.

2. (a)这是 QM-AM 不等式的略微变形及 Chebyshev 不等式 $2(a^2+b^2)\geqslant(a+b)^2$ 的

例子.

（b）这是 Chebyshev 不等式 $3(a^3 + b^3 + c^3) \geqslant (a + b + c)(a^2 + b^2 + c^2)$.

（c）右边是 $\sqrt{(ab + bc + ca)/3} \geqslant \sqrt{\sqrt[3]{ab \cdot bc \cdot ca}} = \sqrt[3]{abc}$，而左边可由 $a^2 + b^2 + c^2 \geqslant ab + bc + ca$ 得到.

3. 我们有

$$\frac{abc + abd + acd + bcd}{4}$$
$$= \frac{1}{2}\left(ab \cdot \frac{c+d}{2} + cd \cdot \frac{a+b}{2}\right)$$
$$\leqslant \frac{1}{2}\left(\left(\frac{a+b}{2}\right)^2 \cdot \frac{c+d}{2} + \left(\frac{c+d}{2}\right)^2 \cdot \frac{a+b}{2}\right)$$
$$= \frac{a+b}{2} \cdot \frac{c+d}{2} \cdot \frac{a+b+c+d}{4}$$
$$\leqslant \left(\frac{a+b+c+d}{4}\right)^3$$

从而
$$\sqrt[3]{\frac{abc + abd + acd + bcd}{4}} \leqslant \frac{a+b+c+d}{4}$$
$$\leqslant \sqrt{\frac{a^2 + b^2 + c^2 + d^2}{4}}$$

4. 这是 $n+1$ 个数 $a, b, b, \cdots, b$ 的 AM-GM 不等式.

5. $x + y + z = 1$，把字 BAOBAB 的概率极大化

$$1 = x + y + z = \frac{x}{3} + \frac{x}{3} + \frac{x}{3} + \frac{y}{2} + \frac{y}{2} + z \geqslant 6\sqrt[6]{\frac{x^3}{27} \cdot \frac{y^2}{4} \cdot z}$$

或

$$x^3 y^2 z \leqslant \frac{1}{432}$$

当且仅当 $\frac{x}{3} = \frac{y}{2} = z$，即 $x = \frac{1}{2}, y = \frac{1}{3}, z = \frac{1}{6}$ 时成立等式.

6. 左边是熟知的，不用三角不等式. 右边由 $a^2 > (b-c)^2, b^2 > (a-c)^2, c^2 > (a-b)^2$ 相加并化简，$a^2 + b^2 + c^2 > 2a^2 + 2b^2 + 2c^2 - 2ab - 2bc - 2ca$ 即得.

7. 由前一题即得.

8. 设 $a \geqslant b \geqslant c$，则 $\frac{1}{a+b} \leqslant \frac{1}{a+c} \leqslant \frac{1}{b+c}$，我们要证 $\frac{1}{b+c} < \frac{1}{a+b} + \frac{1}{a+c}$，这由 $a < b + c$ 易得.

9. 记和为 S. $S > \frac{a}{a+b+c+d} + \frac{b}{a+b+c+d} + \frac{c}{a+b+c+d} + \frac{d}{a+b+c+d} = 1$；$S < \frac{a}{a+b} +$

$\frac{b}{a+b} + \frac{c}{c+d} + \frac{d}{c+d} = 2$. 函数 S 是连续的，我们证明它可任意接近 1 及 2，这样它取值为（1，2），先用 $a = b = x, c = d = y$ 再用 $a = c = x, b = d = y$，得到

$$S_1(x, y) = \frac{2x}{2x+y} + \frac{2y}{x+2y}, \lim_{\substack{x \to 1 \\ y \to 0}} S_1(x, y) = 1$$

$$S_2(x,y) = \frac{2x}{x+2y} + \frac{2y}{2x+y}, \lim_{\substack{x \to 1 \\ y \to 0}} S_2(x,y) = 2$$

10. 平方并简化,就得到 CS 不等式.

11. 把不等式写成

$$\frac{1}{a} \cdot \frac{1}{b} + \frac{1}{b} \cdot \frac{1}{c} + \frac{1}{c} \cdot \frac{1}{a} \leqslant \frac{1}{a} \cdot \frac{1}{a} + \frac{1}{b} \cdot \frac{1}{b} + \frac{1}{c} \cdot \frac{1}{c}$$

在右边是两个同类数列的数量积,左边是重排数列的数量积.

12. 这是经过一些变换后的 Chebyshev 不等式.

13. 把右边改写成形式 $\sum n/n^2$ 这是相反类型的数列的数量积,而左边未必.

14. 提示已足以解这题.

15. 我们有下面的估计式

$$Q_n > 1 + \frac{1}{4} + \frac{1}{3 \cdot 4} + \cdots + \frac{1}{n(n+1)}$$

$$Q_n < 1 + \frac{1}{4} + \frac{1}{2 \cdot 3} + \cdots + \frac{1}{(n-1)n}$$

$$Q_n > \frac{5}{4} + \frac{1}{3} - \frac{1}{4} + \cdots + \frac{1}{n} - \frac{1}{n+1}$$

$$Q_n < \frac{3}{4} + \frac{1}{2} - \frac{1}{3} + \cdots + \frac{1}{n} - \frac{1}{n+1}$$

16. $n = 1$ 时不等式是恰好成立的. 设这不等式对任一个 n 成立,如果我们能证明 $\frac{2n+1}{2n+2} \leqslant$

$\sqrt{\frac{3n+1}{3n+4}}$,则命题对 $n+1$ 也对.

$$\frac{2n+1}{2n+2} \leqslant \sqrt{\frac{3n+1}{3n+4}} \Leftrightarrow \left(\frac{2n+1}{2n+2}\right)^2$$

$$\leqslant \frac{3n+1}{3n+4} \Leftrightarrow (4n^2+4n+1)(3n+4)$$

$$\leqslant (4n^2+8n+4)(3n+1) \Leftrightarrow 12n^3+28n^2+19n+4$$

$$\leqslant 12n^3+28n^2+20n+4 \Leftrightarrow 0$$

$$\leqslant n$$

有时候更多的东西反而会容易些. 较弱的结果用这种简单的方法倒不行了.

17. **解法一:**明显的变换就得到 $0 \leqslant ab(a-c)^2 + bc(b-a)^2 + ca(c-b)^2$.

解法二:对于 $\left(\frac{a}{\sqrt{c}}, \frac{b}{\sqrt{a}}, \frac{c}{\sqrt{b}}\right), (\sqrt{c}, \sqrt{a}, \sqrt{b})$ 用 CS 不等式,得到

$$(a+b+c)^2 \leqslant \left(\frac{a^2}{c} + \frac{b^2}{a} + \frac{c^2}{b}\right)(a+b+c)$$

$$a+b+c \leqslant \frac{a^2}{c} + \frac{b^2}{a} + \frac{c^2}{b} \Rightarrow abc(a+b+c) \leqslant a^3b + b^3c + c^3a$$

18. $$\frac{1}{n+1} + \frac{1}{n+2} + \cdots + \frac{1}{n+n} > \frac{1}{n+n} + \frac{1}{n+n} + \cdots + \frac{1}{n+n} = \frac{n}{2n} = \frac{1}{2}$$

$$\frac{1}{n} + \frac{1}{n+1} + \frac{1}{n+2} + \cdots + \frac{1}{n+n}$$

$$= \frac{1}{2}\left(\left(\frac{1}{n} + \frac{1}{2n}\right) + \left(\frac{1}{n+1} + \frac{1}{2n-1}\right) + \cdots + \left(\frac{1}{2n} + \frac{1}{n}\right)\right)$$

$$= \frac{1}{2}\left(\frac{3n}{2n^2} + \frac{3n}{2n^2+n} + \cdots + \frac{3n}{2n^2}\right) < \frac{1}{2}\left(\frac{3n}{2n^2} + \frac{3n}{2n^2} + \cdots + \frac{3n}{2n^2}\right)$$

$$= \frac{1}{2} \cdot \frac{3(n+1)}{2n} \leqslant \frac{3}{4} + \frac{1}{n}$$

减去多余的 $\frac{1}{n}$ 就得到结果.

19.
$$S_n = \frac{a_1}{2} + \frac{a_2}{2^2} + \frac{a_1 + a_2}{2^3} + \frac{a_2 + a_3}{2^4} + \cdots + \frac{a_{n-2} + a_{n-1}}{2^n}$$

$$S_n = \frac{3}{4} + \frac{1}{4}\sum_{i=1}^{n}\frac{a_i}{2^i} + \frac{1}{2}\sum_{i=1}^{n}\frac{a_i}{2^i} - \frac{1}{4} - \frac{a_{n+1}}{2^{n+1}} - \frac{a_n}{2^n}$$

$$= \frac{3}{4}S_n + \frac{1}{2} - \frac{a_{n+1}}{2^{n+1}} - \frac{a_n}{2^n}$$

$$\frac{S_n}{4} = \frac{1}{2} - \frac{a_{n+1}}{2^{n+1}} - \frac{a_n}{2^n}, S_n < 2$$

20. $(x+y-z) + (x-y+z) = 2x \Rightarrow |x+y-z| + |x-y+z| \geqslant 2|x|$, 并用两个类似的对 $2y$ 及 $2z$ 的不等式, 相加并除以 2.

21. 设三个不等式都成立, 则 a, b, c 都小于 1, 相乘得 $a(1-a)b(1-b)c(1-c) > \frac{1}{64}$, 但 $a(1-a) = \frac{1}{4} - \left(\frac{1}{2} - a\right)^2 \leqslant \frac{1}{4}$, 从而三个的乘积小于或等于 $\frac{1}{64}$, 矛盾!

22. 把前两个不等式相乘, $(a+b)^2 < ab + cd$, 但 $(a+b)^2 \geqslant 4ab$, 因而 $4ab < ab + cd$, $3ab < cd$, 又把后两个不等式相乘, 得到 $ab(ab+cd) > (a+b)^2 cd \geqslant 4abcd$, 这样 $ab + cd > 4cd$ 即 $ab > 3cd$, 矛盾!

23. 设 $x, y, \frac{1}{xy}$ 是这些数, 由 $x + y + \frac{1}{xy} > \frac{1}{x} + \frac{1}{y} + xy$, 我们得到 $(x-1)(y-1)\left(\frac{1}{xy} - 1\right) > 0$, 这蕴含了三个因式中恰有一个正数.

24. (a) $x_{n+1} = 1 + \frac{n}{x_n} \leqslant 1 + \frac{n}{\sqrt{n}} \leqslant \sqrt{n+1} + 1$.

(b) $x_{n+1} = 1 + \frac{n}{x_n} \geqslant 1 + \frac{n}{\sqrt{n+1}} \geqslant 1 + \frac{n+1-1}{\sqrt{n+1}+1} = 1 + (\sqrt{n+1} - 1) = \sqrt{n+1}$. 对于 $n = 1$, $\sqrt{1} \leqslant 1 \leqslant \sqrt{1} + 1$ 是正确的, 即已用归纳法证明了结论.

25. 我们已知左边, 它的证明并不要求三角不等式. 因为三角形两边之和大于半周长 s, 我们有

$$b + c > s, c + a > s$$

$$a + b > s \Rightarrow \frac{a}{b+c} + \frac{b}{c+a} + \frac{c}{a+b} < \frac{2(a+b+c)}{a+b+c} = 2$$

26. 我们知道 $a^2 + b^2 = c^2$, 乘以 c 后, $c^3 = ca^2 + cb^2 > a^3 + b^3$. 设命题对某个 $n \geqslant 3$ 成立, 则

$$c^{n+1} > ca^n + cb^n > a^{n+1} + b^{n+1}.$$

27. 分母是 xyz,分子是 x,y,z 的三次多项式,这多项式当 x,y,z 循环轮换时不变,看到 $x=y,y=z,z=x$ 时分子为 0,所以由三角不等式,$f(x,y,z) = \dfrac{|x-y|}{z} \cdot \dfrac{|y-z|}{x} \cdot \dfrac{|z-x|}{y} < 1.$ 特别选取变量,使它能任意接近于 1. 实际上,$x=1,y=1+\varepsilon,z=\varepsilon+\varepsilon^2$ 就得

$$f(1,1+\varepsilon,\varepsilon+\varepsilon^2) = \frac{|1-\varepsilon||1-\varepsilon-\varepsilon^2|}{1+\varepsilon} \to 1 \,(\text{当 } \varepsilon \to 0)$$

28. 在图 7.6 中,我们有 $a^2+b^2+c^2+d^2 = x^2+(1-x)^2+y^2+(1-y)^2+z^2+(1-z)^2+u^2+(1-u)^2,x^2+(1-x)^2 = 2\left(x-\dfrac{1}{2}\right)^2+\dfrac{1}{2} \geqslant \dfrac{1}{2},$ $x^2+(1-x)^2 \leqslant 1.$ 因此

图 7.6

$$2 \leqslant a^2+b^2+c^2+d^2 \leqslant 4$$

$$a+b+c+d \leqslant x+1-x+y+1-y+z+1-z+u+1-u = 4$$

当 $ABCD$ 是一条闭的光的路线(每处入射角等于反射角)时,周长最小.

所有这样的光路的周长等于 $2\sqrt{2}$,即为对角线长度的两倍. 证明这一点,从而 $a+b+c+d \geqslant 2\sqrt{2}.$

29. 用归纳法或可进行如下.

$$(1+a_1)(1+a_2)\cdots(1+a_n)$$

$$= 2^n \prod_{i=1}^{n}\left(\frac{1}{2}+\frac{a_i}{2}\right) = 2^n \prod_{i=1}^{n}\left(1+\frac{a_i-1}{2}\right)$$

$$\geqslant 2^n \cdot \left(1+\frac{a_1-1}{2}+\frac{a_2-1}{2}+\cdots+\frac{a_n-1}{2}\right)$$

$$\geqslant 2^n \left(1+\frac{a_1-1}{n+1}+\cdots+\frac{a_n-1}{n+1}\right)$$

$$= \frac{2^n}{n+1}(n+1+a_1-1+a_2-1+\cdots+a_n-1)$$

$$= \frac{2^n}{n+1}(1+a_1+a_2+\cdots+a_n)$$

30. 取对数,得

$$b\ln a + c\ln b + d\ln c + a\ln d \geqslant a\ln b + b\ln c + c\ln d + d\ln a$$

这常规地可变换成形式

$$\frac{\ln c - \ln a}{c-a} \geqslant \frac{\ln d - \ln b}{d-b}$$

对于 $c \neq a, d \neq b$,把这解释为弦的斜率,它就成为(几乎)是显然的了.

31. $\left(1+\dfrac{a}{b}\right)^m + \left(1+\dfrac{b}{a}\right)^m \geqslant \left(2\sqrt{\dfrac{a}{b}}\right)^m + \left(2\sqrt{\dfrac{b}{a}}\right)^m \geqslant 2 \cdot \sqrt{(2 \cdot 2)^m} = 2^{m+1}.$

32. 解法一: 不等式的左面 $f(a,b,c,d,e)$ 是每个变量的凸函数. 因此最大值在 5 维正方体 $p \leqslant a,b,c,d,e \leqslant q$ 的 32 个顶点处达到,如果有 n 个 p 及 $5-n$ 个 q,则我们要求二次函数的最大值

$$f = \left(np + (5-n)q\right)\left(\frac{n}{p} + \frac{5-n}{q}\right)$$

$$= 25 + n(5-n)\left(\sqrt{\frac{p}{q}} - \sqrt{\frac{q}{p}}\right)^2$$

所以 f 在 $n=2$ 或 3 时取最大值 $25 + 6\left(\sqrt{\frac{p}{q}} - \sqrt{\frac{q}{p}}\right)^2$.

解法二:设四个变量固定,和为 s,倒数的和为 r,第五个变量为 x,左边成为函数 $f(x) = (s+x)\left(r + \frac{1}{x}\right) = rx + \frac{s}{x} + rs + 1$,$f''(x) = 2r/x^3 > 0$,因此 f 在端点处取最大值,从而左边当 k 个量为 p,$5-k$ 个为 q 时最大,于是

$$(a+b+c+d+e)\left(\frac{1}{a} + \frac{1}{b} + \frac{1}{c} + \frac{1}{d} + \frac{1}{e}\right)$$

$$\leqslant \left(kp + (5-k)q\right)\left(\frac{k}{p} + \frac{5-k}{q}\right)$$

$$= 25 + k(5-k)\left(\sqrt{\frac{p}{q}} - \sqrt{\frac{q}{p}}\right)^2$$

$$\leqslant 25 + 6\left(\sqrt{\frac{p}{q}} + \sqrt{\frac{q}{p}}\right)^2$$

当 $k=2$ 或 3 时成立等式.

推广:设 $x_1, x_2, \cdots, x_n \in [a, b]$,其中 $0 < a < b$. 证明

$$(x_1 + x_2 + \cdots + x_n)\left(\frac{1}{x_1} + \frac{1}{x_2} + \cdots + \frac{1}{x_n}\right) \leqslant \frac{(a+b)^2}{4ab} n^2$$

33. 设 $\triangle BCO$ 和 $\triangle DAO$ 的面积分别为 x 和 y. 因为有同样高的三角形面积之比就是底边之比,$\frac{x}{4} = \frac{9}{y}$,即 $y = \frac{36}{x}$. 这样,四边形 $ABCD$ 的面积为 $f(x) = x + \frac{36}{x} + 13$,即 $f(x) = \left(\sqrt{x} - \frac{6}{\sqrt{x}}\right) + 25$. 这一式子证明了面积的最小值是 25,当 $x = y = 6$ 时达到.

34. 我们有解 $x \geqslant s$,$y + \frac{1}{x} \geqslant s$,$\frac{1}{y} \geqslant s$ 且至少有一个成为等式. 这些不等式推得 $y \leqslant \frac{1}{s}$,$\frac{1}{x} \leqslant \frac{1}{s}$,$s \leqslant y + \frac{1}{x} \leqslant \frac{2}{s}$. 由此可得出 $s^2 \leqslant 2$,$s \leqslant \sqrt{2}$. 这是可能的,三个不等式都成为等式

$$y = \frac{1}{x} = \sqrt{2}/2$$

这时 $s = \sqrt{2}$.

35. 令 $y_0 = 1$,$y_k = 1 + x_1 + \cdots + x_k (1 \leqslant k \leqslant n)$,则 $y_n = 2$,$x_k = y_k - y_{k-1}$. 如果题中的数都小于或等于 s,即

$$\frac{x_k}{y_k} = \frac{y_k - y_{k-1}}{y_k} = 1 - \frac{y_{k-1}}{y_k} \leqslant s$$

从而 $1 - s \leqslant y_{k-1}/y_k$. 把这些不等式 $k = 1, 2, \cdots, n$ 相乘,$(1-s)^n \leqslant y_0/y_n = \frac{1}{2}$,由此 $s \geqslant 1 - 2^{-1/n}$,这是可以达到的,如 $y_1 = 2^{\frac{1}{n}}$,$y_2 = 2^{2/n}$,$\cdots$,$y_n = 2$ 是等比数列,$x_k = 2^{\frac{k}{n}} - 2^{\frac{k-1}{n}}$.

36. 记 $PL = x, PM = y, PN = z$，我们要求 $f(x, y, z) = xyz$ 在条件 $ax + by + cz = 2A$ 下的最大值，其中 A 是三角形的面积，f 与 $g(x, y, z) = ax \cdot by \cdot cz$ 在同样点处取最大值.

$$ax \cdot by \cdot cz \leq \left(\frac{ax + by + cz}{3} \right)^3 = \left(\frac{2A}{3} \right)^3$$

乘积在 $ax = by = cz = \dfrac{2A}{3}$ 时达到极大值，这样 f 在 $x = \dfrac{2A}{3} \cdot \dfrac{1}{a}, y = \dfrac{2A}{3} \cdot \dfrac{1}{b}, z = \dfrac{2A}{3} \cdot \dfrac{1}{c}$ 处取最大值. 这时，有

$$x : y : z = \frac{1}{a} : \frac{1}{b} : \frac{1}{c} = h_a : h_b : h_c$$

有最大乘积 xyz 的点是三角形的重心.

37. 令 $a_i = \sqrt{x_i y_i} - z_i, b_i = \sqrt{x_i y_i} + z_i$ 并用 CS 不等式，只要证明

$$\frac{n^3}{\left(\sum a_i \right) \left(\sum b_i \right)} \leq \frac{1}{\sum a_i b_i}$$

38. 把向量 $\overrightarrow{AB} = \boldsymbol{a}, \overrightarrow{BC} = \boldsymbol{b}, \overrightarrow{CD} = \boldsymbol{c}$ 及 $\overrightarrow{DA} = \boldsymbol{d}$ 相加，就得到一个闭的多边形 $ABCD$（图 7.7）. 把这些向量重排，可以作出一个自身相交的四边形（图 7.8），可以容易看到六种排法中总有这样的情况，相加后 $|AE| + |CE| \geq |AC|, |BE| + |DE| \geq |BD|$，我们得到 $|AB| + |CD| \geq |AC| + |BD|$，即 $|\boldsymbol{a}| + |\boldsymbol{b}| \geq |\boldsymbol{b} + \boldsymbol{d}| + |\boldsymbol{a} + \boldsymbol{d}|$，而三角不等式得 $|\boldsymbol{c}| + |\boldsymbol{d}| \geq |\boldsymbol{c} + \boldsymbol{d}|$，相加即得.

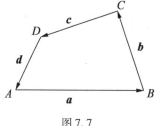

图 7.7

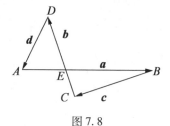

图 7.8

39. 当 $n = 1$ 时不等式成立. 如果 $n^{n-1} \geq 2^{n-1} \cdot (n-1)!$ 在不等式左边乘 $(n+1)^n / n^{n-1}$，右边乘 $2n$，因为 $(n+1)^n / n^{n-1} \geq 2n$，即得到 $(n+1)^n \geq 2^n \cdot n!$

40. (a) 对 $n \geq 3$，第二个数比第一个数大，用归纳法，而 $n = 2$ 时则相反.

(b) 设 A_n 是 n 个 3 的幂塔，B_{n-1} 是 $(n-1)$ 个 4 的幂塔，我们用归纳法证明 $A_{n+1} > 2B_n$. 设 $A_n > B_{n-1}$，则

$$A_{n+1} = 3^{A_n} > 3^{2B_{n-1}} = 9^{B_{n-1}} = \left(\frac{9}{4} \right)^{B_{n-1}} \cdot 4^{B_{n-1}} > 2 \cdot 4^{B_{n-1}} = 2 \cdot B_n$$

41. 设 $M_1, M_2, \cdots, M_n$ 是表的中心，$A_1, A_2, \cdots, A_n$ 是分针的终点，B_i 表示 A_i 关于 M_i 的反射点，则 $2|OM_i| \leq |OA_i| + |OB_i| (i = 1, 2, \cdots, n)$，这是三角不等式. 这样 $2 \sum |OM_i| \leq \sum |OA_i| + \sum |OB_i|$，所以至少有右边的一个和式大于或等于 $\sum |OM_i|$.

42. (a) $1 \leq x_n \leq 2 \Rightarrow x_{n+1} = \dfrac{1}{5} \left(x_n^3 + \dfrac{1}{x_n} \right) < \dfrac{1}{5} (8 + 1) = \dfrac{9}{5} < 2.$

(b) $\dfrac{1}{5} \leq x_n \leq 1 \Rightarrow x_{n+1} = \dfrac{1}{5} \left(x_n^3 + \dfrac{1}{x_n} \right) < \dfrac{1}{5} (1 + 5) = \dfrac{6}{5} < 2.$

$$(c) x_{n+1} = \frac{1}{5}\left(x_n^3 + \frac{1}{3x_n} + \frac{1}{3x_n} + \frac{1}{3x_n}\right) \geq \frac{1}{5} \cdot 4 \cdot \sqrt[4]{1/27} = \frac{4}{15}\sqrt[4]{3} \approx 0.3846.$$

如果这数列收敛,它收敛到 $x^4 - 5x^2 + 1 = 0$ 的一个根,此根为 $\frac{\sqrt{7}-\sqrt{3}}{2} \approx 0.456850$,但它不必定收敛,且收敛也不一定是单调的. 事实上它收敛于 0.456850,但并不要求确定这一点.

43. (a)令 $a = y + z, b = x + z, c = x + y$,得 $(x+y)(y+z)(z+x) \geq 8xyz$,而由 $x + y \geq 2\sqrt{xy}, y + z \geq 2\sqrt{yz}, z + x \geq 2\sqrt{zx}$,相乘即得所要的结果.

(b) $a^2 \cdot a + b^2 \cdot b + c^2 \cdot c \geq a^2 \cdot b + b^2 \cdot c + c^2 \cdot a$,这是因为左边是同类的两个数列,而右边不一定是.

44.
$$\left(\frac{s}{s-x_1} + \frac{s}{s-x_2} + \cdots + \frac{s}{s-x_n}\right)\left(\frac{s-x_1}{s} + \frac{s-x_2}{s} + \cdots + \frac{s-x_n}{s}\right) \geq n^2$$
第二个因子是 $n-1$,这就蕴含了结果.

45. (a)把不等式改写成如下形式
$$\frac{x}{y} \cdot \frac{x}{y} + \frac{y}{z} \cdot \frac{y}{z} + \frac{z}{x} \cdot \frac{z}{x} \geq \frac{y}{z} \cdot \frac{z}{x} + \frac{z}{x} \cdot \frac{x}{y} + \frac{x}{y} \cdot \frac{y}{z}$$
左面是两个同类数列的数量积,右面是重排后的数列的数量积.

(b)我们用另一种很有用的想法,去分母就得到
$$x^4z^2 + y^4x^2 + z^4y^2 \geq x^3yz^2 + x^2y^3z + xy^2z^3$$
现设 $x \geq y \geq z$,再作变换如下
$$x^3z^2(x-y) + x^2y^3(y-z) + y^2z^3(z-x) \geq 0$$
前两项是正的,而最后一项不是正的,这时通常把 $z-x$ 写成为 $z-x = z-y+y-x$,再合并起来,有
$$x^3z^2(x-y) + x^2y^3(y-z) - y^2z^3(x-y) - y^2z^3(y-z) \geq 0$$
$$\Rightarrow z^2(x^3 - y^2z)(x-y) + y^2(x^2y - z^3)(y-z) \geq 0$$
最后的不等式是显然正确的.

46. 因为 $|b^2 - 2a^2| \geq 1$,我们有
$$\left|\frac{\sqrt{2}}{2} - \frac{a}{b}\right|\left(\frac{\sqrt{2}}{2} + \frac{a}{b}\right) = \left|\frac{1}{2} - \frac{a^2}{b^2}\right| = \left|\frac{b^2 - 2a^2}{2b^2}\right| \geq \frac{1}{2b^2}$$
利用 $\frac{a}{b} \in (0,1), \frac{\sqrt{2}}{2} + \frac{a}{b} < 2$,我们得到
$$\left|\frac{\sqrt{2}}{2} - \frac{a}{b}\right| \geq \frac{1}{2b^2} \cdot \frac{1}{\frac{\sqrt{2}}{2} + \frac{a}{b}} > \frac{1}{2b^2} \cdot \frac{1}{2} = \frac{1}{4b^2}$$

所以 $\frac{\sqrt{2}}{2}$ 没有被盖住.

47. 令 $f(a) = \frac{(a+1)^{b+1}}{a^b}$,不等式等价于 $f(a) \geq f(b)$,$f'(a) = \frac{(a-b)(a+1)^b}{a^{b+1}}$,对 $a = b$,$f'(a) = 0$ 且从 "$-$" 变成 "$+$",这样 $f_{\min} = f(b)$,这就证明了结论.

48. 设不等式不成立,则

$$\frac{|a+b|}{1+|a+b|} > \frac{|a|}{1+|a|} + \frac{|b|}{1+|b|}$$

化简后得 $|a+b| > |a| + |b| + 2|ab| + |ab||a+b|$,这因 $|a+b| \leqslant |a| + |b|$ 而不可能.

49. 利用 $\frac{b}{a} = -x_1 - x_2, \frac{c}{a} = x_1 \cdot x_2$,我们得到

$$a + b + c \geqslant 0 \Leftrightarrow 1 + \frac{b}{a} + \frac{c}{a} \geqslant 0 \Leftrightarrow 1 - x_1 - x_2 + x_1 x_2 \geqslant 0$$

$$\Leftrightarrow (1 - x_1)(1 - x_2) \geqslant 0$$

$$a - b + c \geqslant 0 \Leftrightarrow 1 - \frac{b}{a} + \frac{c}{a} \geqslant 0 \Leftrightarrow 1 + x_1 + x_2 + x_1 x_2 \geqslant 0$$

$$\Leftrightarrow (1 + x_1)(1 + x_2) \geqslant 0$$

$$a - c \geqslant 0 \Leftrightarrow 1 - \frac{c}{a} \geqslant 0 \Leftrightarrow 1 - x_1 x_2 \geqslant 0$$

令 $s_1 = (1 - x_1)(1 - x_2), s_2 = (1 + x_1)(1 + x_2), s_3 = 1 - x_1 x_2$. 显然 $|x_i| \leqslant 1 (i = 1, 2) \Rightarrow s_k \geqslant 0 (k = 1, 2, 3)$,我们证明反之也对. 由对称性只要考虑 $x_1 > 1$ 及 $x_1 < -1$ 两种情况,设 $x_1 > 1$,若 $x_2 < 1$ 则 $s_1 < 0$,若 $x_2 \geqslant 1$ 则 $s_3 < 0$. 而设 $x_1 < -1$,若 $x_2 \leqslant -1$ 则 $s_2 < 0$,若 $x_2 \geqslant -1$ 则 $s_2 < 0$.

50. 试证明:

$$\left(\sum_{i=0}^{n} a_i\right)^2 - \sum_{i=0}^{n} a_i^3 = 2 \sum_{i=0}^{n} \sum_{j=0}^{i} a_i \cdot \frac{a_j - a_{j-1}}{2} (1 - (a_j - a_{j-1}))$$

$$\geqslant 0$$

如果 $a_j - a_{j-1} = 1 (j = 1, 2, \cdots, n)$ 就有等式,这是熟知的结果

$$\left(\sum_{i=0}^{n} i\right)^2 = \sum_{i=0}^{n} i^3$$

51. **解法一:**两次平方,消去平方的项,得到 $0 \leqslant (ab - ac - bc)^2$,当 $c = \frac{ab}{a+b}$ 时成立等式.

解法二:考虑筝形 $ABCD$,边 $AB = BC = \sqrt{a}, DC = DA = \sqrt{b}$ 及对角线 $AC = 2\sqrt{c}$,我们可用两种方法算面积:

(1) $|ABCD| = |ABC| + |ACD| = \sqrt{c(a-c)} + \sqrt{c(b-c)}$.

(2) $|ABCD| = 2|ABD| = 2 \cdot \frac{1}{2} \cdot \sqrt{a} \cdot \sqrt{b} \cdot \sin \angle BAD \leqslant \sqrt{ab}$,这就得到了不等式. 当 $|AB|^2 + |AD|^2 = |BD|^2$,即 $a + b = (a-c) + (b-c) + 2\sqrt{(a-c)(b-c)}$ 时成立等式,上式即 $c = ab/(a+b)$.

52. 化简后得 $a^2 \cdot a + b^2 \cdot b \geqslant a^2 \cdot b + ab^2$,用排序不等式.

53. 乘上 $a^2 b^2$ 即可得.

54. 自行解答.

55. **解法一:**用余弦定理,$b^2 + c^2 - a^2 = 2bc\cos \alpha$,及其轮换的式子代替括号中项,得到 $2abc\cos \alpha + 2abc\cos \beta + 2abc\cos \gamma \leqslant 3abc$,或

$$\cos \alpha + \cos \beta + \cos \gamma \leqslant \frac{3}{2}$$

这个不等式可用许多方法证明. 此处是一种方法, 可设三角形的角是锐角. 我们利用余弦在 $0 < x < \dfrac{\pi}{2}$ 中是凹函数.

$$\cos\alpha + \cos\beta + \cos\gamma \leqslant 3\cos\frac{\alpha+\beta+\gamma}{3} = 3\cos 60° = \frac{3}{2}$$

解法二: 沿边的单位向量 $\boldsymbol{a}, \boldsymbol{b}, \boldsymbol{c}$ (即 $\boldsymbol{a}$ 与 $\overrightarrow{BC}$ 同向, 模长为 1, $\boldsymbol{b}$ 与 $\overrightarrow{CA}$ 同向, $\boldsymbol{c}$ 与 $\overrightarrow{AB}$ 同向, 模长都是 1) 它们的和记为 $\boldsymbol{s}$, 这样

$$s = \frac{\boldsymbol{a}}{a} + \frac{\boldsymbol{b}}{b} + \frac{\boldsymbol{c}}{c} \Rightarrow s^2 = 3 + 2\left(\frac{\boldsymbol{ab}}{ab} + \frac{\boldsymbol{bc}}{bc} + \frac{\boldsymbol{ca}}{ca}\right)$$

$$s^2 = 3 - 2(\cos\alpha + \cos\beta + \cos\gamma) \Rightarrow \cos\alpha + \cos\beta + \cos\gamma = \frac{1}{2}(3 - s^2) \leqslant \frac{3}{2}$$

等式仅当 $s = 0$, 即是等边三角形时成立.

下面是另一个证明: $\cos\alpha = (b^2 + c^2 - a^2)/2bc = \dfrac{(b-c)^2 + 2bc - a^2}{2bc} \leqslant 1 - \dfrac{a^2}{2bc}$, 类似有

$$\cos\beta \leqslant 1 - \frac{b^2}{2ac}, \cos\gamma \leqslant 1 - \frac{c^2}{2ab}$$

$$\cos\alpha + \cos\beta + \cos\gamma \leqslant 3 - \frac{1}{2}\left(\frac{a^2}{bc} + \frac{b^2}{ca} + \frac{c^2}{ab}\right) \leqslant 3 - \frac{3}{2}\sqrt[3]{1} = \frac{3}{2}$$

56. 在证明三角不等式时, 变换 $a = y + z, b = z + x, c = x + y$ 经常是有用的, 这里 x, y, z 都是正数, 图 7.9 表明这一变换的几何解释. 解 x, y, z 我们得到 $x = s - a, y = s - b, z = s - c$, 其中 $s = (a+b+c)/2$, 所给的不等式化成

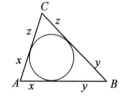

图7.9

$$x^3 z + y^3 x + z^3 y \geqslant x^2 yz + xy^2 z + xyz^2 \tag{1}$$

除以 xyz 我们得到

$$\frac{x^2}{y} + \frac{y^2}{z} + \frac{z^2}{x} \geqslant x + y + z \tag{2}$$

我们看到 (x^2, y^2, z^2) 和 $\left(\dfrac{1}{x}, \dfrac{1}{y}, \dfrac{1}{z}\right)$ 是相反类型的, 因此

$$\begin{bmatrix} x^2, & y^2, & z^2 \\ \dfrac{1}{x}, & \dfrac{1}{y}, & \dfrac{1}{z} \end{bmatrix} \leqslant \begin{bmatrix} x^2, & y^2, & z^2 \\ \dfrac{1}{y}, & \dfrac{1}{z}, & \dfrac{1}{x} \end{bmatrix} \tag{3}$$

这就是要证明的.

Bernhard Leeh 获得了特别奖, 他用代数方法把不等式写成

$$a(b-c)^2(b+c-a) + b(a-b)(a-c)(a+b-c) \geqslant 0 \tag{4}$$

因为循环轮换不改变不等式, 可设 $a \geqslant b$. 式(4)成为显然的, 不等式是 a, b, c 的三次齐次式, 可试图就范化后来证. 例如设 $a = 1, b = 1 - x, c = 1 - y, 0 < x, y < 1, x + y < 1$, 但要注意, 证明必须分两种情况: (a) $x \leqslant y$; (b) $y \leqslant x$, 也可试用 CS 不等式证式(2).

57. 直接用 CS 不等式. 设 $(x, y, z) = (\sqrt{a}, \sqrt{b}, \sqrt{c})$, $(x_1, y_1, z_1) = (\sqrt{a_1}, \sqrt{b_1}, \sqrt{c_1})$, 这样我们有

$$(xx_1 + yy_1 + zz_1)^2 \leqslant (x^2 + y^2 + z^2)(x_1^2 + y_1^2 + z_1^2) \tag{1}$$

当且仅当 $(x_1,y_1,z_1) = \lambda(x,y,z)$（相似三角形）时成立等式.

58. 记 $f(x,y,z) = \dfrac{x-y}{x+y} + \dfrac{y-z}{y+z} + \dfrac{z-x}{z+x} = \dfrac{p(x,y,z)}{(x+y)(y+z)(z+x)}$，$p(x,y,z)$ 是个三次多项式，且 $p(x,x,z) = p(x,y,y) = p(x,y,x) = 0$，所以 p 有因子 $(x-y),(y-z),(z-x)$，仅差一个常数，它应为 1. 我们有

$$f(x,y,z) = \frac{(x-y)(y-z)(z-x)}{(x+y)(y+z)(z+x)}$$

（a）由 $|x-y| < x+y, |y-z| < y+z, |z-x| < z+x$，我们得到 $|f(x,y,z)| < 1$.

（b）在（a）中我们未用到三角不等式. 利用 $|x-y| < z, |y-z| < x, |z-x| < y$，我们得到

$$|f(x,y,z)| < \frac{z}{x+y} \cdot \frac{x}{y+z} \cdot \frac{y}{z+x}$$

$$= \frac{\sqrt{xy}}{x+y} \cdot \frac{\sqrt{yz}}{y+z} \cdot \frac{\sqrt{zx}}{z+x} \leq \frac{1}{8}$$

这里我们用到不等式 $a+b \geq 2\sqrt{ab}$.

（c）用微积分可得到最小的上界，它对于退化的三角形达到，边长为 $x=1, y = \dfrac{\sqrt{10}+\sqrt{5}+\sqrt{2}+1}{2}, z = x+y$，可得

$$f(x,y,z) = (8\sqrt{2} - 5\sqrt{5})/3 < 0.004\ 46$$

59. **解法一：**我们猜测最小值在 $x_i = 1/n$（对所有 $i = 1,2,\cdots,n$）时达到. 为证明这点，令 $x_i = y_i + 1/n$，其中 y_i 是 x_i 相对于 $1/n$ 的偏差，于是 $\sum y_i = 0$，所以

$$\sum x_i^2 = \sum \left(y_i + \frac{1}{n}\right)^2$$

$$= \sum y_i^2 + 2\sum \frac{y_i}{n} + \sum \frac{1}{n^2}$$

$$= \sum y_i^2 + \frac{1}{n}$$

当所有偏差 y_i 都为 0 时这和式最小.

解法二：CS 不等式. 如下

$$1 = \sum 1 \cdot x_i \leq \sqrt{1^2 + 1^2 + \cdots + 1^2} \cdot \sqrt{x_1^2 + x_2^2 + \cdots + x_n^2}$$

$$= \sqrt{n} \cdot \sqrt{x_1^2 + x_2^2 + \cdots + x_n^2}$$

$$\Rightarrow (x_1^2 + x_2^2 + \cdots + x_n^2) \geq \frac{1}{n}$$

解法三：QM-AM 不等式. 如下

$$\sqrt{\frac{x_1^2 + x_2^2 + \cdots + x_n^2}{n}} \geq \frac{x_1 + x_2 + \cdots + x_n}{n} = \frac{1}{n}$$

$$\Rightarrow x_1^2 + x_2^2 + \cdots + x_n^2 \geq \frac{1}{n}$$

概率解释：如果一个转盘结局为 $1,2,\cdots,n$ 的概率为 $x_1,x_2,\cdots,x_n$ 把这转盘转两次，结果相同的概率.

推广:在条件 $a_1x_1 + a_2x_2 + \cdots + a_nx_n = 1$ 的条件下求 $x_1^2 + \cdots + x_n^2$ 的最小值.

60. 这可变成显然的不等式 $0 < (x^m - y^m)(x^n - y^n)$.

61. $|3x + 4y + 12z| \leq \sqrt{3^2 + 4^2 + 12^2}\sqrt{x^2 + y^2 + z^2} = 13$,等式当 $(x,y,z) = t(3,4,12)$ 时成立. 由 $9t^2 + 16t^2 + 144t^2 = 1$,得 $t = \pm\dfrac{1}{13}$. 这样,最大值是 $\dfrac{(3+4+12)}{13} = \dfrac{19}{13}$,最小值是 $-\dfrac{19}{13}$.

62. 首先我们证明,长度小于或等于 1 的向量 $\boldsymbol{a},\boldsymbol{b},\boldsymbol{c}$,在 $\boldsymbol{a}\pm\boldsymbol{b},\boldsymbol{a}\pm\boldsymbol{c},\boldsymbol{b}\pm\boldsymbol{c}$ 中至少有一个长度小于或等于 1. 实际上,在 $\pm\boldsymbol{a},\pm\boldsymbol{b},\pm\boldsymbol{c}$ 这六个向量中,总有两个的夹角小于或等于 $60°$,从而这两个向量的差的长度小于等于 1. 用这个方法,我们可得到两个向量 $\boldsymbol{a},\boldsymbol{b}$,每个长度小于等于 1,而 $\boldsymbol{a},\boldsymbol{b}$ 或 $\boldsymbol{a},-\boldsymbol{b}$ 间夹角小于或等于 $90°$,从而 $\boldsymbol{a}+\boldsymbol{b}$ 或 $\boldsymbol{a}-\boldsymbol{b}$ 的长度小于或等于 $\sqrt{2}$.

63. 几何解释可使这两个不等式都成为明显的. 我们要知道 $\ln x$ 是在双曲线 $s = \dfrac{1}{t}$ 的从 $t = 1$ 到 $t = x$ 的双曲线下面部分(在 $s = 0$ 上面)的面积,而从 $t = y$ 到 $t = x$ 之间部分的面积为 $\ln x - \ln y$. 我们可写出一个明显的事实:这个面积大于由 $t = x, t = y$,横轴及 y 与 x 间某处的切线所围成的面积,以双曲线围成的梯形的面积为 $\ln x - \ln y$,而以 $\sqrt{xy}$ 处的切线围成的梯形的面积是 $\dfrac{x-y}{\sqrt{xy}}$,在 $\dfrac{x+y}{2}$ 处的切线下的面积是 $\dfrac{2(x-y)}{(x+y)}$,这样我们有

$$\frac{x-y}{\sqrt{xy}} < \ln x - \ln y, \frac{2(x-y)}{x+y} < \ln x - \ln y$$

常规的变换就给出本题的结果. 我们用了一个明显的事实即切线在双曲线下面,这是双曲线的凸性的推论,凸性可以不用导数来证. 其实,按定义 f 是凸的,当且仅当

$$f\left(\frac{x+y}{2}\right) \leq \frac{f(x)+f(y)}{2}$$

如果用于双曲线,在取倒数后,得到

$$\frac{x+y}{2} \geq \frac{2}{\dfrac{1}{x} + \dfrac{1}{y}}$$

这是算术平均 – 调和平均不等式.

64. 根式下的式子会提示我们以 $60°$ 及 $120°$ 为角的余弦定理. 在图 7.10 中,我们有 $|AB| = \sqrt{a^2 - ab + b^2}$,$|BC| = \sqrt{b^2 - bc + c^2}$,$|AC| = \sqrt{a^2 + ac + c^2}$,这就是 $\triangle ABC$ 的三角不等式.

65. "仅当"的部分是显然的(即 $0 \leq x,y,z,t \leq 1$ 时,成立 $a + b(x+y+z+t) + c(xy+xz+xt+yz+yt+zt) + d(xyz+xyt+xzt+yzt) + exyzt \geq 0$,则可得 $a \geq 0$,$a+b \geq 0$,$a+2b+c \geq 0$,$a+3b+3c+d \geq 0$ 及 $a+4b+6c+4d+e \geq 0$). 只要 (x,y,z,t) 取成 $(1,0,0,0)$,

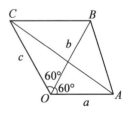

图 7.10

$(1,1,0,0),(1,1,1,0),(1,1,1,1)$ 就得到所列的不等式. 现证明"当"的部分. 左边是每个变量的一次式,而一次函数的最小值在边界上达到,即在 $(1,0,0,0),(1,1,0,0),(1,1,1,0),(1,1,1,1)$ 之一达到.

66. 令 $x = \dfrac{1}{1+u}, y = \dfrac{1}{1+v}, u > 0, v > 0$，则

$$x^y = \frac{1}{(1+u)^y} > \frac{1}{1+uy} = \frac{1+v}{1+u+v}, \quad y^x > \frac{1+u}{1+u+v}$$

$$x^y + y^x > \frac{1+v}{1+u+v} + \frac{1+u}{1+u+v} > 1$$

这里我们用到了不等式 $(1+u)^y < 1 + uy \, (0 < y < 1)$. 用微积分如下证.

$$f(u) = 1 + yu - (1+u)^y$$

$$f'(u) = y - y(1+u)^{y-1} = y\left(1 - \frac{1}{(1+u)^{1-y}}\right) > 0$$

由 $f(0) = 0, f$ 在 $(0,1)$ 中是上升的，即得 $1 + yu > (1+u)^y \, (y \in (0,1))$.

67. 函数 $f(x) = \left(x + \dfrac{1}{x}\right)^2$ 是凸函数，因为 $f'(x) = 2\left(x - \dfrac{1}{x^3}\right), f''(x) = 2\left(1 + \dfrac{3}{x^4}\right) > 0$，因此

$$f(a) + f(b) \geqslant 2f\left(\frac{a+b}{2}\right) = 2f\left(\frac{1}{2}\right) = \frac{25}{2}$$

68. $f(a) + f(b) + f(c) \geqslant 3f\left(\dfrac{a+b+c}{3}\right) = 3f\left(\dfrac{1}{3}\right) = \dfrac{100}{3}$.

69. 设 $a \geqslant b \geqslant c$，则 a^n, b^n, c^n 及 $\dfrac{1}{b+c}, \dfrac{1}{c+a}, \dfrac{1}{a+b}$ 都是下降的.

$$a^n \cdot \frac{1}{b+c} + b^n \cdot \frac{1}{c+a} + c^n \cdot \frac{1}{a+b}$$

$$\geqslant a^n \cdot \frac{1}{a+b} + b^n \cdot \frac{1}{b+c} + c^n \cdot \frac{1}{c+a}$$

$$a^n \cdot \frac{1}{b+c} + b^n \cdot \frac{1}{c+a} + c^n \cdot \frac{1}{a+b}$$

$$\geqslant a^n \cdot \frac{1}{c+a} + b^n \cdot \frac{1}{a+b} + c^n \cdot \frac{1}{b+c}$$

把不等式相加，我们得到

$$\frac{a^n}{b+c} + \frac{b^n}{c+a} + \frac{c^n}{a+b} \geqslant \frac{1}{2}\left(\frac{a^n + b^n}{a+b} + \frac{b^n + c^n}{b+c} + \frac{c^n + a^n}{c+a}\right)$$

易证 $(x^n + y^n)/(x+y) \geqslant (x^{n-1} + y^{n-1})/2$，这是 Chebyshev 不等式的推论，从而得到结果.

70. 我们立即可知 $d(x,x) = 0, d(x,y) = d(y,x)$ 对任何 x, y 都成立. 为证明三点不等式，用变换 $y_1 = \tan \alpha_1, y_2 = \tan \alpha_2$，则

$$d(y_1, y_2) = \frac{|\tan \alpha_1 - \tan \alpha_2|}{\sqrt{1 + \tan^2 \alpha_1}\sqrt{1 + \tan^2 \alpha_2}}$$

$$= |\sin \alpha_1 \cos \alpha_2 - \sin \alpha_2 \cos \alpha_1|$$

$$= |\sin(\alpha_1 - \alpha_2)|$$

$d(y_1, y_3) \leqslant d(y_1, y_2) + d(y_2, y_3)$ 就变成 $|\sin(\alpha_1 - \alpha_3)| \leqslant |\sin(\alpha_1 - \alpha_2)| + |\sin(\alpha_2 - \alpha_3)|$，记 $\beta = \alpha_1 - \alpha_2 \cdot \gamma = \alpha_2 - \alpha_3$，这就成为

$$|\sin(\beta + \gamma)| = |\sin \beta \cos \gamma + \cos \beta \sin \gamma|$$

$$\leqslant |\sin \beta \cos \gamma| + |\cos \beta \sin \gamma|$$

$$\leqslant |\sin \beta| + |\sin \gamma|$$

71. 注意到第 i 项的分母是 $2 - x_i$,这样

$$S = \sum_{i=1}^{n} \frac{x_i}{2 - x_i} = \sum_{i=1}^{n} \frac{x_i - 2 + 2}{2 - x_i} = 2\sum_{i=1}^{n} \frac{1}{2 - x_i} - n$$

利用 CS 不等式 $(a_1^2 + a_2^2 + \cdots + a_n^2)(b_1^2 + b_2^2 + \cdots + b_n^2) \geqslant (a_1 b_1 + a_2 b_2 + \cdots + a_n b_n)^2$,取 $a_i = \dfrac{1}{\sqrt{2 - x_i}}, b_i = \sqrt{2 - x_i}$,我们得到

$$\sum \frac{1}{2 - x_i} \cdot \sum (2 - x_i) \geqslant n^2 \Rightarrow \sum \frac{1}{2 - x_i} \geqslant \frac{n^2}{2n - 1}$$

$$S = 2\sum \frac{1}{2 - x_i} - n \geqslant \frac{2n^2}{2n - 1} - n = \frac{n}{2n - 1}$$

72. $p^2 = (a + b + c)^2 = a^2 + b^2 + c^2 + 2(ab + bc + ca) = \dfrac{1}{2}(a - b)^2 + \dfrac{1}{2}(b - c)^2 + \dfrac{1}{2}(c - a)^2 + 3(ab + bc + ca), 2p^2 - 72 = (a - b)^2 + (b - c)^2 + (c - a)^2 \geqslant 0 \Rightarrow p^2 \geqslant 36, p \geqslant 6$,对 $a = b = c$ 达到最小值.

另外,$|a - b| \leqslant c, |a - c| \leqslant b, |b - c| \leqslant a \Rightarrow a^2 + b^2 + c^2 \geqslant (a - b)^2 + (b - c)^2 + (c - a)^2$ 左面是 $p^2 - 24$,右面是 $2p^2 - 72$.这样 $2p^2 - 72 \leqslant p^2 - 24, p^2 \leqslant 48, p \leqslant 4\sqrt{3}$,对于 $c = 0, a = b = 2\sqrt{3}$ 成立等式,所以 $6 \leqslant p \leqslant 4\sqrt{3}$.

73. 取四个最小的正方形,它们的边长为 a_1, a_2, a_3, a_4,它们的面积的和为 A,显然 $A \leqslant \dfrac{4}{20} = \dfrac{1}{5}$.

$$(a_1 - a_2)^2 + (a_1 - a_3)^2 + (a_1 - a_4)^2 + (a_2 - a_3)^2 + (a_2 - a_4)^2 + (a_3 - a_4)^2$$
$$= 3(a_1^2 + a_2^2 + a_3^2 + a_4^2) - 2(a_1 a_2 + a_1 a_3 + a_1 a_4 + a_2 a_3 + a_2 a_4 + a_3 a_4)$$
$$= 4(a_1^2 + a_2^2 + a_3^2 + a_4^2) - (a_1 + a_2 + a_3 + a_4)^2$$

$$4A - (a_1 + a_2 + a_3 + a_4)^2 \geqslant 0 \Rightarrow (a_1 + a_2 + a_3 + a_4) \leqslant \sqrt{\frac{4}{5}} = \frac{2}{\sqrt{5}}$$

74. 如果 $x^2 + y^2 + z^2 < \dfrac{3}{4}$,则 $\sqrt{(x^2 + y^2 + z^2)/3} < \dfrac{1}{2}$,从而有

$$\sqrt[3]{xyz} \leqslant \sqrt{\frac{x^2 + y^2 + z^2}{3}} < \frac{1}{2} \Rightarrow xyz < \frac{1}{8}$$

$$x^2 + y^2 + z^2 + 2xyz < \frac{3}{4} + \frac{1}{4} = 1$$

矛盾!$x^2 + y^2 + z^2 \geqslant \dfrac{3}{4}$,当 $|x| = |y| = |z| = \dfrac{1}{2}$,其中 0 或 2 个是负数时成为等式.

75. 取对数再除以 n,我们得到

$$\frac{x_1 \ln x_1 + x_2 \ln x_2 + \cdots + x_n \ln x_n}{n}$$

$$\geqslant \frac{x_1 + x_2 + \cdots + x_n}{n} \cdot \frac{\ln x_1 + \ln x_2 + \cdots + \ln x_n}{n}$$

这是 Chebyshev 不等式,因为 $x_1, x_2, \cdots, x_n$ 和 $\ln x_1, \ln x_2, \cdots, \ln x_n$ 是同类的.

76. 把左边表示成 $f(a,b,c)$，函数 f 在立方体上定义并连续，且对它的每个变量都是凸的。由于关于 a,b,c 的对称性，只要考虑 $(0,0,0),(0,0,1),(0,1,1),(1,1,1)$ 我们得到最大值为 $f(0,1,1)=2$。为证明凸性，我们只需验证 $f(x,p,q)=\dfrac{x}{pq+1}+\dfrac{q}{px+1}+\dfrac{p}{qx+1}$ 是三个凸函数的和。确实，三个加项中是一条直线及两个凸的双曲线。

77. 我们仅给出提示而不做证明。

(a) 证明对于过 O 作的三条直线与原三角形的三边分别平行时结论成立。

(b) 把三个三角形的底边的端点相联结，使又作出三个三角形，面积分别为 T_1,T_2,T_3。六个三角形组成个六边形。证明 $S_1S_2S_3=T_1T_2T_3$，用 AM−GM 不等式

$$\frac{1}{S_1}+\frac{1}{S_2}+\frac{1}{S_3}\geq\frac{3}{\sqrt[3]{S_1S_2S_3}}=\frac{3}{\sqrt[6]{S_1S_2S_3T_1T_2T_3}}$$

$$\geq\frac{3\cdot 6}{\sqrt{S_1+S_2+S_3+T_1+T_2+T_3}}$$

$$\geq\frac{18}{S}$$

在点 O 取到三角形的重心时会成为等式。

78. 答案为 $x_1=2,x_2=\dfrac{1}{2},x_3=2,x_4=\dfrac{1}{2},\cdots,x_{99}=2,x_{100}=\dfrac{1}{2}$。由 $x+\dfrac{1}{y}\geq 2\sqrt{\dfrac{x}{y}}$，

$$x_1+\frac{1}{x_2}\geq 2\sqrt{\frac{x_1}{x_2}},\cdots,x_{100}+\frac{1}{x_1}\geq 2\sqrt{\frac{x_{100}}{x_1}}$$

把这些不等式相乘，我们得到

$$\left(x_1+\frac{1}{x_2}\right)\left(x_2+\frac{1}{x_3}\right)\cdots\left(x_{100}+\frac{1}{x_1}\right)\geq 2^{100}$$

但由方程，有

$$\left(x_1+\frac{1}{x_2}\right)\left(x_2+\frac{1}{x_3}\right)\cdots\left(x_{100}+\frac{1}{x_1}\right)=4^{50}=2^{100}$$

因此每个不等式成为等式，即 $x_1=\dfrac{1}{x_2},x_2=\dfrac{1}{x_3},\cdots,x_{100}=\dfrac{1}{x_1}$。

79. 设 $\boldsymbol{a}=\left(\dfrac{2x}{1+x^2},\dfrac{1-x^2}{1+x^2}\right),\boldsymbol{b}=\left(\dfrac{1-y^2}{1+y^2},\dfrac{2y}{1+y^2}\right)$，容易验证 $|\boldsymbol{a}|=|\boldsymbol{b}|=1$，CS 不等式 $|\boldsymbol{a}\cdot\boldsymbol{b}|\leq|\boldsymbol{a}|\cdot|\boldsymbol{b}|$ 蕴含了

$$|\boldsymbol{a}\cdot\boldsymbol{b}|=\left|2\cdot\frac{x(1-y^2)+y(1-x^2)}{(1+x^2)(1+y^2)}\right|$$

$$=\left|2\cdot\frac{(x+y)(1-xy)}{(1+x^2)(1+y^2)}\right|$$

$$\leq 1$$

除以 2 就给出结果。

80. $4a\geq -1,4b\geq -1,4c\geq -1$，考虑两个向量

$$\boldsymbol{p}=(1,1,1),\boldsymbol{q}=(\sqrt{4a+1},\sqrt{4b+1},\sqrt{4c+1})$$

由 CS 不等式 $(\boldsymbol{p},\boldsymbol{q})^2\leq\boldsymbol{p}^2\cdot\boldsymbol{q}^2$ 得出

$$(\sqrt{4a+1} + \sqrt{4b+1} + \sqrt{4c+1})^2$$
$$\leqslant 3(4a+1+4b+1+4c+1)$$
$$=21$$

当且仅当 $a=b=c=\dfrac{1}{3}$ 时成立等式.

81. 把不等式左边记为 L_k. 对 $k=4$,我们有

$$L_4 = \frac{x_1}{x_4+x_2} + \frac{x_2}{x_1+x_3} + \frac{x_3}{x_2+x_4} + \frac{x_4}{x_3+x_1}$$
$$= \frac{x_1+x_3}{x_2+x_4} + \frac{x_2+x_4}{x_1+x_3}$$
$$\geqslant 2$$

设这个命题对某个 $k \geqslant 4$ 成立. 考虑 $k+1$ 个任意正数 $x_1, x_2, \cdots, x_{k+1}$. 由于 L_{k+1} 是轮换对称的,不失一般性可设 $x_i \geqslant x_{k+1}(i=1,2,\cdots,k)$. 这样

$$L_{k+1} = \frac{x_1}{x_{k+1}+x_2} + \frac{x_2}{x_1+x_3} + \cdots + \frac{x_k}{x_{k-1}+x_{k+1}} + \frac{x_{k+1}}{x_k+x_1}$$
$$> L_k \geqslant 2$$

下证数 2 不能换成更大的数. 考虑 $k=2m(m>1)$ 的情况. 令 $x_1=x_{2m}=1, x_2=x_{2m-1}=t$, $x_3=x_{2m-2}=t^2, \cdots, x_m=x_{m+1}=t^{m-1}$,其中 t 是任何正数. 这时 L_k 可以化简成

$$L_k = 2\left(1 + \frac{(m-2)t}{1+t^2}\right)$$

因此,$\lim\limits_{t \to \infty} L_k = 2$. 对于 $k=2m+1$ 的情况可类似进行.

82. 这不等式关于变量并不对称,但循环轮换 $(a,b,c) \mapsto (b,c,a)$ 下是不变的,因此我们可把变量旋转得使 a 是最大的(或最小的). 把左边为 $f(a,b,c)$,则 $f(ta,tb,tc)=f(a,b,c)$,函数 f 是零次齐次的. 我们可把它就范化成 $a+b+c=1$,或是 $a=1,b=1+x,c=1+y(x>0,y>0)$. 在后一种情况下,必须处理 $x>y$ 和 $x<y$ 两种情况. 注意到三项中有的会是负的,这使通常的估计复杂化. 如果不去分母,估计会很困难. 在很少的计算后可得到等价的不等式 $a(a-c)^2 + b(b-a)^2 + c(c-b)^2 \geqslant 0$.

83. 这看上去像是个判别式. 确实,$f(x)=a^2(a-2)x^2 - (a^3-a+2)x + (a^2+1)$ 有 $f(0)=a^2+1>0, f(1)=-(a^2-a+1)<0$. 所以 f 有正的判别式,这就是要证的不等式.

84. 令 $s_1 = \sum\limits_{k=1}^{n} \dfrac{a_k^2}{a_k+a_{k+1}}, s_2 = \sum\limits_{k=1}^{n} \dfrac{a_{k+1}^2}{a_k+a_{k+1}}$,则 $s_1-s_2 = a_1-a_2+a_2-a_3+\cdots+a_n - a_{n+1}=0$,即 $s_1=s_2$,因此

$$2\sum_{k=1}^{n} \frac{a_k^2}{a_k+a_{k+1}} = s_1+s_2 = \sum \frac{a_k^2+a_{k+1}^2}{a_k+a_{k+1}}$$
$$\geqslant \sum_{k=1}^{n} \frac{a_k+a_{k+1}}{2}$$
$$= \sum_{k=1}^{n} a_k$$

85. 不等式的左边是

$$\sum_{k=1}^{n} x_k^{n-1} = \frac{1}{n-1} \sum_{i=1}^{n} \left(\sum_{k \neq 1} x_k^{n-1} \right) \geqslant \frac{1}{n-1} \sum_{i=1}^{n} (n-1) \sqrt[n-1]{\prod_{k \neq 1} x_k^{n-1}}$$

$$= \sum_{i=1}^{n} \prod_{k \neq i} x_k$$

$$= \sum_{i=1}^{n} \frac{1}{x_i}$$

86. 令 $f(x,y,z) = \frac{x}{x+y} + \frac{y}{y+z} + \frac{z}{z+x}$，则 $f(x,y,z) > \frac{x}{x+y+z} + \frac{y}{x+y+z} + \frac{z}{x+y+z} = 1$. 此外，我们有 $f(x,y,z) = \frac{x+y-y}{x+y} + \frac{y+z-z}{y+z} + \frac{z+x-x}{z+x} = 3 - f(x,y,z)$. 我们已证明了 $f(y,x,z) > 1$，因此 $f(x,y,z) < 2$. 这些不等式是精确的. 实际上，$f(x,tx,t^2x) = \frac{1}{1+t} + \frac{1}{1+t} + \frac{t^2}{1+t^2} = \frac{2}{1+t} + \frac{t^2}{1+t^2}$. 当 $t \to \infty$ 时极限为 1，而当 $t \to 0$ 时极限为 2，因为 $f(x,y,z)$ 对所有正数是连续的它取 1，2 之间的所有数.

87. 把中线 AA_2, BB_2, CC_2 延长交外接圆于 A_1, B_1, C_1，我们有 $AA_1 \leqslant D, BB_1 \leqslant D, CC_1 \leqslant D$，即 $m_a + A_1A_2 \leqslant D, m_b + B_1B_2 \leqslant D, m_c + C_1C_2 \leqslant D$，由相交弦定理 $A_1A_2 \cdot AA_2 = BA_2 \cdot A_2C = \frac{a^2}{4}$，$A_1A_2 = \frac{a^2}{4m_a}$. 类似地有 $B_1B_2 = \frac{b^2}{4m_b}, C_1C_2 = \frac{c^2}{4m_c}$，代入上面的不等式，我们得到

$$\frac{4m_a^2 + a^2}{4m_a} + \frac{4m_b^2 + b^2}{4m_b} + \frac{4m_c^2 + c^2}{4m_c} \leqslant 3D$$

由 $4m_a^2 + a^2 = 2b^2 + 2c^2, 4m_b^2 + b^2 = 2a^2 + 2c^2, 4m_c^2 + c^2 = 2a^2 + 2b^2$，即得

$$\frac{b^2 + c^2}{2m_a} + \frac{a^2 + c^2}{2m_b} + \frac{a^2 + b^2}{2m_c} \leqslant 3D$$

由此，乘以 2 即得结果.

88. 由第一个方程我们得到 $1 = x + y + z \geqslant 3\sqrt[3]{xyz}$，即 $xyz \leqslant \frac{1}{27}$，再由第二个方程，$x^3(1-x) + y^3(1-y) + z^3(1-z) = 1 - xyz \geqslant \frac{26}{27}$，另外，$3t^3(1-t) = t \cdot t \cdot t \cdot (3-3t) \leqslant \left(\frac{3}{4}\right)^4 = \frac{81}{256}$，因此 $x^3(1-x) + y^3(1-y) + z^3(1-z) \leqslant \frac{81}{256}$，矛盾！

89. 这会使我们想到公式 $\sin \alpha = 2\tan\frac{\alpha}{2} \Big/ \left(1 + \tan^2\frac{\alpha}{2}\right)$ 以及 $\cos \alpha = \left(1 - \tan^2\left(\frac{\alpha}{2}\right)\right) \Big/ \left(1 + \tan^2\left(\frac{\alpha}{2}\right)\right)$. 因此我们令 $x = \tan\frac{\alpha}{2}, y = \tan\frac{\beta}{2}, z = \tan\frac{\gamma}{2}$，不等式就成为

$$\cos \alpha \sin \alpha + \cos \beta \sin \beta + \cos \gamma \sin \gamma \leqslant (\sin \alpha + \sin \beta + \sin \gamma)/2$$

$$\sin 2\alpha + \sin 2\beta + \sin 2\gamma \leqslant \sin \alpha + \sin \beta + \sin \gamma \tag{1}$$

到现在为止我们忽视了 $xy + yz + zx = 1$. 如果 $\alpha + \beta + \gamma = \pi$，这条件就满足了. 确实，$z = \tan\left(\frac{\pi}{2} - \frac{\alpha}{2} - \frac{\beta}{2}\right) = \cot\left(\frac{\alpha}{2} + \frac{\beta}{2}\right) = \frac{1-xy}{x+y}, xy + yz + zx = xy + (x+y)z = xy + 1 - xy = 1$，我们可

设在(1)中是讨论三角形的三个角 α, β, γ. 由正弦定理,式(1)的右边是

$$\sin \alpha + \sin \beta + \sin \gamma = \frac{a+b+c}{2R} = \frac{2s}{2R} = \frac{sr}{Rr} = \frac{A}{rR}$$

(式中 a,b,c 分别是三角形的三边长, s 为半周长, R,r 分别为三角形的外接圆与内切圆半径, A 为三角形的面积). 把三角形的外心 M 到三边 a,b,c 的距离记为 x,y,z, 则左边

$$\sin 2\alpha + \sin 2\beta + \sin 2\gamma = 2(\sin \alpha \cos \alpha + \sin \beta \cos \beta + \sin \gamma \cos \gamma)$$

$$= \frac{a\cos \alpha + b\cos \beta + c\cos \gamma}{R}$$

且

$$a\cos \alpha + b\cos \beta + c\cos \gamma = a \cdot \frac{x}{R} + b \cdot \frac{y}{R} + c \cdot \frac{z}{R} = \frac{2A}{R}$$

因此

$$\frac{\sin \alpha + \sin \beta + \sin \gamma}{\sin 2\alpha + \sin 2\beta + \sin 2\gamma} = \frac{R}{2r} \geq 1$$

90. 令 $x = \frac{1}{a}, y = \frac{1}{b}, z = \frac{1}{c}$, 则 $xyz = 1$, 有

$$\frac{1}{a^3(b+c)} + \frac{1}{b^3(c+a)} + \frac{1}{c^3(a+b)} = \frac{x^2}{y+z} + \frac{y^2}{z+x} + \frac{z^2}{x+y}$$

把右边记为 S, 我们要证明 $S \geq \frac{3}{2}$, 对于向量 $\left(\frac{x}{\sqrt{y+z}}, \frac{y}{\sqrt{z+x}}, \frac{z}{\sqrt{x+y}} \right)$ 和 $(\sqrt{y+z}, \sqrt{z+x}, \sqrt{x+y})$ 用 CS 不等式, 我们得到

$$(x+y+z)^2 \leq 2S(x+y+z), S \geq \frac{x+y+z}{2}$$

再用 AM–GM 不等式

$$S \geq \frac{3}{2} \cdot \frac{x+y+z}{3} \geq \frac{3}{2} \cdot \sqrt[3]{xyz} = \frac{3}{2}$$

等式当且仅当 $x = y = z = 1$ 时成立, 这等价于 $a = b = c = 1$.

很多参加奥林匹克的学生用了 Chebyshev 不等式, 也可以用排序不等式, 给出一个不同的证法!

91. 把所有项都移到左边并看所有含 x_n 的项

$$f(x_n) = \frac{x_{n-1}}{x_n} + \frac{x_n}{x_1} - \frac{x_n}{x_{n-1}} - \frac{x_1}{x_n}$$

让我们求函数在区间 $[x_{n-1}, \infty)$ 上的最小值, 函数 $f(x_n)$ 在区间上导数为正, 于是当 $x_n = x_{n-1}$ 时达到最小值, 将 $x_n - x_{n-1}$ 插入不等式, 我们得到对不同 x_1 到 x_{n-1} 的同一个不等式, 然后用数学归纳法完成证明.

92. 把所有不等式平方, 把左边移到右边, 把平方差分解因式, 再相乘, $(c+a-b)(c-a+b) \leq 0, (a+b-c)(a-b+c) \leq 0, (b+c-a)(b-c+a) \leq 0$, 得到

$$(a+b-c)^2(a-b+c)^2(b+c-a)^2 \leq 0$$

因为平方是非负的, 左边至少有一个因子为 0.

93. $a^2 + b^2 - ab = c^2$ 可改写成 $a^2 + b^2 - 2ab\cos 60° = c^2$, 所以 a,b,c 是三角形边长且 $\gamma =$

$60°$，因此 $\alpha \geqslant 60°, \beta \leqslant 60°$ 或 $\alpha \leqslant 60°, \beta \geqslant 60°$. 这样 $a \geqslant c \geqslant b$ 或 $a \leqslant c \leqslant b$. 在两种情况下,都有 $(a-c)(b-c) \leqslant 0$.

94. 把不等式改写成形式 $(x^3 + y^3 - x^2 y) + (y^3 + z^3 - y^2 z) + (z^3 + x^3 - z^2 x) \leqslant 3$. 我们要证明左边每个括号中数不超过 1,取第一个括号中数 $x^3 + y^3 - x^2 y$. 如 $x > y$, 则 $x^3 - x^2 y < 0$, 否则 $x^3 - x^2 y \leqslant 0$. 因为 $x, y \leqslant 1$, 我们得出结论 $x^3 + y^3 - x^2 y \leqslant 1$, 另两个括号类似.

95. 我们可设 $0 \leqslant a \leqslant b \leqslant c \leqslant 1, 0 \leqslant (1-a)(1-b)$, 因此 $a + b \leqslant 1 + ab \leqslant 1 + 2ab, a + b + c \leqslant a + b + 1 \leqslant 2 + 2ab = 2(1 + ab)$. 这样

$$\frac{a}{1+bc} + \frac{b}{1+ca} + \frac{c}{1+ab} \leqslant \frac{a}{1+ab} + \frac{b}{1+ab} + \frac{c}{1+ab}$$
$$\leqslant \frac{a+b+c}{1+ab}$$
$$\leqslant 2$$

96. 只要证明对任何 $x > 0$, 有

$$f(x) = x^{2n} - x^{2n-1} + x^{2n-2} - \cdots + x^2 - x + 1 = \frac{1 + x^{2n+1}}{1 + x} > \frac{1}{2}$$

但 $x \geqslant 1$ 时 $f(x) \geqslant 1$; 而当 $x < 1$ 时, 分母 $< 2, f(x) > \frac{1}{2}$.

97. 考虑四个向量 $\boldsymbol{v}_1 = (a, b), \boldsymbol{v}_2 = (c, d), \boldsymbol{v}_3 = (e, f), \boldsymbol{v}_4 = (g, h)$, 所给六个数是这四个向量中每两个的数量积, 而总有两个向量的夹角不超过 $\frac{\pi}{2}$, 至少有一个数量积是非负的.

98. 我们可设 $x_1 \geqslant x_2 \geqslant \cdots \geqslant x_n$ 所有这些点在 $[x_n, x_1]$ 中, 因此 $|x_i - x_j| \leqslant |x_1 - x_n|$. 此外, $|x_1 - x_k| + |x_k - x_n| = x_1 - x_n (k = 2, 3, \cdots, n-1)$, 再由 $x_1 - x_n$, 得到

$$\sum_{i < j} |x_i - x_j| \geqslant (n-1)(x_1 - x_n)$$

因为 $(x_1 x_2 \cdots x_n)^{\frac{1}{n}} \geqslant x_n$, 只要证明 $x_n + \frac{1}{n}(n-1)(x_1 - x_n) \geqslant \frac{x_1 + x_2 + \cdots + x_n}{n}$ 即 $x_n + (n-1)x_1 \geqslant x_1 + x_2 + \cdots + x_n$ 而这是对的.

99. 我们有 $f(\pi n) = (-1)^n a + (-1)^n b, f\left(\frac{\pi}{3}\right) = \frac{a}{2} - b, f\left(\frac{2\pi}{3}\right) = -\frac{a}{2} + b$. 因此 $|a + b| \leqslant 1, |a - 2b| \leqslant 2$ 或 $-1 \leqslant a + b \leqslant 1, -2 \leqslant a + b - 3b \leqslant 2$, 相加即得 $|b| \leqslant 1 (-1 \leqslant -a - b \leqslant 1)$.

100. 令 $x = b + c - a, y = c + a - b, z = a + b - c, x, y, z$ 都正. 又 $a = \frac{y+z}{2}, b = \frac{z+x}{2}, c = \frac{x+y}{2}$, 左边成为 $\frac{y+z}{2x} + \frac{z+x}{2y} + \frac{x+y}{2z} = \frac{1}{2}\left(\frac{y}{x} + \frac{x}{y} + \frac{y}{z} + \frac{z}{y} + \frac{x}{z} + \frac{z}{x}\right)$, 这显然大于或等于 3.

第8章　归纳法原理

归纳法原理在离散数学(数论、图论、组合计数、组合几何等)中是极为重要的. 如果对 n 的小的值有了猜测,人们通常会先证明成立某个关系 $f(n) = g(n)$. 然后,会验证 $f(1) = g(1)$,并在 $f(n) = g(n)$ 的假设下证明也有 $f(n+1) = g(n+1)$. 最后根据归纳法原理就可得出结论,$f(n) = g(n)$ 对所有 $n \in \mathbf{N}_+$ 都成立. 这个原理有多种变形. $f(n) = g(n)$ 对 $n = 0$ 成立,或是对某个 $n_0 > 1$ 开始. 归纳假设经常是 $f(k) = g(k)$ 对所有 $k < n$ 成立,并在这个假设下证明 $f(n) = g(n)$ 成立. 我们假定大家都熟悉这些,并在不平常的情况下用归纳法做出非平凡的证明. 对初学者来说,可参阅 Polya[22] ~ [24] 中极好的归纳法的处理方法. 通过证明由 $F_0 = 0, F_1 = 1, F_{n+2} = F_{n+1} + F_n (n \geqslant 0)$ 定义的 Fibonacci 数列的许多公式中的某些公式,读者会得到实践,我们列举几个公式:

(1)Binet 公式,$F_n = (\alpha^n - \beta^n)/\sqrt{5}, \alpha = \dfrac{(1+\sqrt{5})}{2}, \beta = \dfrac{(1-\sqrt{5})}{2}$.

(2)$F_n = \dbinom{n-1}{0} + \dbinom{n-2}{1} + \dbinom{n-3}{2} + \cdots$.

(3)$\displaystyle\sum_{i=1}^{n} F_i^2 = F_n F_{n+1}$.

(4)证明:$\begin{pmatrix} 1 & 1 \\ 1 & 0 \end{pmatrix}^n = \begin{pmatrix} F_{n+1} & F_n \\ F_n & F_{n-1} \end{pmatrix}$.

这里需要知道矩阵的乘法,它对证明后面的公式很有帮助.

(5)$F_{n-1} \cdot F_{n+1} = F_n^2 + (-1)^n$.

(6)$F_1 + F_2 + \cdots + F_n = F_{n+2} - 1$.

(7)$F_1 + F_3 + \cdots + F_{2n+1} = F_{2n+2}, 1 + F_2 + F_4 + \cdots + F_{2n} = F_{2n+1}$.

(8)$F_n F_{n+1} - F_{n-2} F_{n-1} = F_{2n-1}, F_{n+1} F_{n+2} - F_n F_{n+3} = (-1)^n$.

(9)$F_{n-1}^2 + F_n^2 = F_{2n-1}, F_n^2 + 2F_{n-1} F_n = F_{2n}, F_n(F_{n+1} + F_{n-1}) = F_{2n}$.

(10)$F_1 F_2 + F_2 F_3 + \cdots + F_{2n-1} F_{2n} = F_{2n}^2$.

(11)$F_n^3 + F_{n+1}^3 - F_{n-1}^3 = F_{3n}$.

(12)$m \mid n \Rightarrow F_m \mid F_n$.

(13)$\gcd(F_m, F_n) = F_{\gcd(m,n)}$.

(14)设 t 是 $t^2 = t + 1$ 的正根,则 $t = 1 + \dfrac{1}{t}$. 由此得到连分数展开式

$$t = 1 + \cfrac{1}{1 + \cfrac{1}{1 + \cfrac{1}{1 + \cfrac{1}{1 + \cdots}}}}$$

$$t_1 = 1, t_2 = 1 + \frac{1}{1}, t_3 = 1 + \cfrac{1}{1 + \cfrac{1}{1}} \cdots$$

证明:$t_n = F_{n+1}/F_n$.

(15)证明

$$\sum_{i=1}^{\infty} \frac{1}{F_i} = 4 - t, \quad \sum_{n=1}^{\infty} \frac{(-1)^{n+1}}{F_n F_{n+1}} = t - 1, \quad \prod_{n=2}^{\infty} \left(1 + \frac{(-1)^n}{F_n^2}\right) = t$$

本章中我们要用归纳法证明一些旧的和新的定理,其中有的已用极端原理或其他方法证明过. 实际上,归纳法原理可推出下面的定理:非负整数集的任何(非空)子集有最小数. 在这个角度来说,它也是个极端原理.

问　　题

1. 在空间中给了 $2n$ 个点($n \geq 2$),在这些点间连有 $n^2 + 1$ 条线段. 证明:其中至少有三个点,这三个点的每两个点间都连有线段.

2. 在一个圆形环路上有 n 辆相同的车,所有车上的燃油恰好够一辆车走一圈. 证明:总有一辆车,它在行驶过程中把其余车上的油收集起来时可以走一圈(其他车不动).

3. Sikinia 的每条路都是单行道,每两个城市间恰有一条路. 证明:必有这样的一个城市,从任何另一个城市都可直接到该市或至多经过一个城市到该市.

4. 证明

$$f(n) = \sum_{k=0}^{n} \binom{n+k}{k} \frac{1}{2^k} = 2^n$$

5. 对任何正整数 N,证明:不等式

$$\sqrt{2\sqrt{3\sqrt{4\cdots\sqrt{(N-1)\sqrt{N}}}}} < 3 \text{ (TT1987)}$$

6. 若 a, b 和 $q = \dfrac{a^2 + b^2}{ab + 1}$ 都是非负整数,则 $q = \gcd(a,b)^2$. 用对 ab 的归纳法证明 IMO1988 的这个有名的问题.

7. 我们作幂塔 $\sqrt{2}^{\sqrt{2}^{\cdot^{\cdot^{\sqrt{2}}}}}$,它定义为 $a_0 = 1, a_{n+1} = \sqrt{2}^{a_n} (n \in \mathbf{N})$. 证明:数列 a_n 单调增加且有上界2.

8. 平面上有 n 个圆,它们把平面分成若干块. 证明:可以把平面双色染色,使得不会有两块有公共边界线的块是同色的. 这样的染色法称为合适的染色法.

9. 一张地图可以用双色合适染色,当且仅当它的每个顶点有偶数度数.

10. (a)一个简单的不必凸的 n 边形至少有一条对角线全在该 n 边形内.

(b)这个 n 边形可以用其形内的对角线剖分成三角形.

(c)剖分成三角形的 n 边形的顶点可以用三种颜色合适地染色.

(d)三角形剖分的每个面可以用两种颜色合适染色.

11. 字母表 $\{0, 1\}$ 的长为 n 的,且没有两个 1 距离为 2 的字的个数记为 a_n. 用 Fibonacci

数表示 a_n.

12. 平面上有 $N(N>1)$ 条直线,其中无两条平行,无三条交于一点. 证明:对于这些直线所确定的每个区域可以赋予一个绝对值不超过 N 的非零整数,使得所得每条直线的每一侧中所赋数的总和为 0.（TT1989）

13. 数列 a_n 定义如下:$a_0=9,a_{n+1}=3a_n^4+4a_n^3(n>0)$. 证明:$a_{10}$(在十进制下)中有 1 000 个以上的 9.（TT）

14. 求如下定义的有 n 个根号的数的精确公式

$$a_n=\sqrt{2+\sqrt{2+\cdots+\sqrt{2+\sqrt{2}}}}$$

15. 设 α 是使 $\alpha+\dfrac{1}{\alpha}\in \mathbf{Z}$ 的实数,证明

$$\alpha^n+\frac{1}{\alpha^n}\in \mathbf{Z}（对任何 n\in \mathbf{N}_+）$$

16. 证明:$1<\dfrac{1}{n+1}+\cdots+\dfrac{1}{3n+1}<2$.

17. 对所有 $n\in \mathbf{N}_+$,成立 $f(n)=g(n)$,其中

$$f(n)=1-\frac{1}{2}+\frac{1}{3}-\cdots+\frac{1}{2n-1}-\frac{1}{2n},g(n)=\frac{1}{n+1}+\cdots+\frac{1}{2n}$$

18. 证明:$(n+1)(n+2)\cdots(2n)=2^n\cdot 1\cdot 3\cdot 5\cdots(2n-1)$ 对所有 $n\in \mathbf{N}_+$ 成立.

19. 证明:$z+\dfrac{1}{z}=2\cos \alpha\Rightarrow z^n+\dfrac{1}{z^n}=2\cos n\alpha$(对所有 $n\in \mathbf{N}_+$).

20. 如在 $2^n\times 2^n$ 的棋盘上去掉角上的一个小格,则剩余部分可用"凵"形的三格块盖住.

21. 在单位圆周上的一条直径的一侧有 $2n+1$ 个点 $P_1,\cdots,P_{2n+1}$. 证明:(O 为圆心)

$$|\overrightarrow{OP_1}+\overrightarrow{OP_2}+\cdots+\overrightarrow{OP_{2n+1}}|\geqslant 1$$

22. 考虑集合 $\{1,2,\cdots,N\}$ 的所有这样的子集:它不含有两个相继的数. 证明:集合中所有数乘积的平方和为 $(N+1)!-1$(例如 $N=3,1^2+2^2+3^2+(1\cdot 3)^2=23=4!-1$).

23. n 个顶点,k 条边的没有四面体的图中 $k\leqslant \left\lfloor \dfrac{n^2}{3}\right\rfloor$.

24. 正整数 $a_1,a_2,\cdots,a_n$ 满足 $a_1\leqslant a_2\leqslant \cdots\leqslant a_n$,证明

$$\frac{1}{a_1}+\frac{1}{a_2}+\cdots+\frac{1}{a_n}=1\Rightarrow a_n<2^{n!}$$

25. $3^{n+1}|2^{3^n}+1$ 对所有整数 $n\geqslant 0$ 成立.

26. 在一张 $m\times n$ 的实数的矩阵中,在每一列中至少标出 p 个($p\leqslant m$)最大的数,在每一行中至少标出 $q(q\leqslant n)$ 个最大的数. 证明:至少有 pq 个数被标出两次.

27. 在一个圆周上选取 n 个点,标为 a 或 b. 证明:至多有 $\left\lfloor \dfrac{3n+4}{2}\right\rfloor$ 条弦联结标记不同的点且在圆内不相交.

28. 设 $n=2^k$. 证明:在任何 $(2n-1)$ 个整数中可取 n 个数使它们的和被 n 整除.

29. 证明 Zeckendorf 定理:任意正整数 N 可以唯一地表示成不同的相邻的 Fibonacci 数

的和

$$N = \sum_{j=1}^{m} F_{i_j+1} \mid i_j - i_{j-1} \mid \geqslant 2$$

其中 $F_1 = 1, F_2 = 2, F_{n+2} = F_{n+1} + F_n (n \geqslant 1)$. 确实 $1 = F_1 = 1, 2 = F_2 = 10, 3 = F_3 = 100, 4 = F_3 + F_1 = 101, 5 = F_4 = 1\,000, 6 = F_4 + F_1 = 1\,001, 7 = F_4 + F_2 = 1\,010, 8 = F_5 = 10\,000, 9 = F_5 + F_1 = 10\,001, 10 = F_5 + F_2 = 10\,010, 11 = F_5 + F_3 = 10\,100, 12 = F_5 + F_3 + F_1 = 10\,101, \cdots$.

30. 在无限大的棋盘的原点(黑格)中有一个马. 在跳了 n 步后,它可以到达的格子有几个?

31. (a) 一个平面的凸区域有 l 条直线穿过,且有 p 个在区域内的交点,把这个区域分成 r 块互不相交的区域,求 l, p 和块数 r 间的简单关系式.

(b) 在一个圆周上有 n 个不同的点,过其中两点作弦,所有这些弦中没有三条弦交于(圆内)一点, a_n 表示分成区域的块数. 画图以找出 a_1, a_2, a_3, a_4, a_5,猜测 a_n,求 a_6 以验证你的猜想,用(a)的结果求 a_n.

32. 一张无限大的棋盘形为第 I 象限. 能否在每个格子中写一正整数,使得每一行、每一列中都恰含有每个正整数一次? (TT1988)

33. 求所有如下的分数 $\dfrac{1}{xy}$ 的和:$\gcd(x, y) = 1, x \leqslant n, y \leqslant n, x + y > n$.

34. 求如下定义的数列 a_n 的精确公式

$$a_1 = 1, a_{n+1} = \frac{1}{16}(1 + 4a_n + \sqrt{1 + 24a_n})$$

35. 证明:如果 n 个点不全在一条直线上,那么联结其中两点的线至少有 n 条不同.

36. 正整数 $x_1, x_2, \cdots, x_n$ 和 $y_1, y_2, \cdots, y_m$ 使 $x_1 + x_2 + \cdots + x_n$ 与 $y_1 + y_2 + \cdots + y_m$ 相等且小于 mn. 证明:可以在等式 $x_1 + \cdots + x_n = y_1 + \cdots + y_m$ 中划掉一些数使等式依然成立.

37. 所有形为 $1\,007, 10\,017, 100\,117 \cdots$ 的数都被 53 整除.

38. 所有形为 $12\,008, 120\,308, 1\,203\,308, \cdots$ 的数都被 19 整除.

39. 设 x_1, x_2 是 $x^2 + px - 1 = 0$ 的根, p 是奇数. 设 $y_n = x_1^n + x_2^n, n \geqslant 0$,证明: y_n 和 y_{n+1} 是互质的整数.

解　答

1. 我们证明逆否命题:有 $2n$ 个顶点的没有三角形的图最多有 n^2 条边.

对 $n = 1$ 这定理是显然的. 设对于有 $2n$ 个顶点的图定理成立,我们证明有 $2n + 2$ 个顶点的图也成立.

设 G 是有 $2n + 2$ 个顶点的没有三角形的图,取 G 的有线段相连的两个点 A, B,略去这两点及与 A 或 B 相连的线段. 由归纳假设,留下的图 G' 有 $2n$ 个顶点且没有三角形, G' 中最多有 n^2 条线段. G 中能有多少条线段呢?不会有点 C 与 A, B 都有线段,否则 G 中有 $\triangle ABC$. 这样,如果 A 与 G' 中的 x 个点相连, B 就最多与 G' 中的 $2n - x$ 个点相连,从而(不要忘记计算线段 AB) G 至多有 $n^2 + 2n - x + x + 1$ 即 $(n + 1)^2$ 条线段. 容易看到定理的陈述是精确的. 实际上,把 $2n$ 个点分成两个 n 点:P 和 Q,并把 P 中每个点与 Q 中每个点相连,所得的图中没有三角形.

2. 对 $n=1$ 定理是显然的. 设对于 n,这个定理已经证明. 如现在有 $n+1$ 辆车,其中总有一辆车 A 能够开到下一辆车 B 处(如果没有一辆车能开到下一辆车处,就不会有足够的燃料能开一圈). 把 B 的燃料都放在 A 中并去掉 B 这辆车. 这样我们有 n 辆车,它们有的燃料足以开一圈. 由归纳假设,它们中有一辆车可以完成一圈. 这辆车在 $n+1$ 辆车时也能开完一圈,从 A 到 B 时燃料是够的,在其他路段中这车上燃料与 n 辆车的情况相同.

3. 对于两个或三个城市的情况,定理显然是正确的. 设对于 n 个城市这定理是正确的,满足定理条件的城市叫 H 城. 对任何 n 个城市,设 A 是个 H 城,其余 $n-1$ 个城市可分成两个集:直接有路可到 A 的城市的集 D;没有直接到 A 的路的城市的集 N. 于是每个 N 城市可以经过一个 D 城而到达 A. 设在这 n 个城市外再加进一个城市 P,有两种情况要考虑:

(1)P 到 A 有直接的路,或者 P 到某个 D 城直接有路. 这时,A 也是个 H 城.

(2)从 A 及任何 D 中的城市都直接有路通过 P,从任何一个 N 城到某个 D 城有直接的路,这时 P 是个 H 城.

4. 我们有 $f(1)=2$. 又 $\binom{n+1+k}{k}=\binom{n+k}{k-1}+\binom{n+k}{k}$,我们得到

$$
\begin{aligned}
f(n+1) &= \sum_{k=0}^{n+1}\binom{n+1+k}{k}\cdot 2^{-k} \\
&= 1 + \sum_{k=1}^{n+1}\binom{n+k}{k-1}2^{-k} + \sum_{k=1}^{n+1}\binom{n+k}{k}2^{-k} \\
&= \frac{1}{2}\sum_{i=0}^{n}\binom{n+i+1}{i}2^{-i} + \binom{2n+1}{n}\cdot 2^{-n-1} + f(n) \\
&= \frac{1}{2}f(n+1) + f(n)
\end{aligned}
$$

即 $f(n)=2^n$. 这一证明比第 5 章中的用概率解释的证明复杂得多. 注意这里我们把证明做得非常紧凑,要投入些精力才能够理解它.

5. 这个问题是很特别的,我们把它改成更一般的问题:把 2 换成 m,这会使证明更简单. 而特殊情况就是这个结果. 对于 $m\geq 2$,我们证明

$$
\sqrt{m\sqrt{(m+1)\sqrt{\cdots\sqrt{N}}}} < m+1
$$

用倒过来的归纳法,即先对 $m=N$,然后再到 $m=2$. 显然 $\sqrt{N}<N+1$,对 $m<N$,我们归纳假设

$$
\sqrt{(m+1)\sqrt{(m+2)\sqrt{\cdots\sqrt{N}}}} < m+2
$$

于是

$$
\sqrt{m\sqrt{(m+1)\sqrt{\cdots\sqrt{N}}}} < \sqrt{m(m+2)} < m+1
$$

所以

$$
\sqrt{2\sqrt{3\sqrt{\cdots\sqrt{N}}}} < 3
$$

6. 这个证明属于 J. Campbell(Canberra). 如果 $ab=0$,那么结果是清楚的. 如果 $ab>0$,由

对称性可设 $a \leqslant b$. 设结果对于较小的乘积 ab 是成立的. 现我们要找整数 c 满足

$$q = \frac{a^2 + c^2}{ac + 1}, 0 \leqslant c < b \qquad (1)$$

因为 $ac < ab$. 由归纳假设,

$$q = \gcd(a, c)^2 \qquad (2)$$

为找到 c, 解

$$\frac{a^2 + b^2}{ab + 1} = \frac{a^2 + c^2}{ac + 1} = q$$

把分子、分母都相减, 我们得到

$$\frac{b^2 - c^2}{a(b - c)} = q \Rightarrow \frac{b + c}{a} = q \Rightarrow c = aq - b$$

注意 c 是整数且 $\gcd(a, b) = \gcd(a, c)$. 如果能证明 $0 \leqslant c < b$ 就完成了证明. 为证明这点, 注意到

$$q = \frac{a^2 + b^2}{ab + 1} < \frac{a^2 + b^2}{ab} = \frac{a}{b} + \frac{b}{a}$$

$$aq < \frac{a^2}{b} + b \leqslant \frac{b^2}{b} + b = 2b \Rightarrow aq - b < b \Rightarrow c < b$$

为证明 $c \geqslant 0$, 我们作估计

$$q = \frac{a^2 + c^2}{ac + 1} \Rightarrow ac + 1 > 0 \Rightarrow c > \frac{-1}{a} \Rightarrow c \geqslant 0$$

这就完成了证明.

7. 我们有 $a_0 < a_1$, 因为 $1 < \sqrt{2}$. 设 $a_n < a_{n+1}$ 对某个 n 成立. 因为底数 $b > 1$ 时, 幂函数是上升的, $\sqrt{2}^{a_n} < \sqrt{2}^{a_{n+1}}$ 即 $a_{n+1} < a_{n+2}$, 这就证明了 a_n 是上升的.

显然有 $a_0 < 2$. 设 $a_n < 2$, 则 $a_{n+1} = \sqrt{2}^{a_n} < \sqrt{2}^2 = 2$, 所以 a_n 有上界 2.

注: 有上界的上升数列 a_n 收敛, 其极限 a 满足 $\sqrt{2}^a = a$, 这方程的唯一解为 $a = 2$.

8. **解法一**: 对 $n = 1$ 定理是显然的. 把圆内染为白色, 圆外染为黑色, 这是合适的染色. 设对 n 个圆定理成立. 现有 $n + 1$ 个圆, 先略去一个圆, 其余 n 个圆把平面分成的块由归纳假设可知有合适的染色法. 现加进了第 $n + 1$ 个圆并做如下的重新染色: 在这个圆的外部保持原来的颜色, 而在这个圆的内部则改变颜色, 即白的变成黑的, 黑的变成白的. 这个新的染色是合适的. 实际上, 两个相邻的区域如果被这个圆穿过, 则由于颜色的反转是异色的, 而同在这个圆内 (或外) 的相邻区域由归纳假设仍是相反颜色的.

解法二: 平面所分成的每一块标一个数, 所标的是它在圆内的圆的个数, 而两个相邻的区域所标的数奇偶性不同. 标奇数的部分染成黑色, 标偶数的部分染成白色, 就得到平面的合适染色.

9. 如果一个顶点的度数为奇数, 那么围绕这点的块 (奇数块) 已不能用两种颜色来合适染色了.

为证明充分性, 我们对边数进行归纳. 对于有两条边的图定理是显然的.

设对于边数不超过 n、所有顶点度数为偶数的图定理是成立的. 现有一个 $n + 1$ 条边的、顶点度数都是偶数的图, 从图的任一顶点 A 出发, 沿边走直到第一次回到某个已经到过的

点 B. 从 B 到 B 的闭路抹去. 留下的图 M' 的顶点度数都是偶数. 由归纳假设, M' 可以用两种颜色合适染色. 现加上抹去的道路并改变这闭路的一边(内或外)的颜色, 我们就可得到图 M 的合适染色.

10. (a) 设 A,B,C 是多边形的三个相邻的顶点, 从 B 作指向多边形内的射线, 或者有一条射线碰到另一个顶点 D, 或者 AC 全在多边形内.

(b) 对 n 用归纳法. 设所有 $k(k \leqslant n)$ 边形都能用全在多边形内的对角线分成三角形. 考虑任意 $n+1$ 边形, 在它内部画一条对角线, 它把多边形分成两个小于或等于 n 的多边形, 每一个都能用在内部的对角线分成三角形. 这样就对 $n+1$ 边形也得到了分成三角形的分法.

(c) $n=3$ 时定理是显然的. 设剖分成三角形的 n 边形的顶点可以把顶点三色合适染色. 现取一个 $n+1$ 边形, 它有三个相邻顶点 A,B,C 使 $\angle ABC < 180°$. 把 $\triangle ABC$ 切去后, 留下的多边形有 n 个顶点, 由归纳假设可以合适染色. 因为 A 和 C 只用了两种颜色, 对 B 可用第三种颜色.

(d) 把(c)中的三种颜色记为 $1,2,3$. 把三角形的边按 $1 \to 2 \to 3 \to 1$ 定向. 如果是顺时针方向, 就染为黑色; 如果是逆时针方向, 就染为白色.

11. 我们如下导出 a_n 的递推式: 以 0 开始的字有 a_{n-1} 个, 以 100 开头的字有 a_{n-3} 个, 以 1 100 开头的字有 a_{n-4} 个, 这样

$$a_n = a_{n-1} + a_{n-3} + a_{n-4}, a_1 = 2, a_2 = 4, a_3 = 6, a_4 = 9$$

n	F_n	a_n
1	1	$2 = 2 \cdot 1$
2	1	$4 = 2 \cdot 2$
3	2	$6 = 2 \cdot 3$
4	3	$9 = 3 \cdot 3$
5	5	$15 = 3 \cdot 5$

由这个递推式得出上面的表, 从这个表我们猜测

$$a_{2m} = F_{m+2}^2, a_{2m+1} = F_{m+2} \cdot F_{m+3}$$

设对于 $k < 2m$ 这个猜测是对的, 那么

$$a_{2m} = F_{m+1}F_{m+2} + F_m F_{m+1} + F_m^2$$
$$= F_{m+1}F_{m+2} + F_m F_{m+2}$$
$$= F_{m+2}^2$$
$$a_{2m+1} = F_{m+2}^2 + F_{m+1}^2 + F_m F_{m+1}$$
$$= F_{m+2}^2 + F_{m+1}F_{m+2}$$
$$= F_{m+2}F_{m+3}$$

12. 用两种颜色把相应的图合适染色, 对每个区域赋一个数, 这数就等于这个区域的顶点的个数, 而符号则按这区域的颜色, 一种颜色为正的, 另一种颜色则用负的. 在任何一条直线的任何一侧的数的和为 0. 实际上, 取 N 条直线中任何一条, 如果一个顶点不在这条直线上, 它对两个区域有 $+1$, 对两个区域有 -1. 如果它在这条直线上, 则对一个区域有 1, 而对另一个区域是 -1.

13. 为得到一些线索, 我们试图计算数列的前几项, $a_0 = 9, a_1 = 22\ 599, \cdots$, 下一项需要用

更多的时间计算,但至少我们可猜测在数的结尾处有很多 9. 此外,我们已被告知 a_{10} 有 1 000 多个 9,而 1 000 比 $2^{10} = 1\ 024$ 稍小,我们猜测 a_n 以 2^n 个 9 结尾,这将用归纳法来证:以 m 个 9 结尾的数有形式 $a \cdot 10^m - 1\ (a \in \mathbf{N})$. 设 $a_n = a \cdot 10^m - 1$,则

$$
\begin{aligned}
a_{n+1} &= 3a_n^4 + 4a_n^3 = 3(a \cdot 10^m - 1)^4 + 4(a \cdot 10^m - 1)^3 \\
&= 3a^4 \cdot 10^{4m} - 12a^3 \cdot 10^{3m} + 18a^2 \cdot 10^{2m} - 12a \cdot 10^m + \\
&\quad\ 3 + 4a^3 \cdot 10^{3m} - 12a^2 \cdot 10^{2m} + 12a^3 \cdot 10^m - 4 \\
&= b \cdot 10^{2m} - 1
\end{aligned}
$$

因此,每一步结尾处的 9 的个数加倍,所以 $a_n = a \cdot 10^{2^n} - 1$(对任何 $n \geqslant 0$).

14. 我们试图做一个几何解释. 首先 $a_1 = 2\cos\left(\dfrac{\pi}{4}\right)$,接下来,有倍角公式 $\cos 2\alpha = 2\cos^2\alpha - 1$. 现我们猜测

$$
a_n = 2\cos\frac{\pi}{2^{n+1}}
$$

用这个猜测,我们可得 $a_{n+1} = \sqrt{2 + 2\cos\dfrac{\pi}{2^{n+1}}} = 2\cos\dfrac{\pi}{2^{n+2}}$.

15. 我们有 $\alpha^0 + \dfrac{1}{\alpha^0} \in \mathbf{Z}$,又由假设 $\alpha^1 + \dfrac{1}{\alpha^1} \in \mathbf{Z}$. 设对某个 $n \in \mathbf{N}$,有

$$
\alpha^{n-1} + \frac{1}{\alpha^{n-1}} \in \mathbf{N}, \quad \alpha^n + \frac{1}{\alpha^n} \in \mathbf{Z}
$$

则

$$
\alpha^{n+1} + \frac{1}{\alpha^{n+1}} = \left(\alpha + \frac{1}{\alpha}\right)\left(\alpha^n + \frac{1}{\alpha^n}\right) - \left(\alpha^{n-1} + \frac{1}{\alpha^{n-1}}\right) \in \mathbf{Z}
$$

16. 我们有

$$
f(n) = \frac{1}{n+1} + \cdots + \frac{1}{3n+1} < \frac{2n+1}{n+1} < 2
$$

得到 $f(1) = \dfrac{1}{2} + \dfrac{1}{3} + \dfrac{1}{4} = \dfrac{13}{12} > 1$. 若 $f(n) > 1$,则

$$
f(n+1) = f(n) - \frac{1}{n+1} + \frac{1}{3n+2} + \frac{1}{3n+3} + \frac{1}{3n+4}
$$

为从 $f(n)$ 得到 $f(n+1)$,我们要减去 $\dfrac{1}{n+1}$ 并加上 $g(n) = \dfrac{1}{3n+2} + \dfrac{1}{3n+3} + \dfrac{1}{3n+4}$. $f(n)$ 与 $g(n)$ 相比,哪个较大呢? 我们证明 $g(n)$ 较大,实际上

$$
\frac{1}{3n+2} + \frac{1}{3n+4} = \frac{6n+6}{(3n+2)(3n+4)} > \frac{6n+6}{(3n+3)^2} = \frac{2}{3n+3}
$$

这里我们用了 $ab < \left(\dfrac{a+b}{2}\right)^2$. 这样 $f(n+1) > f(n) > 1$,因此 $1 < f(n) < 2$.

17. 我们有 $f(1) = g(1)$. 假定对某个 $n \in \mathbf{N}, f(n) = g(n)$,则

$$
f(n+1) - f(n) = \frac{1}{2n+1} - \frac{1}{2n+2}
$$

$$
g(n+1) - g(n) = \frac{1}{2n+1} + \frac{1}{2n+2} - \frac{1}{n+1} = \frac{1}{2n+1} - \frac{1}{2n+2}
$$

即 $f(n+1) - f(n) = g(n+1) - g(n)$，与 $f(n) = g(n)$ 相加，得 $f(n+1) = g(n+1)$，再用归纳法原理即得.

18. 把等式的左边和右边分别记为 $f(n)$ 和 $g(n)$，则 $f(1) = g(1)$. 设对某个 $n \in \mathbf{N}_+$，$f(n) = g(n)$，则 $f(n+1) = f(n) \cdot (4n+2)$，$g(n+1) = g(n)(4n+2)$，有

$$\frac{f(n+1)}{f(n)} = \frac{g(n+1)}{g(n)}$$

把两个等式相乘，得到 $f(n+1) = g(n+1)$. 再用归纳法原理即可.

我们也可用简单的变换：设 $A_n = (n+1) \cdots (2n-1)$，乘 $n!$，再除以 $n!$ $\cdot 2^n$，我们得到

$$\frac{A_n}{2^n} = \frac{1 \cdot 2 \cdot 3 \cdot \cdots \cdot (2n)}{2^n \cdot 1 \cdot 2 \cdot \cdots \cdot n} = \frac{1 \cdot 2 \cdot 3 \cdot \cdots \cdot (2n)}{2 \cdot 4 \cdot \cdots \cdot (2n)} = 1 \cdot 3 \cdot 5 \cdot \cdots \cdot (2n-1)$$

这就是 1 到 $(2n-1)$ 中所有奇数的乘积.

19. 由 $z + \dfrac{1}{z} = 2\cos\alpha$，我们得 $z^2 + \dfrac{1}{z^2} = \left(z + \dfrac{1}{z}\right)^2 - 2 = 4\cos^2\alpha - 2 = 2 \cdot \cos 2\alpha$，表明这个定理对 $n = 1$ 及 $n = 2$ 成立，设 $z^n + \dfrac{1}{z^n} = 2\cos n\alpha$，则

$$z^{n+1} + \frac{1}{z^{n+1}} = \left(z + \frac{1}{z}\right)\left(z^n + \frac{1}{z^n}\right) - z^{n-1} - \frac{1}{z^{n-1}}$$

这就是 $4\cos\alpha\cos n\alpha - 2\cos(n-1)\alpha$，由余弦的加法定理，$\cos(x+y) + \cos(x-y) = 2\cos x\cos y$. 把这个公式用于结果，得

$$2\cos(n+1)\alpha + 2\cos(n-1)\alpha - 2\cos(n-1)\alpha = 2\cos(n+1)\alpha$$

20. 对 $n = 1$，本题是平凡的.

现假设 $2^n \times 2^n$ 棋盘（去掉角上一块）可以被盖住. 我们想要盖住 $2^{n+1} \times 2^{n+1}$ 的棋盘，把它分成四个 $2^n \times 2^n$ 的块. 有一块缺一个角，另三块是完整的. 我们可把缺角的一块旋转使缺的一块有一个顶点在中心. 用一个"⊞"块盖住中央的那个缺角"田"字形. 由归纳假设知四块缺角的 $2^n \times 2^n$ 块都能被盖住.

21. 我们用归纳法，$n = 1$ 时命题显然正确，假设对于 $(2n+1)$ 个向量是正确的，现考虑一组 $(2n+3)$ 个向量，最外面的两个向量是 $\overrightarrow{OP_1}$ 和 $\overrightarrow{OP_{2n+3}}$. 由归纳假设，向量 $\overrightarrow{OR} = \overrightarrow{OP_2} + \cdots + \overrightarrow{OP_{2n+2}}$ 的长度不小于 1，向量 $\overrightarrow{OR}$ 在 $\angle P_1OP_{2n+3}$ 内，因此它与向量 $\overrightarrow{OS} = \overrightarrow{OP_1} + \overrightarrow{OP_{2n+3}}$ 的夹角是锐角，这样 $|\overrightarrow{OS} + \overrightarrow{OR}| \geq |\overrightarrow{OR}| \geq 1$.

22. 对 N 用归纳法. 把题中的子集分成两组：含 N 的与不含 N 的. 由归纳假设，第一种子集中的数的平方和是 $N^2((N-1)! - 1) + N^2$，而第二种子集是 $N! - 1$，二者相加得 $(N+1)! - 1$.

23. 对于 $n \leq 3$，命题是显然的. 设命题对 n 个顶点是成立的. 考虑再加上三个顶点，它们组成三角形，它们不能与另一个点都有连线，所以最多增加了 $2n+3$ 条边，这样边数的最大值（不过是）$\dfrac{n^2}{3} + 2n + 3 = \dfrac{(n+3)^2}{3}$.

24. 设 $a_n \geq 2^{n!}$，用倒过来的归纳法，我们证明 $a_k \geq 2^{k!}$ 对 $k = 1, 2, \cdots, n$ 成立. 设这一假定对于 $k = n, n-1, \cdots, m+1$ 都成立，那么

$$\frac{1}{a_m} \leqslant \sqrt[m]{\frac{1}{a_1 a_2 \cdots a_m}} \leqslant \sqrt[m]{1 - \frac{1}{a_1} - \cdots - \frac{1}{a_m}}$$

$$= \sqrt[m]{\frac{1}{\frac{1}{a_{m+1}} + \cdots + \frac{1}{a_m}}} \leqslant \sqrt[m]{\sum_{i=m+1}^{n} \frac{1}{2^{i!}}} \leqslant \frac{1}{2^{m!}}$$

只要看到 $\frac{1}{2^1} + \frac{1}{2^{2!}} + \frac{1}{2^{3!}} + \cdots + \frac{1}{2^{k!}} < 1$(就可得矛盾).

25. 对 $n = 0$,定理是正确的. 设 $n \geqslant 0$,则

$$2^{3^n} + 1 = (2^{3^{n-1}} + 1)((2^{3^{n-1}})^2 - 2^{3^{n-1}} + 1)$$

由归纳假设,第一个因子被 3^n 整除,第二个因子被 3 整除(因为 $2^{3^{n-1}} \equiv -1 (\mathrm{mod}\ 3)$). 这就证明了命题.

26. 我们对 $m + n$ 用归纳法. 对于 $m = n = p = q = 1$ 结果是显然的. 设我们有一个 $m \times n$ 矩阵,我们要将它化成 $m \times (n-1)$ 或 $(m-1) \times n$ 矩阵. 如果矩阵中每个数都是两次被标出的,当然它至少是 pq,否则我们在数中选取最大的被标出一次的数 M,它是在所有行或列中的最大数之一(但不是两者都是). 设 M 是所在的列中最大的(p 个数之一),这样它不是行中最大的(q 个数之一),但它的行中最大的 q 个数都是两次被标出的,从矩阵中抹去这一行,我们得到 $(m-1) \times n$ 的矩阵,其中每行最大的 q 个数被标出,每列至少标出最大的 $p-1$ 个数. 由归纳假设,在这较小的矩阵中至少有 $(p-1)q$ 个数被标出两次,这些数在原矩阵中也是两次被标出的. 此外,划掉的行中有 q 个数是两次被标出的. 这样在 $m \times n$ 矩阵中,$(p-1)q + q = pq$ 个数被两次标出.

27. 对 $n = 2$,结果是显然的. 设对所有 $k < n$ 已证明了定理. 画一条联结 a 和 b 的对角线,圆分成两部分,一部分有 k 个点,另一部分有 $n - k - 2$ 个点. 对两个部分用归纳假设,得到

$$\left\lfloor \frac{3k+4}{2} \right\rfloor + \left\lfloor \frac{3(n-k-2)+4}{2} \right\rfloor + 1$$

$$\leqslant \left\lfloor \frac{3k+4}{2} + \frac{3(n-k-2)+4}{2} + 1 \right\rfloor$$

这就是 $\lfloor 3n + 4/2 \rfloor$. 因此定理对 n 成立.

28. 对 $k = 0$ 定理是平凡的,如果对 $n = 2^k$ 定理成立,则从 $2^{k+2} - 1$ 个整数中,我们可以三次选取 2^k 个数,每组数的和被 2^k 整除. 由抽屉原理,三个和中有两个被 2^{k+1} 除的余数相同. 这两个的和是 2^{k+1} 个数的和,它被 2^{k+1} 整除.

29. 如果 N 是个 Fibonacci 数,定理是平凡的. 对于小的 N 可以检验. 假设它对于直到 F_n(含 F_n)的数都正确. 现在 $F_n < N \leqslant F_{n+1}$,则 $N = F_n + (N - F_n)$,$N \leqslant F_{n+1} < 2F_n$,即 $N - F_n < F_n$. 这样 $N - F_n$ 可以写成形式

$$N - F_n = F_{t_1} + F_{t_2} + \cdots + F_{t_r}, t_{i+1} \leqslant t_i - 2, t_r \geqslant 2$$

$N = F_n + F_{t_1} + F_{t_2} + \cdots + F_{t_r}$. 我们可断定 $n \geqslant t_1 + 2$. 因为如果 $n = t_1 + 1$,则 $F_n + F_{t_1+1} = 2F_n$. 它要比 N 大. 实际上,F_n 在 N 的表示式中出现,因为更小的 Fibonacci 数的和,在下标使 $k_{i+1} \leqslant k_i - 2 (i = 1, 2, \cdots, r-1)$ 及 $k_r \geqslant 2$ 时不可能加到 N. 这是因为如 n 是偶数,例如 $2k$ 时,有

$$F_{2k-1} + F_{2k-3} + \cdots + F_3$$

$$= (F_{2k} - F_{2k-2}) + (F_{2k-2} - F_{2k-4}) + \cdots + (F_4 - F_2)$$

它是 $F_{2k} - 1$. 而当 n 是奇数,例如 $2k+1$ 时,有

$$F_{2k} + F_{2k-2} + \cdots + F_2 = (F_{2k+1} - F_{2k-1}) + \cdots + (F_3 - F_1)$$
$$= F_{2k+1} - 1$$

同样又有不超过 $N - F_n$ 的最大的 F_i 必定在 $N - F_n$ 的表示式中出现,它不会是 F_{n-1},这就由归纳法证明了唯一性.

30. 设 $f(n)$ 是马在 n 步后可到达的方格的数目. 我们有 $f(0) = 1, f(1) = 8, f(2) = 33$. 对 $n = 3$,可到达的方格是一个八边形的所有白格. 八边形的边上是四个白格,用归纳法可以证明,对 $n \geq 3$,可到达的方格充满了一个八边形,每一边上为 $(n+1)$ 个同色的方格,在这样的八边形中单色的格子的数目是容易计算的. 把这个八边形补成一个边长为 $(4n+1)$ 格的正方形,在这正方形中同色格子的个数是 $\dfrac{(4n+1)^2 \pm 1}{2}$,对偶数 n 取 $+$ 号,对奇数 n 取 $-$ 号,还要减去在四个角中的格子数,即减去 $4((n-1) + (n-3) + \cdots)$.

$$4((n-1) + (n-3) + \cdots) = \begin{cases} n^2, & \text{当 } n \text{ 为偶数} \\ n^2 - 1, & \text{当 } n \text{ 为奇数} \end{cases}$$

因此,所求的格子数是

$$\frac{(4n+1)^2 + 1}{2} - n^2 = 7n^2 + 4n + 1 \, (n \geq 3 \text{ 时})$$

综上,有

$$f(n) = \begin{cases} 1, & \text{当 } n = 0 \\ 8, & \text{当 } n = 1 \\ 3, & \text{当 } n = 2 \\ 7n^2 + 4n + 1, & \text{当 } n \geq 3 \end{cases}$$

31. (a)试验启示成立:

$$r = l + p + 1 \tag{1}$$

我们将用对直线条数的归纳来证明(1). 图 8.1 说明 $l = 0$ 时式(1)正确. 设式(1)对于 l 条线是正确的,我们证明再加一条线时依然正确,再取另一条线,设它与 s 条线相交 s 个新的交点把新的线分成 $s+1$ 条线段,而每一线段把旧的一个区域分成两个,这样 l 增加 1,p 增加 s,r 增加 $s+1$. 公式(1)依然成立,因为两边都增加 $s+1$.

图 8.1

注:应设这些直线中不会有三条交于区域内同一点.

(b)我们有 $a_1 = 1, a_2 = 2$,图 8.2 启示得 $a_n = 2^{n-1}$,我们不能用圆周上等分的六点来求 a_6,因为有三条弦过圆心. 我们得到的是 $a_6 = 31$,而不是 32,少掉了一块. 因而我们的猜测不正确. 用公式 $r = p + l + 1$ 可求出 a_n 的值,n 个点有 $l = \dbinom{n}{2}$ 条直线及 $p = \dbinom{n}{4}$ 个交点,因此 $a_n = \dbinom{n}{4} + \dbinom{n}{2} + 1$.

（a）$a_3=4$ （b）$a_4=8$ （c）$a_5=16$

图 8.2

32. 我们如下归纳地定义无限矩阵.

$$A_0 = (1), A_{n+1} = \begin{pmatrix} B_n & A_n \\ A_n & B_n \end{pmatrix}$$

$$A_0 = (1), A_1 = \begin{pmatrix} 2 & 1 \\ 1 & 2 \end{pmatrix}, A_2 = \begin{pmatrix} 4 & 3 & 2 & 1 \\ 3 & 4 & 1 & 2 \\ 2 & 1 & 4 & 3 \\ 1 & 2 & 3 & 4 \end{pmatrix}, A_3 = \cdots$$

其中 B_n 是 A_n 在每个元素上加上 2^n 而得.

用归纳法易证, A_n 的每行、每列含有 1 到 2^n. A_∞ 就能解决本题.

33. 几个例子给了我们一个提示. 对 $n=2$, 我们有 $x=1, y=2$ 和 $x=2, y=1$, 和为 $\dfrac{1}{1 \cdot 2} + \dfrac{1}{2 \cdot 1} = 1$. 对 $n=3$, 要考虑数对 $(1,3),(3,1),(2,3)$ 和 $(3,2)$, 和为 $\dfrac{1}{1 \cdot 3} + \dfrac{1}{3 \cdot 1} + \dfrac{1}{2 \cdot 3} + \dfrac{1}{3 \cdot 2} = 1$. 我们猜测 $S_n = \sum \dfrac{1}{xy} = 1$, 和式中的 x, y 使 $x \leq n, y \leq n, x+y > n, \gcd(x,y) = 1$. 设这对某个 n 是正确的, S_{n+1} 与 S_n 差多少呢? 从 n 到 $n+1$ 时, S_n 中的项 $\dfrac{1}{xy}$ 使 $x+y > n+1$ 的都在 S_{n+1} 中, 去掉的是 $x+y \leq n+1$ 的 $\dfrac{1}{xy}$. 这些是形为 $\dfrac{1}{x(n+1-x)}$ 的项. 对每个这样的去掉的分数, 在 S_{n+1} 中就有另两个分数 $\dfrac{1}{x(n+1)}, \dfrac{1}{(n+1-x)(n+1)}$. 因为 x 与 $n+1$ 互质时, $n+1-x$ 与 $n+1$ 也互质. 由于 $\dfrac{1}{x(n+1-x)} = \dfrac{1}{x(n+1)} + \dfrac{1}{(n+1-x)(n+1)}$, 我们有 $S_n = S_{n+1}$.

34. 我们可以用各种方式猜测 $a_n = f(n)$ 并用归纳法证明.

（a）从 a_1 开始, 计算 $a_2, a_3, a_4, \cdots$, 直到能看出公式.

（b）依次计算比 $\dfrac{a_{n+1}}{a_n}, n = 1, 2, 3, \cdots$, 猜出规律并用归纳法证明.

（c）如果 a_n 收敛, 猜测会容易些. 在递推式中把 a_{n+1} 和 a_n 都换成 a, 考虑差 $a_n - a$, 猜测规律会变得容易些. 我们将用这一方法在递推式 $a_{n+1} = g(a_n)$ 中 a_{n+1}, a_n 都换成 a, 得 $a = \dfrac{1}{3}$ 或 $a = 0$（$a = 0$ 显然不符合题意）, 则

$$a_1 - \frac{1}{3} = \frac{1}{2} + \frac{1}{6}$$

$$a_2 - \frac{1}{3} = \frac{7}{24} = \frac{1}{2^2} + \frac{1}{3 \cdot 2^3}$$

$$a_3 - \frac{1}{3} = \frac{1}{2^3} + \frac{1}{3 \cdot 2^5}$$

$$a_4 - \frac{1}{3} = \frac{1}{2^4} + \frac{1}{3 \cdot 2^7}$$

我们猜测

$$a_n = \frac{1}{3} + \frac{1}{2^n} + \frac{2}{3 \cdot 2^{2^{2n}}} \tag{1}$$

在递推式中,$a_{n+1} = g(a_n)$ 的右边的 a_n 以(1)的右边代入. 经过繁重的计算,可得

$$a_{n+1} = \frac{1}{3} + \frac{1}{2^{n+1}} + \frac{2}{3 \cdot 4^{n+1}}$$

35. 对 $n = 3$,断言是显然的. 设对 $n-1$ 个点已证明,我们对 n 个点来证. 若任两点连线上都有另一点,则所有点在一直线上(第 3 章例 10),因此有一条直线只通过两个点 A, B. 拿走一个点 A,有两种情况:

(1)所有其余点在一直线 l 上,则有 n 条不同的直线——过 A 及另一点的 $n-1$ 条直线和 l.

(2)其余点不共线. 由归纳假设至少有 $(n-1)$ 条直线,它们都和直线 l 不同,与直线 AB 合在一起,我们至少有 n 条直线.

36. 由本题的条件,$s = x_1 + x_2 + \cdots + x_m = y_1 + y_2 + \cdots + y_n$ 中,$m, n \geqslant 2$(因为 $s \geqslant m, s \geqslant n$,$s < mn$). 若 $m = n = 2, 2 \leqslant s \leqslant 3$,断言容易验证. 我们用对 $m + n = k$ 的归纳来证明,若 $k > 4$,设 $x_i(i = 1, 2, \cdots, m)$,$y_j(j = 1, 2, \cdots, n)$ 中最大的分别为 x_1, y_1,且 $x_1 > y_1$($x_1 = y_1$ 是显然的情况). 为应用归纳假设于等式

$$(x_1 - y_1) + x_2 + \cdots + x_m = y_2 + y_3 + \cdots + y_n$$

只要验证不等式 $s' = y_2 + \cdots + y_n < m(n-1)$(两边项数共为 $m + n - 1 = k - 1$). 因为 $y_1 > \dfrac{s}{n}$,我们有 $s' = s - y_1 < s - \dfrac{s}{n} = s \cdot \dfrac{n-1}{n} < mn \cdot \dfrac{n-1}{n} = m(n-1)$.

37. 1 007 被 53 整除,相继两个数的差为 9010…0,它被 53 整除. 由归纳法,可得每一项被 53 整除.

38. 按第 37 题的解法.

39. 用归纳法. 我们有 $x_1^0 + x_2^0 = 2$,$x_1 + x_2 = -p$. 因为 p 是奇数,$\gcd(y_0, y_1) = 1$. 设 $\gcd(y_n, y_{n+1}) = 1$,我们要证 $\gcd(y_{n+1}, y_{n+2}) = 1$,确实

$$\begin{aligned}
y_{n+1}(x_1 + x_2) &= (x_1^{n+1} + x_2^{n+1})(x_1 + x_2) \\
&= x_1^{n+2} + x_2^{n+2} + x_1 x_2(x_1^n + y_1^n) \\
-py_{n+1} &= y_{n+2} - y_n \\
y_{n+2} &= -py_{n+1} + y_n
\end{aligned}$$

y_{n+2} 和 y_{n+1} 的公约数也是 y_n 的因子. 这样 y_{n+1} 和 y_{n+2} 有与 y_n 和 y_{n+1} 同样的公约数.

第 9 章 数 列

差分方程 数列是一个定义在非负整数 n 上的函数 f，用 $x_n = f(n)$ 来表示. 通常给出下述形式的方程

$$x_n = F(x_{n-1}, x_{n-2}, x_{n-3}, \cdots)$$

有时需要由此确定通项公式 x_n. 上面的方程称为函数方程，形如

$$x_n = px_{n-1} + qx_{n-2}(q \neq 0) \tag{1}$$

的函数方程称为（齐次）常系数二阶线性差分方程. 为寻求式(1)的通解，我们先求形如 $x_n = \lambda^n$ 的解，这里 λ 为待定的常数. 为求 λ 的值，将 λ^n 代入式(1)得 $\lambda^n = p\lambda^{n-1} + q\lambda^{n-2}, \lambda^2 = p\lambda + q$，或者

$$\lambda^2 - p\lambda - q = 0 \tag{2}$$

上式称为式(1)的特征方程. 如果式(2)的两个根 $\lambda_1 \neq \lambda_2$，则

$$s_n = a\lambda_1^n + b\lambda_2^n$$

是式(1)的通解，其中 a, b 由初始值 x_0, x_1 确定.

如果 $\lambda_1 = \lambda_2 = \lambda$，则通解形式为

$$x_n = (a + bn)\lambda^n \tag{3}$$

例 1 数列 $\{x_n\}$ 由 $x_0 = 2, x_1 = 7, x_{n+1} = 7x_n - 12x_{n-1}$ 给出，求通项公式 x_n.

解：其特征方程 $\lambda^2 - 7\lambda + 12 = 0$ 有两个不同的根 $\lambda_1 = 3, \lambda_2 = 4$，故其通解为 $x_n = a \cdot 3^n + b \cdot 4^n$. 利用初始条件知 $a + b = 2, 3a + 4b = 7$，解得 $a = b = 1$，所以 $x_n = 3^n + 4^n$.

例 2 对任意 $x \in \mathbf{R}$，函数 f 满足函数方程

$$f(x+1) + f(x-1) = \sqrt{2}f(x) \tag{1}$$

证明：f 是一个周期函数.

解：记 $a = f(x-1), b = f(x)$，则 $f(x+1) = \sqrt{2}b - a, f(x+2) = b - \sqrt{2}a, f(x+3) = -a$，$f(x+4) = -b$. 所以，对任意 $x \in \mathbf{R}$，均有 $f(x+4) = -f(x)$，进而 $f(x+8) = f(x)$，故 f 是一个以 8 为周期的函数.

例 3 能否将例 2 中的式(1)里的 $\sqrt{2}$ 更换后，使得该函数的周期有任意预先指定的值（例如 12）？

解：将 $\sqrt{2}$ 换为黄金割数 $t = \dfrac{\sqrt{5}+1}{2}$，即方程 $t^2 = t + 1$ 的正实根 t. 我们得到 $a = f(x-1)$，$b = f(x), f(x+1) = tb - a, f(x+2) = t(b-a), f(x+3) = b - ta, f(x+4) = -a, f(x+5) = -f(x)$，于是 f 的周期是 10.

将 $\sqrt{2}$ 换为方程 $t^3 = t^2 + t + 1$ 的正实根，经多次迭代后没有出现周期变化，每当 t^3 出现，我们就用 $t^2 + t + 1$ 代替. 在这种情况下 f 是不是周期函数呢？

换一个角度,我们视式(1)为一个二阶线性差分方程,但是将离散变量 n 换为连续变量 x,尝试求形如 $f(x) = \lambda^x$ 的解. 为求 λ 的值,我们得到 $\lambda^2 - t\lambda + 1 = 0$,有解

$$\lambda = \frac{t}{2} \pm \sqrt{\frac{t^2}{4} - 1}$$

当 $t < 2$ 时,所得的解为

$$\lambda = \frac{t}{2} + i\sqrt{1 - \frac{t^2}{4}}, \quad \bar{\lambda} = \frac{t}{2} - i\sqrt{1 - \frac{t^2}{4}}, \quad |\lambda| = |\bar{\lambda}| = 1$$

此时 λ 与其共轭 $\bar{\lambda}$ 是复平面上的单位向量,即

$$\lambda = \cos\phi + i\sin\phi$$
$$\bar{\lambda} = \cos\phi - i\sin\phi$$

这表明,如果 $\lambda^n = 1$ 或 $\lambda = \cos\frac{2\pi}{n} + i\sin\frac{2\pi}{n}$,那么 λ 有周期 n. 特别地,若 $\frac{t}{2} = \cos\frac{\pi}{6}$,$t = 2\cos\frac{\pi}{6} = \sqrt{3}$,则 12 是 f 的周期. 若 $\frac{t}{2} = \cos\frac{2\pi}{n}$,即 $t = 2\cos\frac{2\pi}{n}$,则 f 的周期恰为 n. 方程 $t^3 = t^2 + t + 1$ 的正实根是 $t = 1.854\cdots < 2$,然而对角度 ϕ,这个无理数不像是 π 的有理倍数(而只有这样才能确保周期性).

例 4 数列 $\{a_n\}$ 定义如下:$a_0 = 0$,$a_{n+1} = \sqrt{6 + a_n}$. 证明:数列 $\{a_n\}$:(a)是单调递增的;(b)有上界;(c)求它的极限;(d)求其收敛速度.

解:(a)由 $0 < \sqrt{6}$ 知 $a_0 < a_1$. 一般地,设 $a_{n-1} < a_n$,两边加上 6 再开平方,得

$$\sqrt{a_{n-1} + 6} < \sqrt{a_n + 6}$$

由定义,可得 $a_n < a_{n+1}$. 由归纳法原理,$\{a_n\}$ 是单调递增的.

(b)由 $0 < 3$ 知 $a_0 < 3$. 设 $a_n < 3$,两边加上 6 再开方,知 $\sqrt{6 + a_n} < 3$,即 $a_{n+1} < 3$,从而由归纳法原理,$\{a_n\}$ 有上界 3.

(c)由(a)(b)可知 $\{a_n\}$ 有极限 $a \leq 3$. 为求 a 的值,在递推式两边取极限,得 $a = \sqrt{6 + a}$,$a^2 - a - 6 = 0$,其正根 $a = 3$ 就是所求的极限.

(d)为求其收敛速度,我们比较 $a_n - 3$ 与 $a_{n+1} - 3$ 的值.

$$a_{n+1} - 3 = \sqrt{6 + a_n} - 3 = \frac{a_n - 3}{\sqrt{6 + a_n} + 3} \approx \frac{a_n - 3}{6}$$

在极限 3 的邻域内成立,所以其线性收敛率为 $\frac{1}{6}$. 即在靠近 3 时,数列 $\{a_n\}$ 每向前走一步,a_n 与 3 的距离就缩小 6 倍.

例 5 求所有 $\{1,2,\cdots,n\}$ 的排列 p 中,使得对任意 i 均有 $|p(i) - i| \leq 1$ 成立的排列 p 的个数 a_n.

解:我们分两种情况来讨论:

(1)当 $p(n) = n$ 时,有 a_{n-1} 个.

(2)当 $p(n) = n - 1$ 时,必有 $p(n-1) = n$,有 a_{n-2} 个.

所以,$a_n = a_{n-1} + a_{n-2}$,$a_1 = 1$,$a_2 = 2$. 从而 $a_n = f_{n+1}$,这里 f_n 是 Fibonacci 数列的第 n 项,其定义为 $f_1 = f_2 = 1$,$f_{n+1} = f_n + f_{n-1}$. 它的特征方程是 $\lambda^2 = \lambda + 1$,有实根 $\alpha = \frac{1 + \sqrt{5}}{2}$,$\beta = $

$\dfrac{1-\sqrt{5}}{2}$，证得 $f_n = \dfrac{1}{\sqrt{5}}(\alpha^n - \beta^n)$。

让我们求 $1,2,\cdots,n$ 的圆形排列中满足 $|p(i) - i| \leq 1$（对任何 i）的排列 p 的个数 b_n 的值。此时有 5 种情形：

（1）$p(n) = n$，剩下 $n-1$ 个数为线排列，有 $a_{n-1} = f_n$ 个。

（2）$p(n) = 1, p(1) = n$，有 $a_{n-2} = f_{n-1}$ 个。

（3）$p(n) = n-1, p(n-1) = n$，有 $a_{n-2} = f_{n-1}$ 个。

（4）$n \to 1 \to 2 \to 3 \to \cdots \to n-1 \to n$，1 个。

（5）$n \to n-1 \to n-2 \to \cdots \to 2 \to 1 \to n$，1 个。

于是，$b_n = 2 + f_n + 2f_{n-1}$，即 $b_1 = 1, b_2 = 2, b_n = 2 + f_{n-1} + f_{n+1}, n \geq 3$。也即 $b_n = \alpha^n + \beta^n + 2$。

注：设 p 是 $1,2,\cdots,n$ 的一个排列，不妨记 $p = (a_1, a_2, \cdots, a_n)$，则定义 $p(i) = a_i$。

例 6 定义一个无穷项 0,1 数列如下：从 0 开始，重复地将每个 0 变为 001，将每个 1 变为 0。

（a）该数列是否为周期数列？

（b）该数列的第 1 000 位数字为多少？

（c）该数列的第 10 000 个 1 出现在哪一位上？

（d）寻找数码 1 出现的位置 $(3,6,10,13,\cdots)$ 的公式和数码 0 出现的位置的公式。

解：（a）先寻找该数列的规律：$W_1 = 0, W_2 = 001, W_3 = W_2 W_2 W_1$。利用数学归纳法可证 $W_{k+1} = W_k W_k W_{k-1}$。记 a_k, b_k 为 W_k 中数码 0,1 的个数，则 $a_{k+1} = 2a_k + a_{k-1}, b_k = a_{k-1}$，设 $t_k = \dfrac{a_k}{a_{k-1}}$，则 $t_{k+1} = \dfrac{a_{k+1}}{a_k} = 2 + \dfrac{1}{t_k}$。此式中令 $n \to \infty$，得 $t = 2 + \dfrac{1}{t}$ 或 $t = \sqrt{2} + 1$，这表明 $\dfrac{a_k}{b_k}$ 趋向于一个无理数。从而，该数列不是一个周期数列。事实上，若原数列是一个周期数列，则 $\dfrac{0\text{ 的个数}}{1\text{ 的个数}}$ 周期变化，应有 t_k 趋向于一个有理数。对该 0,1 无穷数列，我们有如下一些结论：$\dfrac{0\text{ 的个数}}{1\text{ 的个数}} \to \sqrt{2} + 1$，$\dfrac{0\text{ 的个数}}{\text{位数}} \to \dfrac{\sqrt{2}+1}{2+\sqrt{2}} = \dfrac{1}{\sqrt{2}}$，$\dfrac{1\text{ 的个数}}{\text{位数}} \to \dfrac{1}{2+\sqrt{2}}$。于是每隔 $2 + \sqrt{2}$ 位数字出现 1 个 1，即第 n 个 1 出现的位置 $\approx (2 + \sqrt{2})n$ 位，第 n 个 0 出现的位置 $\approx \sqrt{2}n$ 位。

为解决下一问题，我们需要下表：

n	1	2	3	4	5	6	7	8	9	10	11	12
a_n	1	2	5	12	29	70	169	408	985	2 378	5 741	13 860
b_n	0	1	2	5	12	29	70	169	408	985	2 378	5 741
$a_n + b_n$	1	3	7	17	41	99	239	577	1 393	3 363	9 119	19 601

（b）利用上表可知第 1 000 位数字在字 W_9 内，但是 $W_9 = W_8 W_8 W_7$。该字的长度为 $577 + 577 + 239$。于是第 1 000 位数字在字 $W_8 W_8$ 中，进一步展开得 $W_8 W_7 W_7 W_6$，去掉后面的 W_6，将最后一个 W_7 展开得 $W_8 W_7 W_6 W_6 W_5$，继续去掉末尾一项，将其前面一项的展开，最终得 $W_8 W_7 W_6 W_5 W_5 W_2$ 是一个长为 1 000 的字，于是第 1 000 位数字是 W_2 的末尾数字，它是 1。

（c）类似地，我们得到字 $W_{12} W_{11} W_9 W_8 W_8 W_6 W_3 W_3$，它的末尾数字 1 是该数列的第 10 000

个1出现的位置. 将上述 8 个子字的长度相加即得 34 142,即$\lfloor 10\,000(2+\sqrt{2})\rfloor$.

(d)可以证明:第 n 个 1 和第 n 个 0 出现的位数分别是 $f(n)=\lfloor(2+\sqrt{2})n\rfloor$ 和 $g(n)=\lfloor\sqrt{2}n\rfloor$,见参考文献[7]第 265 – 266 页.

问　　题

1. 数列 $\{a_n\}$ 定义为:$a_0=0$,$a_{n+1}=\sqrt{4+3a_n}$. 证明:数列收敛,并求其极限. 在靠近极限点时其收敛速度是多少?

2. $a_0=a_1=1$,$a_{n+1}=a_{n-1}a_n+1$,$n\geqslant1$,证明:$4\nmid a_{1\,964}$.

3. $a_1=a_2=1$,$a_n=\dfrac{a_{n-1}^2+2}{a_{n-2}}$,$n\geqslant3$. 证明:所有的 a_i 都是整数.

4. 能否从无穷等比数列 $1,\dfrac{1}{2},\dfrac{1}{4},\dfrac{1}{8},\cdots$ 选出一个成等比的子列,使得该子列的各项和为(a) $\dfrac{1}{5}$? (b) $\dfrac{1}{7}$?

5. $a_1=a$,$a_2=b$,$a_{n+2}=\dfrac{a_{n+1}+a_n}{2}(n\geqslant1)$,求 $\lim\limits_{n\to\infty}a_n$.

6. 证明:不存在由非负整数组成的严格递增数列 $a_1,a_2,a_3,\cdots$,使得对任意 $m,n\in\mathbf{N}_+$,均有 $a_{nm}=a_m+a_n$.

7. 设 $a_n=\dfrac{2^3-1}{2^3+1}\cdot\dfrac{3^3-1}{3^3+1}\cdot\dfrac{4^3-1}{4^3+1}\cdot\cdots\cdot\dfrac{n^3-1}{n^3+1}$,求 $\lim\limits_{n\to\infty}a_n$.

8. $a>0$,$a_0=\sqrt{a}$,$a_{n+1}=\sqrt{a+a_n}$,求 $\lim\limits_{n\to\infty}a_n$.

9. 设 $a_1=1$,$a_{n+1}=1+\dfrac{1}{a_n}(n\geqslant1)$. 证明:$a_n$ 收敛到方程 $a^2-a-1=0$ 的正实根,其收敛速度为多少?

10. 设 $u_0,v_0,u_0<v_0$ 为给定的数. 数列 $\{u_n\}$,$\{v_n\}$ 定义为 $u_n=\dfrac{u_{n-1}+v_{n-1}}{2}$,$v_n=\dfrac{u_{n-1}+2v_{n-1}}{3}$. 证明:这两个数列有公共的极限 L,$u_0<L<v_0$.

11. $a_1=a_2=1$,$a_n=\dfrac{1}{a_{n-1}}+\dfrac{1}{a_{n-2}}(n\geqslant3)$,求 $\lim\limits_{n\to\infty}a_n$ 及其收敛速度.

12. $a_0>0$,$a_1>0$,$a_n=\sqrt{a_{n-1}}+\sqrt{a_{n-2}}(n\geqslant2)$,求 $\lim\limits_{n\to\infty}a_n$ 及其收敛速度.

13. $x_0>0$,$a>0$,$x_{n+1}=\dfrac{x_n+\dfrac{a}{x_n}}{2}$. 求 $\lim\limits_{n\to\infty}x_n$ 及其收敛速度.

14. 证明:由 $x_{n+1}=x_n(2-ax_n)(a>0)$ 定义的数列对适当的 x_0,依二次收敛速度收敛到 $\dfrac{1}{a}$.

15. Gauss 算术 – 几何平均问题. 设 $0 < a < b$, 定义两个数列 $\{a_n\}$, $\{b_n\}$ 如下

$$a_0 = a, b_0 = b, a_{n+1} = \sqrt{a_n b_n}, b_{n+1} = \frac{a_n + b_n}{2}$$

（a）证明：对任意 n, 均有 $a_n < a_{n+1}, b_n > b_{n+1}, a_n < b_n$.

（b）证明：$b_{n+1} - a_{n+1} = \dfrac{(b_n - a_n)^2}{8 b_{n+2}}$.

（c）证明：$\lim\limits_{n \to \infty} a_n = \lim\limits_{n \to \infty} b_n = q$, 且具有二次收敛速度.

16. 设 a_n 是和式 $1 + 2 + 4 + 4 + 8 + 8 + 8 + \cdots$ 的前 n 项之和, b_n 是 $1 + 2 + 3 + 4 + 5 + \cdots$ 的前 n 项之和. 求 $n \to \infty$ 时, $\dfrac{a_n}{b_n}$ 的收敛性.

17. $a_0 = 0, a_1 = 1, a_n = 2 a_{n-1} + a_{n-2}$ $(n > 1)$. 证明：$2^k \mid a_n$ 的充要条件是 $2^k \mid n$.

18. 证明：数列 $a_1 = a_2 = a_3 = 1, a_{n+1} = \dfrac{1 + a_{n-1} a_n}{a_{n-2}}$ 的每一项都是整数.

19. 设 $a_0 = 0, a_1 = 1$, 求所有的整数 a_n, 使得 a_n 不能表示为 $a_n = a_i + 2 a_j$ 的形式, 这里 a_i, a_j 不一定不相同. 能否用简单的形式表示这些数?

20. 证明：数列 $a_1 = a_2 = 1, a_3 = 2, a_{n+3} = \dfrac{a_{n+1} a_{n+2} + 5}{a_n}$ 的每一项都是整数.

21. 证明：数列 $10\,001, 100\,010\,001, 1\,000\,100\,010\,001, \cdots$ 的每一项都是合数.

22. 正数数列 $a_0, a_1, a_2, \cdots$ 定义为 $a_0 = 1, a_{n+2} = a_n - a_{n+1}$ $(n \geq 0)$. 证明：这样的数列是唯一的.

23. 数列 $\{a_n\}$ 定义为 $a_1 = 1, a_{n+1} = a_n + \dfrac{1}{a_n^2}$. （a）$\{a_n\}$ 是否为有界数列? （b）证明：$a_{9\,000} > 30$.

24. 数列 $\{x_n\}$, $\{y_n\}$, $\{z_n\}$ 的首项 x_1, y_1, z_1 均为正数, 并且 $x_{n+1} = y_n + \dfrac{1}{z_n}$, $y_{n+1} = z_n + \dfrac{1}{x_n}$, $z_{n+1} = x_n + \dfrac{1}{y_n}$ $(n \geq 1)$. 证明：

（a）这 3 个数列都是无界数列.

（b）数 x_{200}, y_{200} 和 z_{200} 中至少有一个大于 20.

25. 数列 $\{x_n\}$ 定义如下：$x_1 = \dfrac{1}{2}, x_{k+1} = x_k^2 + x_k$, 求下述和式的整数部分

$$\frac{1}{x_1 + 1} + \frac{1}{x_2 + 1} + \cdots + \frac{1}{x_{100} + 1}$$

26. 数列 $\{a_n\}$ 满足 $a_1 = 1, a_2 = 12, a_3 = 20, a_{n+3} = 2 a_{n+2} + 2 a_{n+1} - a_n$ $(n \geq 0)$. 证明：对任意 n, 数 $1 + 4 a_n a_{n+1}$ 是一个完全平方数.

27. $a_1 = a_2 = 1, a_3 = -1, a_n = a_{n-1} a_{n-3}$. 求 $a_{1\,964}$.

28. 数列 $\{x_n\}$ 定义如下：$x_1 = 2, x_{n+1} = \dfrac{x_n^4 + 9}{10 x_n}$. 证明：对任意 $n > 1$, 均有 $\dfrac{4}{5} < x_n \leq \dfrac{5}{4}$.

29. 数列 $\{a_n\}$ 满足：$a_1 = \sqrt{2}, a_{n+1} = (\sqrt{2})^{a_n}$. 求 $\lim\limits_{n \to \infty} a_n$.

30. 设 $a_0 = a > 1, a_{n+1} = a^{a_n}$. 证明：对任意 $a \leq e^{\frac{1}{e}} \approx 1.444\,667\,861$, 数列 $\{a_n\}$ 收敛.

31. 数列 $a_1, a_2, a_3, \cdots$ 的每一项都是正数,且对每个 n,均有 $a_{n+1}^2 = a_n + 1$. 证明:该数列中必有无理数.

32. 设 $r > 0$ 是 $\sqrt{5}$ 的一个有理数近似值. 证明:$\dfrac{2r+5}{r+2}$ 是 $\sqrt{5}$ 的一个更好的近似值. 将本题的结论推广到一般的 $\sqrt{a}$.

33. Josephus 问题. n 个人排成一个圆圈并标记号码 $1, 2, \cdots, n$. 从第一个人开始数,数到第 k 个人时,就把此人从中去掉,从下一个人再开始数数,数到第 k 个人,再将此人去掉,$\cdots\cdots$. 重复这样的操作,直到最后剩下一个人,这个人最初的号码 $f(n)$ 是多少?

(a) 此问题在 $k = 2$ 时较为简单. 证明:此时有
$$f(2n) = 2f(n) - 1, f(2n+1) = 2f(n) + 1, f(1) = 1$$
并求 $f(100)$ 的值.

(b) 存在 $f(n)$ 的一个几乎显式的表示:设 2^m 是满足 $2^m \leqslant n$ 的最大整数,则 $f(n) = 2(n - 2^m) + 1$. 证明这个结论,并依此求出 $f(1\,993)$ 的值.

(c) 将 n 用二进制表示,并将首位移到最后一位,所得的数就是 $f(n)$,证明此结论,并求 $f(1\,000\,000)$.

34. 数列 $\{f(n)\}$ 定义为:$f(0) = 0, f(n) = n - f[f(n-1)]\ (n > 0)$. 做一张函数值表格,猜出 $f(n)$ 的通项公式并证明.

35. Morse-Thue 数列. 从 0 开始,每次在其后加上已得数列的"补数列":$0, 01, 0110,$ $01101001, \cdots$.

(a) 记最终得到的数列的每一位数字依次为 $x(0), x(1), x(2), \cdots$. 证明:$x(2n) = x(n), x(2n+1) = 1 - x(2n)$.

(b) 证明:$x(n) = 1 - x(n - 2^k)$,这里 2^k 是不大于 n 的 2 的最大幂次. 求 $x(1\,993)$.

(c) 证明:该数列不是周期数列.

(d) 将非负整数从小到大用二进制表示:$0, 1, 10, 11, \cdots$. 现在将每个数的各位数字之和用 mod 2 处理,就得到一个 $0 - 1$ 数列,证明:这个数列就是 Morse-Thue 数列.

36. 数列 $\{a_n\}$ 定义如下:$a_{4n+1} = 1, a_{4n+3} = 0\ (n \geqslant 0)$,且 $a_{2n} = a_n\ (n \geqslant 1)$. 证明:该数列不是周期数列.

注:利用这个数列可以画出一条曲线:从原点出发向右走一个单位,若下一项为 1,则向左转 $90°$ 走一个单位;若下一项为 0,则向右转 $90°$ 走一个单位. 你将得到一个有许多性质的奇怪曲线,这条曲线被称为"龙线".

37. 求满足 $|p(i) - i| \leqslant 2$(对每个 i)的 $\{1, 2, \cdots, n\}$ 的排列 p 的个数 a_n 的递推公式.

38. 数列 $\{x_n\}, \{y_n\}, \{z_n\}, n = 1, 2, \cdots$,定义如下
$$x_1 = 2, y_1 = 4, z_1 = \frac{6}{7}, x_{n+1} = \frac{2x_n}{x_n^2 - 1}, y_{n+1} = \frac{2y_n}{y_n^2 - 1}, z_{n+1} = \frac{2z_n}{z_n^2 - 1}$$

(a) 证明:依此定义可以得到 3 个无穷项数列.

(b) 是否存在 n,使得 $x_n + y_n + z_n = 0$?(ARO1990)

39. 给定一个由正实数组成的集合,其元素两两乘积的和等于 1. 证明:可以从该集合中去掉一个数,使得剩下的数的和小于 $\sqrt{2}$.(ARO1990)

40. 求和：$S_n = \dfrac{1}{1 \cdot 2 \cdot 3 \cdot 4} + \cdots + \dfrac{1}{n(n+1)(n+2)(n+3)}$.

41. 数列 $\{x_n\}$ 满足

$$x_1 = 2, \quad x_{n+1} = \frac{2 + x_n}{1 - 2x_n}, \quad n = 1, 2, 3, \cdots$$

证明：(a) 对任意 n，均有 $x_n \neq 0$；(b) $\{x_n\}$ 不是周期数列.

42. 一个数列定义如下：$a_1 = 3$，且

$$a_{n+1} = \begin{cases} \dfrac{a_n}{2}, & \text{若 } a_n \text{ 为偶数} \\[3mm] \dfrac{a_n + 1\,983}{2}, & \text{若 } a_n \text{ 为奇数} \end{cases}$$

证明：该数列是周期数列，并求其最小正周期.

43. 考虑下列数列

$$a_n = \binom{n}{0}^{-1} + \binom{n}{1}^{-1} + \cdots + \binom{n}{n}^{-1}$$

它是否有界？当 $n \to \infty$ 时，是否收敛？

44. 是否存在一个正数数列 $\{a_n\}$，使得 $\sum a_n$ 和 $\sum \dfrac{1}{n^2 a_n}$ 都是收敛的？

45. 正实数 $x_0, x_1, \cdots, x_{1\,995}$ 满足 $x_0 = x_{1\,995}$，且

$$x_{i-1} + \frac{2}{x_{i-1}} = 2x_i + \frac{1}{x_i}, \quad i = 1, 2, \cdots, 1\,995$$

求 x_0 的最大可能值.（IMO1995）

46. 设 $k \in \mathbf{N}_+$. 证明：存在实数 $r > 1$，使得对任意 $n \in \mathbf{N}_+$，均有 $k \mid \lfloor r^n \rfloor$.

47.（IMO1993）设 $n > 1$ 是一个整数，n 盏灯 $L_0, \cdots, L_{n-1}$ 被安排成一个圆圈. 每盏灯的状态为"开"或"关". 依次进行操作：$S_0, S_1, \cdots, S_i, \cdots$，每一步 S_j 只针对灯 L_j 进行操作，而不改变其他灯的状态：

如果 L_{j-1} 是"开"，S_j 是改变 L_j 的状态.

如果 L_{j-1} 是"关"，S_j 不改变 L_j 的状态.

这里灯的下标在 $\bmod\ n$ 的意义下选取，即 $L_{-1} = L_{n-1}, L_0 = L_n, L_1 = L_{n+1}$，最初每盏灯的状态都是"开"，证明：

（a）存在正整数 $M(n)$，使得经过 $M(n)$ 次操作后，所有灯的状态全部变为"开".

（b）如果 $n = 2^k$，则所有的灯在经过 $n^2 - 1$ 步操作后，全部变为"开".

（c）如果 $n = 2^k + 1$，则所有的灯在经过 $n^2 - n + 1$ 步操作后，全部变为"开".

48. 数列 $\{a_n\}$ 定义如下：$a_1 = 0, |a_2| = |a_1 + 1|, \cdots, |a_n| = |a_{n-1} + 1|$，证明

$$\frac{a_1 + a_2 + \cdots + a_n}{n} \geqslant -\frac{1}{2}$$

49. 数列 $a_0, \cdots, a_n$ 中，已知 $a_0 = a_n = 0$，$a_{k-1} - 2a_k + a_{k+1} \geqslant 0$（对所有的 $k = 1, 2, \cdots, n-1$）. 证明：对每个 k，均有 $a_k \leqslant 0$.

50. 给定正整数 $a_0, a_1, \cdots, a_{100}$，使得 $a_1 > a_0, a_2 = 3a_1 - 2a_0, a_3 = 3a_2 - 2a_1, \cdots, a_{100} = 3a_{99} - 2a_{98}$. 证明：$a_{100} > 2^{99}$.

51. 从两个正整数 x_1, x_2 开始,这里 x_1, x_2 都小于 10 000. 对 $k \geq 3$,设 x_k 是前面的数中,每两个数之差的绝对值的最小值. 证明:总有 $x_{21} = 0$. (AUO1976)

52. 数列 $a_0, a_1, a_2, \cdots$ 满足:对任意非负整数 $m, n (m \geq n)$,均有 $a_{m+n} + a_{m-n} = \dfrac{a_{2m} + a_{2n}}{2}$. 若 $a_1 = 1$,求 $a_{1\,995}$.

53. 数 $1, 2, \cdots, 100$ 能否被 12 个等比数列完全覆盖?

54. 证明:对任意正整数 $a_1 > 1$,存在一个递增的正整数数列 $a_1, a_2, \cdots$,使得 $a_1^2 + a_2^2 + \cdots + a_k^2$ 能被 $a_1 + a_2 + \cdots + a_k$ 整除,这里 k 为任意正整数. (RO1995)

55. 无穷数列 $\{x_n\}$ 定义为:$0 \leq x_0 \leq 1, x_{n+1} = 1 - |1 - 2x_n|$. 证明:$\{x_n\}$ 是周期数列的充要条件是 x_0 为有理数.

56. 正整数数列 $x_1, x_2, \cdots$ 定义如下:$1, 2, 4, 5, 7, 9, 10, 12, 14, 16, \cdots$,求 $\{x_n\}$ 的通项公式.

57. 证明:对任意由正整数组成的数列 $\{a_n\}$,由下式定义的 b_n 的算术平方根的整数部分各不相同

$$b_n = (a_1 + a_2 + \cdots + a_n) \left(\frac{1}{a_1} + \frac{1}{a_2} + \cdots + \frac{1}{a_n} \right)$$

下面的问题考察用较小的长方形块来覆盖 $k \times n$ 的矩形的方法数 a_n,解答中只要求给出 a_n 的递推公式.

58. 设 a_n 是用 2×1 的多米诺骨牌来覆盖 $2 \times n$ 的矩形的方法数.
(a)求 a_n;(b)求对称的和不对称的覆盖方法数.

59. 有多少种方法用 2×1 或 2×2 的长方形块覆盖 $2 \times n$ 矩形?

60. 有多少种方法用 1×1 和 L 形(⌐)长方形块覆盖 $2 \times n$ 的矩形?

61. 有多少种方法用 2×2 和 L 形长方形块覆盖 $2 \times n$ 的矩形?

62. 有多少种方法用 2×1 的多米诺骨牌来覆盖 $3 \times n$ 的矩形?

63. 有多少种方法用 3×1 的多米诺骨牌覆盖 $4 \times n$ 的矩形?

64. 有多少种方法用 1×1 或 2×1 的长方块来覆盖 $2 \times n$ 的矩形?

65. 有多少种方法用 2×1 的骨牌来覆盖 $4 \times n$ 的矩形?

66. 有多少种方法用 $1 \times 1 \times 2$ 的长方体去填满 $2 \times 2 \times n$ 的箱子?列表可知 a_{2n} 是完全平方数,你能证明吗?

解　答

1. 由数学归纳法可证:对任意 $n \in \mathbf{N}_+$ 有 $a_n < a_{n+1}$. 首先有 $a_0 < 4$,现在假设对任意 $n \in \mathbf{N}_+$,均有 $a_n < 4$,则 $\sqrt{4 + 3a_n} < \sqrt{4 + 3 \cdot 4}$,故 $a_{n+1} < 4$,而单调有界数列有极限 L,易知 $L^2 = 4 + 3L$,其正根为 4. 注意到

$$|a_{n+1} - 4| = |\sqrt{4 + 3a_n} - 4| = \frac{|4 + 3a_n - 16|}{\sqrt{4 + 3a_n} + 4}$$

$$= \frac{3|a_n - 4|}{\sqrt{4 + 3a_n} + 4} \approx \frac{3}{8} |a_n - 4|$$

当 a_n 接近 4 时成立. 所以, 其收敛速度是线性的, 线性收敛率为 $\frac{3}{8}$.

2. 考虑数列 $(\bmod 4)$ 所得的余数数列: $1, 1, 2, 3, 3, 2, 3, 3, \cdots$. 其周期为 $2, 3, 3$, 不包含 0.

3. 数列有等价形式 $a_n a_{n-2} = a_{n-1}^2 + 2$. 用 $n+1$ 替代 n; $a_{n+1} a_{n-1} = a_n^2 + 2$, 两式相减并经简单变形得

$$\frac{a_{n+1} + a_{n-1}}{a_n} = \frac{a_n + a_{n-2}}{a_{n-1}} = c$$

这是一个常数. 由初始条件知 $c = 4$, 即 $a_{n+1} = 4a_n - a_{n-1}$.

4. 由 $\frac{1}{2^a} + \frac{1}{2^{a+b}} + \frac{1}{2^{a+2b}} + \cdots = \frac{1}{m}$ 可知 $\frac{1}{2^a} \cdot \frac{1}{1 - \frac{1}{2^b}} = \frac{1}{m}$, 即 $\frac{2^{b-a}}{2^b - 1} = \frac{1}{m}$.

若 $a = b$, 则 $m = 2^b - 1$, 此式在 $m = 7$ 时成立, 而对 $m = 5$ 不可能成立. 若 $a \neq b$, 则分子或者分母为偶数. 因此当 m 为奇数时, 是不可能的, 于是

$$\frac{1}{7} = \frac{1}{2^3} + \frac{1}{2^6} + \frac{1}{2^9} + \cdots$$

5. 由图 9.1 可知

$$\lim_{n \to \infty} a_n = a + \frac{b-a}{2} + \frac{b-a}{8} + \cdots = a + \frac{2}{3}(b-a) = \frac{a+2b}{3}$$

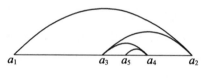

图 9.1

6. 对一个严格递增函数 a_n, 我们有 $a_{2n} = a_n + a_2 \geq a_2 + (n-1)$, 这对任何有限的 a_2 都是不可能的.[①]

7. 我们有

$$\prod_{k=2}^{n} \frac{k^3 - 1}{k^3 + 1} = \prod_{k=2}^{n} \frac{k-1}{k+1} \prod_{k=2}^{n} \frac{k^2 + k + 1}{k^2 - k + 1}$$

第一个乘积为 $\frac{2}{n(n+1)}$. 为求第二个乘积, 我们设 $b_k = k^2 + k + 1$, $c_k = k^2 - k + 1$, 则 $c_k = b_{k-1}$. 因此, 第二个乘积为 $\frac{n^2 + n + 1}{3}$, 最后

$$\lim_{n \to \infty} \frac{2}{3} \cdot \frac{n^2 + n + 1}{n^2 + n} = \frac{2}{3}$$

8. 我们有 $a_{n+1}^2 = a_n + a$, 易见 a_n 是递增的, 下证 a_n 有上界, 从而保证有极限 L. 由

$$a_{n+1}^2 - a_n - a = 0$$

由于 $a_n < a_{n+1}$, 可知

$$a_n^2 - a_n - a < 0$$

---

① 因为 $ka_2 = a_{2k} \geq a_2 + (2^{k-1} - 1)$ 不能对任意正整数 k 成立. ——译者注

此即

$$\left(a_n - \frac{\sqrt{4a+1}+1}{2}\right)\left(a_n + \frac{\sqrt{4a+1}-1}{2}\right) < 0$$

第二个括号中的式子为正数,故第一个括号中的式子必为负数,于是

$$a_n < \frac{\sqrt{4a+1}+1}{2}$$

所以 a_n 有极限 $L > 0$,其中 L 可由 $L^2 - L - a = 0$ 求得

$$L = \frac{\sqrt{4a+1}+1}{2}$$

9. 这里要用到第 8 章的结果. 考察 Fibonacci 数列:$F_1 = F_2 = 1, F_{n+2} = F_{n+1} + F_n (n > 0)$. 列表考察数列 a_n,可猜出 $a_n = \dfrac{F_{n+1}}{F_n}$,这可由数学归纳法予以证明. 利用第 8 章的结论,我们知

$$\lim_{n \to \infty} a_n = a, a = \frac{1+\sqrt{5}}{2}, a^2 = a + 1$$

为求出收敛速度,考虑方程 $x = f(x)$,这里 $f(x) = 1 + \dfrac{1}{x}$. 如果我们来求迭代的不动点,就得到了我们要的数列. 为得到收敛速度,我们视 $f(x)$ 为 x 轴到其自身的映射,则 $f'(x)$ 表示在 x 的邻域内其局部收缩情况. 由于 $f'(x) = -\dfrac{1}{x^2}$,我们得到在点 a 的收敛速度为 $f'(a) = -\dfrac{1}{a^2} \approx -\dfrac{1}{2.618}$. 由于 $|f'(a)| < 1$,我们确实得到了一个收缩,而不是一个扩张.

10. 由 $v_n - u_n = \dfrac{1}{6}(v_{n-1} - u_{n-1})$ 可知,v_n 与 u_n 之差每次缩小到原来的 $\dfrac{1}{6}$,故 u_n 与 v_n 有相同的极限,并且

$$\lim_{n \to \infty} u_n = u_0 + \frac{v_0 - u_0}{2} + \frac{v_0 - u_0}{2 \times 6} + \frac{v_0 - u_0}{2 \times 6^2} + \cdots = \frac{2u_0 + 3v_0}{5}$$

11. 由方程 $a = \dfrac{1}{a} + \dfrac{1}{a}$ 得其正的极限点 $a = \sqrt{2}$,作变换 $b_n = \dfrac{1}{a_n}$,得新的递推式

$$\frac{1}{b_n} = b_{n-1} + b_{n-2}$$

在新的递推式中,考虑相对误差 $b_n = \dfrac{1 + \varepsilon_n}{\sqrt{2}}$,得

$$\frac{1}{\sqrt{2}}(1 + \varepsilon_{n+1}) = \frac{\sqrt{2}}{1 + \varepsilon_n + 1 + \varepsilon_{n-1}}$$

从而

$$\varepsilon_{n+1} = -\frac{\varepsilon_n + \varepsilon_{n-1}}{2 + \varepsilon_n + \varepsilon_{n-1}}$$

收敛率是指当相对误差趋向零时的极限速度. 在这种情况下,对 ε_n 有如下递推关系

$$\varepsilon_n = -\frac{\varepsilon_{n-1} + \varepsilon_{n-2}}{2}$$

其特征方程 $\lambda^2 + \dfrac{\lambda}{2} + \dfrac{1}{2} = 0$ 的根为

$$\lambda = -\frac{1}{4} + \frac{\sqrt{7}}{4}\mathrm{i}, \quad \overline{\lambda} = -\frac{1}{4} - \frac{\sqrt{7}}{4}\mathrm{i}.$$

$|\lambda| = \dfrac{1}{\sqrt{2}} \approx 0.707$ 为其收敛速度.

12. (a) 设 $0 < a_0 \leqslant a_1 \leqslant 1$, 我们有

$$a_2 = \sqrt{a_1} + \sqrt{a_0} > a_1$$

$$a_{n+1} - a_n = \sqrt{a_n} + \sqrt{a_{n-1}} - \sqrt{a_{n-1}} - \sqrt{a_{n-2}}$$

$$= (\sqrt{a_n} - \sqrt{a_{n-1}}) + (\sqrt{a_{n-1}} - \sqrt{a_{n-2}}) \qquad (1)$$

因此, a_n 是递增的, 而由数学归纳法易证 $a_n \leqslant 4(n \geqslant 1)$. 这保证 $\{a_n\}$ 的极限存在, 设极限为 L, 则 $L = 2\sqrt{L}$, 故得 $L = 4$.

(b) $0 < a_1 < a_0 < 1$, 则 $a_2 > a_1, a_2 > a_0$. 由 $a_{n+1} - a_n = \sqrt{a_n} - \sqrt{a_{n-2}}$, 可知 $a_3 > a_2$. 由式 (1) 得 $a_1 < a_2 < a_3 < a_4 < \cdots$.

(c) 现在设 $a_0 \geqslant 1$ 或 $a_1 \geqslant 1$. 则 $a_2 = \sqrt{a_1} + \sqrt{a_0} > 1$, $a_3 = \sqrt{a_2} + \sqrt{a_1} > 1$, 利用数学归纳法得 $a_n > 1(n > 1)$. 我们记 $x_n = |a_n - 4|$, 注意到

$$x_n \leqslant \frac{|a_{n-1} - 4|}{\sqrt{a_{n-1}} + 2} + \frac{|a_{n-2} - 4|}{\sqrt{a_{n-2}} + 2} < \frac{1}{3}(x_{n-1} + x_{n-2})$$

可将上述不等式写为如下形式

$$x_n + \frac{\sqrt{13} - 1}{6} x_{n-1} \leqslant \frac{\sqrt{13} + 1}{6}\left(x_{n-1} + \frac{\sqrt{13} - 1}{6} x_{n-2}\right), n \geqslant 2$$

令 $n \to \infty$, 得到

$$0 \leqslant x_n < x_n + \frac{\sqrt{13} - 1}{6} x_{n-1}$$

$$\leqslant \left(\frac{\sqrt{13} + 1}{6}\right)^{n-1}\left(x_1 + \frac{\sqrt{13} - 1}{6} x_0\right) \to 0$$

于是 $x_n \to 0(n \to \infty)$, 或 $a_n \to 4(n \to \infty)$.

为求收敛速度, 令 $a_n = \sqrt{2}(1 + \varepsilon_n)$, 经计算得

$$\varepsilon_n = \frac{\varepsilon_{n-1}}{2(\sqrt{1 + \varepsilon_{n-1}} + 1)} + \frac{\varepsilon_{n-2}}{2(\sqrt{1 + \varepsilon_{n-2}} + 1)}$$

$$\approx \frac{1}{4}(\varepsilon_{n-1} + \varepsilon_{n-2})$$

从其特征方程求根, 较大的根 $\lambda = \dfrac{1}{8}(1 + \sqrt{17})$ 是其收敛率. 它比 $\dfrac{5}{8}$ 略大一些.

13. 这是利用"除法与平均"求 $\sqrt{a}$ 的标准方法. 极限的可能值为方程 $x = \dfrac{x + \dfrac{a}{x}}{2}$ 的正根, 即 $x = \sqrt{a}$. 令 $x_n = \sqrt{x}(1 + \varepsilon_n)$, 将它代入递推方程, 经简单计算可得

$$\varepsilon_{n+1} = \frac{\varepsilon_n^2}{2(1+\varepsilon_n)}$$

对大的 ε_n, 有 $\varepsilon_{n+1} \approx \dfrac{\varepsilon_n}{2}$, 但对小的 ε_n, 有 $\varepsilon_{n+1} \approx \dfrac{\varepsilon_n^2}{2}$, 这时是平方收敛. 每经过一次迭代, 所得准确数字的个数大约是原来的两倍.

14. 令 $x_n = \dfrac{1-\varepsilon_n}{a}$, 得 $\varepsilon_{n+1} = \varepsilon_n^2$. 从而对 $|\varepsilon_1| < 1$, 数列平方收敛到 $\dfrac{1}{a}$.

15. (a) 由条件知 $a_0 < b_0$. 现设 $a_n < b_n$, 则由于 b_{n+1} 是 a_n 与 b_n 的算术平均, 而 a_{n+1} 是 a_n 与 b_n 的几何平均, 故 $a_{n+1} < b_{n+1}, a_n < a_{n+1}, b_n > b_{n+1}$ 对所有的 n 均成立.

(b) $b_{n+1} - a_{n+1} = \dfrac{a_n + b_n}{2} - \sqrt{a_n b_n} = \dfrac{(\sqrt{b_n} - \sqrt{a_n})^2}{2}, \sqrt{b_n} - \sqrt{a_n} = \dfrac{b_n - a_n}{\sqrt{a_n} + \sqrt{b_n}}$

$$b_{n+1} - a_{n+1} = \frac{(b_n - a_n)^2}{2(\sqrt{a_n} + \sqrt{b_n})^2} = \frac{(b_n - a_n)^2}{2(a_n + b_n + 2a_{n+1})}$$

或者

$$b_{n+1} - a_{n+1} = \frac{(b_n - a_n)^2}{2(2b_{n+1} + 2a_{n+1})} = \frac{(b_n - a_n)^2}{8b_{n+2}}$$

(c) 可由 (b) 得到.

16. 令 $a_n = 1 + 2 + 4 + 4 + 8 + 8 + 8 + 8 + \cdots + 2^{k+1} + \cdots + 2^{k+1}$ (其中项 2^k 出现 2^{k-1} 次, 而 2^{k+1} 出现 m 次), 求和得 $a_n = \dfrac{1}{3}(1 + 3n \cdot 2^{k+1} - 2^{2(k+1)})$, 其中 $n = 2^k + m, 0 \leqslant m \leqslant 2^k - 1$, 消去 m 得

$$2^k \leqslant n \leqslant 2^{k+1} - 1 \qquad\qquad (*)$$

于是, 我们有

$$a_n = \frac{1}{3}(1 + 3n \cdot 2^{k+1} - 2^{2(k+1)}), b_n = \frac{n(n+1)}{2}$$

从而, 所求数列的通项 q_n 为

$$\frac{a_n}{b_n} = \frac{2}{3} \cdot \frac{1 + 3n \cdot 2^{k+1} - 2^{2(k+1)}}{n(n+1)} = \frac{4}{3} \cdot \frac{1/2^{2k-1} + 3n/2^k - 2}{n(n/2^k + 1/2^k)/2^k}$$

由式 $(*)$ 可知 $1 \leqslant \dfrac{n}{2^k} \leqslant 2 - \dfrac{1}{2^k}$, 故 $1 \leqslant x = \lim\limits_{k,n\to\infty} \dfrac{n}{2^k} \leqslant 2$, 即

$$\lim_{n\to\infty} \frac{a_n}{b_n} = \frac{4}{3} \cdot \frac{3x-2}{x^2}, 1 \leqslant x \leqslant 2$$

数列 $\{q_n\}$ 极限不存在; 闭区间 $\left[\dfrac{4}{3}, \dfrac{3}{2}\right]$ 中的每一个数都是 $\{q_n\}$ 的极限点.[①]

17. **解法一**: 为发现规律, 计算数列的前面较小的项如下表示:

———————————

① 原书 a_n 的中间计算有错, 误为 $a_n = \dfrac{1}{3}(1 + 3n \cdot 2^{k+1} + 1)$. ——校注

n	0	1	2	3	4	5	6	7	8	9	10
a_n	0	1	2	5	12	29	70	169	408	985	2 378

易知 $a_{n+1}=a_2a_n+a_1a_{n-1},a_{n+2}=a_3a_n+a_2a_{n-1}$. 一般地,我们猜测有公式

$$a_{n+m}=a_na_{m+1}+a_ma_{n-1} \tag{1}$$

在式(1)中令 $m=n$,就有

$$a_{2n}=a_n(a_{n+1}+a_{n-1}) \tag{2}$$

我们可以用数学归纳法证明式(1)成立. 利用表格中的数值结合数学归纳法又可证明:若 n 为奇数,则 $a_n\equiv 1(\bmod 4)$. 这样,当 n 为偶数时,$n-1$ 与 $n+1$ 都是奇数,故 $a_{n-1}\equiv a_{n+1}\equiv 1(\bmod 4)$,$a_{n-1}+a_{n+1}\equiv 2(\bmod 4)$. 这表明式(2)右边圆括号内只贡献一个 2. 这样就可以证出结论了.

解法二: 变换 $T:(a_{n-1},a_n)\to(a_n,a_{n+1})=(0\cdot a_{n-1}+1\cdot a_n,1\cdot a_{n-1}+2\cdot a_n)$,是一个线性变换,它对应的矩阵为 $\begin{pmatrix}0&1\\1&2\end{pmatrix}$ 或 $\begin{pmatrix}a_0&a_1\\a_1&a_2\end{pmatrix}$,利用数学归纳法可证

$$\begin{pmatrix}0&1\\1&2\end{pmatrix}^n=\begin{pmatrix}a_{n-1}&a_n\\a_n&a_{n+1}\end{pmatrix}$$

考虑较小的幂次,可知 $T^2=\begin{pmatrix}1&2\\2&5\end{pmatrix}$,$T^3=\begin{pmatrix}2&5\\5&12\end{pmatrix}$,$T^4=\begin{pmatrix}5&12\\12&29\end{pmatrix}$,$T^5=\begin{pmatrix}12&29\\29&70\end{pmatrix}$,$T^6=\begin{pmatrix}29&70\\70&169\end{pmatrix}$,$T^7=\begin{pmatrix}70&169\\169&408\end{pmatrix}$,$T^8=\begin{pmatrix}169&408\\408&985\end{pmatrix}$. 可知 $2^k|a_n\Leftrightarrow 2^k|n$ 对较小的 n 成立. 进一步,当 $k\geqslant 1$ 时,主对角线上的数 x 满足 $x\equiv 1(\bmod 4)$. 现在,设 $\begin{pmatrix}a&b\\b&c\end{pmatrix}=\begin{pmatrix}0&1\\1&2\end{pmatrix}^n$,则

$$\begin{pmatrix}0&1\\1&2\end{pmatrix}^{2n}=\begin{pmatrix}a^2+b^2&b(a+c)\\b(a+c)&b^2+c^2\end{pmatrix}$$

其中 $a\equiv c\equiv 1(\bmod 4)$,且 $a_n=2^k\cdot q$,q 为奇数,因此 $a_{2n}=b(a+c)$. 由于 $a+c\equiv 2(\bmod 4)$,其质因数分解式中 2 的幂次只是在 b 的基础上再增加 1. 又因为

$$\begin{pmatrix}a&b\\b&c\end{pmatrix}\begin{pmatrix}0&1\\1&2\end{pmatrix}^2=\begin{pmatrix}a+2b&2a+5b\\b+2c&5c+2b\end{pmatrix}$$

从而 $a+2b\equiv 5c+2b\equiv 1(\bmod 4)$(这里用到归纳假设($k\geqslant 1$)中 b 为偶数这一条件). 这样,我们就证明了原题的结论.

18. 列出 a_n 的表格,可猜出有 $a_{n+2}=4a_n-a_{n-2}(n=3,4,5,\cdots)$,用数学归纳法证明之. 设该公式对 $n-1$ 成立,则

$$\begin{aligned}a_{n-1}a_{n+2}&=1+a_{n+1}a_n=1+(4a_{n-1}-a_{n-3})a_n\\&=4a_{n-1}a_n-a_{n-1}a_{n-2}\\a_{n+2}&=4a_n-a_{n-2}\end{aligned}$$

经试验还可发现 $a_{2k+1}=2a_{2k}-a_{k-1}$ 和 $a_{2k+2}=3a_{2k+1}-a_{2k}$ 成立($k=1,2,\cdots$). 此结论也可用数学归纳法证明.

19. 逐个计算可得下表

n	1	2	3	4	5	6	7	8	9
a_n	0	1	4	5	16	17	20	21	64

我们猜测除 $a_1 = 0$ 外，数 a_n 是可以表示为不同的 4 的幂次之和的正整数.

以下为上述证明. 在二进制表示下，每一个整数都有唯一的表示 $n = 2^a + 2^b + \cdots$. 将其中所有 2 的奇数次幂中分离出一个 2，于是

$$n = (2^r + \cdots) + 2(2^s + \cdots) = b_i + 2b_j$$

这里的幂次 $r, s, \cdots$ 都是偶数，因此 b_i, b_j 都是 4 的不同幂次之和. 这种表示是否是唯一的呢？设 $n = a_i + 2a_j = a'_i + 2a'_j$ 是两种不同的表示，我们去掉 a_i, a'_i 中 4 的相同的幂，类似处理 a_j，a'_j，这样我们得到的是一个正整数的不同二进制表示，矛盾. 所以 $n = a_i + 2a_j$ 的表示方法是唯一的.

20. 利用与第 3 题或第 18 题类似的方法处理.

21. 当 $k = 1$ 时，有 $1 + x^4 = 10\,001 = 73 \cdot 137$（这里 $x = 10$），对 $k > 1$ 的情形，我们有

$$1 + x^4 + \cdots + x^{4k} = \frac{x^{4k+4} - 1}{x^4 - 1} = \frac{(x^{2k+2} - 1) \cdot (x^{2k+2} + 1)}{x^4 - 1}$$

在 $k > 1$ 时，上式右边分子的每一个部分都大于分母，故右边两个因子都大于 1.

22. 设 $a_1 = t$，则 $a_2 = 1 - t > 0$，$a_3 = 2t - 1 > 0$，$a_4 = 2 - 3t > 0$，$a_5 = 5t - 3 > 0$，$a_6 = 5 - 8t > 0$. 故 $t < 1, t > \dfrac{1}{2}, t < \dfrac{2}{3}, t > \dfrac{3}{5}, t < \dfrac{5}{8}$. 可以用数学归纳法证明，对所有 n 成立

$$\frac{F_{2n}}{F_{2n+1}} < t < \frac{F_{2n+1}}{F_{2n+2}}$$

但有

$$\lim_{n \to \infty} \frac{F_n}{F_{n+1}} = t$$

t 有正实根，$t = \dfrac{\sqrt{5} - 1}{2}$，且 $t^2 = 1 - t$.

显然这个数满足问题的条件，这是因为

$$1 - t = t^2, t - t^2 = t^3, \cdots, t^n - t^{n+1} = t^{n+2}, \cdots$$

23. $a_{n+1} = a_n + \dfrac{1}{a_n^2} \Rightarrow a_{n+1}^3 = a_n^3 + 3 + \dfrac{3}{a_n^3} + \dfrac{1}{a_n^6} > a_n^3 + 3$. 因为 $a_2^3 = 1 + 3 + 3 + 1 > 2 \cdot 3$，由归纳法得 $a_n^3 > 3n$.

（a）由于 $a_n > \sqrt[3]{3n}$，数列是无界数列.

（b）$a_{9\,000} > \sqrt[3]{27\,000} = 30$.

24. 设 x_n 是无界的，则由第 3 个方程知 z_n 无界，再由第 2 个方程知 y_n 无界. 我们考虑 $a_n^2 = (x_n + y_n + z_n)^2$ 的性状. 由于 $x > 0$ 时，$x + \dfrac{1}{x} \geqslant 2$，可知 $a_2^2 = \left(x_1 + \dfrac{1}{x_1} + y_1 + \dfrac{1}{y_1} + z_1 + \dfrac{1}{z_1} \right)^2 \geqslant 36 = 2 \cdot 18$，现在有

$$a_{n+1}^2 = \left(x_n + y_n + z_n + \frac{1}{x_n} + \frac{1}{y_n} + \frac{1}{z_n} \right)^2$$

$$> a_n^2 + 2(x_n + y_n + z_n)\left(\frac{1}{x_n} + \frac{1}{y_n} + \frac{1}{z_n}\right)$$

$$\geqslant a_n^2 + 18$$

由归纳法得 $a_n^2 > 18n$ 对 $n > 2$ 成立. 因此 $a_{200}^2 > 3\,600$, $x_{200} + y_{200} + z_{200} > 60$, 从而 $x_{200}, y_{200}, z_{200}$ 中至少有一个数大于 20.

25. $x_{k+1} = x_k^2 + x_k \Rightarrow \dfrac{1}{x_{k+1}} = \dfrac{1}{x_k(1 + x_k)} = \dfrac{1}{x_k} - \dfrac{1}{1 + x_k}$, 我们得到

$$\frac{1}{x_1 + 1} + \frac{1}{x_2 + 1} + \cdots + \frac{1}{x_{101} + 1} = \frac{1}{x_1} - \frac{1}{x_2} + \cdots + \frac{1}{x_{100}} - \frac{1}{x_{101}}$$

$$= \frac{1}{x_1} - \frac{1}{x_{101}}$$

于是该和式等于 $2 - \dfrac{1}{x_{101}}$, 其整数部分为 1, 这是因为 $x_{101} > 1$.

26. 用数学归纳法.

27. 计算最初 10 项的值, 我们发现数列呈周期变化 $\underbrace{1, 1, -1, -1, -1, 1, -1}_{\text{一个周期}}, 1, 1, -1$. 最后 3 项足以说明该数列为周期数列, 由于 $1\,964 = 7 \times 280 + 4$, 我们有 $a_{1\,964} = -1$.

28. 数列中的每一项都是正数, 我们有

$$x_{n+1} = \frac{x_n^4 + 9}{10x_n} = \frac{x_n^3}{10} + \frac{3}{10x_n} + \frac{3}{10x_n} + \frac{3}{10x_n}$$

$$\geqslant 4\sqrt[4]{\frac{x_n^3}{10} \cdot \frac{3}{10x_n} \cdot \frac{3}{10x_n} \cdot \frac{3}{10x_n}}$$

$$= \frac{2}{5}\sqrt[4]{27} > \frac{4}{5}$$

这里用到了算术平均 – 几何平均不等式. 现在我们证明 $x_n \leqslant \dfrac{5}{4}$. 首先 $x_2 = \dfrac{5}{4}$. 其次我们发现当 $x_{n+1} \leqslant x_n$ 时, 有 $x_n \geqslant \dfrac{x_n^4 + 9}{10x_n}$, 即 $x_n^4 - 10x_n^2 + 9 \leqslant 0$, 即此不等式对 $1 \leqslant x_n^2 \leqslant 9$ 成立. 由此我们可以断言, 对 $1 \leqslant x_n \leqslant \dfrac{5}{4}$ 有 $x_{n+1} \leqslant \dfrac{5}{4}$. 但是, 若 $x_n < 1$, 则有 $x_{n+1} = \dfrac{x_n^4 + 9}{10x_n} < \dfrac{10}{10x_n} < \dfrac{5}{4}$. ①

29. 由 $\sqrt{2} < \sqrt{2}^{\sqrt{2}}$ 知 $a_1 < a_2$. 设 $a_{n-1} < a_n$, 而 $a > 1$ 时函数 a^x 为递增函数, 故 $\sqrt{2}^{a_{n-1}} < \sqrt{2}^{a_n}$, 即 $a_n < a_{n+1}$. 由归纳法得 a_n 是单调递增的. 我们证明对所有的 n 均有 $a_n < 2$. 事实上, $a_1 < 2$, 设 $a_n < 2$, 则 $\sqrt{2}^{a_n} < \sqrt{2}^2$, 即 $a_{n+1} < 2$. 由归纳法知 a_n 有上界 2. 因此, 它有极限 $L \leqslant 2$. 通过 $L = \sqrt{2}^L$ 可知 $L = 2$.

30. 由 $a < a^a$ 知 $a_0 < a_1$, 设 $a_{n-1} < a_n$, 则 $a^{a_{n-1}} < a^{a_n}$, 即 $a_n < a_{n+1}$. 因此 a_n 为单调增数列, 若该数列收敛, 则其极限 L 可由方程 $L = a^L$ 求出. 我们可以证明当 $1 < a \leqslant e^{\frac{1}{e}} = 1.444\,66\cdots$ 时, 数列是收敛的. 这个最大值可从方程 $L = e^{\frac{L}{e}}$ 的解 $L = e$ 得到. 我们将证明, 对 $a \leqslant e^{\frac{1}{e}}$, 数列

---

① 这里用到 $x_n > \dfrac{4}{5}$. ——译者注

a_n 递增并有上界 e. 设 $a_n \leqslant e$, 则 $a_{n+1} = a^{a_n} \leqslant (e^{\frac{1}{e}})^e = e$.

31. 若数列的每一项都是正有理数, $a_n = \dfrac{p_n}{q_n}, (p_n, q_n) = 1$, 则

$$a_{n+1}^2 = a_n + 1 = \frac{p_n}{q_n} + 1 = \frac{p_n + q_n}{q_n} = \frac{p_{n+1}^2}{q_{n+1}^2}$$

故对所有 n 有 $q_{n+1}^2 = q_n$. 从而 $q_{n+1} = (q_1)^{\frac{1}{2^n}}$, 故对所有 $n > n_0$, a_n 是一个正整数. 注意到若 $a_n = 1$, 则 $a_{n+1} = \sqrt{2}$, 矛盾. 故对 $n > n_0$ 均有 $a_n > 1$. 对这样的 n, 有 $a_{n+1}^2 - a_n^2 = a_n + 1 - a_n^2 = 1 + a_n(1 - a_n) < 0$, 即 $n > n_0$ 时, 恒有 $a_{n+1} < a_n$. 这样我们得到了一个严格递减的无穷正整数数列, 这是不可能的. 于是, 存在一个由正有理数组成的满足 $a_{n+1}^2 = a_n + 1$ 的数列的假设将导致矛盾.

32. $\dfrac{2r+5}{r+2} - \sqrt{5} = \dfrac{(\sqrt{5}-2)(\sqrt{5}-r)}{r+2}$. 而 $\dfrac{\sqrt{5}-2}{r+2} < \dfrac{\sqrt{5}-2}{2}$, 此数比 0.15 还小. 一般地, 比较 r 与 $\dfrac{br+a}{r+b}$, 我们得到

$$\frac{br+a}{r+b} - \sqrt{a} = \frac{b - \sqrt{a}}{r+b}(r - \sqrt{a})$$

若 b 是 $\sqrt{a}$ 的一个较好的近似值, 则可得到一个收敛得更快的数列.

33. (a) 我们用 $f(n)$ 来表示 $f(2n)$ 和 $f(2n+1)$. 在图 9.2 中, $2n$ 个人围成一个圆圈, 去掉号码 $2, 4, \cdots, 2n$, 将剩下的号码 $1, 3, \cdots, 2n-1$ 重新标注为 $1, 2, \cdots, n$. 在图 9.3 中, 对 $2n+1$ 个人的情形, 我们去掉 $2, 4, \cdots, 2n, 1$, 将剩下的数 $3, 5, \cdots, 2n+1$ 重新编号为 $1, 2, \cdots, n$. 由于 $f(n)$ 表示内圈上最后剩下的那个人的位置, 可知这个最后剩下的最初的位置(外圈上)满足 $f(2n) = 2f(n) - 1, f(2n+1) = 2f(n) + 1, f(1) = 1$. 由此递推式可知 $f(100) = 73$.

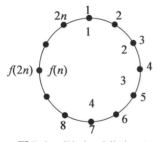　　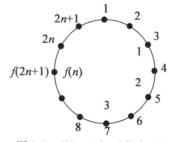

图 9.2　$f(2n) = 2f(n) - 1$　　　　图 9.3　$f(2n+1) = 2f(n) + 1$

(b) 首先, 当 $n = 2^m$ 时, 均有 $f(n) = 1$. 对任意的 n, 设 m 是使得 $2^m \leqslant n$ 成立的最大正整数, 记 $n = 2^m + (n - 2^m)$. 现在我们移走第 $2, 4, 6, \cdots, 2(n - 2^m)$ 号位置上的人, 剩下一个由 2^m 个人组成的圈, 这个圈上的第一个人是最终留下的那个人, 其号码为 $2(n - 2^m) + 1$. 因此在 $k = 2$ 时, $f(n) = 2(n - 2^m) + 1$, 这里 2^m 是不大于 n 的最大的 2 的幂. 故 $f(1993) = 2(1993 - 1024) + 1 = 1939$.

(c) 在二进制表示下, 设 $n = 1b_1b_2\cdots b_m = 2^m + (n - 2^m)$, $f(n) = 2(n - 2^m) + 1$, 故 $f(1\,000\,000) = 2(1\,000\,000 - 2^{19}) + 1 = 951\,425$.

34. 答案为 $f(n) = \lfloor (n+1)t \rfloor$, 这里 $t = \dfrac{\sqrt{5}+1}{2}$.

35. (a)从数码 0 开始，重复运用下面的变换 $T:0\to01,1\to10$，则 $T(0)=01$，$T^2(0)=T(01)=0110$，$\cdots$，这样我们用另一种方法得到了 Morse-Thue 数列，$T^n(0)$ 为该数列的前 2^n 位数字. 对整个数列实施变换 T 保持该数列不变，依此可知(a)几乎显然成立，(b)也是一样. 为证明(c)，我们注意到相邻两项 $x(2n)=x(n)$ 和 $x(2n+1)=1-x(n)$ 总是不相同的. 若数列最后成为周期数列，并设 $x(n)$ 是该数列的某个周期内的一项，则 $n+1$ 必不是该周期的倍数①. 类似地可证明 $n+2$，$n+3$，$\cdots$ 都不是周期的倍数，但这是不可能的.

(d)这一结论是对的，因为 $n+1$ 位 0—1 数列是在直至 n 位二进制数前面加一个 1 和若干个可能的 0 形成的.

36. $T=2^r q(q$ 为奇数$)$ 是该数列的周期. 若 $q=4m+1$，$k\geqslant r+2$，则 $1=a_{2^k}=a_{2^k+T}=a_{2^k+2^r(4m+3)}=a_{2^{k-r}+4m+3}=a_{4P+3}=0$；若 $q=4m+3$，则 $1=a_{2^k}=a_{2^k+3T}=a_{2^k+3\cdot2^r(4m+1)}=a_{2^{k-r}+3(4m+1)}=a_{4P+3}=0$，二者均导致 $1=0$ 的矛盾. 故所给数列不是周期数列.

37. 分类讨论的方法现在看来不太可行，尽管这一方法在例 5 中显得非常方便. 我们还得从排列的末尾来看.

尾数②	排列种数
(n)	a_{n-1}
$(n,n-1)$	a_{n-2}
$(n,n-1,n-2)$	a_{n-3}
$(n,n-2,n-1)$	a_{n-3}
$(n-1,n,n-2)$	a_{n-3}
$(n-1,n-3,n,n-2)$	a_{n-4}
$(n-1,n,n-3,n-2)$	a_{n-4}
$(n-2,n,n-3,n-1)$	a_{n-4}
$(n-2,n-4,n,n-3,n-1)$	a_{n-5}
$(n-3,n-1,n-4,n,n-2)$	a_{n-5}

将表格重复下去，易知再下面两行的排列数均为 a_{n-6}，同样可得表格右边中出现 2 个 a_{n-7}，a_{n-8}，$\cdots$，于是，我们有

$$a_n=a_{n-1}+a_{n-2}+3a_{n-3}+3a_{n-4}+2a_{n-5}+2a_{n-6}+\cdots$$

将上式中的 n 替换为 $n+1$，两式相减，得

$$a_{n+1}=2a_n+2a_{n-2}-a_{n-4},a_0=1,a_1=1,a_2=2,a_3=6,a_4=14$$

利用上述递推式易知 $a_5=31$，$a_6=73$，$a_7=172$，$a_8=400$.

我们还可以用下面的方法较简单地得到递推式：记 b_n 为数 n 在第 $n-1$ 个位置且满足其他条件的排列数，则易得 $a_n=a_{n-1}+b_n+b_{n-1}+a_{n-3}+a_{n-4}$，$b_n=a_{n-2}+a_{n-3}+b_{n-2}$，消去其中的 b_n 即得递推式 $a_{n+1}=2a_n+2a_{n-2}-a_{n-4}$.

38. (a)只需证明：每个数列中的每一项的分母都不为零. 事实上，设三元数组 (A,B,C)

---

① 否则 $x(2n+1)=x(n)$，矛盾. ——译者注

② 本列中的数为排列中从左到右的最后数位. ——译者注

中 $A=1$，则对其前面的数组 (a,b,c)，我们得到 $\dfrac{2a}{a^2-1}=1$，即 $a^2-2a-1=0$，$a=1\pm\sqrt{5}$，但所有的三元组 (x_n,y_n,z_n) 中每个数都是有理数．$A=-1$ 及其他情况可类似得出矛盾．

（b）我们有 $x_1+y_1+z_1=x_1y_1z_1=\dfrac{48}{7}$．我们要证明：若 $x_n+y_n+z_n=x_ny_nz_n$，则 $x_{n+1}+y_{n+1}+z_{n+1}=x_{n+1}y_{n+1}z_{n+1}$，从而依此结合数学归纳法可知对任意 $n\geq1$，均有 $x_n+y_n+z_n=x_ny_nz_n$，这时由 $x_n+y_n+z_n=0$ 导致 x_n,y_n,z_n 中有一个数为零，这是不可能的．

下面省略下标来证明前面欲证的结论．由 $x+y+z=xyz$，我们需要证明

$$\frac{2x}{x^2-1}+\frac{2y}{y^2-1}+\frac{2z}{z^2-1}=\frac{2x}{x^2-1}\cdot\frac{2y}{y^2-1}\cdot\frac{2z}{z^2-1}$$

两边通分得

$$2x(y^2-1)(z^2-1)+2y(z^2-1)(x^2-1)+2z(x^2-1)(y^2-1)$$
$$=2(x+y+z)+2xyz(xy+yz+zx)-2(x+y+z)(xy+yz+zx)+6xyz$$
$$=8xyz$$

一种更巧妙的做法是利用正切函数的倍角公式

$$\tan 2u=\frac{2\tan u}{1-\tan^2 u}$$

设 $x=-\tan u,y=-\tan v,z=-\tan w$，则只需由 $\tan u+\tan v+\tan w=\tan u\tan v\tan w$ 成立推出 $\tan 2u+\tan 2v+\tan 2w=\tan 2u\tan 2v\tan 2w$ 成立即可．利用公式

$$\tan(u+v+w)=\frac{\tan u+\tan v+\tan w-\tan u\tan v\tan w}{1-\tan u\tan v-\tan v\tan w-\tan w\tan u}$$

可知 $\tan(u+v+w)=0\Leftrightarrow u+v+w\equiv0\,(\mathrm{mod}\ \pi)\Leftrightarrow\tan u+\tan v+\tan w=\tan u\tan v\tan w\Rightarrow2u+2v+2w\equiv0\,(\mathrm{mod}\ \pi)\Leftrightarrow\tan 2u+\tan 2v+\tan 2w=\tan 2u\tan 2v\tan 2w$．

39. 设黑板上的数组成的集合为 $\{a_1,a_2,\cdots,a_n\}$，记 $S=a_1+a_2+\cdots+a_n$．由条件可知 $\displaystyle\sum_{i<k}a_i\cdot a_k=1$，于是

$$2=a_1(S-a_1)+a_2(S-a_2)+\cdots+a_n(S-a_n)$$

若对所有 $k=1,2,\cdots,n$，均有 $S-a_k\geq\sqrt{2}$，则

$$2\geq a_1\cdot\sqrt{2}+a_2\cdot\sqrt{2}+\cdots+a_n\cdot\sqrt{2}=\sqrt{2}S$$

故 $\sqrt{2}\geq S$，但这与 $S>S-a_1\geq\sqrt{2}$ 矛盾．

40. 我们将第 k 项进行下面的转化，裂项求和

$$\frac{1}{k(k+1)(k+2)(k+3)}$$
$$=\frac{1}{3}\left(\frac{1}{k(k+1)(k+2)}-\frac{1}{(k+1)(k+2)(k+3)}\right)$$

对 k 从 1 到 n 求和，得 $S_n=\dfrac{1}{18}-\dfrac{1}{3(n+1)(n+2)(n+3)}$．

41. 我们利用数学归纳法证明：$x_n=\tan n\alpha$，其中 $\alpha=\arctan 2$．当 $n=1$ 时显然成立，现在设 $x_n=\tan n\alpha$，则

$$x_{n+1}=\frac{2+x_n}{1-2x_n}=\frac{\tan\alpha+\tan n\alpha}{1-\tan\alpha\tan n\alpha}=\tan(n+1)\alpha$$

命题获证. 注意到对任意 m 有

$$x_{2m} = \tan 2m\alpha = \frac{2\tan m\alpha}{1 - \tan^2 m\alpha} = \frac{2x_m}{1 - x_m^2} \tag{1}$$

（a）反证法. 若 $x_n = 0$ 且 $n = 2m$ 为偶数, 则由式（1）可知 $x_m = 0$, 但如果 $n = 2^k(2s+1)$（k, s 为非负整数）, 则经过 k 步后, 得 $x_{2s+1} = 0$, 故 $\frac{2 + x_{2s}}{1 - x_{2s}} = 0 \Rightarrow x_{2s} = -2 \Rightarrow \frac{2x_s}{1 - x_s^2} = -2$. 该方程的两个根都是无理数, 而 x_s 都为有理数（因为对任意有理数 x, 数 $\frac{2 + x}{1 - 2x}$ 均为有理数, 而 $x_1 = 2$）, 矛盾!

（b）我们要证明比非周期性更强的结论: 该数列的任意两项都不相同, 若存在 m, n, 使得 $x_{n+m} - x_n = 0$（$m \geqslant 1$）, 则由 $x_n = \tan n\alpha$ 得

$$\tan(n+m)\alpha - \tan n\alpha = \frac{\sin m\alpha}{\cos(n+m)\alpha \cos n\alpha} = 0$$

故有 $x_m = \tan m\alpha = 0$, 这与（a）的结论矛盾.

42. 由于数列中的每一项均为正整数, 且都小于 1 983, 因此对模 1 983 来说该数列并不改变, 这时数列的递推式变为 $a_n \equiv 2a_{n+1}$, 从而 $a_1 \equiv 2^n a_{n+1}$. 如果 1 983 | 3 · 2^n - 3, 即 661 | 2^n - 1, 则同余式 $3 \equiv 2^n \cdot 3 \pmod{1\ 983}$ 成立. 由 Euler 定理可知 $n = \varphi(661) = 660$. 从而周期为 660 或是 660 的正因子. 直接验证可知周期确实为 660, 这一点可由 $2^{330} \equiv -1 \pmod{661}$ 得到.

43. 设 n 为偶数, 由 $\binom{n}{k} = \frac{n}{k}\binom{n-1}{k-1}$ 可得

$$a_n = 1 + \sum_{k=1}^{\frac{n}{2}} \left[\binom{n}{k}^{-1} + \binom{n}{n-k+1}^{-1} \right]$$

$$= 1 + \frac{1}{n} \sum_{k=1}^{\frac{n}{2}} \left[k\binom{n-1}{k-1}^{-1} + (n-k+1)\binom{n-1}{n-k}^{-1} \right]$$

而 $\binom{n-1}{k-1} = \binom{n-1}{n-k}$, 于是

$$a_n = 1 + \frac{n+1}{n} \sum_{k=1}^{\frac{n}{2}} \binom{n-1}{k-1}^{-1} = 1 + \frac{n+1}{2n} a_{n-1}$$

类似地, 考虑 n 为奇数的情形, 仍得上述递推式. 利用上面的递推关系可知 $a_0 = 1, a_1 = 2, a_2 = \frac{5}{2}, a_3 = a_4 = \frac{8}{3}$, 它们比 $a_5 = \frac{13}{5}$ 大. 若 $a_{n-1} > 2 + \frac{2}{n-1}$, 则 $a_n > \frac{n+1}{2n}\left(2 + \frac{2}{n-1}\right) + 1 > 2 + \frac{2}{n}$, 或 $\frac{n}{2n+2}a_n > 1$, 再证当 $n \geqslant 4$ 时有 $a_{n+1} < a_n$. 利用单调有界必有极限可知该数列的极限存在, 设为 a. 由递推式可知 $a = 1 + \frac{a}{2}$. 从而 $a = 2$.

44. 不存在. 由均值不等式可知 $\sum \left(a_n + \frac{1}{n^2 a_n} \right) \geqslant \sum \frac{2}{n} = \infty$.

45. 所给的条件等价于 $2x_i^2 - \left(x_{i-1} + \frac{2}{x_{i-1}} \right)x_i + 1 = 0$, 其解为 $x_i = \frac{x_{i-1}}{2}$ 或 $x_i = \frac{1}{x_{i-1}}$. 我们断

言:对 $i \geqslant 0$,均有 $x_i = 2^{k_i} x_0^{\varepsilon_i}$,这里 k_i 为某个整数,且 $|k_i| \leqslant i$,$\varepsilon_i = (-1)^{k_i + i}$,此断言在 $i = 0$ 时成立,这时 $k_0 = 0$,$\varepsilon_0 = 1$. 设该断言在 $i - 1$ 时成立,如果 $x_i = \dfrac{x_{i-1}}{2}$,则有 $k_i = k_{i-1} - 1$,$\varepsilon_i = \varepsilon_{i-1}$;如果 $x_i = \dfrac{1}{x_{i-1}}$,则有 $k_i = -k_{i-1}$,$\varepsilon_i = -\varepsilon_{i-1}$. 在每种情形中,均有 $|k_i| \leqslant i$,$\varepsilon_i = (-1)^{k_i + i}$. 于是 $x_{1\,995} = 2^k x_0^\varepsilon$,这里 $k = k_{1\,995}$,$\varepsilon = \varepsilon_{1\,995}$,$0 \leqslant |k| \leqslant 1\,995$,$\varepsilon = (-1)^{1\,995 + k}$. 因此 $x_0 = x_{1\,995} = 2^k x_0^\varepsilon$. 如果 k 为奇数,则 $\varepsilon = 1$,且有 $2^k = 1$,这就产生矛盾,因为 $k \neq 0$. 所以 k 必为偶数,故 $\varepsilon = -1$,$x_0^2 = 2^k$. 由于 k 为偶数且 $|k| \leqslant 1\,995$,故 $k \leqslant 1\,994$,因而 $x_0 \leqslant 2^{1\,997}$. 另外,可有 $x_0 = 2^{997}$,$x_i = \dfrac{x_{i-1}}{2}$ $(i = 1, 2, \cdots, 1\,994)$ 及 $x_{1\,995} = \dfrac{1}{x_{1\,994}}$,则 $x_{1\,994} = 2^{-997}$,而 $x_{1\,995} = 2^{997} = x_0$ 符合要求,故所求 x_0 的最大值为 2^{997}.

46. 考虑由下面的递推式定义的数列 u_n:$u_{n+2} = (2k+1)u_{n+1} - k u_n$,则 $u_n = c_1 x_1^n + c_2 x_2^n$,其中 $x_{1,2} = \dfrac{2k+1 \pm \sqrt{4k^2+1}}{2}$. 取 u_1, u_2 使得 $c_1 = c_2 = 1$,即 $u_0 = 2$,$u_1 = 2k+1$. 由于 $0 < x_2 < 1$,可知 $\lfloor x_1^n \rfloor = u_n - 1$,我们用数学归纳法证明 $k \mid u_n - 1$. 事实上,$u_1 - 1 = 2k$,$u_2 - 1 = x_1^2 + x_2^2 - 1 = (x_1 + x_2)^2 - 2x_1 x_2 - 1 = (2k+1)^2 - 2k - 1 = 4k^2 + 2k$. 现在可知,若 $k \mid u_n - 1$,$k \mid u_{n+1} - 1$,那么 $k \mid u_{n+2} - 1$.

47. 用 $x_j \in \{0, 1\}$ 表示灯 L_j 的状态(0 表示"关",1 表示"开"). 操作 S_j 影响 L_j 的状态,在操作前 L_j 的状态为 x_{j-n}. 在 S_j 操作时,L_{j-1} 处于状态 x_{j-1},所以对 $j \geqslant 0$ 成立

$$x_j \equiv x_{j-n} + x_{j-1} \pmod 2 \tag{1}$$

注意到,初始状态下(所有的灯都是"开")有

$$x_{-n} = x_{-n+1} = x_{-n+2} = \cdots = x_{-2} = x_{-1} = 1 \tag{2}$$

这表明在时刻 j,该系统可以用向量 $\boldsymbol{v}_j = [x_{j-n}, \cdots, x_{j-1}]$ 表示,$\boldsymbol{v}_0 = [1, 1, \cdots, 1]$. 由于只有 2^n 个不同的向量,在数列 $\boldsymbol{v}_0, \boldsymbol{v}_1, \boldsymbol{v}_2, \cdots$ 中必出现相同的向量. 注意到从 $\boldsymbol{v}_j$ 到 $\boldsymbol{v}_{j+1}$ 的操作是可逆的. 因此 $\boldsymbol{v}_{j+m} = \boldsymbol{v}_j$ 蕴含 $\boldsymbol{v}_m = \boldsymbol{v}_0$,故至多经过 2^n 次操作后,必有一次回到初始状态,这表明(a)成立.

为证(b)和(c),利用式(1)有

$$\begin{aligned}
x_j &\equiv x_{j-n} + x_{j-1} \\
&\equiv (x_{j-2n} + x_{j-n-1}) + (x_{j-1-n} + x_{j-2}) \\
&\equiv x_{j-2n} + 2x_{j-n-1} + x_{j-2} \\
&\equiv x_{j-3n} + 3x_{j-2n-1} + 3x_{j-n-2} + x_{j-3}
\end{aligned}$$

如此下去,对式(1)重复运用 r 次后,我们得到等式

$$x_j \equiv \sum_{i=0}^r \binom{r}{i} x_{j-(r-i)n-i} \pmod 2$$

对所有使得 $j - (r-i)n - i \geqslant -n$ 的 j, r 均成立. 特别地,若 r 是有形式 $r = 2^k$,则二项式系数 $\dbinom{r}{i}$ 除最外面的两个外都是偶数.

从而得到

$$x_j \equiv x_{j-rn} + x_{j-r} \text{（对 } r = 2^k \text{ 成立）} \tag{3}$$

只要下标不小于 $-n$，即只要 $j \geq (r-1)n$，式 (3) 都成立.

现在如果 $n = 2^k$，选取 $j \geq n^2 - n$. 在式 (3) 中令 $r = n$，结合式 (1) 知

$$x_j \equiv x_{j-n^2} + x_{j-n} \equiv x_{j-n^2} + (x_j - x_{j-1})$$

因此 $x_{j-n^2} = x_{j-1}$. 这表明数列 x_j 有周期 $n^2 - 1$，从而数列 (2) 在经过恰好 $n^2 - 1$ 步后重复出现，故 (b) 成立.

如果 $n = 2^k + 1$，选下标 $j \geq n^2 - 2n$，在式 (3) 中令 $r = n - 1$，结合式 (1) 可得

$$\begin{aligned}
x_j &\equiv x_{j-n^2+n} + x_{j-n+1} \\
&\equiv x_{j-n^2+n} + (x_{j+1} - x_j) \\
&\equiv x_{j-n^2+n} - x_{j+1} + x_j
\end{aligned}$$

（因为 $x \equiv -x \pmod 2$），于是 $x_{j-n^2+n} = x_{j+1}$，所以数列 x_j 有周期 $n^2 - n + 1$，(c) 获证.

此问题由 G. N. de Bruijn 提供，解答由 Marcin Kuczma 提供.

48. 将等式 $a_1 = 0, |a_2| = |a_1 + 1|, \cdots, |a_{n+1}| = |a_n + 1|$ 都平方后求和，得 $a_{n+1}^2 = 2(a_1 + \cdots + a_n) + n \geq 0$，所以 $a_1 + \cdots + a_n \geq -\dfrac{n}{2}$.

49. 作图有益于处理此问题，联结顶点 (k, a_k) 的折线是凸的，因为 $a_{k+1} - a_k \geq a_k - a_{k-1}$. 这表明每一条折线段的斜率不小于前面一条折线段的斜率. 因此整条折线除其两个端点外，全部落在 x 轴的下方，获证.

假设对某个 $m \geq 1$，我们有 $a_{m-1} \leq 0$，但 $a_m > 0$，则

$$a_n - a_{n-1} \geq a_{n-1} - a_{n-2} \geq \cdots \geq a_{m+1} - a_m \geq a_m - a_{m-1} > 0$$

从而 $a_n > a_{n-1} > \cdots > a_m > 0$，这与 $a_n = 0$ 矛盾①.

50. 由条件 $a_1 - a_0 \geq 0$，并且 $a_2 - a_1 \geq 2(a_1 - a_0), \cdots, a_{100} - a_{99} \geq 2(a_{99} - a_{88})$，将这 99 个式子相乘，利用每个式子两边都是正数，并消去公共项，即得

$$a_{100} = a_{99} + 2^{99}(a_1 - a_0) > 2^{99}$$

下面更好的估计可用数学归纳法证明：$a_k \geq 2^k, a_{k+1} - a_k \geq 2^k (k = 1, 2, \cdots)$，这表明 $a_{100} \geq 2^{100}$.

51. 只需考虑前 3 项递减的情形，则此数列是递减的：$x_1 \geq x_2 \geq \cdots \geq x_{21}$. 由于从第 3 项起每一项都是前面每两个数之差的绝对值的最小值，即知对 $k \geq 1$，均有 $x_k \geq x_{k+1} + x_{k+2}$，否则将有 $x_{k+2} > x_k - x_{k+1} = |x_k - x_{k+1}|$，矛盾！若 $x_{21} > 1$，则 $x_{20} \geq 1, x_{19} \geq x_{20} + x_{21} \geq 2, x_{18} \geq 3$，依此类推，直到最后我们得出矛盾 $x_1 \geq 4\,181 + 6\,765 > 10\,000$.

52. 令 $m = n = 0$，可知 $a_0 = 0$. 又令 $n = 0$，得 $a_{2m} = 4a_m$，再取 $m = n + 2$，得 $a_{2n+2} + a_2 = \dfrac{a_{2n+4} + a_{2n}}{2}$. 又由 $a_{2m} = 4a_m$ 得 $a_{2n+2} + a_2 = 2(a_{n+2} + a_n)$. 另外，由 $a_1 = 1$ 得 $a_2 = 4$，利用简单的运算可得 $a_{n+2} = 2a_{n+1} - a_n - 2$，最初的几项是 $a_0 = 0, a_1 = 1, a_2 = 4, a_3 = 9, a_4 = 16$. 我们猜测 $a_n = n^2$，请用数学归纳法证明之.

53. 易知任意 3 个不同的质数不能同时出现在一个等比数列中，请读者证明这个结论. 现在 1 到 100 中有 25 个质数，由抽屉原理在 12 个等比数列中，必有一个数列内出现 3 个质数.

---

① 这是另一个证明. ——译者注

54. 设 $a_1, \cdots, a_n$ 满足条件. 我们证明存在 a_{n+1}, 使得 $A_{n+1} = a_1^2 + \cdots + a_{n+1}^2$ 能被 $B_{n+1} = a_1 + \cdots + a_{n+1}$ 整除. 由于 $A_{n+1} = A_n + (a_{n+1} - B_n) \cdot (a_{n+1} + B_n) + B_n^2$, 从而, 故若 $B_{n+1} | B_n^2 + A_n$, 就有 $B_{n+1} | A_{n+1}$. 为此只需取 $a_{n+1} = A_n + B_n^2 - B_n$ (这里 $B_{n+1} = B_n^2 + A_n$) 即可. 由于 $B_n^2 - B_n > 0$, 且 $a_{n+1} > A_n > a_n^2 > a_n$, 于是有 $a_{n+1} > a_n$.

55. 考虑二进制表示 $x_0 = 0. b_1 b_2 b_3 \cdots$. 易知 $x_1 = 0. b_2 b_3 b_4 \cdots$ 或者 $x_1 = 0. \overline{b_2 b_3 b_4} \cdots$, 这里 $\overline{b_i} = 1 - b_i$. 于是, 递推式将前一个数二进制表示中第一位去掉后, 后面每一位保持不变或者每一位都改变. 这表明, 在二进制表示下数列 $\{x_n\}$ 的周期等于 x_0 的二进制表示下循环节的长度或该长度的两倍.

56. 提示: 通项公式为 $x_n = 2n - \left\lfloor \sqrt{2n} + \dfrac{1}{2} \right\rfloor$.

57. 只需证明更强的结论 $b_{n+1} \geqslant b_n + 1$. 我们令

$$a = a_1 + \cdots + a_n, c = \frac{1}{a_1} + \cdots + \frac{1}{a_n}$$

显然 $\dfrac{a}{x} + cx \geqslant 2\sqrt{ac}$ 对任意 $x > 0$ 成立. 故

$$(a + x)\left(c + \frac{1}{x}\right) \geqslant ac + 1 + 2\sqrt{ac} = (\sqrt{ac} + 1)^2$$

由此得 $\sqrt{(a + x)\left(c + \dfrac{1}{x}\right)} \geqslant \sqrt{ac} + 1$, 故若令 $x = a_{n+1}$, 就有 $b_{n+1} \geqslant b_n + 1$.

58. (a) $a_n = a_{n-1} + a_{n-2}$, $a_1 = 1$, $a_2 = 2$. (b) 对称的覆盖的方法数 s_n 和不对称覆盖的方法数 d_n 分别满足 $s_{2n} = a_{n+1}$, $s_{2n+1} = a_n$, $d_{2n} = \dfrac{a_{2n} + a_{n+1}}{2}$, $d_{2n+1} = \dfrac{a_{2n+1} + a_n}{2}$.

59. $a_1 = 1$, $a_2 = 3$, $a_n = a_{n-1} + 2a_{n-2}$.

60. $a_1 = 1$, $a_2 = 4$, $a_3 = 2$, $a_n = a_{n-1} + 4a_{n-2} + 2a_{n-3}$.

61. $a_2 = a_3 = a_4 = 1$, $a_n = a_{n-2} + a_{n-3}$.

62. $a_0 = 1$, $a_2 = 3$, $a_n = 4a_{n-2} - a_{n-4}$ ($n \geqslant 4$ 为偶数).

63. n 必须为 3 的倍数, $a_0 = 1$, $a_3 = 3$, $a_n = 4a_{n-3} + a_{n-5}$.

64. $a_0 = 1$, $a_1 = 2$, $a_2 = 7$, $a_n = 3a_{n-1} + a_{n-2} - a_{n-3}$.

65. $a_0 = 1$, $a_1 = 1$, $a_2 = 5$, $a_3 = 11$, $a_n = a_{n-1} + 5a_{n-2} + a_{n-3} - a_{n-4}$.

66. 用 a_n 表示用 $1 \times 1 \times 2$ 长方块填满 $2 \times 2 \times n$ 长方体的方法数. 图 9.4 显示 $a_1 = 2$, $a_2 = 2a_1 + 5 = 9$, $a_3 = 2a_2 + 5a_1 + 4 = 32$,

$$a_n = 2a_{n-1} + 5a_{n-2} + 4a_{n-3} + \cdots + 4a_1 + 4$$

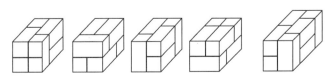

图 9.4　和 3 及更多块砖形成的图形

在上式中用 $n-1$ 代替 n，再将两式相减，可得 $a_n = 3a_{n-1} + 3a_{n-2} - a_{n-3}$，由此可得下表

n	1	2	3	4	5	6	7	8
a_n	2	3^2	32	11^2	450	41^2	6 272	153^2

其特征方程为 $\lambda^3 = 3\lambda^2 + 3\lambda - 1$，三个特征根为 $\lambda_1 = -1, \lambda_2 = 2 + \sqrt{3}, \lambda_3 = 2 - \sqrt{3}$. 由此可知

$$a_n = \frac{1}{3}(-1)^n + \frac{(2+\sqrt{3})^{n+1} + (2-\sqrt{3})^{n+1}}{6}$$

现在请证明 a_{2n} 是完全平方数，而 a_{2n+1} 是一个完全平方数的两倍.

第10章 多 项 式

1. 形如
$$f(x) = a_n x^n + \cdots + a_0, g(x) = b_m x^m + \cdots + b_0, a_n \neq 0, b_m \neq 0$$
的代数式称为多项式,次数分别为 n 和 m,记为 $\deg f = n, \deg g = m$,其系数 a_i, b_i 可以是 $\mathbf{C}$,
$\mathbf{R}, \mathbf{Q}, \mathbf{Z}, \mathbf{Z}_n$ 中的数.

2. 带余除法. 对多项式 f 和 g,存在唯一的多项式 q 和 r,使得
$$f(x) = g(x)q(x) + r(x), \deg r < \deg g \text{ 或 } r(x) = 0$$
这里 $q(x), r(x)$ 分别称为 f 被 g 除所得的商式和余式. 若 $r(x) = 0$,我们称 $g(x)$ 整除 $f(x)$,
记作 $g(x) | f(x)$.

例 1 设 $f(x) = x^7 - 1, g(x) = x^3 + x + 1$,利用学过的长除法可知
$$x^7 - 1 = (x^3 + x + 1)(x^4 - x^2 - x + 1) + 2x^2 - 2$$
故
$$q(x) = x^4 - x^2 - x + 1, r(x) = 2x^2 - 2$$

3. 设 $f(x)$ 是一个 n 次多项式,$a \in \mathbf{R}$. 将 f 除以 $x - a$,得
$$f(x) = (x - a)q(x) + r, r \in \mathbf{R}, \deg q = n - 1 \tag{1}$$
令 $x = a$,得 $f(a) = r$,于是
$$f(x) = (x - a)q(x) + f(a) \tag{2}$$
若 $f(a) = 0$,则称 a 为 f 的根或零点,由式(2)可知
$$f(a) = 0 \Leftrightarrow f(x) = (x - a)q(x) \text{ 对某个多项式 } q(x) \text{ 成立} \tag{3}$$
若 a_1, a_2 是 f 的不同零点,则 $f(x) = (x - a_1)q(x), q(a_2) = 0$,故 $q(x) = (x - a_2)q_1(x)$,即
$$f(x) = (x - a_1)(x - a_2)q_1(x), \deg q_1 = n - 2$$
如果 $\deg f = n$,且对 $a_1, \cdots, a_n$ 均有 $f(a_i) = 0$,则
$$f(x) = c(x - a_1)(x - a_2) \cdots (x - a_n), c \in \mathbf{R}$$

4. 若存在一个 $m \in \mathbf{N}_+$ 和一个多项式 q,使得
$$f(x) = (x - a)^m q(x), q(a) \neq 0 \tag{4}$$
则称 a 为 f 的 m 重根. 式(4)蕴含 a 是 f 的 m 重根,当且仅当
$$f(a) = f'(a) = f''(a) = \cdots = f^{(m-1)}(a) = 0, f^m(a) \neq 0 \tag{5}$$

5. 设 $f(x) = a_n x^n + \cdots + a_0$ 是整系数多项式,$z \in \mathbf{Z}$,则
$$f(z) = 0 \Rightarrow z | a_0$$
这只需注意到 $a_n z^n + \cdots + a_0 = 0 \Leftrightarrow a_0 = -z(a_n z^{n-1} + \cdots + a_1)$. 若 $a_n = 1$,则 f 的每个有理
根都是整数. 事实上,设 $\dfrac{p}{q}$ 为 f 的根,$p, q \in \mathbf{Z}, \gcd(p, q) = 1$,则

$$\frac{p^n}{q^n} + a_{n-1}\frac{p^{n-1}}{q^{n-1}} + \cdots + a_1\frac{p}{q} + a_0 = 0$$

$$\frac{p^n}{q} = -a_{n-1}p^{n-1} - a_{n-2}p^{n-2}q - \cdots - a_1pq^{n-2} - a_0q^{n-1}$$

上式右边为整数,所以 $q = 1$.

6. Vieta 定理. (a) 若多项式 $x^2 + px + q$ 有根 x_1, x_2,则 $x^2 + px + q = (x - x_1)(x - x_2) = x^2 - (x_1 + x_2)x + x_1x_2$,于是

$$p = -(x_1 + x_2), q = x_1x_2$$

(b) 设 x_1, x_2, x_3 是 $x^3 + px^2 + qx + r$ 的根,展开下式

$$(x - x_1)(x - x_2)(x - x_3)$$
$$= x^3 - (x_1 + x_2 + x_3)x^2 + (x_1x_2 + x_2x_3 + x_3x_1)x - x_1x_2x_3$$

比较系数,得

$$p = -(x_1 + x_2 + x_3), q = x_1x_2 + x_2x_3 + x_3x_1, r = -x_1x_2x_3$$

对更高次的首 1 多项式存在类似的关系. [①]

例 2 设 x_1, x_2, x_3 是 $x^3 + 3x^2 - 7x + 1$ 的根,求 $x_1^2 + x_2^2 + x_3^2$.

解:$x_1 + x_2 + x_3 = -3, x_1x_2 + x_2x_3 + x_3x_1 = -7, 9 = (x_1 + x_2 + x_3)^2 = x_1^2 + x_2^2 + x_3^2 + 2(x_1x_2 + x_2x_3 + x_3x_1) = x_1^2 + x_2^2 + x_3^2 - 2 \cdot 7, x_1^2 + x_2^2 + x_3^2 = 23$.

7. 若 $a \in \mathbf{R}$,则 $f(x) = a_nx^n + \cdots + a_0$ 可以表示为下述形式

$$f(x) = c_n(x - a)^n + \cdots + c_1(x - a) + c_0$$

为证这一点,用 $x = a + (x - a)$ 代替 f 中的 x,再展开即可.

8. 代数基本定理. 每一个多项式 $f(z) = a_nz^n + \cdots + a_0, a_i \in \mathbf{C}, n \geq 1, a_n \neq 0$ 至少有一个复数根.

由此定理易知任意一个 n 次多项式可分解为

$$f(x) = c(x - x_1)\cdots(x - x_n), x_i \in \mathbf{C}$$

其中 $x_1, \cdots, x_n$ 不必不同.

9. 单位根. 设 $\omega = e^{\frac{2\pi}{n}i} = \cos\frac{2\pi}{n} + i\sin\frac{2\pi}{n}$,则多项式 $x^n - 1$ 的 n 个根为 $\omega, \omega^2, \cdots, \omega^n = 1$. 它们被称为单位根,且这 n 个单位根对应于一个内接于以 O 为圆心的单位圆周的正 n 边形的顶点. 如果 $\gcd(k, n) = 1$,那么 ω^k 的幂也给出全部 n 个单位根,我们有下面的分解

$$x^n - 1 = (x - 1)(x - \omega)(x - \omega^2)\cdots(x - \omega^{n-1})$$

特别地,$x^3 - 1 = 0$,即 $(x - 1)(x^2 + x + 1) = 0$ 的根为三次单位根,记 $\bar{z}$ 为 z 的共轭复数,得

$$\omega = \frac{-1 + i\sqrt{3}}{2}, \omega^2 = \bar{\omega} = \frac{1}{\omega}, \omega^3 = 1, 1 + \omega + \omega^2 = 0 \tag{6}$$

利用三次单位根,我们可以解一般的三次方程. 让我们从下面的经典分解式开始

$$x^3 + a^3 + b^3 - 3abx = (x + a + b)(x^2 + a^2 + b^2 - ax - bx - ab)$$

[①] 首项系数为 1 的多项式称为首 1 多项式. ——译者注

最后一个因式有根 $x_2 = -a\omega - b\omega^2, x_3 = -a\omega^2 - b\omega$. 于是
$$x^3 + a^3 + b^3 - 3abx = (x + a + b)(x + a\omega + b\omega^2)(x + a\omega^2 + b\omega)$$

从而,三次方程 $x^3 + a^3 + b^3 - 3abx = 0$ 的 3 个根为
$$x_1 = -a - b, x_2 = -a\omega - b\omega^2, x_3 = -a\omega^2 - b\omega \tag{7}$$

将上述方程与 $x^3 + px + q = 0$ 对比,得 $p = -3ab, q = a^3 + b^3$,或写成
$$a^3 b^3 = -\frac{p^3}{27}, a^3 + b^3 = q \tag{8}$$

由式(8)知 a^3, b^3 是二次方程
$$z^2 - qz - \frac{p^3}{27} = 0$$

的根,故
$$a = \sqrt[3]{\frac{q}{2} + \sqrt{\frac{q^2}{4} + \frac{p^3}{27}}}, b = \sqrt[3]{\frac{q}{2} - \sqrt{\frac{q^2}{4} + \frac{p^3}{27}}} \tag{9}$$

将式(9)代入式(7)我们就得到了方程 $x^3 + px + q = 0$ 的三个根,而每一个三次方程都可以通过除以一个常数,再进行平移后变为上述式的方程.

现在我们利用 5 次单位根来作出一个正五边形.
$$x^5 - 1 = (x - 1)(x^4 + x^3 + x^2 + x + 1)$$
这种分解表明 5 次单位根 ω 满足
$$\omega^4 + \omega^3 + \omega^2 + \omega + 1 = 0$$
$$\omega^2 + \frac{1}{\omega^2} + \omega + \frac{1}{\omega} + 1 = 0$$
$$\left(\omega + \frac{1}{\omega}\right)^2 + \left(\omega + \frac{1}{\omega}\right) - 1 = 0$$
$$\omega + \frac{1}{\omega} = \frac{\sqrt{5} - 1}{2}$$

对 $a = \cos 72°$,在图 10.1 中,我们可得 $a = \frac{\sqrt{5} - 1}{4}$.

线段 a 易用尺规作图作出.

现在我们来看一些多项式的典型例题.

例 3 (a)对怎样的 $n \in \mathbf{N}_+$,有 $x^2 + x + 1 \mid x^{2n} + x^n + 1$?

(b)对怎样的 $n \in \mathbf{N}_+$,有 $37 \mid 1\underbrace{0\cdots0}_{n}1\underbrace{0\cdots0}_{n}1$?

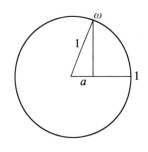

图 10.1

解法一: (a)直接利用下述关系进行变换:
$$x^3 - 1 = (x - 1)(x^2 + x + 1) \text{ 和 } x^3 - 1 \mid x^{3m} - 1$$
(ⅰ) $n = 3k \Leftrightarrow x^{6k} + x^{3k} + 1 = (x^{6k} - 1) + (x^{3k} - 1) + 3 = (x^2 + x + 1)Q(x) + 3$.

(ⅱ) $n = 3k + 1 \Leftrightarrow x^{6k+2} + x^{3k+1} + 1 = x^2(x^{6k} - 1) + x(x^{3k} - 1) + x^2 + x + 1 = (x^2 + x + 1)R(x)$.

(ⅲ) $n = 3k + 2 \Leftrightarrow x^{6k+4} + x^{3k+2} + 1 = x^4(x^{6k} - 1) + x^2(x^{3k} - 1) + x^4 + x^2 + 1 = x^4(x^{6k} - 1) + x^2(x^{3k} - 1) + x(x^3 - 1) + x^2 + x + 1 = (x^2 + x + 1)S(x)$.

答案为 $x^2 + x + 1 \mid x^{2n} + x^n + 1 \Leftrightarrow 3 \nmid n$.

（b）$x = 10$ 时，$x^2 + x + 1 = 111, x^{2(n+1)} + x^{n+1} + 1 = 1\underbrace{0\cdots01}_{n}\underbrace{0\cdots01}_{n}, 111 = 3 \cdot 37$. 由于所给被除数的数码和为 3，故它是 3 的倍数，从而

$$37 \mid 1\underbrace{0\cdots01}_{n}\underbrace{0\cdots01}_{n} \text{ 当且仅当 } n \equiv 0 (\bmod\ 3) \text{ 或 } n \equiv 1 (\bmod\ 3)$$

解法二：（a）设 $x^2 + x + 1 = 0$ 的根为 ω, ω^2. 利用关系式 $\omega^3 = 1$ 及 $\omega^2 + \omega + 1 = 0$，我们得到

$$n = 3k \Rightarrow \omega^{6k} + \omega^{3k} + 1 = 1 + 1 + 1 = 3$$
$$n = 3k+1 \Rightarrow \omega^{6k+2} + \omega^{3k+1} + 1 = \omega^2 + \omega + 1 = 0$$
$$n = 3k+2 \Rightarrow \omega^{6k+4} + \omega^{3k+2} + 1 = \omega^4 + \omega^2 + 1 = \omega + \omega^2 + 1 = 0$$

（b）同解法一.

例 4 设 $P(x), Q(x), R(x), S(x)$ 为多项式，满足

$$P(x^5) + xQ(x^5) + x^2 R(x^2) = (x^4 + x^3 + x^2 + x + 1)S(x) \qquad (*)$$

证明：$x - 1$ 是 $P(x)$ 的因式. (USO1976)

解：令 $\omega = e^{\frac{i2\pi}{5}}$，则 $\omega^5 = 1$. 在式（$*$）中令 $x = \omega, \omega^2, \omega^3, \omega^4$，得到前面的 4 个方程 1 到 4，分别对方程 1 到 4 乘以 $-\omega, -\omega^2, -\omega^3, -\omega^4$，得到 4 个方程

$$P(1) + \omega Q(1) + \omega^2 R(1) = 0$$
$$P(1) + \omega^2 Q(1) + \omega^4 R(1) = 0$$
$$P(1) + \omega^3 Q(1) + \omega R(1) = 0$$
$$P(1) + \omega^4 Q(1) + \omega^3 R(1) = 0$$
$$-\omega P(1) - \omega^2 Q(1) - \omega^3 R(1) = 0$$
$$-\omega^2 P(1) - \omega^4 Q(1) - \omega R(1) = 0$$
$$-\omega^3 P(1) - \omega Q(1) - \omega^4 R(1) = 0$$
$$-\omega^4 P(1) - \omega^3 Q(1) - \omega^2 R(1) = 0$$

利用 $1 + \omega + \omega^2 + \omega^3 + \omega^4 = 0$，将上面的式子相加得 $5P(1) = 0$，所以，$x - 1 \mid P(x)$.

例 5 设 $P(x)$ 是一个 n 次多项式，使得 $P(k) = \dfrac{k}{k+1}, k = 0, 1, 2, \cdots, n$，求 $P(n+1)$. (USO1975)

解：设 $Q(x) = (x+1)P(x) - x$，则 $k = 0, 1, 2, \cdots, n$ 都是 $Q(x)$ 的根，故

$$(x+1)P(x) - x = ax(x-1)\cdots(x-n)$$

为求 a 的值，令 $x = -1$，得 $1 = a(-1)^{n+1}(n+1)!$，从而

$$P(x) = \frac{\dfrac{(-1)^{n+1}}{(n+1)!}x(x-1)\cdots(x-n) + x}{x+1}$$

所以，$P(n+1) = \begin{cases} 1, & n \text{ 为奇数} \\ \dfrac{n}{n+2}, & n \text{ 为偶数} \end{cases}$.

例 6 设 a, b, c 是 3 个不同的整数，P 是一个整系数多项式. 证明：下述联立的等式

$$P(a) = b, P(b) = c, P(c) = a$$

不能同时成立. (USO1974)

解:若上述等式同时成立,我们来推出矛盾.

$$P(x) - b = (x-a)P_1(x) \tag{1}$$

$$P(x) - c = (x-b)P_2(x) \tag{2}$$

$$P(x) - a = (x-c)P_3(x) \tag{3}$$

从数 a,b,c 中,取差的绝对值最大的两个数,不妨设为 $|a-c|$,那么,我们有

$$|a-b| < |a-c| \tag{4}$$

在式(1)中令 $x=c$,得

$$a - b = (a-c)P_1(c)$$

由于 $P_1(c)$ 为整数,故 $|a-b| \geq |a-c|$,这与(4)矛盾!

10. 互倒方程.

定义 若多项式 $f(x) = a_n x^n + \cdots + a_0, a_n \neq 0$ 满足 $a_i = a_{n-i}, i = 0, \cdots, n$,则称 $f(x)$ 为互倒的.

例如 $x^n + 1, x^5 + 3x^3 + 3x^2 + 1, 5x^8 - 2x^6 + 4x^5 + 4x^3 - 2x^2 + 5$ 都是互倒的多项式. 若 $f(x)$ 为互倒的多项式,则称方程 $f(x) = 0$ 为互倒方程.

定理 任何一个次数为 $2n$ 的互倒多项式可以表示为 $f(x) = x^n g(z)$ 的形式,这里 $z = x + \frac{1}{x}$,且 $g(z)$ 是一个关于 z 的 n 次多项式.

定理的证明:
$$f(x) = a_0 x^{2n} + a_1 x^{2n-1} + \cdots + a_1 x + a_0$$

$$f(x) = x^n\left(a_0 x^n + a_1 x^{n-1} + \cdots + \frac{a_1}{x^{n-1}} + \frac{a_0}{x^n}\right)$$

$$f(x) = x^n\left[a_0\left(x^n + \frac{1}{x^n}\right) + a_1\left(x^{n-1} + \frac{1}{x^{n-1}}\right) + \cdots + a_n\right]$$

我们来看如何把 $x^k + \frac{1}{x^k}$ 表示为 $z(z = x + \frac{1}{x})$ 的多项式

$$x^2 + \frac{1}{x^2} = \left(x + \frac{1}{x}\right)^2 - 2 = z^2 - 2$$

$$x^3 + \frac{1}{x^3} = \left(x + \frac{1}{x}\right)^3 - 3x - \frac{3}{x} = z^3 - 3z$$

$$x^4 + \frac{1}{x^4} = \left(x + \frac{1}{x}\right)^4 - 4x^2 - 6 - \frac{4}{x^2}$$
$$= z^4 - 4(z^2 - 2) - 6$$
$$= z^4 - 4z^2 + 2$$

$$x^5 + \frac{1}{x^5} = \left(x + \frac{1}{x}\right)^5 - 5x^3 - 10x - \frac{10}{x} - \frac{5}{x^3} = z^5 - 5z^3 + 5z①$$

下面我们不加证明地给出互倒多项式的一些性质,它们都是容易证明的,留给读者作为练习.

(a)每一个使 $a_0 \neq 0$ 的 n 次多项式是互倒的,当且仅当

---

① 利用数学归纳法可证上述定理成立. ——译者注

$$x^n f\left(\frac{1}{x}\right) = f(x)$$

（b）每一个奇数次的互倒多项式是 $x+1$ 的倍式，并且所得的商式是一个偶次的互倒多项式.

（c）若 a 是一个互倒方程 $f(x)=0$ 的根，则 $\frac{1}{a}$ 也是该方程的根.

11. 对称多项式.

一个多项式 $f(x,y)$ 称为对称的，如果对所有 x,y 均有 $f(x,y)=f(y,x)$，例如：

（a）关于 x,y 的基本对称多项式

$$\sigma_1 = x+y, \sigma_2 = xy$$

（b）幂和多项式

$$s_i = x^i + y^i, i = 0,1,2,\cdots$$

任何一个关于 x,y 的对称多项式可以表示为 σ_1, σ_2 的多项式的形式. 事实上

$$
\begin{aligned}
s_n &= x^n + y^n \\
&= (x+y)(x^{n-1} + y^{n-1}) - xy(x^{n-2} + y^{n-2}) \\
&= \sigma_1 s_{n-1} + \sigma_2 s_{n-2}
\end{aligned}
$$

于是，我们有下面的递推式

$$s_0 = 2, s_1 = \sigma_1, s_n = \sigma_1 s_{n-1} - \sigma_2 s_{n-2}, n \geqslant 2$$

现在对任意对称多项式予以证明都是简单的事. 形如 $ax^k y^k$ 的项没有问题，因为 $ax^k y^k = a\sigma_2^k$. 对于项 $bx^i y^k (i<k)$，$f(x,y)$ 必有另一项 $bx^k y^i$，合并这两项

$$bx^i y^k + bx^k y^i = bx^i y^i (x^{k-i} + y^{k-i}) = b\sigma_2^i s_{k-i}$$

而 s_{k-i} 可以表示为 σ_1, σ_2 的多项式.

两个变量 x,y 的非线性对称方程组通常可以通过变换 $\sigma_1 = x+y, \sigma_2 = xy$ 来大为简化. 每一个方程的次数将会降低（因为 $\sigma_2 = xy$ 是 x,y 的二次式），一旦我们求出了 σ_1 和 σ_2 的值，我们可以通过解二次方程

$$z^2 - \sigma_1 z + \sigma_2 = 0$$

得到下述方程组的解 z_1, z_2

$$x+y = \sigma_1, xy = \sigma_2$$

例 7　解方程组

$$x^5 + y^5 = 33, x+y = 3$$

我们令 $\sigma_1 = x+y, \sigma_2 = xy$，则方程组变为

$$\sigma_1^5 - 5\sigma_1^3 \sigma_2 + 5\sigma_1 \sigma_2^2 = 33, \sigma = 3$$

将 $\sigma_1 = 3$ 代入第一个方程，得 $\sigma_2^2 - 9\sigma_2 + 14 = 0$，故 $\sigma_2 = 2$ 或 7. 现在我们解 $x+y = 3$，$xy = 2$ 和 $x+y = 3, xy = 7$，得到

$$(2,1),(1,2),(x_3,y_3) = \left(\frac{3}{2} + \frac{\sqrt{19}}{2}i, \frac{3}{2} - \frac{\sqrt{19}}{2}i\right)$$

$$(x_4,y_4) = (y_3,x_3)$$

例 8　求下述方程的实数解

$$\sqrt[4]{97-x} + \sqrt[4]{x} = 5$$

我们令 $\sqrt[4]{x}=y$, $\sqrt[4]{97-x}=z$, 则 $y^4+z^4=x+97-x=97$, 因此

$$y+z=5, y^4+z^4=94$$

令 $\sigma_1=y+z, \sigma_2=yz$, 得方程组

$$\sigma_1=5, \sigma_1^4-4\sigma_1^2\sigma_2+2\sigma_2^2=97$$

可知 $\sigma_2^2-50\sigma_2+264=0$, 解得 $\sigma_2=6$ 或 44. 求解方程组 $y+z=5, yz=6$ 得 $(y_1,z_1)=(2,3)$, $(y_2,z_2)=(3,2)$, 现在 $x_1=16, x_2=81$. 另一个方程 $y+z=5, yz=44$ 的解为虚数.

例 9　数 a,b,c 应满足怎样的关系式, 下述方程组

$$x+y=a, x^2+y^2=b, x^3+y^3=c$$

才是相容的(即有解)?

解: 消去 x,y: $\sigma_1=a, \sigma_1^2-2\sigma_2=b, \sigma_1^3-3\sigma_1\sigma_2=c$, 结果得到 $a^3-3ab+2c=0$.

(c)三个变量的多项式中有下面的基本对称多项式

$$\sigma_1=x+y+z, \sigma_2=xy+yz+zx, \sigma_3=xyz$$

幂次和 $s_i=x^i+y^i+z^i, i=0,1,2,\cdots$ 可以用 $\sigma_1, \sigma_2, \sigma_3$ 表示, 请读者证明下面的式子成立.

$$s_0=x^0+y^0+z^0, s_1=x+y+z=\sigma_1$$
$$s_2=x^2+y^2+z^2=\sigma_1^2-2\sigma_2$$
$$s_3=x^3+y^3+z^3=\sigma_1^3-3\sigma_1\sigma_2+3\sigma_3$$
$$s_4=\sigma_1^4-4\sigma_1^2\sigma_2+2\sigma_2^2+4\sigma_1\sigma_3$$
$$x^2y+xy^2+x^2z+z^2x+y^2z+z^2y=\sigma_1\sigma_2-3\sigma_3$$
$$x^2y^2+y^2z^2+z^2x^2=\sigma_2^2-2\sigma_1\sigma_3$$

关于 x,y,z 对称的方程组可以先表示为 $\sigma_1, \sigma_2, \sigma_3$ 的方程组, 一旦求出 $\sigma_1, \sigma_2, \sigma_3$ 的值, 就可以通过求三次方程 $u^3-\sigma_1 u^2+\sigma_2 u-\sigma_3=0$ 的根 u_1, u_2, u_3, 得到原方程组的一组解 $(x_1,y_1,z_1)=(u_1,u_2,u_3)$, 再由对称性可求出其余的解.

例 10　解方程组

$$x+y+z=a, x^2+y^2+z^2=b^2, x^3+y^3+z^3=a^3$$

我们作变换 $x+y+z=\sigma_1, xy+yz+zx=\sigma_2, xyz=\sigma_3$, 得

$$\sigma_1=a, \sigma_2=\frac{1}{2}(a^2-b^2), \sigma_3=\frac{1}{2}a(a^2-b^2)$$

$$u^3-au^2+\frac{1}{2}(a^2-b^2)u-\frac{1}{2}a(a^2-b^2)=0$$

$$(u-a)\left[u^2-\frac{1}{2}(b^2-a^2)\right]=0$$

$$u_1=a, u_2=\sqrt{\frac{b^2-a^2}{2}}, u_3=-\sqrt{\frac{b^2-a^2}{2}}$$

由 (u_1,u_2,u_3) 的排列可得原方程组的 6 组解.

例 11　求方程组的所有实数解: $x+y+z=1, x^3+y^3+z^3+xyz=x^4+y^4+z^4+1$.

利用基本对称多项式可知 $\sigma_1=1, x^3+y^3+z^3=\sigma_1^3-3\sigma_1\sigma_2+3\sigma_3, x^4+y^4+z^4=\sigma_1^4-4\sigma_1^2\sigma_2+2\sigma_2^2+3\sigma_1\sigma_3$. 因为 $\sigma_1=1$, 第二个方程变为 $2\sigma_2^2-\sigma_2+1=0$, 它没有实数解.

例 12　给定 $2n$ 个两两不同的数 $a_1,\cdots,a_n, b_1,\cdots,b_n$. 一个 $n\times n$ 的表依下面的方式填

数:在第 i 行、第 j 列那个方格内填上数 $a_i + b_j$. 证明:如果每一列中所有数之积相同,那么每一行中所有数之积也相同.(AUO1991)

解:考虑下面的多项式

$$f(x) = \prod_{i=1}^{n} (x + a_i) - \prod_{j=1}^{n} (x - b_j)$$

它是一个次数小于 n 的多项式. 若

$$f(b_j) = \prod_{i=1}^{n} (a_i + b_j) = c$$

对 $j = 1, 2, \cdots, n$ 都成立,则 $f(x) - c$ 有至少 n 个不同的根. 这表明对所有 x,均有 $f(x) - c = 0$,从而

$$c = f(-a_i) = -\prod_{j=1}^{n} (-a_i - b_j) = (-1)^{n+1} \prod_{j=1}^{n} (a_i + b_j)$$

命题获证.

问　　题

1. 利用初等对称函数将 $x^3 + y^3 + z^3 - 3xyz$ 因式分解.

2. 对怎样的 $a \in \mathbf{R}$,多项式 $x^2 - (a-2)x - a - 1$ 的两个根的平方和取最小值?

3. 设 x_1, x_2 为多项式 $x^2 - 6x + 1$ 的根. 证明:对每一个非负整数 n, $x_1^n + x_2^n$ 为整数,但不是 5 的倍数.

4. 给定一个 n 次的首 1 整系数多项式 $f(x)$, $k, p \in \mathbf{N}_+$. 证明:如果数 $f(k), f(k+1), \cdots, f(k+p)$ 中没有一个数为 $p+1$ 的倍数,那么 $f(x) = 0$ 没有有理根.

5. 证明:多项式 $x^{2n} - 2x^{2n-1} + 3x^{2n-2} - \cdots - 2nx + 2n + 1$ 没有实数根.

6. 证明: $a, b, c \in \mathbf{R}, a + b + c > 0, bc + ca + ab > 0, abc > 0 \Rightarrow a, b, c > 0$.

7. 若 $f(x, y) = -f(y, x)$,则称 $f(x, y)$ 为反对称的. 证明:每一个反对称的多项式 $f(x, y)$ 可表示为 $f(x, y) = (x - y)g(x, y)$ 的形式,其中 $g(x, y)$ 为对称多项式.

8. 如果对换多项式 $f(x, y, z)$ 中任意两个变量的位置后所得多项式的值变为原来值的相反数,那么称多项式 $f(x, y, z)$ 为反对称的. 证明:若 $f(x, y, z)$ 为反对称的,则存在一个对称多项式 $g(x, y, z)$,使得 $f(x, y, z) = (x - y)(x - z)(y - z)g(x, y, z)$.

9. 证明:若 $f(x, y)$ 为对称多项式,且 $x - y | f(x, y)$,则 $(x - y)^2 | f(x, y)$.

10. 证明:若 $f(x, y, z)$ 为对称多项式,且 $x - y | f(x, y, z)$,则 $(x - y)^2 (y - z)^2 (z - x)^2 | f(x, y, z)$.

11. 解方程: $z^8 + 4z^6 - 10z^4 + 4z^2 + 1 = 0$.

12. 解方程: $4z^{11} + 4z^{10} - 21z^9 - 21z^8 + 17z^7 + 17z^6 + 17z^5 + 17z^4 - 21z^3 - 21z^2 + 4z + 4 = 0$.

13. 解方程: $(x-a)^4 + (x-b)^4 = (a-b)^4$.

14. 在整系数范围内分解因式:(a) $x^{10} + x^5 + 1$;(b) $x^4 + x^2 + 1$;(c) $x^8 + x^4 + 1$;(d) $x^9 + x^4 - x - 1$.

15. 设 $f(x) = (1 - x + x^2 - \cdots + x^{100})(1 + x + x^2 + \cdots + x^{100})$. 证明:将 $f(x)$ 展开合并同类项后,只留下 x 的偶次方项.

16. 求 $x^{100} - 2x^{51} + 1$ 被 $x^2 - 1$ 除所得的余式.

17. 确定 a, b 的值,使得 $(x-1)^2 \mid ax^4 + bx^3 + 1$.

18. 对怎样的 $n \in \mathbf{N}_+$,我们有:

(a) $x^2 + x + 1 \mid (x-1)^n - x^n - 1$?

(b) $x^2 + x + 1 \mid (x+1)^n + x^n + 1$?

19. 证明:$(x-1)^2 \mid nx^{n+1} - (n+1)x^n + 1$.

20. 证明:$m \mid n \Leftrightarrow x^m - a^m \mid x^n - a^n, a, m, x, n \in \mathbf{N}_+$.

21. 证明:$(x+1)^2 \mid x^{4n+2} + 2x^{2n+1} + 1$.

22. 证明:多项式 $1 + \dfrac{x}{1!} + \dfrac{x^2}{2!} + \cdots + \dfrac{x^n}{n!}$ 没有重根.

23. 求所有的 a,使得 -1 是 $x^5 - ax^2 - ax + 1$ 的重根.

24. 多项式 $x^3 + px^2 + qx + r$ 的一个根等于另外两个根之和,求 p, q, r 的关系.

25. 多项式 $x^5 + ax^3 + b$ 有一个不等于零的二重根,求 a 与 b 的关系.

26. 设 a, b, c 为不同的数,而二次方程
$$\frac{(x-a)(x-b)}{(c-a)(c-b)} + \frac{(x-b)(x-c)}{(a-b)(a-c)} + \frac{(x-c)(x-a)}{(b-c)(b-a)} = 1$$
有三个根 $x_1 = a, x_2 = b, x_3 = c$. 由此事实可得出什么结论?

27. 求 a, b, c,使得
$$\frac{x+5}{(x-1)(x-2)(x-3)} = \frac{a}{x-1} + \frac{b}{x-2} + \frac{c}{x-3}$$

28. 证明:$x^4 + x^3 + x^2 + x + 1 \mid x^{44} + x^{33} + x^{22} + x^{11} + 1$.

29. 解方程:$x^4 + a^4 - 3ax^3 + 3a^3x = 0$.

30. 设 x_1, x_2 为方程 $x^2 + ax + bc = 0$ 的两个根,x_2, x_3 是方程 $x^2 + bx + ac = 0$ 的两个根,这里 $ac \neq bc$. 证明:x_1, x_3 是方程 $x^2 + cx + ab = 0$ 的两个根.

31. 多项式 $ax^3 + bx^2 + cx + d$ 的系数 a, b, c, d 为整数,且 ad 为奇数,bc 为偶数. 证明:该多项式至少有一个根是无理数.

32. 设 a, b 为整数. 证明:$(x-a)^2(x-b)^2 + 1$ 不是两个次数较低的整系数多项式的乘积.

33. 设 $f(x) = ax^2 + bx + c, f(x) = x$ 没有实根. 证明:方程 $f(f(x)) = x$ 也没有实根.

34. 设 $f(x)$ 是一个首 1 整系数多项式,证明:如果存在 4 个不同的整数 a, b, c, d 使得 $f(a) = f(b) = f(c) = f(d) = 5$,那么不存在整数 k,使得 $f(k) = 8$.

35. 设 $f(x) = x^4 + x^3 + x^2 + x + 1$,求 $f(x^5)$ 除以 $f(x)$ 所得的余式.

36. 求所有的多项式 $P(x)$,使得 $P[F(x)] = F[P(x)], P(0) = 0$,这里 $F(x)$ 是一个给定的函数,并且对任意 $x \geq 0$,均有 $F(x) > x$.

37. 求满足下述函数方程的所有多项式解
$$f(x)f(x+1) = f(x^2 + x + 1)$$

38. 求所有的正整数对 (m, n),使得
$$1 + x + \cdots + x^m \mid 1 + x^n + x^{2n} + \cdots + x^{mn} \qquad \text{(USO1977)}$$

39. 设 a, b 是方程 $x^4 + x^3 - 1 = 0$ 的两个解. 证明:ab 是方程

$$x^6 + x^4 + x^3 - x^2 - 1 = 0$$

的解.（USO1977）

40. 求所有的多项式 $p(x) = x^2 + pq + q$,使得 $\max\limits_{x \in [-1,1]} |p(x)|$ 取最小值.

41. 设 $f(x) = (x^{1958} + x^{1957} + 2)^{1959} = a_0 + a_1 x + \cdots + a_n x^n$,求

$$a_0 - \frac{a_1}{2} - \frac{a_2}{2} + a_3 - \frac{a_4}{2} - \frac{a_5}{2} + a_6 - \cdots$$

的值.

42. 求 $x^{1959} - 1$ 除以 $(x^2+1)(x^2+x+1)$ 所得的余式.

43. 是否存在非常数的函数 $f(x)$,使得 $xf(y) + yf(x) = (x+y) \cdot f(x)f(y)$ 对一切 $x,y \in$ **R** 成立?

44. 求方程 $nx^{n+1} - (n+1)x^n + 1 = 0$ 的所有正数解.

45. 设 $p(x)$ 是一个整系数多项式. 证明:若存在整数 a,b,c[①],使得 $p(a) = p(b) = p(c) = -1$,则 $p(x)$ 没有整数根.

46. 求所有的多项式 $p(x)$,使得 $xp(x-1) = (x-26)p(x)$ 对一切 x 均成立.

47. 多项式 $ax^4 + bx^3 + cx^2 + dx + e$ 的系数都是整数,且对任意整数 x,该多项式的值是 7 的倍数. 证明:$7|a,7|b,7|c,7|d,7|e$.

48. 设 $a,b \in$ **R**,对任意 $-1 \leqslant x \leqslant 1$,均有 $-1 \leqslant ax^2 + bx + c \leqslant 1$. 证明:对区间 $[-1,1]$ 内任意 x,均有 $-4 \leqslant 2ax + b \leqslant 4$.

49. 证明:多项式 $1 + x + \frac{x^2}{2!} + \frac{x^3}{3!} + \cdots + \frac{x^{2n}}{(2n)!}$ 没有实根.

50. 若 $x^3 + px^2 + qx + r = 0$ 有 3 个实根,证明:$p^3 \geqslant 3q$.

51. 已知对 $n = 1, \cdots, 40, f(n) = n^2 - n + 41$ 的值都是质数,求连续 40 个整数 n,使得 $f(n)$ 都是合数. 推广此问题.

52. 求多项式函数 $x^3(x^3+1)(x^3+2)(x^3+3)$ 的最小值.

53. 是否存在多项式 $f(x)$,使得 $xf(x-1) = (x+1)f(x)$?

54. 证明:$(1+x+\cdots+x^n)^2 - x^n$ 可以表示为两个次数较低的多项式的乘积[②].

55. 若 $f(x)$ 为整系数多项式,且 $f(0)$ 与 $f(1)$ 都是奇数,证明:$f(x)$ 没有整数根.

56. 求一个 3 次方程,使得其根是下面方程的根的 3 次方

$$x^3 + ax^2 + bx + c = 0$$

57. 求所有的多项式 $f(x)$,使得 $f(x)f(2x^2) = f(2x^3+x)$.

58. 若 $a_1, \cdots, a_n \in$ **Z**,且它们两两不同,证明:$(x-a_1)\cdots(x-a_n) - 1$ 不可约[③].

59. 求所有的多项式 f,使得:(a)$f(x^2) + f(x)f(x+1) = 0$;(b)$f(x^2) + f(x)f(x-1) = 0$.

60. 对怎样的 k,多项式 $x^3 + y^3 + z^3 + kxzy$ 能被 $x+y+z$ 整除?

61. 给定一个多项式,其系数为:(a)自然数;(b)整数. 设 a_n 为 $f(n)$ 在十进制表示下各位数字之和,证明:存在一个数,它在数列 $a_1, a_2, a_3, \cdots$ 中出现无穷多次.

---

① 应为不同的整数. ——译者注
② 这里 $n \geqslant 2$. ——译者注
③ 指在整数范围内不可约. ——校注

62. 求所有的整数对 (x,y)，使 $x^3 + x^2 y + xy^2 + y^3 = 8(x^2 + xy + y^2 + 1)$.

63. 设 $n > 1$ 为整数，$f(n) = x^n + 5x^{n-1} + 3$. 证明：$f(x)$ 在整系数范围内不可约.
（IMO1993）

64. 设 $f(x)$ 和 $g(x)$ 为非零多项式，满足 $f(x^2 + x + 1) = f(x)g(x)$. 证明：$f(x)$ 为偶次多项式.

65. 一个多项式 $f(x) = x^4 + *x^3 + *x^2 + *x + 1$ 的 3 个用星号表示的系数不确定. A, B 两人轮流将其中的一个星号用实数替代，直至所有的星号都被实数替代. 如果所得方程的所有根都是复根，则 A 赢；如果至少有一个实根，则 B 赢. 证明：尽管 B 只有一次操作机会，但是 B 仍可赢得比赛.

66. 求所有的实数 a, b, c，使得对 $|x| \leqslant 1$，均有 $|f(x)| = |ax^2 + bx + c| \leqslant 1$，且 $\dfrac{8}{3} a^2 + 2b^2$ 取最大值.

67. 求所有具有下述性质的二元多项式 P：

（ⅰ）对某个正整数 n 及所有实数 t, x, y，均有 $P(tx, ty) = t^n P(x, y)$.

（ⅱ）对所有实数 a, b, c，均有 $P(b+c, a) + P(c+a, b) + P(a+b, c) = 0$.

（ⅲ）$P(1, 0) = 1$.
（IMO1975）

68. 设 $P_1(x) = x^2 - 2, P_j(x) = P_1(P_{j-1}(x)), j = 2, 3, \cdots$，证明：对任意正整数 n，方程 $P_n(x) = x$ 的根都为实数，且两两不同.

69. 多项式 $ax^2 + bx + c(a > 0)$ 有两个实根 x_1, x_2，证明
$$|x_i| \leqslant 1, (i = 1, 2) \Leftrightarrow a + b + c \geqslant 0, a - b + c \geqslant 0, a - c \geqslant 0$$

70. 求所有的复系数多项式 f，使得 $f(x)f(-x) = f(x^2)$.

71. 多项式 $f(x)$ 为整系数多项式，且对整数 $k, k+1, k+2$，多项式 f 的值为 3 的倍数. 证明：对任意整数 $m, f(m)$ 都是 3 的倍数.

72. 多项式 $P(x) = x^n + a_1 x^{n-1} + \cdots + a_{n-1}x + 1$ 的系数 $a_1, \cdots, a_{n-1}$ 都是非负数，且有 n 个实根. 证明：$P(2) \geqslant 3^n$.

73. 多项式 $x^{105} - 9$ 在整系数范围内是否可约？

74. 证明：若 $5 \nmid a$，则多项式 $f(x) = x^5 - x + a$ 在整系数范围内不可约.

75. 如果方程 $x^4 + ax^3 + bx^2 + ax + 1 = $ 有实根，求 $a^2 + b^2$ 的最小值.

76. 是否可能多项式 $P(x) = ax^2 + bx + c, Q(x) = cx^2 + ax + b, R(x) = bx^2 + cx + a$ 都有两个实根？

77. 证明：对任意实数 a, b，均有 $a^2 + ab + b^2 \geqslant 3(a + b - 1)$.

78. 求下面的多项式方程的所有正整数解 (x, y)
$$4x^3 + 4x^2 y - 15xy^2 - 18y^3 - 12x^2 + 6xy + 36y^2 + 5x - 10y = 0$$

79. 求下述方程的所有实数解 (x, y)
$$y^4 + 4y^2 x - 11y^2 + 4xy - 8y + 8x^2 - 40x + 52 = 0$$

80. 将多项式 $x^8 + 98x^4 + 1$ 分解为两个次数较低的整系数多项式之和.

81. 证明：对任意一个次数大于 1 的多项式 $p(x)$，可以用另一个多项式 $q(x)$ 代替 x，使得 $p(q(x))$ 可以分解为两个非常数的多项式之积（这里的多项式都是整系数的）.

82. 已知整系数多项式 $p(x)$ 满足：对任意整数 n，均有 $p(n) > n$. 考虑数列 $x_1 = 1, x_2 =$

$p(x_1)$,…. 我们知道,对任意正整数 N,该数列中存在一项,它是 N 的倍数,证明:$p(x) = x + 1$.

解　答

1. $x^3 + y^3 + z^3 - 3xyz = s_3 - 3\sigma_3 = \sigma_1(\sigma_1^2 - 3\sigma_2) = (x + y + z)(x^2 + y^2 + z^2 - xy - yz - zx)$.

2. $x_1^2 + x_2^2 = (x_1 + x_2)^2 - 2x_1 x_2 = (a - 2)^2 + 2(a + 1) = a^2 - 2a + b = (a - 1)^2 + 5 \geqslant 5$,等号在 $a = 1$ 时取到.

3. 由条件知 $s_1 = x_1 + x_2 = 6, x_1 x_2 = 1$. 记 $s_n = x_1^n + x_2^n$. 在对称多项式的讨论中我们建立了递推式 $s_n = 6s_{n-1} - s_{n-2}$. 由 $s_0 = 2, s_1 = 6$,可知该递推式确定的数列的每一项都是整数,将 s_n 模 5,递推式变为 $s_n = s_{n-1} - s_{n-2} \pmod 5$,于是

$$s_0 \equiv 2, s_1 \equiv 1, s_2 \equiv 4, s_3 \equiv 3, s_4 \equiv 4, s_5 \equiv 1, s_6 \equiv 2, s_7 \equiv 1, \cdots$$

经 6 步后,数对 $(2,1)$ 重复出现,所以该数列呈周期变化,且不出现零(即没有 5 的倍数).

注:数列 $s_n = 6s_{n-1} - s_{n-2}$ 的特征方程为 $x^2 - 6x + 1 = 0$,其通项为 $s_n = (3 + \sqrt{8})^n + (3 - \sqrt{8})^n$.

4. 由条件可知 $f(x) = 0$ 的有理根必为整数根. 设 $f(x)$ 有整数根 $x_0 = m$,即 $f(m) = 0$,则可记 $f(x) = (x - m)g(x)$,其中 $g(x)$ 为整系数多项式,分别令 $x = k, k + 1, \cdots, k + p$,得 $f(k) = (k - m)g(k), f(k + 1) = (k + 1 - m)g(k + 1), \cdots, f(k + p) = (k + p - m)g(k + p)$. 由于连续 $p + 1$ 个整数 $k - m, k + 1 - m, \cdots, k + p - m$ 中必有一个数为 $p + 1$ 的倍数,这导致 $f(k), \cdots, f(k + p)$ 中有一个数为 $p + 1$ 的倍数,与初始条件矛盾.

5. 显然当 $x \leqslant 0$ 时,有 $p(x) > 0$. 现设 $x > 0$,我们用处理等比数列的方式来将 $p(x)$ 变形

$$p(x) = x^{2n} - 2x^{2n-1} + 3x^{2n-2} - \cdots - 2nx + 2n + 1$$
$$xp(x) = x^{2n+1} - 2x^{2n} + 3x^{2n-1} - 4x^{2n-2} + \cdots + (2n + 1)x$$

两式相加,得

$$xp(x) + p(x) = x^{2n+1} - x^{2n} + x^{2n-1} - x^{2n-2} + \cdots + x + 2n + 1$$
$$(1 + x)p(x) = x \cdot \frac{1 + x^{2n+1}}{1 + x} + 2n + 1$$

由此可知 $x > 0$ 时,$p(x) > 0$.

6. 记 $a + b + c = u, ab + bc + ca = v, abc = w$,则 a, b, c 是方程 $x^3 - ux^2 + vx - w = 0$ 的根. 该方程在 $u, v, w > 0$ 时没有负数根. 事实上,对 $x < 0$,方程的左边每一项都是负数,甚至当 $x = 0$ 时,左边为 $-w$,所以 $a, b, c > 0$.

7. 提示:$f(x, y) = -f(y, x)$ 蕴含 $f(x, x) = -f(x, x)$,故 $f(x, x) = 0$. 因此 $f(x, y) = (x - y)g(x, y)$.

8. 提示:$x = y, y = z, x = z$ 为该多项式的根.

9. 提示:由于 $f(x, y)$ 为对称的,于是在 $f(x, y) = (x - y)g(x, y)$ 中,g 必为反对称的,从而 g 为 $x - y$ 的倍式.

10. 提示:从前面的结果可得.

11. 两边除以 z^4,得 $\left(z^4 + \dfrac{1}{z^4}\right) + 4\left(z^2 + \dfrac{1}{z^2}\right) - 10 = 0$,令 $u = z + \dfrac{1}{z}$,可得 $u^4 = 16$,解得 $u_1 =$

$2, u_2 = 2\mathrm{i}, u_3 = -2, u_4 = -2\mathrm{i}.$ 由 $z + \dfrac{1}{z} = u$，我们得到 $z = \dfrac{u}{2} \pm \sqrt{\dfrac{u^2}{4} - 1}$，用上面的 u 的 4 个值

代入，得 $z_{1,2} = 1, z_{3,4} = -1, z_{5,6} = \mathrm{i}(1 \pm \sqrt{2}), z_{7,8} = -\mathrm{i}(1 \pm \sqrt{2}).$

12. 易知一个奇次的互倒方程有一个根 $z = -1$，故方程左边是 $z + 1$ 的倍式，得 $(z+1) \cdot$ $(4z^{10} - 21z^8 + 17z^6 + 17z^4 - 21z^2 + 4) = 0.$ 第一个因式的根为 $z_1 = -1.$ 在第二个因式中作变换

$u = z + \dfrac{1}{z}$，可得 $u(4u^4 - 41u^2 + 100) = 0, u_1 = 0, u_2 = -\dfrac{5}{2}, u_3 = \dfrac{5}{2}, u_4 = 2, u_5 = -2$，总计得到

11 个根：$z_1 = -1, z_2 = \mathrm{i}, z_3 = -\mathrm{i}, z_4 = -2, z_5 = -\dfrac{1}{2}, z_6 = 2, z_7 = \dfrac{1}{2}, z_8 = z_9 = -1, z_{10} = z_{11} = 1.$

13. 注意到 $x_1 = a, x_2 = b$ 是解，将原方程变形为

$$x^4 - 2(a+b)x^3 + 3(a^2 + b^2)x^2 - 2(a^3 + b^3)x + 2ab^3 - 3a^2b^2 + 2a^3b = 0$$

现在得

$$x_1 + x_2 + x_3 + x_4 = 2a + 2b$$
$$x_1 x_2 x_3 x_4 = 2ab^3 - 3a^2b^2 + 2a^3b$$

而

$$x_1 + x_2 = a + b, \quad x_1 x_2 = ab$$

故

$$x_3 + x_4 = a + b, \quad x_3 x_4 = 2a^2 - 3ab + 2b^2$$

从而 x_3, x_4 是方程 $x^2 - (a+b)x + 2a^2 - 3ab + 2b^2 = 0$ 的根，于是

$$x_{3,4} = \frac{a+b}{2} \pm \frac{a-b}{2}\sqrt{7}\,\mathrm{i}$$

（另一个途径是作变换：$y = x - a, z = x - b, a - b = z - y.$）

14. (a) 用三次单位根 ω 代替其中的 x，得 $\omega + \omega^2 + 1 = 0$，于是 $x^{10} + x^5 + 1$ 有一个因式 $x^2 + x + 1.$ 用 $x^2 + x + 1$ 去除，得

$$x^{10} + x^5 + 1 = (x^2 + x + 1)(x^8 - x^7 + x^5 - x^4 + x^3 - x + 1)$$

(b) $x^4 + x^2 + 1 = x^4 + 2x^2 + 1 - x^2 = (x^2 + 1)^2 - x^2 = (x^2 - x + 1)(x^2 + x + 1).$

(c) $x^8 + x^4 + 1 = x^8 + 2x^4 + 1 - x^4 = (x^4 + 1)^2 - x^4 = (x^2 - x + 1)(x^2 + x + 1)(x^4 - x^2 + 1).$

(d) $x^9 + x^4 - x - 1 = x(x^8 - 1) + (x^4 - 1) = (x^4 - 1)(x^5 + x + 1) = (x - 1)(x + 1)(x^2 +$ $1)(x^2 + x + 1)(x^3 - x^2 + 1).$

15. 提示：改变 $f(x)$ 中 x 的符号相当于改变各因式中 x 的符号.

16. 设 $x^{100} - 2x^{51} + 1 = (x^2 - 1)q(x) + ax + b.$ 令 $x = 1$，得关系式 $a + b = 0$；令 $x = -1$，得关系式 $b - a = 4$，故余式为 $-2x + 2.$

17. 由 $f(1) = 0$ 及 $f'(1) = 0$ 可知 $a + b + 1 = 0$ 和 $4a + 3b = 0$，得 $a = 3, b = -4.$

18. 由于 $x^2 + x + 1 = 0$ 有根 ω 和 ω^2，满足 $\omega^2 + \omega + 1 = 0, \omega^3 = 1, \omega^2 = \dfrac{1}{\omega}.$

(a) 对 $n = 6k + 1$，有 $(\omega + 1)^n - \omega^n - 1 = -\omega^2 - \omega - 1 = 0.$ 对 $n = 6k - 1$，有 $(-\omega^2)^{-1} -$ $\omega^{-1} - 1 = -\omega - \omega^2 - 1 = 0$，而对 $n = 6k, n = -6k \pm 2, n = 6k + 3$，所得的值不为零.

(b) 对 $n = 6k \pm 2$，所得值为零，而对 $n = 6k, n = 6k \pm 1, n = 6k + 3$，其值不是零.

19. $f(1) = n - (n+1) + 1 = 0$，且 $f'(1) = n(n+1) - (n+1)n = 0.$

20. 设 $n = mq + r, 0 \leqslant r < m$，我们得

$$x^n - a^n = x^{mq}x^r - a^{mq}a^r = x^{mq}x^r - a^{mq}x^r + a^{mq}x^r - a^{mq}a^r$$
$$= x^r(x^{mq} - a^{mq}) + a^{mq}(x^r - a^r)$$

第一个圆括号内的式子能被 $x^m - a^m$ 整除. 因此要第二个圆括号内的式子也能被 $x^m - a^m$ 整除, 这只有在 $r = 0$ 时可能.

这里还有基于单位根的另一个证明

$$\frac{x^n - a^n}{x^m - a^m} = \frac{(x-a)(x-\omega a)(x-\omega^2 a)\cdots(x-\omega^{n-1}a)}{(x-a)(x-\varepsilon a)(x-\varepsilon^2 a)\cdots(x-\varepsilon^{m-1}a)}$$

因此, 每一个 m 次单位根必须是一个 n 次单位根, 即

$$\varepsilon = \omega^k, \varepsilon^2 = \omega^{2k}, \cdots, \varepsilon^{m-1} = \omega^{(m-1)k}, \varepsilon^m = \omega^{mk} = 1$$

现在由 $mk = n$ 可得 $m \mid n$.

21. $f(-1) = 1 - 2 + 1 = 0, f'(-1) = -(4n+2) + 2(2n+1) = 0$.

22. 若 $f(x)$ 有重根 z, 则 $f(z) = f'(z) = 0$. 对题中所给的多项式, 我们有 $f(x) = f'(x) + \frac{x^n}{n!}$. 这要求重根 z 满足 $z = 0$, 但是 $f(0) = 1$.

23. $f(-1) = -1 - a + a + 1 = 0, f'(-1) = 5 + 2a - a = 5 + a = 0$, 故 $a = -5$.

24. $x_1 + x_2 + x_3 = -p, x_1x_2 + x_2x_3 + x_3x_1 = q, x_1x_2x_3 = -r, x_3 = x_1 + x_2$ 导出关系式 $p^3 - 4pq + 8r = 0$.

25. 我们从式子 $f(x) = x^5 + ax^3 + b = 0$ 和 $f'(x) = 5x^4 + 3ax^2 = 0$ 中消去 x, 结合 $x \neq 0$, 可知 $5^5b^2 + 108a^3 = 0$.

26. 这是一个对所有 x 均成立的恒等式.

27. $(x+5) = a(x-2)(x-3) + b(x-1)(x-3) + c(x-1)(x-2)$, 分别取 $x = 1, 2, 3$, 得 $a = 3, b = -7, c = 4$.

28. 设 $\omega^5 = 1$, 则 $\omega^{44} + \omega^{33} + \omega^{22} + \omega^{11} + 1 = \omega^4 + \omega^3 + \omega^2 + \omega + 1 = 0$, 故左边多项式的根都是右边多项式的根, 从而整除性获证.

29. 两边除以 a^2x^2, 得 $\left(\frac{x}{a} - \frac{a}{x}\right)^2 - 3\left(\frac{x}{a} - \frac{a}{x}\right) + 2 = 0$. 该二次方程导出 $\frac{x}{a} - \frac{a}{x} = 2$ 和 $\frac{x}{a} - \frac{a}{x} = 1$, 解得 $x_{1,2} = a(1 \pm \sqrt{2})$ 和 $x_{3,4} = \frac{-1 \pm \sqrt{5}}{2}a$ (几乎互倒的方程).

30. 需要证明: $ac \neq bc, x_1x_2 = bc, x_2x_3 = ac, x_1 + x_2 = -a, x_2 + x_3 = -b \Rightarrow x_1 + x_3 = -c, x_1x_3 = ab$.

完成该证明要一点小技巧, 但仍是常规的变形.

31. 若多项式的 3 个根 $x_i (i = 1, 2, 3)$ 都是有理数, 则

$$ax^3 + bx^2 + cx + d = 0 \Rightarrow (ax)^3 + b(ax)^2 + ac(ax) + a^2d = 0$$

令 $y = ax$, 得

$$y^3 + by^2 + acy + a^2d = 0 \tag{1}$$

则 y_i 都是式 (1) 的有理根, 它们都必须为整数. 而由于它们都是 a^2d 的约数, 故 y_i 都是奇数, 由于 $y_1 + y_2 + y_3 = -b, y_1y_2 + y_2y_3 + y_3y_1 = ac$, 故 b 与 ac 都是奇数. 进而 b, c 都是奇数, 这与 bc 为偶数矛盾.

32. 设 $(x-a)^2(x-b)^2+1=p(x)q(x)$. 由于 $p(a)=q(a)=p(b)=q(b)=1$,故 $p(x)-1$ 与 $q(x)-1$ 都是 $(x-a)(x-b)$ 的倍式. 我们可设 $p(x)-1=(x-a)(x-b)$, $q(x)-1=(x-a)(x-b)$,从而 $p(x)q(x)=(1+(x-a)(x-b))^2=(x-a)^2(x-b)^2+1+2(x-a)\cdot(x-b)$,这要求 $(x-a)(x-b)=0$,矛盾.

33. 若 $f(x)=x$ 没有实根,则对任意 x,均有 $f(x)>x$;或者对任意 x,均有 $f(x)<x$. 由此推出,对任意 x,均有 $f(f(x))>f(x)>x$;或者对任意 x,均有 $f(f(x))<f(x)<x$.

34. 记 $g(x)=f(x)-5$,则 $x-a,x-b,x-c,x-d$ 都是 $g(x)$ 的因式. 于是,我们可记 $g(x)=(x-a)(x-b)(x-c)(x-d)h(x)$. 若存在整数 r,使得 $f(r)=8$,则 $g(r)=f(r)-5=3$,或 $(r-a)(r-b)(r-c)(r-d)h(r)=3$. 左边是 5 个整数的乘积,并且其中至少有 4 个数不同,但右边至多有 3 个不同的约数 $1,-1,-3$.

35. 记 $x^{20}+x^{15}+x^{10}+x^5+1=(x^4+x^3+x^2+x+1)q(x)+r(x)$,这里 $r(x)=ax^3+bx^2+cx+d$. 设 ω 为 5 次单位根,令 $x=\omega,\omega^2,\omega^3,\omega^4$,它们都是 $x^4+x^3+x^2+x+1$ 的根,故 $r(\omega)=5,r(\omega^2)=5,r(\omega^3)=5,r(\omega^4)=5$. 如果一个次数至多为 3 的多项式在 4 个不同的 x 上取值都是 5,那么对任意 x,该多项式的值都为 5,故 $r=5$ 为一个常数.

我们考虑另一种解法,它不需要用到 5 次单位根:由 $f(x)=x^4+x^3+x^2+x+1$,可知 $(x-1)f(x)=x^5-1$,而

$$f(x^5)=\underbrace{(x^{20}-1)+(x^{15}-1)+(x^{10}-1)+(x^5-1)}_{q(x)f(x)}+5$$

余式为 5.

36. 设 $F(0)=a_0>0$,则 $P(F(0))=F(P(0))\Leftrightarrow P(a_0)=a_0$. 类似地,我们得 $F(a_n)=a_{n+1},P(a_n)=a_n$,且 $a_{n+1}>a_n$,因此我们必须寻找所有与 $y=x$ 有无穷多个交点的多项式,故 $P(x)-x$ 有无穷多个根,也就是 $P(x)=x$.

37. 该多项式函数方程由 Harold N. Shapiro 提出,在

$$f(x)f(x+1)=f(x^2+x+1) \tag{1}$$

中用 $x-1$ 代替 x,得

$$f(x-1)f(x)=f(x^2-x+1) \tag{2}$$

若 $f(x)$ 为常数 c,则 $c^2=c$,有解 $f(x)\equiv0$ 和 $f(x)\equiv1$.

现在设 $f(x)$ 不为常数,则它至少有一个复根,设 z 是离原点 O 最远的复根. 下面利用极端原理来处理,由式(1)和式(2)可知 $f(z^2+z+1)=f(z^2-z+1)=0$,从而 $z\neq0$. 如果还有 $z^2+1\neq0$,则由于 $z,z^2+z+1,z^2-z+1,-z$ 为一个平行四边形的顶点,从而 z^2-z+1 和 z^2+z+1 中有一个模长大于 $|z|$,这与 z 的取法矛盾,故 $z^2+1=0$,即 $z=\pm i$ 均为 f 的零点. 于是可设

$$f(x)=(x^2+1)^m g(x),m\in\mathbf{N}_+,x^2+1\nmid g(x)$$

代入式(1),利用 $(x^2+1)(x^2+2x+2)=x^4+2x^3+3x^2+2x+2$,可知 g 也满足式(1). 由于 g 不是 x^2+1 的倍式,故 $g(x)\equiv1$,从而

$$f(x)=(x^2+1)^m$$

是式(1)的一般的多项式解. 进一步的问题是:求满足式(1)的在定义域内连续或可导的函数.

38. 我们需要求 (m,n)，使得

$$\frac{(x^{(m+1)n}-1)(x-1)}{(x^{m+1}-1)(x^n-1)}$$

是一个多项式. 但是 $x^{m+1}-1$ 与 x^n-1 都是 $x^{(m+1)n}-1$ 的因式, 而 $x^{(m+1)n}-1$ 的因式都不相同, 故其充要条件是 $x^{m+1}-1$ 与 x^n-1 除 $x-1$ 外没有其他公因式, 这等价于 $\gcd(m+1,n)=1$.

39. 设 $x^4+x^3-1=(x-a)(x-b)(x-c)(x-d)=x^4-(a+b+c+d)x^3+(ab+ac+ad+bc+bd+cd)x^2-(abc+abd+acd+bcd)x+abcd$. 比较系数, 得 $a+b+c+d=-1$, $ab+(a+b)(c+d)+cd=0$, $ab(c+d)+cd(a+b)=0$, $abcd=1$. 消去 cd 和 $c+d$, 得 $cd=\dfrac{1}{ab}$, $c+d=1-a-b$, 代入第 2 和第 3 个等式, 得 $ab-ab(1+a+b)+\dfrac{1}{ab}=0$ 和 $ab(1+a+b)+\dfrac{a+b}{ab}=0$, 再消去 $a+b$, 并记 $u=ab$, 即得 $u^6+u^4+u^3-u^2-1=0$.

40. 答案为 $p(x)=x^2-\dfrac{1}{2}$.

41. 由 $f(x)=(x^{1958}+x^{1957}+2)^{1959}=a_0+a_1x+a_2x^2+\cdots+a_nx^n$ 知

$$f(\omega)=1=a_0+a_1\omega+a_2\omega^2+a_3+a_4\omega+a_5\omega^2+\cdots$$
$$f(\omega^2)=1=a_0+a_1\omega^2+a_2\omega+a_3+a_4\omega^2+a_5\omega+\cdots$$

上述二式相加, 利用 $\omega^2+\omega=-1$, 两边再除以 2, 得

$$1=a_0-\frac{a_1}{2}-\frac{a_2}{2}+a_3-\frac{a_4}{2}-\frac{a_5}{2}+\cdots$$

42. 设 $x^{1959}-1=(x^2+1)(x^2+x+1)q(x)+ax^3+bx^2+cx+d$. 取 $x=i$, 得 $-ai-b+ci+d=-i-1$; 取 $x=-i$, 得 $ai-b-ci+d=i-1$; 取 $x=\omega$, 得 $a+b\omega^2+c\omega+d=0$; 取 $x=\omega^2$, 得 $a+b\omega+c\omega^2+d=0$, 解出 a,b,c,d, 我们得 $a=1$, $b=c=0$, $d=-1$, 余式为 x^3-1.

43. $y=x\Rightarrow2xf(x)(1-f(x))=0\Rightarrow f(x)\equiv0$ 或 $f(x)\equiv1$.

44. 方程 $nx^{n+1}-(n+1)x^n+1=0$ 有一个根 $x=1$, 求导数得方程 $n(n+1)x^{n-1}(x-1)=0$, 故 $x=1$ 是二重根. 我们证明: $x>1$ 或 $0<x<1$ 时, 方程左边大于零.

$$nx^{n+1}-(n+1)x^n+1$$
$$=nx^n(x-1)-(x^n-1)$$
$$=(x-1)(nx^n-x^{n-1}-x^{n-2}-\cdots-1)$$

由 $x>1\Rightarrow$ 对任意 $n>k$, 有 $x^n>x^k\Rightarrow nx^n-x^{n-1}-\cdots-1>nx^n-nx^{n-1}>0$. 由 $0<x<1\Rightarrow$ 对任意 $n<k$, 有 $x^n<x^k\Rightarrow nx^n-x^{n-1}-\cdots-1<nx^n-nx^{n-1}$.

45. 记 $p(x)=(x-a)(x-b)(x-c)q(x)-1$. 若 $p(x)$ 有整根 z, 则 $p(z)=(z-a)(z-b)\cdot(z-c)q(z)-1=0$. 左边第一项中最初的三个因子是不同的, 这样, 我们就将 1 表示成了 4 个因子之积, 并且其中前 3 个因子两两不同. 这是不可能的, 因为 1 只有两个不同的约数 1 和 -1.

46. $x|p(x)\Rightarrow x-1|p(x-1)\Rightarrow x-1|p(x)\Rightarrow x-2|p(x-1)\Rightarrow x-2|p(x)\Rightarrow\cdots\Rightarrow x-25|p$. 于是, $p(x)=x(x-1)\cdots(x-25)q(x)$, $p(x-1)=(x-1)\cdots(x-26)q(x-1)$. 代入最初的函数方程, 得 $q(x)=q(x-1)$, 故 $q(x)=a$ 为常数, 所以 $p(x)=ax(x-1)\cdots(x-25)$.

47. 对 $x=0,1,-1,2,-2$, 有 $7\mid f(x)$, 从而 $7\mid e,7\mid a+b+c+d,7\mid a-b+c-d,7\mid 16a+8b+4c+2d,7\mid 16a-8b+4c-2d$, 这表明 $7\mid a+c,7\mid b+d,7\mid 4a+c,7\mid 4b+d$ 或 $7\mid a,b,c,d$.

48. 设 $f(x)=ax^2+bx+c$ 满足: 对任意 $|x|\leqslant 1$, 均有 $|f(x)|\leqslant 1$. 由于 $f'(x)=2ax+b$ 是一个线性函数, 可以假设其最大值在 $x=-1$ 或 $x=1$ 时取到, 故

$$\max_{|x|\leqslant 1}|f'(x)|=|2a+b|\text{或}|2a-b|$$

$$2a+b=\frac{3}{2}(a+b+c)+\frac{1}{2}(a-b+c)-2c$$

$$=\frac{3}{2}f(1)+\frac{1}{2}f(-1)-2f(0)$$

$$2a-b=\frac{1}{2}f(1)+\frac{3}{2}f(-1)-2f(0)$$

$$|2a+b|\leqslant \frac{3}{2}+\frac{1}{2}+2=4,|2a-b|\leqslant \frac{1}{2}+\frac{3}{2}+2=4$$

所以 $\max\limits_{|x|\leqslant 1}|f'(x)|\leqslant 4$. 多项式 $f(x)=2x^2-1$ 满足题中的条件, 并且 $|f'(x)|=|4x|=4$ 在 $x=\pm 1$ 时成立.

49. 记方程左边为 $f(x)$, 则 $f(x)=f'(x)+\dfrac{x^{2n}}{(2n)!}$. 由于 $f(x)$ 是一个首项系数大于零的偶次多项式, 故其最小值存在, 设在 $x=z$ 时取到, 则可设 $z\neq 0^{①}$, $f'(z)=0$, 从而 $f(z)=\dfrac{z^{2n}}{(2n)!}>0$, 所以对任意实数 $x,f(x)$ 不为零.

50. 记 $f(x)=x^3+px^2+qx+r$, 则 $f'(x)=3x^2+2px+q$, 其临界点均为方程 $f'(x)=0$ 的解, 它们均满足 $3x=-p\pm\sqrt{p^2-3q}$. 若 $p^2<3q$, 则 $f(x)$ 没有临界点, 从而 $f(x)$ 单调递增, 不能有 3 个实数解. 为使原方程有 3 个实根, $p^2\geqslant 3q$ 是一个必要条件, 但它不是充分条件.

51. 记 $a_k=k^2-k+41,k=1,2,\cdots,40$. 令 $A=a_1a_2\cdots a_{40}$, 则对 $k=1,2,\cdots,40$, 我们有
$$f(A+k)=(A+k)^2-(A+k)+41=A^2+(2k-1)A+a_k$$
由于 $a_k\mid A$, 故 $f(A+k)$ 是一个合数. 这一方法可推广到一般的二次多项式 $f(n)=an^2+bn+c$. 设 $x=f(1)\cdots f(k)$, 则 $f(x+i)=ax^2+2aix+bx+f(i)$, 从而 $f(i)\mid f(x+i),i=1,2,\cdots,k$, 得到 k 个连续整数 $x+1,\cdots,x+k$ 上多项式的值都为合数.

52. 令 $t=x^3$, 则 $f(x)=t(t+1)(t+2)(t+3)=(t^2+3t)(t^2+3t+2)=u(u+2)=(u+1)^2-1=(t^2+3t+1)^2-1=(x^6+3x^3+1)^2-1\geqslant -1$, 并且可知 $f_{\min}(x)=-1$ 在方程 $x^6+3x^3+1=0$ 的实根上取到.

53. 令 $x=0$, 得 $f(0)=0$. 若 $f(n)=0$, 则由 $(n+1)f(n)=(n+2)f(n+1)$ 可知 $f(n+1)=0$, 于是 $f(x)$ 是无穷多个零点, 故 $f(x)\equiv 0$.

54. $(1+x+\cdots+x^n)^2-x^n=(1+x+\cdots+x^{n-1})(1+x+\cdots+x^{n+1})$.

55. 提示: 整数 $-a$ 与 $1-a$ 中恰有一个为偶数. 若 $f(a)=0$, 则 $f(x)=(x-a)g(x)$, 从而 $f(0)=-ag(a),f(1)=(1-a)g(1)$, 故 $f(0)$ 与 $f(1)$ 不能都是奇数.

56. **解法一:** 设 $P(x)$ 为所给的多项式, $Q(x)$ 是要求的多项式, 则 $Q(x^3)=(x^3-x_1^3)(x^3-$

---

① 若 $z=0$, 则 $f(x)\geqslant 1,f(x)$ 无实根. ——译者注

$x_2^3)(x^3 - x_3^3) = P(x)P(\omega x)P(\omega^2 x)$,这是因为 $x^3 - x_1^3 = (x - x_1)(x - \omega x_1)(x - \omega^2 x_1)$,$\omega^3 = 1$,计算中可以利用下述等式来简化

$$(u + v + w)(u + \omega v + \omega^2 w)(u + \omega^2 v + \omega w)$$
$$= u^3 + v^3 + w^3 - 3uvw$$

解法二:直接计算. 设 $P(x) = x^3 + ax^2 + bx + c = (x - x_1)(x - x_2)(x - x_3)$,$x_1 + x_2 + x_3 = -a$,$x_1 x_2 + x_2 x_3 + x_3 x_1 = b$,$x_1 x_2 x_3 = -c$,$Q(x) = x^3 + Ax^2 + Bx + C = (x - x_1^3)(x - x_2^3)(x - x_3^3)$,$A = -(x_1^3 + x_2^3 + x_3^3)$,$B = x_1^3 x_2^3 + x_2^3 x_3^3 + x_3^3 x_1^3$,$C = -(x_1 x_2 x_3)^3 = c^3$,$(x_1 + x_2 + x_3)^3 = x_1^3 + x_2^3 + x_3^3 + 3(x_1 + x_2 + x_3)(x_1 x_2 + x_2 x_3 + x_3 x_1) - 3x_1 x_2 x_3$,$-a^3 = -A - 3ab + 3c \Rightarrow A = a^3 - 3ab + 3c$,$b^3 = (x_1 x_2 + x_2 x_3 + x_3 x_1)^3 = B + 3bca - 3c^2 \Rightarrow B = b^3 - 3abc + 3c^2$,$Q(x) = x^3 + (a^3 - 3ab + 3c)x^2 + (b^3 - 3abc + 3c^2)x + c^3$.

57. 显然 $f(x) \equiv 0$ 是一个解. 现设 $f(x) \not\equiv 0$,比较两边的系数可知 $f(x)$ 的首项系数和 $f(0)$ 都为 1,从而 $f(0) = 1$ 是所有零点的乘积. 设 α 是一个零点,则 $2\alpha^3 + \alpha$ 也是一个零点,利用三角不等式可知 $|\alpha| > 1 \Rightarrow |2\alpha^3 + \alpha| \geq |2\alpha^3| - |\alpha| > |\alpha| > 1$,这样得到了无穷多个零点 $\alpha_1 = \alpha$,$\alpha_{n+1} = 2\alpha_n^3 + \alpha_n$,矛盾. 而所有零点的乘积为 1,所以每一个零点的模都为 1[①],于是 $|\alpha| = 1$,$|2\alpha^3 + \alpha| = |\alpha| \cdot |2\alpha^2 + 1| = |2\alpha^2 + 1| = 1$,故 $1 = |2\alpha^2 + 1| \geq |2\alpha^2| - 1 = 1$,所以 $\alpha^2 = -1$,我们的结论为 $f(x) = (1 + x^2)^n$.

58. 设 $(x - a_1) \cdots (x - a_n) - 1 = f(x)g(x)$,这里 $f(x)$ 与 $g(x)$ 都是整系数多项式,则 $f(a_i) = -g(a_i) = \pm 1$,$i = 1, 2, \cdots, n$. 若 f, g 的次数都不超过 $n - 1$,从而 $f(x) + g(x)$ 的次数也不超过 $n - 1$,从而 $f(x) + g(x) \equiv 0$,这是因为它有 n 个零点. 于是,$(x - a_1)(x - a_2) \cdots (x - a_n) - 1 = -f(x)^2$,这是不可能的,因为左边 x^n 的系数为 1,而右边小于零.

59. (a)$f(z) = 0 \Rightarrow f(z^2) = 0$,$f((z-1)^2) = 0$. f 的零点组成的集合为有限集,并且映射 $z \to z^2$ 在该集合上封闭,故 z 在原点 O 或单位圆上,又该集合对映射 $z \to (z-1)^2$ 封闭,故这样的零点只能为 0 或 1. 于是 $f(x) = ax^m(x-1)^n$,代入函数方程得 $ax^{2m}(x^2-1)^n + ax^m(x-1)^n a(x+1)^m x^n = 0$.

情形一:$a = 0$,则 $f(x) = 0$.

情形二:$a \neq 0 \Rightarrow x^m(x+1)^n + ax^n(x+1)^m = 0 \Rightarrow 1 + ax^{n-m}(x+1)^{m-n} = 0 \Rightarrow n = m$,$a = -1 \Rightarrow f(x) = -x^n(x-1)^n$,$n = 0, 1, 2, \cdots$.

(b)类似可知 $f(x) \equiv 0$ 或 $f(x) = -(x^2 + x + 1)^n$,$n \geq 0$.

60. 要求 $x^3 + y^3 + z^3 + kxyz = (x + y + z)f(x, y, z)$. 令 $z = -x - y$,得 $x^3 + y^3 + z^3 + kxyz = x^3 + y^3 - (x+y)^3 - kxy(x+y)$,或 $-3x^2 y - 3xy^2 - kxy(x+y) = -3xy(x+y) - kxy(x+y)$,或 $-xy(x+y)(3+k) = 0$,故 $k = -3$.

61. 无解答.

62. 方程 $x^3 + x^2 y + xy^2 + y^3 = 8(x^2 + xy + y^2 + 1)$ 关于 x, y 对称,可用初等对称函数 $u = x + y$,$v = xy$ 表示. 我们得 $(x^2 + y^2)(x + y) = 8[(x+y)^2 - xy + 1]$,或 $u(u^2 - 2v) = 8(u^2 - v + 1)$,即 $u^3 - 2uv = 8u^2 - 8v + 8$. 从而 $u = 2t$,得 $8t^3 - 4tv = 32t^2 - 8v + 8 \Rightarrow 2t^3 - tv = 8t^2 - 2v + 2$,利用带余除法解出 v,得

---

① 前面已证出每个零点的模小于或等于 1. ——译者注

$$v = 2t^2 - 4t - 8 - \frac{18}{t-2}$$

仅有 12 个满足条件的 t①, 使得 v 的整数, 其中仅有两个值使得 (x,y) 为整数: $(x,y) = (8,2), (2,8)$.

63. 用反证法证明. 设有两个整系数多项式, 使得 $f(x) = g(x)h(x)$, 这里 $g(x)$ 与 $h(x)$ 的次数都大于 1, 并记

$$f(x) = a_0 + a_1 x + \cdots + a_{n-1} x^{n-1} + a_n x^n$$
$$g(x) = b_0 + b_1 x + \cdots + b_m x^m$$
$$h(x) = c_0 + c_1 x + \cdots + c_{n-m} x^{n-m}$$

由条件不妨设 $|b_0| = 3, |c_0| = 1$, 则 c_0 不是 3 的倍数. 设 i 是最小的下标, 使得 b_i 不是 3 的倍数②, 于是

$$a_i = b_i c_0 + (b_{i-1} c_1 + b_{i-2} c_2 + \cdots)$$

不是 3 的倍数. 对比 $f(x)$ 的系数, 可知 $i \geq n-1$, 故 $h(x)$ 的次数不大于 1, 矛盾!

于是, $h(x) = x \pm 1$, 即 $h(x)$ 有根 1 或 -1. 它也是 $f(x)$ 的根, 但是 $f(1) = 9$, 而 $f(-1) = (-1)^n + 5 \cdot (-1)^{n-1} + 3 = \pm 1$.

64. 无解答.

65. 无解答.

66. 我们用条件 $\frac{3}{2}\left(\frac{8}{3} a^2 + 2b^2\right) = 4a^2 + 3b^2$ 取最大值来代替 $\frac{8}{3} a^2 + 2b^2$, 利用下面显然成立的引理

$$|u| \leq 1, |v| \leq 1 \Rightarrow |u - v| \leq 2 \tag{1}$$

等号当且仅当 $u = 1, v = -1$ 或 $u = -1, v = 1$ 时取到. 将不等式 (1) 用于条件 $|f(x)| \leq 1$ 中 $x = 1$ 和 $x = 0$ 的情形, 得 $2 \geq |f(1) - f(0)| = |a + b + c - c| = |a + b|$, 从而

$$(a + b)^2 \leq 4 \tag{2}$$

取 $x = -1$ 和 $x = 0$, 得 $2 \geq |f(-1) - f(0)| = |a - b + c - c| = |a - b|$, 故

$$(a - b)^2 \leq 4 \tag{3}$$

利用式 (2)(3) 可知 $4a^2 + 3b^2 = 2(a+b)^2 + 2(a-b)^2 - b^2 \leq 16$, 等号在 $b = 0$ 时取到. 进一步还要求 $|a + b| = |a - b| = |a| = 2$. 此时 $|f(1) - f(0)| = |(a+c) - c| = |a| = 2$. 由式 (1) 知 $|c| = 1, |a + c| = 1$, 从而 $c = 1, a = -2, b = 0$, 或者 $c = -1, a = 2, b = 0$, 这两种情形下均有 $0 \leq |x| \leq 1 \Rightarrow 0 \leq x^2 \leq 1, -1 \leq 2x^2 - 1 \leq 1$, 即 $|2x^2 - 1| = |-2x^2 + 1| = |ax^2 + bx + c| \leq 1$, 并且

$$\left(\frac{8}{3} a^2 + 2b^2\right) = \frac{2}{3}(4a^2 + 3b^2) \leq \frac{2}{3} \cdot 16 = 10 \frac{2}{3}$$

67. 在 (ⅱ) 中令 $a = b = c$, 得 $P(2a, a) = 0$ (对所有 a), 此即

$$P(x, y) = (x - 2y) Q(x, y) \tag{1}$$

这里 Q 是一个 $n - 1$ 次的齐次多项式. 由于 $P(1, 0) = Q(1, 0) = 1$, 在条件 (ⅱ) 中令 $b = c$, 得 $P(2b, a) + 2P(a + b, b) = 0$, 而由式 (1) 知

---

① 因为要求 $(t-2) | 18$. ——译者注

② b_m 不是 3 的倍数, 故满足条件的 i 存在. ——译者注

$$(2b - 2a)Q(2b, a) + 2(a - b)Q(a + b, b)$$
$$= 2(a - b)[Q(a + b, b) - Q(2b, a)]$$

于是,对任意 $a \neq b$,有

$$Q(a + b, b) = Q(2b, a) \tag{2}$$

但是式(2)对 $a = b$ 也成立.令 $a + b = x, b = y, a = x - y$,式(2)变为 $Q(x, y) = Q(2y, x - y)$.反复利用这个递推式,可得

$$Q(x, y) = Q(2y, x - y) = Q(2x - 2y, 3y - x)$$
$$= Q(6y - 2x, 3x - 5y) = \cdots \tag{3}$$

这里两个变量之和都是 $x + y$,且式(3)中每一项都具有形式 $Q(x, y) = Q(x + d, y - d)$,其中

$$d = 0, 2y - x, x - 2y, 6y - 3x, \cdots \tag{4}$$

当 $x \neq 2y$ 时,上面的 d 的值两两不同.对任意固定的 x, y,方程 $Q(x + d, y - d) - Q(x, y) = 0$ 的左边是一个关于 d 的 $n - 1$ 次多项式,且若 $x \neq 2y$,该方程有无穷多个解,其中一部分解由式(4)给出.因此,对 $x \neq 2y$,等式 $Q(x + d, y - d) = Q(x, y)$ 对所有 d 均成立.由连续性可知上述结论在 $x = 2y$ 时也成立,从而 $Q(x, y)$ 是关于 $x + y$ 的单变量函数.而 Q 是一个 $n - 1$ 次齐次多项式,从而 $Q(x, y) = c(x + y)^{n-1}$,这里 c 为常数.由 $Q(1, 0) = 1$,可知 $c = 1$,所以

$$P(x, y) = (x - 2y)(x + y)^{n-1}$$

68. 令 $x(t) = 2\cos t$,这个函数是 $0 \leq t \leq \pi$ 到 $2 \geq x \geq -2$ 上的一一映射.由余弦函数的倍角公式,可知

$$P_1(x) = P_1(2\cos t) = 4\cos^2 t - 2 = 2\cos 2t$$
$$P_2(x) = P_1(P_1(x)) = 4\cos^2 2t - 2 = 2\cos 4t$$
$$\vdots$$
$$P_n(x) = 2\cos 2^n t$$

方程 $P_n(x) = x$ 变换为 $2\cos 2^n t = 2\cos t$,其解为 $2^n t = \pm t + 2k\pi, k = 0, 1, \cdots$.下面的 2^n 个 t 的值

$$t = \frac{2k\pi}{2^n - 1}, \frac{2k\pi}{2^n + 1}$$

给出了 $x = 2\cos t$ 的 2^n 个不同的实数 x 值,它们满足 $P_n(x) = x$.

69. $a + b + c \geq 0 \Leftrightarrow 1 + \dfrac{b}{a} + \dfrac{c}{a} \geq 0 \Leftrightarrow (1 - x_1)(1 - x_2) \geq 0$.

$$a - b + c \geq 0 \Leftrightarrow 1 - \frac{b}{a} + \frac{c}{a} \geq 0 \Leftrightarrow 1 + x_1 + x_2 + x_1 x_2 \geq 0$$
$$\Leftrightarrow (1 + x_1)(1 + x_2) \geq 0$$
$$a - c \geq 0 \Leftrightarrow 1 - \frac{c}{a} \geq 0 \Leftrightarrow 1 - x_1 x_2 \geq 0$$

记 $s_1 = (1 - x_1)(1 - x_2), s_2 = (1 + x_1)(1 + x_2), s_3 = 1 - x_1 x_2$,显然

$$|x_i| \leq 1, i = 1, 2 \Rightarrow s_k \geq 0, k = 1, 2, 3$$

我们证明其逆也成立.由于 x_1, x_2 是对称的,只需考虑 $x_1 > 1$ 和 $x_1 < -1$ 的情形.

$$x_1 > 1, x_2 < 1 \Rightarrow s_1 < 0, x_1 > 1, x_2 \geq 1 \Rightarrow s_3 < 0$$
$$x_1 < -1, x_2 > -1 \Rightarrow s_2 < 0, x_1 < -1, x_2 \leq -1 \Rightarrow s_3 < 0$$

70. 设 z 是 f 的一个零点,则 z^2 也是 f 的零点. 若 $|z|>1$,则我们得到了 f 的无穷多个零点,与 f 是多项式矛盾. 若 $0<|z|<1$,亦可得到 f 的无穷多个零点,所以 f 的零点必落在原点 O 或单位圆上.

下面寻找一些满足条件的多项式.

(a)常数多项式: $f(x)\equiv 0$ 或 $f(x)\equiv 1$.

(b)线性多项式: $f(x)=b+ax,a\neq 0$,将之代入多项式方程,得 $(b+ax)(b-ax)=b+ax^2$,即 $ax^2+b=-a^2x^2+b^2$. 由于 $a\neq 0$,故 $a=-1,b^2=b$ 导出 $b=0$ 或 $b=1$. 于是得到两个满足条件的线性多项式 $f(x)=-x$ 和 $f(x)=1-x$.

(c)二次多项式 $f(x)=ax^2+bx+c,a\neq 0$,得

$$f(x)f(-x)=(ax^2+bx+c)(ax^2-bx+c)$$
$$=a^2x^4+(2ac-b^2)x^2+c^2$$

对比 $f(x^2)=ax^4+bx^2+c$,我们得 $a^2=a,2ac-b^2=b,c^2=c$. 由于 $a\neq 0$,故 $a=1$. 由 $c^2=c$ 得 $c=0,1$. 对每个 c 的值,分别可得 2 个 b 的值,得到 4 个候选解

$$f(x)=x^2,f(x)=x^2-x$$
$$f(x)=x^2-2x+1=(x-1)^2,f(x)=x^2+x+1$$

我们将第 2 个和第 3 个函数重新表示为 $f(x)=-x(1-x),f(x)=(1-x)^2$,现在可以写出一个非常一般的解

$$f(x)=(-x)^p(1-x)^q(x^2+x+1)^r,p,q,r\in\mathbf{Z}$$

由于

$$f(-x)=x^p(1+x)^q(x^2-x+1)^r$$

又

$$f(x^2)=(-x^2)^p(1-x^2)^q(x^4+x^2+1)^r$$

可知 $f(x)f(-x)=f(x^2)$,这是否是满足条件的所有多项式解呢? 注意,这里我们也得到了一些有理多项式解,事实上,p,q,r 可以取负数.

71. 利用下面的引理: $m,n\in\mathbf{Z},m\neq n\Rightarrow m-n|f(m)-f(n)$. 对 $m\in\mathbf{Z},m\neq k,k+1,k+2$,有

$$f(m)-f(k),f(m)-f(k+1),f(m)-f(k+2) \tag{1}$$

可分别被 $m-k,m-(k+1),m-(k+2)$ 整除,而它们是 3 个连续整数,其中必有一个数为 3 的倍数,故式(1)中必有一个数为 3 的倍数,从而 $3|f(m)$.

72. 由于 $P(x)$ 的系数都是非负的,故其根 $x_1,\cdots,x_n$ 中没有一个为正数,于是 $P(x)$ 具有形式 $P(x)=(x+y_1)\cdots(x+y_n)$,这里 $y_i=-x_i\geq 0,i=1,2,\cdots,n$,所以

$$2+y_i=1+1+y_i\geq 3\sqrt[3]{1\cdot 1\cdot y_i}=3\sqrt[3]{y_i},i=1,2,\cdots,n$$

由于 $y_1y_2\cdots y_n=1$(这里 Vieta 定理可知),故

$$P(2)=(2+y_1)\cdots(2+y_n)\geq 3^n\sqrt[3]{y_1y_2\cdots y_n}=3^n$$

73. 设 $f(x)$ 可以表示为两个次数小于 105 的整系数多项式的乘积: $f(x)=g(x)h(x)$,并设 $\beta_1,\cdots,\beta_k$ 为 $h(x)$ 的所有复根. 则由 Vieta 定理,它们的乘积为整数,因此

$$|\beta_1\cdots\beta_k|=(\sqrt[105]{9})^k\in\mathbf{N}_+$$

这里 $k<105$ 时是不能成立的. 答案是不可约.

74. 设存在表示法 $f(x)=(x-b)g(x)$，则 $f(b)=0$，故 $b^5-b=-a$，而 5 是质数，由 Fermat 小定理知 $b^5-b\equiv0\pmod 5$，故 $5\mid a$，矛盾.

现在设存在表示法 $f(x)=(x^2-bx-c)h(x)$，x^5-x+a 被 x^2-bx-c 除得余式 $(b^4+3b^2c+c^2-1)x+(b^3c+2bc^2+a)$，它必须为零多项式，故 $b^4+3b^2c+c^2-1=0$，$b^3c+2bc^2+a=0$，从而 $b(b^4+3b^2c+c^2-1)-3(b^3c+2bc^2+a)=0$. 展开，并合并同类项，得 $b^5-b-5bc^2=3a$，左边是 5 的倍数，从而 $5\mid3a$，故 $5\mid a$，矛盾.

75. 该方程是互倒方程. 令 $y=x+\dfrac{1}{x}$，得 $ay+b=2-y^2$，利用 Cauchy 不等式，可知

$$(2-y^2)^2=(ay+b\cdot1)^2\leqslant(a^2+y^2)(y^2+1)$$

$$a^2+b^2\geqslant\frac{(2-y^2)^2}{y^2+1}=\frac{(2-z)^2}{z+1}=f(z)$$

这里 $z=y^2$，故 $z\geqslant4$. 由于 $f(z)$ 在 $z\geqslant2$ 时是单调递增的，于是，$a^2+b^2\geqslant f(4)=\dfrac{4}{5}$，等号可以取到，例如若 $y=\dfrac{a}{b}$，$z=y^2=4$，这时我们有 $a=-\dfrac{4}{5}$，$b=-\dfrac{2}{5}$，原方程有根 $x=1$.

76. 设 $P(x),Q(x),R(x)$ 中每一个都有两个实根，则 $b^2\geqslant4ac$，$a^2\geqslant4bc$，$c^2\geqslant4ab$. 将不等式相乘，得 $a^2b^2c^2\geqslant64a^2b^2c^2$，矛盾.

77. 由于 $a^2+ab+b^2\geqslant3(a+b-1)$ 等价于 $a^2+(b-3)a-b^2-3b+3\geqslant0$，第二个不等式左边的式子 $p(a)$ 是 a 的二次多项式，其判别式 $D=-3(b-1)^2\leqslant0$，这恰好是 $p(a)\geqslant0$ 的条件.

78. 这个问题看似无解决的希望，但由于它不可能是没有解决希望的，故它必是平凡的，即它能分解成一个一次式和一个二次式的乘积，或者 3 个一次式的乘积. 我们从分解为 3 个一次式来尝试，则其中的一个一次式代表的直线必过原点，即其必有一个因式为 $x-2y$，为此用 $2y$ 代替其中的 x，原方程变为等式. 因此 $x-2y$ 是方程左边的因式，另一个因式为 $4x^2+12xy-12x+9y^2-18y+5=0$（除以 $x-2y$ 后得到），我们作下面的变形

$$(2x+3y)^2-6(2x+3y)+5=0$$

$$\Leftrightarrow(2x+3y-5)(2x+3y-1)=0$$

由 $(x-2y)(2x+3y-5)(2x+3y-1)=0$ 及视察法即得方程解集是由 $(1,1)$ 和 $(2n,n)$，$n\in\mathbf{N}$ 组成的无穷多组解组成.

79. 它是关于 x 的二次方程，为了有实数解，其判别式 D 必定非负，将其写为 x 的二次方程的标准形式，计算其判别式 D

$$8x^2+(4y^2+4y-40)x+y^4-11y^2-8y+52=0$$

$$D=16(y^2+y-10)^2-32(y^4-11y^2-8y+52)$$

$$=-16(y^2-y-2)^2$$

故必有 $D=0$，即 $y^2-y-2=0$，解得 $y_1=2$，$y_2=-1$. 由 $x=-\dfrac{y^2+y-10}{4}$，又得 $x_1=1$，$x_2=\dfrac{5}{2}$.

80. 下面的分解方式（不唯一）是最自然的一种，即

$$x^8+98x^4+1=(x^4+1)^2+96x^4$$

$$=(x^4+1)^2+16x^2(x^4+1)+64x^4-16x^2(x^4+1)+32x^4$$

$$=(x^4+8x^2+1)^2-16x^2(x^4-2x^2+1)$$

$$= (x^4 + 8x^2 + 1)^2 - (4x^3 - 4x^2)^2$$
$$= (x^4 - 4x^3 + 8x^2 + 4x + 1)(x^4 + 4x^3 + 8x^2 - 4x + 1)$$

81. 注意到 $z - x \mid p(z) - p(x)$, 取一个 z, 使得 $z - x$ 能被 $p(x)$ 整除, 例如 $z = q(x) = x + p(x)$, 则 $p(q(x))$ 能被 $p(x)$ 整除. 由于 $p(q(x))$ 的次数大于 $p(x)$ 的次数, 第二个因式必不是常数.

82. 无解答.

第 11 章　函　数　方　程

含有未知函数的方程称为函数方程. 在数列和多项式章节中已出现过这样的方程,数列与多项式是特殊的函数.

下面给出 5 个单变量函数方程的例子

$$f(x) = f(-x), f(x) = -f(-x)$$

$$f \circ f(x) = x, f(x) = f\left(\frac{x}{2}\right)$$

$$f(x) = \cos\frac{x}{2} f\left(\frac{x}{2}\right) (f(0) = 1, f \text{ 为连续函数})$$

前三个方程分别刻画了偶函数、奇函数和对合函数的性质. 许多函数具有第 4 个性质,另外,最后一个条件确定唯一的一个函数.

这里给出一些著名的二元函数方程的例子

$$f(x+y) = f(x) + f(y), f(x+y) = f(x)f(y)$$

$$f(xy) = f(x) + f(y)$$

$$f(xy) = f(x)f(y)$$

它们都是 Cauchy 函数方程,即

$$f\left(\frac{x+y}{2}\right) = \frac{f(x) + f(y)}{2} (\text{Jensen 函数方程})$$

$$f(x+y) + f(x-y) = 2f(x)f(y) (\text{d' Alambert 函数方程})$$

$$g(x+y) = g(x)f(y) + f(x)g(y)$$

$$f(x+y) = f(x)f(y) - g(x)g(y)$$

$$g(x-y) = g(x)f(y) - f(x)g(y)$$

$$f(x-y) = f(x)f(y) + g(x)g(y)$$

最后 4 个方程来源于三角函数 $f(x) = \cos x$ 和 $g(x) = \sin x$ 中的加法公式.

一般而言,一个函数方程有许多解,并且很难求出所有的解. 但是,如果加上某些条件(如求连续函数解、单调函数解、有界函数解或可微函数解),往往容易求出函数方程的全部解.

没有附加的假定条件,这时有可能确定该函数的一些特性,我们给出一些例子.

例 1　首先考虑方程

$$f(xy) = f(x) + f(y) \tag{1}$$

容易猜出:对所有 $x, f(x) = 0$ 是一个解. 这是在 $x = 0$ 有定义时的唯一解,若 $x = 0$ 在 f 的定义域内,则在式(1)中令 $y = 0$,就有 $f(0) = f(x) + f(0)$,从而对所有 x,均有 $f(x) = 0$. 现在设 $x = 1$ 在 f 的定义域内,令 $x = y = 1$,得 $f(1) = 2f(1)$,故

$$f(1) = 0 \tag{2}$$

若 1 和 −1 都在定义域内,则 $f(x)$ 为偶函数,即 $f(-x) = f(x)$ 对所有 x 成立. 为证明这一点,我们在式(1)中令 $x = y = -1$,则由式(2)知

$$f(1) = 2f(-1) = 0 \Rightarrow f(-1) = 0$$

再在式(1)中令 $y = -1$,就有 $f(-x) = f(x) + f(-1)$,或 $f(-x) = f(x)$ 对所有 x 成立.

假设 f 在 $x > 0$ 时是可微的,我们固定 y,对 x 求导数,得 $yf'(xy) = f'(x)$. 取 $x = 1$,得 $yf'(y) = f'(1)$. 改变变量的符号,得 $f'(x) = \dfrac{f'(1)}{x}$,于是

$$f(x) = \int_1^x \frac{f'(1)}{t} \mathrm{d}t = f'(1)\ln x$$

若函数对 $x < 0$ 也有定义,则我们有 $f(x) = f'(1)\ln|x|$.

例 2　一个著名的经典函数方程是

$$f(x + y) = f(x) + f(y) \tag{1}$$

首先,我们尽可能在没有附加假定的前提下从式(1)得到更多的信息,$y = 0$ 导出 $f(x) = f(x) + f(0)$,故

$$f(0) = 0 \tag{2}$$

令 $y = -x$,得 $0 = f(x) + f(-x)$,或

$$f(-x) = -f(x) \tag{3}$$

现在将我们的注意力集中在 $x > 0$ 的情形. 令 $y = x$,得 $f(2x) = 2f(x)$,由归纳法知

$$f(nx) = nf(x) \text{ 对所有 } n \in \mathbf{N}_+ \text{ 成立} \tag{4}$$

对有理数 $x = \dfrac{m}{n}$,即 $n \cdot x = m \cdot 1$. 由式(4)可知 $f(n \cdot x) = f(m \cdot 1)$,$nf(x) = mf(1)$,于是

$$f(x) = \frac{m}{n}f(1) \tag{5}$$

若设 $f(1) = c$,则由式(2)(3)和(5)知,$f(x) = cx$ 对所有有理数 x 成立. 这是我们所能得到的全部结果(无附加假定下).

(a)设 f 是连续的. 若 x 为无理数,则可取一列有理数 x_n,使其极限为 x,我们有

$$f(x) = \lim_{x_n \to x} f(x_n) = \lim_{x_n \to x} cx_n = cx$$

即对所有 x,有 $f(x) = x$.

(b)设 f 是单调递增的. 若 x 是无理数,则我们取一列递增有理数数列 r_n 和递减有理数数列 R_n,都收敛到 x,则

$$cr_n = f(r_n) \leqslant f(x) \leqslant f(R_n) = cR_n$$

令 $n \to \infty$,由于 cr_n 与 cR_n 都收敛到 cx,故 $f(x) = cx$ 对所有 x 成立.

(c)设 f 为 $[a, b]$ 上的有界函数,即

$$|f(x)| < M \text{ 对所有 } x \in [a, b] \text{ 成立}$$

我们要证明 f 在区间 $[0, b-a]$ 上也有界. 若 $x \in [0, b-a]$,则 $x + a \in [a, b]$,由 $f(x) = f(x+a) - f(a)$,可知

$$|f(x)| < 2M$$

现在记 $b - a = d$,则 f 在 $[0, d]$ 上有界. 设 $c = \dfrac{f(d)}{d}$,$g(x) = f(x) - cx$,则

$$g(x+y) = g(x) + g(y)$$

进一步,我们有 $g(d) = f(d) - cd = 0$,故

$$g(x+d) = g(x) + g(d) = g(x)$$

即 g 是一个以 d 为周期的周期函数. 作为两个有界函数的差,g 也在 $[0, d]$ 上有界,结合周期性,g 在整个实数轴上有界. 若存在 x_0,使 $g(x_0) \neq 0$,则 $g(nx_0) = ng(x_0)$. 取充分大的 n,可使 $|ng(x_0)|$ 任意大,这与 g 的有界性矛盾. 故对所有 x 均有 $g(x) = 0$,即

$$f(x) = cx \text{ 对所有 } x \text{ 成立}$$

在 1905 年,G. Hamel 发现了在任何区间内均无界且满足 $f(x+y) = f(x) + f(y)$ 的"野"函数,我们寻找的是"驯"的解. 若我们对所有有理数找到了解,则我们可以利用连续性、单调性等延拓到全体实数上.

例 3 另一个经典的方程是

$$f(x+y) = f(x)f(y) \tag{1}$$

如果存在一个 a,使得 $f(a) = 0$,则 $f(x+a) = f(x)f(a) = 0$ 对所有 x 成立,故 f 恒等于零. 为求所有其余的解,设对任意 x,$f(x) \neq 0$. 取 $x = y = \dfrac{t}{2}$,得

$$f(t) = f\left(\frac{t}{2}\right)^2 > 0$$

从而只需寻找在每一点上函数值都大于零的解. 取 $y = 0$,由式(1)得 $f(x) = f(x)f(0)$,故 $f(0) = 1$. 取 $x = y$,得 $f(2x) = f^2(x)$,由归纳法知

$$f(nx) = f(x)^n \tag{2}$$

设 $x = \dfrac{m}{n}(m, n \in \mathbf{N}_+)$,即 $n \cdot x = m \cdot 1$,由式(2)知 $f(nx) = f(m, 1) \Rightarrow f^n(x) = f^m(1) \Rightarrow f(x) = f^{\frac{m}{n}}(1)$. 若令 $f(1) = a$,则

$$f\left(\frac{m}{n}\right) = a^{\frac{m}{n}}$$

即对所有有理数 x,有 $f(x) = a^x$ 与例 2 一样,加上一个很弱的假定(连续性、单调性、有界性),我们可以证明

$$f(x) = a^x \text{ 对所有 } x \text{ 成立}$$

下面的推导过程更简单些:由于对所有 x,$f(x) > 0$,在式(1)的两边取对数

$$\ln \circ f(x+y) = \ln \circ f(x) + \ln \circ f(y)$$

记 $\ln \circ f = g$,则 $g(x+y) = g(x) + g(y) \Rightarrow g(x) = cx \Rightarrow \ln \circ f(x) = cx$,故

$$f(x) = e^{cx}$$

例 4 我们更一般地讨论下面的方程

$$f(xy) = f(x) + f(y), x, y > 0 \tag{1}$$

令 $x = e^u, y = e^v, f(e^u) = g(u)$,则式(1)变形为 $g(u+v) = g(u) + g(v)$,有解 $g(u) = cu$,故 $f(x) = c\ln x$,得到例 1 中的结果. 在例 1 中我们用到了可微性①.

例 5 下面我们讨论最后一个 Cauchy 方程

---

① 这里的附加假定要弱些. ——译者注

$$f(xy) = f(x)f(y) \tag{1}$$

我们假定 $x > 0, y > 0$. 令 $x = e^u, y = e^v, f(e^u) = g(u)$, 则 $g(u+v) = g(u)g(v)$ 有解 $g(u) = e^{cu} = (e^u)^c = x^c$, 此即

$$f(x) = x^c$$

此外,还有一个平凡解:对所有 $x, f(x) = 0$.

若我们要求 $x \neq 0, y \neq 0$ 时式(1)的解,则令 $x = y = t$ 和 $x = y = -t$,得到

$$f(t)^2 = f(t^2) = f(-t)f(-t)$$

故

$$f(-t) = \begin{cases} f(t) = t^c \ (\text{或 } 0) \\ -f(t) = -t^c \end{cases}$$

这种情况下,一般的连续解:(a) $f(x) = |x|^c$;(b) $f(x) = \operatorname{sgn} x \cdot |x|^c$;(c) $f(x) = 0$.

例6 现在转到 Jensen 函数方程

$$f\left(\frac{x+y}{2}\right) = \frac{f(x)+f(y)}{2} \tag{1}$$

令 $f(0) = a$ 及 $y = 0$,得 $f\left(\frac{x}{2}\right) = \frac{f(x)+a}{2}$,故

$$\frac{f(x)+f(y)}{2} = f\left(\frac{x+y}{2}\right) = \frac{f(x+y)+a}{2}$$

$$f(x+y) = f(x)+f(y)-a$$

令 $g(x) = f(x) - a$,得 $g(x+y) = g(x)+g(y), g(x) = cx$,所以

$$f(x) = cx + a$$

例7 现在考虑最后一个,也是最复杂的例子

$$f(x+y)+f(x-y) = 2f(x)f(y) \tag{1}$$

(a)我们来求式(1)的连续解. 首先,我们去掉对所有 $x, f(x) = 0$ 的平凡解,现在

$$y = 0 \Rightarrow 2f(x) = 2f(x)f(0) \Rightarrow f(0) = 1$$
$$x = 0 \Rightarrow f(y)+f(-y) = 2f(0)f(y) \Rightarrow f(-y) = f(y)$$

所以 $f(x)$ 是偶函数. 令 $x = ny$,得

$$f((n+1)y) = 2f(y)f(ny) - f((n-1)y) \tag{2}$$

再令 $x = y$,得 $f(2x) + f(0) = 2f(x)^2$,从而对 $t = 2x$,有

$$f\left(\frac{t}{2}\right)^2 = \frac{f(t)+1}{2} \tag{3}$$

余弦函数与双曲余弦函数满足式(2)和(3). 由于 $f(0) = 1$ 及 f 为连续的,可知对充分小的 $a > 0$,在区间 $[-a, a]$ 上均有 $f(x) > 0$,即有 $f(a) > 0$.

情形一:若 $0 < f(a) \leq 1$,则存在 c,使得 $0 \leq c \leq \frac{\pi}{2}$,满足 $f(a) = \cos c$. 我们证明:对所有形如 $x = \frac{n}{2^m}a$ 的数 x,均有

$$f(x) = \cos\frac{c}{a}x \tag{4}$$

当 $x = a$ 时,由 c 的定义知上述结论成立. 由式(3),对 $x = \frac{a}{2}$,有

$$f\left(\frac{a}{2}\right)^2 = \frac{f(a)+1}{2} = \frac{\cos c + 1}{2} = \cos^2\frac{c}{2}$$

而 $f\left(\dfrac{a}{2}\right) > 0, \cos\dfrac{c}{2} > 0$, 故

$$f\left(\frac{a}{2}\right) = \cos\frac{c}{2} \tag{5}$$

设式 (5) 对 $x = \dfrac{a}{2^m}$ 成立, 则由式 (3) 可知

$$f^2\left(\frac{a}{2^{m+1}}\right) = \frac{f\left(\dfrac{a}{2^m}\right)+1}{2} = \cos^2\frac{c}{2^{m+1}}$$

或者

$$f\left(\frac{a}{2^{m+1}}\right) = \cos\frac{c}{2^{m+1}}$$

这表明, $f\left(\dfrac{a}{2^m}\right) = \cos\dfrac{c}{2^m}$ 对每个自然数 m 成立. 在式 (2) 中取 $n = 2$, 我们得

$$f\left(\frac{3}{2^m}a\right) = f\left(3 \cdot \frac{a}{2^m}\right) = 2f\left(\frac{a}{2^m}\right)f\left(\frac{a}{2^{m-1}}\right) - f\left(\frac{a}{2^m}\right)$$

$$= 2\cos\frac{c}{2^m}\cos\frac{c}{2^{m-1}} - \cos\frac{c}{2^m} = \cos\frac{3}{2^m}c$$

由于式 (4) 对 $x = \dfrac{m-1}{2^m}a$ 和 $x = \dfrac{n}{2^m}a$ 均成立, 根据式 (2) (对 $x = \dfrac{n-1}{2^m}a$ 和 $x = \dfrac{n}{2^m}a$) 就推出有

$$f\left(\frac{n+1}{2^m}a\right) = \cos\frac{n+1}{2^m}c$$

因此, 我们有

$$f\left(\frac{n}{2^m}a\right) = \cos\frac{n}{2^m}c \text{ 对 } n, m \in \{0,1,2,\cdots\} \text{ 均成立}$$

因为 f 是连续的偶函数, 可得

$$f(x) = \cos\frac{c}{a}x \text{ 对所有 } x \text{ 成立}$$

情形二: 若 $f(a) > 1$, 则存在 $c > 0$, 使得

$$f(a) = \cosh c \text{①}$$

类似于情形一的方法, 可证

$$f(x) = \cosh\frac{c}{a}x \text{ 对所有 } x \text{ 成立}$$

从而, 式 (1) 有如下的连续解

$$f(x) = 0, f(x) = \cos bx, f(x) = \cosh bx$$

上面所列也包含函数 $f(x) = 1$ (当 $b = 0$ 时).

---

① 这里 $\cosh x = \dfrac{e^x + e^{-x}}{2}$. ——译者注

（b）我们来求式（1）的可微函数解. 鉴于可微性比连续性强得多, 寻找满足 $f(x+y) + f(x-y) = 2f(x)f(y)$ 的解也方便得多, 我们分别对每个变量求两阶导数.

对变量 x 求导: $f''(x+y) + f''(x-y) = 2f''(x)f(y)$.

对变量 y 求导: $f''(x+y) + f''(x-y) = 2f(x)f''(y)$.

从上面的两个方程, 可得

$$f''(x) \cdot f(y) = f(x) \cdot f''(y) \Rightarrow \frac{f''(x)}{f(x)} = \frac{f''(y)}{f(y)} = c$$

$$\Rightarrow f''(x) = cf(x)$$

$$c = -\omega^2 \Rightarrow f(x) = a\cos \omega x + b\sin \omega x$$

$$c = \omega^2 \Rightarrow f(x) = a\cosh \omega x + b\sinh \omega x$$

结合 $f(0) = 1$ 及 $f(-x) = f(x)$, 可知 $f(x) = \cos \omega x$ 或 $f(x) = \cosh \omega x$.

问　　题

1. 求一些（或所有）函数 f, 使得 $f(x) = f\left(\dfrac{x}{2}\right)$ 对所有 $x \in \mathbf{R}$ 成立.

2. 求方程 $f(x+y) = g(x) + h(y)$ 的所有连续函数解.

3. 求函数方程 $f(x+y) + f(x-y) = 2f(x)\cos y$ 的所有解.

4. 证明: 函数 f 为周期函数, 如果对固定的 a 及任意 x, 均有

$$f(x+a) = \frac{1+f(x)}{1-f(x)}$$

5. 求所有的多项式 p, 使得 $p(x+1) = p(x) + 2x + 1$.

6. 求所有对 $x \in \mathbf{R}$ 均有定义的函数 f, 使得对任意 $x, y \in \mathbf{R}$, 均有

$$xf(y) + yf(x) = (x+y)f(x)f(y)$$

7. 求所有不恒为零的实函数 f, 使得

$$f(x)f(y) = f(x-y) \text{ 对所有 } x, y \text{ 成立}$$

8. 求一个定义在 $x > 0$ 上的函数 f, 使 $f(xy) = xf(y) + yf(x)$.

9. 有理函数 f 满足 $f(x) = f\left(\dfrac{1}{x}\right)$. 证明: f 是关于 $x + \dfrac{1}{x}$ 的一个有理函数.

注: 一个有理函数是指两个多项式的商.

10. 求方程 $f(x+y) + f(x-y) = 2(f(x) + f(y))$ 的所有"驯"解.

11. 求方程 $f(x+y) - f(x-y) = 2f(y)$ 的所有"驯"解.

12. 求方程 $f(x+y) + f(x-y) = 2f(x)$ 的所有"驯"解.

13. 求方程 $f(x+y) = \dfrac{f(x)f(y)}{f(x) + f(y)}$ 的所有"驯"解.

14. 求方程 $f(x)^2 = f(x+y)f(x-y)$ 的所有"驯"解.

注: 它与 11 题的相似性.

15. 求所有的满足下述函数方程的函数 f

$$f(x) + f\left(\frac{1}{1-x}\right) = x \text{ 对所有 } x \neq 0,1 \text{ 成立}$$

16. 求方程 $f(x-y) = f(x)f(y) + g(x)g(y)$ 的所有连续函数解.

17. 设 f 是一个对所有实数 x 有定义的实值函数,对某个正常数 a,等式

$$f(x+a) = \frac{1}{2} + \sqrt{f(x) - f(x)^2}$$

对所有 x 成立.

(a)证明:函数 f 是周期的,即存在一个正数 b,使得对所有 x,均有 $f(x+b) = f(x)$.

(b)对 $a = 1$,给出一个满足条件的非常数的函数. (IMO1968)

18. 求所有满足方程 $f(x+y)f(x-y) = (f(x)f(y))^2$ 的连续函数.

19. 设 $f(n)$ 是定义在正整数集上且取值也在此集合中的函数,证明:若

$$f(n+1) > f(f(n))$$

对每个正整数 n 成立,则对每个 n,均有 $f(n) = n$. (IMO1977)

20. 求所有在 $x = 0$ 连续的函数,使得

$$f(x+y) = f(x) + f(y) + xy(x+y), x, y \in \mathbf{R}$$

21. 求所有定义在正实数集上且取值也为正实数的函数 f,满足条件:

(i)$f(xf(y)) = yf(x)$ 对正实数 x, y 都成立.

(ii)当 $x \to \infty$ 时,$f(x) \to 0$. (IMO1983)

22. 求所有定义在非负实数集上且取值也为非负实数的函数 f,使得:

(i)$f(xf(y))f(y) = f(x+y)$ 对所有 $x, y \geq 0$ 成立.

(ii)$f(2) = 0$.

(iii)$f(x) \neq 0$ 对 $0 \leq x < 2$ 均成立. (IMO1986)

23. 求一个函数 $f: \mathbf{Q}_+ \longmapsto \mathbf{Q}_+$,使得对任意 $x, y \in \mathbf{Q}_+$ 均有 $f(xf(y)) = \frac{f(x)}{y}$. (IMO1990)

24. 求所有的函数 $f: \mathbf{R} \to \mathbf{R}$,使得 $f(x^2 + f(y)) = y + f(x)^2$ 对所有 $x, y \in \mathbf{R}$ 成立. (IMO1992)

25. 是否存在函数 $f: \mathbf{N}_+ \to \mathbf{N}_+$,使得 $f(1) = 2, f(f(n)) = f(n) + n, f(n) < f(n+1)$ 对所有 $n \in \mathbf{N}_+$ 成立? (IMO1993)

26. 求所有的连续函数 $f: \mathbf{R} \to \mathbf{R}_+$,使得对成等差的任意 3 个数 $x, x+y, x+2y$,其对应的项 $f(x), f(x+y), f(x+2y)$ 成等比,即

$$f(x+y)^2 = f(x) \cdot f(x+2y)$$

27. 求所有的连续函数 f,满足 $f(x+y) = f(x) + f(y) + f(x)f(y)$.

28. 猜出一个满足 $f(x)^2 = 1 + xf(x+1)$ 的简单函数 f.

29. 求所有的连续函数,使得对成等差的任意 3 个数,其对应函数值也成等差.

30. 求所有的连续函数 f,使得 $3f(2x+1) = f(x) + 5x$.

31. 哪个函数由方程 $xf(x) + 2xf(-x) = -1$ 刻画?

32. 求满足 $f(x+y) = f(x) + f(y) + xy$ 的连续函数族.

33. 设 $a \neq \pm 1$,解方程 $f\left(\frac{x}{x-1}\right) = af(x) + \phi(x)$,这里 $\phi(x)$ 为一给定函数,它定义在 $x \neq 1$ 上.

34. 函数 f 定义在正整数集上,具有如下性质

$$f(1)=1, f(3)=3, f(2n)=f(n)$$
$$f(4n+1)=2f(2n+1)-f(n)$$
$$f(4n+3)=3f(2n+1)-2f(n)$$

求 $1 \leqslant n \leqslant 1\,988$ 中满足 $f(n)=n$ 的 n 的个数. (IMO1988)

35. 一个函数 f 定义在有理数集上,且满足

$$f(0)=0, f(1)=1, f(x)=\begin{cases} \dfrac{f(2x)}{4}, 0<x<\dfrac{1}{2} \\ \dfrac{3}{4}+\dfrac{f(2x-1)}{4}, \dfrac{1}{2} \leqslant x<1 \end{cases}$$

设 $a=0.b_1 b_2 b_3 \cdots$ 为 a 的二进制表示. 求 $f(a)$.

36. 求所有复系数多项式 f,使得 $f(x)f(-x)=f(x^2)$.

37. 一个严格递增函数 $f(n)$ 定义在正整数集上,且对所有 $n \geqslant 1$ 取正整数值. 此外,它还满足 $f(f(n))=3 \cdot n$,求 $f(1\,994)$. (IIM1994)

38. (a) 函数 $f(x)$ 定义在 $x>0$ 上,满足条件:

① $f(x)$ 在 $(0,+\infty)$ 上严格递增.

② 对 $x>0, f(x)>-\dfrac{1}{x}$.

③ 对 $x>0, f(x)f\left(f(x)+\dfrac{1}{x}\right)=1$.

求 $f(1)$.

(b) 给出一个符合(a)的例子.

39. 求所有的正整数数列 $f(n)$,使得

$$f(f(f(n)))+f(f(n))+f(n)=3n$$

40. 求所有的函数 $f:\mathbf{N} \to \mathbf{N}$,使得 $f(m+f(n))=f(f(m))+f(n)$ 对所有 $m,n \in \mathbf{N}$ 成立. (IMO1996)

解 答

1. 任何常数函数都有所要求的条件. 另一个例子是 $f(x)=\dfrac{|x|}{x}, x \neq 0, f(0)$ 的值可任意取.

有无穷多个解. 你可以用下面的方式得到所有解:任取一个形如 $[a,2a]$ 的区间. 例如,让我们取 $[1,2]$,在该区间上任意定义 f 的值,只要求 $f(1)=f(2)$,那么我们可以对所有实数 $x>0$ 定义 f 了,将 f 在 $[1,2]$ 的图像沿水平方向扩大 2^n(n 为整数)倍,则我们得到了 f 在 $[2^n,2^{n+1}]$ 上的图像. 你可以任意定义 $f(0)$. 对负数 x,我们可以再取一个区间 $[2b,b], b<0$,在该区间上随意定义 f 的值,只要求 $f(b)=f(2b)$,然后将之延拓到所有负数 x.

2. 该方程可化归为 Cauchy 方程. 令 $y=0, h(0)=b$,得

$$f(x)=g(x)+b, g(x)=f(x)-b$$

取 $x = 0, g(0) = a$, 得 $f(y) = a + h(y), h(y) = f(y) - a$. 从而, $f(x + y) = f(x) + f(y) - a - b$. 于是令 $f_0(z) = f(z) - a - b$. 就有

$$f_0(x + y) = f_0(x) + f_0(y)$$

从而 $f_0(x) = cx$, 所以

$$f(x) = cx + a + b, g(x) = cx + a, h(x) = cx + b$$

3. 对 $y = \dfrac{\pi}{2}$, 右边消失了, 分别取 $x = 0, y = t; x = \dfrac{\pi}{2} + t, y = \dfrac{\pi}{2}; x = \dfrac{\pi}{2}, y = \dfrac{\pi}{2} + t$, 得

$$f(t) + f(-t) = 2a\cos t, f(\pi + t) + f(t) = 0$$
$$f(\pi + t) + f(-t) = -2b\sin t$$

这里 $a = f(0), b = f\left(\dfrac{\pi}{2}\right)$, 所以

$$f(t) = a\cos t + b\sin t$$

4. 由条件, 可知 $f(x + 2a) = -\dfrac{1}{f(x)}$, 从而 $f(x + 4a) = f(x)$, 故 $4a$ 是 f 的一个周期.

5. 猜测解为 $p(x) = x^2$. 这是否是唯一的? 回答这个问题的一般处理方法是引入差 $f(x) = p(x) - x^2$, 则所给函数方程变为 $f(x + 1) = f(x)$, 从而 $f(x) = c$ 为常数, 故 $p(x) = x^2 + c$. 我们必须检验这个解是否满足初始方程. 经检验, 这个解满足初始方程.

6. $x = y \Rightarrow f(x) = f(x)^2 \Rightarrow f(x)(f(x) - 1) = 0$. 连续函数解为 $f(x) \equiv 0, f(x) \equiv 1$. 还有许多非连续的解. 对任意 $\mathbf{R}$ 的子集 A, 令 $f(x) = 0, x \in A$, 而在 $\mathbf{R} \setminus A$ 上, $f(x) = 1$, 但是这里有一个限制, 即在 $y = -x$ 时有 $f(-x) = f(x)$, 故 f 是一个偶函数.

7. $y = 0 \Rightarrow f(x)f(0) = f(x)$ 对所有 x 成立, 结合 $f(x)$ 不恒为零, 可知 $f(0) = 1$. $y = x \Rightarrow f(x)f(x) = 1$, 得到两个连续函数 $f(x) \equiv 1$ 和 $f(x) \equiv -1$. 我们还有许多不连续的解, 例如: $f(x) = 1$ 在 $\mathbf{R}$ 的任何子集 A 上, 而 $f(x) = -1$ 在 $\mathbf{R} \setminus A$ 上.

8. 令 $g(x) = \dfrac{f(x)}{x}$, 得 Cauchy 方程 $g(xy) = g(x) + g(y)$, 有解 $g(x) = c\ln x$, 故 $f(x) = cx\ln x$.

9. 设

$$f(x) = \frac{x^k(a_0 x^n + a_1 x^{n-1} + \cdots + a_n)}{x^l(b_0 x^m + \cdots + b_m)}$$

这里 a_0, b_0, a_n, b_m 都不为零. 利用关系 $f(x) = f\left(\dfrac{1}{x}\right)$, 可知

$$\frac{x^{2(l-k)+m-n}(a_n x^n + \cdots + a_0)}{(b_m x^m + \cdots + b_0)} = \frac{a_0 x^n + \cdots + a_n}{b_0 x^m + \cdots + b_m} \tag{1}$$

由此得 $m - n = 2(k - l), m, n$ 具有相同的奇偶性. 由式(1)还有

$$P_m(x) = b_m x^m + \cdots + b_0 \equiv b_0 x^m + \cdots + b_m$$

并且

$$P_n(x) = a_n x^n + \cdots + a_0 \equiv a_0 x^n + \cdots + a_n$$

即有 $a_0 = a_n, a_1 = a_{n-1}, \cdots; b_0 = b_m, b_1 = b_{m-1}, \cdots$. 从而 $P_m(x)$ 和 $P_n(x)$ 都是互倒多项式, 具有如下表示: 对偶数 $n: n = 2r$, 则 $P_{2r}(x) = x^r g_r(z)$, 这里 $z = x + \dfrac{1}{x}, g(z)$ 是 z 的 r 次多项式. 若 n

为奇数:$n = 2r + 1$,则 $P_{2r+1}(x) = (x+1)x^r h_r(z)$,这里 $z = x + \dfrac{1}{x}$,$h_r(z)$ 为 z 的 r 次多项式.

进一步讨论,有下面的两种可能:

(a)$m = 2s, n = 2r$,则

$$f(x) = \frac{x^k x^r g_r(z)}{x^l x^s h_s(z)} = \frac{g(z)}{h(z)}$$

(b)$m = 2s + 1, n = 2r + 1$,则

$$f(x) = \frac{(x+1)x^{k+r} g_r(z)}{(x+1)x^{l+s} h_s(z)} = \frac{g(z)}{h(z)}$$

10. 对 $y = 0$,得 $2f(x) = 2f(z) + 2f(0)$,故 $f(0) = 0$. 令 $x = y$,我们得 $f(2x) = 4f(x)$. 利用归纳法可证,$f(nx) = n^2 f(x)$ 对所有 x 成立. 现在设 $x = \dfrac{p}{q}$,则 $q \cdot x = p \cdot 1$,$f(qx) = f(p \cdot 1)$,$q^2 f(x) = p^2 f(1)$,记 $f(1) = a$,则 $f(x) = ax^2$ 对所有有理数 x 成立. 由连续性,可将它延拓至所有实数. 将 $f(x) = ax^2$ 直接代入原方程,可知确实满足方程.

11. 对 $y = 0$,得 $f(x) - f(x) = 2f(0)$,故 $f(0) = 0$. 令 $y = x$,得 $f(2x) = 2f(x)$. 由归纳法可证 $f(nx) = nf(x)$. 现设 $x = \dfrac{p}{q}$,或 $q \cdot x = p \cdot 1$,则 $f(qx) = f(p \cdot 1) \Rightarrow qf(x) = pf(1) \Rightarrow f(x) = f(1)x$ 对所有有理数 x 成立. 利用连续性延拓到全体实数 x. 将 $f(x) = ax$ 代入方程,可知它是解.

12. 我们希望解函数方程 $f(x+y) + f(x-y) = 2f(x)$,取 $y = x$,得 $f(2x) + f(0) = 2f(x)$,即 $f(2x) = 2f(x) + b$,这里 $b = -f(0)$. 现在 $f(2x + x) + f(2x - x) = 2f(2x)$,表明 $f(3x) + f(x) = 2(2f(x) + b)$,或 $f(3x) = 3f(x) + 2b$. 猜测 $f(nx) = nf(x) + (n-1)b$,对此可用归纳法予以证明. 现在令 $x = \dfrac{p}{q} \Leftrightarrow qx = p \cdot 1, p, q \in \mathbf{N}_+$,则 $f(qx) = f(p \cdot 1)$,即 $qf(x) + (q-1)b = pf(1) + (p-1)b$,即 $f(x) = f(1)x + (x-1)b$,或写为 $f(x) = [f(0) + f(1)]x - b$. 令 $f(0) + f(1) = a, f(0) = b$ 就有 $f(x) = ax + b$. 经过验证,它确为解.

13. 令 $g(x) = \dfrac{1}{f(x)}$,得 Cauchy 方程 $g(x+y) = g(x) + g(y)$,有解 $g(x) = cx$,从而 $f(x) = \dfrac{1}{cx}$ 是其连续函数解.

14. 两边取对数,得 $2g(x) = g(x+y) + g(x-y)$,这里 $g(x) = \ln \circ f(x)$,于是 $g(x) = ax + b, f(x) = e^{ax+b}$,或表示为 $f(x) = rs^x$.

15. 重复进行代换 $x \xrightarrow{\;g\;} \dfrac{1}{1-x}$,得

$$x \xrightarrow{\;g\;} \frac{1}{1-x} \xrightarrow{\;g\;} 1 - \frac{1}{x} \xrightarrow{\;g\;} x$$

我们得到下面的方程

$$f(x) + f\left(\frac{1}{1-x}\right) = x, \quad f\left(\frac{1}{1-x}\right) + f\left(1 - \frac{1}{x}\right) = \frac{1}{1-x}$$

$$f\left(1 - \frac{1}{x}\right) + f(x) = 1 - \frac{1}{x}$$

消去 $f\left(\dfrac{1}{1-x}\right)$ 和 $f\left(1-\dfrac{1}{x}\right)$，得 $f(x) = \dfrac{1}{2}\left(1 + x - \dfrac{1}{x} - \dfrac{1}{1-x}\right)$. 经过验证，可知它是解.

16. 提示：交换 x 和 y，可知 $f(-x) = f(x)$ 对所有 x 成立. 令 $y = x$，得 $f(0) = f(x)^2 + g(x)^2$，$x = y = 0$ 得 $f(0) = f(0)^2 + g(0)^2$，$y = 0$ 得 $f(x) = f(x)f(0) + g(x)g(0)$. 现在 $f(0) = 0$ 蕴含 $g(0) = 0$ 和 $f(x) \equiv 0$，因此 $f(0) \neq 0$，但 $f(x)(1 - f(0)) = g(x)g(0)$，可知 $f(0) = 1$，从而 $g(0) = 0$. 由 $y = -x$ 得 $f(2x) = f(x)^2 + g(x)g(-x)$. 我们得到 $f(x) = \cos x$，$g(x) = \sin x$.

17. (a) 由条件知 $f(x+a) \geqslant \dfrac{1}{2}$，故对所有 x，$f(x) \geqslant \dfrac{1}{2}$. 若令 $g(x) = f(x) - \dfrac{1}{2}$，则对所有 x 有 $g(x) \geqslant 0$. 所给函数方程变为

$$g(x + a) = \sqrt{\dfrac{1}{4} - g(x)^2}$$

两边平方，得

$$g^2(x + a) = \dfrac{1}{4} - g^2(x) \text{ 对所有 } x \text{ 成立} \tag{1}$$

这样，也有

$$g^2(x + 2a) = \dfrac{1}{4} - g^2(x + a)$$

两个方程对比得 $g^2(x + 2a) = g^2(x)$，由于对所有 x 有 $g(x) \geqslant 0$，两边可以开方，得 $g(x + 2a) = g(x)$，或

$$f(x + 2a) - \dfrac{1}{2} = f(x) - \dfrac{1}{2}$$

即

$$f(x + 2a) = f(x) \text{ 对所有 } x \text{ 成立}$$

即

$$f(x + 2a) = f(x) \text{ 对所有 } x \text{ 成立}$$

这表明 $f(x)$ 是以 $2a$ 为周期的函数.

(b) 为求所有解，我们令 $h(x) = 4g^2(x) - \dfrac{1}{2}$. 现在式(1)变为

$$h(x + a) = -h(x) \tag{2}$$

反过来，若 $h(x) \geqslant -\dfrac{1}{2}$ 且满足式(2)，则 $g(x)$ 满足式(1). 在 $a = 1$ 时例子由函数 $h(x) = \sin^2\dfrac{\pi}{2}x - \dfrac{1}{2}$ 给出，它对 $a = 1$ 满足式(2). 对这个 h 有 $g(x) = \dfrac{1}{2}\left|\sin\dfrac{\pi x}{2}\right|$ 以及

$$f(x) = \dfrac{1}{2}\left|\sin\dfrac{\pi}{2}x\right| + \dfrac{1}{2}$$

事实上，$h(x)$ 在 $0 \leqslant x < a$ 上可以任意定义，只需满足 $|h(x)| \leqslant \dfrac{1}{2}$，然后可依照式(2)延拓到所有 x.

18. 为求 $f(x-y)f(x+y) = (f(x)f(y))^2$ 的解，注意可以假定 f 非负. 事实上，所有正函数 f 成立的结论对一个负函数 f 也成立. 下面的讨论将 3 个平凡解 $f(x) \equiv 0, 1, -1$ 排除在外. 令 $y = 0 \Rightarrow f^2(x) = f^2(x)f^2(0) \Rightarrow f^2(0) = 1 \Rightarrow f(0) = 1$，$x = 0 \Rightarrow f(y)f(-y) = f^2(y) \Rightarrow$

$f(y) = f(-y)$, 故 f 为偶函数. $x = y \Rightarrow f(2x) = f^4(x)$. 由归纳法可证 $f(nx) = f^{n^2}(x)$, 它可以像例 2 中那样延拓到有理数, 直至实数. 最后, 我们得到

$$f(x) = f^{x^2}(1) \text{(对所有 } x)$$

另一种方法是令 $g = \ln \circ f$, 可得 $g(x+y) + g(x-y) = 2(g(x) + g(y))$, 联想到恒等式 $(x+y)^2 + (x-y)^2 = 2(x^2 + y^2)$. 我们猜测 $g(x) = ax^2$, 从而 $f(x) = e^{ax^2}$, 但这时仍需证明所猜测的函数是唯一满足条件的.

19. 函数 f 在 $n = 1$ 有唯一的最小值. 因为对 $n > 1$, 我们有 $f(n) > f(f(n-1))$. 相同的理由, 可知它的第 2 个最小的值为 $f(2)$, 等等, 因此

$$f(1) < f(2) < f(3) < \cdots$$

由于对所有 $n, f(n) \geqslant 1$, 依上可知 $f(n) \geqslant n$. 假设存在正整数 k, 使得 $f(k) > k$, 则 $f(k) \geqslant k + 1$. 由于 f 是单调递增的, 故 $f(f(k)) \geqslant f(k+1)$, 这与所给的不等式矛盾. 故对所有 n, 均有 $f(n) = n$.

20. 容易猜出具有题中性质的函数, 函数 $h(x) = \dfrac{x^3}{3}$ 满足关系式, 现在考虑 $g(x) = f(x) - \dfrac{x^3}{3}$, 对 g 得函数方程 $g(x+y) = g(x) + g(y)$, 而 $g(x) = cx$ 是唯一在点 O 处连续的解, 我们得 $f(x) = cx + \dfrac{x^3}{3}$.

21. 我们证明 1 在 f 的值域内. 对任意 $x_0 > 0$, 令 $y_0 = \dfrac{1}{f(x_0)}$, 则由 (ⅰ) 知 $f(x_0 f(y_0)) = 1$, 故 1 在 f 的值域内. 类似地, 可证每个正实数都在 f 的值域内, 因此存在 y, 使得 $f(y) = 1$, 在 (ⅰ) 中取 $x = 1$, 得 $f(1 \cdot 1) = yf(1)$, 而 $f(1) > 0$, 故 $y = 1$, 即 $f(1) = 1$. 现在在 (ⅰ) 中取 $y = x$, 得

$$f(xf(x)) = xf(x) \text{ 对所有 } x > 0 \text{ 成立} \tag{1}$$

因此 $xf(x)$ 为 f 的不动点. 若 a, b 都是 f 的不动点, 即若 $f(a) = a, f(b) = b$, 则在 (ⅰ) 中令 $x = a, y = b$, 导致 $f(ab) = ba$, 故 ab 也是 f 的不动点, 即不动点构成的集合对乘法封闭. 特别地, 若 a 是一个不动点, 则 a 的所有非负整数次幂都是不动点. 由 (ⅱ) 知 $x \to \infty$ 时 $f(x) \to 0$, 故没有一个不动点大于 1. 由于 $xf(x)$ 为不动点, 故

$$xf(x) \leqslant 1 \Leftrightarrow f(x) \leqslant \dfrac{1}{x} \text{ 对所有 } x \text{ 成立} \tag{2}$$

令 $a = zf(z)$, 则 $f(a) = a$. 现设 $x = \dfrac{1}{a}, y = a$, 则由 (ⅰ) 知

$$f\left(\dfrac{1}{a} f(a)\right) = f(1) = 1 = af\left(\dfrac{1}{a}\right), f\left(\dfrac{1}{a}\right) = \dfrac{1}{a}$$

$$f\left(\dfrac{1}{zf(z)}\right) = \dfrac{1}{zf(z)}$$

这表明 $\dfrac{1}{xf(x)}$ 也是 f 的不动点 (对所有 $x > 0$ 成立), 故 $f(x) \geqslant \dfrac{1}{x}$. 与式 (2) 联立, 知

$$f(x) = \dfrac{1}{x} \tag{3}$$

式 (3) 给出的函数是满足条件的唯一函数.

22. 无解答.

23. 若 $f(y_1) = f(y_2)$,则由所给函数方程可知 $y_1 = y_2$. 对 $y = 1$,得 $f(1) = 1$. 对 $x = 1$,得 $f(f(y)) = \dfrac{1}{y}$ 对所有 $y \in \mathbf{Q}_+$ 成立. 两边再作用一次 f,得 $f\left(\dfrac{1}{y}\right) = \dfrac{1}{f(y)}$. 最后令 $y = f\left(\dfrac{1}{t}\right)$,可知 $f(xt) = f(x) \cdot f(t)$ 对所有 $x, t \in \mathbf{Q}_+$ 成立.

反过来,易知若 f 满足:

(a) $f(xt) = f(x)f(t)$.

(b) $f(f(x)) = \dfrac{1}{x}$ (对所有 $x, t \in \mathbf{Q}_+$).

则 f 满足所给的函数方程.

满足(a)的函数 $f : \mathbf{Q}_+ \longmapsto \mathbf{Q}_+$ 可以先对质数任意定义函数值,然后延拓为
$$f(p_1^{n_1} p_2^{n_2} \cdots p_k^{n_k}) = (f(p_1))^{n_1} (f(p_2))^{n_2} \cdots (f(p_k))^{n_k}$$
这里 p_i 为第 j 个质数(从小到大),$n_j \in \mathbf{Z}$. 这样定义的函数若对每个质数满足(b),则 f 满足(b).

一种可能的构造如下
$$f(p_j) = \begin{cases} p_{j+1}, & \text{若 } j \text{ 为奇数} \\[2mm] \dfrac{1}{p_{j-1}}, & \text{若 } j \text{ 为偶数} \end{cases}$$

然后,依上面的方式延拓,所得 $f : \mathbf{Q}_+ \longmapsto \mathbf{Q}_+$ 显然满足 $f(f(p)) = \dfrac{1}{p}$ (对每个质数),所以 f 满足所给的函数方程.

24. 无解答.

25. 从 $f(1) = 2$ 出发,利用 $f(f(n)) = f(n) + n$,我们得到
$$f(2) = 2 + 1 = 3, f(3) = 3 + 2 = 5, f(5) = 5 + 3 = 8$$
$$f(8) = 8 + 5 = 13, \cdots$$
这表明每个 Fibonacci 数的像是下一个 Fibonacci 数,它可以用数学归纳法证明.

现在需要对剩下的数赋以其他的正整数值,使得满足所给的函数方程. 我们要用到 Zeckendorf 定理,它是说每个正整数 n 都可以唯一地表示为若干个不相邻的 Fibonacci 数之和. 这一结论我们在第 8 章问题 29 中给出了证明,现在将此表达式写成如下形式
$$n = \sum_{j=1}^{m} F_{i_j}, \ |i_j - i_{j-1}| \geqslant 2$$
和式中下标递增排列. 我们要证明: $f(n) = \sum_{j=1}^{m} F_{i_j+1}$ 满足问题的所有条件. 事实上,1 本身就是一个 Fibonacci 数,且 $f(1) = 2$ 是下一个 Fibonacci 数,并且
$$f(f(n)) = f\left(\sum_{j=1}^{m} F_{i_j+1}\right) = \sum_{j=1}^{m} f_{i_j} + 2 = \sum_{j=1}^{m} (F_{i_j+1} + F_{i_j})$$
$$= \sum_{j=1}^{m} F_{i_j+1} + \sum_{j=1}^{m} F_{i_j} = f(n) + n$$

下面我们需要区分两种情形:

(a) 设 n 的 Fibonacci 数表示中不含 F_1,也不含 F_2,则 $n+1$ 的表示为 n 的表示中加上一个

1,从而 $f(n)$ 与 $f(n+1)$ 的表示中唯一的区别是 $f(n+1)$ 多一个和数,从而 $f(n)<f(n+1)$.

(b)设 n 的 Fibonacci 数表示中有 F_1 或 F_2,加上 1 时,和式中某一项将变为一个较大的 Fibonacci 数. 在 $n+1$ 的表示中有一个"最大的 Fibonacci 数"比 n 的表示中对应的数大①,这一性质在作用 f 之后仍然保持,所以 $f(n+1)>f(n)$(这是因为 $f(n)$ 的表示中没有相邻的 Fibonacci 数出现,所有较小的 Fibonacci 数之和都小于 $f(n+1)$ 中那个"最大的 Fibonacci 数").

注: 由题中 3 个条件确定的函数 f 不是唯一的.

26. 作代换 $x \to x-y$,得方程
$$f(x)^2 = f(x-y)f(x+y)$$
我们可设 f 的值为正数. 作变换 $g = \ln \circ f$,得
$$g(x-y) + g(x+y) = 2g(x)$$
这已在问题 14 中获得了解决,一个类似的问题在问题 12 中也已解决.

27. 令 $f(x) = g(x) - 1$,方程简化为
$$g(x+y) = g(x)g(y)$$
这是指数函数的函数方程,故 $g(x) = a^x$,即有
$$f(x) = a^x - 1$$

28. 唯一解为 $f(x) = x+1$,参阅[21]问题 18.

29. 需要解函数方程 $f(x) + f(x+2y) = 2f(x+y)$,结果为 $f(x) = ax+b$.

30. 唯一解是 $f(x) = x - \dfrac{3}{2}$,请读者自证.

31. 用 $-x$ 代替 x,得 $-xf(-x) - 2xf(x) = -1$,从而得到两个关于 $f(x)$ 与 $f(-x)$ 的方程,解出 $f(x)$,得 $f(x) = \dfrac{1}{x}$.

32. 猜测 $f(x) = ax^2 + bx + c$. 将此猜测代入方程,应有 $a(x+y)^2 = ax^2 + ay^2 + xy$ 或 $ay^2 + 2axy + b(x+y) + c = ax^2 + bx + c + ay^2 + bx + c + xy$. 它在 $a = \dfrac{1}{2}$ 和 $c = 0$ 时成立,用更规范的方法,可证 $f(x) = \dfrac{x^2}{2} + c$ 是所有连续解.

33. 令 $y = \dfrac{x}{x-1}$,则 $x = \dfrac{y}{y-1}$,故
$$f(y) = \left(a\phi(y) + \phi\left(\frac{y}{y-1}\right) \right) \bigg/ (1-a)^2$$

34. 每个正整数均可用二进制表示,例如:$1\,988 = (11111000100)_2$,利用对二进制数归纳可证下述断言:若
$$n = a_0 2^k + a_1 2^{k-1} + \cdots + a_k,\ a_0,\cdots,a_k \in \{0,1\},\ a_0 = 1$$
则
$$f(n) = a_k 2^k + a_{k-1} 2^{k-1} + \cdots + a_0$$
对 $1 = (1)_2, 2 = (10)_2, 3 = (11)_2$,由题中的前 3 个条件知断言成立. 现在设断言对所有

---

① 在 Fibonacci 数表示中,下标最大的项与下标较小项逐项对比. ——译者注

小于 $k+1$ 位的二进制正整数成立. 设

$$n = a_0 2^k + a_1 2^{k-1} + \cdots + a_k, a_0 = 1$$

考虑三种情形:(a) $a_k = 0$;(b) $a_k = 1, a_{k-1} = 0$;(c) $a_k = a_{k-1} = 1$.

我们只处理(b),其余情形类似. 在情形(b),有 $n = 4m+1$,则

$$m = a_0 2^{k-2} + \cdots + a_{k-2}, 2m+1 = a_0 2^{k-1} + \cdots + a_{k-2} \cdot 2 + 1$$

利用式(4),可知 $f(n) = 2f(2m+1) - f(m)$,由归纳假设有

$$f(m) = a_{k-2} 2^{k-2} + \cdots + a_0$$
$$f(2m+1) = 2^{k-1} + a_{k-2} 2^{k-2} + \cdots + a_0$$

于是

$$\begin{aligned}
f(n) &= 2^k + 2(a_{k-2} 2^{k-2} + \cdots + a_0) - (a_{k-2} 2^{k-2} + \cdots + a_0) \\
&= 2^k + a_{k-2} 2^{k-2} + \cdots + a_0 \\
&= a_k 2^k + a_{k-1} 2^{k-1} + \cdots + a_0
\end{aligned}$$

断言证完. 问题在于寻找在不大于 1 988 的正整数中,有多少个数在二进制表示下是对称的. 注意到 n 位二进制数中有 $2^{\lfloor \frac{n-1}{2} \rfloor}$ 个是对称的,而恰有 2 个 11 位对称的二进制数 $(11111111111)_2$ 和 $(11111011111)_2$ 比 1 988 大. 于是满足条件的数的个数为

$$(1 + 1 + 2 + 2 + 2^2 + 2^2 + \cdots + 2^4 + 2^4 + 2^5) - 2$$
$$= (2^5 - 1) + (2^6 - 1) - 2 = 92$$

35. 设 $x = 0. b_1 b_2 b_3 \cdots$,若 $b_1 = 0$,则 $x < \frac{1}{2}$,$f(x) = 0. b_1 b_1 + \frac{1}{4} f(0. b_2 b_3 \cdots)$. 若 $b_1 = 1$,则 $x \geqslant \frac{1}{2}$,$f(x) = 0. b_1 b_1 + \frac{1}{4} f(0. b_2 b_3 \cdots)$. 利用这个结论,可知 $f(x) = 0. b_1 b_1 b_2 b_2 b_3 b_3 \cdots$.

36. 若 z 是 f 的根,则 z^2 也是其根. 若 $|z| \neq 1$,则 f 有无穷多个不同的根,矛盾. 故其所有根必须在原点或单位圆周上. 数 0,1 以及 3 次单位根对平方运算封闭,于是 $x^p (x-1)^q (x^2 + x + 1)^r$ 也具有封闭性. 代入函数方程,可知($p+q$ 必为偶数)

$$f(x) = x^p (x-1)^q (1 + x + x^2)^r, p, q, r \in \mathbf{N}, p + q \equiv 0 \pmod{2}$$

37. 提示:由于 $f(1) < f(2) < f(3) < \cdots$. 特别地,我们有 $f(1) < f(f(1)) = 3$,故 $f(1) = 2$,$f(2) = 3$,请证明 $f(3n) = 3f(n)$. 事实上,有 $f(n) = n + 3^k, 3^k \leqslant n < 2 \cdot 3^k$;$f(n) = 3n - 3^{k-1}$,$2 \cdot 3^k \leqslant n < 3^{k+1}$,故 $f(1\ 994) = 3\ 795$.

38. (a) 设 $f(1) = t$,令 $x = 1$,得 $tf(t+1) = 1$,$f(t+1) = \frac{1}{t}$. 现在令 $x = t+1$,得

$$f(t+1) f\left(f(t+1) + \frac{1}{t+1}\right) = 1 \Rightarrow f\left(\frac{1}{t} + \frac{1}{t+1}\right) = t$$
$$\Rightarrow f\left(\frac{1}{t} + \frac{1}{t+1}\right) = f(1)$$

由于 f 为递增函数,故 $\frac{1}{t} + \frac{1}{t+1} = 1$,得 $t = \frac{1 \pm \sqrt{5}}{2}$. 但若 t 为正数,将得出矛盾:$1 < t = f(1) < f(1+t) = \frac{1}{t} < 1$,所以 $t = \frac{1 - \sqrt{5}}{2}$.

(b) 与 $f(1)$ 的计算类似,可证 $f(x) = \frac{t}{x}$,这里 $t = \frac{1 - \sqrt{5}}{2}$. 当然还需验证这个函数确实满

足问题的所有条件.

39. 显然数列 $f(n) = n$ 满足条件,我们证明没有其他的满足条件的数列. 先证 f 是一个单射. 事实上,

$$f(x) = f(y) \Rightarrow f(f(x)) = f(f(y))$$
$$\Rightarrow f(f(f(x))) = f(f(f(y)))$$
$$\Rightarrow f(f(f(x))) + f(f(x)) + f(x) = f(f(f(y))) + f(f(y)) + f(y)$$
$$\Rightarrow 3x = 3y$$

这表明 $x = y$. 当 $n = 1$ 时,易知 $f(1) = 1$. 假设对所有 $n < k$,均有 $f(n) = n$. 我们来证明 $f(k) = k$,若 $p = f(k) < k$,则由归纳假设有 $f(p) = p = f(k)$,与 f 为单射矛盾. 若 $f(k) > k$,则 $f(f(k)) \geqslant k$,若有 $f(f(k)) < k$,同上可导出矛盾的结果

$$f(f(f(k))) = f(f(k)), f(f(k)) = f(k), f(k) = k$$

类似地有 $f(f(f(k))) \geqslant k$. 从而有 $f(f(f(k))) + f(f(k)) + f(k) > 3k$,这与原给条件矛盾,故必有 $f(k) = k$.

第12章 几 何

12.1 向　　量

12.1.1 仿射几何

我们考虑任意维数的空间. 竞赛题只与 2 维或 3 维空间有关,空间中的点用大写字母 $A,B,C,\cdots$ 表示,有一个点要区别对待,它记为 O(表示原点). 空间中最重要的映射是平移或向量. 平移 T 由任一点 X 及其像 $T(X)=Y$ 所确定. 将 A 变为 B 的平移变换记为 $\overrightarrow{AB}$. 通常我们把点 O 作为起点,将 O 变为 A 的平移就是 $\overrightarrow{OA}$. 由于 O 总是起点,我们也可将其省略而简记为 $\overrightarrow{A}$,有时也将 A 上的箭头去掉而得到点 A. 我们简单地将点 A 与起点为 O、终点为 A 的向量视为相同的,没必要将点与向量予以区分,是因为对点成立的结论对向量[①]也同样成立.

现在我们定义两个点 A,B 之间的加法及对点 A 与实数 t 之间的数乘运算

$$A+B = 点 O 关于 (A,B) 的中点 M 的对称点$$

点 tA 是直线 OA 上的点,它离开 O 的距离等于 A 离开 O 的距离的 $|t|$ 倍. 当 $t<0$ 时,A 与 tA 在 O 的两侧;而当 $t>0$ 时,它们在点 O 的同侧. 因为这个原因,数乘也称为点 O 关于函数 t 的伸缩变换. 对空间中的点(向量),我们有下面的一些结论(向量空间公理):

$$(A+B)+C = A+(B+C)(对所有 A,B,C) \tag{1}$$

$$A+O = A(对所有 A) \tag{2}$$

$$A+(-A) = O(对所有 A) \tag{3}$$

$$A+B = B+A(对所有 A,B) \tag{4}$$

以及

$$(st)A = (ts)A(对所有实数 s,t 及点 A) \tag{5}$$

$$t(A+B) = tA+tB \tag{6}$$

$$(s+t)A = sA+tA \tag{7}$$

$$1 \cdot A = A \tag{8}$$

设 A 是一个给定点,函数 $T:\mathbf{Z} \longmapsto A+\mathbf{Z}$ 是由 A 定义的一个变换. 图 12.1 显示 $2M = A+B$,即 (A,B) 的中点是

$$M = \frac{A+B}{2}$$

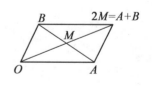

图 12.1

① 本章遵循原英文书关于向量、点的符号设定,方便读者对原英文书与本书进行阅读,不易混淆内容.——译者注

$$(A,B,C,D) \text{是一个平行四边形} \Leftrightarrow \frac{A+C}{2} = \frac{B+D}{2} \Leftrightarrow A+C = B+D$$

注意,如下的基本法则

$$\overrightarrow{AB} = B - A$$

事实上,对 (A,B) 作平移变换使 A 变到 O,则 B 变为 $B-A$. 于是,$\overrightarrow{AB}$ 与 $B-A$ 相同.

$$A \text{ 是 } (Z,Z') \text{ 的中点} \Leftrightarrow \frac{Z+Z'}{2} = A \Leftrightarrow Z' = 2A - Z$$

函数 $H_A : Z \longmapsto 2A - Z$ 称为关于 A 的反射或关于 A 的半转. 我们有

$$Z \xrightarrow{H_A} 2A - Z \xrightarrow{H_B} 2B - (2A - Z) = 2(B - A) + Z$$

从而 $H_A \circ H_B = 2\overrightarrow{AB}$,并且

$$H_A \circ H_B \circ H_C : Z \xrightarrow{H_D} 2C - (2B - 2A + Z)$$

或 $H_A \circ H_B \circ H_C = H_D$,这里 H_D 是关于点 $D = A - B + C$ 的半转. 由于 $A + C = B + D$,故四元组 (A,B,C,D) 是一个平行四边形.

例 1　证明:任何一个平面或空间四边形各边的中点 P,Q,R,S 是一个平行四边形的顶点.

解:事实上,因为

$$P = \frac{A+B}{2}, R = \frac{C+D}{2} \Rightarrow P + R = \frac{A+B+C+D}{2}$$

$$Q = \frac{B+C}{2}, S = \frac{D+A}{2} \Rightarrow Q + S = \frac{A+B+C+D}{2}$$

从而,$P + R = Q + S \Leftrightarrow (P,Q,R,S)$ 是一个平行四边形.

例 2　作一个五边形,使得 P,Q,R,S,T 分别是它们所在边的中点.

解:我们将 H_A 简记为 A,则 $P \circ Q \circ R = X$,这里 X 是由三角形 (P,Q,R) 形成的平行四边形的第 4 个顶点. 进一步 $X \circ S \circ T = A$,从而我们作出了点 A,其余的点可以依次作关于 P,Q,R,S 的对称点得到. 这种构造对所有有 $2n+1$ 个顶点的多边形有效,但对 $2n$ 边形无效. 将第一个顶点 A_1 固定,然后逐次关于中点作反射,而 $2n$ 次反射的合成是一个平移变换,它有一个固定点,故此变换为恒等变换,从而,平面上每一个点都可被取作顶点 A_1.

设 C 是直线 AB 上一点,则 $\overrightarrow{AC} = t \cdot \overrightarrow{AB}$ 或 $C - A = t(B - A)$,$C = A + t(B - A)$,t 为实数. 在 $\triangle ABC$ 中,设 $D = \frac{A+B}{2}$ 为 AB 的中点,并设 S 满足 $\overrightarrow{CS} = \frac{2}{3}\overrightarrow{CD}$,那么

$$S - C = \frac{2}{3}(D - C) = \frac{2}{3}\left(\frac{A+B}{2} - C\right) \Rightarrow S = \frac{A+B+C}{3}$$

点 S 称为 $\triangle ABC$ 的重心. 由于它关于 A,B,C 是对称的,因此 S 是这个三角形三条中线的交点,并且这些中线被 S 所分的比率为 $2:1$.

例 3　设 $ABCDEF$ 是一个六边形,$A_1 B_1 C_1 D_1 E_1 F_1$ 是以 $\triangle ABC$,$\triangle BCD$,$\triangle CDE$,$\triangle DEF$,$\triangle EFA$,$\triangle FAB$ 的重心为顶点的六边形. 证明:六边形 $A_1 B_1 C_1 D_1 E_1 F_1$ 的各组对边平行且相等.

解:我们需要证明 $\overrightarrow{A_1 B_1} = \overrightarrow{E_1 D_1} \Leftrightarrow B_1 - A_1 = D_1 - E_1$,即 $A_1 + D_1 = B_1 + E_1$,事实上,我们有

$$A_1 = \frac{A + B + C}{3}, D_1 = \frac{D + E + F}{3}$$

$$B_1 = \frac{B + C + D}{3}, E_1 = \frac{E + F + A}{3}$$

这表明

$$A_1 + D_1 = B_1 + E_1 = \frac{A + B + C + D + E + F}{3}$$

例 4 设 $ABCD$ 是一个四边形，$A'B'C'D'$ 是以 $\triangle BCD$、$\triangle CDA$、$\triangle DAB$、$\triangle ABC$ 的重心为顶点的四边形. 证明：$ABCD$ 可经某个点 Z 的伸缩变换变为 $A'B'C'D'$，并求 Z 及伸缩变换率 t.

解：我们有

$$\overrightarrow{A'B'} = B' - A' = \frac{A + C + D}{3} - \frac{B + C + D}{3}$$

$$= \frac{A - B}{3} = -\frac{\overrightarrow{AB}}{3}$$

类似地，$\overrightarrow{B'C'} = -\frac{1}{3}\overrightarrow{BC}$，$\overrightarrow{C'D'} = -\frac{1}{3}\overrightarrow{CD}$，$\overrightarrow{D'A'} = -\frac{1}{3}\overrightarrow{DA}$.

对中心 Z，我们有 $\overrightarrow{ZA'} = -\frac{1}{3}\overrightarrow{ZA}$ 或 $A' - Z = -\frac{1}{3}(A - Z)$，即 $A + 3A' = 4Z$，也就是说

$$Z = \frac{A + B + C + D}{4}$$

由于上述表示中 Z 关于 A, B, C, D 对称，所以我们总得到相同的点 Z.

例 5 求 n 个点 $A_1, \cdots, A_n$ 的重心 S，这里 S 由下式定义

$$\sum_{i=1}^{n} \overrightarrow{SA_i} = \overrightarrow{O}$$

解：由这个方程，可知 $(A_1 - S) + \cdots + (A_n - S) = O$，即

$$S = \frac{A_1 + \cdots + A_n}{n}$$

12.1.2 标量积或点积

我们来介绍空间直角坐标系，点 A 和 B 现在可表示为

$$A = (a_1, \cdots, a_n), B = (b_1, \cdots, b_n)$$

定义标量积或点积如下

$$A \cdot B = \sum_{i=1}^{n} a_i b_i$$

它是一个实数. 这个定义蕴含以下诸性质：

S1. $A \cdot B = B \cdot A$.

S2. $A \cdot (B + C) = A \cdot B + A \cdot C, (tA) \cdot B = A \cdot (tB) = t(A \cdot B)$.

S3. $A = 0 \Rightarrow A \cdot A = 0$，否则 $A \cdot A > 0$.

我们定义 A 的模或者长度为

$$|A| = \sqrt{A \cdot A} = \sqrt{a_1^2 + \cdots + a_n^2}$$

定义点 A 和 B 的距离为

$$|A - B| = \sqrt{(A - B) \cdot (A - B)}$$

对 2 维或 3 维空间,易证

$$A \cdot B = |A| \cdot |B| \cdot \cos(\widehat{AB})$$

对 $n > 3$,上式是 $\cos(\widehat{AB})$ 的定义,现在我们有

$$A \perp B \Leftrightarrow A \cdot B = 0$$

利用标量积,我们证明一些经典的几何定理.

例 6 证明:一个四边形的两条对角线相互垂直的充要条件是它的两组对边的平方和相等.

我们可将定理表示为下面的形式

$$C - A \perp B - D \Leftrightarrow (B - A)^2 + (C - D)^2 = (B - C)^2 + (A - D)^2$$

可以经变形,等价地把右边变成左边.

三角形的中线是指顶点与其对边中点的连线,四边形的中线是指两对边中点的连线.

例 7 证明:一个四边形的对角线互相垂直的充要条件是它的中线长相等.

解: 设 MK 和 NL 为其中线,则我们可将这个定理表述为:$\overrightarrow{AC} \perp \overrightarrow{BD} \Leftrightarrow |MK|^2 = |NL|^2$.

为证明之,我们经过一系列等价变换将右边变到左边

$$\left(\frac{C + D}{2} - \frac{A + B}{2}\right)^2 - \left(\frac{A + D}{2} - \frac{B + C}{2}\right)^2$$

$$= (C - A) \cdot (D - B) = \overrightarrow{AC} \cdot \overrightarrow{BD} = 0$$

例 8 设 A, B, C, D 为空间的 4 个点. 证明

$$|AB|^2 + |CD|^2 - |BC|^2 - |AD|^2 = 2\, \overrightarrow{AC} \cdot \overrightarrow{DB}$$

为证这个结论,我们从左边往右边作等价变形

$$(B - A)^2 + (D - C)^2 - (B - C)^2 - (A - D)^2$$

$$= 2(B \cdot C + A \cdot D - A \cdot B - C \cdot D)$$

$$= 2(C - A) \cdot (B - D) = 2\, \overrightarrow{AC} \cdot \overrightarrow{DB}$$

由此定理导出的一些结论如下:

(a)在四面体中,$AC \perp BD \Leftrightarrow |AB|^2 + |CD|^2 = |BC|^2 + |AD|^2$.

(b)将此定理运用于梯形,如图 12.2 所示,可得

$$e^2 + f^2 = b^2 + d^2 + 2ac$$

(c)运用到平行四边形,如图 12.3,可知 $e^2 + f^2 = 2(a^2 + b^2)$,这就是:平行四边形两对角线的平方和等于其各边的平方和. 后面将证明这个性质刻画了平行四边形.

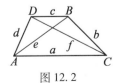

图 12.2

图 12.3

（d）利用最后这个定理，我们可以容易地表示出一个 $\triangle ABC$ 的中线 s_a 的长度. 设 A 关于 BC 中点的对称点为 D，得到一个以 $2s_a$ 和 a 为对角线的平行四边形 $ABCD$. 由平行四边形的主要定理可得

$$a^2 + 4s_a^2 = 2b^2 + 2c^2 \quad \text{即} \quad s_a^2 = \frac{1}{4}(2b^2 + 2c^2 - a^2)$$

类似地

$$s_b^2 = \frac{1}{4}(2c^2 + 2a^2 - b^2)\ , s_c^2 = \frac{1}{4}(2a^2 + 2b^2 - c^2)$$

（e）设 S 为 $\triangle ABC$ 的重心，由这个最后定理，可以容易证出 $AS \perp BS \Leftrightarrow a^2 + b^2 = 5c^2$.

12.1.3 复数

现在将讨论限制在平面上. 在平面上我们称点为复数，并且用小写字母 $a, b, c, \cdots$ 表示它们，平面上的点 z 可以表示为形式 $z = xe_1 + ye_2$，这里 e_1 和 e_2 是坐标轴上的单位点，e_1 是我们的实数单位，没有新的设定，但是 e_2 呢？关于 e_2 的乘法具有一个几何意义. 由于 $e_2e_1 = e_2$，故 e_2 是 e_1 旋转 $90°$ 得到的点. 我们简单地定义 $-e_1$ 为 e_2 旋转 $90°$ 得到的点，即 $e_2 \cdot e_2 = -e_1$. 现在看数 z 乘以 e_2 会发生什么

$$e_2 z = e_2(xe_1 + ye_2) = -ye_1 + xe_2$$

图 12.4 显示乘以 e_2 后，向量 z 沿逆时针方向旋转了 $90°$.

从现在起，我们记 $e_1 = 1, e_2 = i$，则 $z = x + yi, i^2 = -1$. 易知复数在加法与乘法运算下是一个数域，这表明你可以像实数一样来计算它们，但是不能比较它们的大小. $a < b$ 不能依通常所希望得到的序的性质来定义.

图 12.4

前面已知乘以 i 的运算是将平面旋转 $90°$，我们还能给出关于点 a 将平面旋转 $90°$ 的公式，这就是

$$z' = a + i(z - a)$$

事实上，将 a 平移到原点，则 z 变为 $z - a$，旋转 $90°$ 后变为 $i(z - a)$，再平移回去就得 $z' = a + i(z - a)$，利用这一结果可以解一些简单的经典问题.

例 9 某人在其阁楼上发现了关于一个去世很久的海盗的描述，上面写着：到达岛 X，从绞架边出发，走到榆树旁，并记下所走的步数，左转 $90°$，走同样的步数到达点 g'. 现在再次从绞架边出发，走到无花果树旁，记下所走的步数，右转 $90°$，走同样的步数到达点 g''，宝藏埋在 g' 与 g'' 的中点处.

一个人走到了岛上，并发现了榆树和无花果树的位置 e 和 f，但是绞架已经不复存在了，求宝藏所在的位置 t.

图 12.5 告诉我们

$$g' = e + i(e - g)\ , g'' = f + i(g - f)$$

$$t = \frac{g' + g''}{2} = \frac{e + f}{2} + i\frac{e - f}{2}$$

这在几何上非常容易解释，$m = \dfrac{e + f}{2}$ 是线段 ef 的中点. 进一步，$\overrightarrow{me} =$

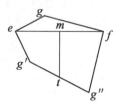

图 12.5

$\dfrac{e-f}{2}$,这个向量需逆时针旋转 $90°$ 才能得到 $\overrightarrow{mt}$,绞架原来的位置无关紧要.

乘法运算 $z \to az$ 是从原点出发旋转变换与伸缩 $|a|$ 的变换的合成,旋转的角度是向量 a 与 x 轴正向的夹角,这一点很容易证明,如果我们不用三角来处理,则三角就会没有用处.

记 $e(\alpha)$ 为角度 α 终边所在方向上的单位向量,$|e(\alpha)| = 1$,则

$$e(\alpha) \cdot e(\beta) = e(\alpha + \beta) \tag{1}$$

现在我们可这样来定义正弦与余弦函数

$$e(\alpha) = \cos \alpha + i\sin \alpha \tag{2}$$

$$e(-\alpha) = \cos \alpha - i\sin \alpha = \overline{e(\alpha)} = \frac{1}{e(\alpha)} \tag{3}$$

下面我们用复数来证明一些经典定理.

例 10 Napoleon **三角形** 以一个三角形的三边向形外(或形内)作正三角形,则这些正三角形的中心为顶点形成一个正三角形(Napoleon 外三角形和内三角形).

设 $\varepsilon = e(60°) = \dfrac{1 + \sqrt{3} i}{2}$ 为 6 次单位根,即 $\varepsilon^6 = 1$,且

$$1 - \varepsilon + \varepsilon^2 = 0$$
$$\varepsilon^2 = \varepsilon - 1$$
$$\varepsilon^3 = -1$$
$$\bar{\varepsilon} = e(-60°) = \frac{1 - \sqrt{3} i}{2}$$
$$\varepsilon + \bar{\varepsilon} = 1$$

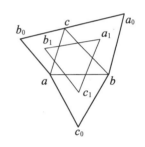

图 12.6 Napoleon 三角形

在图 12.6 中,我们有

$$b_0 = a + (c-a)\varepsilon, c_0 = b + (a-b)\varepsilon, a_0 = c + (b-c)\varepsilon$$
$$3(a_1 - c_1) = c_0 - b_0 + c - a = 2c - a - b + (2b - a - c)\varepsilon$$
$$3(b_1 - c_1) = a_0 - b_0 + c - b = a + c - 2b + (b + c - 2a)\varepsilon$$
$$3(a_1 - c_1)\varepsilon = \varepsilon(2c - a - b) + (\varepsilon - 1)(2b - a - c)$$
$$= a + c - 2b + \varepsilon(b + c - 2a)$$
$$= 3(b_1 - c_1)$$

例 11 沿一个四边形的各边向形外各作一个正方形,设各正方形的中心依次为 x, y, z, u. 证明:线段 xz 与 yu 相互垂直且相等.

解:

$$x = \frac{a+b}{2} + i\frac{a-b}{2}, y = \frac{b+c}{2} + i\frac{b-c}{2}$$
$$z = \frac{c+d}{2} + i\frac{c-d}{2}, u = \frac{d+a}{2} + i\frac{d-a}{2}$$
$$z - x = \frac{c+d-a-b}{2} + i\frac{c-d-a+b}{2}$$
$$u - y = \frac{a+d-b-c}{2} + i\frac{c+d-a-b}{2}, u - y = i(z-x)$$

最后一式表明 $\overrightarrow{yu}$ 是由 $\overrightarrow{xz}$ 旋转 $90°$ 所得.

例 12 沿 $\triangle abc$ 的边 bc, ac 分别向形外作正方形 $cbqp$ 和 $acmn$. 证明:这两个正方形的中心 d, e, 边 ab 的中点 g 和边 mp 的中点 f 是某个正方形的顶点.

这是一个常规问题. 事实上, $gefd$ 是一个平行四边形, 因为它的顶点是四边形 $abpm$ 各边的中点, 我们只需证明 eg 和 gd 是相互垂直且相等的, 这只需注意到

$$g = \frac{a+b}{2}, d = \frac{b+c}{2} + \mathrm{i}\frac{b-c}{2}, e = \frac{a+c}{2} + \mathrm{i}\frac{c-a}{2}$$

$$d - g = \frac{c-a}{2} + \mathrm{i}\frac{b-c}{2}, e - g = \frac{c-b}{2} + \mathrm{i}\frac{c-a}{2}$$

$$(d-g)\mathrm{i} = \frac{c-b}{2} + \mathrm{i}\frac{c-a}{2} = e - g$$

例 13 设 $\triangle a_1 a_2 a_3$ 和 $\triangle b_1 b_2 b_3$ 是两个正向的正三角形[①], 点 c_i 是线段 $a_i b_i$ 的中点. 证明: $\triangle c_1 c_2 c_3$ 是正三角形.

记 $a_1 = a, a_2 = b, a_3 = a + \varepsilon(b-a)$, 这里 $\triangle a_1 a_2 a_3$ 为正三角形的事实已经用到, 类似处理 $\triangle b_1 b_2 b_3$: $b_1 = c, b_2 = d, b_3 = c + \varepsilon(d-c)$, 现在有

$$c_1 = \frac{a+c}{2}, c_2 = \frac{b+d}{2}, c_3 = \frac{a+c}{2} + \varepsilon\frac{b+d-a-c}{2}$$

进一步有

$$c_2 - c_1 = \frac{b+d-a-c}{2}, c_3 - c_1 = \varepsilon\frac{b+d-a-c}{2}$$

$$c_3 - c_1 = \varepsilon(c_2 - c_1)$$

例 14 设 A, B, C, D 是平面的 4 个点, 证明: $|AB| \cdot |CD| + |BC| \cdot |AD| \geqslant |AC| \cdot |BD|$ (Ptolemy 不等式), 等号当且仅当 A, B, C, D 共圆或共线时成立.

解: 对平面中任意 4 个点 z_1, z_2, z_3, z_4, 有等式

$$(z_2 - z_1)(z_4 - z_3) + (z_3 - z_2)(z_4 - z_1) = (z_3 - z_1)(z_4 - z_2)$$

由三角形不等式 $|z_1| + |z_2| \geqslant |z_1 + z_2|$, 可知

$$|z_2 - z_1| \cdot |z_4 - z_3| + |z_3 - z_2| \cdot |z_4 - z_1|$$

$$\geqslant |z_3 - z_1| \cdot |z_4 - z_2|$$

从而

$$|AB| \cdot |CD| + |BC| \cdot |AD| \geqslant |AC| \cdot |BD|$$

等号当且仅当 $(z_2 - z_1)(z_4 - z_3)$ 和 $(z_3 - z_2)(z_4 - z_1)$ 方向相同时取到, 即它们的商为正实数, 分别记 $\frac{z_2 - z_1}{z_4 - z_1}$ 和 $\frac{z_4 - z_3}{z_3 - z_2}$ 的辐角为 α 和 μ, 则 $\frac{z_2 - z_1}{z_4 - z_1} \cdot \frac{z_4 - z_3}{z_3 - z_2}$ 为正实数 $\Leftrightarrow \alpha + \mu = 0°$, 即 A, B, C, D 共圆, 或者 $\alpha = \mu = 0°$, 即共线. 注意, 在图 12.7 中, α, μ 相等且方向相反, $|\alpha| = |\mu|$ 是四边形内接于一个圆的充要条件.

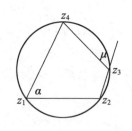

图 12.7

---

① 顶点依逆时针方向排列的 $\triangle xyz$ 称为是正向的, 否则是逆向的. ——译者注

问　题

1. 证明
$$|AC|^2 + |BD|^2 = |AB|^2 + |BC|^2 + |CD|^2 + |DA|^2$$
$$\Leftrightarrow A + C = B + D$$

2. 设 A,B,C,D 是 4 个空间中的点. 证明下述定理: 如果对空间中的任意一点 X, 均有 $|AX|^2 + |CX|^2 = |BX|^2 + |DX|^2$, 那么 $ABCD$ 是一个矩形.

3. 以 $\triangle ABC$ 的三边为边, 分别向形外作矩形 $ABDE$, $BCFG$ 和 $CAHI$. 证明: 线段 HE, DG, FI 的中垂线共点.

4. 正 n 边形 $A_1 \cdots A_n$ 内接于以 O 为圆心, R 为半径的圆. X 是平面上任意一点, $d = |OX|$, 证明: $\displaystyle\sum_{i=1}^{n} |A_i X|^2 = n(R^2 + d^2)$.

5. 正 $\triangle ABC$ 内接于一个圆. 证明: 当 $n = 2$ 或 4 时, $PA^n + PB^n + PC^n$ 对圆上的任意一点 P, 是一个定值.

6. 设 P 为正方形 $ABCD$ 的外接圆上一点. 证明: 当 $n = 2, 4, 6$ 时, $PA^n + PB^n + PC^n + PD^n$ 的值与 P 的选择无关.

7. 证明 Euler 定理: 设 MN 和 PQ 为四边形 $ABCD$ 的中线, 则 $|AC|^2 + |BD|^2 = 2(|MN|^2 + |PQ|^2)$.

8. 求点 X 的轨迹, 使得 $\overrightarrow{AX} \cdot \overrightarrow{CX} = \overrightarrow{CB} \cdot \overrightarrow{AX}$.

9. 三个点 A, B, C 满足 $|AC|^2 + |BC|^2 = \dfrac{|AB|^2}{2}$. 这 3 个点之间的位置关系是什么?

10. 设 M 为平面上一点, $ABCD$ 是一个矩形. 证明: $\overrightarrow{MA} \cdot \overrightarrow{MC} = \overrightarrow{MB} \cdot \overrightarrow{MD}$.

11. 点 E, F, G, H 分别分 $ABCD$ 的各边所成的比相同, 求 $EFGH$ 为平行四边形的条件.

12. 设 Q 是平面上任意一点, M 为 AB 的中点. 证明: $|QA|^2 + |QB|^2 = 2|QM|^2 + \dfrac{|AB|^2}{2}$.

13. 设 A, B, C, D 为空间 4 个点, 用 AB 表示点 A 和 B 之间的距离, 等等. 证明: $AC^2 + BD^2 + AD^2 + BC^2 \geqslant AB^2 + CD^2$.

14. 证明: 如果一个斜(非平面的)四边形的两组对边分别相等, 那么联结两对角线中点的直线与两条对角线都垂直. 反过来, 如果一个斜四边形的两对角线中点的连线与其对角线都垂直, 那么其两组对边分别相等.

15. 设 A, B, C 的连线构成一个三角形, O 为空间任意一点, 证明
$$AB^2 + BC^2 + CA^2 \leqslant 3(OA^2 + OB^2 + OC^2)$$

16. A, B, C, D 为空间中的 4 个点. 证明: $AB \perp CD \Leftrightarrow AC^2 + BD^2 = AD^2 + BC^2$.

17. $ABCD$ 是一个圆内接四边形. 证明: 过每边的中点作对边的垂线所得的 6 条直线共点, 这里两条对角线视为一组对边.

18. 设凸四边形 $ABCD$ 的对角线交于点 O, 证明
$$AB^2 + BC^2 + CD^2 + DA^2 = 2(AO^2 + BO^2 + CO^2 + DO^2)$$

恰在 $AC \perp BD$ 或一条对角线被 O 平分时成立.

19. 四面体 $OABC$ 中,$|OA| = |BC| = a$,$|OB| = |AC| = b$,$|OC| = |AB| = c$. 设 A_1,C_1 分别是 $\triangle ABC$ 和 $\triangle AOC$ 的重心. 证明:若 $OA_1 \perp BC_1$,则 $a^2 + c^2 = 3b^2$.

20. 在一个单位正方体中,考虑相邻两个面的两条不共面的面对角线,求它们之间的最小距离.

21. 四边形 $ABCD$ 的两对边长度为 $|AB| = a$,$|CD| = c$,且这两边之间的夹角为 ϕ. 联结另外两条对边中点的线段 MN 的长为多少?

22. 考虑 n 个向量 $\boldsymbol{a}_1,\cdots,\boldsymbol{a}_n$,$|\boldsymbol{a}_i| \leqslant 1$. 证明:在和式 $\boldsymbol{c} = \pm \boldsymbol{a}_1 \pm \cdots \pm \boldsymbol{a}_n$ 中可以恰当选择正负号,使得 $|\boldsymbol{c}| \leqslant \sqrt{2}$.

23. P 为一个给定的圆内的定点,从 P 出发的两条互相垂直的射线①分别交圆于点 A 和 B. 点 Q 是由 PA,PB 确定的矩形的另一个顶点,求由 P 出发的所有这样的射线对确定的点 Q 的轨迹.

24. P 是一个给定的球内的定点,从 P 出发的 3 条两两垂直的射线分别交球于点 A,B,C,由 PA,PB,PC 确定的长方体中与 P 相对的顶点为 Q,求由 P 出发的所有这样的射线组确定的 Q 的轨迹. (IMO1978)

25. 求点 X,使得 X 到一个三角形的 3 个顶点 A,B,C 的距离的平方和最小.

26. 设 O 是 $\triangle ABC$ 的外心,D 为 AB 的中点,E 为 $\triangle ACD$ 的重心. 证明:$CD \perp OE \Leftrightarrow |AB| = |AC|$.

27. 设 ABC 是一个三角形. 证明:存在唯一一点 X,使得 $\triangle XAB$,$\triangle XBC$,$\triangle XCA$ 的各边长的平方和相等. 给出 X 的一种几何解释.

下面的问题除了 40 和 41 外,都将用复数来求解,有时恰当选择原点会方便很多.

28. 以 a,b,c 为顶点的三角形为正三角形的充要条件是 $a^2 + b^2 + c^2 - ab - bc - ca = 0$.

29. 以关于一个点中心对称的六边形的各边为边作正三角形②,将这些三角形的相邻顶点联结成线段,证明:所得 6 条线段的中点构成一个正六边形.

30. $\triangle ABC$ 为正三角形,一条平行于 AC 的直线分别交 AB 和 BC 于点 M,P,点 D 为 $\triangle PMB$ 的重心,点 E 为 AP 的中点,求 $\triangle DEC$ 各内角的大小.

31. $\triangle OAB$ 和 $\triangle OA_1B_1$ 是有公共顶点的两个正向的正三角形. 证明:OB,OA_1 和 AB_1 的中点是某个正三角形的顶点.

32. $\triangle OAB$ 和 $\triangle OA'B'$ 是两个同向的正三角形,S 是 $\triangle OAB$ 的重心,M,N 分别是 $A'B$ 和 AB' 的中点. 证明:$\triangle SMB' \backsim \triangle SNA'$. (IMO1977 预选题)

33. 梯形 $ABCD$ 内接于一个以 O 为圆心,$|BC| = |DA| = r$ 为半径的圆. 证明:半径 OA,OB 及边 CD 的中点是某个正三角形的顶点.

34. 以四边形 $ABCD$ 的各边分别向形外作正 $\triangle DAS$,$\triangle ABP$,$\triangle BCQ$ 和 $\triangle CDR$,点 M_1,M_2 分别为 $\triangle DAS$ 和 $\triangle CDR$ 的重心. 沿四边形 $ABCD$ 的相对方向作正 $\triangle M_1M_2T$,求 $\triangle PQT$ 各内角的大小.

---

① 称这两条射线为从 P 出发的一个"射线对". ——校注
② 都向形外或都向形内. ——译者注

35. 设 E,G,H,F 是以四边形 $ABCD$ 的边①所作正三角形的顶点. M,N,P,Q 分别是 EG, HF,AC,BD 的中点,四边形 $PMQN$ 的形状是什么?

36. 凸四边形 $ABCD$ 被其对角线(交点为 O)分为 4 个三角形分别为 $\triangle AOB$, $\triangle BOC$, $\triangle COD$, $\triangle DOA$. 设 S_1,S_2 为第 1 个和第 3 个三角形的重心, H_1,H_2 为另外两个三角形的垂心. 证明: $H_1H_2 \perp S_1S_2$.

37. 点 D,E 分别是以 $\triangle ABC$ 的边 AB 和 BC 向形外所作正三角形的顶点. 证明:由 BD, BE 和 AC 的中点围成的三角形为正三角形.

38. D 为锐角 $\triangle ABC$ 内一点,使得 $\angle ADB = \angle ACB + 90°$,且 $|AC| \cdot |BD| = |AD| \cdot |BC|$, 求 $\dfrac{|AB| \cdot |CD|}{|AC| \cdot |BD|}$ 的值. (IMO1993)

39. 正 $\triangle OAB$、正 $\triangle OA_1B_1$、正 $\triangle OA_2B_2$ 分别是以 O 为公共顶点的 3 个正向三角形. 证明: 由 BA_1,B_1A_2,B_2A 的中点围成的三角形为正三角形.

40. 设 $P_i(i = 1,2,\cdots,n)$ 都是一个单位球上的点. 证明: $\sum\limits_{i \leqslant j} |P_iP_j|^2 \leqslant n^2$.

41. 给定一个长方体 $ABCDEFGH$,证明下述结论:

(a)体对角线的平方和等于 3 条棱长的平方和的 4 倍.

(b)从某个顶点出发的体对角线的平方等于由该点出发的三条面对角线的平方和减去三条棱的平方和.

(c)从某个顶点出发的体对角线与 3 条棱之和大于从该点出发的三条面对角线之和.

(d) $|a + b + c| + |a| + |b| + |c| > |a + b| + |b + c| + |c + a|$. (ATMO1972)

42. 以一个凸四边形的各边向形外作正三角形. 证明:联结 $\triangle ABP$ 和 $\triangle CDQ$ 的顶点形成的线段 PQ 与线段 RS 垂直(这里 R,S 是另外两个三角形的中心),并且 $|PQ| = \sqrt{3}|RS|$.

43. 平面上给定一个点 P_0 和一个 $\triangle A_1A_2A_3$. 设 $A_s = A_{s-3}$, $s \geqslant 4$,构造点列 $P_0,P_1,P_2,\cdots$ 如下:点 P_{k+1} 是 P_k 绕点 A_{k+1} 沿逆时针方向(即数学意义上的正方向)旋转 $120°$ ($k = 0,1$, $2,\cdots$). 证明:若 $P_{1986} = P_0$,则 $\triangle A_1A_2A_3$ 为正三角形. (IMO1986)

44. 以一个中心对称的六边形的边分别作正六边形. 证明:它们的中心围成一个正六边形. (A. Barlotti 定理的特殊情形)

45. 向正方形 $ABCD$ 形内作正 $\triangle ABK$、正 $\triangle BCL$、正 $\triangle CDM$ 和正 $\triangle DAN$. 证明:线段 KL, LM,MN,NK 的中点和另外 8 条线段 AK,BK,BL,CL,CM,DM,DN,AN 的中点是一个正 12 边形的顶点.

解　　答

1. 将左边的等式展开合并得 $(A + C - B - D)^2 = 0$,故 $A + C = B + D$,即 $ABCD$ 是一个平行四边形.

2. 利用常规变形,得 $A^2 + C^2 - B^2 - D^2 = 2X(A + C - B - D)$,此等式对平面上任意一点 X

---

① 　向形外或形内.——译者注

均成立的充要条件是

$$A + C = B + D \tag{1}$$

和

$$A^2 + C^2 = B^2 + D^2 \tag{2}$$

由式(1)知

$$(A + C)^2 = (B + D)^2 \Leftrightarrow A^2 + C^2 + 2AC = B^2 + D^2 + 2BD \tag{3}$$

从式(3)中减去式(2)得

$$2A \cdot C = 2B \cdot D \tag{4}$$

从式(2)中减去式(4)得 $(A - C)^2 = (B - D)^2$,从而此平行四边形具有相同长度的对角线,故它是一个矩形. 我们已证明了此性质刻画了矩形的特征. 这一点在后面的若干问题中(例如下一个问题)将是有用的.

3. 如图 12.8 所示,设 P 是 HE 和 DG 的中垂线的交点. 利用上题的结论,可知

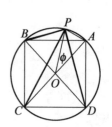

$$PB^2 + PE^2 = PA^2 + PD^2$$

$$PA^2 + PI^2 = PC^2 + PH^2$$

$$PC^2 + PG^2 = PB^2 + PF^2$$

$$PD^2 = PG^2 \Leftrightarrow P \text{ 为 } DG \text{ 中垂线上一点}$$

$$PH^2 = PE^2 \Leftrightarrow P \text{ 为 } HE \text{ 中垂线上一点}$$

因此,$PI^2 = PF^2$,从而 P 为 IF 中垂线上一点.

图 12.8

4. 我们有 $A_1 + \cdots + A_n = O$,$|A_i X|^2 = A_i^2 + X^2 - 2A_i \cdot X = R^2 + d^2 - 2A_i \cdot X$,于是 $|A_1 X|^2 + \cdots + |A_n X|^2 = n(R^2 + d^2)$.

5. 设 O 为其圆心,R 为半径,则

$$PA^2 = (P - A)^2 = P^2 - 2P \cdot A + A^2 = 2R^2 - 2A \cdot P$$

$$= 2(R^2 - A \cdot P)$$

$$PA^2 + PB^2 + PC^2 = 6R^2 - 2P \cdot (A + B + C) = 2R^2$$

$$PA^4 + PB^4 + PC^4$$

$$= 12R^4 - 8R^2(A + B + C) \cdot P + 4(A \cdot P)^2 + 4(B \cdot P)^2 + 4(P \cdot C)^2$$

$$= 14R^4 + 4R^2 \left[\cos^2 \phi + \cos^2(\alpha + \phi) + \cos^2(\alpha - \phi) \right]$$

$$= 18R^4$$

这里用到了前面问题的结论.

6. 如图 12.9,有 $PA^2 = 2r^2 - 2r^2 \cos \phi$,$PB^2 = 2r^2 - 2r^2 \cos\left(\dfrac{\pi}{2} - \phi\right)$,$PC^2 = 2r^2 - 2r^2 \cos(\pi - \phi)$,$PD^2 = 2r^2 - 2r^2 \cos\left(\dfrac{\pi}{2} + \phi\right)$,$PA^2 + PB^2 + PC^2 + PD^2 = 8r^2$. 类似地,利用上面的式子展开后,合并同类项,得

$$PA^4 + PB^4 + PC^4 + PD^4 = 24r^4$$

和

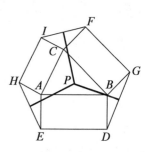

图 12.9 $|OP| = |OA| = |OB| = r$

$$PA^6 + PB^6 + PC^6 + PD^6 = 80r^6$$

7. 将公式 $M = \dfrac{A+B}{2}, N = \dfrac{C+D}{2}, P = \dfrac{B+C}{2}, Q = \dfrac{D+A}{2}$ 代入欲证的式子,经常规变形后可得恒等式.

8. $(X-A)(X-C) = (B-C)\cdot(X-A) \Leftrightarrow X^2 - (A+B)\cdot X = -A\cdot B \Leftrightarrow \left(X - \dfrac{A+B}{2}\right)^2 = \left(\dfrac{A-B}{2}\right)^2$ (以 AB 为直径的圆).

9. $2(C-A)^2 + 2(C-B)^2 = (B-A)^2 \Leftrightarrow 4C^2 + A^2 + B^2 - 4AC - 4BC + 2AB = 0 \Leftrightarrow (2C - A - B)^2 = 0 \Leftrightarrow C = \dfrac{A+B}{2}$.

10. 由 $ABCD$ 为矩形,可知 $A+C = B+D$,且 $|A-C| = |B-D|$. 现在 $(A-M)(C-M) = (B-M)(D-M) \Leftrightarrow AC - BD = (A-B+C-D)M$. 由 $A+C = B+D$ 可知,只需证明 $AC = BD$,而这由 $(A+C)^2 = (B+D)^2$ 及 $(A-C)^2 = (B-D)^2$ 两式相减可得.

11. 设 $E = (1-t)A + tB$,则 $F = (1-t)B + tC, G = (1-t)C + tD, H = (1-t)D + tA$. $EFGH$ 为平行四边形的充要条件为 $E+G = F+H$,这蕴含
$$(1-t)A + tB + (1-t)C + tD = (1-t)B + tC + (1-t)D + tA$$
$$\Leftrightarrow (1-t)(A+C-B-D) - t(A-B+C-D) = 0$$
$$\Leftrightarrow (1-2t)(A-B+C-D) = 0$$
$$\Leftrightarrow t = \dfrac{1}{2} \text{ 或者 } A+C = B+D$$
故条件为 E, F, G, H 分别为各边的中点或者 $ABCD$ 为一平行四边形.

12. $(A-Q)^2 + (B-Q)^2 = 2(M-Q)^2 + \dfrac{(B-A)^2}{2} \Leftrightarrow A^2 + B^2 - 2(A+B-2M)Q = \dfrac{(A+B)^2}{2} + \dfrac{(A-B)^2}{2}$. 现在 $A+B = 2M$,故有 $A^2 + B^2 = \dfrac{(A+B)^2}{2} + \dfrac{(A-B)^2}{2}$,这是恒等式.

13. 常规的恒等变形给出
$$A^2 + B^2 + C^2 + D^2 + 2A\cdot B + 2C\cdot D - 2A\cdot C - 2B\cdot D - 2A\cdot D - 2B\cdot C \geq 0$$
$$\Leftrightarrow (A+B-C-D)^2 \geq 0$$
等号在 $ABCD$ 为平行四边形时取到.

14. 下面我们需要证明 $(1)(2) \Leftrightarrow (3)(4)$.
$$(A-B)\cdot(A-B) = (C-D)\cdot(C-D) \tag{1}$$
$$(B-C)\cdot(B-C) = (A-D)\cdot(A-D) \tag{2}$$
$$[(B+D)-(A+C)]\cdot(A-C) = 0 \tag{3}$$
$$[(B+D)-(A+C)]\cdot(B-D) = 0 \tag{4}$$
将 (1) 与 (2) 相加和相减,分别得 (3) 与 (4),而将 (3) 与 (4) 相加和相减分别得 (1) 与 (2). 第 4 节中我们将给出一个简单的几何证明.

15. 设 O 为原点,则 $3A^2 + 3B^2 + 3C^2 - (A-B)^2 - (B-C)^2 - (C-A)^2 \geq 0 \Leftrightarrow A^2 + B^2 + C^2 + 2A\cdot B + 2B\cdot C + 2C\cdot A \geq 0 \Leftrightarrow (A+B+C)^2 \geq 0$. 最后一个不等式是显然的,等号当且仅当 $A + B + C = 0$ 时成立,这里 O 为重心.

16. $AC^2 + BD^2 = AD^2 + BC^2 \Leftrightarrow (C-A)^2 + (D-B)^2 = (D-A)^2 + (C-B)^2 \Leftrightarrow A\cdot(C-D) = $

$B \cdot (C-D) \Leftrightarrow (A-B) \cdot (C-D) = 0 \Leftrightarrow \overrightarrow{AB} \perp \overrightarrow{CD}$.

17. 设其外接圆圆心为原点,考虑点 $S = \dfrac{A+B+C+D}{2}$,线段 AB 的中点到 S 的向量为 $\dfrac{C+D}{2}$,则由 $|C| = |D|$,可知该向量与 CD 垂直. 对另外的 5 条线段 BC, CD, DA, AC 和 BD 有类似的结论.

18. 设 O 为原点,则 $2A^2 + 2B^2 + 2C^2 + 2D^2 - (B-A)^2 - (C-B)^2 - (D-C)^2 - (A-D)^2 = 0 \Leftrightarrow A \cdot B + B \cdot C + C \cdot D + D \cdot A = 0 \Leftrightarrow B \cdot (A+C) + D \cdot (A+C) = 0 \Leftrightarrow (A+C) \cdot (B+D) = 0 \Leftrightarrow A + C = O$ 或 $B + D = O$ 或 $AC \perp BD \Leftrightarrow O$ 为 AC 或 BD 的中点或者 $AC \perp BD$.

19. 由条件知 $A_1 = \dfrac{A+B+C}{3}$,$C_1 = \dfrac{A+C}{3}$,且 $A_1 \cdot (C_1 - B) = 0$,这表明 $(A+B+C)(A+C-3B) = 0$,它等价于

$$a^2 + c^2 - 3b^2 + 2ac\cos\beta - 2ab\cos\gamma - 2bc\cos\alpha = 0 \qquad (1)$$

在 $\triangle ABC$ 中,由余弦定理可知

$$2ac\cos\beta = a^2 + c^2 - b^2, \quad 2ab\cos\gamma = a^2 + b^2 - c^2$$
$$2bc\cos\alpha = b^2 + c^2 - a^2 \qquad (2)$$

将 (1) 与 (2) 中的三角函数消去,得 $a^2 + c^2 = 3b^2$.

20. 在图 12.10 中,设 O 为原点,A, B, C 为形成正方体的 3 个单位向量. $A - B$ 和 $A + C$ 是相邻面上的两条不共面的对角线,向量 $P - Q$ 与这两条对角线都垂直①,则 $|PQ|$ 是所求的最小距离. 现设 $P = (1-x)A + xB$,$Q = y(A+C)$,$P - Q \perp A - B$,$P - Q \perp A + C$,$A \perp B$,$B \perp C$,$C \perp A$,我们得

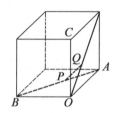

$$(P-Q)(A-B) = 0 \Rightarrow 1 - 2x - y = 0$$
$$(P-Q)(A+C) = 0 \Rightarrow 1 - x - 2y = 0$$

图 12.10

解得 $x = y = \dfrac{1}{3}$. 从而 $P = \dfrac{2A+B}{3}$,$Q = \dfrac{A+C}{3}$,$P - Q = \dfrac{A+B-C}{3}$,$|P-Q|^2 = \dfrac{1}{3}$,$|PQ| = \dfrac{\sqrt{3}}{3}$.

21. 在条件 $\boldsymbol{a} = \overrightarrow{AB}$,$\boldsymbol{c} = \overrightarrow{DC}$ 下,我们有 $\boldsymbol{m} = N - M = \dfrac{B+C}{2} - \dfrac{A+D}{2} = \dfrac{B-A}{2} + \dfrac{C-D}{2} = \dfrac{\boldsymbol{a}}{2} + \dfrac{\boldsymbol{c}}{2}$,$|\boldsymbol{m}|^2 = (a^2 + c^2 - 2ac\cos\phi)/4$,所以 $|\boldsymbol{m}| = \dfrac{\sqrt{a^2 + c^2 + 2ac\cos\phi}}{2}$.

22. 若 $\boldsymbol{a}, \boldsymbol{b}, \boldsymbol{c}$ 是模长不超过 1 的向量,则和式 $\boldsymbol{a} \pm \boldsymbol{b}, \boldsymbol{a} \pm \boldsymbol{c}, \boldsymbol{b} \pm \boldsymbol{c}$ 中必有一个模长不超过 1,这是因为 $\pm \boldsymbol{a}, \pm \boldsymbol{b}, \pm \boldsymbol{c}$ 中必有两个向量的夹角不超过 $60°$,因此其中有两个向量的差的模不超过 1. 利用这种方式,我们可将问题转化为两个向量 $\boldsymbol{a}, \boldsymbol{b}$ 的情形. 由于 $\boldsymbol{a}$ 与 $\boldsymbol{b}$ 夹角及 $\boldsymbol{a}$ 与 $-\boldsymbol{b}$ 的夹角中有一个不超过 $90°$,所以 $|\boldsymbol{a} - \boldsymbol{b}| \leqslant \sqrt{2}$ 或者 $|\boldsymbol{a} + \boldsymbol{b}| \leqslant \sqrt{2}$.

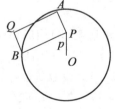

23. 在图 12.11 中,设 O 为圆心、R 为半径,记 $|P| = p$,通过作图,可知所求轨迹是与给定圆同心的圆. 让我们来证明这一点,在此问题

图 12.11

---
① 即 PQ 为 $A - B$ 与 $A + C$ 的公垂线段. ——译者注

中,我们不应忘记证明两个命题,首先是证明 Q 在一个圆上,其次是证明该圆上的每一点都是所求轨迹上的点. 注意到

$$Q = P + (A - P) + (B - P)$$

故

$$
\begin{aligned}
Q^2 &= P^2 + (A - P)^2 + (B - P)^2 + 2P(A - P) + 2P(B - P) \\
&= P^2 + A^2 + P^2 - 2A \cdot P + B^2 + P^2 - 2B \cdot P + 2A \cdot P + 2P \cdot B - 4P^2 \\
&= 2R^2 - p^2
\end{aligned}
$$

从而就证明了 Q 在以 O 为圆心、$\sqrt{2R^2 - p^2}$ 为半径的圆上. 反过来,还需证明这个圆上的每一点都在要求的轨迹上. 为此设 Q 是该圆上任意一点,作一个以 PQ 为直径的圆,它交给定的圆于 A, B,则 $PA \perp AQ, PB \perp BQ$,但是,我们是否还有 $PA \perp PB$,也就是说 $PAQB$ 是否为长方形呢? 注意到

$$|OP|^2 + |OQ|^2 = p^2 + 2R^2 - p^2 = 2R^2$$

$$|OA|^2 + |OB|^2 = R^2 + R^2 = 2R^2 \Rightarrow |OP|^2 + |OQ|^2 = |OA|^2 + |OB|^2$$

最后一个性质刻画了长方形的特征,故 $PAQB$ 为长方形.

24. 与平面的情形类似,我们有

$$Q = P + (A - P) + (B - P) + (C - P)$$

于是

$$
\begin{aligned}
Q^2 &= P^2 + (A - P)^2 + (B - P)^2 + (C - P)^2 + \\
&\quad 2P \cdot (A - P) + 2P \cdot (B - P) + 2P \cdot (C - P) \\
&= 3R^2 - 2p^2
\end{aligned}
$$

从而,Q 在以 O 为球心、$\sqrt{3R^2 - 2p^2}$ 为半径的球上. 接下去需要证明该球上每一点 Q 都是所求轨迹上的点,这可以与前面类似地加以处理.

25. 记 $3S = A + B + C$,则 $(X - A)^2 + (X - B)^2 + (X - C)^2 = 3X^2 - 2(A + B + C)X + A^2 + B^2 + C^2 = 3(X^2 - 2SX + S^2) - 3S^2 + A^2 + B^2 + C^2 = 3(X - S)^2 + A^2 + B^2 + C^2 - 3S^2$. 当 $X = S$ 时,此式取最小值

$$A^2 + B^2 + C^2 - \frac{(A + B + C)^2}{3}$$

$$= \frac{(A - B)^2 + (B - C)^2 + (C - A)^2}{3}$$

$$= \frac{a^2 + b^2 + c^2}{3}$$

其中 a, b, c 为 $\triangle ABC$ 的三边长.

26. 左边的式子等价于

$$\left(\frac{A + B}{2} - C \right) \cdot \frac{A + C + \dfrac{A + B}{2}}{3} = 0$$

$$\Leftrightarrow (A + B - 2C) \cdot (3A + B + 2C) = 0$$

$$\Leftrightarrow 4A \cdot B - 4A \cdot C = 0 \Leftrightarrow A \cdot (B - C) = 0$$

而右边为

$$(B-A)^2 = (C-A)^2 \Leftrightarrow A \cdot B = A \cdot C \Leftrightarrow A \cdot (B-C) = 0$$

27. $(X-A)^2 + (X-B)^2 + (A-B)^2 = (X-B)^2 + (X-C)^2 + (B-C)^2 = (X-C)^2 + (X-A)^2 + (C-A)^2$.

由第一个等号,展开合并同类项后,得

$$2(C-A) \cdot X = 2C^2 - 2A^2 + 2A \cdot B - 2B \cdot C \Leftrightarrow (C-A) \cdot X = (C-A)(C+A-B)$$

记 $B' = C+A-B$,得 $(C-A) \cdot X = (C-A) \cdot B'$,它等价于 $(C-A) \cdot (X-B') = 0$,或 $\overrightarrow{AC} \cdot \overrightarrow{B'X} = 0$,即 $\overrightarrow{AC} \perp \overrightarrow{B'X}$,点 X 在过 B' 且垂直于 AC 的直线上. 利用循环排列,可知 X 在过 $A' = B+C-A$ 且垂直于 BC 的直线上,也在过 $C' = A+B-C$ 且垂直于 AB 的直线上. 这 3 条直线必相交,这是因为前面两个等式蕴含第 3 个等式. 此外,我们可知它们交于一点,这交点是 $\triangle A'B'C'$ 的垂心 (Lemoine 点).

28. 把 $a^2 + b^2 + c^2 - ab - bc - ca = 0$ 看成是关于 a 的一元二次方程,它有解 $a + b\omega + c\omega^2 = 0$ 和 $a + b\omega^2 + c\omega = 0$. 第一个方程刻画一个正向的正三角形,第二个刻画一个负向的正三角形. 事实上,一个正向三角形 (a,b,c) 为正三角形的充要条件是 $(b-a)\omega = c-b$,它可变为 $a + b\omega + c\omega^2 = 0$ 的形式. 改变 b,c 的位置,得第二个解对应一个负向正三角形. 这里 ω 是三次单位根.

29. 记该六边形的中心为 O,记其顶点为 $(a,b,c,-a,-b,-c)$. 在边 (a,b),(b,c),$(c,-a)$,$(-a,-b)$ 上所作的正三角形的第 3 个顶点分别记为 d,e,f,g. 记 (d,e),(e,f),(f,g) 的中点为 p,q,r,则利用单位根 $\varepsilon^6 = 1$,可知

$$d = b + (a-b)\varepsilon, e = c + (b-c)\varepsilon$$
$$f = -a + (c+a)\varepsilon, g = -b + (b-a)\varepsilon$$

对中点,我们得到

$$p = \frac{d+e}{2} = \frac{b+c+(a-c)\varepsilon}{2}$$

$$q = \frac{e+f}{2} = \frac{c-a+(a+b)\varepsilon}{2}$$

$$r = \frac{f+g}{2} = \frac{-a-b+(b+c)\varepsilon}{2}$$

对边 pq 和 qr,我们有

$$\overrightarrow{qp} = p-q = \frac{a+b-(b+c)\varepsilon}{2}$$

$$\overrightarrow{qr} = r-q = \frac{-b-c+(c-a)\varepsilon}{2}$$

$$\overrightarrow{qr}\varepsilon^2 = \frac{-c-b+(c-a)\varepsilon}{2}(\varepsilon-1)$$

$$= \frac{a+b-(b+c)\varepsilon}{2} = \overrightarrow{qp}$$

这就完成了证明.

30. 在图 12.12 中,设 A,B 对应的复数为 a 和 0,则

$$M = ta, P = ta\varepsilon, D = \frac{ta}{3}(1+\varepsilon), E = \frac{a}{2}(1+\varepsilon)$$

从而我们有

$$\overrightarrow{DE} = \frac{a}{6}(3 - 2t + t\varepsilon), \overrightarrow{DC} = \frac{a}{3}(3\varepsilon - t - t\varepsilon)$$

$$2\varepsilon \overrightarrow{DE} = \frac{a}{3}(3\varepsilon - t - t\varepsilon)$$

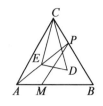

图 12. 12

因此, $\triangle CDE$ 的三个内角分别为 $30°, 60°, 90°$.

31. 设 O, A, B, A_1, B_1 对应的复数分别为 $0, a, a\varepsilon, b, b\varepsilon$, 则

$$p = \frac{a + b\varepsilon}{2}, q = \frac{a\varepsilon}{2}, r = \frac{b}{2}$$

$$\overrightarrow{pq} = \frac{(a - b)\varepsilon - a}{2}, \overrightarrow{pr} = \frac{b - a - b\varepsilon}{2}$$

现在我们有 $\overrightarrow{pq}\varepsilon = \frac{b - a - b\varepsilon}{2} = \overrightarrow{pr}$, 故 $\triangle pqr$ 为正三角形.

32. 分别用复数 $0, a, a\varepsilon, b, b\varepsilon$ 表示点 O, A, B, A', B', 则

$$N = \frac{b\varepsilon}{2}, S = \frac{a + a\varepsilon}{3}, A' = b, M = \frac{b + a\varepsilon}{2}$$

$$\overrightarrow{SM} = M - S = \frac{3b - 2a + a\varepsilon}{6}, \overrightarrow{SM}_\varepsilon = \frac{-a + (3b - a)\varepsilon}{6}$$

$$\overrightarrow{SB} = \frac{-a + (3b - a)\varepsilon}{3}, \overrightarrow{SM} = \frac{\overrightarrow{SB'}}{2}$$

类似地, 可证 $\overrightarrow{SA'} = 2\overrightarrow{SN}$. 这证明了欲证的命题.

33. 用复数 $b, b\varepsilon, d, d\varepsilon$ 表示点 B, C, D, A, 中点为

$$p = \frac{d\varepsilon}{2}, q = \frac{b}{2}, r = \frac{d + b\varepsilon}{2}$$

$$\overrightarrow{pq} = \frac{b - d\varepsilon}{2}, \overrightarrow{pr} = \frac{d + b\varepsilon}{2}$$

现在我们有

$$\overrightarrow{pq} \cdot \varepsilon = \frac{b\varepsilon - d(\varepsilon - 1)}{2} = \frac{d + (b - d)\varepsilon}{2} = \overrightarrow{pr}$$

命题获证.

34. 分别用复数 a, b, c, d 表示点 A, B, C, D, 作图可知 $\triangle PQT$ 是等腰三角形, 且 $\angle PTQ = 120°$, 这引导我们证明 $\overrightarrow{TQ}_\varepsilon = -\overrightarrow{TP}$.

$$S = a + (d - a)\varepsilon, P = b + (a - b)\varepsilon$$

$$Q = c + (b - c)\varepsilon, R = d + (c - d)\varepsilon$$

$$M_1 = \frac{2a + d + (d - a)\varepsilon}{3}, M_2 = \frac{c + 2d + (c - d)\varepsilon}{3}$$

$$T = M_2 + (M_1 - M_2)_\varepsilon = \frac{a + 2c + (a - c)\varepsilon}{3}$$

$$\overrightarrow{TP} = P - T = \frac{-a + 3b - 2c + (2a - 3b + c)\varepsilon}{3}$$

$$\overrightarrow{TQ} = Q - T = \frac{-a + c + (3b - a - 2c)\varepsilon}{3}, \overrightarrow{TQ}_\varepsilon = -\overrightarrow{TP}$$

35. 设 $A,B,C,\cdots$ 对应的复数分别为 $a,b,c,\cdots$，我们有

$$e = b + (a-b)\varepsilon, f = c + (b-c)\varepsilon$$

$$g = d + (c-d)\varepsilon, h = a + (d-a)\varepsilon$$

$$m = \frac{e+g}{2} = \frac{b+d}{2} + \frac{a-b+c-d}{2}\varepsilon$$

$$n = \frac{f+h}{2} = \frac{a+c}{2} + \frac{b-c+d-a}{2}\varepsilon$$

$$p = \frac{a+c}{2}, q = \frac{b+d}{2}$$

由于 $m+n = p+q$，故 $MQNP$ 为平行四边形.

36. 先计算 $\triangle ABC$ 中的高上面的一段 AH（如图 12.13），我们有 $|AD| = b\cos\alpha$, $|AH| = \frac{|AD|}{\sin\beta} = \frac{b\cos\alpha}{\sin\beta}$. 利用正弦定理可知 $\frac{b}{\sin\beta} = \frac{a}{\sin\alpha}$，由此得 $|AH| = a\cot\alpha$. 用对角线的交点作原点，如图 12.14，我们有

$$S_1 = \frac{A+B}{3}, S_2 = \frac{C+D}{3}$$

$$\overrightarrow{S_1 S_2} = \frac{1}{3}(C+D-A-B)$$

令 $\angle DOA = \angle BOC = \omega$，由于 $|AH| = a\cot\alpha$，我们有

$$\overrightarrow{OH_1} = \mathrm{i}(B-C)\cot\omega, \overrightarrow{OH_2} = \mathrm{i}(D-A)\cot\omega$$

$$\overrightarrow{H_1 H_2} = H_2 - H_1 = \mathrm{i}\cot\omega(C+D-A-B)$$

由于乘以 i 的变换是旋转 $90°$，所以 $S_1 S_2 \perp H_1 H_2$.

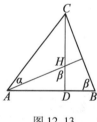

图 12.13

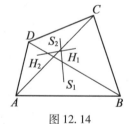

图 12.14

37. 设 P,Q,R 分别是 BD,BE 和 AC 的中点，则

$$r = \frac{a+c}{2}, p = \frac{2b+(a-b)\varepsilon}{2}, q = \frac{b+c+(b-c)\varepsilon}{2}$$

$$p-r = \frac{2b-a-c+(a-b)\varepsilon}{2}, q-r = \frac{b-a+(b-c)\varepsilon}{2}$$

$$(p-r)\varepsilon = \frac{b-a+(b-c)\varepsilon}{2}$$

于是 $q-r = (p-r)\varepsilon$，从而 $\triangle pqr$ 为正三角形.

38. 分别用复数 $a,b,c,0$ 表示 A,B,C,D，并设

$$s = \frac{|AC|}{|AD|} = \frac{|BC|}{|BD|}, \angle CAD = \alpha$$

得 $a-c = s\mathrm{e}^{\mathrm{i}\alpha}a, c-b = s\mathrm{i}\mathrm{e}^{\mathrm{i}\alpha}b$，因此 $c = a(1-\mathrm{e}^{\mathrm{i}\alpha}) = b(1+\mathrm{i}s\mathrm{e}^{\mathrm{i}\alpha})$，$(a-b)c = s(\mathrm{e}^{\mathrm{i}\alpha}ac + \mathrm{i}\mathrm{e}^{\mathrm{i}\alpha}bc) =$

$sab[\,e^{i\alpha}(1+sie^{i\alpha})+ie^{i\alpha}(1-se^{i\alpha})\,]=sabe^{i\alpha}(1+i)$，故 $|AB|\cdot|CD|=|a-b|\cdot|c|=s\,|a|\cdot$ $|b|\sqrt{2}=|AC|\cdot|BD|\cdot\sqrt{2}$，即

$$\frac{|AB|\cdot|CD|}{|AC|\cdot|BD|}=\sqrt{2}$$

12.2　几　何　变　换

这一节中等距变换和相似变换及它们的综合使用被经常用来证明定理或解题，可用向量或复数来解的问题通常就是几何变换中的好例子．事实上，向量是一种平移变换，它是特殊的等距变换，乘以一个复数是从 O 出发的旋转与伸缩变换的组合．

等距变换是平面（或空间）上保持距离不变的一一对应．在平面上，顺向等距变换保持方向不变，它们是平移和旋转，而反向的等距变换没有保方向的性质，它们是反射和滑动反射，最后一种变换在竞赛中几乎用不到．平移变换除恒等变换外没有不动点，而恒等变换下每一个点都是不动点．旋转变换只有一个不动点，而恒等变换下每一个点都是不动点．旋转变换只有一个不动点．在反向等距变换中，反射变换以反射直线上所有点为不动点，而滑动反射只要不是反射变换，则它没有不动点．每一个顺向等距变换都是两个反射变换的综合，每一个反向等距变换是 1 个或 3 个反射变换的合成．

绕点 P 旋转角度 2ϕ 的变换是以过 P 的两条夹角为 ϕ 的直线为对称轴的反射变换．平移变换是以两条平行直线为对称轴的反射的乘积，该平移变换的方向垂直于平行直线，距离是两平行线之间距离的两倍，绕 A,B 的两个半转变换①的乘积是平移变换 $2\overrightarrow{AB}$．

我们给出一些用几何变换解题的例子．

例 1　Napoleon **三角形**　以一个三角形的三边 AC,BC,AB 为底边向形外（或形内）作顶角为 $120°$ 的三角形，三个顶点分别为 P,Q, R．证明：$\triangle PQR$ 为正三角形．

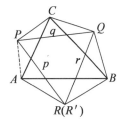

如图 12.15 所示，$P_{120°}\,Q_{120°}\,R_{120°}=I$，因为它是有一个不动点 A 的平移变换，从而是恒等变换，因此 $P_{120°}\,Q_{120°}=R_{-120°}$．现在以 PQ 为边作一个正三角形，得另一个顶点 R'，则

$$P_{120°}\,Q_{120°}=p\circ q\circ q\circ r=p\cdot r=R'_{-120°}$$

因此 $R_{120°}=R'_{-120°}$，它们是有相同不动点的相同的旋转变换，所以 $R=R'$．

图 12.15

例 2　现在我们再来解第 12.1 节的第 32 题（IMO 预选题 1977）．如图 12.16，从 B 作 2 倍的伸缩变换，然后绕 O 作 $60°$ 的旋转变换，则 M 变到 B'，而 S 为不动点，因此 $\angle MSB'=60°$，且 $SM:SB'=$ $1:2$．类似地 $\angle NSA'=60°$，$SN:SA'=1:2$，所以 $\triangle SMB'\backsim\triangle SNA'$．

例 3　让我们再看另一个已用复数解过的问题，以 $\triangle ABC$ 的边

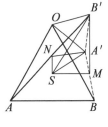

图 12.16

---

①　即中心对称．——译者注

AB 和 BC 向外作正三角形得顶点 D 和 E. 证明:AC,BD,BE 的中点是一个正三角形的顶点.

我们必须证明图 12.17 中的 $\triangle MNP$ 为正三角形,思路是经过一系列变换将 N 变到 P,这些变换的合成恰好是绕 M 旋转 $60°$. 这样的变换序列是容易找到的:以 B 为中心,作变换率为 2 的伸缩变换;绕 B 旋转 $-60°$;作关于 M 的对称变换;绕 B 旋转 $-60°$;以 B 为中心,作变换率为 $\frac{1}{2}$ 的伸缩变换. 它将 $N \to D \to A \to C \to E \to P$,在此变换下,$M$ 为

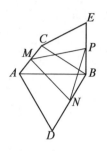

图 12.17

不动点,事实上 $M \to M_1 \to M_2 \to M_3 \to M_1 \to M$. 因为两次伸缩率 2 与 $\frac{1}{2}$ 合成为一个等距变换,故此变换列的合成是绕 M 旋转 $-60° + 180° - 60° = 60°$.

例 4 如图 12.18 所示,梯形 $ABCD$ 中,$AB /\!/ CD$,P 为 BC 上任意一点(与 B,C 不重合),联结 PD,设 M 为 AB 的中点,$X = PD \cap AB$,$Q = PM \cap AC$,$Y = DQ \cap AB$. 证明:M 为 XY 的中点.

考虑下列位似变换

$$H_Q:A \to C, \quad H_P:C \to B$$

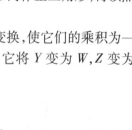

图 12.18

显然,$H_Q \circ H_P$ 将 A 变到 B,且 M 为不动点. 由于 M 为 AB 的中点,故变换 $H_Q \circ H_P = H_M$ 是关于 M 的对称变换,但是 $H_Q:Y \to D$,$H_P:D \to X$. 故 $H_M:Y \to X$,从而 $|MX| = |MY|$.

例 5 以四边形 $ABCD$ 的边 AB,BC,CD,DA 为边轮流向形外和形内作正三角形,得顶点 Y,W,X,Z. 证明:$YWXZ$ 是一个平行四边形.

一个平行四边形是由平移变换产生的,因此我们试图寻找若干变换,使它们的乘积为一个平移变换. 这样的乘积是容易找到的,$A_{60°} \circ C_{-60°}$ 是一个平移变换,它将 Y 变为 W,Z 变为 X,于是 $\overrightarrow{YW} = \overrightarrow{ZX}$. 事实上

$$Y \xrightarrow{A_{60°}} B \xrightarrow{C_{-60°}} W, \quad Z \xrightarrow{A_{60°}} D \xrightarrow{C_{-60°}} X$$

例 6 这是前面问题的推广. 我们将条件"正三角形"改为"直接相似的三角形",如图 12.19 所示. 结果仍然是一个平行四边形.

事实上,设 $\dfrac{|AY|}{|AB|} = r$,我们有

$$A_\alpha \circ A\left(\frac{1}{r}\right) \circ C(r) \circ C_{-\alpha} = f$$

这是一个平移变换.

$$Y \xrightarrow{f} W, \quad Z \xrightarrow{f} X \Rightarrow \overrightarrow{YW} = \overrightarrow{ZX}$$

图 12.19

例 7 给定两个相对顶点 A,C 作一个平行四边形,使得另外两个顶点落在某个给定圆上.

平行四边形是中心对称图形,其中心 M 是 AC 的中点,关于 M 的对称变换将另外两个顶点互换,从而它们必落在两个关于 M 中心对称的圆上,故它们是该给定圆与它的反射(关于点 M)圆的交点.

例 8　给定顶点 A,C,作一个平行四边形 $ABCD$,使得 B,D 到给定点 E 的距离分别为 r 和 s.

将 E 关于 AC 的中点 M 反射到 E',现在可以通过作以 E 为圆心,r 为半径的圆及以 E' 为圆心 s 为半径的圆交于点 B.

例 9　给定点 C,D,作一个平行四边形 $ABCD$,使得 A,B 到给定点 E 的距离分别为 r 和 s.

在平移变换 $\overrightarrow{AD}$ 下点 E 变为 E',由于可作出 $\triangle DE'C$,使其三边长分别为 $|CD|$,$|DE'| = r$,$|E'C| = s$. 从而将 DC 作平移变换 $\overrightarrow{E'E}$,所得的像就是 AB.

例 10　给定两个圆 α,α_1 及点 P,作一个圆与 α,α_1 相切,并使得过两切点的直线过点 P.

要作的圆 x 与圆 α,α_1（圆心分别为 O,O_1）切于点 A,B,这里 $P \in AB$. 我们考虑以 A 为中心的变换,将 α 变为 x,和以 B 为中心的变换将 x 变为 α_1. 这两个变换的合成将 α 变为 α_1,并且其中心为 $S = AB \cap OO_1$,这表明 A,B 由 P 和 S 确定,这里 S 是将 α 变为 α_1 的相似变换的中心. 若 α,α_1 不相同,则有两个这样的相似中心 S,S_1,使得 $\alpha \rightarrow \alpha_1$. 若 SP 与 S_1P 中有一条直线与 α 和 α_1 都有交点,则可以得解. 至多有 4 个解:两个圆 x,y 相应于 SP,另两个圆相应于 S_1P（具有负的伸缩变换系数）. 如图 12.20 所示,该图给出了关于 S 的两个解,第二个解没有画出,它是以 Y 为圆心、与 α,α_1 切于点 C,D 的圆.

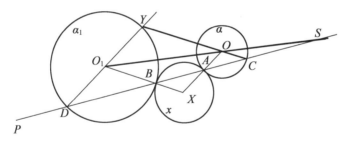

图 12.20

例 11　给定一个圆,此圆的一条直径 AB 和平面上一点 P,过点 P 作 AB 的垂线,只允许用直尺. 这里直尺仅可以作过两点的直线.

该问题对绝大多数点 P 的位置是容易解决的. 如图 12.21,联结 AP,BP,分别与圆交于点 C,D,于是可作出 AC 和 BD,它们的交点为 H. 由 $AC \perp BP$,$BD \perp AP$,可知 H 为 $\triangle ABP$ 的垂心,故 $PH \perp AB$,当点 P 在圆内时,所作的直线同上,只是这时 P 变为垂心了,这种情形与图 12.22 的情形没有太大区别. 现在考虑点 P 在圆上的情形,如图 12.23,这时一个新的想法是在圆外取一点 Q,过 Q 作 AB 的垂线,该垂线与给定圆交于两点 R 和 S. 如果我们可以作出 P 关于 AB 的对称点 P',那就作出了 P 到 AB 的垂线. 具体的做法是:由于所得的 R,S 关于 AB 对称,联结 SP,与 AB 交于点 T,作直线 RT,交圆于 P',则 $PP' \perp AB$.

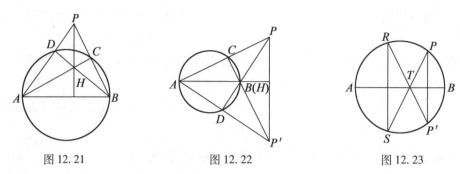

图 12.21　　　　　图 12.22　　　　　图 12.23

下面考虑 P 在 AB 上的情形. 如图 12.24,我们要作出过 P 的 AB 的垂线,这是一个难得多的问题. 现在需要作出 AB 的二条垂线:第一条交 AB 于 Q,交圆于点 S 和 S';另一条交 AB 于 R. 联结 $SP,S'P$,它们分别与第二条垂线交于点 T 和 T'. 接下去最简单的方法是利用关于直线 SS' 的剪切变换,该变换把 $T'R$ 变为 RT,剪切变换保持面积不变,且将直线变为直线. 现在梯形 $S'T'RQ$ 和 $S'RTQ$ 有相同的面积,$S'T'$ 变为 $S'R,QR$ 变为 QT. 由于 $\triangle S'PQ$ 和 $\triangle S'P'Q$ 有相同的面积,且有相同的底 $S'Q$,故它们有相同的高,即 P 与 P' 到 $S'Q$ 的距离相等. 因此,$PP' \perp AB$.

例 12　给定各边长及联结 AB 和 CD 中点的中线 MN,求作四边形 $ABCD$.

对 $ABCD$ 作关于点 M 的中心对称变换得 $ABD'C'$,N 变为 N_1. 将 DN 作平移变换 $\overrightarrow{DA}$ 变为 $\overrightarrow{AA_1}$,类似地作平移 $\overrightarrow{CB}$ 将 CN 变为 $\overrightarrow{BB_1}$. 这样 $\triangle A_1N_1N$ 可以根据已知边长作出. 同样,$\triangle MAA_1$ 可根据已知边长作出,其余的顶点可以平凡地予以确定,如图 12.25 所示.

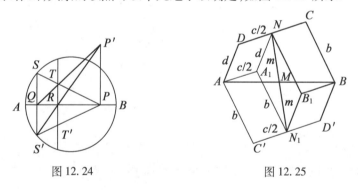

图 12.24　　　　　　　　图 12.25

问　　题

1. 正 $\triangle ABC$ 和正 $\triangle A'B'C'$ 有相同的方向,设 P,Q,R 分别是 BC',CA',AB' 的中点. 证明:$\triangle PQR$ 为正三角形.

2. 设 M,N 分别是梯形 $ABCD$ 两底的中点. 证明:MN 过对角线交点 O 和两腰延长线的交点 S.

3. 将点 P 与 $\triangle ABC$ 的各顶点联结起来,分别作直线 $AP = y,BP = z,CP = x$ 关于各内角 A,B,C 的平分线对称的直线 v,w,u. 证明:u,v,w 都过某个点 Q.

4. 设 x,y,z 是过点 P 分别与 $\triangle ABC$ 的三边 c,a,b 垂直的三条直线,现将 x,y,z 分别作关

于 c,b,a 的中点对称的直线 u,v,w. 证明:u,v,w 都过某个点 Q.

5. 设 A 是一个锐角内的一点,作一个 $\triangle ABC$,使 B,C 分别在该角的两边上,且使 $\triangle ABC$ 的周长最小.

6. 两个圆内切于点 A,一条割线分别交两圆于点 M,N,P,Q. 证明:$\angle MAP = \angle NAQ$.

7. MN 是圆 ω 的一条弦,在其中的一段圆弧内,两个圆 ω_1 和 ω_2 分别内切圆 ω 于点 A,C,切弦 MN 于点 B,D. 证明:AB 和 CD 的交点与 ω_1 和 ω_2 的选择无关.

8. 考虑 n 个圆 $C_i(C_{n+1} = C_1)$,其中 C_i 与 C_{i+1} 外切于点 T_i,$i = 1,2,\cdots,n$. 从 C_1 上的任意一点 A_1 出发,对每个 $i(1 \leqslant i \leqslant n)$ 作直线 A_iT_i 交圆 C_{i+1} 于点 A_{i+1}. C_1 上的点 A_1 与 A_{n+1} 的位置关系如何? 推广你的结论.

9. 给定一条直线 a 和一点 P,尽可能少地使用线(圆弧或线段),作出 a 的过点 P 的垂线. 如果 $P \notin a$,这个问题对学过几何的高中生是众所周知的,但若 $P \in a$,使用最少条数的线作出垂线的方法鲜为人知,这一点读者可从我们的解答看出来.

10. 设 A,B,C,D 是共线的 4 个点,过 A,B 作一对平行线 (a,b),过 C,D 作一对平行线 (c,d),使得 $(a,b) \cap (c,d) = PQRS$ 是一个正方形.

11. 过一个角内的一点 P 作一条直线,使该直线与角的两边围成的三角形面积最小.

12. 沿 $\triangle ABC$ 的边 CA 和 CB 向形外作正方形 $CAMN$ 和 $CBPQ$,设它们的中心分别为 O_1,O_2,点 D,F 分别是 MP 和 NQ 的中点. 证明:$\triangle ABD$ 和 $\triangle O_1O_2F$ 都是等腰直角三角形.

13. 已知 $a \circ b \circ a = b \circ a \circ b$,求 a,b 的位置关系. 这里 $\circ a$ 表示关于直线 a 作反射变换.

14. 如果 $a \circ b \circ c \circ d = b \circ a \circ d \circ c$,求 a,b,c,d 的位置关系.

15. 四边形 $ABCD$ 中,A 关于 B 的对称点为 A_1,B 关于 C 的对称点为 B_1,C 关于 D 的对称点为 C_1,D 关于 A 的对称点为 D_1. 如果 A_1,B_1,C_1,D_1 为已知点,请作出 $ABCD$,并求 $ABCD$ 与 $A_1B_1C_1D_1$ 的面积之间的大小关系.

16. 在四边形 $ABCD$ 中,A 关于 C 的对称点为 A_1,B 关于 D 的对称点为 B_1,C 关于 A 的对称点为 C_1,D 关于 B 的对称点为 D_1. 比较 $ABCD$ 与 $A_1B_1C_1D_1$ 的面积.

17. 沿 $\triangle ABC$ 的各边作正三角形得顶点 D,E,F. 如果 D,E,F 为给定点,请作出 $\triangle ABC$.

18. 以平行四边形 $ABCD$ 的边 AB,DA 为边作正三角形,得顶点 E 和 F. 证明:$\triangle ECF$ 为正三角形.

19. 在 $\triangle ABC$ 的各边上取点 P,Q,R,使得 $AP = 2PB,BQ = 2QC,CR = 2RA$. 如果 P,Q,R 为已知点,请作出 $\triangle ABC$.

20. 已知 $\triangle ABC$ 的两条边 b,c,且中线 AD 分 $\angle BAC$ 的比为 $1:2$,即 $\angle BAD = \alpha$,$\angle CAD = 2\alpha$,α 为未知角,求作 $\triangle ABC$.

21. 三块两两垂直的平面镜被用作一辆自行车的尾部反光镜,证明:若一条光线被每面镜子反射一次,则它沿原来的方向射回.

22. P,Q,R 为平面上给定的 3 个点. 作一个四边形 $ABCD$,使得 $|AB| = |BC| = |CD|$,且 P,Q,R 为 AB,BC,CD 的中点.

23. P 为正方形 $ABCD$ 内一点,$|PD| = 1$,$|PA| = 2$,$|PB| = 3$,求 $\angle APD$ 的大小.

24. P 为一个边长为 s 的正 $\triangle ABC$ 内一点,它到顶点 A,B,C 的距离为 $3,4,5$,求 s 的值.

解　答

1. $P \xrightarrow{C'(2)} B \xrightarrow{A_{60°}} C \xrightarrow{A\left(\frac{1}{2}\right)} Q, R \xrightarrow{C'(2)} R' \xrightarrow{A_{60°}} B' \xrightarrow{A\left(\frac{1}{2}\right)} R.$

2. 设 $\dfrac{|AB|}{|CD|} = \lambda$，则 $\dfrac{|CD|}{|AB|} = \dfrac{1}{\lambda}$，这样变换 $O\left(-\dfrac{1}{\lambda}\right) \circ S(\lambda)$ 将 A 与 B 互相变换，故它等于 $M(-1)$，类似地，$S(\lambda) \circ O\left(-\dfrac{1}{\lambda}\right)$ 将 C 与 D 互相交换，因此，它是变换 $N(-1)$. 这表明 $M \in OS, N \in OS$.

3. 如图 12.26，$ax = ub, by = vc, cz = wa \Rightarrow u = axb, v = byc, w = cza$. 现由 $P \in x, y, z \Rightarrow xyz$ 是一个关于直线的反射 $\Rightarrow xyzxyz = I \Rightarrow uvwuvw = axbbyccza axbbyccza = aIa = I \Rightarrow u, v, w$ 过某个公共点 Q.

4. 如图 12.27，$px = uq \Rightarrow u = pxq \Rightarrow u = pccxq = pcxcq = AxB.$ 类似地，$v = ByC, w = CzA.$ 现在有 $uvwuvw = AxBByCCzAAxBByCCzA = AxyzxyzA = AIA = I.$ 从而 u, v, w 过某个公共点 Q.

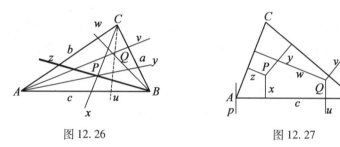

图 12.26　　　　　　　　　图 12.27

5. 如图 12.28，将 A 关于 b 作反射，得点 M，将 A 关于 c 作反射，得点 N，直线 MN 与 $\angle O$ 的两边交于点 B, C，则 $\triangle ABC$ 具有最小周长. 事实上，设 B_1, C_1 为 b, c 上另外任意两点，则 $|AB_1| + |B_1 C_1| + |C_1 N| > |MN| = |MB| + |BC| + |CN| = |AB| + |BC| + |CA|.$

6. 如图 12.29 中，以 A 为中心的位似变换将圆 ω 变为圆 ω'. 我们有 $N'P' \parallel MQ \Rightarrow \overset{\frown}{MN'} = \overset{\frown}{P'Q} \Rightarrow \angle PAQ = \angle MAN.$

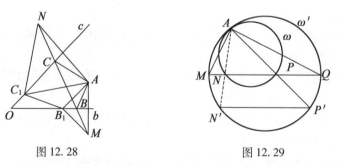

图 12.28　　　　　　　　　图 12.29

7. 如图 12.30，以 A 为中心的位似变换将 ω_1 变为 ω，MN 变为过点 E 的 ω 的切线. 以 C 为中心的位似变换将 ω_2 变为 ω，MN 变为过点 E 的 ω 的切线，从而 AB 和 CD 交于点 E.

8. 我们考虑 n 个位似变换，第 i 个以 T_i 为中心，将 C_i 变为 C_{i+1}，则 $T_1(\lambda_1) \circ T_2(\lambda_2) \circ \cdots$

$T_n(\lambda_n)$ 是 C_1 到 C_1 的 n 次反射,结果在 n 为偶数时为恒等变换,当 n 为奇数时为反射变换,从而,当 n 为偶数时 $A_{n+1}=A_1$;当 n 为奇数时 A_{n+1} 与 A_1 为 C_1 的某条直径的两个端点.

9. 图 12.31 给出了第二种情形的构造,它十分有趣且鲜为人知,在直线外任取一点 Q,以 Q 为圆心作一个过 P 的圆,过该圆与直线的交点 R 作直径 RQ 交圆于点 S,则 SP 与直线 a 垂直,我们需要作一个圆和两条直线,它比经典的作图方式少用一条直线.

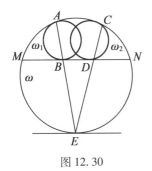

图 12.30

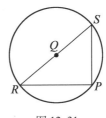

图 12.31

10. 设 $PQRS$ 为要作的正方形,则 $\angle PSR$ 和 $\angle BQC$ 的角平分线分别过以 BC,AD 为直径的圆上的点 N 和 M. 这里 N,M 为半圆弧 BC 和 AD 的中点.

11. 如图 12.32, $\angle aOb$ 是给定角,过 P 作任意直线 $MN,M\in a,N\in b$. 设 $|MP|<|PN|$. 现在将 a 关于点 P 作中心对称得直线 a',设 $a'\cap b=B,a'\cap MN=K,PB\cap a=A$,则 $\triangle OAB$ 的面积比 $\triangle OMN$ 的面积小一块,这少掉的恰是 $\triangle BKN$ 的面积.

12. 如图 12.33, $A_{-90°}\cdot B_{-90°}$ 是一个反射变换,将 M 变为 P,其中心对称点 D 是 PM 的中点. 关于两个旋转变换的合成的定理告诉我们:$\angle DAB=\angle DBA=45°$,这表明 $\triangle ADB$ 为一个等腰直角三角形. 类似地,利用绕 O_1 和 O_2 作 $90°$ 旋转,我们可以证明 $\triangle O_1O_2F$ 也有类似性质.

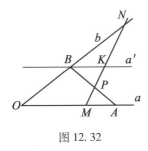

图 12.32

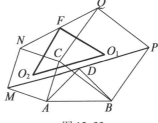

图 12.33

13. 设 O 是直线 a,b 的交点, $\angle(a,b)=\phi$,则 $a\circ b\circ a=b\circ a\circ b\Leftrightarrow a\circ b\circ a\circ b\circ a\circ b=I$,从而 $6\phi=2\pi,\phi=\dfrac{\pi}{3}$.

14. 在等式 $abcd=badc$ 的两边各左乘 ab 并右乘 dc,得 $(ab)^2=(dc)^2$. 若 $a\ //\ b$,则 a,b,c,d 都平行. 若 a 不平行于 b,且它们不垂直,则 a,b,c,d 有一个公共点. 若 $a\perp b$ 且 $c\perp d$,则这两组直线的位置关系是任意的.

15. 位似变换的合成 $A_1\left(\dfrac{1}{2}\right)\circ A_2\left(\dfrac{1}{2}\right)\circ A_3\left(\dfrac{1}{2}\right)\circ A_4\left(\dfrac{1}{2}\right)$ 是位似变换 $A\left(\dfrac{1}{16}\right)$. 我们可以利用平面上任意一点 X 在上述合成变换下的像来确定点 A. 由 X 及其像 Y,可找到点 A. 由于 X 是

任意的, 我们可取 $X = A_1$, 则 Y 是 A_1 在变换 $A_1\left(\dfrac{1}{2}\right) \circ A_2\left(\dfrac{1}{2}\right) \circ A_3\left(\dfrac{1}{2}\right) \circ A_4\left(\dfrac{1}{2}\right)$ 下的像.

16. 四边形 $ABCD$ 的面积为 $|AC| \cdot |BD| \cdot \sin\phi$, 这里 ϕ 为两对角线 AC 和 BD 的夹角. 由于四边形 $A_1B_1C_1D_1$ 的两对角线之间的夹角也是 ϕ, 而对角线长度为前者的 3 倍, 故其面积是 $ABCD$ 面积的 9 倍.

17. $P_{60°} \circ Q_{60°} \circ R_{60°}$ 是一个反射, 在此映射下 P 变为 P', PP' 的中点即为 A.

18. 变换 $E(60°)$ 使点 E 为不动点, 而把 F 变为 C, 事实上

$$\angle FAE = \angle EBC = 120° + \alpha$$

这里 α 是 AF 与 AE 之间的角.

19. $P\left(-\dfrac{1}{2}\right) \circ Q\left(-\dfrac{1}{2}\right) \circ R\left(-\dfrac{1}{2}\right) = A\left(-\dfrac{1}{8}\right)$, 我们可以从 $\overrightarrow{AP'} = -\dfrac{\overrightarrow{AP}}{8}$ 得到点 A, 如果 P' 是 P 在变换 $A\left(-\dfrac{1}{8}\right)$ 下的像的话.

20. 将 C 关于 AD 对称反射到 E, 则 ED 是 $\triangle EBC$ 的中线, 因此 $AD // BE$, 且 $\angle ABE = \angle DAB = \alpha$, 故 $|AE| = |BE| = b$, 从而 $\triangle ABE$ 可以由它的边来作出. 现在作 $AD // BE$, 将 E 关于 AD 反射得 C.

21. 这些镜子正好构成一个空间坐标系, 原点 O 为这 3 个平面的唯一公共点. 沿所有平面反射的合成是关于点 O 的反射, 它保证光线沿来路返回. 事实上, 关于 $yz -$ 平面、$zx -$ 平面和 $xy -$ 平面反射的结果为 $(x, y, z) \to (-x, y, z) \to (-x, -y, z) \to (-x, -y, -z)$.

22. B, C 分别在 $PQ = m_1$ 和 $QR = m_2$ 的垂直平分线上, 设它们的交点为 O. 现在 $\angle m_1 O m_2$ 中含有点 Q, 我们必须从 m_1 到 m_2 找一条线段, 它恰在点 Q 被平分, 这个解是唯一的. 将 m_2 关于 Q 作中心对称得 m_2', 它与 m_1 交于点 B, 其余的作法是平凡的.

23. 将正方形绕点 A 旋转 $+90°$, 则 $B \to B' = D$, $C \to C'$, $D \to D'$, $P \to P'$. 我们有 $AP \perp AP'$, $|AP| = |AP'| = 2$, 故在 $\triangle APP'$ 中, $\angle APP' = 45°$. 因为 $|PP'| = \sqrt{2}$, 而 $(\sqrt{2})^2 + 1^2 = (\sqrt{3})^2$, 我们有 $PP' \perp PD$, 故 $\angle APD = \angle APP' + \angle P'PD = 135°$.

24. 分别将点 P 沿 BC, CA 和 AB 作对称变换得点 A', B', C', 六边形 $AC'BA'CB'$ 的面积可以用两种方式计算. 一方面, 它是 $\triangle ABC$ 面积的两倍, 即为 $\dfrac{\sqrt{3}s^2}{2}$. 另一方面, 其面积是边长分别为 $3\sqrt{3}, 4\sqrt{3}, 5\sqrt{3}$ 的 $\mathrm{Rt}\triangle A'B'C'$ 与 $\triangle AC'B, \triangle BA'C'$ 和 $\triangle CB'A'$ 的面积之和, 后面 3 个三角形的两边长已知, 且夹角都是 $120°$, 我们可得 $s = \sqrt{25 + 12\sqrt{3}}$.

12.3 经典欧氏几何

本节内容是竞赛中最重要的一个课题. 在 IMO 的 6 个试题中通常有两个出自初等几何. 有一些题用向量、复数或几何变换处理显得方便些, 但是通常需要一些基本的欧氏几何事实和技巧来解决. 我们不把那些预备知识列出来, 而是直接利用它们. 我们先来讲一组可以在普通课堂上讲解的简单问题, 而本章的主要部分则由一些由较难问题到很难的问题混合组成, 这里只给出一个典型的例子.

例 1 一个长方体有一个截面是正六边形. 证明: 该长方体是一个正方体.

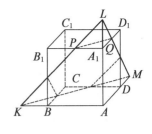

图 12.34

例 1 属于容易题的范围, 但它并不意味着是平凡的. 一旦你找到了正确的思路, 问题就会立即简化. 简化的思路是将正六边形每隔一条边延长, 相交出一个正三角形. 如图 12.34, 这个正三角形的顶点 K, L, M 落在长方体的棱 AB, AA_1 和 AD 的延长线上. 由 $KL = LM$, $\angle KAL = \angle LAM = 90°$ 及公共边 LA, 可知 $\triangle KAL \cong \triangle MAL$, 故 $KA = MA$. 类似可证 $KA = LA$[①]. 因为 $PQ = \dfrac{KM}{3}$, 利用 $\triangle LPQ \backsim \triangle LKM$ 和 $\triangle LPA_1 \backsim \triangle LKA$, 所以 $AA_1 = \dfrac{2AL}{3}$, $AB = \dfrac{2AK}{3}$, $AD = \dfrac{2AM}{3}$. 这表明 $AA_1 = AB = AD$, 故该长方体是正方体.

如果盒子不是长方体[②], 那么它也可能有一个截面是正六边形. 这只需将图 12.34 沿对角线 AC_1 拉伸即可得到.

12.3.1 容易的几何问题

1. 一个三角形的 3 条中线将该三角形分为 6 个面积相等的部分.

2. 以 $\triangle ABC$ 的三条中线为边可以构成一个三角形, 该三角形的面积等于 $\triangle ABC$ 面积的 $\dfrac{3}{4}$.

3. 两个三角形是否可以有两条相等的边, 和 3 个相等的角, 但它们不全等? 如果是, 给出成立的条件.

4. 一个凸四边形被其中线分为 4 块. 证明: 可以用这 4 块图形拼出一个平行四边形.

5. 为什么一张纸的折痕总是直线?

6. 能否用一张 3×3 的纸包住一个单位正方体的表面?

7. 以凸四边形的每边为直径作圆. 证明: 这 4 个圆覆盖这个四边形.

8. 证明: 图 12.35 中的点 B, R, C 共线.

9. 设 a, b, c, d 是一个面积为 A 的四边形的边长, 证明:

(a) $A \leqslant \dfrac{ab + cd}{2}$.

(b) $A \leqslant \dfrac{ac + bd}{2}$.

(c) $A \leqslant \dfrac{a + c}{2} \cdot \dfrac{b + d}{2}$.

10. 边长为 $1, 4, 7, 8$ 的四边形面积的最大值为多少?

11. 图 12.36 中, 一个半圆沿一个直角的两边滑动. 半圆周上的点 P 沿哪条直线运动?

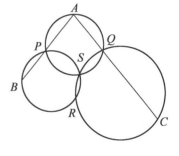

图 12.35

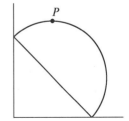

图 12.36

---

① $\triangle KAM \cong \triangle LAM$. ——译者注

② 那么它是平行六面体. ——译者注

12. 说明怎样用两条直线将一个三角形分割为对称的部分,何种三角形可以用一条直线分割为对称的两个部分?

13. 你有一条任意长的绳子、3 个钩子和一个铁圈,用什么方法可以拴住一头牛,使得它可以在一个半圆形的草地内的任何地方吃草,但不能越过边界?

14. 在一个(a)四边形,(b)正六边形内求一点,使得它到各顶点的距离之和最小. 对正五边形考虑同样的问题有相当难度,后面将会处理此问题.

15. 画一个凸多边形及其内部一点 O,使得没有一条边可以从点 O 完整地看到.

16. 画一个凸多边形及其外部一点 O,使得没有一条边可以从点 O 完整地看到.

17. 是否存在一个多面体及其外部一点 O,使得该多面体没有一个顶点可以从点 O 看到?

18. 任给一个 n 边形. 证明:必有一条对角线在其内部.

19. 问(a)5 角星,(b)7 角星,(c)8 角星的各内角之和为多少?

20. 在一个边长为 a 的正方形内作腰长为 b 的等腰 $\triangle CDE$,使得 $\angle ABE = 15°$. 证明:$a = b$.

21. (只用直尺求解)给定两条平行的线段,求出它们的中点.

22. (只用直尺求解)给定一线段 a 及其中点,过点 $M \notin a$ 作直线 g,使得 $g /\!/ a$.

23. (利用直尺求解)给定一个平行四边形,过其中心作一条平行于边的直线.

24. 给定平面上的 4 个点,作长方形,使其边分别过这 4 个点. 求该长方形的中心的轨迹.

25. 给定两个点 A,B,过 B 作任意直线,从 A 引该直线的垂线. 求所有垂足的轨迹.

26. 给定两个点 A,B,过 B 作任意直线,作 A 关于该直线的对称点,求对称点的轨迹.

27. 给定一直线 t 及其上的两点 A,B,两个动圆分别与 t 切于点 A,B,并且它们外切于点 M,求 M 的轨迹.

28. 给定一个圆 C 及其内部的两点 A,B,在该圆内作一个内接直角三角形,使其直角边分别过 A,B.

29. 设 a 为定直线,B 为一定点. 作一个正方形 $ABCD$,使 $A \in a$. 当 A 取到 a 上的每一个点时,点 C 在哪条直线上运动?

30. 一个直径为 r 的圆沿一个直径为 $2r$ 的圆周内部滚动,该动圆上一点 K 在哪条曲线上运动?

31. 两圆交于 A,B 两点,P 为 $\overset{\frown}{AB}$ 上一动点. 证明:PA,PB 在另一圆上截出的弦 CD 的长为定值.

32. 两个定圆 C_1,C_2 的圆心分别为 O_1,O_2,求线段 XY 的中点的轨迹,这里 $X \in C_1, Y \in C_2$.

33. 设 P 为某三角形内一点,它到边 a,b,c 的距离分别为 l_a,l_b,l_c. 设 $a \leqslant b \leqslant c$,证明:$h_c \leqslant l_a + l_b + l_c \leqslant h_a$,等号当且仅当该三角形为正三角形时同时成立.

34. 设 M 为线段 AB 的中点. 证明:对空间中的任意一点 P,均有

$$|PM| \leqslant \frac{|PA| + |PB|}{2}$$

35. 设 M 为 AB 的中点. 证明:对空间任意点 P,均有

$$||PA| - |PB|| \leqslant 2|PM|$$

36. 刻画出所有与点 A, B 等距的平面的集合之特征.

37. 设 G 是四面体 $ABCD$ 的重心. 证明:对任意点 P, 有

$$|PG| < \frac{1}{4}(|PA| + |PB| + |PC| + |PD|)$$

38. 在 $\triangle ABC$ 中,作 A 关于 B 的对称点 A', B 关于 C 的对称点 B', C 关于 A 的对称点 C', 请用 $|ABC|$ 表示 $|A'B'C'|$①.

39. 用 4 条边 a, b, c, d 围出的四边形何时面积最大?

40. 能否将 25 美分的硬币穿过一张纸上一个便士大小的孔?②.

41. 设 a, b, c, d, e 是 5 条线段,其中任意 3 条可围成一个三角形. 证明:这样围成的三角形中必有一个为锐角三角形.

42. 假设太阳恰好直射到头顶上,问:应该如何在水平桌面上放置一个长方体,才能使它的投影面积最大?

43. 对正四面体解上面的问题.

44. 任给一个凸 n 边形,在其内部任选 m 个点,将此多边形用这 $m + n$ 个点分割为互不重叠的三角形. 问可以得到多少个三角形? 试将它用 m, n 表示.

45. 将空间中的点用 5 种颜色染色(每种颜色的点均出现). 证明:存在一个平面,它上面至少有 4 种不同颜色的点.

46. 有足够多的全等的长方体可用,请给出一种实用的测量这些长方体的体对角线的长度的方法.

47. 一个三角形的三条高的中点共线,问该三角形有何形状?

48. 一个凸四边形被其对角线分割为 4 个周长相等的三角形,问该四边形为何形状?

49. P 为一个正方形内一点,过 P 分别作各边以及对角线的平行线,将该正方形分为 8 个部分. 围绕点 P 将各部分交替标注 $1, 2, 1, 2, \cdots$, 证明:标号为 1 和 2 的各个部分面积之和相等.

50. 5 个圆中任意 4 个圆都有一个公共点. 证明:这 5 个圆有一个公共点.

51. 给定空间两个平行的平面和两个球,第一个平面与第一个球切于点 A, 第二个平面与第二个球切于点 B, 且这两个球切于点 C. 证明:A, B, C 共线.

52. 能否在一个正方体内挖一个孔,使得稍大一些的正方体可以从该孔中通过?

53. 一个正三角形内接于一个圆,M 为 $\overparen{BC}$ 上任意一点. 证明:$|MA| = |MB| + |MC|$.

54. 如果一个四边形 $ABCD$ 有内切圆,其半径为 r. 证明:$|AB| + |CD| \geqslant 4r$.

55. 给定平面上的 3 个点,作一个四边形,使这 3 个点为其相邻的边的中点,且这 3 条相邻的边长度相等.

56. 设 α, β, γ 为某个三角形的内角,且 $\cos 3\alpha + \cos 3\beta + \cos 3\gamma = 1$. 证明:$\alpha, \beta, \gamma$ 中有一个角为 $120°$.

---

① 这里 $|ABC|$ 表示三角形的面积. ——译者注

② 一个便士的直径是 25 美分硬币直径的 $\frac{3}{4}$. ——译者注

57. 一个棱锥的底面是一个 n 边形, n 为奇数, 能否给每条棱标上一个箭头, 使所得的向量之和等于 **0**?

58. 证明: 正方形是所有外切于半径为 r 的圆的四边形中周长最小的图形.

59. 点 O 为正 $\triangle ABC$ 内一点, 它到边 BC, CA, AB 的射影点分别为 M, N, P. 证明: $|AP| + |BM| + |CN|$ 的值与点 O 的位置无关.

60. 圆心为 O 和 O' 的两个圆外离, 过 O 作另一个圆的切线分别与圆 O 交于点 A, B, 过 O' 作圆 O 的切线交圆 O' 于点 A', B'. A, A' 在 OO' 的同侧, 已知 $|AA'| = a$, $|BB'| = b$, 求 OO'.

61. 设 $ABCD$ 是一个面积为 F 的凸四边形, M 为平面上一点, 使得 $|AM|^2 + |BM|^2 + |CM|^2 + |DM|^2 = 2F$, 求 A, B, C, D, M 之间的关系.

62. 在纸上画一个梯形 $ABCD(AB /\!/ CD)$, 并且作出了联结 AD, BC 中点的中线 EF, 线段 $OK \perp AB$, 这里 $O = AC \cap BD$, $K \in AB$. 现在除 EF 和 OK 外, 其余线段均被擦去, 请重新作出梯形.

63. 一个直角三角形 D 被其斜边上的高分为两个三角形 D_1 和 D_2. 证明: D, D_1, D_2 的内切圆半径之和等于 D 的斜边上的高.

64. 在一个边长为 a, b, c 的三角形内作三个内接正方形, 边长分别为 x, y, z, 且各有两个顶点分别在边 BC, CA, AB 上. 证明: 由 $x = y = z$ 可得 $a = b = c$.

65. 一个三角形中 $h_a = 12, h_b = 20$. 证明: $7.5 < h_c < 30$.

66. 一个森林中任意两棵树的间距小于这两棵树的高度之差, 现已知每棵树的高度都小于 100 米, 证明: 可以用 200 米长的栅栏将该森林围住.

67. 四面体的内切球和外接球的半径分别为 r 和 R. 证明或否定: $R \geqslant 3r$.

68. 一个四面体的对棱长彼此相等. 证明: 该四面体的内心与外心重合.

69. 点 O 为一个凸四边形内的点, 与其顶点联结, 求由 $\triangle ABO$, $\triangle BCO$, $\triangle CDO$, $\triangle DAO$ 的重心 S_1 至 S_4 围成的四边形的面积.

70. 使用无刻度的量角器作出过一个定点 A 且与定直线 l 垂直的直线.

71. 如图 12.37, 它是一个由 4 条线段围成的区域, 最长边 a 固定, 当最短的边 d 旋转一周时, b 在两个极端情况之间变化. 如何确定 b 的两个极值? 证明: $a + d \leqslant b + c$, 即最长边与最短边之和不大于另两边之和.

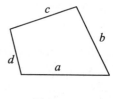

图 12.37

72. 一个空间四边形与一个圆锥相切. 证明: 4 个切点共面.

解　答

1. 同底等高的两个三角形面积相等, 我们有图 12.38 中所示的一些等面积三角形. 现在 $a + a + b, a + b + b, a + a + c$ 都是大三角形面积的一半, 所以 $a = b = c$.

2. 设 $|ABC| = F$, 作重心 S 关于 AB 中点 P 的对称点 S', 则 $|AS| = \dfrac{2}{3} m_a$,

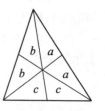

图 12.38

$|SS'| = \frac{2}{3}m_c$，$|AS'| = 2|PS| = \frac{2}{3}m_b$，$|AS'S| = \frac{1}{3}F$（因为 $|ASP| = \frac{1}{6}F$）。将 $\triangle ASS'$ 作关于 A 的变换率为 $\frac{3}{2}$ 的伸缩变换，其面积变大为原来的 $\frac{9}{4}$，所得的 $\triangle ATQ$ 的边长为 m_a, m_b, m_c，面积为

$$|ATQ| = \frac{9}{4} \cdot \frac{1}{3}|ABC| = \frac{3}{4}|ABC|$$

3. 存在这样的两个三角形. 例如边长为 $1, \frac{3}{2}, \frac{9}{4}$ 和 $\frac{3}{2}, \frac{9}{4}, \frac{27}{8}$ 的两个三角形，它们有两条边相等，且它们相似，从而三个角相等. 一般地，两个边长分别为 a, aq, aq^2 和 aq, aq^2, aq^3 的三角形具有前面的性质. 为能组成三角形，需满足三角形不等式. 当 $q > 1$ 时，要求 $q^2 < q + 1$，当 $q < 1$ 时，要求 $1 < q + q^2$，即

$$\frac{\sqrt{5}-1}{2} < q < \frac{\sqrt{5}+1}{2}$$

除去 $q = 1$ 这一点，因为 $q = 1$ 时三条边对应相等，对其余的 q，最长边都满足三角形不等式.

4. 图 12.39 给出了证明.

5. 将纸折起来，设 A, B 是两边对折后重合的点，则在未折前，对折痕上任意一点 X，均有 $|AX| = |BX|$，即 X 在 AB 的垂直平分线上.

6. 可以，如图 12.40 所示.

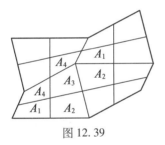

图 12.39

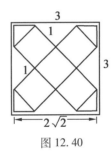

图 12.40

7. 从点 B, D 分别引 AC 的垂线，四边形被分为 4 个直角三角形 $1, 2, 3, 4$. 以 AB, BC, CD, DA 为直径的圆分别是三角形 $1, 2, 3, 4$ 的外接圆.

8. $\angle BRS = \angle APS = \angle SQC = \alpha$. 由于 $\angle SQC + \angle SRC = 180°$，我们有 $\angle SRC = 180° - \alpha$，故 $\angle BRS + \angle SRC = 180°$. 从而 B, R, C 共线.

9.（a）若 $\triangle ABC$ 的底为 a，高为 h，b 是另一条线，则 $h \leqslant b$. 如图 12.41 和图 12.42，可知

$$|ABC| \leqslant \frac{ab}{2}, |ACD| \leqslant \frac{cd}{2}, A = |ABCD| \leqslant \frac{ab+cd}{2}$$

等号当且仅当 $AB \perp CD$ 且 $CD \perp DA$ 时成立. 这时四边形内接于一个圆，该圆的直径为 AC，即

$$A = \frac{ad+bc}{2} \Leftrightarrow \angle D = \angle B = 90° \Leftrightarrow a^2 + b^2 = c^2 + d^2 = |AC|^2$$

图 12.41

图 12.42

（b）我们将这种情形划归到前一种. 如图 12.43，将四边形沿对角线 BD 分割，并将 $\triangle BCD$ 翻转，得到图 12.44 所示的四边形 $ABC'D$，它们有相同的面积，利用前面的结论，知

$$A \leqslant \frac{ac + bd}{2}$$

等号在新的四边形满足 $AB \perp BC'$ 且 $DC' \perp AD$ 时成立，即 $\beta + \delta' = \delta + \beta' = 90°$，或 $a^2 + c^2 = b^2 + d^2 = |AC'|^2$ 时取到，另外 $ABCD$ 为圆内接四边形.

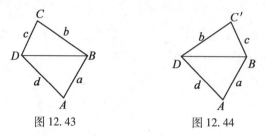

图 12.43   图 12.44

（c）$|ABC| \leqslant \dfrac{ab}{2}$，$|BCD| \leqslant \dfrac{bc}{2}$，$|CDA| \leqslant \dfrac{cd}{2}$，$|DAB| \leqslant \dfrac{da}{2}$，故

$$\frac{a + c}{2} \cdot \frac{b + d}{2} = \frac{1}{2}\left(\frac{ab}{2} + \frac{bc}{2} + \frac{cd}{2} + \frac{da}{2}\right) \geqslant |ABCD|$$

等号当且仅当 $\angle A = \angle B = \angle C = \angle D$，即 $ABCD$ 为长方形时取到.

10. 我们可设 1 与 8 相邻，否则，我们沿对角线剖分四边形，将其中一个三角形翻转（如前面一题所作）. 现在，四边形的面积 $\leqslant \dfrac{1 \times 8}{2} + \dfrac{4 \times 7}{2} = 18$. 由于 $1^2 + 8^2 = 4^2 + 7^2 = 65$，我们可以用两个具有公共斜边长 $\sqrt{65}$ 的直角三角形拼出一个面积为 18 的四边形.

11. 如图 12.45，四边形 $ABCD$ 为圆内接四边形，且 $\angle ABP = \alpha$ 为定角，故 $\angle AOP$ 为定角，P 在一定直线 OP 上运动. 这是 20 世纪 60 年代在匈牙利电视上出现的一个 2 分钟问题，由 Renyi，Turan 和 Alexits 监制.

12. 设 AB 是 $\triangle ABC$ 的最长边，D 是从 C 到 AB 的射影，联结 D 与 AC 和 BC 的中点 P，Q，则 $|AP| = |PC| = |DP|$，$|BQ| = |QC| = |QD|$，故 $\triangle ADP$ 和 $\triangle DBQ$ 是等腰三角形，$DPCQ$ 是一个对称的三角翼，其对称直线是 CD 的中垂线，如图 12.46 所示.

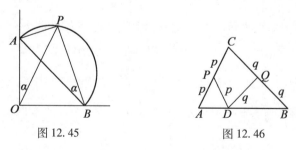

图 12.45   图 12.46

13. 如图 12.47 所示，设牛 C 被拴在一条长为 $2r$ 的绳子的中点，该绳子的一头是在圆心处的钩子上，另一头在环 R 上. 线 MC 防止牛跨出半圆草地，线 CR 防止牛跨出直径. 精确的解答是不存在的，因为牛是强壮的动物，故绳 DE 会弯曲. 这里给出了一个几乎正确的解答，它已是很准确的结果了.

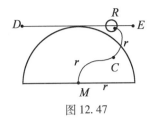

图 12.47

14. (a) 如果四边形 $ABCD$ 是凸的, 问题容易解决. 图 12.48 表明根据三角形不等式, 当 P 取到对角线交点 O 时最小.

现在看图 12.49, 这里 D 为 $\triangle ABC$ 内一点, 显然 $|AP| + |DP| > |AD|$. 两次利用三角形不等式可知 $|BP| + |CP| > |BD| + |CD|$①. 上述两个不等式相加, 可知 $|PA| + |PB| + |PC| + |PD| > |DA| + |DB| + |DC|$, 因此 P 在点 D 时最小.

如果 D 在 $\triangle ABC$ 的边 BC 上, 我们有 $PA + PD > DA, PB + PC > DB + DC$, 两式相加, 得
$$|PA| + |PB| + |PC| + |PD| > |DA| + |DB| + |DC|$$
因此 D 是 P 的最佳位置.

但是如果 A, B, C, D 共线, 情况又如何呢? 这导出一个相当有趣的问题, 它可以对任意多个点处理: n 个朋友住在一条街上 $x_1 < x_2 < \cdots < x_n$. 找一个开会的地点 P, 使得每人到开会地点的距离之和最小.

当 $n = 2$ 时, 每个点 $x \in [x_1, x_2]$ 都得到最小距离 $x_2 - x_1$. 现在设 $n = 3$, 对 x_1 和 x_3, 区间 $[x_1, x_3]$ 内每一点到它们的距离和相同, 对这些点, x_2 最舒适的点是 x_2 本身. 故 x_2 为最佳会址.

一般地, 对 n 为偶数, 区间 $[x_{\frac{n}{2}}, x_{\frac{n}{2}+1}]$ 内每一点都是最佳点, 对 n 为奇数, 点 $x_{\frac{n+1}{2}}$ 为最佳.

(b) 如图 12.50 所示, 解答是平凡的, 三次利用三角形不等式可知 P 必在中心点 O 处.

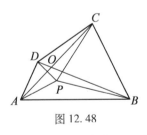

图 12.48

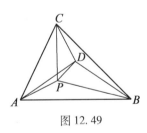

图 12.49

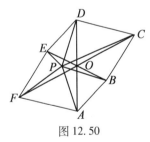

图 12.50

15. 图 12.51 给出了一个例子.

16. 图 12.52 给出了一个例子.

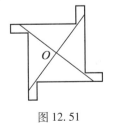

图 12.51

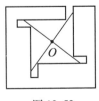

图 12.52

---

① 延长 CD 交 BP 于 E, 再用三角形不等式. ——译者注

17. （解答源自竞赛选手 Brailow）取两个同样大小的平行的正方形盘子，在它们之间放一个同样尺寸但旋转了 45° 的正方形框，框会从对称中心 O 挡住盘子的所有顶点. 在与框所在平面垂直的 4 个角上各放一根"铅笔"，4 根铅笔的端点可用盘子挡住，而框的顶点可用铅笔挡住.

18. 考虑任意多边形，设 A,B,C 为其 3 个相邻顶点. 从 B 作填满 $\triangle ABC$ 内部的所有射线，如果有一条射线经过多边形的一个顶点 D，则 BD 为其内的一条对角线，否则没有一条射线能触及别的顶点，则 AC 是其内的一条对角线.

19. （a）5 角星的各内角之和为 180°.

（b）7 角星有两种类型，其内角和分别为 $S_{7,2}=540°,S_{7,3}=180°$. 因为你可以跳过一个或二个顶点.

（c）只有一种 8 角星，此时你需要跳过两个顶点，其余的为退化的. 非退化的 8 角星各内角之和 $S_{8,3}=360°$.

求多角星内角和的最好方法是将一支铅笔其边界移动，在每个角的顶点处绕该顶点转动，旋转按同一方向进行，这样可得其内角和.

20. **解法一**：如图 12.53，设 $\angle AED=\angle BEC=\varepsilon$，则

$$b>a\Rightarrow\varepsilon<75°\Rightarrow\alpha>60°\Rightarrow\beta<60°\Rightarrow b<a，矛盾$$
$$b<a\Rightarrow\varepsilon>75°\Rightarrow\alpha<60°\Rightarrow\beta>60°\Rightarrow b>a，矛盾$$

所以 $b=a$.

解法二：如图 12.54，作 $\triangle BCF\cong\triangle ABE$（沿边 BC 向内进行），则易知 $|CE|=a$.

解法三：沿边 AB 向形外作正 $\triangle ABE'$，则 $\triangle AEE'$ 和 $\triangle BEE'$ 为等腰三角形，即 $|EE'|=a$，另外 AE 是 $\angle DAE'$ 的平分线，因此 $|DE|=|EE'|=a$，故 $\triangle DCE$ 为正三角形.

解法四：沿边 DC 向形内作正 $\triangle DCE$，余下的部分是显然的.

解法五：提示：将正方形绕其中心旋转 90°.

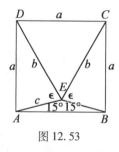

图 12.53

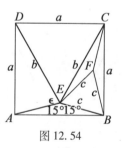

图 12.54

21. （a）$AB\parallel CD$ 且 $|AB|\neq|CD|$，图 12.55 给出了作 AB 与 CD 中点的方法. 它基于我们前面已证的一个关于梯形的定理.

（b）$|AB|=|CD|$，这是下面的第 23 题.

22. 给定的线段记为 AB，中点为 N. 画线段 AM,BM,NM. 任取 $C\in AM$，画 BC 交 MN 于 S，作 AS 交 BM 于 D. 现在 CD 和 MN 交于点 P. 作剪切变换使 $NBCP$ 变为 $NBPD$，得 $Q\in NC\cap PB$. 于是，$QM\parallel AB\parallel CD$.

23. 如图 12.56 所示，给定的平行四边形设为 $ABCD$，可作出其中心 $M=AC\cap BD$，现在可以用下面的方式作出 AB 的中点 N. 在 BC 上取点 P，作 PA 交 DC 于 E，可用 21 题的方法从点 $S=BE\cap AC$ 作出 $N=PS\cap AB$.

24. 如图 12.57，作一条过 A 的直线 a，过 C 作直线 $c \parallel a$，分别过 B, D 作直线 $b \perp a$，作直线 $d \perp a$. 设 E, F 分别是 AC 和 BD 的中点，若 M 为长方形的中心，则 $\angle EMF = 90°$，从而当直线 a 绕 A 旋转时，E, F 为不动点，M 在以 EF 为直径的圆上运动. 这里我们假定了 A, C 位于矩形的对边上，但 A, B 或 A, D 同样可在对边上，故此轨迹由三个圆的并组成，它们均容易构造.

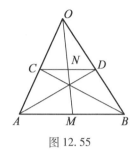

图 12.55

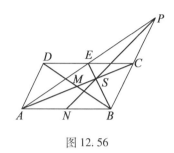

图 12.56

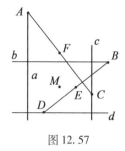

图 12.57

25. 以 AB 为直径的圆.

26. 以 A 为中心，作以 AB 为直径的圆的伸缩变换，变换率为 2，所得的圆即为所求.

27. 以 AB 为直径的圆.

28. 以 AB 为直径作圆 C_1，它与 C 交于点 D，直线 DA, DB 与圆 C 的另一个交点为 E, F，则 $\triangle DEF$ 即为所求. 这里依 C 与 C_1 的交点个数分别有 $0, 1, 2, \infty$ 个解.

29. 轨迹由直线 a 绕 B 旋转 $90°$ 得到.

30. 动圆上的一点的轨迹是图 12.58 中大圆的一条直径.

31. $\angle APB = \beta$ 和 $\angle ACB = \angle ADB = \alpha$ 为固定值，故 $\angle CAD = \alpha + \beta$ 也是定值，从而弦长 CD 为定值.

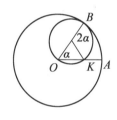

图 12.58

32. 取定 $X \in C_1$，当 Y 在 C_2 上运动时，XY 的中点的轨迹是一个以 XO_2 的中点为圆心，$\dfrac{r_2}{2}$ 为半径的圆. 如果让 X 在 C_1 上运动，XY 的中点组成的集合是所有以 O_1O_2 的中点 O_3 为圆心，以及以 $\dfrac{r_1}{2}$ 为半径的圆上的点为圆心，而以 $\dfrac{r_2}{2}$ 为半径的所有圆的并集. 它是以 O_3 为中心，内径为 $\dfrac{r_1 - r_2}{2}$，外径为 $\dfrac{r_1 + r_2}{2}$ 的圆环的面积.

33. 由 $ah_a = bh_b = ch_c$ 可知 $a \leqslant b \leqslant c \Rightarrow h_a \leqslant h_b \leqslant h_c$. 首先将等式 $ch_c = cl_a + bl_b + cl_c = ah_a$ 中的 a, b, c 都换成 c，然后都换成 a，可得

$$h_c \leqslant l_a + l_b + l_c \leqslant h_a$$

距离和的最小值当 P 为最大角的顶点时取到，最大值当 P 为最小角的顶点时取到. 特别地，对一个正三角形，$l_a + l_b + l_c = h$ 与 P 的位置无关.

34. 当 P 关于 M 的对称点 P'，得平行四边形 $PAP'B$. 由三角形不等式，可知

$$|PM| \leqslant \frac{|PA| + |PB|}{2}$$

35. 作 P 关于 M 的对称点 P'，$\triangle AP'P$ 的三边长为 $|PA|, |PB|$ 和 $2|PM|$. 由于每条边都大于另两边之差，我们有

$$\big| |PA| - |PB| \big| \leqslant 2|PM|$$

等号当 $\triangle PAB$ 退化时取到.

36. 平行于 AB 的平面和过 AB 中点的平面到 A,B 两点等距.

37. 由于 G 为 EF 的中点,这里 E 和 F 分别是 AD 和 BC 的中点. 三次运用第 34 题的结论,可知

$$|PG| < \frac{1}{2}(|PE| + |PF|),\ |PE| < \frac{1}{2}(|PA| + |PD|)$$

$$|PF| < \frac{1}{2}(|PB| + |PC|)$$

从而

$$|PG| < \frac{1}{2}(|PA| + |PB| + |PC| + |PD|)$$

38. 如图 12.59,可知 $|A'B'C'| = 7|ABC|$.

39. 设 $|F(x)| = |ABCD|$,如图 12.60,得

$$F(x) = \frac{ab}{2}\sin x + \frac{cd}{2}\sin y$$

在辅助条件

$$a^2 + b^2 - 2ab\cos x = c^2 + d^2 - 2cd\cos y$$

下成立. 对 x 求导数,得

$$F'(x) = \frac{ab}{2}\cos x + \frac{cd}{2}\cos y \cdot y' \tag{1}$$

抽象地对辅助条件求导,得 $2ab\sin x = 2cd\sin y \cdot y'$,即 $y' = \dfrac{ab\sin x}{cd\sin y}$,代入式(1)中,可知

$$F'(x) = \frac{ab}{2} \cdot \frac{\sin x\cos y + \cos x\sin y}{\sin y} = \frac{ab}{2} \cdot \frac{\sin(x + y)}{\sin y}$$

$$F'(x) = 0 \Rightarrow \sin(x + y) = 0 \Rightarrow x + y = \pi$$

$$x + y < \pi \Rightarrow F'(x) > 0$$

$$x + y > \pi \Rightarrow F'(x) < 0$$

由此可知圆内接四边形面积最大.

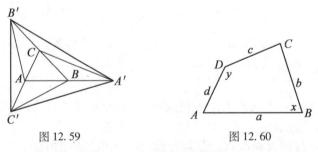

图 12.59　　　　　　　　　图 12.60

40. 在纸上挖出一个直径为 d 的孔(一便士大小),并沿其互相垂直的直径折两次,设两直径的端点分别为 A,B 和 C,D. 现在可以拉纸以使 A,C,B 共线,得到一条长为 $d\sqrt{2}$ 的缝,一个便士的直径 $d = \dfrac{3}{4}$,这样,可以将一枚直径为 $\dfrac{3\sqrt{2}}{4} > 1.06$ 的硬币通过这个孔,而 25 美分硬币的直径为 1,因此可轻易将其推过这个孔.

41. 对一个三边长 $a \geqslant b \geqslant c$ 的三角形,我们有

$$\alpha = 90° \Leftrightarrow a^2 = b^2 + c^2$$
$$\alpha > 90° \Leftrightarrow a^2 > b^2 + c^2$$
$$\alpha < 90° \Leftrightarrow a^2 < b^2 + c^2$$

不妨设

$$a \geqslant b \geqslant c \geqslant d \geqslant e \tag{1}$$

可设 (a,b,c) 与 (c,d,e) 都不是锐角三角形,这将导致矛盾. 这两个非锐角的三角形表明

$$a^2 \geqslant b^2 + c^2 \tag{2}$$
$$c^2 \geqslant d^2 + e^2 \tag{3}$$

由式(2)(3)可得

$$a^2 \geqslant b^2 + d^2 + e^2 \tag{4}$$

由式(1)(4)可得

$$a^2 \geqslant c^2 + d^2 + e^2 \tag{5}$$

式(3)与式(5)表明 $a^2 \geqslant d^2 + e^2 + d^2 + e^2$,于是

$$a^2 \geqslant (d+e)^2 + (d-e)^2, a^2 \geqslant (d+e)^2, a \geqslant d+e$$

但已知 a,d,e 可作成一个三角形,最后的关系式与三角形不等式 $a < d+e$ 矛盾.

42. 如图 12.61,阴影部分的面积等于 $\triangle ABC$ 的投影面积两倍,因此,应该使 $\triangle ABC$ 在桌面上的投影面积最大,当 $\triangle ABC$ 处于水平位置时正是这种情形.

43. 图 12.62 中,正方形 $ABCD$ 必须放置在水平位置,它与四面体的一组对棱平行.

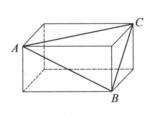

图 12.61

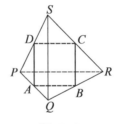

图 12.62

44. 设 x 是形成的三角形的个数,我们可以用两种方法来计算这些三角形的内角和 S. 一方面,$S = 180°x$;另一方面,$S = 360°m + 180°(n-2)$,其中第一项是以内部 m 个点为顶点的角之和,第二项为凸 n 边形的内角和. 利用两式右边相等,可得 $x = 2m + n - 2$.

45. 用 a,b,c,d,e 表示 5 种颜色,并用 A,B,C,D,E 分别表示与这五种颜色对应的点. 先证两个引理.

引理 1:若问题中的条件满足,且存在 3 个不同颜色的点共线,则存在一个有 4 种颜色的点的平面.

引理 1 的证明:设直线 v 上有 a,b,c 色的点,由于存在一个染 d 色的点 D,故所有过 v 和 D 的平面包含 4 种颜色的点.

引理 2:若问题中的条件满足,且存在一个出现 3 种颜色的点的平面和一条出现另外两种颜色的点的直线,且该直线与平面相交,则存在一个出现 4 种颜色点的平面.

引理 2 的证明:设平面 S 上有颜色为 a,b,c 的点,直线 v 上有颜色为 d,e 的点,记 $P \in$

$v \cap S$. 若 P 的颜色为 a,b,c 的一种, 则 v 上有 3 种颜色的点, 利用引理 1 可知命题成立. 若 P 染 d 或 e 色, 则 S 为所求.

解法一: 若 A,B,C,D,E 中有 4 个点共面, 则命题已成立. 否则 $ABCD$ 是一个四面体, 其中有一个面, 例如 $S = (BCD)$, 将另外两个点 A,E 分开. 故 AE 与平面 S 相交, 这样由引理 2 可知结论成立.

若不然, 则 E 包含在该四面体中, 且 $A \neq E$, 故 AE 与 S 相交, 由引理 2, 定理为真.

此命题非常简单, 故有许多证明, 让我们再看一个证明.

解法二: 设 $ABC = S_1, CDE = S_2, S_1 \cap S_2 = m, C \in m$, 若 AB 或 DE 与 m 相交, 则定理由引理 2 可证, 否则 $ABDE$ 是有 4 种颜色点的平面①.

46. 利用图 12.63, 易测出线段 AB 的长.

47. 三角形三条高的中点 H_1, H_2, H_3 位于以该三角形三边中点为顶点的三角形的边上, 任意两个 H_i 不重合. 唯一的可能是 H_i 落在中点三角形的一条边上. 例如 H_1, H_2 为端点, 而 H_3 在 H_1 与 H_2 之间, 这只有在原三角形为直角三角形时成立.

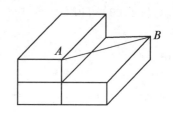

图 12.63

48. 先证明 O 是对角线的中点. 设 $|OC| \geqslant |OA|, |OD| \geqslant |OB|$, 将 $\triangle ABO$ 以 O 为中心作对称变换得平行四边形 $ABMN$. 现在 $\triangle ABO$ 与 $\triangle OMN$ 的周长相同, 都为 $p+q+a$, 但是 $\triangle CDO$ 与 $\triangle ABO$ 周长相同, 故也为 $p+q+a$. 另外, $\triangle CDO$ 的周长为 $p+q+x+y+c$. 因此 $a = x+y+c$, 这表明 $x=y=0, c = a$. 因此 O 平分 $ABCD$ 的各对角线, 比较 $\triangle ABO$ 与 $\triangle ADO$ 的周长, 得 $a = b$, 故 $ABCD$ 有相同的邻边长, 即 $ABCD$ 为菱形.

49. 画一个图, 设正方形边长为 1, 用 x, y, z 表示边上被截下的线段长. 现在计算标号为 1 的各部分面积之和, 它为 $\frac{1}{2}$. 请找出一个利用分割处理的创造性证明.

50. 设 A 是圆 1, 2, 4, 5 的公共点, B 是圆 1, 3, 4, 5 的公共点, C 是圆 2, 3, 4, 5 的公共点, 则 A, B, C 不全不同, 因为这三个点都在圆 4, 5 上, 而任意两个圆至多有两个公共点. 所以这三个点中有两个重合, 设 $A = B$, 则 A 在所有 5 个圆上.

51. 由于过 A, B, C 可作一个平面, 我们可将空间中的问题化归至 A, B, C 所在的平面上的问题, 得到一个关于两条平行线 a, b 和两个圆 c_1, c_2 (满足 $a \cap c_1 = A, b \cap c_2 = B, c_1 \cap c_2 = C$) 的问题. 这是一个常规问题, 证明留给读者.

52. 如图 12.64, 单位正方体中 $QA = QD = TB = TC = \frac{3}{4}$, $ABCD$ 是一个正方形, 边长 $|AB| = \frac{3\sqrt{2}}{4} = 1.060\,66\cdots$. 另一种解法更明显, 将此正方体垂直于体对角线作投影, 得到一个正六边形, 该六边形的最大内切正方形边长为 $\sqrt{6} - \sqrt{2} = 1.035\cdots$, 将其稍微收缩, 边长仍大于 1.

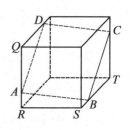

图 12.64

---

① 这时 $AB \parallel DE \parallel m$. ——译者注

53. 解法一: 我们来关注 $|MA|=x$,$|MB|=y$,$|MC|=z$,它们是 $\triangle AMB$ 和 $\triangle BMC$ 的边长, 其中 $\angle AMB=60°$,$\angle BMC=120°$. 记 $|AB|=a$,由于 $\cos 60°=\dfrac{1}{2}$,$\cos 120°=-\dfrac{1}{2}$. 利用余弦定理,可知 $a^2=x^2+y^2-xy$,且 $a^2=y^2+z^2+yz$.

两式相减,因式分解后得 $(x+z)(x-y-z)=0$,因此 $x=y+z$.

解法二: 由于 MA,MB,MC 都是圆的弦,由正弦定理可知 $x=2R\sin(60°+\alpha)$,$y=2R\sin\alpha$,$z=2R\sin(60°-\alpha)$,这蕴含 $x=y+z$.

解法三: 四边形 $ABCM$ 的面积可以用两种方式表示. 记 AM 和 BC 的夹角为 ϕ,则 $2|ABMC|=ax\sin\phi$,另外,这个面积为 $2|ABM|+2|ACM|$. 由于 $\angle ABM=\phi$,$\angle ACM=180°-\phi$,所以, $ax\sin\phi=ay\sin\phi+az\sin(180°-\phi)$,这表明 $x=y+z$.

解法四: 结论 $|AM|=|BM|+|CM|$ 可由 Ptolemy 定理 $|BC|\cdot|AM|=|AC|\cdot|BM|+|AB|\cdot|CM|$ 结合 $|AB|=|BC|=|CA|$ 得到.

解法五: 在线段 MA 上截取线段 DM,使 $DM=MB$,我们证明 $|DA|=|MC|$. 由于 $\angle AMB=60°$,$\triangle DBM$ 与 $\triangle ABC$ 一样也是正三角形,将 $\triangle BMC$ 绕 B 旋转 $60°$,使 C 变到 A,则 M 变到点 D. 线段 MC 变为 DA,故 $DA=MC$,进而 $|MA|=|MB|+|MC|$. 这个简短的几何证明展示了一种推广的方法. 设 M 为平面上任意一点, 类似可作出一点 D,它可能不在 AM 上,但线段 MA,MB,MC 仍为 $\triangle ADM$ 的边,这样我们得到了由罗马尼亚数学家 Pompeiu(1873—1954)提出的定理:平面上给定正 $\triangle ABC$ 和一点 M,则可以构造一个以 MA,MB,MC 为边的三角形,当 M 在 $\triangle ABC$ 的外接圆上时该三角形是退化的,如图 12.65.

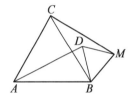

图 12.65

54. 由于 $S=pr$,且 $2S\leqslant ad+bc$,$2S\leqslant ab+cd$,即有 $4S\leqslant(ab+cd)+(ad+bc)=(a+c)(b+d)=p^2$,因此 $4pr\leqslant p^2$,$4r\leqslant p=|AB|+|CD|$.

55. 若 K,L,M 是四边形 $ABCD$ 的三条边 $AB=BC=CD$ 的中点,则 B,C 分别在 KL 和 LM 的垂直平分线上,将其中的一条垂线作关于 L 的对称变换可得点 B 和 C.

56. 从下面的等式变形来证明欲证之结论
$$\cos 3\alpha+\cos 3\beta+\cos 3\gamma=1 \tag{1}$$
为证 α,β,γ 中有一个为 $120°$,必须且只需证明 $1-\cos 3\alpha,1-\cos 3\beta,1-\cos 3\gamma$ 中有一个为零,即
$$(1-\cos 3\alpha)(1-\cos 3\beta)(1-\cos 3\gamma)=0 \tag{2}$$
我们力求把式(1)变成式(2). 由于 $\gamma=180°-(\alpha+\beta)$,故 $\cos 3\gamma=-\cos(3\alpha+3\beta)=-\cos 3\alpha\cos 3\beta+\sin 3\alpha\sin 3\beta$,这样(1)变为
$$\cos 3\alpha+\cos 3\beta-\cos 3\alpha\cos 3\beta+\sin 3\alpha\sin 3\beta-1=0$$
$$\Rightarrow\sin 3\alpha\sin 3\beta=(1-\cos 3\alpha)(1-\cos 3\beta)$$
两边平方,得 $\sin^2 3\alpha\sin^2 3\beta=(1-\cos 3\alpha)^2(1-\cos 3\beta)^2$,或
$$(1-\cos^2 3\alpha)(1-\cos^2 3\beta)=(1-\cos 3\alpha)^2(1-\cos 3\beta)^2$$
$$(1-\cos^2 3\alpha)(1-\cos^2 3\beta)-(1-\cos 3\alpha)^2(1-\cos 3\beta)^2=0$$
$$(1-\cos 3\alpha)(1-\cos 3\beta)(\cos 3\alpha+\cos 3\beta)=0$$
由式(1)有 $\cos 3\alpha+\cos 3\beta=1-\cos 3\gamma$,从而式(2)成立.

57. 不能. 将每个向量向棱锥的高 SO 映射,底面向量的映射为 $\vec{0}$,而每条侧棱的投影为 $\pm\overrightarrow{OS}$,将它们求和,至少得到一个向量 $\pm\overrightarrow{OS}$,从而总和不为 $\vec{0}$.

58. 利用其内切圆半径可知该四边形面积为 $r \cdot p$,这里 p 为其半周长,因此我们也可以通过证最小面积来处理. 设 Q 是外切于半径为 r 的圆 C 的正方形,C' 是 Q 的外接圆. s 为 Q 的一边切下 C' 所得部分的面积,则 $|Q| = |C'| - 4s$(图 12.66). 如果 $ABCD$ 不是正方形,如图 12.67,则至少有一个顶点,在我们的图中为 D,落在 C' 的内部. $ABCD$ 的每条边切出 C' 部分的面积都为 s,因为至少有两条线切出的部分有重叠(在点 D)处,从而 $|C'| - 4s$ 小于 $|ABCD|$,即 $|ABCD| > |Q|$.

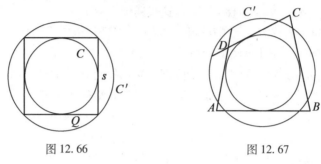

图 12.66   图 12.67

59. 分别从 A,B,C 引 AB,BC,CA 的垂线,围出 $\triangle A'B'C'$,这里 $|OM'|$,$|ON'|$,$|OP'|$ 分别是 O 到边 $B'C'$,$C'A'$,$A'B'$ 的距离. 由于 $|AP| = |OM'|$,$|BM| = |ON'|$,$|CN| = |OP'|$,我们有 $|AP| + |BM| + |CN| = |OM'| + |ON'| + |OP'|$. 此式右侧是 O 到正 $\triangle A'B'C'$ 三边的距离之和,它是常数. 事实上,设 a 是 $\triangle ABC$ 的边长,则此和为 $\triangle A'B'C'$ 的高,即 $\dfrac{3a}{2}$.

60. 若 $AA'B'B$ 为梯形,OO' 为其中线,即 $|OO'| = \dfrac{a+b}{2}$.

61. $AM^2 + BM^2 \geqslant 2AM \cdot BM, BM^2 + CM^2 \geqslant 2BM \cdot CM, CM^2 + DM^2 \geqslant 2CM \cdot DM, DM^2 + AM^2 \geqslant 2DM \cdot AM$,将这些不等式相加再除以 2,得 $AM^2 + BM^2 + CM^2 + DM^2 \geqslant AM \cdot BM + BM \cdot CM + CM \cdot DM + DM \cdot AM = (AM + CM)(BM + DM) \geqslant AC \cdot BD \geqslant 2F$. 此不等式中第一个等号在 $AM = BM = CM = DM$ 时取到,第二个等号当 $AM \perp BM, BM \perp CM, CM \perp DM, DM \perp AM$ 时成立. 此时 $ABCD$ 是一个正方形,M 为其中心.

62. 我们利用下面的性质:O,EF 的中点 M 和 AB 的中点 N 共线. EN 和 FN 为 $\triangle ABD$ 和 $\triangle BCD$ 的中位线,从而它们与梯形的对角线分别平行.

63. 作 D 的斜边上的高 h,分斜边成两条长分别为 p,q 的线段,$p+q=c$. 设 3 个直角三角形的内切圆半径分别为 r,r_1,r_2. 易证 $r = \dfrac{a+b-c}{2}$,请证明它. 因此 $r_1 = \dfrac{p+h-a}{2}$,$r_2 = \dfrac{q+h-b}{2}$,从而 $r + r_1 + r_2 = h$.

64. 证明 $x = \dfrac{2A}{a + h_a}, y = \dfrac{2A}{b + h_b}, z = \dfrac{2A}{c + h_c}$,这里 A 是三角形的面积,从而 $x = y = z$ 蕴含 $a + h_a = b + h_b = c + h_c$,若 $a \neq b$,则

$$a - b = h_b - h_a = \frac{2A}{b} - \frac{2A}{a} = \frac{2A(a-b)}{ab} \Rightarrow 2A = ab$$

因此 $\gamma = 90°, c > a, c > b$. 类似地，我们得 $2A = bc$，这表明 $\alpha = 90°$，矛盾！

65. 由 $c > |b - a|, a = \dfrac{2A}{h_a}, b = \dfrac{2A}{h_b}, c = \dfrac{2A}{h_c}$，可知

$$\frac{1}{h_c} > \left| \frac{1}{h_a} - \frac{1}{h_b} \right| = \frac{1}{12} - \frac{1}{20} = \frac{1}{30}$$

所以 $h_c < 30$. 利用 $a : b : c = \dfrac{1}{h_a} : \dfrac{1}{h_b} : \dfrac{1}{h_c}$ 和 $a + b > c$，我们得 $\dfrac{1}{12} + \dfrac{1}{20} > \dfrac{1}{h_c}$，故 $h_c > 7.5$.

66. 设这些树的高度为 $a_1 \geq a_2 \geq \cdots \geq a_n$，并且它们的位置是 $A_1, A_2, \cdots, A_n$，则 $A_1 A_2 \leq a_1 - a_2, \cdots, A_{n-1} A_n \leq a_{n-1} - a_n$. 从而折线 $A_1 A_2 \cdots A_n$ 的长度 $\leq a_1 - a_2 + a_2 - a_3 + \cdots + a_{n-1} - a_n < 100$ 米，所以可以用 200 米的栅栏围住这块森林.

67. 在四面体的每个面上取一点，过这些点的外接球半径 r_1 满足 $r_1 \geq r$. 若所取的点是各面的重心，则以它们为顶点的四面体的棱长是原四面体相应棱长的 $\dfrac{1}{3}$，因此 $R = 3r_1$，从而 $R \geq 3r$，见第 7 章例 22 的第二个证明.

68. 由条件可知四面体的各面全等，从而各面的外接圆相等，进而各面到其外接球球心的距离相同，所以内心与外心重合.

69. 设 $EFGH$ 为 $ABCD$ 各边中点围成的四边形，则 $|EFGH| = \dfrac{1}{2} |ABCD|$，$|S_1 S_2 S_3 S_4| = \dfrac{4}{9} |EFGH| = \dfrac{2}{9} |ABCD|$.

12.3.2　较难的几何问题

1. 为罩住一个点光源至少需要几个球？

2. 能否在平面上开出一条窄缝，使其为连通的？使得 (a) 棱长为 1 的正方体，(b) 棱长为 1 的正四面体的框架能穿过这条窄缝. 这里缝的面积和框架的宽度可以忽略不计.

3. 在一个等边的凸六边形 $A_1 A_2 A_3 A_4 A_5 A_6$ 中，$\alpha_1 + \alpha_3 + \alpha_5 = \alpha_2 + \alpha_4 + \alpha_6$. 证明：$\alpha_1 = \alpha_4$，$\alpha_2 = \alpha_5$，$\alpha_3 = \alpha_6$（这里 α_i 为顶点 A_i 处的内角）.

4. 一条曲线 C 将平行四边形分为两面积相等的部分. 证明：C 上存在两点 A, B，使得平行四边形的中心 O 在直线 AB 上.

5. 对怎样的正整数 n，可以将长度为 $1, 2, \cdots, n$（依此次序）的线段组成一条平面闭折线，使得相邻两线段互相垂直？

6. 对怎样的正整数 n，可以将长度为 $1, 2, \cdots, n$（依此次序）的线段组成一条空间闭折线，使得相邻的任意 3 条线段两两垂直？

7. 给定平面上无三点共线的 N 个点，我们用彼此不相交的线段将这些点两两相连，直至无法联结为止，求线段总数的下界和上界.

8. 一个四边形被其对角线分割成的 4 个三角形的面积都是整数. 证明：这 4 个整数之积是一个完全平方数.

9. 证明：定义在有限集 H 上的等距变换 f 均满足 $f(H) = H$. 特别地，$H = \{A_1, \cdots, A_n\}$ 的重心 S 为 f 的不动点.

10. 在一个正五边形内求一点 P，使它到各顶点之和距离最小.

11. 在圆心为 O 的圆上取 n 个点 $A_1, A_2, \cdots, A_n$，使它们的重心为 O，对哪一点 P，$\sum |PA_i|$ 取最小值？

12. 设 AB 是一个梯形的一条底边. 证明：如果 $|AC| + |BC| = |AD| + |BD|$，那么该梯形是一个等腰梯形（$|BC| = |AD|$）.

13. 平面上的一个有限点集 S 具有性质：若 A, B 是 S 中的任意两点，则 AB 的中垂线是 S 的一条对称轴. 证明：S 中所有点共圆. 如果 S 是无限集，上述结论是否仍然成立？

14. S 是一个平面有限点集，具有性质：对 S 中的任意两点 A, B，存在一个等距变换 f，使得 $f(A) = B$，且 $f(S) = S$. 证明：S 中的所有点共圆，这个结论对 S 是无限集是否成立？

15. 证明：各边相等且各内角都相等的空间五边形是平面图形.

16. 设 $ABCD$ 是一个有内切圆的四边形. 证明：$\triangle ABC$ 和 $\triangle CDA$ 的内切圆相切.

17. 设一个凸六边形的对边相互平行. 证明：$|ACE| \geqslant \frac{1}{2} |ABCDEF|$，等号何时成立？

18. 在一个边长为 37 的院子内放置了 150 个单位正方体. 证明：还有空位放入一个半径为 1 的圆柱①.

19. 哪一点 P 到 $\triangle ABC$ 的顶点的距离之和最小？

20. 用最短的街道系统联结一个正方形的 4 个顶点.

21. 给定一个半径为 1 的圆及平面上的 n 个点 $A_1, \cdots, A_n$. 证明：圆上存在一点 M，使得 $|MA_1| + \cdots + |MA_n| \geqslant n$.

22. 一个各边长相等的封闭折线的每个顶点都是整点. 证明：该闭折线共有偶数条边.

23. 给定一个圆上的 3 个点. 在该圆上求第 4 点，使得以此 4 点为顶点的四边形有内切圆.

24. 一个底边边长为 a, b 的长方体箱子放在一个宽度为 c 的走廊上，求该箱子能搬入一扇宽度为 d 的门的条件.

25. 分别记 $\triangle ABC$ 的内切圆与外接圆半径为 r 和 R，其半周长为 s. 证明：当且仅当 $\triangle ABC$ 为直角三角形时，$2R + r = s$.

26. 证明：如果一个凸五边形有 4 条边平行于其相对的对角线，那么第 5 条边也与其相对的对角线平行.

27. 以 O 为圆心的圆的一条弦 CD 与其一直径 AB 垂直，弦 AE 平分半径 OC. 证明：弦 DE 平分弦 BC.

28. 正方体 $ABCDA_1B_1C_1D_1$ 的边长为 2，求两个圆上各取一点所得线段长度的最小值，其中一个圆是底 $ABCD$ 的内切圆，另一个圆过顶点 A, C, D_1.

29. 空间是否存在一个无限点集，使得每一个平面上都有该集合中的至少一个但至多有限多个点？

30. 空间能否表示为两两不交的非退化的圆的并集？

31. 空间能否表示为两两异面的直线的并集？

32. 若空间四边形每条边都与同一个球相切. 证明：切点必共面.

---

① 无需挪动任何一个正方体. ——译者注

33. 将 3 个直径为 $\frac{a}{2}$，高为 a 的圆柱放入一个边长为 a 的空心正方体中，使它们在正方体内不能移动.

34. 给定平面上的 3 个整点 A,B,C. 证明：若 $\triangle ABC$ 为锐角三角形，则在其内部或边界上至少有一个整点.

35. 给定平面上若干个相交的圆，它们的并集的面积为 1①. 证明：从中可以取出一些彼此不交的圆，使它们的面积和不小于 $\frac{1}{9}$.

36. 一些底半径为 1 的圆柱放在边长为 100 的正方形院子内，每个圆柱都正放. 该正方形内每一条长度为 10 的线段上都有一个圆柱. 证明：圆柱至少有 400 个.

37. 证明：在四面体中，至多有一个顶点，以它为顶点的 3 个面角中任意两个之和大于 180°.

38. 一个凸多面体的顶点都是整点，且其面和棱上都没有其他整点. 证明：该多面体至多有 8 个顶点.

39. 一个圆内接 7 边形的 3 个内角都是 120°. 证明：它必有两条相等的边.

下面的 5 个问题都是"走出森林的策略"一类的问题：

40. 一位数学家在森林中迷路了，他知道这片森林的面积 S，但不知道它的形状，只知道它没有孔. 证明：他可以走不超过 $2\sqrt{\pi S}$ 千米的路走出这片森林.

41. 一位数学家在一片形状为凸图形、面积为 S 的森林内迷路了. 证明：他可以走不超过 $\sqrt{2\pi S}$ 千米的路走出这片森林.

42. (前一个问题的继续) 与一个知道出路的人联系后，他至多只需走 $\sqrt{\dfrac{S}{\pi}}$ 千米的路.

43. 一位数学家在一个形状为半平面的森林内迷路了，他只知道离森林的边界恰好 1 千米. 证明：他至多走 6.4 千米路可以走出森林. 尝试多种走法，与近似最佳值 6.4 相比较.

44. 一位数学家在一个宽为 1 千米的带形②森林内迷路了，找出某些好的行走策略，并比较所走路程与 2.3 千米的大小.

45. 平面上的一个变换将圆变为圆，它是否能将直线变为直线？

46. 给定 4 条边，求作一个圆内接四边形.

47. 圆 O 为 $\triangle ABC$ 的内切圆，与各边切于点 A_1,B_1,C_1，线段 AO,BO,CO 分别交圆于点 A_2,B_2,C_2. 证明：A_1A_2,B_1B_2,C_1C_2 共点.

48. 两个锐角 α,β 满足 $\sin^2\alpha + \sin^2\beta = \sin(\alpha+\beta)$. 证明：$\alpha+\beta = \dfrac{\pi}{2}$.

49. 正 $\triangle ABC$，正 $\triangle CDE$，正 $\triangle EHK$(顶点按逆时针方向排列)有公共顶点 C 和 E，被放置在平面上，使得 $\overrightarrow{AD}=\overrightarrow{DK}$. 证明：$\triangle BHD$ 也是正三角形.

50. 证明：如果一个空间四边形的两组对边对应相等，那么联结两对角线中点的直线与两对角线都垂直. 反过来，如果联结两对角线中点的直线与两对角线都垂直，那么该四边形

---

① 即它们覆盖的总面积为 1. ——译者注

② 长度无限. ——译者注

的两组对边相等.(仍为 USO1977 试题,现在我们要寻找一个简短的几何证明)

51. 在 $\triangle ABC$ 中,α,β,γ 的角平分线交外接圆于 A_1,B_1,C_1. 证明:$|AA_1|+|BB_1|+|CC_1|>|AB|+|BC|+|CA|$.(AuMD1982)

52. 一个凸六边形的内角都相等. 证明:其对边的差相等.

53. 过 $\triangle ABC$ 外接圆上一个动点 P,作直线 AB,AC 的垂线 PM 和 PN. 当 P 在何位置时,$|MN|$ 最大? 最大值为多少?

54. 一个锐角三角形的外接圆半径为 r,p 为其周长. 证明:$p>4r$.

55. 设 $A_1A_2\cdots A_n$ 是平面上的一个正多边形,P 为平面上任意一点. 证明:我们可用线段 $PA_i(i=1,2,\cdots,n)$ 围成一个 n 边形.

56. 证明:若存在一个以 $a_1,a_2,\cdots,a_n$ 为边的多边形,那么存在一个以它们为边的圆内接多边形.

57. 证明:平分四面体相邻两面形成的二面角的 6 个平面共点.

58. 证明:一个四面体的六条棱的中垂面共点.

59. 若一个空间多边形的内角和边都相等,则称它为空间正多边形. 在问题 12 中,我们已证明空间正五边形不存在. 问:对怎样的 n,存在一个不在同一平面上的空间正 n 边形?

60. 是否存在一个截面全为三角形的多面体?

61. 证明:任意一个多面体的棱长之和大于 $3d$,这里 d 是该多面体上距离最远的两个点 A,B 的距离.

62. (a)一个凸四边形 $ABCD$ 的每条对角线均将其分为两个面积相等的部分. 证明:$ABCD$ 是平行四边形.

(b)凸六边形 $ABCDEF$ 的对角线 AD,BE,CF 都将该六边形分为等积的两个部分. 证明:这三条对角线共点.

63. 一个四面体 $ABCD$ 的外接球球心为 O,求 O 在该四面体内部的一个简单条件.

64. 求平面上一个边不自交的 n 边形中内角是锐角的最大个数.

65. 空间中三个圆彼此相切,且三个切点两两不同. 证明:这些圆在同一球面上或者共面.

66. 证明:如果一个凸多面体的每个顶点均与其他顶点有边相连,那么该多面体为四面体.(HMO1948)

67. 证明:一个凸多面体不能恰有 7 条棱.

68. 三个圆两两相交. 证明:任意两个圆的公共弦所在直线共点①.

69. 证明:对任意一个四面体,存在两个平面,使得该四面体在这两个平面上的投影部分面积之比不小于 $\sqrt{2}$.(AUO1978)

70. 给定 4 个不共面的点,以这 4 个点为其顶点的平行六面体有多少个?(AUO)

71. 设 P 为 $\triangle ABC$ 内任意一点,P 到顶点 A,B,C 的距离分别为 x,y,z;到边 BC,CA,AB 的距离分别为 u,v,w. $\triangle ABC$ 的三边长分别记为 a,b,c,其面积为 S,R 和 r 为其外接圆与内切圆的半径,证明下面的不等式:

(a)$ax+by+cz\geqslant 4S$.

---

① 原题有误.——校注

(b)$x + y + z \geqslant 2(u + v + w)$.

(c)$xu + yv + zw \geqslant 2(uv + vw + wu)$.

72. 考虑下面的定理和条件:

(U)圆内接四边形$\Leftrightarrow \alpha + \gamma = \beta + \delta = 180°$.

(I)圆外切四边形$\Leftrightarrow a + c = b + d$.

(A)四边形的面积 $A = \sqrt{abcd}$.

证明:(U)(I)$\Rightarrow$(A);(U)(A)$\Rightarrow$(I);(I)(A)$\Rightarrow$(U).

73. 在三角形中,$a + h_a = b + h_b = c + h_c$,这里的记号依通常方式定义. 问:该三角形是何种形状?

74. 两直线a, b交于点O,$\angle(a, b) = \alpha$. 一只蚱蜢从点$A \in a$出发交替地从a跳到$B \in b$,再跳回a. 每次跳动的长度为定值1(每次跳动的线段不同). 问:它能否跳回点A?

75. 一个球状行星的直径为d,能否在其上放置 8 个瞭望台,使得到该行星表面距离为d的星体,都至少有两个瞭望台观察到?

76. 一个凸六边形的对边 AB 和 DE,BC 和 EF,CD 和 FA 分别平行. 证明:$|ACE| = |BDF|$.

77. 一个圆内接凸六边形有连续三条边的长都为a,另外三条边的长都为b,求其外接圆的半径.

78. M 是一个小的 Anchurian 岛,其领海向外延伸 1 千米,晚上,一个强力探照灯在 M 上沿逆时针方向缓慢旋转,以照亮其领海内的水域,在点 B(距 M 1 千米)处有一条 Sikinian 船,其任务是到达 M 而不被发现,船的最大时速为 b,在距 M 1 千米处,探照灯光束的移动速度为 s.

(a)若 $k = \dfrac{s}{b} = 8$,证明:船无法完成任务①.

(b)若 $k = \dfrac{s}{b} < 2\pi + 1$,证明:船可以完成任务.

(c)求最大的 k,使得船可以完成任务②.

79. 四面体 $ABCD$ 内接于以 O 为球心,R 为半径的球,直线 AO, BO, CO, DO 分别交对面于 A_1, B_1, C_1, D_1. 证明

$$|A_1A| + |B_1B| + |C_1C| + |D_1D| \geqslant \frac{16}{3}R$$

80. Pick 证明了关于整点多边形 P 的面积 $f(P)$ 的一个简单计算公式

$$A = f(P) = i + \frac{b}{2} - 1③$$

其中 i, b 分别为 P 的内部和边界上的整点个数. 我们将这个结论留给读者去证明,但我们给出证明该定理的步骤:

(a)证明:该公式对边长为 p, q 的整点长方形成立.

(b)证明:该公式对一边为水平方向,另一边为垂直方向的整点直角三角形成立.

---

① 原文有误. ——译者注

② 原文有误. ——译者注

③ 原文有误. ——译者注

（c）Pick 的公式对任何整点多边形 P 给出了一个数 $f(P)$. 证明：函数 f 具有可加性，即若 P_1,P_2 有一条公共边，则有 $f(P_1 \cup P_2) = f(P_1) + f(P_2)$.

（d）证明公式 $f(P)$ 对所有整点三角形 P 成立.

（e）最后证明 $f(P)$ 对任何简单整点多边形 P 成立.

81. 四面体 $A_1A_2A_3A_4$ 中 A_i 所对面的面积为 S_i. 在该四面体内求一点 P，使得它到面 $S_1,\cdots,S_4$ 的距离分别为 $x_1,\cdots x_4$，且 $\sum \dfrac{S_i}{x_i}$ 取最小值.

82. 对 $\triangle ABC$ 内的哪一点 P，它到三角形各边的距离的平方和最小？

83. 一个半径为 r 的圆是一个三角形的内切圆，平行于各边的圆的切线将原三角形切出 3 个小三角形，这 3 个小三角形的内切圆半径为 r_1,r_2,r_3. 证明：$r_1 + r_2 + r_3 = r$.

84. 一个半径为 r 的球是一个四面体的内切球，这个球的平行于四面体各面的切面将原四面体切出 4 个小四面体，这 4 个小四面体的内切球半径为 r_1,r_2,r_3,r_4. 证明：$r_1 + r_2 + r_3 + r_4 = 2r$.

85. 证明：若一个三角形的每一条角平分线长大于 1，则其面积大于 $\dfrac{1}{\sqrt{3}}$.

86. 证明：可以从边长为 1 的正方体内切出 3 个棱长为 1 的正四面体.

87. 两个以 O_1,O_2 为圆心的圆 C_1 和 C_2 交于点 A 和 B. 射线 O_1B 交 C_2 于点 F，射线 O_2B 交 C_1 于 E. 过 B 平行于 EF 的直线分别与 C_1 和 C_2 交于另一点 M 和 N. 证明：$MN = AE + AF$.

88. A_1,B_1,C_1 分别是 $\triangle ABC$ 的边 BC,CA 和 AB 上的点，使得 AA_1,BB_1,CC_1 共点. 设 M 是 A_1 到 B_1C_1 的射影. 证明：MA_1 平分 $\angle BMC$.

89. 点 M 到一个正方形的两个相邻顶点的距离之和为 a. 问：M 到另外两个顶点的距离之和最大为多少？

90. 一个凸 n 边形可以用不相交的对角线分割为三角形，且每个顶点都是奇数个三角形的顶点. 证明：$3 \mid n$.

91. 给定一个正 $2n$ 边形. 证明：可以给它所有的边和对角线标上一个箭头，使所得向量之和为零.

92. 在正方形 $ABCD$ 的边 BC 和 CD 上分别取 M,N，使 $\angle MAN = 45°$，请用直尺作出 MN 的垂线.

93. 以一个圆外切四边形 Q 的边向形外作长方形，每个长方形的另一条边长等于 Q 上的对边. 证明：这 4 个长方形的中心围成一个长方形.

94. 过直径为 AD 的半圆弧上的两点 B,C 分别引 AD 的垂线 BE 和 CF. 直线 AB 和 DC 交于点 P，EC 和 BF 交于点 Q. 证明：$PQ \perp AD$.

95. 给定一个木球，请用直尺和圆规作出与它的半径等长的线段.

96. 给定一个木球上的 3 个点，请在木球上作一个过这 3 个点的圆.

97. 在一个木球上给定两个点，它们不是同一条直径的两个端点. 请作一个过这两点的大圆.

98. 在一个 3×4 的长方形内有 4 个点. 证明：其中必有两点之间的距离不大于 $\dfrac{25}{8}$.

99. 设 $ABCDEF$ 是一个凸六边形，满足 $AB \parallel DE$，$BC \parallel EF$ 和 $CD \parallel AF$. 记 $\triangle FAB$，$\triangle BCD$ 和 $\triangle DEF$ 的外接圆半径为 R_A，R_C 和 R_E. 设 P 为该六边形的周长，证明

$$R_A + R_C + R_E \geq \frac{P}{2}$$
（IMO1996）

100. 证明:如果一个圆内接四边形的对角线之一是其外接圆的直径,那么该四边形的对边在另一条对角线上的映射相等.

101. 设 P 是四面体 $ABCD$ 内一点,至少有多少条棱,点 P 对该棱的视角为钝角?

102. 两个凸多边形的顶点数相同,且为偶数.已知它们各边的中点重合,证明:这两个多边形面积相等.

103. 两个边长分别为 a,b 的正方形不重叠地放在一个边长为 1 的正方形内. 证明: $a+b \leq 1$. (HMO1974;最初由 Erdös 提出)

解　答

1. 设点光源为 O,以 O 为中心作一个正四面体 $ABCD$. 考虑 4 个有公共顶点 O 的无限圆锥,每一个分别严格包含四面体 $OBCD$,$OACD$,$OABC$,$OABD$. 这些圆锥有部分重叠,因此每条从 O 出发的光线落在某个圆锥内. 现在我们作每个圆锥的内切球,使这些球两两不交,这是容易做到的,只需每两个球的半径都有较大的悬殊即可. 易知从 O 出发的每条光线被某个球挡住,4 个半径相等的球达不到目的,可证明需要 6 个半径相等的球才能完全挡住点光源. 请找出一种用半径相等的球挡住点光源的分布.

2. 可以,两种情形都行. 对(a)用 H 型的缝即可. 对(b)用 T 型的缝即可. 请描述如何做到.

3. 将 $\triangle A_1A_2A_6$,$\triangle A_2A_3A_4$ 和 $\triangle A_4A_5A_6$ 沿它们的底边反射,可将六边形分割为 3 个菱形,由此可知其对角相等. 论证的细节留给读者去完成.

4. 如果 $O \in C$,命题显然成立. 现设 $O \notin C$,将 C 关于 O 反射得曲线 C'. 如果 $C \cap C' = \varnothing$,那么直线 C 不能分平行四边形成面积相等的两个部分. 因此 $C \cap C' \neq \varnothing$. 设 A 是 $C \cap C'$ 中的一点,B 为 A 关于 O 的对称点. 由于 C' 是 C 关于 O 反射所得的像,故 $B \in C$,因此 AB 过点 O.

5. 答案为 n 必为 8 的倍数. 这个必要条件也是充分的,这由下面的两个和式可以看出
$$(1-3-5+7)+(9-11-13+15)+\cdots=0$$
$$(2-4-6+8)+(10-12-14+16)+\cdots=0$$

6. 答案为 n 必为 12 的倍数. 这个必要条件也是充分的,这由下面的 3 个和式可以看出
$$(1-4-7+10)+\cdots+(3k-11-(3k-8)-(3k-5)+3k-2)=0$$
$$(2-5-8+11)+\cdots+(3k-10-(3k-7)-(3k-4)+3k-1)=0$$
$$(3-6-9+12)+\cdots+(3k-9-(3k-6)-(3k-3)+3k)=0$$

7. 设这 N 个点的凸包是一个 r 边形,$3 \leq r \leq N$,将有 $N-r$ 个点在其内部. 先求将此图形作三角形分化后,所得的三角形的个数,各三角形的内角和为 $180°(r-2)+360°(N-r)$. 第一项是 r 边形的内角和,第二项是内部各点的贡献. 从而三角形的个数为 $r-2+2(N-r)=2N-r-2$,这些三角形的边数为 $3(2N-r-2)=3(2N-2)-3r$. 这些边中,凸包的 r 条边被计算一次,其余的 $3(2N-2)-4r$ 条边每条边算了两次. 因此线段的总数 $s=r+3N-3-2r$,由于 $3 \leq r \leq N$,故 $2N-3 \leq s \leq 3N-6$.

8. 如图 12.68，A_1 到 A_4 为各三角形的面积. 我们有 $\dfrac{A_1}{A_4} = \dfrac{A_2}{A_3}$，即 $A_1 A_3 = A_2 A_4$，从而 $A_1 A_2 A_3 A_4 = (A_1 A_3)^2$.

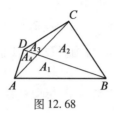

图 12.68

9. 设 S 为 H 的重心，$S' = f(S)$，则我们有

$$S = \frac{1}{n}(A_1 + \cdots + A_n), S' = \frac{1}{n}(A'_1 + \cdots + A'_n)$$

但是 $\{A'_1, \cdots, A'_n\}$ 是 H 的一个排列，因此 $S = S'$.

10. 我们猜测 $P = O$ 为该五边形的中心. 我们要证明在图 12.69 中有 $\sum |PA_i| \geqslant \sum |OA_i|$，等号当且仅当 $P = O$ 成立. 在正五边形中，作关于点 O 旋转 $72°$ 的变换. 由点 P 依次得到 5 个点 $P_1, \cdots, P_5$，如图 12.70. 这样在图 12.71 中，有 $P_1 A_i$ 变为 $A_1 P_i$，故 $\sum |P_1 A_i| = \sum |A_1 P_i|$. 现在将线段 $A_1 P_i$ 视为向量 $\overrightarrow{A_1 P_i}$，则 O 为 P_i 的重心，也就是说

$$\overrightarrow{A_1 O} = \frac{1}{5} \sum \overrightarrow{A_1 P_i}$$

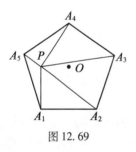　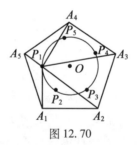　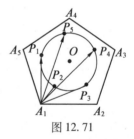

图 12.69　　　　　　图 12.70　　　　　　图 12.71

利用三角形不等式，可知 $5 |\overrightarrow{A_1 O}| = \sum |OA_i| = |\sum \overrightarrow{A_1 P_i}| \leqslant \sum |A_1 P_i| \leqslant \sum |P_1 A_i|$，从而 $\sum |P_1 A_i| \geqslant \sum |OA_i|$，等号当且仅当 $P = O$ 成立.

11. 这里有一个只需一行的解. 设 O 为球心，即 $\sum A_i = O$，则

$$\sum |PA_i| = \sum |A_i - P| \cdot |A_i|$$
$$\geqslant \sum (A_i - P) \cdot A_i$$
$$= n - P \sum A_i$$
$$= n$$

12. 因为 $AB /\!/ CD$，所以 C 与 D 为关于 AB 中垂线的对称点. 这一点是源于 C, D 是以 A，B 为焦点的椭圆上的点，并用到 $|AC| + |BC| = |AD| + |BD| = 2a$ 为常数.

13. 考虑包含 S 中所有点的最小圆. 它是以 S 中的两点为直径的两端点，且过 S 中 3 个

点的所有圆中最大的圆. 每一个以 S 中的两点的中垂线为对称轴的反射变换, 均保持该圆不变, 故这条中垂线过最小圆的圆心 O. 因此 S 中的点到点 O 等距, 对无限集命题不成立, 一个反例是整个平面①.

14. 与前一题的解法相同.

15. 在 $[31]$ 中 van der Waerden 发表了一个详细且富有教益的说明, 谈到他是如何发现这个由一位化学家提出的问题的解答的. 这是有关发明心理学的一个例子. 这里我们给出由 G. Boll(Freiburg i. Br.)和 H. S. M. Coxeter(Toronto)所给出的一个简短的解答:

设边长 a 和内角 α 给定, 则这 5 个点中每两点之间的距离均被确定, 因此在等距变换下该图形被确定, 故存在一个正向或反向的等距变换 S, 使得 $ABCDE$ 的顶点轮换一次. 当然变换 S^5 是一个恒等变换, 从而 S 是一个正向等距变换, 五个顶点的重心是一个不动点, 故 S 是一个旋转变换, 这表明 $ABCDE$ 在一个与旋转轴垂直的平面上(找出一个更初等的解法).

其中的很多细节被认为是专家们熟知的结果而没有提及, 这里仅举一例: 每个几何学者都知道有不动点的正向等距变换是绕该不动点的轴的旋转变换.

16. 提示: 对任意四边形 $ABCD$, 考虑 $\triangle ABC$ 和 $\triangle CDA$ 的内切圆, 设它们分别切 AC 于点 T_1 和 T_2. 证明

$$|T_1 T_2| = \frac{1}{2}(|AB| + |CD|) - (|BC| + |AD|)$$

17. 如图 12.72, 所证的不等式是显然的, 等号当 $|GHI| = 0$, 即对边长度相等时取到.

18. 设 C 为圆柱的底面中心, 则 C 必须与栅栏的距离至少是 1, 从而 C 不能落在绕栅栏面积为 $37^2 - 35^2 = 144$ 的带形区域内. 现任取一个边长为 1 的正方形, C 必须到其底面正方形的每一点的距离不小于 1, 即 C 不能落在图 12.73 中的区域内, 它包含 5 个单位正方形和 4 个半径为 1 的 $\frac{1}{4}$ 圆, 其面积为 $\pi + 5$. 因此所有 150 个箱子和栅栏限制点 C 不能进入的区域的面积和 $A = 150(\pi + 5) + 144 = 150\pi + 894$, 而正方形院子的面积 $F = 37^2 = 1\,369, F - A = 475 - 150\pi = 150\left(3\frac{1}{6} - \pi\right) > 0$. 院子中不是每一个点都不能让 C 占据.

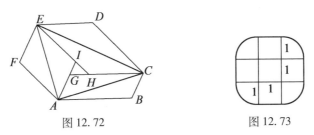

图 12.72　　　　　　　图 12.73

19. 情形一: $\max\{\alpha, \beta, \gamma\} < 120°$. 解答需要用到 12.4.1 节中的问题 34 的结论: 高为 h 的正三角形内每一点到三边的距离之和都为 h.

现设 T 为 $\triangle ABC$ 内一点, 使得 $\angle ATB = \angle BTC = \angle CTA = 120°$, 我们证明 T 到顶点 A, B, C 距离之和最小. 过 A, B, C 分别作 AT, BT, CT 的垂线, 所围出的三角形为正 $\triangle A_1 B_1 C_1$. 对任意一点 P, 有 $|AP| + |BP| + |CP| \geqslant |AT| + |BT| + |CT| = h$.

情形二：$\max\{\alpha,\beta,\gamma\}\geqslant 120°$，设 $\gamma\geqslant 120°$. 这种情况下，点 C 到 A,B,C 的距离之和最小，即对任意 $P\neq C$，$|AP|+|BP|+|CP|\geqslant |AC|+|BC|$. 我们利用下面的引理：在等腰 $\triangle A_1B_1C_1$ 中，设 $\alpha_1=\beta_1>60°$，其腰上的高为 h，则任意点 P 到三边的距离之和当 $P\notin A_1B_1$ 时，大于 h；当 $P\in A_1B_1$ 时，等于 h. 可以利用 $|A_1B_1|<|A_1C_1|$ 来证此引理.

过 A,B,C 分别作 CA,CB 和 γ 的角平分线的垂线，我们得到一个满足引理条件的 $\triangle A_1B_1C_1$，后面的证明就简单了.

20. 没有附加点时，最小值为 3，如图 12.74 所示. 有一个附加点时，最小值为 $2\sqrt{2}\approx 2.828$，如图 12.75 所示，其余的点 P 到各顶点的距离之和大于 $2\sqrt{2}$ 可用三角形不等式证出. 有两个附加点时，最小值为 $1+\sqrt{3}\approx 2.732$，如图 12.76 所示，只需简单地将到 $\triangle ABE$ 和 $\triangle DEC$ 顶点距离和的最小值相加即可.

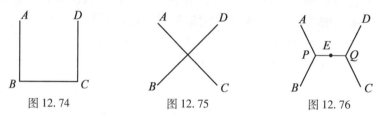

图 12.74   图 12.75   图 12.76

21. 考虑 M 关于圆心 O 的对称点 M'，由三角形不等式知 $|MA_i|+|M'A_i|\geqslant 2$，从而

$$\sum_{i=1}^{n}|MA_i|+\sum_{i=1}^{n}|M'A_i|\geqslant 2n$$

故上述和式中至少有一个不小于 n. 因此，在单位圆上任何直径的两个端点中，至少有一个点具有题中的性质.

22. 用 x_i,y_i 分别表示第 i 条边的两个端点的坐标差，则 x_i,y_i 都是整数，且 $x_i^2+y_i^2=R$，这里 R 是独立于 i 的常数，并且

$$x_1+x_2+\cdots+x_n=y_1+\cdots+y_n=0$$

利用这些等式，我们希望证出 n 为偶数. 为此考虑

$$x_i^2+y_i^2\pmod 4 \tag{1}$$

如果式 (1) 的结果为 0，则 x_i,y_i 都是偶数，以其中的一个顶点为变换中心作变换率为 $\dfrac{1}{2}$ 的伸缩变换，得到一个边数相同的等边整点多边形. 因此这种情形可划归到下面的两种情形之一：(a) 对所有的 i，x_i,y_i 都是奇数，(b) x_i,y_i 为一奇一偶.

在 (a) 中，利用奇数个奇数之和为奇数，可知 n 必为偶数. 剩下的情形 (b) 中，对每个 i，x_i 为奇数，y_i 为偶数，或者反过来，于是由

$x_1+\cdots+x_n=0\Rightarrow$ 数对 (x_i,y_i) 中，使 x_i 为奇数的 i 有偶数个

$y_1+\cdots+y_n=0\Rightarrow$ 数对 (x_i,y_i) 中，使 y_i 为奇数的 i 有偶数个

所以 n 为偶数.

23. 需要在 $\triangle ABC$ 的外接圆上找一点 D[①]，使得 $|AB|+|DC|=|BC|+|AD|$，即 $|AD|-|DC|=|AB|-|BC|$. 这转化为一个熟知的问题：已知一个三角形的一边，该边所对的内角

---

① 这里 A,B,C 为圆上给定的 3 个点.——译者注

和另外两边之差,求作该三角形. 不妨设 $|AB| > |BC|$,在 AD 上取线段 $AM = AB - BC$,则 $\triangle MCD$ 为等腰三角形,故 $\angle CMD = \dfrac{1}{2}\angle ABC = \dfrac{\beta}{2}$,进而 $\angle AMC = 180° - \dfrac{\beta}{2}$. 从 AC,AM 和 $\angle AMC$ 出发可作出 $\triangle AMC,D$ 为 AM 与 $\triangle ABC$ 外接圆的交点①.

24. 设 $a \leqslant b$,则 $a \leqslant c$,否则该箱子在走廊上放不下. 同时 $a \leqslant d$,否则箱子不可能搬入门中,但这些必要条件并不是充分的. 如图 12.77,我们搬动箱子,使边 CD,BC 分别与门的接触点为 L,R,且点 B 向 R 方向移动. 如果点 A 在与走廊的对面墙接触前点 B 还没有移到点 R,那么箱子将被卡住. 如果 A 与走廊的对面墙接触时,B 正好移到点 R,那么刚好可以将箱子搬入门内. 图 12.78 表示了这种临界状态. 此图中,长方形 $ABCD$ 与平行四边形 $ARLE$ 面积相等,即 $ab = cd$. 当 $ab < cd$ 时,箱子可以轻易地搬入门内,从而箱子可搬入门内的充要条件是

$$a \leqslant c, a \leqslant d, ab \leqslant cd$$

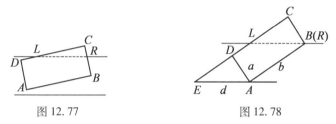

图 12.77   图 12.78

25. 利用熟知的公式 $4AR = abc, A = sr, A^2 = s(s-a)(s-b)(s-c)$. 将它们代入关系式 $2R + r = s$,经几次变形后,得

$$\left(-a^2 + b^2 + c^2 \right)\left(a^2 - b^2 + c^2 \right)\left(a^2 + b^2 - c^2 \right) = 0$$

最后的关系式当且仅当三角形为直角三角形时成立.

26. 由 $AB /\!/ EC, BC /\!/ AD, CD /\!/ BE, DE /\!/ AC \Rightarrow |ABE| = |ABC|, |BCA| = |BCD|, |BCD| = |CDE|, |CDE| = |ADE| \Rightarrow |ABE| = |ADE| \Rightarrow AE /\!/ BD$.

27. 我们证明更一般的命题:若弦 AE 交半径 OC 于 M,而弦 DE 交弦 BC 于 N,则 $\dfrac{CM}{CO} = \dfrac{CN}{CB}$.

由于 $\overset{\frown}{AC}$ 和 $\overset{\frown}{AD}$ 关于 AB 对称,故它们的弧长相等,因此 $\angle AEC = \angle AED$,且 $\angle AEC = \angle ABC$,而由 $\triangle OCB$ 为等腰三角形,可知 $\angle ABC = \angle OCB$,故 $\angle AED = \angle OCB$,即 $\angle MEN = \angle MCN$,这表明 M,N,E,C 四点共圆. 从而 $\angle MNC = \angle MEC = \angle OBC$,即 $\triangle MNC \backsim \triangle OBC$,所以 $\dfrac{CM}{CO} = \dfrac{CN}{CB}$.

28. 两个圆中较小的圆在以 O 为球心,$\sqrt{2}$ 为半径的球上,而较大的圆在以 O 为球心,$\sqrt{3}$ 为半径的球上. 因此,最小距离 $\rho \geqslant \sqrt{3} - \sqrt{2}$. 设 P,Q 为 AC 与 $ABCD$ 的内切圆的交点,则 $OP(OQ)$ 位于较大的圆所在平面上,交该圆于 $R(S)$. 因此,$\rho = |PR| = |QS| = \sqrt{3} - \sqrt{2}$.

29. 存在. 曲线 $C = \{(t, t^3, t^5)\}, t \in \mathbf{R}$ 满足条件. 任意一个平面方程具有形式 $Ax + By + Cz + D = 0$,这里 A, B, C 不全为零. 交点满足方程 $At + Bt^3 + Ct^5 + D = 0$,该方程至少有一个实

---

① 若 $AB = BC$,则 D 为 AC 的中垂线与 $\triangle ABC$ 外接圆的交点. ——译者注

根,至多有 5 个实根,从而 C 与该平面的交集为非空有限集①.

30. 先证明一个球 S 上任意去掉两点 P,Q 后,可作出满足要求的划分. 为此设 S 在点 P, Q 两点处的两个切面交于与 S 没有交点的直线 g,或它们平行. 过 g 的所有其他平面或所有与 P,Q 处两平行切面平行的平面与球 S 交出一个圆,或者根本没有交点. 这些圆两两不交, 且它们的并为 $S\backslash\{P,Q\}$. 现在设 C 是过 O 的一个半径为 1 的圆,则所有的球 $S_r := \{P\,|\,d(P, O)=r,0<r<2\}$,除了属于 C 的两个点外,可作出满足要求的划分. 这种方式给出了以 O 为球心,半径为 2 的开球外加满足 $d(O,X)=2$ 的一点 X 形成的集合 M 的划分 $M := \bigcup\limits_{0<r<2} S_r \cup C$. 如果我们将 M 每次平移 4 个单位,那么所有平移所得结果不交,而所有平移的并覆盖直线 OX 上每一个点. 设 T 是这些平移的并(它可以划分为不交的圆的并),并设 Π 是所有与 OX 垂直的平面,则 $\Pi\backslash T$ 是一个去掉了一个闭圆盘或去掉一点的平面,它可以划分为以该圆盘的圆心(或那个去掉的点)为圆心的两两不交的同心圆的并.

31. 可以. 有这样的一个例子:任取一条直线 a,过 $B,C\in a$ 作两条直线 b,c,使 $b\perp a$, $c\perp a,b$ 不平行于 c,考虑所有与 a 平行的平面,任取其中一个,直线 b,c 与它交于两点,作过这两点的直线. 对该平行平面族中每一个平面作出这样的直线,我们得到一块由两两异面的直线形成的墙,它把空间分为两个部分. 现在考察绕轴 a 的所有旋转变换,那块墙的像就给出了将空间划分为两两异面的直线的方法.

另一个非初等的构造由所有有相同焦点的单叶双曲面组成,见 [14].

32. 设 R,S,T,U 为四边形的四边与球的切点,分别在 A,B,C,D 上赋以一个质量为 $\dfrac{1}{a}$, $\dfrac{1}{b},\dfrac{1}{c},\dfrac{1}{d}$ 的物体,则由 $a\left(\dfrac{1}{a}\right)=b\left(\dfrac{1}{b}\right)=c\left(\dfrac{1}{c}\right)=d\left(\dfrac{1}{d}\right)=1$,可知 A,B 的重心为 R,C,D 的重心为 T,从而 A,B,C,D 的重心在 RT 上. 我们还有另一种方式来确定它们的重心:A,D 的重心为 U,B,C 的重心为 S,故 A,B,C,D 的重心在 SU 上. 从而线段 RT 与 SU 必相交,交点为 A,B,C,D 的重心,所以 R,S,T,U 共面.

33. 提示:容易做到! 只需使各圆柱体的轴彼此垂直.

34. 利用 Pick 定理知,若 $i=b=0$,则 $f(ABC)=\dfrac{1}{2}$. 这样对 $\triangle ABC$ 运用 Heron 公式知 $s(s-a)(s-b)(s-c)=\dfrac{1}{4}$. 对最后一式化简可得有一边的平方至少等于另两边的平方和. 从而,对锐角三角形而言,其内部或边界上至少有一个整点.

35. 取其中半径最大的圆,并考虑一个新的、半径为该圆 3 倍的同心圆,去掉这个同心圆内部所有的圆,剩下的圆都不与第一个圆相交. 在剩下的圆中取半径最大的圆,并重复前面的过程,直至所有作出的同心圆面积之和大于 1. 这样,原来那些半径小 3 倍的(最大)圆的总面积大于 $\dfrac{1}{9}$,且两两不交.

---

① 此题解答有误,原文中原取 $C = \{(t,t^2,t^3)\}$,请读者找出其中的错误. ——译者注

36. 将院子分为 50 条宽为 2 的带形,如图 12.79,它表示了一条带有水平对称轴 m 且长为 100 的带子 S. 若圆柱的中心在 S 外,则该圆与 m 没有公共点,每一个圆柱至多与 m 中的 8 段没有公共点,其中每一段的长度至多为 10,这是因为每一条长度为 10 的线段不能与任何圆柱没有公共点. 而每一个圆柱下面,线段的长度至多为 2,注意到 $8 \times 10 + 7 \times 2 < 100$. 因此至少有 8 个圆柱的中心在 S 内部. 这对 50 条带形中的每一条都成立. 因此院中至少有 8×50 即 400 个圆柱.

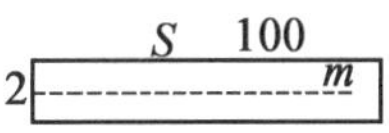

图 12.79

37. 如果顶点 A,B 都具有题中的性质,则 $\angle CAB + \angle DAB > 180°$ 且 $\angle CBA + \angle DBA > 180°$. 然而 $\triangle CAB$ 与 $\triangle DAB$ 的 6 个内角的总和为 $180° + 180°$,矛盾.

38. 假设该多面体的顶点数大于 8 个. 考虑其中的 9 个顶点,它们中至少有 5 个顶点的第 1 坐标有相同的奇偶性,这 5 个顶点中至少又有 3 个顶点的第 2 坐标有相同的奇偶性,这 3 个顶点中又必有 2 个顶点的第 3 坐标有相同的奇偶性. 这样的话,联结这两个点的线段的中点为整点. 利用多面体的凸性,这个中点在其内部或边界上,矛盾.

39. 三个 $120°$ 的内角中必有两个相邻,否则这三个内角所对圆弧的并为整个圆周①. 因此有两个相邻内角 $\angle ABC = \angle BCD = 120°$. 这表明 $|AC| = |BD|$,且 $\triangle ABC \cong \triangle DCB$,于是 $|AB| = |CD|$.

40. 他应该沿一个面积为 S 的圆走. 由 $S = \pi r^2$,我们得到 $r = \sqrt{\dfrac{S}{\pi}}$ 为其半径,这条路径的长为 $2\pi r = 2\pi \sqrt{\dfrac{S}{\pi}} = 2\sqrt{\pi S}$.

41. 他应该沿一个周长为 $\sqrt{2\pi S}$ 的半圆走,则此半圆不能放入任何一个面积为 S 的凸图形. 假如能放入凸图形内,由于森林是凸图形,如果两个点在其内部,那么联结这两点的线段整个地落在该森林内部. 从而这个半圆盘整个地落在 S 内,但是该半圆盘的半径 $R = \dfrac{1}{\pi}\sqrt{2\pi S} = \sqrt{\dfrac{2S}{\pi}}$,其面积为 $\dfrac{1}{2}\pi R^2 = S$. 这表明一个面积为 S 的凸图形内部有一个面积为 S 的凸图形,矛盾. 因此,半圆要么与森林的边缘相切,要么完全离开边缘.

42. 知道出路的人会告诉他走出森林的最短的路 R. 因此半径为 R 的圆完全落在森林中. 由 $S \geqslant \pi R^2$,可知 $R \leqslant \sqrt{\dfrac{S}{\pi}}$.

43. 设该数学家在点 O 处,以 O 为圆心,1 千米为半径画圆,则森林的边界与该圆相切,我们需要寻找从 O 出发且与圆的任何一条切线有公共点的最短曲线. 很多处理此题的人想到了下面的解法.

解法一: 沿直线方向从点 O 走 1 千米到达点 A,然后沿图 12.80 的圆周走,你至多需要走 $1 + 2\pi \approx 7.28$ 千米可达森林的边缘.

解法二: 是否真的需要沿圆周走呢? 图 12.81 显示不必要. 路径 $OABC$ 与圆的每一条切线有公共点,这给出了一种走出森林的方法,它只需走 $\dfrac{3\pi}{2} + 2 \approx 6.71$ 千米.

---

① 不可能构成 7 边形. ——译者注

解法三:图 12.81 中,我们在路的一端做一些节省.让我们在点 A 处做这样的节省,图 12.82 中,路径 $OABCD$ 也与圆的每条切线有公共点,因此只需走 $2+\sqrt{2}+\pi\approx6.556$ 千米,即可走出森林.

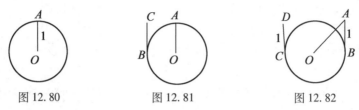

图 12.80   图 12.81   图 12.82

解法四:下一步需要用到一些三角和微积分运算.图 12.83 中的路径 $OABCD$ 具有长度 $p(\alpha,\beta)=|OA|+|AB|+\overset{\frown}{BC}+|CD|$,其中 $|OA|=\dfrac{1}{\cos\alpha},|AB|=\tan\alpha,\overset{\frown}{BC}=2\pi-2\alpha-2\beta,|CD|=\tan\beta,\alpha,\beta$ 依弧度计算. 故

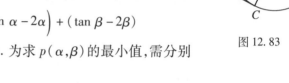

图 12.83

$$p(\alpha,\beta)=2\pi+\left(\frac{1}{\cos\alpha}+\tan\alpha-2\alpha\right)+(\tan\beta-2\beta)$$

或写为 $p(\alpha,\beta)=2\pi+f(\alpha)+g(\beta)$. 为求 $p(\alpha,\beta)$ 的最小值,需分别求 $f(\alpha)$ 和 $g(\beta)$ 的最小值. 由于

$$f'(\alpha)=\frac{(2\sin\alpha-1)(1+\sin\alpha)}{\cos^2\alpha}$$

$$g'(\beta)=\tan^2\beta-1=(\tan\beta-1)(\tan\beta+1)$$

由于 α,β 都为锐角,$f'(\alpha)=0,g'(\beta)=0$ 有唯一解,即

$$\alpha=\frac{\pi}{6},\beta=\frac{\pi}{4}$$

在这些点上,$f'(\alpha),g'(\beta)$ 由负数变为正数,因此在这些角度值上取最小值. 最小路径的长度为

$$p\left(\frac{\pi}{6},\frac{\pi}{4}\right)=1+\sqrt{3}+\frac{7}{6}\pi\approx6.397$$

可以证明没有更短的路走出森林了.

44.、(a)可以沿一个直径为 1 的圆周走 π 千米离开这片森林.

(b)可以走一条长度为 $\sqrt{2}$ 的线段,旋转 90° 再走长度为 $\sqrt{2}$ 的线段离开森林,需走 $2\sqrt{2}\approx2.82$ 千米.

(c)沿直线走长为 $\dfrac{2}{\sqrt{3}}$ 的线段,旋转 120° 再走长为 $\dfrac{2}{\sqrt{3}}$ 的线段,则我们一定走出了森林,所走路程至多为 $\dfrac{4}{\sqrt{3}}\approx2.31$ 千米.

(d)最后一种方法只比理想值 ≈2.278 稍大一些,但很难找到.它由曲线 $ABCDC'D'E$ 组成,其中 BC 和 $D'C'$ 是圆弧,AB 与 BC 相切,ED' 与 $D'C'$ 相切,而 DC 和 DC' 与两段圆弧都相切①. 这是不能被宽为 1 的带形覆盖的最短曲线.

45. 平面上的将圆变为圆的变换是平面到平面的双射. 设 f 是一个平面上的任意这样的变换, X 为平面上的任意一点, 记 $f(X) = X'$. 我们需要证明下面两个事实:

(a) 设 A', B', C' 三点共线, 则它们的原像 A, B, C 共线.

(b) 设 A, B, C 共线, 则 A', B', C' 也共线.

(a) 的证明是平凡的. 设 A, B, C 不共线, 则它们在一个圆上②, 因此它们的像点也在一个圆上, 不共线. 矛盾!

现在设 A, B, C 都在直线 g 上. 考虑以 AB 和 AC 为直径的圆 c_1 和 c_2, 它们的像 c'_1, c'_2 也都是圆, 其切点为 A'. $A'B'$ 不是 c'_1 的切线, 又 $A' \in c'_2$, 故 $A'B'$ 不是 c'_2 的切线. 因此 $A'B'$ 与 c'_2 有另一个交点, 由 (a) 知该交点的原像在 c_2 上, 即在直线 AB 上, 它必为 C. 因此 C' 在 $A'B'$ 上.

46. 设四边形 $ABCD$ 已经作出. 考虑以 A 为中心, 旋转角为 α, 系数为 $\frac{d}{a}$ 的旋转相似变换. 它将 B 变到 D. 设 C' 为 C 的像, 则 $\angle CDC' = \beta + \delta = 180°$, $|DC'| = \frac{bd}{a}$. 我们在一直线上取点 C, D, C', 使得 $|C'D| = \frac{bd}{a}$, $|DC| = c$. 点 A 的轨迹是以 D 为圆心, a 为半径的圆. 另外还有 $\frac{|AC'|}{|AC|} = \frac{d}{a}$. 于是, A 在位于点 C' 与 C 的距离的比为 $\frac{d}{a}$ 的 Apollonius 圆上. 为得到该圆在 $C'C$ 上的直径的两端点 P 和 Q, 我们作线段 $C'C$ 的内分与外分比为 $\frac{d}{a}$ 的分点, 以 PQ 为直径的圆是 A 的第二条轨迹. 作以 A, C 为圆心, a, b 为半径的圆, 就完成了这一作图.

47. 直线 A_1A_2, B_1B_2, C_1C_2 为 $\triangle A_1B_1C_1$ 的内角平分线.

48. 由等式 $\sin^2\alpha + \sin^2\beta = \sin(\alpha+\beta)$ 变形, 得 $\sin\alpha(\sin\alpha - \cos\beta) = \sin\beta(\cos\alpha - \sin\beta)$. 若 $\sin\alpha > \cos\beta$, 则 $\cos\alpha > \sin\beta$, 故 $\sin^2\alpha + \cos^2\alpha > \cos^2\beta + \sin^2\beta$, 即 $1 > 1$. 矛盾! 同理 $\sin\alpha < \cos\beta, \cos\alpha < \sin\beta$ 也是不可能的. 因此 $\sin\alpha = \cos\beta, \alpha + \beta = \frac{\pi}{2}$.

49. 绕 C 旋转 $60°$ 的变换将 $\triangle CAD$ 变为 $\triangle CBE$, 绕 H 旋转 $60°$ 的变换将 $\triangle HBE$ 变为 $\triangle HDK$.

50. 设 $ABCD$ 为空间四边形, 其对边相等, 则 $\triangle ABC \cong \triangle CDA$, $\triangle ABD \cong \triangle CDB$. 设 P, Q 分别为 AC 和 BD 的中点, 则 $|PD| = |PB| \Rightarrow PQ \perp BD$, $|PA| = |PC| \Rightarrow PQ \perp AC$. 反过来, 由 $PQ \perp BD, PQ \perp AC$, 可知关于 PQ 的对称变换将 A 变为 C, B 变为 D, 从而对边长相等.

51. 我们有 $|AA_1| > \frac{1}{2}(|AB| + |AC|)$. 事实上, 由 Ptolemy 定理可知

$$|AA_1| \cdot |BC| = |AB| \cdot |CA_1| + |AC| \cdot |BA_1|$$

因为 $\angle BAA_1 = \angle CAA_1 = \frac{\alpha}{2}$, 故 $|A_1B| = |A_1C| = t$, 且

①　即 D 为 BC 和 $D'C'$ 所在圆的内公切线的交点. ——译者注

②　其外接圆上. ——译者注

$$2|AA_1| = 2\frac{|AB|t + |AC|t}{|BC|}$$

$$= \frac{2t}{|BC|}(|AB| + |AC|) > |AB| + |AC|$$

这里用到 $2t = |A_1B| + |A_1C| > |BC|$. 类似可证 $|BB_1| > \frac{1}{2}(|BA| + |BC|)$，$|CC_1| > \frac{1}{2}(|CA| +$ $|CB|)$. 将三个不等式相加得 $|AA_1| + |BB_1| + |CC_1| > |AB| + |BC| + |CA|$.

52. 由于每个内角都是 $120°$，故图 12.84 中的 $\triangle PQR$ 为正三角形. 这表明对边的差相等.

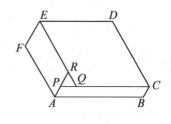
图 12.84

53. 由于在 M,N 处的角为直角，因此点 M,N 在以 AP 为直径的圆 Z 上. 而 $M \in AB$，$N \in AC$，故 $\angle MAN$ 保持不变. 当 P 变化时，Z 变化，但 $\angle MAN$ 不变，故 $|MN|$ 取最大值要求 $|AP|$ 最大，这表明 A,P 为一条直径的端点. 对这个点 P，M,N 与 B,C 重合，$|MN|$ 的最大值等于 $\triangle ABC$ 的第三条边 $|BC|$ 的长.

54. 初学者的解答：在 A,B 处作 AB 的垂线，它们分别与圆交出另一个点 C' 和 C''. 考虑 $\triangle ABC'$，由于 $|AC'| = 2r$，$|AB| + |BC'| > |AC'| = 2r$，故 $\triangle ABC'$ 的周长大于 $4r$. 现在我们必须证明 $|AC| + |BC| > |AC'| + |BC'|$. 这依赖于下面的定理：在内接于给定圆的底边相同的三角形中，高最长的三角形周长最大.

因为 $\alpha + \beta = 180° - \gamma$，而由正弦定理 $a = 2r\sin\alpha$，可知

$$a + b = 2r(\sin\alpha + \sin\beta)$$

$$= 4r\sin\frac{\alpha+\beta}{2}\cos\frac{\alpha-\beta}{2}$$

$$= 4r\cos\frac{\gamma}{2}\cos\frac{|\alpha-\beta|}{2}$$

它是关于 $|\alpha - \beta|$ 的单调递减函数，差越小，和 $a + b$ 越大. 利用这个结论容易证出上述定理.

利用 Jordan 不等式 $0 < x < \frac{\pi}{2} \Rightarrow \sin x > \frac{2x}{\pi}$，它描述的是正弦函数的图像在端点为 $(0,0)$ 和 $\left(\frac{\pi}{2}, 1\right)$ 的弦的上方. 依此可得到一个只有一行的证明

$$a + b + c = 2r(\sin\alpha + \sin\beta + \sin\gamma) > 4r\frac{\alpha+\beta+\gamma}{\pi} = 4r$$

55. 先作 $PP_1 /\!/ A_1A_2(P_1 \in A_nA_1)$，然后作 $PP_2 /\!/ A_2A_3(P_2 \in A_1A_2)$，依此下去. 证明 $P_1 \cdots P_n$ 具有所需的性质.

56. 作一个半径充分大的圆，使得最长边为它的一条弦，然后按照任意次序放置其余的弦（使每条边都是弦），得到一条由弦组成的开链. 现在开始减小该圆的半径，若圆的直径变为使开链闭合的最大圆的直径，则再将该圆变大，但这时圆的圆心应在剩下的弦中最大弦的另一侧. 再次将圆的大小适当减小，即可得到一个符合要求的闭合的链.

57. 四面体顶点处的三面角的三个角平分面交于一直线，该直线是与三面角的三个面距离相等的点的轨迹. 任取另外三个角平分面之一，设它与该直线交于点 O，则点 O 是到四面体各面都相等的点，它是内切球的球心. 另外两个角平分面到夹它的两个面的距离相等，故

它们都过点 O.

58. 利用各顶点处三面角的角平分线①上任意点到其各面距离相等这一事实.

59. 当 $n=3$ 时,所有正三角形只能是平面三角形. 当 $n=4$ 时,将一个棱形沿其较短的对角线翻折,直至所有角 $\alpha<90°$,可得一个空间正四边形. 当 $n>4$,且 n 为偶数时,从一个平面正 n 边形出发,每隔一个顶点向上移动一个相等的距离. 作出各内角 α 都是 $90°$ 的空间正 n 边形是非常容易的. 从一排全等的正方形出发,然后将每两个相邻的折成一个直角,得到一个"阶梯形". 当 n 为不小于 7 的奇数时,都存在空间正 n 边形. 要做出一个所有内角 $\alpha=90°$ 的空间正多边形,可用图 12.85 中的方法,从平面图形出发来构造,将有 3 个直角的五边形翻折,使顶点 5,6 处的角也变为直角,其余的正方形同上处理,依次上、下弯折 $90°$,如图 12.86 所示.

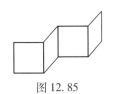

图 12.85

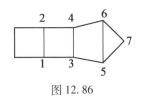

图 12.86

60. 作一平行于棱 e,且与所有以 e 的一个端点为端点的棱都相交的平面. 由于对 e 的每一个端点,都至少有另外两条棱以它为端点,所以该平面截多面体所得平面图形至少有 4 个顶点.

61. 分别过 A,B 作 AB 的垂面,过多面体的其他顶点作 AB 的垂面. 考虑这些平面中的相邻平面,至少有 3 条棱夹在这两个平面之间,每条棱的长度不小于它们在 AB 上的投影,另外至少有一条与 AB 不平行的棱,因此所有这些棱的棱长之和大于 $3d$.

简言之,该多面体的框架在 AB 上的投影至少覆盖线段 AB 三次.

62. 容易证明.

63. 将球面 $\triangle ABC$ 作关于 O 的对称图形 $\triangle A'B'C'$,则 D 在 $\triangle A'B'C'$ 外部.

64. 设 k 是一个 n 边形的内角中锐角的个数. 我们有两种方式来计算其内角和,一方面,它小于 $k\cdot90°+(n-k)\cdot360°$,另一方面,它等于 $(n-2)\cdot180°$,所以 $k\cdot90°+(n-k)\cdot360°>(n-2)\cdot180°$,即 $3k<2n+4$,于是 $k\leqslant\left[\dfrac{2n}{3}\right]+1$. 图 12.87 给出了当 $n=3r,3r+1$,$3r+2$ 时,锐角个数等于 $\left[\dfrac{2n}{3}\right]+1$ 的 n 边形的例子.

(a)$n=3r$

(b)$n=3r+1$

(c)$n=3r+2$

图 12.87

65. 设球面(或平面)s_1 过第 1 个和第 2 个圆,而球面 s_2 过第 2 个和第 3 个圆. 若 s_1 与 s_2

---

① 上题中三个角平分面的交线. ——译者注

不同,则它们的交线是第 2 个圆. 另外,第 1 个圆和第 3 个圆的公共点也在 s_1 和 s_2 的交线上,即在第 2 个圆上,这导致三个圆有一个公共点,矛盾!

66. 若一个多面体的每个顶点都与其余每个顶点有棱相连,则该多面体的每个面都是三角形. 考虑有公共棱 AB 的两个面 ABC 和 ABD. 若该多面体不是一个四面体,则该多面体有一个不同于 A,B,C,D 的顶点 E. 由于 C,D 位于面 ABE 的异侧,故 $\triangle ABE$ 不是该多面体的面. 若我们沿 AB,BE 和 EA 将多面体切开,得到两个部分,C,D 属于不同的部分(对非凸的多面体,此结论不成立). 因此,C 与 D 之间不能有棱相连,否则此棱会被切开. 但是,凸多面体的棱不能经过其内部的点. (这里凸性是十分重要的. Akos Csasar 构造了一个有 7 个顶点的非凸的多面体,每两个顶点之间有棱相连.)

67. 若多面体只有三角形面,共有 f 个三角形,则边的条数为 $\dfrac{3f}{2}$,边数为 3 的倍数. 另外,若有一个面,其边数大于 3,那么该多面体的边数至少为 8.

68. 作以给定圆为赤道的球,则公共弦是球的交圆在(圆所在的)平面上的映射. 我们需要证明球在平面上有公共点. 考虑其中两个球面的交圆,此交圆在平面上的那条直径的一个端点在第三个球的外面,另一个端点在第三个球的里面. 因此这个圆与第 3 个球相交,所以 3 个球在平面上有公共点.

69. 考虑与四面体的两条对棱平行的平面 Π. 我们证明在与 Π 垂直的平面中有两个满足条件的平面. 四面体在(与 Π 垂直的)这样的平面上的投影是高为常数的梯形或三角形,它等于这两条对棱之间的距离. 梯形的中位线是四面体另外 4 条棱的中点所组成的平行四边形的映射. 因此我们必须证明对任意平行四边形,可以在该平行四边形所在同一平面上找到两条直线,该平行四边形在它们上的映射长度之比大于或等于 $\sqrt{2}$. 设 a,b 为平行四边形两条邻边的长度,$a \leqslant b$. 并设 d 为其最长的对角线,平行四边形在垂直于 b 的直线上的映射的长度小于或等于 a,而在平行于 d 的直线上的映射长度为 d. 于是,$d^2 \geqslant a^2 + b^2 \geqslant 2a^2$.

70. 答案为 29. 在 8 个顶点中,我们有 $\dbinom{8}{4} = 70$ 种方法选取其中的 4 个点. 这些选法中,有 12 个 4 点组是共面的,余下 58 个 4 点组不共面,它们来自 29 个互补的两点对,每个由互补的两点对形成的 4 点组确定同一个盒子(平行六面体),因此可得到 29 个盒子. 试着寻找一个更几何化的解答(参考第 5 章问题 12).

71. (a) 对 $\triangle ABC$ 内任意一点 P,联结 CP,分别过 A,B 作 CP 的垂线 AA_1 和 BB_1(如图 12.88),则 $2(|APC| + |PBC|) = (|AA_1| + |BB_1|) \cdot z = au + bv$,而 $|AA_1| + |BB_1| \leqslant |AB| = c$,于是
$$cz \geqslant au + bv$$
同理

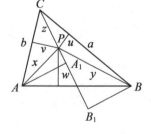

图 12.88

$$ax \geqslant bv + cw, \quad by \geqslant au + cw \qquad (1)$$
上述 3 个不等式相加,就有
$$ax + by + cz \geqslant 2(au + bv + cw) = 4S$$

(b) 首先我们证明可以将式(1)中的 u,v 对换,不等式仍然成立. 事实上,作 P 关于角 γ 的平分线的对称点 P',则 $|CP| = |CP'| = z$,而 P' 到 BC 和 AC 的距离为 y 和 x. 对 P' 用不等式(1),可得

$$cz \geqslant av + bu$$

同理

$$ax \geqslant bw + cv, by \geqslant aw + cu \tag{2}$$

在式(2)中解出 x, y, z 并相加,得

$$x + y + z \geqslant \underbrace{\left(\frac{b}{c} + \frac{c}{b}\right)}_{\geqslant 2} u + \underbrace{\left(\frac{c}{a} + \frac{a}{c}\right)}_{\geqslant 2} v + \underbrace{\left(\frac{b}{a} + \frac{a}{b}\right)}_{\geqslant 2} w$$

$$\geqslant 2(u + v + w)$$

这就是著名的 Erdös-Mordell 不等式,它由 Erdös 于 1935 年在《美国数学月刊》上提出,而 Mordell 在 1937 年给出解答. 等号在三角形为正三角形时取到.

(c)由不等式(1)可知 $xu \geqslant \dfrac{buv}{a} + \dfrac{cwu}{a}$. 类似地,$yv \geqslant \dfrac{auv}{b} + \dfrac{cwu}{b}, zw \geqslant \dfrac{auw}{c} + \dfrac{bvw}{c}$. 三式相加,得

$$xu + yv + zw \geqslant \left(\frac{a}{b} + \frac{b}{a}\right)uv + \left(\frac{b}{c} + \frac{c}{b}\right)vw + \left(\frac{a}{c} + \frac{c}{a}\right)wu$$

$$\geqslant 2(uv + vw + wu)$$

72. 假设四边形 $ABCD$ 中 $a + c = b + d$,且面积 $A = \sqrt{abcd}$,我们欲证 $\beta + \delta = \pi$. 用两种方式表示对角线 AC 的平方得

$$a^2 + b^2 - 2ab\cos\beta = c^2 + d^2 - 2cd\cos\delta \tag{1}$$

由 $a + c = b + d$,知 $(a - b)^2 = (c - d)^2$,或

$$a^2 + b^2 - 2ab = c^2 + d^2 - 2cd \tag{2}$$

将式(1)减去式(2),再两边除以 2,得

$$ab(1 - \cos\beta) = cd(1 - \cos\delta) \tag{3}$$

利用 $ABCD$ 的面积为 $\sqrt{abcd}$,可知

$$\frac{ab}{2}\sin\beta + \frac{cd}{2}\sin\delta = \sqrt{abcd}$$

上式两边乘以 2,再平方,得

$$4abcd = a^2 b^2 (1 - \cos^2\beta) + c^2 d^2 (1 - \cos^2\delta) + 2abcd\sin\beta\sin\delta$$

利用式(3),得

$$4abcd = ab(1 + \cos\beta)cd(1 - \cos\delta) + cd(1 + \cos\delta)ab(1 - \cos\beta) + 2abcd\sin\beta\sin\delta$$

两边除以 $abcd$,展开后合并同类项,得

$$\cos(\beta + \delta) = -1 \Rightarrow \beta + \delta = \pi$$

这是 Putnam 大学数学竞赛问题,另外两个问题留给读者.

73. 不妨设 $a \leqslant b \leqslant c$,由 $ah_a = bh_b = ch_c = 2A$,可知 $a + \dfrac{2A}{a} = b + \dfrac{2A}{b} = c + \dfrac{2A}{c} = k$. 引入函数 $f(x) = x + \dfrac{2A}{x}$,则 $f(a) = f(b) = f(c) = k$. 而 $f(x) = k$ 是关于 x 的一元二次方程,又 $f(a) = f(b) = f(c) = k$. 由于一元二次方程至多有两个不同的根,可知 a, b, c 中必有两个相同. 设 $a = b$,但 $a \neq c$,则由方程 $x^2 - kx + 2A = 0$,可得 $ac = 2A$,从而 $a = b = \dfrac{2A}{c} = h_c$,这是不可能的,所

以 $a = b = c$.

74. 设蚱蜢第二次跳到点 $C \in a$. 将 BC 沿 OB 反射得 BC',再将其沿 OC' 反射,依次下去,则点 $A, B, C', D', E', \cdots$ 落在同一个圆上,并且相邻两点为该圆的一条长为 1 的弦. 这个点列最终闭合,只有当 α 为 π 的有理数倍时可以做到. 从而结论是对 $\alpha = \dfrac{p}{q}\pi, p, q$ 为正整数,才能回到点 A.

75. 是的! 为此我们必须(它同时也是充分的)将 8 个瞭望台放在内接于该行星的正方体的顶点上. 事实上,图 12.89 中到 A 的距离为 d 的点均可在 A 处观察到,这些点处在以离点 A 距离为 d 的正上方的以点 Z 为圆心,AM 为半径的圆所确定的球冠内. 记 $\angle AOM = \phi$,对 ϕ,我们有

$$\cos \phi = \frac{|OA|}{|OM|} = \frac{1}{3}$$

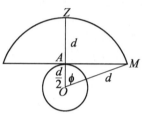

图 12.89

另外,球心 O 对球内接正方体相邻顶点的张角 ϕ_1 也满足 $\cos \phi_1 = \dfrac{1}{3}$. 设 d 为棱长为 a 的正方体的体对角线,则 $d = \sqrt{3}a$. 如图 12.90,由余弦定理知

$$|AB|^2 = |OA|^2 + |OB|^2 - 2|OA| \cdot |OB| \cos \phi_1$$

$$\Rightarrow \cos \phi_1 = \frac{1}{3}$$

图 12.90

因此,该行星被 8 个以正方体的顶点为中心且张角为 ϕ 的球冠所覆盖,每个到行星表面距离为 d 的星体都被至少两个瞭望台观察到.

76. 分别过 A, C, E 作 BC, DE 和 FA 的平行线,如图 12.91,可得

$$|ACE| = \frac{|ABCDEF| - |PQR|}{2} + |PQR|$$

$$= \frac{|ABCDEF| + |PQR|}{2}$$

如果对 $\triangle BDF$ 作类似处理,代替 $\triangle PQR$,我们得到另一个 $\triangle STU$,但是 $\triangle PQR \cong \triangle STU$(因为它们的边都是六边形的相对两边之差,例如 $|PQ| = |AB - DE|, |QR| = |AF - CD|, |PR| = |EF - BC|$).

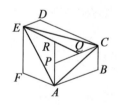

图 12.91

77. 设 M 为圆心,$|AC| = b, |BC| = a, |AM| = r, |AB| = c$. 由于 $\overset{\frown}{ACB}$ 为圆周的 $\dfrac{1}{3}$,故 $\angle ACB = \angle AMB = 120°$,进而,$c^2 = a^2 + b^2 + ab, c^2 = r^2 + r^2 + r^2$,所以 $a^2 + b^2 + ab = 3r^2$ 或写为

$$r = \sqrt{\frac{a^2 + b^2 + ab}{3}}$$

78.（a）在光束刚扫射完 BM 线后，船从点 B 全速出发，当探照灯完成 $1\frac{1}{4}$ 周的旋转到达位置 CM 时，光束移动了 $2\pi+\frac{\pi}{2}=\frac{5\pi}{2}$ 千米. 船行驶的距离为此距离的 $\frac{1}{8}$，约 0.98 千米，不到 1 千米，船会在图 12.92 所示两圆相交部分的某个位置. 而在探照灯完成 $1\frac{1}{4}$ 周的旋转过程中，整个相交部分的位置全部被照到过，因此某个时候，船被探照灯发现.

（b）设 $k=\dfrac{s}{b}$，考虑图 12.93 中以 M 为圆心，$\dfrac{1}{k}$ 为半径的圆. 船在该小圆内可以躲开探照灯. 因此，只需在光束完成一周旋转之前，船走完距离 $|BA|$，就可以完成任务. 这时要求

$$\frac{1-\frac{1}{k}}{b}<\frac{2\pi}{s}, \text{或} k<\frac{2\pi}{1-\frac{1}{k}}, \text{即} k<2\pi+1$$

（c）船如图 12.94 从 B 开到 C，让我们求出 k 的临界值，使得船从 B 开到 C，而光束恰好完成了一周外加 $\overset{\frown}{BD}$ 的旋转，此时有

$$\frac{2\pi+\alpha}{\tan\alpha}=k, \text{或} 2\pi+\alpha=k\tan\alpha, \alpha \text{用弧度表示}$$

该方程需用迭代法求解，可得 $\alpha=1.442\,066\,530$ 弧度，而 $\dfrac{1}{\cos\alpha}=k=\dfrac{s}{b}=7.789\,705\,782$[①]. 于是，当 $k<7.789\,705\,782$ 时，船可以完成任务.

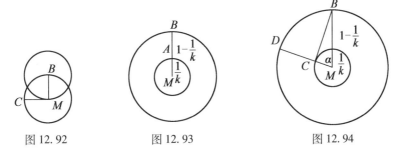

图 12.92　　　　图 12.93　　　　图 12.94

79. 底相同的三棱锥的体积与其高成正比. 利用此结论及 $|ABCD|=|OABC|+|OBCD|+|OCDA|+|ODAB|$，可得

$$\frac{|OA_1|}{|AA_1|}+\frac{|OB_1|}{|BB_1|}+\frac{|OC_1|}{|CC_1|}+\frac{|OD_1|}{|DD_1|}=1$$

$$\Rightarrow\frac{|AA_1|-R}{|AA_1|}+\frac{|BB_1|-R}{|BB_1|}+\frac{|CC_1|-R}{|CC_1|}+\frac{|DD_1|-R}{|DD_1|}=1$$

$$\Rightarrow\frac{1}{|AA_1|}+\frac{1}{|BB_1|}+\frac{1}{|CC_1|}+\frac{1}{|DD_1|}=\frac{3}{R}$$

利用平均值不等式，得

---

① 原文有误. ——译者注

$$(\, |AA_1| + |BB_1| + |CC_1| + |DD_1| \,) \left(\frac{1}{|AA_1|} + \frac{1}{|BB_1|} + \frac{1}{|CC_1|} + \frac{1}{|DD_1|} \right) \geq 4^2$$

$$\Rightarrow |AA_1| + |BB_1| + |CC_1| + |DD_1| \geq \frac{16}{3}R$$

80. 由于已给出足够的提示,这里不再给出解答.

81. 题给的条件是什么? 它是 $\sum S_i x_i = 3V$. 将要求最小值的代数式乘以常数 $3V$,得

$$\sum \frac{S_i}{x_i} \sum S_i x_i = \sum S_i^2 + \sum_{i<k} S_i S_k \left(\frac{x_i}{x_k} + \frac{x_k}{x_i} \right)$$

$$\geq \sum S_i^2 + 2 \sum_{i<k} S_i S_k = (S_1 + S_2 + S_3 + S_4)^2$$

等号当且仅当 $x_1 = x_2 = x_3 = x_4 = r$ 时成立,这里 r 为内切球的半径. 因此,内切球球心是使 $\sum \frac{S_i}{x_i}$ 最小的点,三角形情形中类似的最小值问题在华盛顿举办的 1981 年 IMO 上作为试题被采用,事实证明此问题过于简单.

82. 设 P 到边 BC, CA, AB 的距离分别为 x, y, z,我们要求 $x^2 + y^2 + z^2$ 的最小值. 同上一题可知,条件为 $ax + by + cz = 2\Delta = 2|ABC|$. 现在使 $x^2 + y^2 + z^2$ 取最小值的点同时使 $x^2 + y^2 + z^2 - 2\lambda(ax + by + cz)$ 取最小值,其中 λ 为任意常数. 后一个式子可变形为

$$(x - \lambda a)^2 + (y - \lambda b)^2 + (z - \lambda c)^2 - \lambda^2 (a^2 + b^2 + c^2)$$

此和式在 $x = \lambda a, y = \lambda b, z = \lambda c$ 时取最小值. 对取最小值的点,有 $x : y : z = a : b : c$. 由 $ax + by + cz = 2\Delta$,得

$$\lambda = \frac{2\Delta}{a^2 + b^2 + c^2}$$

因此,$x^2 + y^2 + z^2$ 当

$$x = \frac{2\Delta a}{a^2 + b^2 + c^2}, y = \frac{2\Delta b}{a^2 + b^2 + c^2}, z = \frac{2\Delta c}{a^2 + b^2 + c^2}$$

时取最小值,且 $x^2 + y^2 + z^2$ 的最小值为

$$\frac{4\Delta^2}{a^2 + b^2 + c^2}$$

取最小值的点 L(Lemoine 点)是三角形的"类似中线"的交点,即各中线关于角平分线的对称直线的交点. 请读者证明这一点.

83. 设 p_1, p_2, p_3 为三个小三角形的周长,而大三角形的周长为 p,则 $p_1 + p_2 + p_3 = p$. 这是因为从一点向圆引的两条切线的长相等. 现在 $\frac{p_i}{p} = \frac{r_i}{r}$,于是 $r_1 + r_2 + r_3 = r$①.

84. 设 F_i, h_i, r 分别为体积为 V 的四面体的各个面的面积,各面上的高和内切球半径,则

$$V = \frac{r}{3}(F_1 + F_2 + F_3 + F_4) = \frac{1}{3}F_1 h_1$$

$$= \frac{1}{3}F_2 h_2 = \frac{1}{3}F_3 h_3 = \frac{1}{3}F_4 h_4 \tag{1}$$

---

① 原文有误. ——译者注

若 r_i 为各小球的半径,则由相似性,可知

$$\frac{h_i - 2r}{h_i} = \frac{r_i}{r} \Rightarrow \frac{h_i}{2r} = \frac{r}{r - r_i} \Rightarrow h_i = \frac{2r^2}{r - r_i} \Rightarrow \frac{1}{h_i} = \frac{r - r_i}{2r^2} \tag{2}$$

由式(2)得

$$\frac{1}{h_1} + \frac{1}{h_2} + \frac{1}{h_3} + \frac{1}{h_4} = \frac{4r - r_1 - r_2 - r_3 - r_4}{2r^2} \tag{3}$$

另外,由式(1)得 $\frac{1}{h_i} = \frac{F_i}{3V}, i = 1, \cdots, 4.$ 各式相加,得

$$\frac{1}{h_1} + \frac{1}{h_2} + \frac{1}{h_3} + \frac{1}{h_4} = \frac{F_1 + F_2 + F_3 + F_4}{3V} = \frac{1}{r} \tag{4}$$

比较式(3)与式(4)的右边,得

$$r_1 + r_2 + r_3 + r_4 = 2r$$

85. 设 α 为 $\triangle ABC$ 的最大角,则 $\alpha \geqslant 60°$. 角 α 的平分线 $AD > 1$. 在经过点 D 的直线中,我们选取一条,使它从角 α 处在 $\triangle ABC$ 上截下的面积最小. 这是一个等腰三角形,其面积大于 $\frac{1}{\sqrt{3}}$. 这可从图 12.95 看出.

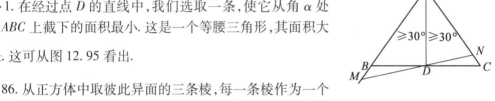

图 12.95

86. 从正方体中取彼此异面的三条棱,每一条棱作为一个正四面体的棱,它在四面体中所对棱的中点与正方体的中心重合. 然后证明这样作出的三个正四面体没有公共内点.

87. 注意到 $\triangle O_1 BE \backsim \triangle O_2 BF$, 因此 E, F, O_1, O_2 在同一个圆 C 上. 由于 $\angle O_1 A O_2 + \angle O_1 EB = \angle O_1 BO_2 + \angle O_1 BE = 180°$, 故点 A 也在圆 C 上(作出图来). $\angle FEB = \angle BEA$(因为它们在圆 C 上所对的 $\overset{\frown}{O_2 F} = \overset{\frown}{O_2 A}$). $EF // MN$ 表明 $\angle MBE = \angle FEB$. 因此, $\angle MBE = \angle BEA$, 亦即梯形 $MEBA$ 是等腰的,故 $AE = MB$. 类似地,可证 $ABFN$ 为等腰梯形,其中 $AF = BN$. 最后两个等式相加,就有 $AE + AF = MB + BN = MN$.

88. 设 D, P, K 为 A, B, C 在直线 $B_1 C_1$ 的映射,如图12.96,那么

$$\frac{BP}{AD} = \frac{BC_1}{C_1 A}, \frac{AD}{CK} = \frac{AB_1}{B_1 C} \Rightarrow \frac{BP}{CK} = \frac{BC_1}{C_1 A} \cdot \frac{AB_1}{B_1 C} = \frac{BA_1}{A_1 C}$$

最后一个等式用到了 Ceva 定理. 而 $\frac{BA_1}{A_1 C} = \frac{PM}{MK}$, 故 $\triangle PMB \backsim \triangle KMC$, 所以 $\angle PMB = \angle KMC$.

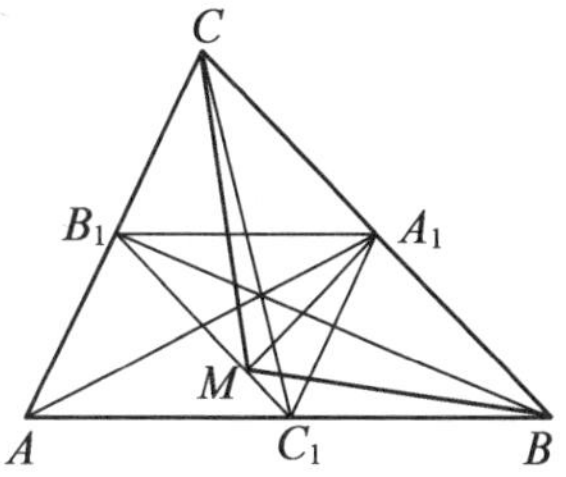

图 12.96

89. 设 $MA + MB = a$, 这里 A, B 为正方形 $ABCD$ 的相邻顶点,并且 M 和 C, D 落在 AB 的异侧. 在四边形 $AMBC$ 中用 Ptolemy 定理得: $MC \cdot AB \leqslant MA \cdot BC + MB \cdot AC$, 故 $MC \leqslant MA + \sqrt{2} MB$. 类似地, $MD \leqslant MB + \sqrt{2} MA$. 这样,两式相加得 $MC + MD \leqslant (MA + MB)(\sqrt{2} + 1) = (\sqrt{2} + 1)a$, 等号当 M 在 $ABCD$ 的外接圆上时取到.

90. 依如下方式将三角形恰当地用黑色和白色染色:将合乎要求的对角线逐条作出. 第一条作出后,将其一边染黑色,另一边染白色①,然后每次作一条对角线,让这条对角线一边的颜色保持不变,而另一边每个区域内的颜色改变(黑变白,白变黑),直至每个区域都是三角形,这样每两个相邻三角形的颜色不同②. 由于每个顶点都是奇数个三角形的顶点,从而多边形的边所在的诸三角形的颜色都相同,不妨设为黑色. 所有白色三角形的边数 w 为 3 的倍数③,由于每一条白色三角形的边同时是一个黑色三角形的边,故黑色三角形的边数 $b = n + w$,现在 $3 \mid n + w$,且 $3 \mid w$,故 $3 \mid n$(见图 12.97).

图 12.97

91. 过正 $2n$ 边形的中心的对角线称为主对角线,其余的对角线两两关于该多边形的中心对称. 如果将它们标上相反的方向,则这些对角线形成的向量之和为 $\vec{0}$. 现在只需将边和主对角线标上箭头.

若 $n = 2k+1$,将各边依次按同一环形方向标上箭头,使各边形成的向量之和为 $\vec{0}$;对主对角线这样安排箭头,使箭头指向 $1, 3, \cdots, 2n-1$. 这些主对角线形成的向量组在绕中心旋转 $\dfrac{2\pi}{2k+1}$ 后,保持不变,从而它们的和经此旋转后保持不变,这表明主对角线形成的向量之和为 $\vec{0}$.

若 $n = 2k$,考虑由两条相邻主对角线及联结它们的边形成的圈,对每一个这样的圈可以适当标上箭头,使每个圈上的向量之和为 $\vec{0}$④,这样它的 $2n$ 条边中每隔一条边恰有一条边(共剩下 n 条边)尚未标上箭头,将它们标上箭头使形成一个环⑤,这 n 条边形成的向量之和在旋转 $\dfrac{\pi}{k}$ 后保持不变,从而它们的向量和为 $\vec{0}$.

92. 联结对角线 BD,设 $K = AN \cap BD$,$L = BD \cap AM$,如图 12.98 所示. 由于 $\angle LAN = \angle NDL = 45°$,故四边形 $ADNL$ 内接于某个圆,进而 $\angle ALN = 90°$,即 $NL \perp AL$. 类似地 $ABMK$ 内接于某个圆(因为 $\angle KBM = \angle LAK$),因此 $MK \perp AN$. 于是 MK 和 NL 为 $\triangle AMN$ 的高,它们交于垂心 H,从而 AH 为第 3 条高,它垂直于 MN.

93. 如图 12.99,有
$$\angle O_4 A O_1 = \angle O_4 AP + \angle PAQ + \angle QAO_1$$
$$= \angle O_2 CB + \angle BCD + \angle DCO_3$$
$$= \angle O_2 C O_3$$
$$\Rightarrow \triangle O_4 A O_1 \cong \triangle O_2 C O_3$$
$$\Rightarrow O_4 O_1 = O_2 O_3$$

类似地,$O_1 O_2 = O_3 O_4$. 故 $O_1 O_2 O_3 O_4$ 是一个平行四边形且对角相等:$\angle O_4 O_1 O_2 = \angle O_2 O_3 O_4$. 现在

---

① 这一步是译者补充的.
② 同①.
③ 每个白色三角形有 3 条边,而任意两个白色三角形不相邻,故 w 为 3 的倍数. ——译者注
④ 每个圈由两条边和两条主对角线组成. ——译者注
⑤ 即按逆时针方向标上箭头. ——译者注

$$\angle O_4O_1A + \angle CO_3O_2 + 2\angle AO_1B - \angle BO_1O_2 - \angle DO_3O_4 = \angle CO_3D + \angle AO_1B$$
$$\angle O_4O_1A = \angle CO_3O_2$$
$$\angle BO_1O_2 = \angle DO_3O_4$$
$$\angle CO_3D = \angle AO_1B$$

这表明 $\angle O_4O_3O_2 = 90°$. 在这个图中,我们甚至得到了一个正方形,因为 O_2O_4 是一条对称轴.

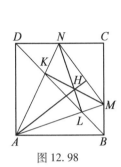

图 12.98

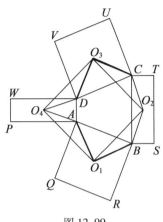

图 12.99

94. 由条件知 $\angle ABD = \angle ACD = 90°$. 我们从 P,Q 分别作 BE 和 CF 的垂线 KL 和 MN(图 12.100),则 $MN = KL$, $\triangle BPK \backsim$ $\triangle BAE \backsim \triangle DAB$. 因此 $\angle BDA = \angle KBP$, 即有 $\triangle BPK \backsim \triangle DBE$. 由 $\triangle BPK \backsim \triangle DBE$, $\triangle APC \backsim \triangle DPB$($\angle BAC = \angle CDB$), 和 $\triangle CPL \backsim$ $\triangle ACF$, 可得

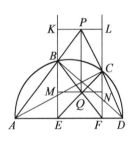

图 12.100

$$\frac{KP}{BE} = \frac{BP}{BD} = \frac{PC}{AC} = \frac{PL}{CF} \Rightarrow \frac{KP}{BE} = \frac{PL}{CF} \Rightarrow \frac{KP}{PL} = \frac{BE}{CF}$$

最后一个等式表明 $\triangle BQE \backsim \triangle FQC$, 于是

$$\frac{KP}{PL} = \frac{BE}{CF} = \frac{MQ}{QN} \Rightarrow \frac{KP}{PL} = \frac{MQ}{QN} \Rightarrow \frac{KP + PL}{PL} = \frac{MQ + QN}{QN}$$
$$\Rightarrow PL = QN \Rightarrow PQ \perp AD$$

这里用到了 $KL = MN = KP + PL = MQ + QN$.

95. 在球面上任取一点 A, 以 A 为圆心在木球上作一个任意半径的圆,在该圆上任取 3 个点 M,N,P,我们在这三点所在的平面上作 $\triangle M'N'P' \cong \triangle MNP$,然后找出 $\triangle M'N'P'$ 的外心 O',则 $M'O$ 为外接圆的半径. 以 $M'O$ 为一直角边,以 $A'M'$(使其等于 AM)为斜边作一个 $Rt\triangle M'O'A'$. 过 M' 作 $M'A'$ 的垂线交直线 $A'O'$ 于点 B',则 $A'B'$ 等于木球的直径 AB.

96. 在一个平面上,我们作 $\triangle A'B'C' \cong \triangle ABC$. 然后作出其外接圆,利用前一问题的方法可求出木球的半径 R. 作一个半径为 R 的圆,作一条等于外接圆直径的弦 $K'L'$,则 K' 到 $\overset{\frown}{K'L'}$ 中点 P' 的距离等于以木球上一点为圆心并经过 A,B,C 三点的圆的半径. 现在分别以 A,B 为圆心,以 $K'P'$ 为半径在木球上作两个圆,这两个圆的交点就是木球上经过 A,B,C 三点的圆的圆心.

97. 分别以 A,B 为圆心在木球上作两个半径相等的圆,交于点 K,L,分别以 K,L 为圆心在木球上作两个半径相等的圆①,交于点 M,N,则 A,B,M,N 具有相同的大圆,再用上题方法作出木球上经过 A,B,M 三点的圆.

98. 提示:容易证明四点中的最小距离在下面的情况下取最大值. 当四个点是一个边长为 $\frac{25}{8}$ 的菱形的顶点时,这个菱形的顶点有两个是长方形的相对顶点,而另两个顶点在长方形较大的边上.

99. 这是历届 IMO 中最难的问题. 在 1996 年以前,最难的问题是第 6 章的例 15. 尽管主试委员会正确认识到了例 15 的难度,但是却②将现在的这个问题定为中等难度. 我们不给出本题的证明,如果读者感兴趣,可以在很多资料上查到.

---

① 与前面两个圆半径相等. ——译者注
② 错误地. ——校注

第13章 博　弈

我们首先较为详细地来介绍所谓的 Nim 博弈. 竞赛中大多数与博弈有关的问题都是这种类型,但是也有一些与已知的类型完全不符. 尽管如此,下面给出的大多数定义即使在上述场合中也是有用的.

我们考虑由两个人 A 和 B 轮流进行操作的游戏,A 总是先行,当然其他规则对 A 和 B 是相同的,不产生平局. 给出初始状态和规则集 M,如果一个游戏者不能按既定规则走下去,那么他就被断定为输. 我们可以将每个状态视为顶点,每一步操作视为一条有向边. 当然只考虑由有限个顶点组成的图,并且该图中不存在闭合回路(每个状态不能重复),这样可以保证必有一个人会输.

所有状态构成的集合 P 可以划分为必败状态集 L 和必胜状态集 W:$P = L \cup W, L \cap W = \varnothing$. 如果一名选手发现他处在 L 的某个状态中,那么只要他的对手应对正确,他将输. 如果发现处在 W 的某个状态中,那么不管对手的策略如何,他都可以获胜.

为获胜,选手必须正确操作,使其对手处于 L 的某个状态中,而相应于 L 中的每个状态,每次操作后所得的状态都必在 W 中,对 W 的每个状态,都可能存在一个操作,使所得的状态落在 L 中,同时 L 中必有一个最终状态 f,从它出发无法继续将游戏进行下去. 游戏者中让其对手面临上述状态者就已获胜. 问题获解就是确定必败集 L.

下面的大部分问题可以用以下简单方法来求解:

将所有的状态分为对,使得在状态对中可以从一个状态变为另一个状态. 每当我的对手占据某个状态对的一个位置时,我就占据另一个位置. 这样我就可以获胜,因为我的对手首先无路可走.

开始时,如果有一个状态不成对,我就占据它,否则,我就做后行者以获得胜利. 在更复杂的游戏中,一张由必败状态组成的表格需要在游戏过程中用到.

作为热身,我们先看一些给出解答的例子.

例1 (Bachet 游戏)最初桌子上有几枚棋子,每次允许取走的棋子数属于集合 $M = \{1, 2, \cdots, k\}$,谁取到最后一枚棋子谁赢,求所有必败的状态.

必败集 L 是所有由 $k+1$ 的倍数组成的集合. 事实上,若 n 不是 $k+1$ 的倍数,则我总是可以取走一些棋子,使剩下棋子的个数为 $k+1$ 的倍数. 由于我的对手只能从中取走至多 k 枚棋子,故而我的对手不可能通过取走一些棋子来使剩下的棋子数仍为 $k+1$ 的倍数. 因此,他取走棋子后,剩下的棋子数不是 $k+1$ 的倍数. 于是,类似处理,可使棋子数仍属于 L,最终我可以使棋子数变为 0,它也是 $k+1$ 的倍数.

例2 在例1中,设 $M = \{1, 2, 4, 8, \cdots\}$(2 的幂次),求集合 L.

集合 L 是所有 3 的倍数组成的集. 事实上,游戏者不可能使棋子数为 3 的倍数的状态变为另一个棋子数为 3 的倍数的状态,因为 2^m 不是 3 的倍数. 但对一个不是 3 的倍数的状态,我可以通过取走 1 或 2 枚棋子,将棋子数变为 3 的倍数.

例3　在例 1 中,设 $M = \{1, 2, 3, 5, 7, 11, \cdots\}$(1 和质数),求 L.

集合 L 包含所有 4 的倍数. 从一个不是 4 的倍数的状态,我总可以减去 $1, 2, 3 (\bmod 4)$ 变为 4 的倍数,而对一个 4 的倍数的状态,不能变为另一个 4 的倍数的状态.

例4　对集合 $M = \{1, 3, 8\}$,求必败集.

将游戏变换为针对一空格的游戏,放一枚棋子在第 n 个空格上,A 和 B 轮流将棋子向左移动到第 1,第 3 或第 8 个位置. 从最后一个位置向前寻找必败的位置直至发现周期性为止. 你将发现 L 由所有形如 $11n, 11n + 2, 11n + 4, 11n + 6$ 的数组成.

问　　题

1. (Wythoff 游戏)桌子上有两堆棋子,A 从一堆棋子中取走任意多枚或者从每一堆中取走相同数量的棋子,然后 B 也这样做,谁取走最后一枚棋子谁赢. 每个状态用数对 $[x(i), y(i)]$ 表示. 从小的数出发,寻找必败状态直到找到递推公式为止,并求出 L 中状态的"显式"表示.

2. 最初有 10^7 枚棋子在桌子上,每次可以取走 p^n 枚棋子,这里 p 为任何质数,n 为非负整数,谁取到最后一枚棋子谁赢,求 L.

3. 从 $n = 2$ 开始,A 和 B 轮流给当前的 n 加上它的一个真约数. 目标是得到一个大于或等于 1 990 的数. 谁必胜?

4. (Wythoff 游戏的变形)你可以从一堆中取走任意多枚棋子;或者从两堆中取走棋子,从这两堆中取走的数的差的绝对值小于 2. 通过尝试求出 L 中的一些数对,能否求出 L 中的数对满足的公式?

5. A 和 B 轮流将白马和黑马放在空的国际象棋棋盘的空格内,要求每次放上去的马不能被敌方的马(另一种颜色的马)吃掉,不能再放马的一方为输. 谁必胜?

6. A 和 B 轮流在空的国际象棋棋盘的空格内放白象和黑象,要求放上去的象不能被敌方的象吃掉,不能再放象的一方为输. 谁必胜?(这里每人都可以将其象放在黑格或白格中)

7. A 和 B 轮流作正 1 988 边形的对角线. 他们可以联结其中的两个顶点,只要所作出的对角线与已作的对角线在多边形内部不相交,不能再作出对角线的一方为输. 谁必胜?

8. 给定一个面积为 1 的三角形蛋糕 PQR,A 在平面上任取一点 X,B 作一条过点 X 的直线去切蛋糕,求 B 所能切下的蛋糕的面积的最大值.

9. 给定一个面积为 1 的 $\triangle PQR$,A 取一点 $X \in PQ$,B 取一点 $Y \in QR$,然后 A 再取一点 $Z \in PR$. 先取者的目的是使 $|XYZ|$ 最大. 他可以保证做到的最大面积为多少?

10. (单人游戏)有 1 990 个盒子,分别有 $1, 2, \cdots, 1$ 990 枚棋子. 你可以任取盒子的一个子集,然后从这个子集的每个盒子中取出相同数目的棋子. 问要取光每个盒子中的棋子最少要操作几次?

11. A 和 B 轮流将 $+, -, \times$ 号放在数

　　　　1　2　3　$\cdots$　99　100

之间的空位中. 证明:A 可以使最后的结果为(a)奇数,(b)偶数.

12. A 和 B 从 $p=1$ 开始,轮流将数 p 乘上一个 2 到 9 中的正整数①. 胜者是第一个使(a)$p \geq 1\ 000$,(b)$p \geq 10^6$ 的人. A 和 B 谁将获胜?

13. A 从数 $0,1,2,\cdots,255,256$ 中随意划掉 2^7 个数,B 从剩下的数中随意划掉 2^6 个数,然后 A 再划掉 2^5 个数,依此下去直到 B 划掉 $2^0=1$ 个数. 由于 $2^7+2^6+\cdots+2^0=2^8-1$ 个数被划掉,剩下两个数 a 和 b. B 付给 A 的钱数为 $|a-b|$. A 应该怎样操作以使得到的钱尽量多? B 应怎样操作使付出的钱尽量少? 如果双方都采用最佳策略,A 在一次游戏中可以得到多少钱?

14. A 和 B 轮流在数列"1　2　3　4　$\cdots$　19　20"的一个数前面放上"+"或"−"号,放完 20 个符号后,B 赢得的钱数为该和数②的绝对值. 对每位玩家求其最佳策略. 如果都采用最佳策略,B 可以赢多少钱?

15. 在方程 $x^3+\cdots x^2+\cdots x+\cdots=0$ 中,A 将其中的一个省略号替换为一个不为 0 的整数,然后 B 将剩下的省略号中的一个替换为一个整数,最后 A 将最后一个省略号换为一个整数. 证明:A 有一个策略,使得该三次方程的三个根都是整数.

16. A 和 B 轮流将多项式 $x^{10}+*x^9+*x^8+\cdots+*x+1$ 中的星号换为一个实数. 若所得的多项式没有实根,则 A 获胜;若至少有一个实根,则 B 获胜. 是否不论 A 如何操作,B 都可以获胜?

17. A 和 B 在黑板上轮流写一个小于或等于 p 的正整数,但不能将黑板上已有的任何一个数的约数再写在黑板上. 谁不能再在黑板上写数谁输. 对(a)$p=10$,(b)$=1\ 000$,谁将获胜?

18. (两步棋)将国际象棋的规则改为:黑方与白方每次可以走两步棋. 证明:白方有一种策略可以保证不败(说明:你只需证明这种策略的存在性,不必找出具体策略).

19. 在一个有向图中,恰有一个出度最大的顶点和出度最小的顶点. A 放一枚棋子在一个顶点,B 放一枚棋子在一个未被棋子占据的顶点上,依此交替进行. 如果某个顶点上已放有棋子,那么所有出度比它小的顶点上不能再放棋子. 将棋子放到出度最大的顶点上的人为输. 证明:先行者有必胜策略(说明:你不必找出具体的必胜策略,而只需说明其存在性).

20. (偶数获胜)开始时有一堆棋子,共有 $2n+1$ 枚. A 和 B 轮流从中取走从 1 到 k 中任意枚数的棋子. 最后,一个人手中有偶数枚棋子,而另一人有奇数枚棋子. 谁拥有偶数枚棋子谁赢,分别就下述情况求必败集:(a)$k=3$;(b)$k=4$;(c)k 为偶数;(d)k 为奇数.

也请考虑奇数获胜的情形,见[28].

21. 最初有一枚棋子在 $n \times n$ 的棋盘的一个角上. A 和 B 轮流将棋子沿任何方向移到相邻格,不允许将棋子移入已到过的格子内. 不能再移动棋子的人为输.

(a)如果 n 为偶数,谁将获胜?

(b)n 为奇数,谁获胜?

(c)如果棋子最初在与棋盘的角上方格相邻的格子中,谁将获胜?

22. A 将一只马放在 8×8 的国际象棋棋盘上,B 依下棋的规则将马跳一步,然后 A 继续

---

① 每次乘得的积仍记为 p. ——校注

② 应为"代数和". ——校注

将马跳一步,但是马已经到过的格子不能再跳入. 依此继续,不能再跳马的人为输,谁有必胜策略?

23. 一枚国王放在 $m \times n$ 的棋盘的左上角方格里,A 和 B 轮流移动这枚国王,已到过的格子不能进入. 无法继续操作的人为输,问:谁必胜?

24. 一堆棋子共 n 枚,A 和 B 轮流取走棋子. 第一次,A 取走 s 枚棋子,使得 $0 < s < n$,然后,每个人所取的棋子数必须为前一个人刚取走的棋子数的正约数. 对怎样的初始值,A 或 B 有必胜策略?

25. 设 n 为正整数,$M = \{1,2,3,4,5,6\}$,A 从 M 中先取一个数字,然后 B 从 M 取一个数字放在 A 取的数字后面,依次下去,直到得到一个 $2n$ 位数为止. 如果结果的 $2n$ 位数是 9 的倍数,则 B 赢,否则 A 赢. 谁将获胜? 是否依赖于 n?

26. 最初有两堆棋子,分别有 p 枚和 q 枚. A 和 B 轮流取棋子. 每次操作允许从一堆中取走一枚,或者从每一堆中取走一枚,或者从一堆中取出一枚放入另一堆中. 取到最后一枚棋子的人获胜. 谁赢是否依赖于初始条件?

27. 最初时有两堆棋子,分别有 p 枚和 q 枚棋子. A 和 B 轮流操作,每次取走其中的一堆,而将另一堆棋子随意分为两堆,谁不能继续操作谁输. 谁获胜是否与初始条件有关?

28. 最初有 $n(n \geq 12)$ 个连续正整数,A 和 B 轮流每次取走一个数,直至剩下两个数 a,b. 若 $\gcd(a,b) = 1$,则 A 赢;若 $\gcd(a,b) > 1$,则 B 赢. 谁有必胜策略?

29. A 和 B 轮流给 19×94 的长方形的格点正方形染色,已染色的格子不再染色,谁不能进行操作了谁输. 问:谁有必胜策略? 这里格点正方形是指顶点为 19×94 的长方形的格子点,且边与大长方形的边平行的正方形[①]. (MMO1994)

30. A 和 B 轮流在 $1\,994 \times 1\,994$ 的棋盘上移动一只马,A 只能作水平跳动 $(x,y) \mapsto (x \pm 2, y \pm 1)$,$B$ 只作垂直跳动 $(x,y) \mapsto (x \pm 1, y \pm 2)$. A 先将马放入一方格中,并作一次跳动,马已到过的方格不能再跳入,谁不能继续跳马谁输. 证明:A 有必胜策略. (ARO1994)

31. A 报一个数字,然后 B 将该数放入下表的一个空格内,直至 8 个方格中都放了数. A 希望所得的两个 4 位数之差(上面的减下面的四位数)尽可能大,而 B 希望尽量小. 证明:B 可以恰当操作使差至多为 4 000,A 可以恰当操作使差至少为 4 000.

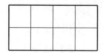

32. A 和 B 轮流给一个 4×4 的棋盘的方格染色,谁染色后首先形成一个 2×2 的染色正方形谁输. 问:谁有必胜策略?

33. A 和 B 轮流将方程 $x^4 + *x^3 + *x^2 + *x + * = 0$ 中的星号换为一个整数. 如果 4 次操作后,所得方程没有整数根则 A 赢,否则 B 赢. 谁有必胜策略?

34. 两个人 A 和 B 轮流从棋子数分别为 a,b 的两堆棋子中取走棋子,最初 $a > b$,每次操作可以从一堆棋子中取走另一堆棋子数的倍数枚棋子,谁取光其中一堆棋子谁获胜. 证明:

(a)若 $a \geq 2b$,则 A 有必胜策略.

(b)对怎样的 α,当 $a > \alpha b$ 时,A 有必胜策略?

---

① 原题有误,现已改正. ——译者注

（这个 Euclid 游戏由 Cole 和 Davie 在 *Math. Gaz.* LⅢ,354—7(1969) 上提出.）

35. A 每次操作是给一个 $2n \times 2n$ 的棋盘的一个空格做上记号,然后 B 用一块 1×2 的多米诺骨牌盖住两个方格,其中一个是 A 做了记号的格子. 如果能够用 1×2 多米诺骨牌盖满整个棋盘,则 A 胜,否则 B 胜. 问谁有必胜策略?

36. (一个单人游戏)将一个有 1 997 个顶点的多面体的每条棱标上 $+1$ 或 -1. 证明:存在一个顶点,使得所有以它为顶点的棱上所有数的积为 $+1$.

解　答

1. 下表给出了最初 13 个必败的状态:

n	0	1	2	3	4	5	6	7	8	9	10	11	12
$x(n)$	0	1	3	4	6	8	9	11	12	14	16	17	19
$y(n)$	0	2	5	7	10	13	15	18	20	23	26	28	31

此表格提示我们采用下面的算法逐步计算失败的状态:设失败状态 $[x(i),y(i)]$ 对 $i < n$ 均已确定,则 $x(n)$ 是在前面没有出现的最小的正整数,而 $y(n) = x(n) + n$. 因此,每个正整数恰有一次机会作为两个坐标的差. 不难证明这样确定的状态是所有失败状态. 证明上述内容!

现在让我们来求 $x(n)$ 和 $y(n)$ 的显式表示. 将结果在坐标平面上画出,可知 $x(n)$ 与 $y(n)$ 大致上都是线性函数,即

$$x(n) \approx t \cdot n, y(n) \approx (t+1) \cdot n$$

进一步,$t \approx 1.6$,这提示我们 $t = \dfrac{1+\sqrt{5}}{2}$,猜测

$$x(n) = \lfloor t \cdot n \rfloor, y(n) = \lfloor (t+1) \cdot n \rfloor$$

现在只需证明每一个正整数恰好在两个数列中的一个中出现,而这一点我们在第 6 章中已证明过了. 在第 6 章我们已证明 α,β 为无理数,且 $\dfrac{1}{\alpha} + \dfrac{1}{\beta} = 1$ 是数列 $\lfloor \alpha n \rfloor$ 和 $\lfloor \beta n \rfloor$ 为互补数列的充要条件. 现在我们有

$$\frac{1}{t} + \frac{1}{t+1} = \frac{2t+1}{t^2+t} = \frac{2t+1}{2t+1} = 1$$

这里用到了黄金分割 t 满足 $t^2 = t+1$.

2. 注意到 6 是第一个不能表示为质数的幂的正整数. 因此,L 是由所有 6 的倍数组成的集合. 如果 A 面临的数不是 6 的倍数,则他可以通过取 $1,\cdots,5$ 枚棋子,使剩下的棋子数为 6 的倍数,而从 6 的倍数的状态不能变为另一个 6 的倍数的状态.

3. 第一次操作时,A 将 n 加上 1(它是 2 的唯一真约数),变为 $n = 3$. 从这以后,A 可以每次使所得的数为奇数,而奇数的真约数至多为它的 $\dfrac{1}{3}$,因此 B 每次至多只能加上前一个数的 $\dfrac{1}{3}$. A 每次都是对偶数进行操作,可以加上这个数的一半. 于是,A 可以轻松操作直至他第

一次面对一个大于或等于 1 328 的偶数,通过加上这个偶数的一半得到一个数大于或等于1 992.

4. 下面表格给出了 L 的最初一些状态:

n	0	1	2	3	4	5	6	7	8	9	10
$x(n)$	0	1	2	4	5	7	8	9	11	12	14
$y(n)$	0	3	6	10	13	17	20	23	27	30	34

首先,我们注意到 $y(n)-x(n)=2n$,而 $x(n)$ 为没出现过的最小正整数,且 $y(n)=x(n)+2n$,从而所得的两个数列是互补数列,即它们的交集为空集,并集为所有正整数. 与 Wythoff 游戏中类似的分析,可得 $\alpha=\dfrac{1+\sqrt{5}}{2}$,$\beta=2+\alpha$,并且

$$x(n)=\lfloor n\alpha \rfloor, y(n)=\lfloor n\beta \rfloor$$

给出了所有解. 经验证,Beatty 条件 $\alpha^{-1}+\beta^{-1}=1$ 满足.

5. 考虑棋盘的水平(或垂直)对称直线,B 可以获胜,因为他可以将马放在与 A 所放马的对称位置上.

6. B 将获胜,同上题.

7. A 可以获胜,他先作一条主对角线,然后针对 B 的每次操作,作出关于多边形中心为对称的那条对角线.

8. A 选三角形的重心 X,B 作一条过 X 平行于一条边的直线,可以获得蛋糕的 $\dfrac{5}{9}$. B 作其他直线得到的蛋糕要少些,这可以比较赢得的与失去的两个部分得到. A 选重心 X 是最佳的,其他情况 B 都可以多得蛋糕,请找出 B 的最佳选择①.

9. B 可以阻止 A 得到比 $\dfrac{1}{4}$ 大的面积. 他可以取 Y,使得 $XY /\!/ PS$,则对 PS 上的任意一点 Z,下面的不等式成立

$$\frac{|XYZ|}{|PQR|}=\frac{|XY|}{|PR|}\cdot\frac{H-h}{H}=\frac{h(H-h)}{H^2}\leqslant\frac{1}{4}$$

另外,A 可以选 PQ 和 PR 的中点 X,Z,此时可以保证得到 $|XYZ|=\dfrac{1}{4}$. 更难一点的问题是考虑 $\triangle XYZ$ 的周长,见 *Quant* 4,32 – 33(1976).

10. 需要 11 步. 每一步后,我们将盒子划分为若干个子集,每个子集中的盒子中的棋子数相同. 如果某个时候由盒子形成的子集有 n 个(有一些子集的盒子中可能没有棋子). 下一步,我们选择 k 个子集,从所选子集的每个盒子内取出相同数目的棋子. 操作后,属于不同子集的盒子内的棋子数仍然不同,如果从 n 个子集出发,剩下的盒子重新划分后,所得的子集个数不小于 $\max\{k,n-k\}\geqslant\dfrac{n}{2}$. 这表明每步操作后子集个数至少为原来的一半,最初有 1 990 个不同的子集,经过 11 次操作,至少有 995,498,249,125,63,32,16,8,4,2,1 个子集,故至少需 11 次操作. 11 次操作依如下方式进行可知也是充分的:从棋子数至少为 996 的诸

---

① 指当 A 取其他点时.——译者注

盒子中都取走 995 枚,然后,从棋子数至少为 498 枚的诸盒子中都取走 498 枚,等等.

11. 由于只考虑奇偶性,可以在 mod 2 的意义下讨论. 初始状态为 1 0 1 0 1 … 1 0. 因为减法与加法在 mod 2 时结果相同,故只考虑 A 和 B 将"+"与"×"填入空位中.

首先设 A 希望最后结果为 0,他每次操作都只用"×"号,并且第一次将它放在第一个空位中,这样得到一个新的状态 0,1,0,1,…,1,0. 现在若 B 将任何符号放在一个空位中,就得到…0 ∗ 1 0…或者… 0 1 ∗ 0…,接着 A 应该在上述状态中 B 所放符号的另一侧放上"×"号,易知这样操作最后的结果必为 0.

现在设 A 希望最后结果是 1. 第一次,他将"+"号放在第一个空位中,同上方法,最后他得到和为 1 +0,结果为 1.

12. (a) 从最后出发讨论,我应该避开哪些集合中的数? $[112,999] \subset W \Rightarrow [56,111] \subset L \Rightarrow [7,55] \subset W \Rightarrow \{4,5,6\} \subset L \Rightarrow 1 \in W.$ 故 A 可获胜.

(b) $[111\ 112,999\ 999] \subset W \Rightarrow [55\ 556,111\ 111] \subset L \Rightarrow [6\ 173,55\ 555] \subset W \Rightarrow [3\ 087,6\ 172] \subset L \Rightarrow [343,3\ 086] \subset W \Rightarrow [172,342] \subset L \Rightarrow [20,171] \subset W \Rightarrow [10,19] \subset L \Rightarrow [2,9] \subset W \Rightarrow 1 \in L,$ 故 A 必败.

13. 我们证明 A 可保证得到的钱数为 2^4 即 16,而 B 可阻止 A 得到的钱数大于 16. A 的策略:他每次隔一个数划掉一个数,即第一次划掉 2,4,6,…,则经过 1,2,3,4 次操作后,相邻两个数的距离分别至少是 2,4,8,16.

B 的策略:每次操作后,他将前面连续的数或后面连续的数划掉,这样在做完 1,2,3,4 次操作后,剩下的数中最大数与最小数之差分别至多为 128,64,32,16.

你可以将此问题推广到数列 $0,1,2,3,\cdots,2^n.$ A 可赢得的钱数为 $2^n.$

14. 首先描述 B 的对策. 考虑数对 $(1,2),(3,4),\cdots,(19,20).$ 每次 A 在某一对中某个数的前面放符号时,B 就在另一个数前面放相反的符号,除了数对 $(19,20)$ 外都按上述方法做. 一旦 A 在 $(19,20)$ 的某个数前放符号,B 在另一个数前放上与 A 相同的符号. 这个方法 B 至少可得 $19 +20 -1 -1 -1 -1 -1 -1 -1 -1 -1 =30.$

A 的策略:先求出已放符号的数的代数和之值,A 在剩下的没放符号的数中最大的数前放上与上述值相反的符号. 如果和值为 0,则放上"+"号,即 A 第一次在 20 前面放上"+"号,如果 A,B 都按上述方法操作,结果为
$$+20 +19 -18 +17 -16 +15 -14 +\cdots -2 +1$$

现在我们证明:如果 B 采用其他策略,而 A 采用上面的策略,B 的所得不能超过 30.

考虑操作对:B 跟在 A 后. 现在假设第 i 对操作后,和式的符号改变了,而以后每对操作后和式的符合都不改变,则 $1 \leq i \leq 10.$

在最初的 $i-1$ 对操作后,A 已经保证数 $20,19,18,\cdots,20 -(i-2)$ 的前面都已经确定了符号(A 不一定在每个数前面都放了符号,但他每次都在剩下的数中最大的数前面放上了符号). 然后,由于第 i 对操作将改变已有代数和的符号,当然,若前 $i-1$ 对操作后所得的和为 0,则在第 i 对操作后,该和的绝对值将会出现. 在这种情形,第 i 对操作后所得的和的绝对值最大变化为 $|20 -(i-1)| + |20 -i| = 41 -2i.$ 而对剩下的 $10 -i$ 对操作,由于和的符号不再改变,依据 A 的策略,A 每次针对剩下数中最大的数,例如 k,B 只能针对 $k-1.$ 这样,每对操作后,和的绝对值至少减少 1. 因此,最后的结果不大于 $41 -2i -(10 -i) =31 -i \leq 30.$

15. 如果第一次 A 在 x 项前面放上 $-1,B$ 操作后,A 再在剩余的那个项前面放上 B 放的

数的相反数,则方程具有形式 $x^3 - ax^2 - x + a = 0$,其三个根为 $-1, 1, a$ 都为整数.

16. B 有必胜策略. 他前 4 次操作后,B 可以保证 A 的最后第 5 次操作针对的是 x 的某个奇数次幂 x^{2p+1}. 设 $P(x)$ 为最后两次操作前得到的多项式.

首先,我们选择数 μ 和 $c > 0$,使得对任意 λ,多项式 $F(x) = P(x) + \mu x^m + \lambda x^{2p+1}$ 满足 $cF(1) + F(-2) = 0$. 这样 $F(x)$ 有一个根在区间 $[-2, 1]$ 中. 为此,只需取 $c = 2^{2p+1}$ 和

$$\mu = \frac{P(-2) - cP(1)}{c + (-2)^m}.$$

这里 1 和 -2 可以换为任意两个符号相反的数,B 在第 4 次操作时放上 μ,就可保证得到一个实根.

17. 在两种情形中,A 都有必胜策略:

(a)A 写上 6,则 B 只能取数对 $(4,5),(7,8),(9,10)$ 中的数,A 每次取数对中的另一个即可.

(b)我们考虑一个新游戏:规则同前面,但在这些数中,去掉数 1. 若 A 在这个状态下有必胜策略,则他依此策略进行即可;若没有,则 A 第一步写上 1,然后依照第二个人的必胜策略进行,注意,这里我们没有明确给出 A 的必胜策略,但我们证明了其存在性.

18. 若不论 A 如何走,B 都有必胜策略,则第一次 A 将他的一只马跳出,然后将马跳回原来的位置,现在棋子都没有动过,而 A 变为第二个走棋的人,他必胜. 矛盾.

19. 考虑一个新游戏:规则相同,但是出度最小的顶点不允许放棋子. 若这个游戏中 A 有必胜策略,则 A 在原游戏中用此策略;如果没有,那么他在出度最小的顶点上放棋子,然后采用 B 的必胜策略.

20. (a)(b)略.

(c)对偶数 k 进行验证,所有必败状态 $(k+1(\bmod k+2),$ 奇数获胜$),(0(\bmod k+2),$ 奇数获胜$),(1(\bmod k+2),$ 偶数获胜$)$.

(d)对奇数 k,必败状态是 $(1 \bmod 2k+2,$ 偶数获胜$),(k+2 \bmod 2k+2,$ 奇数获胜$),(0 \bmod 2k+2,$ 奇数获胜$),(k+1 \bmod 2k+2,$ 偶数获胜$)$.

21. (a)若 n 为偶数,可以将棋盘分割为若干个 2×1 的多米诺骨牌. A 总可以将棋子走下去,因为当棋子在多米诺骨牌的一个方格时,他总可将棋子走到该骨牌的另一方格中.

(b)若 n 为奇数,则除掉已放棋子的角上那个方格外,其余格子可分割为若干块 2×1 的多米诺骨牌. 同上可知 B 必胜.

(c)这种情形下,A 必胜. 对偶数 n,采用(a)中的策略. 对奇数 n,将除了那个角上方格的其余格子分割为多米诺骨牌,并对棋盘依通常的黑白相间方式染色(黑格走到白格,白格走到黑格). 易知 B 不可能走到那个角上方格内,因此 A 可采用走到多米诺骨牌另一格的策略保证获胜.

22. 将棋盘分割为 8 块 4×2 的长方形. 在每个这样的长方形内,存在唯一的方式使马从该长方形的一格跳到该长方形内的另一格. 因此 B 可以按下面的方式获胜. 针对 A 的每次操作,B 都将马跳到该长方形内那个唯一的可跳方格内.

23. 将棋盘分割为 2×1 的多米诺骨牌,任何时候 A 将国王放入一个多米诺骨牌,则 B 将它移入该骨牌的另一格. 依此策略 B 可以获胜①.

———————————————

① 解答有误,参看第 21 题. ——译者注

24. 我们证明：对 $n>1$，如果 $n=2^m$，那么 B 获胜．设 $n=2^m(n>1)$，A 先取走 $2^a(2b+1)$ $(a\geq0,b\geq0)$ 枚棋子，第一次 B 取走 2^a 枚棋子，以后取与 A 同样数目的棋子，依此策略 B 获胜．A 将在初始条件为 $n=2^a(2b+1)$[①] 枚棋子时获胜，首先 A 取走 2^a 枚棋子，然后他与对手取一样数目的棋子．

25. 答案为如果 n 为 9 的倍数，B 胜，否则 A 胜．

假设 $9\mid n$，如果 A 取数字 x，则 B 取 $7-x$，最后，所得数的数码和为 $7n$，于是所得的数为 9 的倍数，B 获胜．

如果 $7n$ 不是 9 的倍数，则 $7(n-1)\equiv2(\bmod 9)\equiv r,r\neq2$，故 $r\in\{0,1,3,4,5,6,7,8\}$．设 $s\equiv9-r(\bmod 7)$，即若 $9-r<7$，则 $s=9-r$，否则 $s=2-r$．A 的策略是：A 写下数 $s\in M$，对 B 取的每个数 x，他相应取 $7-x$．如果到了 B 取最后一个数前，我们得到了一个 $2n-1$ 位数，它的各位数码之和为 $s+7(n-1)$，它 $\bmod 9$ 余 $s+r$．但我们有 $s+r=9$ 或 $s+r=2$，为得到一个 9 的倍数，B 要取 0 或 7，但这些都是不允许的不能取，所以 A 必胜．（BWM1994）

26. 若最初时 p 和 q 中至少有一个数为奇数，则 A 可使 p,q 都变为偶数，而 B 被迫将 p,q 中的某一个变为奇数．从而仅当初始时 p,q 都为偶数时，A 才会输．

27. 两堆棋子数都是奇数时会输．其他情况下，都可以恰当操作使剩下的两堆棋子个数都为奇数．而两堆棋子个数都是奇数时，无论怎样操作，剩下的两堆石子个数都是一奇一偶．从这个状态，你可以取走那堆奇数枚棋子，然后将偶数枚的那一堆分为都是奇数的两堆棋子．最后将棋子数变为 $(1,1)$ 而获胜．

28. 若 $n=2k+1$，这种情况下 A 必胜，他可以将正整数依相继正整数分组，每两个一组，A 第一次取走余下的那个数，然后 B 取某一组中的数，则 A 取另外一个．

若 $n=2k$，则 B 有必胜策略．他可以取完所有的奇数（除两个为 3 的倍数的奇数 r 和 s 外）．A 总是被迫取偶数[②]．这样，到倒数第二轮取数前，留下两个偶数 e_1,e_2 和奇数 r,s．这时，若 A 取奇数，则 B 取走另外那个奇数而获胜．否则，A 继续取偶数，则 B 取走另外那个偶数，剩下两个奇数满足 $\gcd(r,s)\geq3$，B 获胜．

29. 利用对称性是处理游戏问题时经常采用的策略．从棋盘的中心出发，对于较小边为奇数、较长边为偶数的棋盘如图 13.1 处理．遗憾的是，棋盘的中心不是格点．第一次应该将图 13.1 中所示的那个格点正方形染色，现在棋盘被分割为关于直线 s 对称的两个部分．B 只能对 s 一边的某个格点正方形染色，而 A 可以将这个格点正方形关于 s 对称的格点正方形染色，从而获胜．

30. 如图 13.2 在棋盘上标上箭头．A 先将马放在一个箭头的起始格内，沿箭头方向跳动．这样 B 只能再将马跳回某个箭头的起始格内，然后 A 再跳到箭头的终止格．

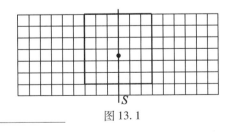

图 13.1

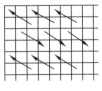

图 13.2

---

① 　$b>0$．——译者注

② 　否则最后留下两个偶数，结果也是 A 输．——译者注

31. 记从左到右的四列为 p_1,p_2,p_3,p_4, 游戏分为两个部分: 开始和结束. 当 B 在第 1 个位置放上一个数即进入结束部分. 易知在开始时, A 不能报数 1 到 3 和 6 到 9, 因为 B 可以将它放入 p_1 中, 若是个小的数则放在上面的格中, 是大的数则放到下面的格中, 从而直接进入结束部分. 若第 1 位上的两数之差不大于 3, 则两数之差至多为 3 999. 若 A 第 1 次报 4(或 5), 则 B 可保证差不大于 4 000, 他可立即填数, 使得 $p_1 = \begin{pmatrix} 4 \\ * \end{pmatrix}$ 或 $p_1 = \begin{pmatrix} * \\ 5 \end{pmatrix}$, 然后他将所有数字 0(9) 填入位置 p_2,p_3,p_4 直到填满.

32. 如图 13.3, B 可以获胜, 因为对每对方格 (x,x), 若 A 染其中的一格, 则 B 染另外一格.

1	2	3	4
5	6	7	8
1	2	3	4
5	6	7	8

33. 三次操作后, 3 个星号被替换为 a,b,c 后, B 可以将第 4 个星号换为 $-a-b-c-1$ 而获胜, 此时多项式的系数和为 0, 从而 1 是它的一个根.

图 13.3

34. (a) 若 $a \geqslant 2b$, 我们证明 A 可以操作后使 (a,b) 变为让 B 失败的状态, 若 $(a-b,b)$ 为必败状态, 则 A 操作 $(a,b) \to (a-b,b)$. 但是若它是一个必胜状态, 则经过一次操作, 它可变为一个必败状态, 由于 $a-b \geqslant b$, 这次操作必为 $(a-b,b) \to (a-qb,b)$, q 为正整数, 而这时 $(a,b) \to (a-qb,b)$ 对 A 而言是一个必胜策略.

说明: 我们能够证明 (a,b) 在 $a \geqslant 2b$ 时为必胜状态, 但没有指出具体获胜的策略.

(b) 答案为 $\alpha \geqslant \dfrac{1+\sqrt{5}}{2}$.

若 $b < a < \alpha b < 2b$, 则从 (a,b) 开始的操作只能变为 $(a-b,b)$, 这时

$$\frac{b}{a-b} = \frac{1}{\dfrac{a}{b}-1} > \frac{1}{\alpha-1} = \alpha \tag{1}$$

因为不可能经一次操作就从状态 (a,b) 获胜 $(1 < \dfrac{b}{a} < \alpha)$. 只需证明 A 从状态 (a,b) $(\dfrac{b}{a} < \alpha)$ 出发, 他要么一次操作获胜, 要么留给 B 一个状态, 使得 $1 < \dfrac{b}{a} < \alpha$. 由式 (1) 可知 B 的唯一操作是变到比例大于 α 的数对, 从它出发前面的过程将重复出现.

当 $\dfrac{a}{b} > 2$ 时, 有至少两种操作 $(a,b) \to (b,r)$, $0 \leqslant r < b$ 或者 $(a,b) \to (b+r,b)$. 若 $r=0$, A 可以一次获胜. 否则, 由于 α 严格介于 $\dfrac{b}{r}$ 和 $\dfrac{b+r}{b}$ 之间, A 操作时面临的状态中两个数的比在 1 和 α 之间. 当 $\alpha < \dfrac{a}{b} < 2$ 时, A 的操作是变为 (b,r).

35. A 可以获胜. 对一个对角行, 即从左上方的边向东南方向走到右下方的边的行. A 每次在一个最低的对角行的空格上做记号. 若该行中有方格, 则可用唯一方式将它覆盖, 为此他首先必须给任何一个这样的方式做上记号. 如果该对角行有一个方格可用两种方式覆盖, 那么 A 给无论哪个方格做记号都没有关系.

36. 若我们将所有顶点引出的棱的乘积相乘, 则由于每条边被计算过两次, 即每一个 -1 被乘了两次, 故结果为 $+1$, 但由于有奇数个顶点, 如果每个顶点处的积都为 -1, 而 $(-1)^{1997} = -1$, 将导致矛盾. 故至少有一个顶点处的积为 $+1$.

第14章 其他策略

除了第 1 节的图论(它在近几年的 IMO 中变得相当重要),这一章中我们还收集了一些应用范围稍窄的其他重要策略. 我们将通过一些例子对它们加以说明,并给出一些问题和解答. 所有的思想都已在前面的问题和解答中出现过,但是再强调一次仍然有益. 通过分开处理,这些思想会更容易记得牢一些.

14.1 图　　论

图是离散数学的重要研究对象. 一个图是指由一个点集或称为顶点集,以及联结这些顶点的线或边集组成的对象. 若可以通过到达每一个顶点,则称该图为连通的. 一个连通图如果没有封闭道路(或叫作圈),就称它为树. 通常一个图的边是没有方向的. 如果每条边都标一个方向,我们就得到了一个有向图. 一个例子是单向道路系统. 有向圈经常被称为回路. 如果 m 条边以 v 结束,就称 m 为 v 的度或权数. 集合 A 到自身的映射 f 通常被表示为一个有向图,将顶点 a 到 $f(a)$ 画一个箭头. 满足 $a = f(a)$ 的点称为映射的不动点. 集合 A 的排列是指 A 到自身的一个一一对应. 由于 $a \neq b \Rightarrow f(a) \neq f(b)$,图 f 可分为若干个圈.

这一节的大部分问题归属于抽屉原理,也有一些为组合问题.

问　　题

1. 在一次国际会议上,有 1 985 个人参加,每三个人组成的子集中至少有两个人可以说同一种语言,每个人至多可说 5 种语言. 证明:至少有 200 个人可以说同一种语言. (BMO1987)

2. 能否画出一张每个区域都是三角形而边界为 5 边形的地图,使得每个顶点都引出偶数条边?

3. 有多少种方法用 $n-3$ 条不相交的对角线将凸 n 边形分割为三角形,使得每个三角形都与该 n 边形有公共边?

4. 证明:在任意一个 17 个人组成的集合中,如果每个人恰认识其中的 4 个人,那么存在两个人,他们不相识而且没有共同的熟人. (AUO1992)

5. 考虑空间中的 9 个点,其中任意 4 点不共面. 每两点之间联结一条边(即线段),每条边被染上红色、蓝色或不染色. 求最小的正整数 n,使得任何情况下,恰有 n 条边被染色时,都存在一个三边都染上颜色的三角形,且该三角形的三边同色. (IMO1992)

6. 在一个凸多面体的每边上标一个箭头,使得每一个顶点都有一个箭头从它出发,也有一个箭头以它结束. 证明:该多面体上有两个面,使得可以沿箭头方向绕其周界走一圈. (BWM)

7. 设 S 是空间 n 个点组成的集合($n \geqslant 3$),联结这些点的线段长度各不相同,设这些线段中的 r 条被染上红色. 而 m 是满足 $m \geqslant \dfrac{2r}{n}$ 的最小整数. 证明:总存在一条由 m 条红色线段组成的路,各线段的长度是递增的.

8. 在一个由 n 个人组成的集合中,每 4 个人组成的子集内有一个人认识其余的 3 个人. 证明:该集合中有一个人认识其余所有的人(这里若 A 认识 B,则 B 也认识 A).

9. 两只黑马在一个 3×3 的棋盘的下面两个角上,而两只白马在上面两个角上. 白马与黑马可依规则跳到空格内来交换位置. 求需要跳动的步数的最小值. (此题由 Lucas 在 1894 年从 1512 年的早期资料中引用.)

10. 证明:在一个由 $2n$ 个人组成的集合 S 中存在两个人,他们的公共朋友的数目为偶数.

14.2 无穷递降法

我们考虑一个最古老的证明方法,它可以上溯到公元前 5 世纪的 Pythagoras 学派. 它在数论中是证明不可能性的一种非常有用的证明方法,其主要思想如下:我们希望证明(通常意义下)一个多项式方程

$$f(x,y,z,\cdots) = 0 \qquad\qquad (1)$$

没有正整数解. 我们证明:如果式(1)对某些正整数 $a,b,c,\cdots$ 成立,那么式(1)对更小的正整数 $a_1,b_1,c_1,\cdots$ 也成立. 同样的道理,式(1)将对再小一些的正整数 $a_2,b_2,c_2,\cdots$ 成立,依此类推. 但这是不可能的,因为由正整数组成的数列有下界,不能无限减小下去,因此式(1)没有正整数解.

Pierre de Fermat(1601—1665)重新发现了这个方法,并把它称为无穷递降法. 他对这个方法非常自豪. 在其风烛残年,他在一封长信中概括了他在数论中的所有发现,并指出了用这个方法证明的全部结果. 顺便提一句,在此长信中他并没有提及他早年就提出的 Fermat 大定理.

我们将用一种古老的方法来介绍这个理论(在本书中已不是第一次用到),它是 Pythagoras 的几何处理手法.

例 1 正五角星是 Pythagoras 学派的"徽章". 图 14.1 表明

$$\frac{x}{1} = \frac{x+1}{x} \Rightarrow x^2 = x + 1 \qquad\qquad (1)$$

Pythogras 最早认为所有的比值都是有理数,即 $\dfrac{x}{1} = \dfrac{a}{b}, a,b \in \mathbf{N}$,代入式(1),得

$$a^2 = ab + b^2 \qquad\qquad (2)$$

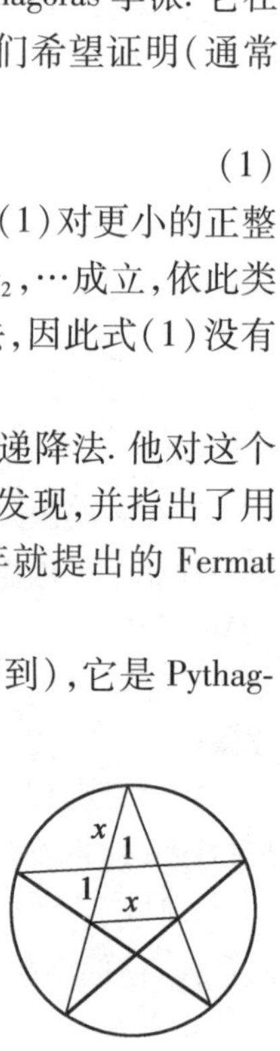

图 14.1

Pythogras 知道一些数论的基本知识. 特别地, 他们了解奇偶数之间的关系 $e+e=e, e+o=o, o+o=e, e \cdot o=e, e \cdot e=e, o \cdot o=o$, 这里"$e$"和"$o$"分别表示"偶数"和"奇数". 现在式(2)中的 a, b 具有怎样的奇偶性呢? 假设 a 和 b 具有不同奇偶性将导出矛盾, a 和 b 都为奇数也导致矛盾. 所以, a 和 b 都是偶数, 于是

$$a=2a_1, b=2b_1, a_1, b_1 \in \mathbf{N}_+, a_1 < a, b_1 < b \tag{3}$$

将它们代入式(2)并约掉两边所有的 2, 得

$$a_1^2 = a_1 b_1 + b_1^2 \tag{4}$$

根据相同的推理, 由式(4)可得

$$a_1 = 2a_2, b_1 = 2b_2, a_2 < a_1, b_2 < b_1 \tag{5}$$

依此类推. 由式(2)的真实性, 我们得到了有两个递减的无穷正整数数列

$$a > a_1 > a_2 > \cdots \text{和} b > b_1 > b_2 > \cdots \tag{6}$$

存在. 但实际上这样的数列并不存在, 因此式(3)对正整数不成立.

例 2 集合 $\mathbf{Z} \times \mathbf{Z}$ 称为平面格点集. 证明: 对任意 $n \neq 4$, 不存在顶点都是格点的正 n 边形.

解: 首先, 我们证明没有一个正三角形的顶点都是格点. 事实上, 设 a 是这样的格点正三角形的边长. 由距离公式可知 a^2 为正整数, 而其面积为 $\dfrac{\sqrt{3} a^2}{4}$ 是一个无理数. 另外, 任何格点多边形的面积都为有理数①.

正六边形 $P_1 P_2 P_3 P_4 P_5 P_6$ 的顶点不能都是格点, 因为其中 $\triangle P_1 P_3 P_5$ 是一个正三角形.

现在设 $n \neq 3, 4, 6$. 若 $P_1 P_2 \cdots P_n$ 为一个格点正 n 边形, 以 P_1, $P_2, \cdots, P_n$ 为起点分别作向量 $\overrightarrow{P_2 P_3}, \overrightarrow{P_3 P_4}, \cdots, \overrightarrow{P_1 P_2}$ (图 14.2). 这些向量的终点也都是格点, 并且它们形成一个在最初那个正 n 边形内部的一个正 n 边形. 对这个新的 n 边形, 类似操作可以无限进行下去. 这些正 n 边形边长的平方为整数, 而且每一步都严格减少, 这是不可能的.

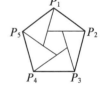

图 14.2

例 3 证明: 下面的方程没有正整数解

$$x^2 + y^2 + z^2 + u^2 = 2xyzu \tag{1}$$

式(1)的左边必须为偶数, 从而 x, y, z, u 中奇数的个数为偶数. 若它们都是奇数, 则左边是 4 的倍数, 而右边只能被 2 整除. 若恰有两个为奇数, 则左边只能被 2 整除, 而右边为 8 的倍数. 因此左边的 4 个数都应是偶数, 即 $x=2x_1, y=2y_1, z=2z_1, u=2u_1$, 代入式(1), 得

$$x_1^2 + y_1^2 + z_1^2 + u_1^2 = 8x_1 y_1 z_1 u_1 \tag{2}$$

由式(2)可知, 左边的 4 个整数都是偶数. 于是, $x_1 = 2x_2, y_1 = 2y_2, z_1 = 2z_2, u_1 = 2u_2$, 并且

$$x_2^2 + y_2^2 + z_2^2 + u_2^2 = 32x_2 y_2 z_2 u_2 \tag{3}$$

类似地, 可以得到

$$x_s^2 + y_s^2 + z_s^2 + u_s^2 = 2^{2s+1} x_s y_s z_s u_s, \text{对任意} s \in \mathbf{N}_+ \tag{4}$$

这表明, 对任意 $s \in \mathbf{N}_+, \dfrac{x}{2^s}, \dfrac{y}{2^s}, \dfrac{z}{2^s}, \dfrac{u}{2^s}$ 都是正整数, 矛盾!

---

① 这由 Pick 定理可知. ——译者注

问　题

11. 给定 $2n+1(n \geqslant 1)$ 个质量都是整数的砝码. 如果任意拿走其中的一个砝码, 剩下的 $2n$ 个砝码都可以分为两组, 它们的质量之和相同. 证明: 所有的砝码质量都相同.

12. 能否将一个正方体分割为有限个尺寸不同的正方体?

13. 证明: 方程 $8x^4 + 4y^4 + 2z^4 = t^4$ 没有正整数解.

14. 求下列方程的整数解:

（a）$x^3 - 3y^3 - 9z^3 = 0$;（b）$5x^3 + 11y^3 + 13z^3 = 0$;（c）$x^4 + y^4 = z^4$.

15. 设 (x, y) 为方程 $x^2 + xy - y^2 = 1$ 的正整数解, 证明:

（a）$\gcd(x, y) = 1$;（b）若 $x = y$, 则 $x = y = 1$;（c）$x \leqslant y < 2x$;（d）$(x + y, x + 2y)$ 和 $(2x - y, -x + y)$ 也是方程的正整数解.

构造一个解的无穷序列, 并证明它包含所有解.

16. 求方程的所有整数解: $10x^3 + 20y^3 + 1\,992xyz = 1\,993z^3$.

14.3　倒 退 法

倒退法是最古老的解题方法之一, 从上古时期就开始被运用. 古希腊人在处理构造性问题时就用到此法. 他们假定目标已构造出来, 然后倒过来计算数据. 当然数据是事先给定的, 这种想法在倒退回去分支情况不太多时非常有效. 倒退一步是什么状态? 倒退两步是什么状态? 每一步倒退, 情况都会少一些.

我们将通过一些典型问题来介绍这个方法. 20 世纪 Jacobi 经常强调: 你必须一直不停地退! 他的格言对他来说是极富成果的, 他那个时代最流行的问题是椭圆积分. 利用他的格言, 他将椭圆积分倒过来研究得到了他的最大发现——椭圆函数, 这比处理其逆（椭圆积分）要容易得多. 他的格言可以非常随意地解释为: 允许我们在毫无希望的场合下可以向前进. 事实上, 每当我们假设有解存在时, 就使用此方法, 并由此推出矛盾. 人们在数不清的场合都用过此法, 但未提到它的名字, 它与无穷递降法密切相关.

问　题

17. 在一个圆周上写着 4 个 0 和 5 个 1, 然后在两个相等的数之间写上 1, 不同的数之间写上 0. 再将最初的数全部擦掉, 重复这个步骤. 问: 我们能否得到 9 个 1?

18. 桌子上有 n 个砝码, 其质量 $m_1 > m_2 > \cdots > m_n$ 和一个有两个托盘的天平. 砝码被一个一个地放到托盘上. 对每次称量我们都赋予一个单词, 它来自字母表 $\{L, R\}$. 这个单词中

第 k 个字母为 L(或 R),如果①天平的左边(或右边)重一些的话,证明:任何一个由字母表 $\{L,R\}$ 组成的单词②都可以得到.

19. 在 n 个容积充分大的玻璃杯中,最初装有同样量的水. 每次可以从任意一个杯子向另一个杯子中倒水,倒入水的量等于第二个杯子中水的量. 问:对怎样的 n,可以将所有的水倒入一个杯中?

20. 从 $1,9,9,3$ 开始,构造数列 $1,9,9,3,2,3,7,\cdots$,这里每一个数都是前面 4 个数之和 mod 10 所得的余数. 问:4 元数组 $7,3,6,7$ 是否会出现?

21. 将整数 $1,2,\cdots,n$ 排成一列,使得每个数都大于前面所有的数或都小于前面所有的数,有多少种排列方法?

14.4 共 轭 数

设 a,b,r 为有理数,而 $\sqrt{r}$ 为无理数,则数 $a+b\sqrt{r}$ 和 $a-b\sqrt{r}$ 称为共轭数,它们经常同时出现.

在 $a+b\sqrt{r}$ 和 $a-b\sqrt{r}$ 之间作转换常常是很有帮助的.

我们常用分母有理化的方法,也同样常用分子有理化的方法.

$$\frac{1}{a+b\sqrt{r}}=\frac{a-b\sqrt{r}}{a^2-b^2r},a+b\sqrt{r}=\frac{a^2-b^2r}{a-b\sqrt{r}}$$

为将下面的数分母有理化

$$\frac{1}{1+\sqrt{2}+\sqrt{3}}$$

我们需要将分母与分子同乘一个数,使分母变为

$$(1+\sqrt{2}+\sqrt{3})(1+\sqrt{2}-\sqrt{3})(1-\sqrt{2}+\sqrt{3})(1-\sqrt{2}-\sqrt{3})$$

注意到,变换 $\sqrt{2}\longmapsto-\sqrt{2},\sqrt{3}\longmapsto-\sqrt{3}$ 保持该乘积不变,故上面的数为有理数. 为使下面的数分母有理化

$$\frac{1}{1+\sqrt[3]{2}+2\sqrt[3]{4}},\frac{1}{1-\sqrt[4]{2}+2\sqrt{2}+\sqrt[4]{8}}$$

知道集合 $\{a+b\sqrt[3]{2}+c\sqrt[3]{4}\mid a,b,c\in\mathbf{Q}\}$ 和 $\{a+b\sqrt[4]{2}+c\sqrt[4]{4}+d\sqrt[4]{8}\mid a,b,c,d\in\mathbf{Q}\}$ 都是数域,对此数的分母有理化是有帮助的. 也就是说上述代数系统对加、减、乘、除是封闭的.

作为一个典型例子,我们采用 1980 年 IMO 的一道候选问题.

例 1 求数 $(\sqrt{2}+\sqrt{3})^{1980}$ 小数点前面和后面的第一位数字.

数 $\sqrt{2}+\sqrt{3}$ 不是前面提到的 $a+b\sqrt{n}$ 的形式,因此我们需要将它通过平方来变形,这样次数就变为了原来的一半,得 $x=(5+2\sqrt{6})^{990}$,它几乎是一个整数. 事实上,通过加上一个很小

---

① 第 k 次称量时. ——校注
② 长为 n. ——译者注

的数 $y = (5 - 2\sqrt{6})^{990}$,我们就可以得到了一个整数

$$a = (5 + 2\sqrt{6})^{990} + (5 - 2\sqrt{6})^{990} = x + y$$
$$= p + q\sqrt{6} + p - q\sqrt{6} = 2p$$

这里 p 为一个整数,因此只需求 $2p$ 的个位数字,即 $2p(\bmod\ 10)$,可以通过二项式定理来求 $2p(\bmod\ 10)$,有

$$2p = 2\left[5^{990} + \binom{990}{2}5^{988} \cdot 2^2 \cdot 6 + \binom{990}{4}5^{986} \cdot 2^4 \cdot 6^2 + \cdots\right] + 2 \cdot 2^{990} \cdot 6^{495}$$

除最后一项外,其余各项都是 10 的倍数. 最后一个数 $\bmod\ 10$ 容易求得,因为 $6^n \equiv 6(\bmod\ 10)$,故只需求 $2^{991}(\bmod\ 10)$,它是 8,因为 2 的幂次的末位数字具有周期 $2,4,8,6$. 最后 $8 \cdot 6 \equiv 8(\bmod\ 10)$.

现在我们得到了 $x + y$ 的末位数字为 8,减去很小的那个数 y ,我们得到 $x = \cdots 7.9 \cdots$.

另解:将问题一般化,设

$$u_n = (5 + 2\sqrt{6})^n + (5 - 2\sqrt{6})^n$$
$$= x_n + y_n\sqrt{6} + x_n - y_n\sqrt{6}$$
$$= 2x_n$$
$$u_{n+1} = (x_n + y_n\sqrt{6})(5 + 2\sqrt{6}) + (x_n - y_n\sqrt{6})(5 - 2\sqrt{6})$$
$$= 10x_n + 24y_n$$
$$u_{n+2} = 10x_{n+1} + 24y_{n+1} = 10(5x_n + 12y_n) + 24(2x_n + 5y_n)$$
$$= 98x_n + 240y_n$$
$$u_{n+2} + u_n = 100x_n + 240y_n = 10u_{n+1} \equiv 0(\bmod\ 10)$$

从 $u_1 = 10, u_2 = 98$ 出发,得 u_n 的末位数字为 $0, 8, 0, 2, \cdots$,以 4 为周期,第 990 项为 8. 余下的部分同上处理.

问　　题

22. 证明: $(a + b\sqrt{r})^n = p + q\sqrt{r} \Leftrightarrow (a - b\sqrt{r})^n = p - q\sqrt{r}$.

23. 证明: $(x + y\sqrt{5})^4 + (z + t\sqrt{5})^4 = 2 + \sqrt{5}$ 没有有理数解 x, y, z, t .

24. 设 $(1 + \sqrt{2})^n = x_n + y_n\sqrt{2}$,这里 x_n, y_n 为整数. 证明:

(a) $x_n^2 - 2y_n^2 = (-1)^n$.

(b) $x_{n+1} = x_n + 2y_n, y_{n+1} = x_n + y_n$.

25. 哪个数大一些?

(a) $\sqrt{1\ 979} + \sqrt{1\ 980}$ 和 $\sqrt{1\ 978} + \sqrt{1\ 981}$?

(b) $a_n = \sqrt{n} + \sqrt{n+1}$ 和 $b_n = \sqrt{n-1} + \sqrt{n+2}$?

26. 设 $a_n = n(\sqrt{n^2 + 1} - n)$,求 $\lim\limits_{n \to \infty} a_n$.

27. 证明: $a_n = \sqrt{n} + \sqrt{n+1}, b_n = \sqrt{4n+2} \Rightarrow 0 < b_n - a_n < \dfrac{1}{16n\sqrt{n}}$.

28. 求 $(\sqrt{50}+7)^{100}$ 小数点后最初的 100 位数字.

29. 设 $p>2$ 为质数,证明: $p\mid\lfloor(2+\sqrt{5})^p\rfloor-2^{p-1}$.

30. 证明: $\lfloor(2+\sqrt{3})^n\rfloor$ 为奇数.

31. 求能整除 $\lfloor(1+\sqrt{3})^n\rfloor$ 的 2 的最高次幂.

32. (a) 对每个 $n\in\mathbf{N}_+$,证明: $n\sqrt{2}-\lfloor n\sqrt{2}\rfloor>\dfrac{1}{2n\sqrt{2}}$.

(b) 对任意 $\varepsilon>0$,证明:存在 $n\in\mathbf{N}_+$,使得 $n\sqrt{2}-\lfloor n\sqrt{2}\rfloor<\dfrac{1+\varepsilon}{2n\sqrt{2}}$.

33. 求次数最低的整系数方程,使得它有一个根为 $1+\sqrt{2}+\sqrt{3}$;并不通过计算求方程的其他根.

34. 判断 $\sqrt[3]{\sqrt{5}+2}-\sqrt[3]{\sqrt{5}-2}$ 为有理数还是无理数?

35. 若 $a,b,\sqrt{a}+\sqrt{b}$ 都是有理数,证明: $\sqrt{a}$ 和 $\sqrt{b}$ 也是有理数.

36. 若 $a,b,c,\sqrt{a}+\sqrt{b}+\sqrt{c}$ 都是有理数,证明: $\sqrt{a},\sqrt{b}$ 和 $\sqrt{c}$ 也都是有理数.

37. 证明: $\sqrt[3]{2}$ 不能表示为 $a+b\sqrt{r}$ 的形式,这里 $a,b,r\in\mathbf{Q}$.

38. 证明:数 $(\sqrt{2}-1)^n,n\in\mathbf{N}_+$ 具有形式 $\sqrt{m}-\sqrt{m-1},m\in\mathbf{N}_+$.

39. 求数 $(\sqrt{1\,978}+\lfloor\sqrt{1\,978}\rfloor)^{20}$ 的小数点后第 6 位数.

40. 将下式分母有理化:

(a) $\dfrac{1}{1+\sqrt[3]{2}+2\sqrt[3]{4}}$.

(b) $\dfrac{1}{1-\sqrt[4]{2}+2\sqrt{2}+\sqrt[4]{8}}$.

41. 设 $m,n\in\mathbf{N}_+,\dfrac{m}{n}<\sqrt{2}$. 证明: $\sqrt{2}-\dfrac{m}{n}>\dfrac{1}{2\sqrt{2}n^2}$.

42. (a) 证明:存在绝对值都小于 $1\,000\,000$,且不全为零的 3 个整数 a,b,c,使得 $|a+b\sqrt{2}+c\sqrt{3}|<10^{-11}$.

(b) 设 a,b,c 为整数,它们不全为零,且绝对值都小于 $1\,000\,000$,证明: $|a+b\sqrt{2}+c\sqrt{3}|>10^{-21}$. (Putnam1980)

43. 化简表达式 $L=\dfrac{2}{\sqrt{4-3\sqrt[4]{5}+2\sqrt{5}-\sqrt[4]{125}}}$. (MMD1982)

14.5 方程,函数和迭代

这一节我们收集了一些非线性的方程组问题,它们都有几何背景或函数迭代背景.

例1 正实数 x,y,z 满足方程组

$$x^2+xy+\frac{y^2}{3}=25,\frac{y^2}{3}+z^2=9,z^2+zx+x^2=16$$

求 $xy + 2yz + 3zx$ 的值. (AUO1984)

在一次集训中,我将此问题给了我们队的一位队员,要求他写出他在解此问题的思考过程中的细节.下面是一个简短概括:

(1)首先给我提示的是平方数 $9,16,25$. 这是一个"埃及三角形"的边长,它暗示去用 Pythagoras 定理,用几何和几何解释.

(2)不要求求出 x,y,z,而只需求 $xy + 2yz + 3zx$ 的值. 这可能是一个面积,甚至可能就是这个埃及三角形的面积 6. 它也暗示不应试着先求出 x,y,z.

(3)$\frac{y^2}{3}$ 出现两次,让我们令 $t^2 = \frac{y^2}{3}$.

事实上,在寻求几何解释时多出现平方项反而有利. 方程组变为

$$x^2 + \sqrt{3}\,xt + t^2 = 25, \quad t^2 + z^2 = 9$$
$$z^2 + zx + x^2 = 16$$

第一个式子很像余弦定理,第二个像 Pythagoras 定理,而第三个再次像余弦定理. 对这个三角形区域,图 14.3 给出 $\frac{tz}{2} + \frac{\sqrt{3}}{4}xz + \frac{1}{4}xt = 6$. 另外,有

$$Q = xy + 2yz + 3zx = xt\sqrt{3} + 2\sqrt{3}\,tz + 3zx = 4\sqrt{3} \cdot 6 = 24\sqrt{3}$$

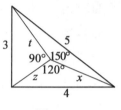

图 14.3

问　　题

44. 设 $f(x) = 4x - x^2$. 对 $x_0 \in \mathbf{R}$,考虑无穷数列 $x_0, x_1 = f(x_0), x_2 = f(x_1), \cdots$. 证明:存在无穷多个 x_0,使得 $x_0, x_1, x_2, \cdots$ 中只出现有限个不同的值.

45. 解方程组:$(x+y+z)^3 = 3u, (y+z+u)^3 = 3v, (z+u+v)^3 = 3x, (u+v+x)^3 = 3y, (v+x+y)^3 = 3z$.

46. 解方程组:$x_1 + x_1 x_2 = 1, x_2 + x_2 x_3 = 1, \cdots, x_{100} + x_{100} x_1 = 1$.

47. 求方程组的所有解 (x,y,z)

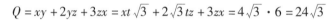

$$\cos x + \cos y + \cos z = \frac{3\sqrt{3}}{2}, \quad \sin x + \sin y + \sin z = \frac{3}{2}$$

48. 求满足下面方程组的所有正实数 $x_1, \cdots, x_{10}$.

$$(x_1 + \cdots + x_k)(x_k + \cdots + x_{10}) = 1, \quad k = 1, 2, \cdots, 10$$

49. A 任取 5 个数 $x_1, \cdots, x_5$,计算每两个数之和得 $a_1, \cdots, a_{10}$,然后要求 B 通过 $a_1, \cdots, a_{10}$ 确定 $x_1, \cdots, x_5$. 问:B 能否完成这项任务?

说明:对 $n = 2^k$ 并不总是能完成任务. 例如,四元数组 $(0, 1, 2, 4)$ 和 $(-0.5, 1.5, 2.5, 3.5)$ 给出 6 个相同的和数 $(1, 2, 3, 4, 5, 6)$.

50. 能否在 5×5 的表格的 25 个格子各填一个数,使得:

(a)每一个 2×2 的子表格内 4 个数之和为负数,而所有数之和为正数?

(b)每一个 2×2 的子表格内 4 个数之和为负数,而每一个 3×3 的子表格内 9 个数之和为正数?

51. 是否存在函数 $f(x),g(x)$, 使得对任意 $x \in \mathbf{R}$, 均有 $x^2 + xy + y^2 = f(x) + g(y)$?

52. 解方程组

$$x_1 + \cdots + x_n = n, x_1^2 + \cdots + x_n^2 = n, \cdots, x_1^n + \cdots + x_n^n = n$$

53. 设 $A = (a_1, a_2, \cdots, a_m)$, 这里 $m = 2^n, a_i \in \{-1, 1\}$. 考虑变换 $T(A) = (a_1 a_2, a_2 a_3, \cdots, a_m a_1)$, 证明: 重复运用这个变换, 你一定可以得到 m 元数组 $(1, 1, \cdots, 1)$.

54. 求方程组的正实数解: $1 - x_1^3 = x_2, \cdots, 1 - x_n^3 = x_1$.

55. 证明: 方程组 $x + y + z = 0, \dfrac{1}{x} + \dfrac{1}{y} + \dfrac{1}{z} = 0$ 没有实数解.

56. 求 $g(x) = f \circ f \circ \cdots \circ f(x) = f^{1994}(x)$, 这里 $f(x) = \dfrac{x\sqrt{3} - 1}{x + \sqrt{3}}$.

57. 解方程: $8x(2x^2 - 1)(8x^4 - 8x^2 + 1) = 1$.

58. 解方程组: $x^2 + y^2 = 1, 4x^3 - 3x = \sqrt{\dfrac{x + 1}{2}}$.

59. 求方程的正实数解: $x^{x^{1996}} = 1\,996$.

14.6 取 整 函 数

下面的定义和规则中, x 总表示实数, 而 n 表示整数:

$\lfloor x \rfloor = x$ 的地板函数 = 最大的整数 $\leq x = x$ 向下的第一个整数.

$\lceil x \rceil = x$ 的天花板函数 = 最小的整数 $\geq x = x$ 向上的第一个整数.

函数 $\lfloor x \rfloor$ 又称为 x 的整数部分, 而 $\{x\} = x - \lfloor x \rfloor$ 称为 x 的小数部分. 下面的性质非常有用

$$\lfloor x \rfloor = n \Leftrightarrow n \leq x < n + 1 \Leftrightarrow x - 1 < n \leq x$$

$$\lceil x \rceil = n \Leftrightarrow n - 1 < x \leq n \Leftrightarrow x \leq n < x + 1$$

我们有 $\lfloor x + n \rfloor = x + n$, 但是 $\lfloor nx \rfloor \neq n\lfloor x \rfloor$. 正由于此, 一个经常运用的好方法是去掉地板和天花板符号.

下面证明一个简单的不等式 $\lfloor x \rfloor + \lfloor y \rfloor \leq \lfloor x + y \rfloor$.

事实上, $x = \lfloor x \rfloor + \{x\}, y = \lfloor y \rfloor + \{y\}$. 因此 $\lfloor x + y \rfloor = \lfloor x \rfloor + \lfloor y \rfloor + \lfloor \{x\} + \{y\} \rfloor$, 而 $0 \leq \{x\} + \{y\} < 2$, 所以它等于 $\lfloor x \rfloor + \lfloor y \rfloor$ 或 $\lfloor x \rfloor + \lfloor y \rfloor + 1$.

例 1 我们将用一种在大部分情况下都有效的方法来证明一个简单的公式, 但是, 我们又常常避免用这个方法, 因为它并不优雅, 证明

$$\left\lfloor \frac{\lfloor x \rfloor}{n} \right\rfloor = \left\lfloor \frac{x}{n} \right\rfloor$$

设 $x = m + \alpha, 0 \leq \alpha < 1, m = qn + r, 0 \leq r < n$, 则

$$\lfloor x \rfloor = m, \frac{\lfloor x \rfloor}{n} = \frac{m}{n} = q + \frac{r}{n}, \left\lfloor \frac{\lfloor x \rfloor}{n} \right\rfloor = q$$

$$\frac{x}{n} = \frac{m + \alpha}{n} = \frac{nq + r + \alpha}{n} = q + \frac{r + \alpha}{n}, \left\lfloor \frac{x}{n} \right\rfloor = q$$

因为 $r + \alpha < n$.

问　题

60. 证明：$\lfloor x \rfloor + \lfloor x + \frac{1}{n} \rfloor + \cdots + \lfloor x + \frac{n-1}{n} \rfloor = \lfloor nx \rfloor, x \in \mathbf{R}, n \in \mathbf{N}_+$.

61. 设 τ_n 为 $n \in \mathbf{N}_+$ 的正约数个数，证明：$\tau_1 + \tau_2 + \cdots + \tau_n = \lfloor \frac{n}{1} \rfloor + \lfloor \frac{n}{2} \rfloor + \cdots + \lfloor \frac{n}{n} \rfloor$.

62. 设 σ_n 为 $n \in \mathbf{N}_+$ 的所有正约数之和，证明：$\sigma_1 + \sigma_2 + \cdots + \sigma_n = \lfloor \frac{n}{1} \rfloor + 2\lfloor \frac{n}{2} \rfloor + \cdots + n\lfloor \frac{n}{n} \rfloor$.

63. 设 p, q 为互质的正整数，证明
$$\lfloor \frac{p}{q} \rfloor + \cdots + \lfloor \frac{(q-1)p}{q} \rfloor = \lfloor \frac{q}{p} \rfloor + \cdots + \lfloor \frac{(p-1)q}{p} \rfloor$$
$$= \frac{(p-1)(q-1)}{2}$$

64. 若 n 为一个正整数，证明：$\lfloor \sqrt{n} + \sqrt{n+1} \rfloor = \lfloor \sqrt{4n+2} \rfloor$.

65. 若 $a, b, c \in \mathbf{R}$，且 $\lfloor na \rfloor + \lfloor nb \rfloor + \lfloor nc \rfloor$ 对每个 $n \in \mathbf{N}_+$ 成立，证明：$a \in \mathbf{Z}$ 或 $b \in \mathbf{Z}$.

66. 对每个 $n \in \mathbf{N}_+$，求最大的 $k \in \mathbf{Z}_+$，使得 $2^k | \lfloor (3 + \sqrt{11})^{2n-1} \rfloor$.

67. 证明：在数列 $a_1 = 2, a_{n+1} = \lfloor \frac{3a_n}{2} \rfloor, n \in \mathbf{N}_+$ 中，有无穷多项为偶数，也有无穷多项为奇数.

68. 在上面定义的数列 a_n 的基础上，定义新数列 $b_n = (-1)^{a_n}$，证明：数列 b_n 不是周期数列.

69. 对每一对实数 a, b，考虑数列 $p_n = \lfloor 2\{an + b\} \rfloor$，这里 $\{c\}$ 为 c 的小数部分，称该数列的任何连续 k 项为一个词. 是否每一个长为 k 的由 0，1 组成的数列都是由某些 a, b 确定的一个数列的一个词：(a) $k = 4$，(b) $= 5$？（MMO1993）

70. 求 $\lfloor (\sqrt{n} + \sqrt{n+1} + \sqrt{n+2})^2 \rfloor$.

71. 证明：$\lfloor (\sqrt[3]{n} + \sqrt[3]{n+2})^3 \rfloor + 1$ 是 8 的倍数.

72. 证明：对任意正整数 n，有 $2^n | 1 + \lfloor (3 + \sqrt{5})^n \rfloor$.

解　答

1. 如果有一个人与其余的每个人都可以说某种语言，那么命题显然成立，因为 $\frac{1984}{5} > 200$. 因此，可以假设有一个两人对 $\{P_1, P_2\}$，他们之间没有公共语言. 这两个人与其余 1983 个人中的每一个人组成一个 3 元子集，这 1983 个人中，每一个人都与 P_1 或 P_2（或与他们两

人)有公共语言. 于是,$\{P_1,P_2\}$ 中有一个人,不妨设为 P_1,他与 992 个人有公共语言. 而 P_1 至多只能说 5 种语言,于是这 992 个人中必有 199 个人与 P_1 说的是同一种语言. 因此,说该种语言的人至少有 $199+1=200$ 个,包括 P_1 在内.

2. 如果存在一张这样的地图,由于每个顶点的度都为偶数,因此,可以将平面进行红和蓝染色,使得有公共边界的国家颜色不同,不妨设五边形的外部是红色,并设 r 和 b 分别是红色三角形和蓝色三角形的个数,我们用两种方式计算边的条数.

每个蓝色三角形有三条边,按这种方式它的边只计算了一次,故 $k=3b$.

红色国家的边界共有 $k=3r+5$ 条边,因此 $3r+5=3b$,这是一个矛盾.

3. 设 $n>4$,顶点 v_1 有 n 种选择,用对角线 d_1 联结与它相邻的两个顶点,下一条对角线有两种方式联结:$d_2=v_3v_n$ 或 $d_2=v_2v_{n-1}$. 类似地 $d_2,\cdots,d_{n-3}$ 依次都有两种联结方式,因此共有 $n\cdot 2^{n-4}$ 种方式去选择 v_1 和联结对角线 $d_1,d_2,\cdots,d_{n-3}$. 而每一个这样的三角剖分都有两个三角形,这两个三角形有两条边是该 n 边形的邻边,因此每一种三角剖分被计算了两次,所以,结果为 $n\cdot 2^{n-5}$. 对 $n=4$,此公式也成立.

4. 用平面上的点表示人,两人相识则在其对应点之间联结一条边,这就得到一个顶点表示人、边表示相识关系的图.

用反证法来证明. 若每个顶点 A 要么与其余 16 个顶点直接有边相连,要么通过第三个顶点相连. 而 A 恰好引出四条边,与它相邻的每个顶点再与另外三个点有边相连,并且此时图中不再有其他顶点,且所有 17 个点各不相同,其余所有的边(共有 $\dfrac{17\times 4}{2}-16=18$ 条)只联结图 14.4 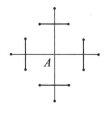 中所示的外部顶点,这 18 条边中每一条边都确定了一个通过点 A 的、边数为 5 的圈. 由于 A 的任意性,也存在 18 个经过其余 16 点中每个点的

图 14.4

这样的圈,而每个圈都经过 5 个顶点,因此图中圈的个数为 $\dfrac{18\cdot 17}{5}$,这是不可能的,因为圈数必须为整数.

5. 答案为 33. 易知 9 个点之间只能联结 36 条边,若其中的 33 条边被染色,则只有 3 条边没有染色. 在这 9 个点中取 3 个点,它们是这三条没染色的边的端点. 剩下的 6 个点之间所联结的边都是染色边①. 我们证明:从这 6 个点中可选出 3 个点,以它们为顶点的三角形的三边同色. 从这 6 个点中任取一点 A,以 A 为端点的 5 条边中必有 3 条同色,不妨设为 AB,AC,AD,则 4 个三角形($\triangle ABC$,$\triangle ACD$,$\triangle ABD$ 和 $\triangle BCD$)中必有一个同色三角形.

另外,存在一个染了 32 条边(如图 14.5,粗线代表红色,细线代表蓝色)的图,它没有同色三角形. 因此 $n=33$ 是染色边数的最小值:只要对其中的任意 33 条边随意进行两色染色,则其中必存在同色三角形.

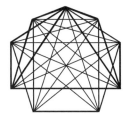

6. 从任意一个顶点出发,沿着箭头的方向前进,直到你第一次碰到你前面已经到过的某个顶点. 这样,我们得到了一个回路 C,它将多面体的表面分为左、右两个部分,然后用有限下降方法证明

图 14.5

---

① 这一点可从其补图去验证,此处由译者改正.

在每个部分各有一个面,可以沿箭头方向绕行一周.

7. 考虑由红色线段组成的子图,在 n 个顶点的每个点上放一名黑客. 第一次将距离最短的线段两端点的黑客交换位置,然后将第二短的线段两端点上的黑客交换位置,再是第三短的,直到最长的线段. 由于 r 条线段中每一条恰有两名黑客走过,所以黑客共走过了 $2r$ 条线段,至少有一个黑客走过了大于或等于 $\dfrac{2r}{n}$ 条线段.

因为每个黑客走过的相邻线段的长度是递增的,这样我们就证明了存在 m 条连续的红色线段,它们的长度依次递增.

8. 若 A 和 B 不相识,则对其余人中任意的 C 和 D,C 与 D 必相识,这是因为 A,B,C,D 中有一人认识其余 3 个人. 因此如果还有第 3 个人 C,他不认识其余所有的人,则他必不认识 A,B 中的某个人,若还有第 4 个人 D 不认识其余的每个人,则他也不认识 A,B 中的某个人,这样 $\{A,B,C,D\}$ 将不满足题中的要求. 因此除至多 3 个人外,其余每个人都认识其余所有的人.

9. 将问题(图 14.6)转化为一个图论问题(图 14.7),在这个图中任意两个相邻顶点可由马跳一次到达. 题中的马依顺时针方向作 16 次跳动可达目的. 16 是最小的,这一点非常显然.

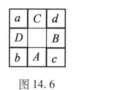

图 14.6　　　　　图 14.7

10. 假设命题不成立:S 中每个双人对的公共朋友个数都是奇数,$|S|=2n$. 设 A 为 S 中的一个人,并记 $M=\{F_1,F_2,\cdots,F_k\}$ 为 A 的朋友集. 我们证明:

引理:对每个 A,上面的数 k 均为偶数.

引理的证明:事实上,对每个 $F_i \in M$,考虑他在 M 中的所有朋友的个数,这些数之和必为偶数,因为每一对朋友计算过两次. 而这些数中每一个都为奇数(它是 A 与 F_i 的公共朋友数),因此 k 为偶数.

设 $k=2m$,现在对任意 $F_i \in M$,考虑他的除 A 以外的朋友集(不仅限于 M 中),由引理,每个朋友集(相应于 F_i)包含奇数个人,因此这 $2m$ 个朋友集的元素个数之和为偶数. 这样在除 A 以外的 $2n-1$ 个人中,必有一个同时属于上述 $2m$ 个朋友集中的偶数个,因此他与 A 的共同朋友个数为偶数.

上述矛盾表明 S 中必有两个人,他们的共同朋友个数为偶数.

11. 设 $w_1,\cdots,w_{2n+1}$ 是那些砝码的质量. 由于任意 $2n$ 个砝码是平衡的,从而任意 $2n$ 个砝码的质量和为偶数. 这表明每个砝码质量的奇偶性相同①. 如果它们都为偶数,令 $w_i \to \dfrac{w_i}{2}$;如果都为奇数,令 $w_i \to \dfrac{w_i-1}{2}$. 每种情况,我们都得到了具有上述平衡性质的砝码集. 重复上述

---

① 都与这 $2n+1$ 个砝码质量之和的奇偶性相同. ——译者注

讨论,可知 $w_i(\bmod 2^k)$ 同余,这一点对任意 k 成立.从而 w_i 都相同.

推广到有理数是容易的,而推广到无理数,要困难得多①.

12. (a)设正方形 Q 分割为不同的正方形,则最小的那个正方形不能与 Q 的边界相接触②.

(b)若正方体 C 可分割为不同的正方体 C_i,设 Q 为 C 的底面,则在 Q 上的小正方体的底面将 Q 分割为不同的正方形.设 Q_1 是其中最小的正方形,而 C_1 是与之相应的正方体.现在 Q_1 被一些大的正方形包围,这样围绕 C_1 的正方体围出一个以 C_1 为中心的"围城".其他的正方体(指与底面有接触的)放不进这个"围城".

(c)再从 C_1 出发,得到一个无穷多层的塔,上一层都比下面的小,矛盾.

13. 运用无穷递降法.

14. 对(a)和(c)用无穷递降法.(c)不是平凡的,但容易证出.对(b)证明满足方程的 x,y,z 都是 13 的倍数.

15. 这些提示对解此问题应该足够了.

16. 运用无穷递降法.

17. 此问题看上去可以由不变量出发来处理.从圆上的某个分布开始,进行变换得到

$$011101000 \rightarrow 011000111 \rightarrow 010110110 \rightarrow 000100101 \rightarrow \cdots$$

从特殊情况出发未找到不变量.于是我们试着用倒退的方法,在找不到不变量时这样做经常是有效的.若目标能够达到,我们第一次得到 9 个 1 的前一步一定是 9 个 0,再前一步必将 9 个数变为了 $0-1-0-1-\cdots$,而对奇数(因为 9 是奇数)这是做不到的.

18. 这是一个难题.不清楚如何去对付它,除非我们想起 Jacobi 的格言:你必须一直不停地退!我们不考虑将砝码放到盘中的问题,而考虑从盘中取走砝码.这样,代替单词 $W = RRL\cdots RRL$,我们改为去求它的转置单词 $W^T = LRR\cdots LRR$.这样考虑要简单些.不妨设 W^T 从 L 开始,否则交换左盘和右盘中的全部砝码即可.在左边的盘子中放入砝码 $m_1 > m_3 > m_5 > \cdots$,而右边的盘子中放入砝码 $m_2 > m_4 > m_6 > \cdots$.最初时左边比右边重,这一假定与最轻的砝码在哪个盘中无关.如果在搬动的过程中,天平的平衡发生改变,则拿走最重的砝码,否则拿走最轻的砝码!单词的生成过程是:改变字母→搬走最重的砝码.字母不改变→搬走最轻的砝码.例如:$W = RLLRRRLRRL \rightarrow W^T = LRRLRRRLLR$,左盘中的砝码为 $m_1 > m_3 > m_5 > m_7 > m_9$,而右盘中的砝码为 $m_2 > m_4 > m_6 > m_8 > m_{10}$,则 W^T 对应的搬动序列为 $m_1, m_{10}, m_2, m_3, m_9, m_8,$ m_4, m_7, m_5, m_6.为得到 W,只需依相反的次序逐个将砝码放到盘中去.

19. 对任意 n,设可以将水倒入一个杯子中,可设杯中水的总量为 1,并经过 m 步完成倒水任务.让我们倒退回去,第 $m-1$ 步,分布为 $\left(\dfrac{1}{2}, \dfrac{1}{2}\right)$.设第 $(m-k)$ 步的分布为

$$\left(\frac{x}{2^a}, \frac{y}{2^b}, \cdots, \frac{z}{2^c}\right)$$

它前面的一步是什么呢?随意给杯子编号,不妨设是第二号杯子中的水倒入第一号杯子中.有两种可能性:

---

① 无论哪种情形,结论都是成立的.——译者注
② 正方形可以分割为不同的正方形,此处用不到这个结论.——译者注

（a）第二号杯子变空了，则前一步的分布为

$$\left(\frac{x}{2^{a+1}},\frac{x}{2^{a+1}},\cdots,\frac{z}{2^{c}}\right)$$

（b）第二号杯子中还有水，则前一步的分布为

$$\left(\frac{x}{2^{a+1}},\frac{x}{2^{a+1}}+\frac{y}{2^{b}},\cdots,\frac{z}{2^{c}}\right)$$

每个情形中，分母都是 2^{k} 的形式. 特别地，第一次倒水之前分母也应都是 2 的幂，所以 $n=2^{m}$.

20. 将问题中的数列向右边展开不是一个好主意，要是很快就能得到 7,3,6,7，它就不是一个好的奥林匹克问题，每个人都做得出来. 这里你需要考虑 Jacobi 的格言：你必须一直不停地退. 这个格言显然提示我们向左边展开数列. 这样做，结果也是唯一的. 事实上，前面的 8 个数字就是 **7,3,6,7**,3,9,5,4,1,9,9,3,2,3,7. 这其中就有我们要找的数字. 但是，它们向右是否会再出现呢？由于至多有 10^{4} 个可能的 4 数组，从而在 $(10^{4}+1)$ 个 4 数组中，必出现重复，得到一个周期. 由于数列从 1,9,9,3 开始向两边拓展得到唯一的结果，从而它是纯周期数列，在很后面的地方会出现 7,3,6,7.

21. 从后向前来确定数列. 最后一位只能是 1 和 n，并且向前推该数列的任意一位都是左边各数中最大的或最小的数. 这就是说，除第 1 位外，每个位置上恰有两种选择. 于是共有 2^{n-1} 个这样的数列.

22. 将 $\sqrt{r}$ 换为 $-\sqrt{r}$.

23. 用共轭数，得 $(x-y\sqrt{5})^{4}+(z-t\sqrt{5})^{4}=2-\sqrt{5}$，左边为正数，而右边是负数.

24. $(1+\sqrt{2})^{n+1}=x_{n+1}+y_{n+1}\sqrt{2}=(1+\sqrt{2})(x_{n}+y_{n}\sqrt{2})=x_{n}+2y_{n}+(x_{n}+y_{n})\sqrt{2}.$ 因此，我们有 $x_{n+1}=x_{n}+2y_{n}$，$y_{n+1}=x_{n}+y_{n}$，且 $x_{n+1}^{2}-2y_{n+1}^{2}=(x_{n}+2y_{n})^{2}-2(x_{n}+y_{n})^{2}=-(x_{n}^{2}-2y_{n}^{2})=(-1)^{n+1}.$

25. $b_{n}-a_{n}=\sqrt{n+2}-\sqrt{n}-(\sqrt{n+1}-\sqrt{n-1})=\dfrac{2}{\sqrt{n+2}+\sqrt{n}}-\dfrac{2}{\sqrt{n+1}+\sqrt{n-1}}<0,$ 因为 $\sqrt{n+2}+\sqrt{n}>\sqrt{n+1}+\sqrt{n-1}$.

26. $a_{n}=n\cdot\dfrac{n^{2}+1-n^{2}}{\sqrt{n^{2}+1}+n}=\dfrac{n}{\sqrt{n^{2}+1}+n}\to\dfrac{1}{2}$（对 $n\to\infty$）.

27. 利用变形

$$\sqrt{4n+2}-\sqrt{n}-\sqrt{n+1}=\frac{2n+1-2\sqrt{n(n+1)}}{\sqrt{4n+2}+\sqrt{n}+\sqrt{n+1}}$$

$$=\frac{1}{\sqrt{4n+2}+\sqrt{n}+\sqrt{n+1}}\cdot\frac{1}{2n+1+2\sqrt{n(n+1)}}$$

$$<\frac{1}{(2\sqrt{n}+\sqrt{n}+\sqrt{n})(2n+2n)}=\frac{1}{16n\sqrt{n}}$$

28. 加上一个很小的数 $(\sqrt{50}-7)^{100}<0.075^{100}<0.1^{100}=10^{-100}$ 后，我们得到一个整数. 因此 $(\sqrt{50}+7)^{100}$ 的前 100 位小数都是 9.

29. $\lfloor(2+\sqrt{5})^{p}\rfloor-2^{p+1}=(2+\sqrt{5})^{p}+(2-\sqrt{5})^{p}-2^{p+1}.$ 事实上，$-1<(2-\sqrt{5})^{p}<0$，于

是将原数加上一个绝对值小于 1 的负数,我们可得到该数的"地板函数"值. 上式右边我们所得整数的每一项中都有因子 $\binom{p}{i}$, $i = 1, 2, \cdots, p-1$. 故它是 p 的倍数.

30. $\lfloor (2+\sqrt{3})^n \rfloor = (2+\sqrt{3})^n + (2-\sqrt{3})^n - 1 = x_n + \sqrt{3} y_n + x_n - \sqrt{3} y_n - 1 = 2x_n - 1$.

31. $\lfloor (1+\sqrt{3})^n \rfloor = \begin{cases} (1+\sqrt{3})^n + (1-\sqrt{3})^n, & \text{若 } n \text{ 为奇数} \\ (1+\sqrt{3})^n + (1-\sqrt{3})^n - 1, & \text{若 } n \text{ 为偶数} \end{cases}$. 当 n 为偶数时,左边为奇数,这是因为两个共轭数之和为偶数,减去 1 后,是一个奇数. 因此,只需考虑 $n = 2m+1$ 的情形.

由 $(2+\sqrt{3})^m = x_m + \sqrt{3} y_m$, $(2-\sqrt{3})^m = x_m - \sqrt{3} y_m$, 经常规计算后得
$$(1+\sqrt{3})^{2m+1} + (1-\sqrt{3})^{2m+1} = 2^{m+1}(x_m + 3y_m)$$
由数学归纳法易证 $x_m^2 - 3y_m^2 = 1$, 故 $x_m + 3y_m$ 为奇数. 事实上, $(x_m + 3y_m)(x_m - 3y_m) = x_m^2 - 9y_m^2 = x_m^2 - 3y_m^2 - 6y_m^2 = 1 - 6y_m^2$. 由于乘积为奇数,故左边每个因式都为奇数.

32. (a) 记 $m = \lfloor n\sqrt{2} \rfloor$, $n\sqrt{2} - m = \{n\sqrt{2}\}$. 由于 $m \neq n\sqrt{2}$, 故 $m < n\sqrt{2}$, $m^2 < 2n^2$, 因此 $1 \leqslant 2n^2 - m^2 = (n\sqrt{2} - m)(n\sqrt{2} + m) = \{n\sqrt{2}\}(n\sqrt{2} + m) < \{n\sqrt{2}\} 2n\sqrt{2}$, $n\sqrt{2} - \lfloor n\sqrt{2} \rfloor > \dfrac{1}{2n\sqrt{2}}$.

(b) 令 $n_1 = m_1 = 1$, $n_{i+1} = 3n_i + 2m_i$, $m_{i+1} = 4n_i + 3m_i$, 我们得到满足 $2n_i^2 - m_i^2 = 1$, $i \in \mathbf{N}_+$ 的两个数列. 取 $n_{i_0} = n$ 使得 $n > \dfrac{1 + 1/\varepsilon}{2\sqrt{2}}$, 则 $\varepsilon(2n\sqrt{2} - 1) > 1$, $(1+\varepsilon)(2n\sqrt{2} - 1) > 2n\sqrt{2}$. 取 $m = m_{i_0}$, 就有
$$\frac{1+\varepsilon}{2n\sqrt{2}} > \frac{1}{n\sqrt{2} + m} = n\sqrt{2} - m = \{n\sqrt{2}\}$$

33. $x_1 = 1 + \sqrt{2} + \sqrt{3}$, 以及它的共轭数 $x_2 = 1 + \sqrt{2} - \sqrt{3}$, $x_3 = 1 - \sqrt{2} + \sqrt{3}$ 和 $x_4 = 1 - \sqrt{2} - \sqrt{3}$ 都是 4 次整系数方程 $x^4 - 4x^3 - 4x^2 + 16x - 8 = 0$ 的解. 没有次数更低的满足条件的方程,因为要去掉 $\sqrt{2}$ 和 $\sqrt{3}$ 的根号需要平方两次.

34. $x = \sqrt[3]{\sqrt{5} + 2} - \sqrt[3]{\sqrt{5} - 2} = p - q \Rightarrow x^3 = p^3 - q^3 - 3pq(p - q)$, 它导出方程 $x^3 + 3x - 4 = 0$, 只有一个实根 $x = 1$.

35. $a, b, \sqrt{a} + \sqrt{b} \Rightarrow a - b \in \mathbf{Q}$, $\dfrac{a-b}{\sqrt{a} - \sqrt{b}} \in \mathbf{Q} \Rightarrow \sqrt{a} + \sqrt{b}, \sqrt{a} - \sqrt{b} \in \mathbf{Q} \Rightarrow 2\sqrt{a} \in \mathbf{Q}, 2\sqrt{b} \in \mathbf{Q}$.

36. 设 $\sqrt{a} + \sqrt{b} + \sqrt{c} = r$ 是有理数,则 $\sqrt{a} + \sqrt{b} = r - \sqrt{c}$, 两边平方,得 $a + b + 2\sqrt{ab} = r^2 - 2r\sqrt{c} + c$, 或
$$2\sqrt{ab} = r^2 + c - a - b - 2r\sqrt{c} \tag{1}$$
再平方一次,得 $4ab = (r^2 + c - a - b)^2 + 4r^2 c - 4r(r^2 + c - a - b)\sqrt{c}$, 故
$$4r(r^2 + c - a - b)\sqrt{c} = (r^2 + c - a - b)^2 + 4r^2 c - 4ab \tag{2}$$
对 $r(r^2 + c - a - b) \neq 0$ 的情形,方程 (2) 蕴含
$$\sqrt{c} = \frac{(r^2 + c - a - b)^2 + 4r^2 c - 4ab}{4r(r^2 + c - a - b)}$$

因此 $\sqrt{c}$ 为有理数. 分母为零的情况是平凡的, 留给读者证明. 对称地, 可知 $\sqrt{a}$, $\sqrt{b}$ 都是有理数.

37. 设 $\sqrt[3]{2} = a + b\sqrt{r}$, 则 $2 = a^3 + 3ab^2 r + b(3a^2 + b^2 r)\sqrt{r}$. 因为左边为有理数, 故 $b(3a^2 + b^2 r) = 0$, 即有 $b = 0$, 矛盾; 或者 $3a^2 + b^2 r = 0$, 而此式左边最后一项非负, 故 $a = b = 0$, 此亦矛盾.

38. $n = 1 : \sqrt{2} - 1$; $n = 2 : (\sqrt{2} - 1)^2 = 3 - 2\sqrt{2} = \sqrt{9} - \sqrt{8}$; $n = 3 : (\sqrt{2} - 1)^3 = \sqrt{50} - \sqrt{49}$.

我们猜想: 对偶数 n, 有 $(\sqrt{2} - 1)^n = \sqrt{A^2} - \sqrt{2B^2}$, 其中 $A^2 - 2B^2 = 1$; 对奇数 n, 有 $(\sqrt{2} - 1)^n = \sqrt{2B^2} - \sqrt{A^2}$, 其中 $2B^2 - A^2 = 1$, 即 $A^2 - 2B^2 = (-1)^n$, $n \in \mathbf{N}_+$. 事实上, 设 n 为偶数, 而 $A^2 - 2B^2 = (-1)^n$, 则 $(\sqrt{2} - 1)^{n+1} = (\sqrt{2} - 1)(A - B\sqrt{2}) = (-A - 2B) + (A + B)\sqrt{2}$, 由 $A^2 - 2B^2 = (-1)^n$, 我们有 $(A + 2B)^2 - 2(A + B)^2 = -(A^2 - 2B^2) = (-1)^{n+1}$.

39. 加上一个很小的数 $(\sqrt{1\,978} - 44)^{20} < 0.5^{20} < 10^{-6}$ 即可, 于是小数点后第六位为 9.

40. (a) 设

$$\frac{1}{1 + \sqrt[3]{2} + 2\sqrt[3]{4}} = a + b\sqrt[3]{2} + c\sqrt[3]{4}$$

乘以分母后, 比较系数, 得方程组 $a + 4b + 2c = 1$, $a + b + 4c = 0$, $2a + b + c = 0$.

它有解 $a = -\dfrac{3}{23}$, $b = \dfrac{7}{23}$, $c = -\dfrac{1}{23}$. 分母有理化后的结果为 $\dfrac{-3 + 7\sqrt[3]{2} - \sqrt[3]{4}}{23}$.

(b) 由 $(1 - \sqrt[4]{2} + 2\sqrt{2} + \sqrt[4]{8})(a + b\sqrt[4]{2} + c\sqrt{2} + d\sqrt[4]{8}) = 1$, 得 $a + 2b + 4c - 2d = 1$, $-a + b + 2c + 4d = 0$, $2a - b + c + 2d = 0$, $a + 2b - c + d = 0$, 得解 $a = \dfrac{9}{167}$, $b = \dfrac{15}{167}$, $c = \dfrac{25}{167}$, $d = -\dfrac{14}{167}$. 从而分母有理化后得到

$$\frac{9 + 15\sqrt[4]{2} + 25\sqrt{2} - 14\sqrt[4]{8}}{167}$$

41. $\left(\sqrt{2} - \dfrac{m}{n}\right)\left(\sqrt{2} + \dfrac{m}{n}\right) = \dfrac{2n^2 - m^2}{n^2} \geqslant \dfrac{1}{n^2} \Rightarrow \sqrt{2} - \dfrac{m}{n} \geqslant \dfrac{1}{\left(\sqrt{2} + \dfrac{m}{n}\right)n^2} > \dfrac{1}{2\sqrt{2}n^2}$.

42. (a) 设 S 是由形如 $a + b\sqrt{2} + c\sqrt{3}$ 的 10^{18} 个数组成的集合, 这里 $a, b, c \in \{0, 1, 2, \cdots, 10^6 - 1\}$, 并记 $d = (1 + \sqrt{2} + \sqrt{3})10^6$, 则对每个 $x \in S$, 均有 $0 \leqslant x < d$. 将区间 $[0, d)$ 划分为 $(10^{18} - 1)$ 个区间 $(k - 1)e \leqslant x < ke$, 这里 $e = \dfrac{d}{10^{18} - 1}$, 而 k 取 $1, 2, \cdots, 10^{18} - 1$. 由抽屉原理, S 中的 10^{18} 个数中必有两个来自同一区间. 它们的差 $r + s\sqrt{2} + t\sqrt{3}$ 给出满足条件的 r, s, t, 因为 $e < 10^{-11}$.

(b) 形如 $F_i = a \pm b\sqrt{2} \pm c\sqrt{3}$ 的 4 个数都不是零, 它们的乘积 P 是一个整数. 事实上, 变换 $\sqrt{2} \longmapsto -\sqrt{2}$ 和 $\sqrt{3} \longmapsto -\sqrt{3}$ 不改变 P 的值. 从而, P 不包括这些方根. 因此 $|P| \geqslant 1$. 于是 $|F_1| \geqslant \dfrac{1}{|F_2 F_3 F_4|} > 10^{-21}$, 这是因为 $|F_i| < 10^7$. 因此, 对每个 i, 均有 $\dfrac{1}{|F_i|} > 10^{-7}$.

43. 设 $q = \sqrt[4]{5}$, $q^4 = 5$, 则 $\left(\dfrac{L}{2}\right)^2 = \dfrac{1}{4 - 3q + 2q^2 - q^3} = a + bq + cq^2 + dq^3$. 乘以分母, 展开并比

较两边的系数,我们得到 $4a-5b+10c-15d=1$,$-3a+4b-5c+10d=0$,$2a-3b+4c-d=0$,$-a+2b-3c+4d=0$,解出 a,b,c,d,得到 $a=\dfrac{1}{4}$,$b=\dfrac{1}{2}$,$c=\dfrac{1}{4}$,$d=0$. 从而 $\left(\dfrac{L}{2}\right)^2=\dfrac{1}{4}(1+2q+q^2)=\dfrac{1}{4}(1+q)^2$,或 $L=1+\sqrt[4]{5}$.

44. 直接将二次式作迭代是几乎没有希望的,但它与倍角公式有些相似之处. 事实上,设 $x=4\sin^2\alpha$,则 $f(x)=f(4\sin^2\alpha)=16\sin^2\alpha-16\sin^4\alpha=16\sin^2\alpha(1-\sin^2\alpha)=16\sin^2\alpha\cos^2\alpha=(4\sin\alpha\cos\alpha)^2=(2\sin2\alpha)^2=4\sin^2 2\alpha$. 对 $0\leqslant x_0\leqslant4$,有 $0\leqslant\alpha\leqslant\dfrac{\pi}{2}$,并且 $x_0=4\sin^2\alpha$,$x_1=4\sin^2 2\alpha$,$x_2=4\sin^2 4\alpha$,$\cdots$,$x_n=4\sin^2 2^n\alpha$. 请将其中的细节补充完整.

45. 我们将证明 $x=y=z=u=v$. 设 $v>u$,则前两个方程表明 $x<u$,当然更有 $x<v$. 而从第二和第三个方程又有 $y>v$,更有 $y>x$. 由第三和第四个方程得 $z<x$,更有 $y>z$,再由第四和第五个方程,得 $u>y$. 而由 $u>y$,$y>v$,得到 $u>v$,矛盾! 因此 $u=v$. 由循环对称性,类似可证其余变量也是相同的,故 $(3x)^3=3x$,得解 $x=0$,$x=\pm\dfrac{1}{3}$.

46. 无解答.

47. 第二个方程乘以虚数单位 i,我们得到

$$\mathrm{e}^{\mathrm{i}x}+\mathrm{e}^{\mathrm{i}y}+\mathrm{e}^{\mathrm{i}z}=3\left(\dfrac{\sqrt{3}}{2}+\dfrac{1}{2}\mathrm{i}\right)=3(\cos 30°+\mathrm{i}\sin 30°)=3\mathrm{e}^{\mathrm{i}\frac{\pi}{6}}$$

由于左边三个单位向量之和的模长为 3,每个向量必须有相同的方向 $30°$,因此 $x=y=z=\dfrac{\pi}{6}+2k\pi$.

48. 由方程组,我们首先有 $x_1=x_{10}$,$\cdots$,$x_5=x_6$,而由方程 $(x_1+\cdots+x_5)(x_5+\cdots+x_{10})=1$,得 $(x_1+\cdots+x_5)^2<1$,且 $x_1+\cdots+x_{10}<2$. 我们寻找一个几何解释,而不是用代数解法.

在一条直线上取线段 $|A_0A_1|=x_1$,$\cdots$,$|A_9A_{10}|=x_{10}$. 因为 $|A_0A_{10}|<2$,我们可以作一个等腰 $\triangle A_0A_{10}B$,使得 $A_0B=A_{10}B=1$. 记 $\alpha=\angle BA_0A_1=\angle BA_0A_9$. 由于 $|A_0A_1|\cdot|A_0A_{10}|=|A_0B|\cdot|A_{10}B|$,故 $\dfrac{|A_0A_1|}{|A_0B|}=\dfrac{|A_{10}B|}{|A_0A_{10}|}$,$\triangle A_0A_1B\backsim\triangle A_0BA_{10}$,且 $\angle A_0BA_1=\alpha$. 类似地,我们有 $\triangle A_0BA_2\backsim\triangle BA_1A_{10}$. 因此 $\angle A_0BA_2=\angle BA_1A_{10}=2\alpha$ 且 $\angle A_1BA_2=\alpha$. 一般地,对每个 k,$\triangle A_0BA_k\backsim\triangle BA_{k-1}A_{10}$,故 $\angle A_0BA_{10}$ 被射线 $BA_1,\cdots,BA_9$ 分为相等的角 α,故 $(10+2)\alpha=180°$,$\alpha=15°$. 由正弦定理(记 $a=\sqrt{2}$,$b=\sqrt{6}$,$c=\sqrt{3}$)我们有

$$x_1=\dfrac{\sin\alpha}{\sin2\alpha}=\dfrac{b-a}{2},x_1+x_2=\dfrac{\sin2\alpha}{\sin3\alpha}=\dfrac{a}{2}$$

$$x_1+x_2+x_3=\dfrac{\sin3\alpha}{\sin4\alpha}=\dfrac{a}{c}$$

$$x_1+\cdots+x_4=\dfrac{\sin4\alpha}{\sin5\alpha}=\dfrac{3a-b}{2}$$

$$x_1+\cdots+x_5=\dfrac{\sin5\alpha}{\sin6\alpha}=\dfrac{b+a}{4}$$

记 $a=\sqrt{2}$,$b=\sqrt{6}$,我们又得到

$$x_1 = \frac{b-a}{2}, x_2 = \frac{2a-b}{2}$$

$$x_3 = \frac{b}{3} - \frac{a}{2}, x_4 = \frac{9a-5b}{6}, x_5 = \frac{3b-5a}{4}$$

另外,还有 $x_6 = x_5, x_7 = x_4, x_8 = x_3, x_9 = x_2, x_{10} = x_1$.

类似地,我们可以对一般的 $n \in \mathbf{N}_+$ 求解,其结果与角 $\frac{\pi}{n+2}$ 的三角函数值有关.

49. 设 $a_1 \geqslant \cdots \geqslant a_{10}, x_1 \geqslant \cdots \geqslant x_5$,可知 $a_1 + \cdots + a_{10} = 4(x_1 + \cdots + x_5)$. 因此有 $S = x_1 + \cdots + x_5$,那么,$a_1 = x_1 + x_2, a_2 = x_1 + x_3, a_{10} = x_4 + x_5, a_9 = x_3 + x_5, x_3 = S - a_1 - a_{10}, x_1 = a_2 - x_3, x_5 = a_9 - x_3, x_2 = a_1 - x_1, x_4 = a_{10} - x_5$.

50. 在(a)的条件下,我们得到了 25 个变量的 17 个方程,容易满足. 在(b)的条件下,得到 25 个变量的 25 个方程. 这在系数矩阵的秩为 25 时可满足. 试着去证明该方程组是矛盾的,故没有解,你还可以假设 16 个负的和都为 -1,而 9 个正的和都为 1,然后试着去解方程组.

51. $f(0) + g(0) = 0, f(0) + g(1) = 1, f(1) + g(0) = 1, f(1) + g(1) = 3$. 将第 1 个方程和第 4 个方程相加,得 $f(0) + g(0) + f(1) + g(1) = 3$,将第 2 个方程与第 3 个方程相加,得 $f(0) + g(0) + f(1) + g(1) = 2$,矛盾!

52. 考虑多项式 $P(t) = (t - x_1) \cdots (t - x_n) = t^n + a_1 t^{n-1} + \cdots + a_n$,则 $0 = P(x_1) + \cdots + P(x_n) = (x_1^n + \cdots + x_n^n) + a_1(x_1^{n-1} + \cdots + x_n^{n-1}) + \cdots + n a_n$,故 $n + n a_1 + \cdots + n a_n = 0 = n P(1)$,这个等式表明 x_i 中有一个(不妨设为 x_i)等于 1. 而对 $x_2, \cdots, x_n$,我们得到一个类似的方程组,利用有限递降的方法,可知每个 x_i 都为 1.

53. $T \circ T(A) = T^2(A) = (a_1 a_2^2 a_3, a_2 a_3^2 a_4, \cdots, a_m a_1^2 a_2) = (a_1 a_3, a_2 a_4, \cdots, a_m a_2)$, $T^2 \circ T^2(A) = T^4(A) = (a_1 a_3^2 a_5, a_2 a_4^2 a_6, \cdots, a_m a_2^2 a_4) = (a_1 a_5, \cdots, a_m a_4)$,最终有

$$T^{2^m}(A) = (a_1 a_1, a_2 a_2, \cdots, a_m a_m) = (1, 1, \cdots, 1)$$

54. 设 x_1 为其中最大的解,则 x_2 和 x_n 是最小的解,x_3 和 x_{n-1} 是最大的解,依此类推. 从而 $x_1 = x_3 = \cdots = x_{n-1}, x_2 = x_4 = \cdots = x_n$,此即 $1 - x_1^3 = x_2, 1 - x_2^3 = x_1$,或 $x_2 - x_1 = x_2^3 - x_1^3$. 若 $x_1 \neq x_2$,则 $x_1^2 + x_1 x_2 + x_2^2 = 1$,但是 $1 = x_1^3 + x_1 x_2 + x_2^2 = x_1^2 + x_2(x_1 + x_2) \geqslant x_1^2 + x_2 \geqslant x_1^3 + x_2 = 1$,从而 $x_1 = 1, x_2 = 0$. 这表明要么每个数都相同,要么它们交替为 1 和 0. 数都相同时,我们还要来求解 $x^3 + x - 1 = 0$,这里 $0 < x < 1$. 令 $x = \frac{1}{\sqrt{3}}\left(y - \frac{1}{y}\right)$,得 $y^3 - \frac{1}{y^3} = 3\sqrt{3}$,从而

$$y = \sqrt[3]{\frac{\sqrt{27} + \sqrt{31}}{2}}$$

55. 首先,没有一个变量可以为零. 其次,第二个方程等价于 $xy + yz + zx = 0$,现在 $0 = (x + y + z)^2 = x^2 + y^2 + z^2 + 2(xy + yz + zx)$. 由此断言 $x^2 + y^2 + z^2 = 0$,这是一个矛盾.

56. 设

$$h(x) = \frac{ax + b}{-bx + a}, k(x) = \frac{cx + d}{-dx + c}$$

则

$$h \circ k(x) = \frac{(ac - bd)x + (ad + bc)}{-(ad + bc)x + (ac - bd)}$$

因此,这种形式的两个函数的复合可以像两个复数 $a+bi$ 和 $c+di$ 的乘积那样来计算,对给定的函数

$$f(x) = \dfrac{\dfrac{\sqrt{3}}{2}x - \dfrac{1}{2}}{\dfrac{1}{2}x + \dfrac{\sqrt{3}}{2}}$$

它对应的复数为

$$z = \frac{\sqrt{3}}{2} - \frac{1}{2}i = \cos\left(-\frac{\pi}{6}\right) + i\sin\left(-\frac{\pi}{6}\right) = e^{-i\frac{\pi}{6}}$$

所以,$g(x)$ 对应的复数为 $z^{1\,994}$,而

$$z^{1\,994} = e^{\left(-i\frac{\pi}{6}\right)1\,994} = e^{-i\frac{\pi}{3}} = \cos 60° - i\sin 60° = \frac{1}{2} - i\frac{\sqrt{3}}{2}$$

最后,我们得到 $g(x) = \dfrac{x - \sqrt{3}}{\sqrt{3}x + 1}$.

57. 我们有 $|x| < 1$,因为 $|x| \geqslant 1$ 蕴含 $2x^2 - 1 \geqslant 1, 8x^4 - 8x^2 + 1 \geqslant 1$. 因此,可设 $x = \cos t$, $0 < t < \pi, 2x^2 - 1 = 2\cos^2 t - 1 = \cos 2t, 8x^4 - 8x^2 + 1 = 2(2x^2 - 1)^2 - 1 = 2\cos^2 2t - 1 = \cos 4t$, $8\cos t\cos 2t\cos 4t = 1$. 最后一个式子两边乘以 $\sin t$,得 $\sin 8t - \sin t = 0$,这表明 $7t = 2\pi k, k = 1, 2, 3$ 或 $9t = \pi + 2\pi k$,即 $t = \dfrac{\pi}{9} + \dfrac{2\pi k}{9}, k = 0, 1, 2, 3$. 故 $x = \cos\dfrac{2\pi}{7}, \cos\dfrac{4\pi}{7}, \cos\dfrac{6\pi}{7}, \cos\dfrac{\pi}{9}, \dfrac{1}{2}$, $\cos\dfrac{5\pi}{9}, \cos\dfrac{7\pi}{9}$.

58. 第一个方程使我们想起 $\cos^2 t + \sin^2 t = 1, 0 \leqslant t < 2\pi$. 令 $x = \cos t, y = \sin t$,对第二个方程用三角函数,左边是 $\cos t$ 的三倍角公式,右边形如一个半角公式. 事实上,$\cos 3t = 4\cos^3 t - 3\cos t$. 于是 $\cos 3t = \sqrt{\dfrac{1 + \sin t}{2}}, \cos 3t \geqslant 0$. 因为 $\cos 3t \geqslant 0$,可两边平方得

$$\cos^2 3t = \frac{1 + \sin t}{2} \Rightarrow 2\cos^2 3t - 1 = \sin t \Rightarrow \cos 6t = \sin t$$

$$\cos 6t = \cos\left(\frac{\pi}{2} - t\right) \Rightarrow 6t = \frac{\pi}{2} - t + 2\pi k, 6t = 2\pi k - \left(\frac{\pi}{2} - t\right)$$

我们得到

$$t_1 = \frac{\pi}{14}, t_2 = \frac{9\pi}{14}, t_3 = \frac{17\pi}{14}, t_4 = \frac{7\pi}{10}, t_5 = \frac{3\pi}{2}, t_6 = \frac{19\pi}{10}$$

其余 6 个 t 的值使 $\cos 3t < 0$. 它们的余弦和正弦值给出对应的 x 和 y 的值.

59. 当 $0 < x < 1$ 时,无解,因为左边小于 1. 对 $x > 1$,存在唯一解,因为函数 $f(x) = x^x$ 是单调递增;若 $a > b > 1$,则 $a^a > a^b$(因为 $y = a^x$ 递增),而 $a^b > b^b$(因为幂函数 $y = x^b$ 递增). 设 $y = x^{1\,996}$,或 $x = y^{\frac{1}{1\,996}}$,则 $y^{\frac{1}{1\,996}} = 1\,996^{\frac{1}{y}}$ 或者 $y^y = 1\,996^{1\,996}$. 我们推定 $y = 1\,996, x = 1\,996^{\frac{1}{1\,996}} \approx 1.003\,81$ 为它的唯一解.

60. 若 $0 \leqslant x < \dfrac{1}{n}$,则等式成立,因为等式两边都等于零. 现在设 x 是任意的,如果我们将 x 增加 $\dfrac{1}{n}$,左边的每一项都移动一个位置,除最后一项,而最后一项变为第一项,并且增加了

1,右边也增加了 1,依此可知等式对任意 x 成立.

61. 在 $\{1,2,\cdots,n\}$ 中恰有 $\left\lfloor\dfrac{n}{k}\right\rfloor$ 个整数能被 k 整除. 因此,右边的和就是能被 $1,2,\cdots,n$ 整除的整数之个数. 左边也是一样的.

62. 能被 k 整除的整数之和为 $k\left\lfloor\dfrac{n}{k}\right\rfloor$,右边计算的是 1 到 n 的所有整数的约数之和. 左边也是一样.

63. 考虑满足 $1\leqslant x\leqslant q-1,1\leqslant y\leqslant p-1$ 的整点. 它们落在长方形 $OABC$ 内,边长 $|OA|=q,|OC|=p$,如图 14.8. 作对角线 OB,该对角线上没有我们考虑的整点,否则将导致与 $\gcd(p,q)=1$ 相矛盾的结果. 我们用两种方式来计算在对角线 OB 下方的整点数. 一方面,这个数为 $\dfrac{1}{2}(p-1)\cdot$

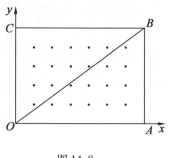

图 14.8

$(q-1)$;另一方面,它等于 $\displaystyle\sum_{k=1}^{q-1}\left\lfloor\dfrac{kp}{q}\right\rfloor$,于是

$$\sum_{k=1}^{p-1}\left\lfloor\frac{kp}{q}\right\rfloor=\frac{1}{2}(p-1)(q-1)$$

64. $\sqrt{n}+\sqrt{n+1}<\sqrt{4n+2}\Leftrightarrow 2n+1+\sqrt{4n^2+4n}<4n+2\Leftrightarrow\sqrt{4n^2+4n}<2n+1\Leftrightarrow 4n^2+4n<4n^2+4n+1$. 这证明了 $\sqrt{n}+\sqrt{n+1}<\sqrt{4n+2}$,即 $\lfloor\sqrt{n}+\sqrt{n+1}\rfloor\leqslant\lfloor\sqrt{4n+2}\rfloor$. 设对某个正整数 n,$\lfloor\sqrt{n}+\sqrt{n+1}\rfloor\neq\lfloor\sqrt{4n+2}\rfloor$,再设 $q=\lfloor\sqrt{4n+2}\rfloor$,则 $\sqrt{n}+\sqrt{n+1}<q\leqslant\sqrt{4n+2}$,平方后得 $2n+1+\sqrt{4n^2+4n}<q^2\leqslant 4n+2$,或 $\sqrt{4n^2+4n}<q^2-2n-1\leqslant 2n+1$,再平方得 $4n^2+4n<(q^2-2n-1)^2\leqslant 4n^2+4n+1$,由于相邻两个平方数之间没有平方数,所以 $q^2-2n-1=2n+1$,或 $q^2=4n+2$,故 $q^2\equiv 2(\bmod 4)$,矛盾.

65. 我们注意到 $c=a+b$;否则,对 $c\neq a+b$,且 n 充分大时 $\lfloor na\rfloor+\lfloor nb\rfloor=\lfloor nc\rfloor$ 将不能成立. 对 $n=1$,我们有 $\lfloor a\rfloor+\lfloor b\rfloor=\lfloor c\rfloor$,可设 $0\leqslant a<1,0\leqslant b<1$,且 $c=a+b<1$. 这就是说,$\lfloor na\rfloor+\lfloor nb\rfloor=\lfloor(a+b)n\rfloor$ 蕴含 a,b 中仅有一个不为零.

假设不成立,设 a,b 的二进制表示为

$$a=2^{-a_1}+\cdots+2^{-a_s},b=2^{-b_1}+\cdots+2^{-b_t}$$

其中 $a_i,b_j\in\mathbf{N}_+$ 且递增排列. 不妨设 $b_t\geqslant a_s$,取 $n=2^{b_t}-1$,等式 $\lfloor an\rfloor+\lfloor bn\rfloor=\lfloor(a+b)n\rfloor$ 的右边变为

$$\lfloor n(a+b)\rfloor=\left\lfloor\sum_{i=1}^{s}2^{b_t-a_i}+\sum_{j=1}^{t}2^{b_t-b_j}-(a+b)\right\rfloor$$

$$=\sum_{i=1}^{s}2^{b_t-a_i}+\sum_{j=1}^{t}2^{b_t-b_j}-1$$

(因为 $a+b<1$)而同时左边为 $\lfloor na\rfloor+\lfloor nb\rfloor$,或者为

$$\left\lfloor\sum_{i=1}^{s}2^{b_t-a_i}-a\right\rfloor+\left\lfloor\sum_{j=1}^{t}2^{b_t-b_j}-b\right\rfloor$$

$$=\sum_{i=1}^{s}2^{b_t-a_i}-1+\sum_{j=1}^{t}2^{b_t-b_j}-1$$

显然 $\lfloor n(a+b) \rfloor \neq \lfloor na \rfloor + \lfloor nb \rfloor$,这证明了命题①.

66. 设 $a_n = (3 + \sqrt{11})^n + (3 - \sqrt{11})^n$,则 $a_{n+2} = 6a_{n+1} + 2a_n, n \in \mathbf{Z}_+$. 事实上,令 $x = (3 + \sqrt{11})^n, y = (3 - \sqrt{11})^n$,则 $a_n = x + y, a_{n+1} = (3 + \sqrt{11})x + (3 - \sqrt{11})y, a_{n+2} = (3 + \sqrt{11})^2 x + (3 - \sqrt{11})^2 y = (20 + 6\sqrt{11})x + (20 - 6\sqrt{11})y = (18 + 6\sqrt{11})x + (18 - 6\sqrt{11})y + (2x + 2y) = 6a_{n+1} + 2a_n$. 由 $a_0 = 2, a_1 = 6$,可知对任意 $n \in \mathbf{Z}_+$,均有 $a_n \in \mathbf{Z}$,而 $-1 < 3 - \sqrt{11} < 0$,对任意 $n \in \mathbf{N}_+$,我们有

$$a_{2n-1} = (3 + \sqrt{11})^{2n-1} + (3 - \sqrt{11})^{2n-1}$$
$$< (3 + \sqrt{11})^{2n-1} < a_{2n-1} + 1$$

从而,$a_{2n-1} = \lfloor (3 + \sqrt{11})^{2n-1} \rfloor$. 现在可以用数学归纳法证明 a_{2n-2} 和 a_{2n-1} 都是 2^n 的倍数,但不是 2^{n+1} 的倍数.

67. 假设 a_n 为偶数,$a_n = 2^k \cdot q$,这里 q 为奇数,则 $a_{n+k} = 3^k q$ 为奇数. 但若 a_n 为奇数,$a_n = 2^k \cdot q + 1$,则 $a_{n+k} = 3^k \cdot q + 1$ 为偶数. 这可推出结果.

68. 假设 b_n 是一个以 t 为周期的数列(从某个 n_0 开始),则 $a_{n+t} - a_n$ 从这个 n_0 开始为偶数. 另外,它等于

$$\left(\frac{3}{2} \right)^{n-n_0} (a_{n_0+t} - a_{n_0})$$

当 n 充分大时,最后这个数为奇数,矛盾!

69. 注意到 $\{an + b\} \equiv an + b \pmod{1}$. 故该数落在 $[0, 1)$ 内,其两倍数在 $[0, 2)$ 内,因此 p_n 由 0 和 1 组成. 把数列 $an + b$ 排在一个周长为 1 的圆上,每一步操作都自动在 mod 1 下约化. 若它落在图 14.9 的上半圆上,则 $p_n = 0$;若它落在下半圆上,则 $p_n = 1$. 若在一行中,数列 p_n 包含多个零,则 $a \pmod{1}$ 必定非常小. 多个零后面将出现多个 1,从而不是所有的二进制词都出现. 对 $k = 5$,词 00010 不会出现,事实上,连续出现 3 个零表明,经约化后,在 mod 1 的意义下有 $|a| < \frac{1}{4}$,而 010 表明从上半部分出发,我们得到一个下半部分

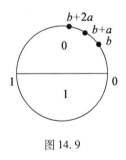

图 14.9

的数,然后又变到上半部分内. 这意味着有 $|a| > \frac{1}{4}$. 这个矛盾证明了对 $k = 5$ 问题的答案是否定的. 经简单验证我们可以肯定,对 $k = 4$,16 个词 0000,$\cdots$,1111 中的每一个都将在数列中出现(对适当的 a, b).

70. $a + b < \sqrt{2(a^2 + b^2)}$ $(a \neq b) \Rightarrow \sqrt{n} + \sqrt{n+2} < 2\sqrt{n+1}$,因此 $\sqrt{n} + \sqrt{n+1} + \sqrt{n+2} < 3\sqrt{n+1}$. 我们证明此不等式左边大于 $\sqrt{9n+8}$. 为此,我们只需证明(用平均不等式)$3 \cdot \sqrt[6]{n(n+1)(n+2)} > \sqrt{9n+8} \Leftrightarrow 243n^2 - 270n - 512 > 0$. 当 $n \geq 3$ 时,它是显然的,对 $n = 1, 2$ 直接验证:$1 + \sqrt{2} + \sqrt{3} > \sqrt{17}, \sqrt{2} + \sqrt{3} + \sqrt{4} > \sqrt{26}$. 这可以得到需要的结果.

71. 对 $n \geq 3$,有 $\lfloor (\sqrt[3]{n} + \sqrt[3]{n+2})^3 \rfloor + 1 = 8n + 8$. 这只需证明 $8n + 7 < (\sqrt[3]{n} + \sqrt[3]{n+2})^3 <$

---

① 此题证明有误,只证明了 a, b, c 为有理数的情形. ——译者注

$8n+8$(对 $n \geq 3$),它等价于

$$6n+5 < 3(\sqrt[3]{n^2(n+2)} + \sqrt[3]{n(n+2)^2}) < 6n+6$$

它只需直接计算即可证明.

72. 设 $a = 3+\sqrt{5}$,$b = 3-\sqrt{5}$,$a+b = 6$,$ab = 4$,于是 $x_n = a^n + b^n$ 满足递推式 $x_{n+2} = 6x_{n+1} - 4x_n$,$n \geq 1$. 因为 $x_1 = 6$,$x_2 = 28$,我们有 $2^1 \mid x_1$,$2^2 \mid x_2$. 设 $2^n \mid x_n$,$2^{n+1} \mid x_{n+1}$ 或 $x_n = 2^n p$,$x_{n+1} = 2^{n+1} q$,则 $x_{n+2} = 6 \cdot 2^{n+1} q - 4 \cdot 2^n p$,或 $x_{n+2} = 2^{n+2}(3q-p)$. 由于 $0 < (3-\sqrt{5})^n < 1$,而 x_n 为整数,所以

$$x_n = \lfloor (3+\sqrt{5})^n \rfloor + 1$$

参 考 文 献

[1] E. J. Barbeau, *Polynomials*, Springer-Verlag, New York, 1989.

[2] E. J. Barbeau, M. S. Klamkin, O. J. Moser, *Five Hundred Mathematical Challenges*, Mathematical Association of America, Washington, DC, 1995.

[3] O. Bottema et al. , *Geometric Inequalities*, Nordhoff, Groningen, 1969.

[4] D. Cohen, *Basic Techniques of Combinatorial Theory*, John Wiley & Sons, New York, 1978.

[5] H. S. M. Coxeter, S. L. Greitzer, *Geometry Revisited*, NML-19, Mathematical Association of America, Washington, DC, 1967.

[6] H. Dörrie, 100 *Great Problems With Elementary Solutions*, Dover, New York, 1987.

[7] A. Engel, *Exploring Mathematics With Your Computer*, NML-35, Mathematical Association of America, Washington, DC, 1993.

[8] All books by Martin Gardner.

[9] R. L. Graham, N. Patashnik, and D. Knuth, *Concrete Mathematics*, Addison-Wesley, Reading, MA, 1989.

[10] S. L. Greitzer, *International Mathematical Olympiads* 1959—1977, Mathematical Association of America, Washington, DC, 1978.

[11] D. Fomin, S. Genkin, I. Itenberg, *Mathematical Circles*, Mathematical Worlds, Vol. 7, American Mathematical Society, Boston, MA, 1966.

[12] D. Fomin, A Kirichenko, *Leningrad Mathematical Olympiads* 1987—1991, MathPro Press, Westford, MA, 1994.

[13] G. H. Hardy and E. M. Wright, *An Introduction to the Theory of Numbers*, Oxford University Press, Oxford, 1983.

[14] D. Hilbert, S. Cohn-Vossen, *Geometry and the Imagination*, Chelsea, New York, 1952.

[15] All books by Ross Honsberger, Mathematical Association of America, Washington, DC.

[16] M. S. Klamkin, *International Mathematical Olympiads* 1979—1985, Mathematical Association of America, Washington, DC, 1986.

[17] M. S. Klamkin, *USA Mathematical Olympiads* 1972—1986, Mathematical Association of America, Washington, DC, 1986.

[18] L. Larson, *Problem Solving Through Problems*, Springer-Verlag, New York, 1983.

[19] E. Lozansky, C. Rousseau, *Winning Solutions*, Springer-Verlag, New York, 1996.

[20] D. S. Mitrinovic, *Elementary Inequalities*, Nordhoff, Groningen, 1964.

[21] D. J. Newman, *A Problem Seminar*, Springer-Verlag, New York, 1982.

[22] G. Polya, *How To Solve It*, Princeton University Press, Princeton, NJ, 1945.

[23] G. Polya, *Mathematics and Plausible Reasoning*, Princeton University Press, Princeton, NJ, 1954.

[24] G. Polya, *Mathematical Discovery*, John Wiley & Sons, New York, 1962.

[25] H. Rademacher, O. Toeplitz, *The Enjoinment of Mathematics*, Princeton University Press, Princeton, NJ, 1957.

[26] D. O. Shklarsky, N. N. Chentzov, I. M. Yaglom, *The USSR Olympiad Book*, W. H. Freeman, San Francisco, CA, 1962.

[27] W. Sierpinski, *A Selection of Problems in the Theory of Numbers*, Pergamon Press, New York, 1964.

[28] R. Sprague, *Recreation in Mathematics*, Blackie, London, 1963.

[29] H. Steinhaus, *One Hundred Problems In Elementary Mathematics*, Basic Books, New York, 1964.

[30] P. J. Taylor, ed. , *Tournament of the Towns*, Australian Mathematics Trust, University of Canberra, Belconnen ACT.

[31] B. L. van der Waerden, Einfall und Überlegung, Birkhäuser, 1973.

[32] A. and I. Yaglom, *Challenging Mathematical Problems With Elementary Solutions*, Vol. I and Vol, II, Dover, New York, 1987.

索　引

刘培杰数学工作室

已出版(即将出版)图书目录——初等数学

书　名	出版时间	定价	编号
新编中学数学解题方法全书(高中版)上卷(第2版)	2018—08	58.00	951
新编中学数学解题方法全书(高中版)中卷(第2版)	2018—08	68.00	952
新编中学数学解题方法全书(高中版)下卷(一)(第2版)	2018—08	58.00	953
新编中学数学解题方法全书(高中版)下卷(二)(第2版)	2018—08	58.00	954
新编中学数学解题方法全书(高中版)下卷(三)(第2版)	2018—08	68.00	955
新编中学数学解题方法全书(初中版)上卷	2008—01	28.00	29
新编中学数学解题方法全书(初中版)中卷	2010—07	38.00	75
新编中学数学解题方法全书(高考复习卷)	2010—01	48.00	67
新编中学数学解题方法全书(高考真题卷)	2010—01	38.00	62
新编中学数学解题方法全书(高考精华卷)	2011—03	68.00	118
新编平面解析几何解题方法全书(专题讲座卷)	2010—01	18.00	61
新编中学数学解题方法全书(自主招生卷)	2013—08	88.00	261
数学奥林匹克与数学文化(第一辑)	2006—05	48.00	4
数学奥林匹克与数学文化(第二辑)(竞赛卷)	2008—01	48.00	19
数学奥林匹克与数学文化(第二辑)(文化卷)	2008—07	58.00	36'
数学奥林匹克与数学文化(第三辑)(竞赛卷)	2010—01	48.00	59
数学奥林匹克与数学文化(第四辑)(竞赛卷)	2011—08	58.00	87
数学奥林匹克与数学文化(第五辑)	2015—06	98.00	370
世界著名平面几何经典著作钩沉——几何作图专题卷(共3卷)	2022—01	198.00	1460
世界著名平面几何经典著作钩沉(民国平面几何老课本)	2011—03	38.00	113
世界著名平面几何经典著作钩沉(建国初期平面三角老课本)	2015—08	38.00	507
世界著名解析几何经典著作钩沉——平面解析几何卷	2014—01	38.00	264
世界著名数论经典著作钩沉(算术卷)	2012—01	28.00	125
世界著名数学经典著作钩沉——立体几何卷	2011—02	28.00	88
世界著名三角学经典著作钩沉(平面三角卷Ⅰ)	2010—06	28.00	69
世界著名三角学经典著作钩沉(平面三角卷Ⅱ)	2011—01	38.00	78
世界著名初等数论经典著作钩沉(理论和实用算术卷)	2011—07	38.00	126
世界著名几何经典著作钩沉(解析几何卷)	2022—10	68.00	1564
发展你的空间想象力(第3版)	2021—01	98.00	1464
空间想象力进阶	2019—05	68.00	1062
走向国际数学奥林匹克的平面几何试题诠释. 第1卷	2019—07	88.00	1043
走向国际数学奥林匹克的平面几何试题诠释. 第2卷	2019—09	78.00	1044
走向国际数学奥林匹克的平面几何试题诠释. 第3卷	2019—03	78.00	1045
走向国际数学奥林匹克的平面几何试题诠释. 第4卷	2019—09	98.00	1046
平面几何证明方法全书	2007—08	48.00	1
平面几何证明方法全书习题解答(第2版)	2006—12	18.00	10
平面几何天天练上卷·基础篇(直线型)	2013—01	58.00	208
平面几何天天练中卷·基础篇(涉及圆)	2013—01	28.00	234
平面几何天天练下卷·提高篇	2013—01	58.00	237
平面几何专题研究	2013—07	98.00	258
平面几何解题之道. 第1卷	2022—05	38.00	1494
几何学习题集	2020—10	48.00	1217
通过解题学习代数几何	2021—04	88.00	1301
圆锥曲线的奥秘	2022—06	88.00	1541

刘培杰数学工作室
已出版(即将出版)图书目录——初等数学

书　名	出版时间	定　价	编号
最新世界各国数学奥林匹克中的平面几何试题	2007—09	38.00	14
数学竞赛平面几何典型题及新颖解	2010—07	48.00	74
初等数学复习及研究(平面几何)	2008—09	68.00	38
初等数学复习及研究(立体几何)	2010—06	38.00	71
初等数学复习及研究(平面几何)习题解答	2009—01	58.00	42
几何学教程(平面几何卷)	2011—03	68.00	90
几何学教程(立体几何卷)	2011—07	68.00	130
几何变换与几何证题	2010—06	88.00	70
计算方法与几何证题	2011—06	28.00	129
立体几何技巧与方法(第2版)	2022—10	168.00	1572
几何瑰宝——平面几何500名题暨1500条定理(上、下)	2021—07	168.00	1358
三角形的解法与应用	2012—07	18.00	183
近代的三角形几何学	2012—07	48.00	184
一般折线几何学	2015—08	48.00	503
三角形的五心	2009—06	28.00	51
三角形的六心及其应用	2015—10	68.00	542
三角形趣谈	2012—08	28.00	212
解三角形	2014—01	28.00	265
探秘三角形:一次数学旅行	2021—10	68.00	1387
三角学专门教程	2014—09	28.00	387
图天下几何新题试卷.初中(第2版)	2017—11	58.00	855
圆锥曲线习题集(上册)	2013—06	68.00	255
圆锥曲线习题集(中册)	2015—01	78.00	434
圆锥曲线习题集(下册·第1卷)	2016—10	78.00	683
圆锥曲线习题集(下册·第2卷)	2018—01	98.00	853
圆锥曲线习题集(下册·第3卷)	2019—10	128.00	1113
圆锥曲线的思想方法	2021—08	48.00	1379
圆锥曲线的八个主要问题	2021—10	48.00	1415
论九点圆	2015—05	88.00	645
近代欧氏几何学	2012—03	48.00	162
罗巴切夫斯基几何学及几何基础概要	2012—07	28.00	188
罗巴切夫斯基几何学初步	2015—06	28.00	474
用三角、解析几何、复数、向量计算解数学竞赛几何题	2015—03	48.00	455
用解析法研究圆锥曲线的几何理论	2022—05	48.00	1495
美国中学几何教程	2015—04	88.00	458
三线坐标与三角形特征点	2015—04	98.00	460
坐标几何学基础.第1卷,笛卡儿坐标	2021—08	48.00	1398
坐标几何学基础.第2卷,三线坐标	2021—09	28.00	1399
平面解析几何方法与研究(第1卷)	2015—05	28.00	471
平面解析几何方法与研究(第2卷)	2015—06	38.00	472
平面解析几何方法与研究(第3卷)	2015—07	28.00	473
解析几何研究	2015—01	38.00	425
解析几何学教程.上	2016—01	38.00	574
解析几何学教程.下	2016—01	38.00	575
几何学基础	2016—01	58.00	581
初等几何研究	2015—02	58.00	444
十九和二十世纪欧氏几何学中的片段	2017—01	58.00	696
平面几何中考.高考.奥数一本通	2017—07	28.00	820
几何学简史	2017—08	28.00	833
四面体	2018—01	48.00	880
平面几何证明方法思路	2018—12	68.00	913
折纸中的几何练习	2022—09	48.00	1559
中学新几何学(英文)	2022—10	98.00	1562
线性代数与几何	2023—04	68.00	1633
四面体几何学引论	2023—06	68.00	1648

刘培杰数学工作室
已出版(即将出版)图书目录——初等数学

书　名	出版时间	定　价	编号
平面几何图形特性新析.上篇	2019—01	68.00	911
平面几何图形特性新析.下篇	2018—06	88.00	912
平面几何范例多解探究.上篇	2018—04	48.00	910
平面几何范例多解探究.下篇	2018—12	68.00	914
从分析解题过程学解题:竞赛中的几何问题研究	2018—07	68.00	946
从分析解题过程学解题:竞赛中的向量几何与不等式研究(全2册)	2019—06	138.00	1090
从分析解题过程学解题:竞赛中的不等式问题	2021—01	48.00	1249
二维、三维欧氏几何的对偶原理	2018—12	38.00	990
星形大观及闭折线论	2019—03	68.00	1020
立体几何的问题和方法	2019—11	58.00	1127
三角代换论	2021—05	58.00	1313
俄罗斯平面几何问题集	2009—08	88.00	55
俄罗斯立体几何问题集	2014—03	58.00	283
俄罗斯几何大师——沙雷金论数学及其他	2014—01	48.00	271
来自俄罗斯的5000道几何习题及解答	2011—03	58.00	89
俄罗斯初等数学问题集	2012—05	38.00	177
俄罗斯函数问题集	2011—03	38.00	103
俄罗斯组合分析问题集	2011—01	48.00	79
俄罗斯初等数学万题选——三角卷	2012—11	38.00	222
俄罗斯初等数学万题选——代数卷	2013—08	68.00	225
俄罗斯初等数学万题选——几何卷	2014—01	68.00	226
俄罗斯《量子》杂志数学征解问题100题选	2018—08	48.00	969
俄罗斯《量子》杂志数学征解问题又100题选	2018—08	48.00	970
俄罗斯《量子》杂志数学征解问题	2020—05	48.00	1138
463个俄罗斯几何老问题	2012—01	28.00	152
《量子》数学短文精粹	2018—09	38.00	972
用三角、解析几何等计算解来自俄罗斯的几何题	2019—11	88.00	1119
基谢廖夫平面几何	2022—01	48.00	1461
基谢廖夫立体几何	2023—04	48.00	1599
数学:代数、数学分析和几何(10—11年级)	2021—01	48.00	1250
直观几何学:5—6年级	2022—04	58.00	1508
几何学:第2版.7—9年级	2023—08	68.00	1684
平面几何:9—11年级	2022—10	48.00	1571
立体几何.10—11年级	2022—01	58.00	1472
谈谈素数	2011—03	18.00	91
平方和	2011—03	18.00	92
整数论	2011—05	38.00	120
从整数谈起	2015—10	28.00	538
数与多项式	2016—01	38.00	558
谈谈不定方程	2011—05	28.00	119
质数漫谈	2022—07	68.00	1529
解析不等式新论	2009—06	68.00	48
建立不等式的方法	2011—03	98.00	104
数学奥林匹克不等式研究(第2版)	2020—07	68.00	1181
不等式研究(第三辑)	2023—08	198.00	1673
不等式的秘密(第一卷)(第2版)	2014—02	38.00	286
不等式的秘密(第二卷)	2014—01	38.00	268
初等不等式的证明方法	2010—06	38.00	123
初等不等式的证明方法(第二版)	2014—11	38.00	407
不等式·理论·方法(基础卷)	2015—07	38.00	496
不等式·理论·方法(经典不等式卷)	2015—07	38.00	497
不等式·理论·方法(特殊类型不等式卷)	2015—07	48.00	498
不等式探究	2016—03	38.00	582
不等式探秘	2017—01	88.00	689
四面体不等式	2017—01	68.00	715
数学奥林匹克中常见重要不等式	2017—09	38.00	845

— 3 —

刘培杰数学工作室
已出版(即将出版)图书目录——初等数学

书 名	出版时间	定 价	编号
三正弦不等式	2018-09	98.00	974
函数方程与不等式:解法与稳定性结果	2019-04	68.00	1058
数学不等式.第1卷,对称多项式不等式	2022-05	78.00	1455
数学不等式.第2卷,对称有理不等式与对称无理不等式	2022-05	88.00	1456
数学不等式.第3卷,循环不等式与非循环不等式	2022-05	88.00	1457
数学不等式.第4卷,Jensen不等式的扩展与加细	2022-05	88.00	1458
数学不等式.第5卷,创建不等式与解不等式的其他方法	2022-05	88.00	1459
不定方程及其应用.上	2018-12	58.00	992
不定方程及其应用.中	2019-01	78.00	993
不定方程及其应用.下	2019-02	98.00	994
Nesbitt不等式加强式的研究	2022-06	128.00	1527
最值定理与分析不等式	2023-02	78.00	1567
一类积分不等式	2023-02	88.00	1579
邦费罗尼不等式及概率应用	2023-05	58.00	1637
同余理论	2012-05	38.00	163
[x]与{x}	2015-04	48.00	476
极值与最值.上卷	2015-06	28.00	486
极值与最值.中卷	2015-06	38.00	487
极值与最值.下卷	2015-06	28.00	488
整数的性质	2012-11	38.00	192
完全平方数及其应用	2015-08	78.00	506
多项式理论	2015-10	88.00	541
奇数、偶数、奇偶分析法	2018-01	98.00	876
历届美国中学生数学竞赛试题及解答(第一卷)1950-1954	2014-07	18.00	277
历届美国中学生数学竞赛试题及解答(第二卷)1955-1959	2014-04	18.00	278
历届美国中学生数学竞赛试题及解答(第三卷)1960-1964	2014-06	18.00	279
历届美国中学生数学竞赛试题及解答(第四卷)1965-1969	2014-04	28.00	280
历届美国中学生数学竞赛试题及解答(第五卷)1970-1972	2014-06	18.00	281
历届美国中学生数学竞赛试题及解答(第六卷)1973-1980	2017-07	18.00	768
历届美国中学生数学竞赛试题及解答(第七卷)1981-1986	2015-01	18.00	424
历届美国中学生数学竞赛试题及解答(第八卷)1987-1990	2017-05	18.00	769
历届国际数学奥林匹克试题集	2023-09	158.00	1701
历届中国数学奥林匹克试题集(第3版)	2021-10	58.00	1440
历届加拿大数学奥林匹克试题集	2012-08	38.00	215
历届美国数学奥林匹克试题集	2023-08	98.00	1681
历届波兰数学竞赛试题集.第1卷,1949~1963	2015-03	18.00	453
历届波兰数学竞赛试题集.第2卷,1964~1976	2015-03	18.00	454
历届巴尔干数学奥林匹克试题集	2015-05	38.00	466
保加利亚数学奥林匹克	2014-10	38.00	393
圣彼得堡数学奥林匹克试题集	2015-01	38.00	429
匈牙利奥林匹克数学竞赛题解.第1卷	2016-05	28.00	593
匈牙利奥林匹克数学竞赛题解.第2卷	2016-05	28.00	594
历届美国数学邀请赛试题集(第2版)	2017-10	78.00	851
普林斯顿大学数学竞赛	2016-06	38.00	669
亚太地区数学奥林匹克竞赛题	2015-07	18.00	492
日本历届(初级)广中杯数学竞赛试题及解答.第1卷(2000~2007)	2016-05	28.00	641
日本历届(初级)广中杯数学竞赛试题及解答.第2卷(2008~2015)	2016-05	38.00	642
越南数学奥林匹克题选:1962-2009	2021-07	48.00	1370
360个数学竞赛问题	2016-08	58.00	677
奥数最佳实战题.上卷	2017-06	38.00	760
奥数最佳实战题.下卷	2017-05	58.00	761
哈尔滨市早期中学数学竞赛试题汇编	2016-07	28.00	672
全国高中数学联赛试题及解答:1981-2019(第4版)	2020-07	138.00	1176
2024年全国高中数学联合竞赛模拟题集	2024-01	38.00	1702

— 4 —

刘培杰数学工作室
已出版（即将出版）图书目录——初等数学

书　名	出版时间	定　价	编号
20 世纪 50 年代全国部分城市数学竞赛试题汇编	2017—07	28.00	797
国内外数学竞赛题及精解:2018～2019	2020—08	45.00	1192
国内外数学竞赛题及精解:2019～2020	2021—11	58.00	1439
许康华竞赛优学精选集.第一辑	2018—08	68.00	949
天问叶班数学问题征解 100 题. I ,2016—2018	2019—05	88.00	1075
天问叶班数学问题征解 100 题. II ,2017—2019	2020—07	98.00	1177
美国初中数学竞赛:AMC8 准备(共 6 卷)	2019—07	138.00	1089
美国高中数学竞赛:AMC10 准备(共 6 卷)	2019—08	158.00	1105
王连笑教你怎样学数学:高考选择题解题策略与客观题实用训练	2014—01	48.00	262
王连笑教你怎样学数学:高考数学高层次讲座	2015—02	48.00	432
高考数学的理论与实践	2009—08	38.00	53
高考数学核心题型解题方法与技巧	2010—01	28.00	86
高考思维新平台	2014—03	38.00	259
高考数学压轴题解题诀窍(上)(第 2 版)	2018—01	58.00	874
高考数学压轴题解题诀窍(下)(第 2 版)	2018—01	48.00	875
北京市五文科数学三年高考模拟题详解:2013～2015	2015—08	48.00	500
北京市五区理科数学三年高考模拟题详解:2013～2015	2015—09	68.00	505
向量法巧解数学高考题	2009—08	28.00	54
高中数学课堂教学的实践与反思	2021—11	48.00	791
数学高考参考	2016—01	78.00	589
新课程标准高考数学解答题各种题型解法指导	2020—08	78.00	1196
全国及各省市高考数学试题审题要津与解法研究	2015—02	48.00	450
高中数学章节起始课的教学研究与案例设计	2019—05	28.00	1064
新课标高考数学——五年试题分章详解(2007～2011)(上、下)	2011—10	78.00	140,141
全国中考数学压轴题审题要津与解法研究	2013—04	78.00	248
新编全国及各省市中考数学压轴题审题要津与解法研究	2014—05	58.00	342
全国及各省市 5 年中考数学压轴题审题要津与解法研究(2015 版)	2015—04	58.00	462
中考数学专题总复习	2007—04	28.00	6
中考数学较难题常考题型解题方法与技巧	2016—09	48.00	681
中考数学难题常考题型解题方法与技巧	2016—09	48.00	682
中考数学中档题常考题型解题方法与技巧	2017—08	68.00	835
中考数学选择填空压轴好题妙解 365	2024—01	80.00	1698
中考数学:三类重点考题的解法例析与习题	2020—04	48.00	1140
中小学数学的历史文化	2019—11	48.00	1124
初中平面几何百题多思创新解	2020—01	58.00	1125
初中数学中考备考	2020—01	58.00	1126
高考数学之九章演义	2019—08	68.00	1044
高考数学之难题谈笑间	2022—06	68.00	1519
化学可以这样学:高中化学知识方法智慧感悟疑难辨析	2019—07	58.00	1103
如何成为学习高手	2019—09	58.00	1107
高考数学:经典真题分类解析	2020—04	78.00	1134
高考数学解答题破解策略	2020—11	58.00	1221
从分析解题过程学解题:高考压轴题与竞赛题之关系探究	2020—08	88.00	1179
教学新思考:单元整体视角下的初中数学教学设计	2021—03	58.00	1278
思维再拓展:2020 年经典几何题的多解探究与思考	即将出版		1279
中考数学小压轴汇编初讲	2017—07	48.00	788
中考数学大压轴专题微言	2017—09	48.00	846
怎么解中考平面几何探索题	2019—06	48.00	1093
北京中考数学压轴题解题方法突破(第 9 版)	2024—01	78.00	1645
助你高考成功的数学解题智慧:知识是智慧的基础	2016—01	58.00	596
助你高考成功的数学解题智慧:错误是智慧的试金石	2016—04	58.00	643
助你高考成功的数学解题智慧:方法是智慧的推手	2016—04	68.00	657
高考数学奇思妙解	2016—04	38.00	610
高考数学解题策略	2016—05	48.00	670
数学解题泄天机(第 2 版)	2017—10	48.00	850

刘培杰数学工作室
已出版(即将出版)图书目录——初等数学

书　名	出版时间	定　价	编号
高中物理教学讲义	2018—01	48.00	871
高中物理教学讲义·全模块	2022—03	98.00	1492
高中物理答疑解惑65篇	2021—11	48.00	1462
中学物理基础问题解析	2020—08	48.00	1183
初中数学、高中数学脱节知识补缺教材	2017—06	48.00	766
高考数学客观题解题方法和技巧	2017—10	38.00	847
十年高考数学精品试题审题要津与解法研究	2021—10	98.00	1427
中国历届高考数学试题及解答.1949—1979	2018—01	38.00	877
历届中国高考数学试题及解答.第二卷,1980—1989	2018—10	28.00	975
历届中国高考数学试题及解答.第三卷,1990—1999	2018—10	48.00	976
跟我学解高中数学题	2018—07	58.00	926
中学数学研究的方法及案例	2018—05	58.00	869
高考数学抢分技能	2018—07	68.00	934
高一新生常用数学方法和重要数学思想提升教材	2018—06	38.00	921
高考数学全国卷六道解答题常考题型解题诀窍.理科(全2册)	2019—07	78.00	1101
高考数学全国卷16道选择、填空题常考题型解题诀窍.理科	2018—09	88.00	971
高考数学全国卷16道选择、填空题常考题型解题诀窍.文科	2020—01	88.00	1123
高中数学一题多解	2019—06	58.00	1087
历届中国高考数学试题及解答:1917—1999	2021—08	98.00	1371
2000～2003年全国及各省市高考数学试题及解答	2022—05	88.00	1499
2004年全国及各省市高考数学试题及解答	2023—08	78.00	1500
2005年全国及各省市高考数学试题及解答	2023—08	78.00	1501
2006年全国及各省市高考数学试题及解答	2023—08	88.00	1502
2007年全国及各省市高考数学试题及解答	2023—08	98.00	1503
2008年全国及各省市高考数学试题及解答	2023—08	88.00	1504
2009年全国及各省市高考数学试题及解答	2023—08	88.00	1505
2010年全国及各省市高考数学试题及解答	2023—08	98.00	1506
2011～2017年全国及各省市高考数学试题及解答	2024—01	78.00	1507
2018～2023年全国及各省市高考数学试题及解答	2024—03	78.00	1709
突破高原:高中数学解题思维探究	2021—08	48.00	1375
高考数学中的"取值范围"	2021—10	48.00	1429
新课程标准高中数学各种题型解法大全.必修一分册	2021—06	58.00	1315
新课程标准高中数学各种题型解法大全.必修二分册	2022—01	68.00	1471
高中数学各种题型解法大全.选择性必修一分册	2022—06	68.00	1525
高中数学各种题型解法大全.选择性必修二分册	2023—01	58.00	1600
高中数学各种题型解法大全.选择性必修三分册	2023—04	48.00	1643
历届全国初中数学竞赛经典试题详解	2023—04	88.00	1624
孟祥礼高考数学精刷精解	2023—06	98.00	1663

书　名	出版时间	定　价	编号
新编640个世界著名数学智力趣题	2014—01	88.00	242
500个最新世界著名数学智力趣题	2008—06	48.00	3
400个最新世界著名数学最值问题	2008—09	48.00	36
500个世界著名数学征解问题	2009—06	48.00	52
400个中国最佳初等数学征解老问题	2010—01	48.00	60
500个俄罗斯数学经典老题	2011—01	28.00	81
1000个国外中学物理好题	2012—04	48.00	174
300个日本高考数学题	2012—05	38.00	142
700个早期日本高考数学试题	2017—02	88.00	752
500个前苏联早期高考数学试题及解答	2012—05	28.00	185
546个早期俄罗斯大学生数学竞赛题	2014—03	38.00	285
548个来自美苏的数学好问题	2014—11	28.00	396
20所苏联著名大学早期入学试题	2015—02	18.00	452
161道德国工科大学生必做的微分方程习题	2015—05	28.00	469
500个德国工科大学生必做的高数习题	2015—06	28.00	478
360个数学竞赛问题	2016—08	58.00	677
200个趣味数学故事	2018—02	48.00	857
470个数学奥林匹克中的最值问题	2018—10	88.00	985
德国讲义日本考题.微积分卷	2015—04	48.00	456
德国讲义日本考题.微分方程卷	2015—04	38.00	457
二十世纪中叶中、英、美、日、法、俄高考数学试题精选	2017—06	38.00	783

刘培杰数学工作室
已出版(即将出版)图书目录——初等数学

书 名	出版时间	定 价	编号
中国初等数学研究 2009卷(第1辑)	2009-05	20.00	45
中国初等数学研究 2010卷(第2辑)	2010-05	30.00	68
中国初等数学研究 2011卷(第3辑)	2011-07	60.00	127
中国初等数学研究 2012卷(第4辑)	2012-07	48.00	190
中国初等数学研究 2014卷(第5辑)	2014-02	48.00	288
中国初等数学研究 2015卷(第6辑)	2015-06	68.00	493
中国初等数学研究 2016卷(第7辑)	2016-04	68.00	609
中国初等数学研究 2017卷(第8辑)	2017-01	98.00	712
初等数学研究在中国.第1辑	2019-03	158.00	1024
初等数学研究在中国.第2辑	2019-10	158.00	1116
初等数学研究在中国.第3辑	2021-05	158.00	1306
初等数学研究在中国.第4辑	2022-06	158.00	1520
初等数学研究在中国.第5辑	2023-07	158.00	1635
几何变换(Ⅰ)	2014-07	28.00	353
几何变换(Ⅱ)	2015-06	28.00	354
几何变换(Ⅲ)	2015-01	38.00	355
几何变换(Ⅳ)	2015-12	38.00	356
初等数论难题集(第一卷)	2009-05	68.00	44
初等数论难题集(第二卷)(上、下)	2011-02	128.00	82,83
数论概貌	2011-03	18.00	93
代数数论(第二版)	2013-08	58.00	94
代数多项式	2014-06	38.00	289
初等数论的知识与问题	2011-02	28.00	95
超越数论基础	2011-03	28.00	96
数论初等教程	2011-03	28.00	97
数论基础	2011-03	18.00	98
数论基础与维诺格拉多夫	2014-03	18.00	292
解析数论基础	2012-08	28.00	216
解析数论基础(第二版)	2014-01	48.00	287
解析数论问题集(第二版)(原版引进)	2014-05	88.00	343
解析数论问题集(第二版)(中译本)	2016-04	88.00	607
解析数论基础(潘承洞,潘承彪著)	2016-07	98.00	673
解析数论导引	2016-07	58.00	674
数论入门	2011-03	38.00	99
代数数论入门	2015-03	38.00	448
数论开篇	2012-07	28.00	194
解析数论引论	2011-03	48.00	100
Barban Davenport Halberstam 均值和	2009-01	40.00	33
基础数论	2011-03	28.00	101
初等数论100例	2011-05	18.00	122
初等数论经典例题	2012-07	18.00	204
最新世界各国数学奥林匹克中的初等数论试题(上、下)	2012-01	138.00	144,145
初等数论(Ⅰ)	2012-01	18.00	156
初等数论(Ⅱ)	2012-01	18.00	157
初等数论(Ⅲ)	2012-01	28.00	158

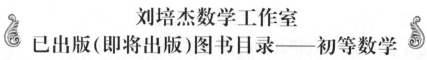

刘培杰数学工作室
已出版(即将出版)图书目录——初等数学

书　名	出版时间	定　价	编号
平面几何与数论中未解决的新老问题	2013—01	68.00	229
代数数论简史	2014—11	28.00	408
代数数论	2015—09	88.00	532
代数、数论及分析习题集	2016—11	98.00	695
数论导引提要及习题解答	2016—01	48.00	559
素数定理的初等证明.第2版	2016—09	48.00	686
数论中的模函数与狄利克雷级数(第二版)	2017—11	78.00	837
数论:数学导引	2018—01	68.00	849
范氏大代数	2019—02	98.00	1016
解析数学讲义.第一卷,导来式及微分、积分、级数	2019—04	88.00	1021
解析数学讲义.第二卷,关于几何的应用	2019—04	68.00	1022
解析数学讲义.第三卷,解析函数论	2019—04	78.00	1023
分析·组合·数论纵横谈	2019—04	58.00	1039
Hall代数:民国时期的中学数学课本:英文	2019—08	88.00	1106
基谢廖夫初等代数	2022—07	38.00	1531
数学精神巡礼	2019—01	58.00	731
数学眼光透视(第2版)	2017—06	78.00	732
数学思想领悟(第2版)	2018—01	68.00	733
数学方法溯源(第2版)	2018—08	68.00	734
数学解题引论	2017—05	58.00	735
数学史话览胜(第2版)	2017—01	48.00	736
数学应用展观(第2版)	2017—08	68.00	737
数学建模尝试	2018—04	48.00	738
数学竞赛采风	2018—01	68.00	739
数学测评探营	2019—05	58.00	740
数学技能操握	2018—03	48.00	741
数学欣赏拾趣	2018—02	48.00	742
从毕达哥拉斯到怀尔斯	2007—10	48.00	9
从迪利克雷到维斯卡尔迪	2008—01	48.00	21
从哥德巴赫到陈景润	2008—05	98.00	35
从庞加莱到佩雷尔曼	2011—08	138.00	136
博弈论精粹	2008—03	58.00	30
博弈论精粹.第二版(精装)	2015—01	88.00	461
数学 我爱你	2008—01	28.00	20
精神的圣徒 别样的人生——60位中国数学家成长的历程	2008—09	48.00	39
数学史概论	2009—06	78.00	50
数学史概论(精装)	2013—03	158.00	272
数学史选讲	2016—01	48.00	544
斐波那契数列	2010—02	28.00	65
数学拼盘和斐波那契魔方	2010—07	38.00	72
斐波那契数列欣赏(第2版)	2018—08	58.00	948
Fibonacci数列中的明珠	2018—06	58.00	928
数学的创造	2011—02	48.00	85
数学美与创造力	2016—01	48.00	595
数海拾贝	2016—01	48.00	590
数学中的美(第2版)	2019—04	68.00	1057
数论中的美学	2014—12	38.00	351

刘培杰数学工作室
已出版（即将出版）图书目录——初等数学

书　名	出版时间	定　价	编号
数学王者　科学巨人——高斯	2015—01	28.00	428
振兴祖国数学的圆梦之旅:中国初等数学研究史话	2015—06	98.00	490
二十世纪中国数学史料研究	2015—10	48.00	536
数字谜、数阵图与棋盘覆盖	2016—01	58.00	298
数学概念的进化:一个初步的研究	2023—07	68.00	1683
数学发现的艺术:数学探索中的合情推理	2016—07	58.00	671
活跃在数学中的参数	2016—07	48.00	675
数海趣史	2021—05	98.00	1314
玩转幻中之幻	2023—08	88.00	1682
数学艺术品	2023—09	98.00	1685
数学博弈与游戏	2023—10	68.00	1692

书　名	出版时间	定　价	编号
数学解题——靠数学思想给力(上)	2011—07	38.00	131
数学解题——靠数学思想给力(中)	2011—07	48.00	132
数学解题——靠数学思想给力(下)	2011—07	38.00	133
我怎样解题	2013—01	48.00	227
数学解题中的物理方法	2011—06	28.00	114
数学解题的特殊方法	2011—06	48.00	115
中学数学计算技巧(第2版)	2020—10	48.00	1220
中学数学证明方法	2012—01	58.00	117
数学趣题巧解	2012—03	28.00	128
高中数学教学通鉴	2015—05	58.00	479
和高中生漫谈:数学与哲学的故事	2014—08	28.00	369
算术问题集	2017—03	38.00	789
张教授讲数学	2018—07	38.00	933
陈永明实话实说数学教学	2020—04	68.00	1132
中学数学学科知识与教学能力	2020—06	58.00	1155
怎样把课讲好:大罕数学教学随笔	2022—03	58.00	1484
中国高考评价体系下高考数学探秘	2022—03	48.00	1487
数苑漫步	2024—01	58.00	1670

书　名	出版时间	定　价	编号
自主招生考试中的参数方程问题	2015—01	28.00	435
自主招生考试中的极坐标问题	2015—04	28.00	463
近年全国重点大学自主招生数学试题全解及研究.华约卷	2015—02	38.00	441
近年全国重点大学自主招生数学试题全解及研究.北约卷	2016—05	38.00	619
自主招生数学解证宝典	2015—09	48.00	535
中国科学技术大学创新班数学真题解析	2022—03	48.00	1488
中国科学技术大学创新班物理真题解析	2022—03	58.00	1489

书　名	出版时间	定　价	编号
格点和面积	2012—07	18.00	191
射影几何趣谈	2012—04	28.00	175
斯潘纳尔引理——从一道加拿大数学奥林匹克试题谈起	2014—01	28.00	228
李普希兹条件——从几道近年高考数学试题谈起	2012—10	18.00	221
拉格朗日中值定理——从一道北京高考试题的解法谈起	2015—10	18.00	197
闵科夫斯基定理——从一道清华大学自主招生试题谈起	2014—01	28.00	198
哈尔测度——从一道冬令营试题的背景谈起	2012—08	28.00	202
切比雪夫逼近问题——从一道中国台北数学奥林匹克试题谈起	2013—04	38.00	238
伯恩斯坦多项式与贝齐尔曲面——从一道全国高中数学联赛试题谈起	2013—03	38.00	236
卡塔兰猜想——从一道普特南竞赛试题谈起	2013—06	18.00	256
麦卡锡函数和阿克曼函数——从一道前南斯拉夫数学奥林匹克试题谈起	2012—08	18.00	201
贝蒂定理与拉姆贝克莫斯尔定理——从一个拣石子游戏谈起	2012—08	18.00	217
皮亚诺曲线和豪斯道夫分球定理——从无限集谈起	2012—08	18.00	211
平面凸图形与凸多面体	2012—10	28.00	218
斯坦因豪斯问题——从一道二十五省市自治区中学数学竞赛试题谈起	2012—07	18.00	196

刘培杰数学工作室
已出版(即将出版)图书目录——初等数学

书　名	出版时间	定　价	编号
纽结理论中的亚历山大多项式与琼斯多项式——从一道北京市高一数学竞赛试题谈起	2012—07	28.00	195
原则与策略——从波利亚"解题表"谈起	2013—04	38.00	244
转化与化归——从三大尺规作图不能问题谈起	2012—08	28.00	214
代数几何中的贝祖定理(第一版)——从一道 IMO 试题的解法谈起	2013—08	18.00	193
成功连贯理论与约当块理论——从一道比利时数学竞赛试题谈起	2012—04	18.00	180
素数判定与大数分解	2014—08	18.00	199
置换多项式及其应用	2012—10	18.00	220
椭圆函数与模函数——从一道美国加州大学洛杉矶分校(UCLA)博士资格考题谈起	2012—10	28.00	219
差分方程的拉格朗日方法——从一道 2011 年全国高考理科试题的解法谈起	2012—08	28.00	200
力学在几何中的一些应用	2013—01	38.00	240
从根式解到伽罗华理论	2020—01	48.00	1121
康托洛维奇不等式——从一道全国高中联赛试题谈起	2013—03	28.00	337
西格尔引理——从一道第 18 届 IMO 试题的解法谈起	即将出版		
罗斯定理——从一道前苏联数学竞赛试题谈起	即将出版		
拉克斯定理和阿廷定理——从一道 IMO 试题的解法谈起	2014—01	58.00	246
毕卡大定理——从一道美国大学数学竞赛试题谈起	2014—07	18.00	350
贝齐尔曲线——从一道全国高中联赛试题谈起	即将出版		
拉格朗日乘子定理——从一道 2005 年全国高中联赛试题的高等数学解法谈起	2015—05	28.00	480
雅可比定理——从一道日本数学奥林匹克试题谈起	2013—04	48.00	249
李天岩－约克定理——从一道波兰数学竞赛试题谈起	2014—06	28.00	349
受控理论与初等不等式:从一道 IMO 试题的解法谈起	2023—03	48.00	1601
布劳维不动点定理——从一道前苏联数学奥林匹克试题谈起	2014—01	38.00	273
伯恩赛德定理——从一道英国数学奥林匹克试题谈起	即将出版		
布查特－莫斯特定理——从一道上海市初中竞赛试题谈起	即将出版		
数论中的同余数问题——从一道普特南竞赛试题谈起	即将出版		
范・德蒙行列式——从一道美国数学奥林匹克试题谈起	即将出版		
中国剩余定理:总数法构建中国历史年表	2015—01	28.00	430
牛顿程序与方程求根——从一道全国高考试题解法谈起	即将出版		
库默尔定理——从一道 IMO 预选试题谈起	即将出版		
卢丁定理——从一道冬令营试题的解法谈起	即将出版		
沃斯滕霍姆定理——从一道 IMO 预选试题谈起	即将出版		
卡尔松不等式——从一道莫斯科数学奥林匹克试题谈起	即将出版		
信息论中的香农熵——从一道近年高考压轴题谈起	即将出版		
约当不等式——从一道希望杯竞赛试题谈起	即将出版		
拉比诺维奇定理	即将出版		
刘维尔定理——从一道《美国数学月刊》征解问题的解法谈起	即将出版		
卡塔兰恒等式与级数求和——从一道 IMO 试题的解法谈起	即将出版		
勒让德猜想与素数分布——从一道爱尔兰竞赛试题谈起	即将出版		
天平称重与信息论——从一道基辅市数学奥林匹克试题谈起	即将出版		
哈密尔顿－凯莱定理:从一道高中数学联赛试题的解法谈起	2014—09	18.00	376
艾思特曼定理——从一道 CMO 试题的解法谈起	即将出版		

刘培杰数学工作室
已出版(即将出版)图书目录——初等数学

书　名	出版时间	定　价	编号
阿贝尔恒等式与经典不等式及应用	2018—06	98.00	923
迪利克雷除数问题	2018—07	48.00	930
幻方、幻立方与拉丁方	2019—08	48.00	1092
帕斯卡三角形	2014—03	18.00	294
蒲丰投针问题——从2009年清华大学的一道自主招生试题谈起	2014—01	38.00	295
斯图姆定理——从一道"华约"自主招生试题的解法谈起	2014—01	18.00	296
许瓦兹引理——从一道加利福尼亚大学伯克利分校数学系博士生试题谈起	2014—08	18.00	297
拉姆塞定理——从王诗宬院士的一个问题谈起	2016—04	48.00	299
坐标法	2013—12	28.00	332
数论三角形	2014—04	38.00	341
毕克定理	2014—07	18.00	352
数林掠影	2014—09	48.00	389
我们周围的概率	2014—10	38.00	390
凸函数最值定理:从一道华约自主招生题的解法谈起	2014—10	28.00	391
易学与数学奥林匹克	2014—10	38.00	392
生物数学趣谈	2015—01	18.00	409
反演	2015—01	28.00	420
因式分解与圆锥曲线	2015—01	18.00	426
轨迹	2015—01	28.00	427
面积原理:从常庚哲命的一道CMO试题的积分解法谈起	2015—01	48.00	431
形形色色的不动点定理:从一道28届IMO试题谈起	2015—01	38.00	439
柯西函数方程:从一道上海交大自主招生的试题谈起	2015—02	28.00	440
三角恒等式	2015—02	28.00	442
无理性判定:从一道2014年"北约"自主招生试题谈起	2015—01	38.00	443
数学归纳法	2015—03	18.00	451
极端原理与解题	2015—04	28.00	464
法雷级数	2014—08	18.00	367
摆线族	2015—01	38.00	438
函数方程及其解法	2015—05	38.00	470
含参数的方程和不等式	2012—09	28.00	213
希尔伯特第十问题	2016—01	38.00	543
无穷小量的求和	2016—01	28.00	545
切比雪夫多项式:从一道清华大学金秋营试题谈起	2016—01	38.00	583
泽肯多夫定理	2016—03	38.00	599
代数等式证题法	2016—01	28.00	600
三角等式证题法	2016—01	28.00	601
吴大任教授藏书中的一个因式分解公式:从一道美国数学邀请赛试题的解法谈起	2016—06	28.00	656
易卦——类万物的数学模型	2017—08	68.00	838
"不可思议"的数与数系可持续发展	2018—01	38.00	878
最短线	2018—01	38.00	879
数学在天文、地理、光学、机械力学中的一些应用	2023—03	88.00	1576
从阿基米德三角形谈起	2023—01	28.00	1578

幻方和魔方(第一卷)	2012—05	68.00	173
尘封的经典——初等数学经典文献选读(第一卷)	2012—07	48.00	205
尘封的经典——初等数学经典文献选读(第二卷)	2012—07	38.00	206

初级方程式论	2011—03	28.00	106
初等数学研究(Ⅰ)	2008—09	68.00	37
初等数学研究(Ⅱ)(上、下)	2009—05	118.00	46,47
初等数学专题研究	2022—10	68.00	1568

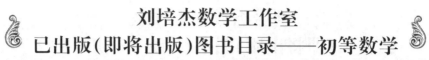

刘培杰数学工作室
已出版（即将出版）图书目录——初等数学

书　名	出版时间	定价	编号
趣味初等方程妙题集锦	2014－09	48.00	388
趣味初等数论选美与欣赏	2015－02	48.00	445
耕读笔记(上卷)：一位农民数学爱好者的初数探索	2015－04	28.00	459
耕读笔记(中卷)：一位农民数学爱好者的初数探索	2015－05	28.00	483
耕读笔记(下卷)：一位农民数学爱好者的初数探索	2015－05	28.00	484
几何不等式研究与欣赏.上卷	2016－01	88.00	547
几何不等式研究与欣赏.下卷	2016－01	48.00	552
初等数列研究与欣赏·上	2016－01	48.00	570
初等数列研究与欣赏·下	2016－01	48.00	571
趣味初等函数研究与欣赏.上	2016－09	48.00	684
趣味初等函数研究与欣赏.下	2018－09	48.00	685
三角不等式研究与欣赏	2020－10	68.00	1197
新编平面解析几何解题方法研究与欣赏	2021－10	78.00	1426
火柴游戏(第2版)	2022－05	38.00	1493
智力解谜.第1卷	2017－07	38.00	613
智力解谜.第2卷	2017－07	38.00	614
故事智力	2016－07	48.00	615
名人们喜欢的智力问题	2020－01	48.00	616
数学大师的发现、创造与失误	2018－01	48.00	617
异曲同工	2018－09	48.00	618
数学的味道(第2版)	2023－10	68.00	1686
数学千字文	2018－10	68.00	977
数贝偶拾——高考数学题研究	2014－04	28.00	274
数贝偶拾——初等数学研究	2014－04	38.00	275
数贝偶拾——奥数题研究	2014－04	48.00	276
钱昌本教你快乐学数学(上)	2011－12	48.00	155
钱昌本教你快乐学数学(下)	2012－03	58.00	171
集合、函数与方程	2014－01	28.00	300
数列与不等式	2014－01	38.00	301
三角与平面向量	2014－01	28.00	302
平面解析几何	2014－01	38.00	303
立体几何与组合	2014－01	28.00	304
极限与导数、数学归纳法	2014－01	38.00	305
趣味数学	2014－03	28.00	306
教材教法	2014－04	68.00	307
自主招生	2014－05	58.00	308
高考压轴题(上)	2015－01	48.00	309
高考压轴题(下)	2014－10	68.00	310
从费马到怀尔斯——费马大定理的历史	2013－10	198.00	I
从庞加莱到佩雷尔曼——庞加莱猜想的历史	2013－10	298.00	II
从切比雪夫到爱尔特希(上)——素数定理的初等证明	2013－07	48.00	III
从切比雪夫到爱尔特希(下)——素数定理100年	2012－12	98.00	III
从高斯到盖尔方特——二次域的高斯猜想	2013－10	198.00	IV
从库默尔到朗兰兹——朗兰兹猜想的历史	2014－01	98.00	V
从比勃赫到德布朗斯——比勃巴赫猜想的历史	2014－02	298.00	VI
从麦比乌斯到陈省身——麦比乌斯变换与麦比乌斯带	2014－02	298.00	VII
从布尔到豪斯道夫——布尔方程与格论漫谈	2013－10	198.00	VIII
从开普勒到阿诺德——三体问题的历史	2014－05	298.00	IX
从华林到华罗庚——华林问题的历史	2013－10	298.00	X

刘培杰数学工作室
已出版(即将出版)图书目录——初等数学

书　名	出版时间	定　价	编号
美国高中数学竞赛五十讲.第1卷(英文)	2014－08	28.00	357
美国高中数学竞赛五十讲.第2卷(英文)	2014－08	28.00	358
美国高中数学竞赛五十讲.第3卷(英文)	2014－09	28.00	359
美国高中数学竞赛五十讲.第4卷(英文)	2014－09	28.00	360
美国高中数学竞赛五十讲.第5卷(英文)	2014－10	28.00	361
美国高中数学竞赛五十讲.第6卷(英文)	2014－11	28.00	362
美国高中数学竞赛五十讲.第7卷(英文)	2014－12	28.00	363
美国高中数学竞赛五十讲.第8卷(英文)	2015－01	28.00	364
美国高中数学竞赛五十讲.第9卷(英文)	2015－01	28.00	365
美国高中数学竞赛五十讲.第10卷(英文)	2015－02	38.00	366
三角函数(第2版)	2017－04	38.00	626
不等式	2014－01	38.00	312
数列	2014－01	38.00	313
方程(第2版)	2017－04	38.00	624
排列和组合	2014－01	28.00	315
极限与导数(第2版)	2016－04	38.00	635
向量(第2版)	2018－08	58.00	627
复数及其应用	2014－08	28.00	318
函数	2014－01	38.00	319
集合	2020－01	48.00	320
直线与平面	2014－01	38.00	321
立体几何(第2版)	2016－04	38.00	629
解三角形	即将出版		323
直线与圆(第2版)	2016－11	38.00	631
圆锥曲线(第2版)	2016－09	48.00	632
解题通法(一)	2014－07	38.00	326
解题通法(二)	2014－07	38.00	327
解题通法(三)	2014－05	38.00	328
概率与统计	2014－01	28.00	329
信息迁移与算法	即将出版		330
IMO 50 年.第1卷(1959－1963)	2014－11	28.00	377
IMO 50 年.第2卷(1964－1968)	2014－11	28.00	378
IMO 50 年.第3卷(1969－1973)	2014－09	28.00	379
IMO 50 年.第4卷(1974－1978)	2016－04	38.00	380
IMO 50 年.第5卷(1979－1984)	2015－04	38.00	381
IMO 50 年.第6卷(1985－1989)	2015－04	58.00	382
IMO 50 年.第7卷(1990－1994)	2016－01	48.00	383
IMO 50 年.第8卷(1995－1999)	2016－06	38.00	384
IMO 50 年.第9卷(2000－2004)	2015－04	58.00	385
IMO 50 年.第10卷(2005－2009)	2016－01	48.00	386
IMO 50 年.第11卷(2010－2015)	2017－03	48.00	646

刘培杰数学工作室
已出版(即将出版)图书目录——初等数学

书　名	出版时间	定价	编号
数学反思(2006—2007)	2020—09	88.00	915
数学反思(2008—2009)	2019—01	68.00	917
数学反思(2010—2011)	2018—05	58.00	916
数学反思(2012—2013)	2019—01	58.00	918
数学反思(2014—2015)	2019—03	78.00	919
数学反思(2016—2017)	2021—03	58.00	1286
数学反思(2018—2019)	2023—01	88.00	1593
历届美国大学生数学竞赛试题集.第一卷(1938—1949)	2015—01	28.00	397
历届美国大学生数学竞赛试题集.第二卷(1950—1959)	2015—01	28.00	398
历届美国大学生数学竞赛试题集.第三卷(1960—1969)	2015—01	28.00	399
历届美国大学生数学竞赛试题集.第四卷(1970—1979)	2015—01	18.00	400
历届美国大学生数学竞赛试题集.第五卷(1980—1989)	2015—01	28.00	401
历届美国大学生数学竞赛试题集.第六卷(1990—1999)	2015—01	28.00	402
历届美国大学生数学竞赛试题集.第七卷(2000—2009)	2015—08	18.00	403
历届美国大学生数学竞赛试题集.第八卷(2010—2012)	2015—01	18.00	404
新课标高考数学创新题解题诀窍:总论	2014—09	28.00	372
新课标高考数学创新题解题诀窍:必修1~5分册	2014—08	38.00	373
新课标高考数学创新题解题诀窍:选修2—1,2—2,1—1,1—2分册	2014—09	38.00	374
新课标高考数学创新题解题诀窍:选修2—3,4—4,4—5分册	2014—09	18.00	375
全国重点大学自主招生英文数学试题全攻略:词汇卷	2015—07	48.00	410
全国重点大学自主招生英文数学试题全攻略:概念卷	2015—01	28.00	411
全国重点大学自主招生英文数学试题全攻略:文章选读卷(上)	2016—09	38.00	412
全国重点大学自主招生英文数学试题全攻略:文章选读卷(下)	2017—01	58.00	413
全国重点大学自主招生英文数学试题全攻略:试题卷	2015—07	38.00	414
全国重点大学自主招生英文数学试题全攻略:名著欣赏卷	2017—03	48.00	415
劳埃德数学趣题大全.题目卷.1:英文	2016—01	18.00	516
劳埃德数学趣题大全.题目卷.2:英文	2016—01	18.00	517
劳埃德数学趣题大全.题目卷.3:英文	2016—01	18.00	518
劳埃德数学趣题大全.题目卷.4:英文	2016—01	18.00	519
劳埃德数学趣题大全.题目卷.5:英文	2016—01	18.00	520
劳埃德数学趣题大全.答案卷:英文	2016—01	18.00	521
李成章教练奥数笔记.第1卷	2016—01	48.00	522
李成章教练奥数笔记.第2卷	2016—01	48.00	523
李成章教练奥数笔记.第3卷	2016—01	38.00	524
李成章教练奥数笔记.第4卷	2016—01	38.00	525
李成章教练奥数笔记.第5卷	2016—01	38.00	526
李成章教练奥数笔记.第6卷	2016—01	38.00	527
李成章教练奥数笔记.第7卷	2016—01	38.00	528
李成章教练奥数笔记.第8卷	2016—01	48.00	529
李成章教练奥数笔记.第9卷	2016—01	28.00	530

刘培杰数学工作室
已出版(即将出版)图书目录——初等数学

书　名	出版时间	定　价	编号
第19～23届"希望杯"全国数学邀请赛试题审题要津详细评注(初一版)	2014—03	28.00	333
第19～23届"希望杯"全国数学邀请赛试题审题要津详细评注(初二、初三版)	2014—03	38.00	334
第19～23届"希望杯"全国数学邀请赛试题审题要津详细评注(高一版)	2014—03	28.00	335
第19～23届"希望杯"全国数学邀请赛试题审题要津详细评注(高二版)	2014—03	38.00	336
第19～25届"希望杯"全国数学邀请赛试题审题要津详细评注(初一版)	2015—01	38.00	416
第19～25届"希望杯"全国数学邀请赛试题审题要津详细评注(初二、初三版)	2015—01	58.00	417
第19～25届"希望杯"全国数学邀请赛试题审题要津详细评注(高一版)	2015—01	48.00	418
第19～25届"希望杯"全国数学邀请赛试题审题要津详细评注(高二版)	2015—01	48.00	419
物理奥林匹克竞赛大题典——力学卷	2014—11	48.00	405
物理奥林匹克竞赛大题典——热学卷	2014—04	28.00	339
物理奥林匹克竞赛大题典——电磁学卷	2015—07	48.00	406
物理奥林匹克竞赛大题典——光学与近代物理卷	2014—06	28.00	345
历届中国东南地区数学奥林匹克试题集(2004～2012)	2014—06	18.00	346
历届中国西部地区数学奥林匹克试题集(2001～2012)	2014—07	18.00	347
历届中国女子数学奥林匹克试题集(2002～2012)	2014—08	18.00	348
数学奥林匹克在中国	2014—06	98.00	344
数学奥林匹克问题集	2014—01	38.00	267
数学奥林匹克不等式散论	2010—06	38.00	124
数学奥林匹克不等式欣赏	2011—09	38.00	138
数学奥林匹克超级题库(初中卷上)	2010—01	58.00	66
数学奥林匹克不等式证明方法和技巧(上、下)	2011—08	158.00	134,135
他们学什么:原民主德国中学数学课本	2016—09	38.00	658
他们学什么:英国中学数学课本	2016—09	38.00	659
他们学什么:法国中学数学课本.1	2016—09	38.00	660
他们学什么:法国中学数学课本.2	2016—09	28.00	661
他们学什么:法国中学数学课本.3	2016—09	38.00	662
他们学什么:苏联中学数学课本	2016—09	28.00	679
高中数学题典——集合与简易逻辑·函数	2016—07	48.00	647
高中数学题典——导数	2016—07	48.00	648
高中数学题典——三角函数·平面向量	2016—07	48.00	649
高中数学题典——数列	2016—07	58.00	650
高中数学题典——不等式·推理与证明	2016—07	38.00	651
高中数学题典——立体几何	2016—07	48.00	652
高中数学题典——平面解析几何	2016—07	78.00	653
高中数学题典——计数原理·统计·概率·复数	2016—07	48.00	654
高中数学题典——算法·平面几何·初等数论·组合数学·其他	2016—07	68.00	655

刘培杰数学工作室
已出版(即将出版)图书目录——初等数学

书　名	出版时间	定　价	编号
台湾地区奥林匹克数学竞赛试题.小学一年级	2017—03	38.00	722
台湾地区奥林匹克数学竞赛试题.小学二年级	2017—03	38.00	723
台湾地区奥林匹克数学竞赛试题.小学三年级	2017—03	38.00	724
台湾地区奥林匹克数学竞赛试题.小学四年级	2017—03	38.00	725
台湾地区奥林匹克数学竞赛试题.小学五年级	2017—03	38.00	726
台湾地区奥林匹克数学竞赛试题.小学六年级	2017—03	38.00	727
台湾地区奥林匹克数学竞赛试题.初中一年级	2017—03	38.00	728
台湾地区奥林匹克数学竞赛试题.初中二年级	2017—03	38.00	729
台湾地区奥林匹克数学竞赛试题.初中三年级	2017—03	28.00	730
不等式证题法	2017—04	28.00	747
平面几何培优教程	2019—08	88.00	748
奥数鼎级培优教程.高一分册	2018—09	88.00	749
奥数鼎级培优教程.高二分册.上	2018—04	68.00	750
奥数鼎级培优教程.高二分册.下	2018—04	68.00	751
高中数学竞赛冲刺宝典	2019—04	68.00	883
初中尖子生数学超级题典.实数	2017—07	58.00	792
初中尖子生数学超级题典.式、方程与不等式	2017—08	58.00	793
初中尖子生数学超级题典.圆、面积	2017—08	38.00	794
初中尖子生数学超级题典.函数、逻辑推理	2017—08	48.00	795
初中尖子生数学超级题典.角、线段、三角形与多边形	2017—07	58.00	796
数学王子——高斯	2018—01	48.00	858
坎坷奇星——阿贝尔	2018—01	48.00	859
闪烁奇星——伽罗瓦	2018—01	58.00	860
无穷统帅——康托尔	2018—01	48.00	861
科学公主——柯瓦列夫斯卡娅	2018—01	48.00	862
抽象代数之母——埃米·诺特	2018—01	48.00	863
电脑先驱——图灵	2018—01	58.00	864
昔日神童——维纳	2018—01	48.00	865
数坛怪侠——爱尔特希	2018—01	68.00	866
传奇数学家徐利治	2019—09	88.00	1110
当代世界中的数学.数学思想与数学基础	2019—01	38.00	892
当代世界中的数学.数学问题	2019—01	38.00	893
当代世界中的数学.应用数学与数学应用	2019—01	38.00	894
当代世界中的数学.数学王国的新疆域(一)	2019—01	38.00	895
当代世界中的数学.数学王国的新疆域(二)	2019—01	38.00	896
当代世界中的数学.数林撷英(一)	2019—01	38.00	897
当代世界中的数学.数林撷英(二)	2019—01	48.00	898
当代世界中的数学.数学之路	2019—01	38.00	899

书 名	出版时间	定 价	编号
105 个代数问题:来自 AwesomeMath 夏季课程	2019—02	58.00	956
106 个几何问题:来自 AwesomeMath 夏季课程	2020—07	58.00	957
107 个几何问题:来自 AwesomeMath 全年课程	2020—07	58.00	958
108 个代数问题:来自 AwesomeMath 全年课程	2019—01	68.00	959
109 个不等式:来自 AwesomeMath 夏季课程	2019—04	58.00	960
110 个几何问题:选自各国数学奥林匹克竞赛	2024—04	58.00	961
111 个代数和数论问题	2019—05	58.00	962
112 个组合问题:来自 AwesomeMath 夏季课程	2019—05	58.00	963
113 个几何不等式:来自 AwesomeMath 夏季课程	2020—08	58.00	964
114 个指数和对数问题:来自 AwesomeMath 夏季课程	2019—09	48.00	965
115 个三角问题:来自 AwesomeMath 夏季课程	2019—09	58.00	966
116 个代数不等式:来自 AwesomeMath 全年课程	2019—04	58.00	967
117 个多项式问题:来自 AwesomeMath 夏季课程	2021—09	58.00	1409
118 个数学竞赛不等式	2022—08	78.00	1526
紫色彗星国际数学竞赛试题	2019—02	58.00	999
数学竞赛中的数学:为数学爱好者、父母、教师和教练准备的丰富资源.第一部	2020—04	58.00	1141
数学竞赛中的数学:为数学爱好者、父母、教师和教练准备的丰富资源.第二部	2020—07	48.00	1142
和与积	2020—10	38.00	1219
数论:概念和问题	2020—12	68.00	1257
初等数学问题研究	2021—03	48.00	1270
数学奥林匹克中的欧几里得几何	2021—10	68.00	1413
数学奥林匹克解新编	2022—01	58.00	1430
图论入门	2022—09	58.00	1554
新的、更新的、最新的不等式	2023—07	58.00	1650
数学竞赛中奇妙的多项式	2024—01	78.00	1646
120 个奇妙的代数问题及 20 个奖励问题	2024—04	48.00	1647
澳大利亚中学数学竞赛试题及解答(初级卷)1978～1984	2019—02	28.00	1002
澳大利亚中学数学竞赛试题及解答(初级卷)1985～1991	2019—02	28.00	1003
澳大利亚中学数学竞赛试题及解答(初级卷)1992～1998	2019—02	28.00	1004
澳大利亚中学数学竞赛试题及解答(初级卷)1999～2005	2019—02	28.00	1005
澳大利亚中学数学竞赛试题及解答(中级卷)1978～1984	2019—03	28.00	1006
澳大利亚中学数学竞赛试题及解答(中级卷)1985～1991	2019—03	28.00	1007
澳大利亚中学数学竞赛试题及解答(中级卷)1992～1998	2019—03	28.00	1008
澳大利亚中学数学竞赛试题及解答(中级卷)1999～2005	2019—03	28.00	1009
澳大利亚中学数学竞赛试题及解答(高级卷)1978～1984	2019—05	28.00	1010
澳大利亚中学数学竞赛试题及解答(高级卷)1985～1991	2019—05	28.00	1011
澳大利亚中学数学竞赛试题及解答(高级卷)1992～1998	2019—05	28.00	1012
澳大利亚中学数学竞赛试题及解答(高级卷)1999～2005	2019—05	28.00	1013
天才中小学生智力测验题.第一卷	2019—03	38.00	1026
天才中小学生智力测验题.第二卷	2019—03	38.00	1027
天才中小学生智力测验题.第三卷	2019—03	38.00	1028
天才中小学生智力测验题.第四卷	2019—03	38.00	1029
天才中小学生智力测验题.第五卷	2019—03	38.00	1030
天才中小学生智力测验题.第六卷	2019—03	38.00	1031
天才中小学生智力测验题.第七卷	2019—03	38.00	1032
天才中小学生智力测验题.第八卷	2019—03	38.00	1033
天才中小学生智力测验题.第九卷	2019—03	38.00	1034
天才中小学生智力测验题.第十卷	2019—03	38.00	1035
天才中小学生智力测验题.第十一卷	2019—03	38.00	1036
天才中小学生智力测验题.第十二卷	2019—03	38.00	1037
天才中小学生智力测验题.第十三卷	2019—03	38.00	1038

刘培杰数学工作室
已出版(即将出版)图书目录——初等数学

书　名	出版时间	定　价	编号
重点大学自主招生数学备考全书:函数	2020-05	48.00	1047
重点大学自主招生数学备考全书:导数	2020-08	48.00	1048
重点大学自主招生数学备考全书:数列与不等式	2019-10	78.00	1049
重点大学自主招生数学备考全书:三角函数与平面向量	2020-08	68.00	1050
重点大学自主招生数学备考全书:平面解析几何	2020-07	58.00	1051
重点大学自主招生数学备考全书:立体几何与平面几何	2019-08	48.00	1052
重点大学自主招生数学备考全书:排列组合·概率统计·复数	2019-09	48.00	1053
重点大学自主招生数学备考全书:初等数论与组合数学	2019-08	48.00	1054
重点大学自主招生数学备考全书:重点大学自主招生真题.上	2019-04	68.00	1055
重点大学自主招生数学备考全书:重点大学自主招生真题.下	2019-04	58.00	1056
高中数学竞赛培训教程:平面几何问题的求解方法与策略.上	2018-05	68.00	906
高中数学竞赛培训教程:平面几何问题的求解方法与策略.下	2018-06	78.00	907
高中数学竞赛培训教程:整除与同余以及不定方程	2018-01	88.00	908
高中数学竞赛培训教程:组合计数与组合极值	2018-04	48.00	909
高中数学竞赛培训教程:初等代数	2019-04	78.00	1042
高中数学讲座:数学竞赛基础教程(第一册)	2019-06	48.00	1094
高中数学讲座:数学竞赛基础教程(第二册)	即将出版		1095
高中数学讲座:数学竞赛基础教程(第三册)	即将出版		1096
高中数学讲座:数学竞赛基础教程(第四册)	即将出版		1097
新编中学数学解题方法1000招丛书.实数(初中版)	2022-05	58.00	1291
新编中学数学解题方法1000招丛书.式(初中版)	2022-05	48.00	1292
新编中学数学解题方法1000招丛书.方程与不等式(初中版)	2021-04	58.00	1293
新编中学数学解题方法1000招丛书.函数(初中版)	2022-05	38.00	1294
新编中学数学解题方法1000招丛书.角(初中版)	2022-05	48.00	1295
新编中学数学解题方法1000招丛书.线段(初中版)	2022-05	48.00	1296
新编中学数学解题方法1000招丛书.三角形与多边形(初中版)	2021-04	48.00	1297
新编中学数学解题方法1000招丛书.圆(初中版)	2022-05	48.00	1298
新编中学数学解题方法1000招丛书.面积(初中版)	2021-07	28.00	1299
新编中学数学解题方法1000招丛书.逻辑推理(初中版)	2022-06	48.00	1300
高中数学题典精编.第一辑.函数	2022-01	58.00	1444
高中数学题典精编.第一辑.导数	2022-01	68.00	1445
高中数学题典精编.第一辑.三角函数·平面向量	2022-01	68.00	1446
高中数学题典精编.第一辑.数列	2022-01	58.00	1447
高中数学题典精编.第一辑.不等式·推理与证明	2022-01	58.00	1448
高中数学题典精编.第一辑.立体几何	2022-01	58.00	1449
高中数学题典精编.第一辑.平面解析几何	2022-01	68.00	1450
高中数学题典精编.第一辑.统计·概率·平面几何	2022-01	58.00	1451
高中数学题典精编.第一辑.初等数论·组合数学·数学文化·解题方法	2022-01	58.00	1452
历届全国初中数学竞赛试题分类解析.初等代数	2022-09	98.00	1555
历届全国初中数学竞赛试题分类解析.初等数论	2022-09	48.00	1556
历届全国初中数学竞赛试题分类解析.平面几何	2022-09	38.00	1557
历届全国初中数学竞赛试题分类解析.组合	2022-09	38.00	1558

刘培杰数学工作室
已出版(即将出版)图书目录——初等数学

书　　名	出版时间	定　价	编号
从三道高三数学模拟题的背景谈起:兼谈傅里叶三角级数	2023—03	48.00	1651
从一道日本东京大学的入学试题谈起:兼谈 π 的方方面面	即将出版		1652
从两道 2021 年福建高三数学测试题谈起:兼谈球面几何学与球面三角学	即将出版		1653
从一道湖南高考数学试题谈起:兼谈有界变差数列	2024—01	48.00	1654
从一道高校自主招生试题谈起:兼谈詹森函数方程	即将出版		1655
从一道上海高考数学试题谈起:兼谈有界变差函数	即将出版		1656
从一道北京大学金秋营数学试题的解法谈起:兼谈伽罗瓦理论	即将出版		1657
从一道北京高考数学试题的解法谈起:兼谈毕克定理	即将出版		1658
从一道北京大学金秋营数学试题的解法谈起:兼谈帕塞瓦尔恒等式	即将出版		1659
从一道高三数学模拟测试题的背景谈起:兼谈等周问题与等周不等式	即将出版		1660
从一道 2020 年全国高考数学试题的解法谈起:兼谈斐波那契数列和纳卡穆拉定理及奥斯图达定理	即将出版		1661
从一道高考数学附加题谈起:兼谈广义斐波那契数列	即将出版		1662
代数学教程.第一卷,集合论	2023—08	58.00	1664
代数学教程.第二卷,抽象代数基础	2023—08	68.00	1665
代数学教程.第三卷,数论原理	2023—08	58.00	1666
代数学教程.第四卷,代数方程式论	2023—08	48.00	1667
代数学教程.第五卷,多项式理论	2023—08	58.00	1668

联系地址: 哈尔滨市南岗区复华四道街 10 号　哈尔滨工业大学出版社刘培杰数学工作室
邮　编: 150006
联系电话: 0451—86281378　　13904613167
E-mail: lpj1378@163.com